LE COURS DE PHYSIQUE DE FEYNMAN

Richard Feynman | Robert Leighton | Matthew Sands

NOUVELLE ÉDITION

AF869101

ÉLECTROMAGNÉTISME 2

Tout le catalogue sur
www.dunod.com

DUNOD

ÉDITEUR DE SAVOIRS

LE COURS DE PHYSIQUE DE FEYNMAN

Richard Feynman | Robert Leighton | Matthew Sands

NOUVELLE ÉDITION

ÉLECTROMAGNÉTISME 2

DUNOD

First published in the United States by basic Books a member of the Perseus Books Group.
L'édition originale de cet ouvrage a été publiée aux États-Unis
par Basic Books, un membre du groupe Perseus Books, sous le titre :
The Feynman Lectures on Physics

© 1964 California Institute of Technology, 2006, 2010 by Michael A. Gottlieb, and Rudolf Pfeiffer.

Version française de Annette Crémieu, Marie-Louise Duboin
et Julien Randon-Furling (chapitre 42).
Coordination de Bernard Jancovici et François Lurçat.
Nouvelle édition révisée par Julien Leroiy

Illustration de couverture : © Salita 2010 – Fotolia.com

Maquette de couverture : Raphaël Tardif

Le pictogramme qui figure ci-contre mérite une explication. Son objet est d'alerter le lecteur sur la menace que représente pour l'avenir de l'écrit, particulièrement dans le domaine de l'édition technique et universitaire, le développement massif du photocopillage.
Le Code de la propriété intellectuelle du 1er juillet 1992 interdit en effet expressément la photocopie à usage collectif sans autorisation des ayants droit. Or, cette pratique s'est généralisée dans les établissements d'enseignement supérieur, provoquant une baisse brutale des achats de livres et de revues, au point que la possibilité même pour les auteurs de créer des œuvres nouvelles et de les faire éditer correctement est aujourd'hui menacée.
Nous rappelons donc que toute reproduction, partielle ou totale, de la présente publication est interdite sans autorisation de l'auteur, de son éditeur ou du Centre français d'exploitation du droit de copie (CFC, 20, rue des Grands-Augustins, 75006 Paris).

DANGER
LE PHOTOCOPILLAGE TUE LE LIVRE

© InterEditions, Paris, 1979
© Dunod, Paris, 1999, 2013
pour la version française

ISBN 978-2-10-059000-1

Le Code de la propriété intellectuelle n'autorisant, aux termes de l'article L. 122-5, 2° et 3° a), d'une part, que les « copies ou reproductions strictement réservées à l'usage privé du copiste et non destinées à une utilisation collective » et, d'autre part, que les analyses et les courtes citations dans un but d'exemple et d'illustration, « toute représentation ou reproduction intégrale ou partielle faite sans le consentement de l'auteur ou de ses ayants droit ou ayants cause est illicite » (art. L. 122-4).
Cette représentation ou reproduction, par quelque procédé que ce soit, constituerait donc une contrefaçon sanctionnée par les articles L. 335-2 et suivants du Code de la propriété intellectuelle.

PRÉFACE À LA NOUVELLE ÉDITION

Près de cinquante ans se sont écoulés depuis que Richard Feynman donna, à Caltech, son cours d'introduction à la physique, duquel sont nés ces volumes : *Le cours de physique de Feynman*. Au fil de ces cinquante ans, notre compréhension du monde physique a considérablement changé, mais *Le cours de physique de Feynman* a tenu bon. Les cours de Feynman gardent aujourd'hui la même force qu'au jour de leur première publication, grâce aux qualités uniques qui étaient celles de Feynman, tant sur le plan de la compréhension de la physique que sur celui de la pédagogie. Des débutants aussi bien que des physiciens confirmés, du monde entier, ont étudié ce cours ; il a été traduit au moins dans une douzaine de langues et plus d'1,5 millions d'exemplaires en langue anglaise ont été vendus. Sans doute aucune autre série de livres de physique n'a laissé une empreinte aussi grande, ni aussi durable.

Cette nouvelle édition ouvre une nouvelle ère pour *Le cours de physique de Feynman* (*CPF*) : l'ère de l'édition numérique, celle du XXIe siècle. Le *CPF* est devenu l'*eCPF*, le texte et les équations ont été convertis dans le langage typographique électronique LaTeX, et toutes les figures ont été refaites à l'aide de logiciels modernes.

Les conséquences pour la version papier de cette édition ne sont pas spectaculaires ; elle a presque la même allure que les livres connus et appréciés des étudiants en physique depuis des décennies. Les différences principales sont un index étendu et amélioré, la prise en compte des erreurs signalées par des lecteurs durant les années écoulées depuis la précédente édition, et l'aisance avec laquelle les éventuelles coquilles repérées par les futurs lecteurs pourront être corrigées.

Souvenirs des cours de Feynman

Ces volumes forment un tout pédagogique et complet. Ils sont aussi la trace historique des cours de physique de premier cycle donnés par Feynman entre 1961 et 1964 à tous les étudiants et étudiantes de premières années à Caltech, quelle qu'ait été leur matière principale.

Les lecteurs se demanderont peut-être, en tout cas je me le suis demandé, quelle impression les cours de Feynman ont laissé aux étudiants qui les suivirent. Feynman, dans sa propre préface, exprimait une opinion plutôt négative : « Je ne crois pas avoir eu beaucoup de succès auprès des étudiants », écrivait-il. Matthew Sands, dans son texte paru avec les *Feynman's Tips on Physics*, a exprimé un point de vue nettement plus positif. Par curiosité, au cours du printemps 2005, j'ai envoyé un message ou parlé à un ensemble quasi-aléatoire de 17 étudiants (sur environ 150) ayant suivi les cours de

© Dunod. Toute reproduction non autorisée est un délit.

Feynman entre 1961 et 1963 – certains les avaient suivis avec difficulté, d'autres avec aisance, les matières principales allant de la biologie aux mathématiques en passant par la chimie, l'ingénierie, la géologie, l'astronomie et aussi la physique.

Les années ont peut-être teinté leurs souvenirs d'une certaine euphorie, mais environ 80 pour cent se souvenaient des cours de Feynman comme de grands moments dans leurs années universitaires. « C'était comme aller à la messe. » Les cours constituaient « une véritable expérience », « l'expérience de toute une vie, sans doute la chose la plus importante que j'ai retirée de mon passage à Caltech ». « J'étudiais la biologie en matière principale, mais les cours de Feynman ressortent comme un moment fort de mes années de premier cycle... même si je dois avouer que je n'arrivais pas à faire les exercices à l'époque et j'en rendais donc très peu. » « J'étais l'un des étudiants les moins prometteurs dans ce cours, et pourtant je ne ratais jamais une séance... je me souviens et peux encore même ressentir la joie de la découverte qu'avait Feynman... Ses cours avaient un impact émotionnel qui s'est probablement perdu dans la version papier. »

Par contre, plusieurs des étudiants avaient des souvenirs négatifs, principalement dus à deux problèmes : (a) « On ne pouvait pas apprendre à résoudre les exercices en suivant le cours. Feynman était trop lisse – il connaissait les astuces et savait quelles approximations pouvaient être faites, et il avait une intuition, du recul ainsi que du génie ; toutes choses qu'un étudiant débutant ne possède pas. » Feynman et ses collègues, conscients de ce problème, y remédièrent en partie avec les suppléments désormais inclus dans les *Feynman's Tips on Physics* : trois séances de travaux dirigés données par Feynman et un ensemble d'exercices corrigés réunis par Robert B. Leighton et Rochus Vogt.

(b) « Le malaise suscité par le fait de ne pas savoir ce qui allait être traité au cours suivant, l'absence de manuel ou de références bibliographiques en lien direct avec le contenu du cours, et de ce fait l'impossibilité de préparer le cours suivant, étaient des aspects très frustrants. Je trouvais les cours passionnants et compréhensibles dans l'amphithéâtre, mais c'était du chinois après coup [lorsque j'essayais de les reprendre en détail]. » Ce problème bien sûr fut résolu par la parution du présent ouvrage, la version papier du *Cours de physique de Feynman*. Ce livre devint le manuel des étudiants de Caltech pendant de nombreuses années, et il demeure aujourd'hui un des joyaux que nous a légués Feynman.

Remerciements

De la part de Caltech, je tiens à remercier toutes les personnes qui ont rendu possible cette nouvelle édition. En particulier celles qui ont joué des rôles clés : Ralph Leighton, Michael Gottlieb, Tom Tombrello, Michael Hartl, Rudolf Pfeiffer, Henning Heinze, Adam Cochran, Carver Mead, Nate Bode, Shelley Erwin, Andrew Lange, Tom Soifer, Ike Williams et les 50 personnes qui ont signalé des erreurs (leurs noms sont sur www.feynmanlectures.info). Et je remercie également Michelle Feynman (la fille de Richard Feynman) pour son soutien sans faille et ses conseils, Alan Rice pour l'aide en coulisses et ses conseils à Caltech, Stephan Puchegger et Calvin Jackson pour l'aide et les conseils apportés à Pfeiffer concernant la conversion du *CPF* en LaTeX,

Michael Figl, Manfred Smolik et Andreas Stangl pour les discussions relatives aux corrections et coquilles ; et toute l'équipe de Perseus/Basic Books et (pour les éditions précédentes) celle de Addison Wesley.

Kip S. Thorne

Professeur émérite de Physique théorique,
Titulaire de la chaire Feynman au *California Institute of Technology*

© Dunod. Toute reproduction non autorisée est un délit.

TABLE DES MATIÈRES

© Dunod. Toute reproduction non autorisée est un délit.

© Dunod. Toute reproduction non autorisée est un délit.

PRÉFACE DE RICHARD FEYNMAN

Voici les cours de physique que j'ai donnés l'année dernière et l'année précédente aux élèves de première et de deuxième année de l'université de Caltech. Ces cours ne rapportent pas mots pour mots ce qui fut dit — ils ont été édités quelquefois dans leur intégralité et quelquefois un peu moins. Ces leçons ne forment qu'une partie du cours complet. Tout le groupe des 180 étudiants se rassemblait dans une grande salle de cours, deux fois par semaine, pour écouter ces cours et puis se divisait en petits groupes de 15 à 20 étudiants dans des sections de travaux dirigés sous la direction d'un assistant. Il y avait de plus une séance de laboratoire une fois par semaine.

Le problème particulier que nous avons essayé de résoudre avec ces leçons était de maintenir l'intérêt des étudiants, très enthousiastes et assez brillants, qui venaient de sortir des écoles secondaires et rentraient à Caltech. Ils avaient entendu beaucoup de choses sur les aspects intéressants et excitants de la physique — la théorie de la relativité, la mécanique quantique et d'autres idées modernes. Après avoir suivi deux années de nos cours précédents, beaucoup se seraient sentis découragés parce qu'on ne leur aurait présenté que très peu d'idées modernes grandes et nouvelles. Ils auraient étudié les plans inclinés, l'électrostatique, etc., et au bout de deux ans cela est passablement ridicule. Le problème était de savoir si, oui ou non, nous pouvions faire un cours qui pourrait ménager les étudiants les plus en avance et les plus enthousiastes en maintenant leur enthousiasme.

Les cours qui suivent ici ne sont pas du tout considérés comme un survol, mais sont très sérieux. J'ai pensé les adresser à ceux qui étaient les plus intelligents de la classe et je fis en sorte, dans la mesure du possible, que même l'étudiant le plus intelligent ne fut pas capable de saisir complètement tout ce qui se trouvait dans les cours — en suggérant un développement des idées et des concepts dans diverses directions s'écartant de la principale ligne d'attaque. Pour cette raison, j'ai essayé avec beaucoup d'attention de rendre les énoncés aussi précis que possible, d'indiquer dans chaque cas l'endroit où les équations et les idées trouvaient leur place dans l'ensemble de la physique et comment — lorsqu'ils en apprendraient davantage — les choses se modifieraient. J'ai pensé également que pour de tels étudiants, il est important d'indiquer ce qu'ils doivent — s'ils sont suffisamment intelligents — être capables de comprendre par déduction de ce qui a été dit précédemment et ce qui est introduit comme quelque chose de nouveau. Lorsque de nouvelles idées apparaissaient, j'ai essayé soit de les déduire, quand on pouvait le faire, ou d'expliquer que *c'était* une nouvelle idée qui ne s'exprimait pas en fonction des choses qu'ils avaient apprises jusqu'alors, qu'on ne pouvait pas la démontrer — mais qu'elle était simplement ajoutée.

Pour le début de ces cours, j'ai supposé que l'étudiant connaissait certaines choses en science lorsqu'il sortait de l'école secondaire — des choses telles que l'optique

© Dunod. Toute reproduction non autorisée est un délit.

géométrique, les idées de chimie élémentaire, etc. Je n'ai pas vu qu'il y ait de raison particulière pour faire les cours dans un ordre défini au sens où je ne me serais pas permis de mentionner une chose jusqu'au moment où je serais prêt à la discuter en détail. Il y a de nombreuses références à des choses à venir, sans discussions complètes. Ces discussions plus complètes venaient plus tard, lorsque la préparation était plus avancée. Des exemples en sont les discussions de l'induction et des niveaux d'énergie qui sont introduits une première fois d'une manière très qualitative et sont plus tard développés plus complètement.

En même temps que je m'efforçais d'intéresser les étudiants les plus actifs, je voulais également prendre soin de ceux pour lesquels les applications marginales et ces feux d'artifices supplémentaires sont simplement inquiétants et dont on ne peut attendre qu'ils apprennent la totalité du matériau dans chaque leçon. Pour de tels étudiants, je souhaitais qu'il y ait au moins un noyau central, une ossature, qu'ils *puissent* acquérir. Même s'ils ne comprenaient pas tout dans une leçon, j'espérais qu'ils ne se décourageraient pas. Je ne m'attendais pas à ce qu'ils comprennent tout, mais seulement les caractéristiques centrales et les traits les plus directs. Il fallait bien sûr une certaine intelligence de leur part pour voir quels sont les théorèmes centraux, les idées centrales et quelles sont les issues latérales plus avancées et les applications qu'ils pouvaient ne comprendre que dans les années à venir.

J'ai rencontré une difficulté sérieuse en donnant ces cours : selon la manière dont le cours était donné, il n'y avait aucune expression en retour venant des étudiants vers celui qui donnait le cours, pour indiquer comment les leçons étaient assimilées. Ceci est en effet une difficulté très sérieuse et je ne sais pas effectivement quelle est la qualité de ces cours. L'ensemble était essentiellement une expérience. Et si je devais le refaire je ne le ferais pas de la même manière — j'espère que je *n'aurai pas à* le refaire ! Je pense, cependant, que les choses se sont bien passées, pour autant que la physique soit concernée, durant la première année.

Pendant la deuxième année je ne fus pas aussi satisfait. Dans la première partie du cours traitant de l'électricité et du magnétisme, je n'ai pu considérer aucune manière réellement unique ou différente de les traiter — n'importe quelle autre manière qui serait particulièrement plus excitante que la manière habituelle de présentation. Aussi je pense que je n'ai pas apporté beaucoup dans ces cours sur l'électricité et le magnétisme. Je pensais initialement continuer à la fin de la deuxième année après l'électricité et le magnétisme, en donnant quelques cours supplémentaires sur les propriétés des matériaux, mais essentiellement en insistant sur des choses telles que les modes fondamentaux, les solutions de l'équation de diffusion, les systèmes vibratoires, les fonctions orthogonales, etc., développant les premières étapes de ce qu'on appelle habituellement « les méthodes mathématiques de la physique ». À y repenser, je considère que si je devais le refaire, je reviendrais à cette idée initiale. Mais comme il n'était pas prévu que je donnerais à nouveau ces leçons, on suggéra que cela serait une bonne idée que d'essayer de présenter une introduction de la mécanique quantique — ce que vous trouverez au volume 3.

Il est parfaitement clair que les étudiants qui s'orienteront vers la physique peuvent attendre jusqu'à leur troisième année pour étudier la mécanique quantique. D'un autre côté l'argument fut avancé que nombreux étaient les étudiants dans notre cours qui étudiaient la physique comme un bagage qui pourrait servir de complément à leurs préoccupations fondamentales dans d'autres domaines. Et la manière habituelle de traiter la mécanique quantique rend ce sujet presque inaccessible pour la plus grande partie des étudiants, parce qu'il leur faut trop de temps pour l'apprendre. De plus, dans ses applications réelles, spécialement dans ses applications les plus complexes telles que dans les techniques électriques et la chimie — le mécanisme complet de l'approche par l'équation différentielle n'est pas effectivement utilisé. Aussi j'ai essayé de décrire les principes de mécanique quantique d'une manière qui ne nécessite pas que l'on connaisse d'abord les mathématiques des équations différentielles partielles. Je pense que, même pour un physicien, c'est une chose intéressante à essayer — que de présenter la mécanique quantique de cette manière renversée — pour plusieurs raisons qui peuvent être apparentes dans les cours eux-mêmes. Cependant je pense que l'expérience, dans la partie de mécanique quantique, ne fut pas complètement un succès — pour une large part parce que je n'ai pas eu, à la fin, suffisamment de temps (j'aurais dû, par exemple, faire trois ou quatre cours en plus, de manière à traiter plus complètement des sujets tels que les bandes d'énergie et la dépendance spatiale des amplitudes). De plus je n'avais jamais auparavant présenté ce sujet de cette manière, ce qui fait que l'absence de réaction en retour fut particulièrement sérieuse. Je pense maintenant que la mécanique quantique devrait être enseignée plus tardivement. II se peut que j'aie un jour la chance de le refaire. Alors je le ferai correctement.

La raison pour laquelle il n'y a pas de cours sur la manière dont on résout les problèmes est qu'il y avait des sections de travaux dirigés. Bien que j'ai mis dans trois cours, en première année, ce qu'il faut savoir pour résoudre les problèmes, ceci n'est pas inclus ici. Il y avait également un cours sur le guidage par inertie qui se situe certainement après les cours sur les systèmes en rotation mais qui fut malheureusement omis. Les cinquième et sixième cours sont en réalité dus à Matthew Sands, car j'étais absent à cette époque.

La question est bien sûr de savoir comment cette expérience a réussi. Mon propre point de vue — qui cependant ne semble pas être partagé par la plus grande partie des personnes qui ont travaillé avec les étudiants — est pessimiste. Je ne pense pas que j'ai réellement bien travaillé avec les étudiants. Lorsque je considère la manière dont la majorité des étudiants traitaient les problèmes aux examens, je pense que le système est un échec. Bien entendu, mes amis m'ont fait remarquer qu'il y avait une ou deux douzaines d'étudiants qui — d'une manière très surprenante — comprenaient presque tous les cours et qui étaient très actifs, travaillant avec le contenu de ces leçons et se préoccupant des divers points d'une manière intéressée et passionnée. Ceux-ci ont maintenant, je le pense, un bagage fondamental de première qualité en physique — et ils sont après tout ceux auxquels je désirais m'adresser. Mais alors, « la puissance de l'instruction est rarement de grande efficacité à l'exception de ces dispositions heureuses où elle est pratiquement superflue » (Gibbons).

Toutefois je ne désirais laisser aucun étudiant complètement en arrière, comme peut-être je l'ai fait. Je pense qu'une manière par laquelle nous pourrions aider davantage

© Dunod. Toute reproduction non autorisée est un délit.

les étudiants serait de faire plus d'efforts pour développer un ensemble de problèmes qui permettraient d'élucider certaines des idées dans les cours. Les problèmes donnent une bonne occasion d'utiliser les matériaux des leçons et de rendre plus réalistes, plus complètes et plus ancrées dans les esprits, les idées qui ont été exposées.

Je pense cependant qu'il n'y a aucune solution à ce problème d'éducation autre que de réaliser que le meilleur enseignement ne peut être obtenu que lorsqu'il y a une relation directe et individuelle entre un étudiant et un bon professeur — une situation dans laquelle l'étudiant discute les idées, pense sur les choses et parle des choses. Il est impossible d'en apprendre beaucoup simplement en assistant à un cours ou même simplement en faisant les problèmes qui sont demandés. Mais à notre époque moderne nous avons tellement d'étudiants à qui enseigner qu'il nous faut essayer de trouver quelques substituts à l'idéal. Peut-être mes cours pourront-ils apporter une certaine contribution. Peut-être, ça et là où se trouvent en nombre restreint des enseignants et des étudiants, pourront-ils tirer un peu d'inspiration ou quelques idées de ces cours. Peut-être auront-ils du plaisir à les lire et à y réfléchir ou à essayer de pousser plus loin le développement de certaines de ces idées.

RICHARD P. FEYNMAN

Introduction

Pendant quelque quarante ans, Richard P. Feynman concentra sa curiosité sur les travaux mystérieux du monde de la physique, et plia son intelligence à chercher à mettre de l'ordre dans son chaos. Il a maintenant consacré deux années de son habileté et de son énergie à son Cours de Physique pour étudiants débutants. Il a distillé pour eux l'essence de son savoir et il a créé afin qu'ils puissent espérer saisir une image de l'univers des physiciens. Il a apporté à ces cours la clarté de son brillant esprit, l'originalité et la vitalité de son abord et l'enthousiasme contagieux de sa parole.

Le cours de première année constitue la base du premier volume de cet ensemble. Dans ce second volume, nous avons essayé de faire une espèce d'enregistrement d'une partie du cours de deuxième année professé aux étudiants de seconde année pendant l'année scolaire 1962-1963. Le reste des cours de seconde année formera le volume III[1].

Les deux premiers tiers de la seconde année de cours furent consacrés au traitement complet de la physique de l'électricité et du magnétisme. Sa présentation a été conçue dans une double intention. D'abord, nous espérions donner aux étudiants une vue complète de l'un des grands chapitres de la physique — depuis les premiers tâtonnements de Newton, en passant par la grande synthèse de Maxwell, jusqu'à la théorie de Lorentz des propriétés de la matière, et se terminant par les dilemnes toujours non résolus de l'énergie propre en électromagnétisme. Et deuxièmement nous espérions, en introduisant au début le calcul des champs de vecteurs, donner une introduction solide aux mathématiques de la théorie des champs. Pour renforcer l'utilité générale des méthodes mathématiques, on a parfois analysé en même temps que leurs correspondants en électricité, des sujets issus d'autres parties de la physique ayant un rapport avec eux. Nous nous sommes continuellement efforcés de nous ramener à des équations mathématiques générales. (« Les mêmes équations ont les mêmes solutions ».) Et nous avons mis l'accent là-dessus grâce au choix des exercices et des textes d'examen que nous avons donnés avec le cours.

Faisant suite à l'électromagnétisme, il y a deux chapitres sur l'élasticité et deux sur la mécanique des fluides. Dans chacun de ces deux couples de chapitres, le premier traite des aspects élémentaires et pratiques. Le second chapitre sur chacun de ces sujets s'efforce de donner un aperçu de tout l'ensemble complexe des phénomènes auxquels le sujet peut conduire. Ces quatre chapitres peuvent bien être sautés sans dommage, car ils ne constituent absolument pas une préparation nécessaire au volume III.

Le dernier quart, à peu près, de la seconde année, a été consacré à une introduction à la mécanique quantique. C'est la matière du troisième volume.

Dans cet enregistrement des cours de Feynman, nous avons souhaité faire mieux que transcrire ce qui avait été dit. Nous espérions faire de la version écrite un exposé aussi

1. Volume I de l'édition américaine : *Mécanique 1* et *2* pour l'édition française. Volume II : *Électromagnétisme 1* et *2* pour l'édition française. Volume III : *Mécanique quantique* pour l'édition française.

© Dunod. Toute reproduction non autorisée est un délit.

clair que possible des idées sur lesquelles les cours magistraux étaient basés. Pour certains des cours, ceci pouvait être fait avec seulement des additifs mineurs au texte de la transcription originale. Pour d'autres cours, il a été nécessaire de refaire, de réarranger le texte. Nous avons éprouvé parfois le besoin d'ajouter quelque chose de nouveau pour augmenter la clarté ou pour équilibrer la présentation. Nous avons bénéficié sans arrêt de l'aide continuelle et de l'avis du Professeur Feynman.

La traduction de plus d'un million de mots prononcés, en un texte cohérent, en un temps limité est une tâche immense, en particulier quand cela s'accompagne de nombreuses autres tâches coûteuses qui proviennent de la mise en route d'un cours nouveau – préparation de la division en leçons et des réunions d'étudiants, élaboration d'exercices et de sujets d'examen, leurs corrections, et ainsi de suite. De nombreuses mains – et de nombreux cerveaux – furent mis à contribution. Dans certains cas, nous avons été capables, je crois, de rendre une image fidèle – ou un portrait retouché avec délicatesse – du Feynman original. Dans d'autres cas nous sommes tombés bien loin de cet idéal. Nos succès sont dus à tous ceux qui nous ont aidés. Les défaillances, nous les regrettons.

Comme il est expliqué dans l'avant-propos du tome I, ces cours n'étaient qu'un aspect d'un programme mis en route et supervisé par le « Physics Course Revision Committee » (R.B. Leighton, Chairman, H.V. Neher, and M. Sands) à l'Institut technologique de Californie, et financé par la Fondation Ford. De plus, les personnes suivantes, J. Blue, G.F. Chapline, M.J. Clauser, R. Dolen, H.H. Hill, et A.M. Title, ont aidé sous un aspect ou sous un autre à la préparation du texte de ce second volume. D'autres y ont contribué indirectement par leur œuvre, T.K. Caughey, M.L. Clayton, J.B. Curcio, J.B. Hartle, T.W.H. Harvey, M.H. Israel, W.J. Karzas, R.W. Kavanagh, R.B. Leighton, J. Mathews, M.S. Plesset, F.L. Warren, W. Whaling, C.H. Wilts, et B. Zimmerman. Le professeur Gerry Neugebauer a contribué à tous les aspects de notre tâche avec une diligence et un dévouement bien au-delà des impératifs du devoir.

L'histoire de la physique que vous allez trouver ici n'aurait cependant pas existé sans l'habileté extraordinaire et le travail de Richard P. Feynman.

MATTHEW SANDS
Mars 1964

Circuits en courant alternatif

22

22.1 Impédances

Le but de la plus grande partie de notre travail dans ce cours a été d'obtenir les équations de Maxwell complètes. Dans les deux chapitres précédents, nous avons discuté les conséquences de ces équations. Nous avons constaté que ces équations contiennent tous les phénomènes statiques que nous avons étudiés précédemment, ainsi que les phénomènes relatifs aux ondes électromagnétiques et à la lumière, que nous avons examinés en détail dans le Volume I. Les équations de Maxwell donnent les deux phénomènes, selon que l'on calcule les champs au voisinage des courants et des charges, ou à très grande distance. Il n'y a pas grand-chose à dire sur la région intermédiaire ; il n'y apparaît aucun phénomène particulier.

Cependant, il reste encore en électromagnétisme plusieurs sujets que nous voulons aborder. Nous voulons discuter le problème de la relativité et des équations de Maxwell – ce qui se passe lorsque l'on étudie les équations de Maxwell dans un système de coordonnées en mouvement. Il y a aussi la question de la conservation de l'énergie dans les systèmes électromagnétiques. Il y a enfin le vaste domaine des propriétés électromagnétiques des matériaux ; jusqu'à présent, mise à part l'étude des propriétés des diélectriques, nous n'avons considéré que les champs électromagnétiques dans le vide. Et, bien que nous ayons étudié les propriétés de la lumière avec quelque détail dans le Volume I, il y a encore quelques points que nous aimerions revoir du point de vue des équations du champ.

Nous voulons notamment reprendre le problème de l'indice de réfraction et plus particulièrement pour les matériaux denses. Enfin, il y a les phénomènes associés aux ondes contenues dans une région limitée de l'espace. Nous avons abordé brièvement ce genre de problème lorsque nous avons étudié les ondes sonores. Les équations de Maxwell conduisent aussi à des solutions qui représentent des ondes limitées pour les champs électriques et magnétiques. Nous aborderons ce sujet, qui a d'importantes applications techniques, dans quelques-uns des chapitres suivants. Pour approcher ce sujet, nous commencerons par étudier les propriétés des circuits électriques à basse fréquence. Nous serons alors en mesure de faire une comparaison entre les cas dans lesquels on peut utiliser les approximations quasi statiques des équations de Maxwell, et les cas dans lesquels les effets à haute fréquence sont prépondérants.

© Dunod. Toute reproduction non autorisée est un délit.

Nous descendons ainsi des hauteurs majestueuses et ésotériques des derniers chapitres et nous nous tournons vers le problème de niveau relativement bas des circuits électriques. Nous verrons cependant que même un sujet aussi ordinaire, lorsqu'on l'examine suffisamment en détail, peut contenir de grandes complications.

Nous avons déjà discuté quelques-unes des propriétés des circuits électriques dans les chapitres 23 et 25 du Vol. I. Nous reprendrons maintenant certains de ces sujets mais plus en détail. Nous allons à nouveau traiter uniquement les systèmes linéaires et les tensions et courants qui varient sinusoïdalement ; nous pourrons alors représenter toutes les tensions et tous les courants par des nombres complexes, en utilisant la notation exponentielle décrite au chapitre 23 du Vol. I. Une tension $V(t)$ variant avec le temps s'écrira dans ces conditions

$$V(t) = \hat{V}e^{i\omega t}, \tag{22.1}$$

où $\hat{V}$ représente un nombre complexe qui est indépendant de t. Il est, bien sûr, entendu que la véritable tension $V(t)$ fonction du temps est donnée par la *partie réelle* de la fonction complexe du second membre de l'équation.

De même, nous poserons que toutes les autres quantités fonction du temps varient sinusoïdalement avec la même pulsation ω. Nous écrivons donc

$$\begin{aligned} I &= \hat{I}\,e^{i\omega t} \quad \text{(courant)},\\ \mathcal{E} &= \hat{\mathcal{E}}\,e^{i\omega t} \quad \text{(f.é.m.)},\\ \boldsymbol{E} &= \hat{\boldsymbol{E}}\,e^{i\omega t} \quad \text{(champ électrique)}, \end{aligned} \tag{22.2}$$

et ainsi de suite.

La plupart du temps nous écrirons nos équations en fonction de V, I, $\mathcal{E}$, ... (plutôt qu'en fonction de $\hat{V}$, $\hat{I}$, $\hat{\mathcal{E}}$, ...), en nous rappelant cependant que les variations en fonction du temps sont celles données en (22.2).

Lors de notre étude précédente des circuits, nous avons supposé que des choses telles qu'inductances, capacités et résistances vous étaient familières. Nous voulons maintenant étudier d'un peu plus près ce que représentent ces éléments de circuits idéalisés. Nous commençons par l'inductance.

On fabrique une inductance en enroulant de nombreuses spires de fil pour former une bobine et en reliant les deux extrémités à deux bornes placées à une certaine distance de la bobine, comme le montre la Fig. 22.1. Nous supposons que le champ magnétique créé par les courants dans la bobine ne s'étend pas dans tout l'espace et n'entre pas en interaction avec les autres parties du circuit. C'est ce que l'on réalise habituellement en donnant à l'enroulement la forme d'un « doughnut »[1], ou en confinant le champ magnétique en disposant la bobine autour d'une âme en fer, ou en mettant la bobine dans une boîte métallique appropriée, comme le montre schématiquement la Fig. 22.1. Dans tous les cas, nous supposons que le champ magnétique est négligeable dans la région externe voisine des bornes a et b. Nous allons aussi supposer que nous pouvons négliger

1. N.d.T. « doughnut » : gâteau de forme torique.

Figure 22.1 – Une inductance.

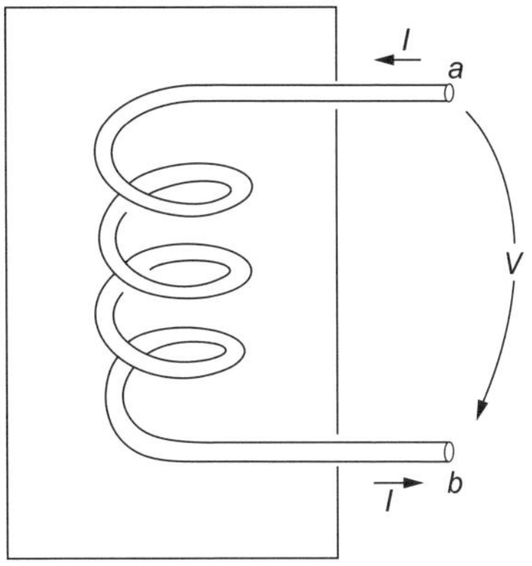

la résistance électrique du fil de la bobine. Nous supposerons enfin que nous pouvons négliger la charge électrique qui apparaît à la surface d'un fil lorsque l'on crée des champs électriques.

Avec toutes ces approximations, nous avons ce que nous appelons une inductance « parfaite ». (Nous reviendrons plus tard là-dessus et nous discuterons ce qui se passe dans une inductance réelle.) Dans le cas d'une inductance parfaite nous disons que la tension entre les bornes est égale à $L(dI/dt)$. Voyons pourquoi il en est ainsi. Lorsqu'un courant traverse l'inductance, il apparaît un champ magnétique dans la bobine, proportionnel au courant. Si le courant varie au cours du temps, le champ magnétique varie aussi. En général, le rotationnel de $\boldsymbol{E}$ est égal à $-\frac{\partial B}{\partial t}$; ou, énoncé équivalent, la circulation de $\boldsymbol{E}$ le long d'un contour fermé quelconque est égale et opposée au taux de variation du flux de $\boldsymbol{B}$ à travers la boucle. Supposons maintenant que nous considérions le contour suivant : départ de la borne a, trajet le long de la bobine (en restant toujours à l'intérieur du fil) jusqu'à la borne b ; puis retour de la borne b à la borne a dans l'air extérieurement à l'inductance. La circulation de $\boldsymbol{E}$ le long de ce parcours fermé peut s'écrire sous forme d'une somme de deux termes :

$$\oint \boldsymbol{E}\cdot d\boldsymbol{s} = \underset{\substack{\text{dans}\\\text{la bobine}}}{\int_a^b} \boldsymbol{E}\cdot d\boldsymbol{s} + \underset{\text{à l'extérieur}}{\int_b^a} \boldsymbol{E}\cdot d\boldsymbol{s}. \tag{22.3}$$

Comme nous l'avons vu auparavant, il ne peut exister de champ électrique à l'intérieur d'un conducteur parfait. (Des champs infinitésimaux créeraient des courants infinis.) Par conséquent l'intégrale de a à b le long de la bobine est nulle. Toute la contribution à la circulation de $\boldsymbol{E}$ vient du trajet à l'extérieur de l'inductance de la borne b à la borne a. Puisque nous avons supposé qu'il n'y a pas de champ magnétique à l'extérieur de la « boîte », cette partie de l'intégrale est indépendante du chemin choisi et nous pouvons définir le potentiel des deux bornes. La différence de ces deux potentiels est ce que nous appelons la différence de potentiel, ou simplement la tension V, de sorte que nous avons

$$V = -\int_b^a \boldsymbol{E}\cdot d\boldsymbol{s} = -\oint \boldsymbol{E}\cdot d\boldsymbol{s}.$$

© Dunod. Toute reproduction non autorisée est un délit.

L'intégrale curviligne totale est ce que nous avons appelé précédemment la force électromotrice $\mathcal{E}$ et est, bien entendu, égale au taux de variation du flux magnétique dans la bobine. Nous avons vu plus haut que cette f.é.m. est égale et opposée au taux de variation du courant, de sorte que

$$V = -\mathcal{E} = L\frac{dI}{dt},$$

où L est l'inductance de la bobine. Comme $dI/dt = i\omega I$, nous avons

$$V = i\omega LI. \tag{22.4}$$

La façon dont nous avons décrit l'inductance parfaite illustre l'approche générale des autres éléments parfaits de circuit – appelés habituellement « composants ». Les propriétés de l'élément sont complètement décrites en fonction des courants et des tensions qui apparaissent aux bornes. En faisant des approximations convenables, il est possible d'ignorer la grande complexité des champs qui apparaissent à l'intérieur de l'objet. On fait une séparation entre ce qui se passe à l'intérieur et ce qui se passe à l'extérieur.

Nous trouverons pour tous les éléments de circuit une relation comme celle de l'Éq. (22.4), dans laquelle la tension est proportionnelle au courant avec une constante de proportionnalité qui est, en général, un nombre complexe. Ce coefficient complexe de proportionnalité s'appelle *l'impédance* et est habituellement désigné par z (à ne pas confondre avec la coordonnée z). C'est, en général, une fonction de la fréquence ω). Nous écrivons ainsi pour tout élément composant

$$\frac{V}{I} = \frac{\hat{V}}{\hat{I}} = z. \tag{22.5}$$

Pour une inductance, nous avons

$$z\,(\text{inductance}) = z_L = i\omega L. \tag{22.6}$$

Examinons maintenant une capacité du même point de vue[2]. Une capacité est constituée par une paire de plaques conductrices desquelles partent deux fils vers des bornes appropriées. Les plaques peuvent être de forme quelconque, et sont souvent séparées par un certain matériau diélectrique. Nous illustrons schématiquement un tel cas sur la Fig. 22.2. Nous faisons à nouveau plusieurs hypothèses simplificatrices. Nous supposons que les plateaux et les fils sont des conducteurs parfaits. Nous supposons aussi que l'isolement entre les plateaux est parfait, de sorte qu'aucune charge ne peut s'écouler à travers l'isolant d'un plateau à l'autre. Nous supposons ensuite que les deux conducteurs

2. Il y a des gens qui disent qu'on devrait désigner les *objets* par les termes « induction » et « capacité » et leur *propriétés* par « inductance » et « capacitance » (par analogie avec « résisteur » et « résistance »). Nous utiliserons plutôt les mots que vous entendrez au laboratoire. La plupart des gens disent encore « inductance » à la fois pour désigner la bobine physique et son inductance L[3]. Le mot « capacité » semble avoir pris le dessus – bien que vous entendrez encore assez souvent « condensateur » – et la plupart des gens préfèrent encore le son de « capacité » à celui de « capacitances ».

3. N.D.T. En France, on dit plutôt « self ».

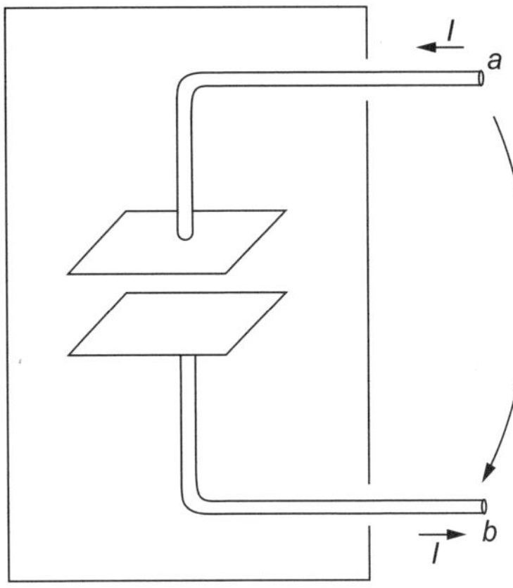

Figure 22.2 – Une capacité (ou condensateur).

sont voisins l'un de l'autre mais loin de tous les autres, de sorte que toutes les lignes de champ qui partent d'un plateau aboutissent à l'autre. Nous supposons encore qu'il y a toujours des charges égales et opposées sur les deux plateaux et que les charges sur les plateaux sont beaucoup plus grandes que les charges à la surface des fils de connexion. Nous supposons enfin qu'il n'y a pas de champs magnétiques au voisinage du condensateur.

Considérons maintenant la circulation de $\boldsymbol{E}$ le long d'un contour fermé qui part de la borne a, suit le fil allant sur le plateau du haut du condensateur, traverse l'espace compris entre les plateaux, passe du plateau inférieur à la borne b en suivant le fil, et revient à la borne a dans le milieu extérieur au condensateur. Comme il n'y a pas de champ magnétique, la circulation de $\boldsymbol{E}$ le long de ce parcours fermé est nulle. On peut couper l'intégrale en trois parties :

$$\oint \boldsymbol{E}\cdot d\boldsymbol{s} = \int_{\substack{\text{le long}\\ \text{des fils}}} \boldsymbol{E}\cdot d\boldsymbol{s} + \int_{\substack{\text{entre les}\\ \text{plateaux}}} \boldsymbol{E}\cdot d\boldsymbol{s} + \int_{b\ \text{à l'extérieur}}^{a} \boldsymbol{E}\cdot d\boldsymbol{s}. \tag{22.7}$$

L'intégrale le long des fils est nulle, parce qu'il n'y a pas de champ électrique à l'intérieur des conducteurs parfaits. L'intégrale de b à a à l'extérieur du condensateur est égale et opposée à la différence de potentiel entre les bornes. Puisque nous avons supposé que les deux plateaux sont en quelque sorte isolés du reste du monde, la charge totale des deux plateaux doit être nulle ; s'il y a une charge Q sur le plateau supérieur, il y a une charge égale et opposée $-Q$ sur le plateau inférieur. Nous avons vu précédemment que si deux conducteurs ont des charges égales et opposées, plus et moins Q, la différence de potentiel entre les plateaux est égale à Q/C, où C est appelée capacité des deux conducteurs. D'après l'Éq. (22.7) la différence de potentiel entre les bornes a et b est égale â la différence de potentiel entre les plateaux. Nous avons donc

$$V = \frac{Q}{C}.$$

Le courant électrique I entrant dans le condensateur par la borne a (et sortant par la borne b) est égal à dQ/dt, taux de variation de la charge électrique portée par les plateaux.

© Dunod. Toute reproduction non autorisée est un délit.

En écrivant dV/dt sous la forme $i\omega V$, nous pouvons mettre la relation tension-courant pour un condensateur sous la forme suivante :

$$i\omega V = \frac{I}{C},$$

ou

$$V = \frac{I}{i\omega C}. \tag{22.8}$$

L'impédance z d'un condensateur est donc

$$z\,(\text{condensateur}) = z_C = \frac{1}{i\omega C}. \tag{22.9}$$

Le troisième élément que nous voulons étudier est une résistance. Cependant, comme nous n'avons pas encore étudié les propriétés électriques des matériaux réels, nous ne sommes pas encore prêts pour discuter ce qui se passe à l'intérieur d'un conducteur réel. Nous n'avons qu'à accepter comme un fait établi qu'il peut exister des champs électriques à l'intérieur des matériaux réels, que ces champs électriques donnent naissance à un déplacement de charges électriques – c'est-à-dire à un courant – et que ce courant est proportionnel à l'intégrale du champ électrique prise d'une extrémité du conducteur à l'autre. Nous pouvons donc imaginer une résistance idéale construite comme sur le diagramme de la Fig. 22.3. Deux fils que nous supposons être des conducteurs parfaits vont des bornes a et b aux deux extrémités d'une barre faite d'un matériau résistant. Suivant notre mode de raisonnement habituel, la différence de potentiel entre les bornes a et b est égale à la circulation du champ électrique extérieur, qui est aussi égale à la circulation du champ électrique dans la barre de matériau résistant. Il en résulte donc que le courant I qui traverse la résistance est proportionnel à la tension aux bornes, V :

$$I = \frac{V}{R},$$

où R s'appelle la résistance. Nous verrons plus tard que la relation entre le courant et la tension pour des matériaux conducteurs réels n'est qu'approximativement linéaire. Nous

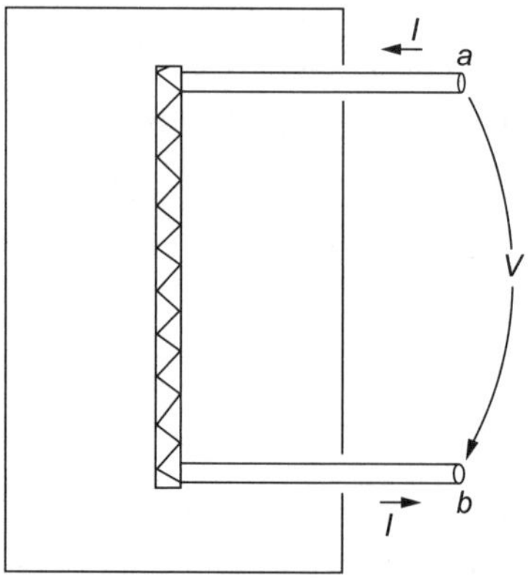

Figure 22.3 – Une résistance.

verrons aussi que l'on prévoit que cette proportionnalité approchée n'est indépendante de la fréquence de variation du courant et de la tension que si la fréquence n'est pas trop élevée. Pour nos courants alternatifs, la tension aux bornes d'une résistance est en phase avec le courant, ce qui veut dire que l'impédance est un nombre réel

$$z\,(\text{résistance}) = z_R = R. \tag{22.10}$$

Les résultats obtenus pour les trois éléments composants de circuit – l'inductance, la capacité et la résistance – sont résumés dans la Fig. 22.4. Dans cette figure, tout comme dans les précédentes, nous avons représenté la tension par une flèche dirigée d'une borne vers l'autre. Si la tension est « positive » – c'est-à-dire, si la borne a est à un potentiel *supérieur* à celui de la borne b – la flèche indique le sens d'une « chute de tension » positive.

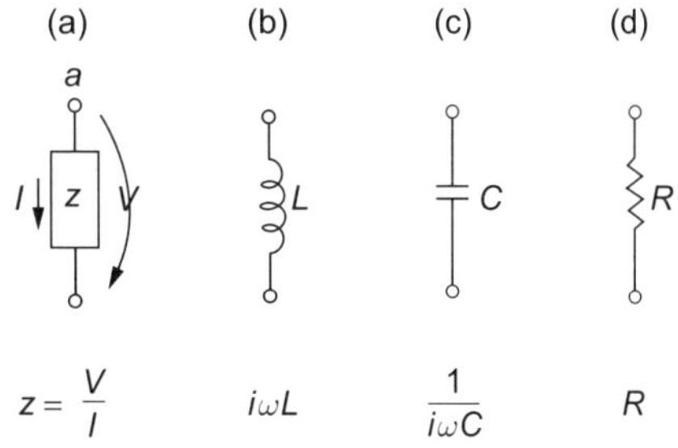

Figure 22.4 – Les composants parfaits d'un circuit (passifs).

Bien que nous parlions des courants alternatifs, nous pouvons bien sûr considérer le cas particulier des circuits parcourus par des courants continus en prenant la limite lorsque la fréquence ω tend vers zéro. Pour une fréquence nulle – c'est-à-dire pour un courant continu – l'impédance d'une inductance tend vers zéro ; elle devient un court-circuit. Pour un courant continu, l'impédance d'un condensateur devient infinie ; il devient un circuit ouvert. Comme l'impédance d'une résistance est indépendante de la fréquence, c'est le seul élément qui reste lorsque nous analysons un circuit en courant continu.

Dans les éléments de circuit que nous avons considérés jusqu'à présent, le courant et la tension sont proportionnels. Si l'un vaut zéro, il en est de même pour l'autre. Nous pensons habituellement en termes tels que ceux-ci : une tension appliquée est « responsable » du courant, ou bien un courant « donne naissance » à une tension entre les bornes ; donc en un certain sens, les éléments « répondent » aux conditions externes « appliquées ». C'est pourquoi ces éléments sont appelés *éléments passifs*. Ils peuvent donc se différencier des éléments actifs, tels que les générateurs, que nous considérerons dans le paragraphe suivant, qui sont les *sources* des courants ou des tensions oscillant dans un circuit.

22.2 Générateurs

Nous allons maintenant parler d'un élément *actif* de circuit – d'un élément qui est une source des courants et des tensions dans un circuit – c'est-à-dire, d'un *générateur*.

© Dunod. Toute reproduction non autorisée est un délit.

Supposons que nous ayons une bobine semblable à une inductance mais qui ait très peu de spires, de sorte que nous pouvons négliger le champ magnétique créé par son propre courant. Cette bobine est placée dans un champ magnétique variable tel que celui que peut créer un aimant tournant, comme le schématise la Fig. 22.5. (Nous avons vu plus haut qu'un tel champ magnétique tournant peut aussi être créé à l'aide d'un ensemble convenable de bobines parcourues par des courants alternatifs.) Nous devons à nouveau faire plusieurs hypothèses simplificatrices. Les hypothèses que nous ferons sont identiques à toutes celles que nous avons décrites dans le cas de l'inductance. Nous supposons en particulier que le champ magnétique variable n'existe que dans une région définie au voisinage de la bobine et ne se manifeste pas à l'extérieur du générateur dans l'espace compris entre les bornes.

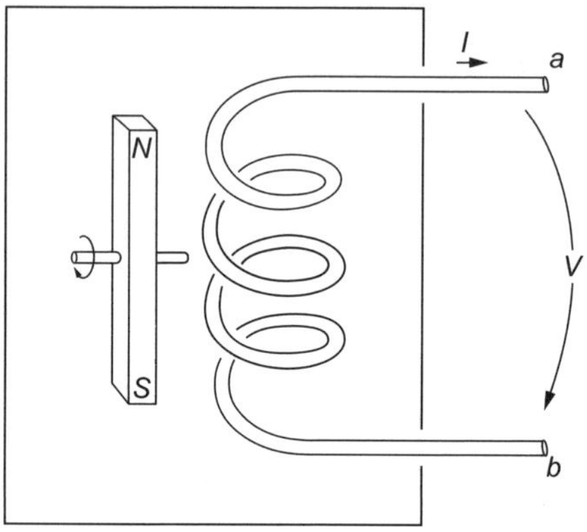

Figure 22.5 – Un générateur constitué par une bobine fixe et un champ magnétique tournant.

Suivant de près l'analyse que nous avons faite pour l'inductance, nous considérons la circulation de $\boldsymbol{E}$ le long d'une boucle fermée qui part de la borne a, parcourt la bobine jusqu'à la borne b et revient à son point de départ à travers l'espace compris entre les deux bornes. Nous pouvons à nouveau conclure que la différence de potentiel entre les bornes est égale à la circulation totale de $\boldsymbol{E}$ le long de la boucle :

$$V = -\oint \boldsymbol{E} \cdot d\boldsymbol{s}.$$

Cette intégrale curviligne est égale à la f.é.m. dans le circuit, de sorte que la différence de potentiel V entre les bornes du générateur est aussi égale au taux de variation du flux magnétique à travers la bobine :

$$V = -\mathcal{E} = \frac{d}{dt}\,(\text{flux}). \tag{22.11}$$

Pour un générateur idéal nous supposons que le flux magnétique traversant la bobine est déterminé par des conditions extérieures – telle que la vitesse angulaire d'un champ magnétique tournant – et ne dépend en aucune façon des courants parcourant le générateur. Un générateur – du moins le générateur *idéal* que nous considérons – n'est donc pas une impédance. La différence de potentiel entre ses bornes est déterminée par la force électromotrice $\mathcal{E}(t)$ arbitrairement attribuée. On représente un tel générateur idéal par le symbole de la Fig. 22.6. La petite flèche représente la direction de la f.é.m. lorsqu'elle est positive. Une f.é.m. positive dans le générateur de la Fig. 22.6 créera une tension $V = \mathcal{E}$, avec la borne a à un potentiel plus élevé que celui de la borne b.

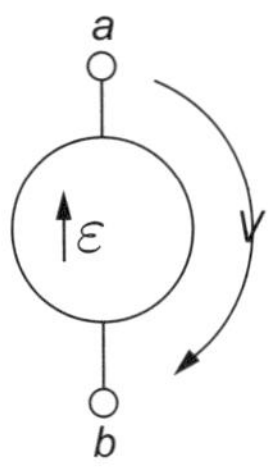

Figure 22.6 – Symbole représentant un générateur idéal.

Il existe une autre façon de construire un générateur qui est assez différente à l'intérieur mais qui est indiscernable de celle que nous venons de décrire en ce qui concerne ce qui se passe au-delà des bornes. Supposez que nous ayons une bobine de fil que l'on fait tourner dans un champ magnétique *fixe*, comme le montre la Fig. 22.7. Nous dessinons un barreau magnétique pour indiquer la présence d'un champ magnétique ; il pourrait, bien entendu, être remplacé par toute autre source de champ magnétique permanent, comme par exemple une deuxième bobine parcourue par un courant continu. Comme le montre la figure, les connexions entre la bobine tournante et le monde extérieur sont réalisées au moyen de contacts glissants ou « bagues ». Nous nous intéressons de nouveau à la différence de potentiel qui apparaît entre les deux bornes a et b, qui est bien sûr égale à la circulation du champ électrique entre la borne a et la borne b le long d'un trajet extérieur au générateur.

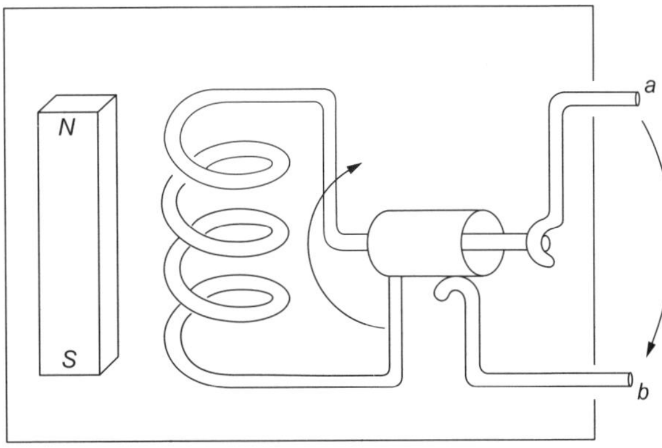

Figure 22.7 – Générateur constitué par une bobine tournant dans un champ magnétique fixe.

Dans le dispositif de la Fig. 22.7 il n'y a maintenant aucun champ magnétique variable si bien que nous pourrions nous demander à première vue pourquoi une tension apparaît aux bornes du générateur. En fait il n'y a aucun champ électrique où que ce soit à l'intérieur du générateur. Nous supposons comme d'habitude pour nos éléments parfaits que les fils à l'intérieur sont constitués par un matériau parfaitement conducteur, et comme nous l'avons dit plusieurs fois, le champ électrique à l'intérieur d'un conducteur parfait est nul. Mais ce n'est pas vrai. Ce n'est pas vrai lorsqu'un conducteur se déplace dans un champ magnétique. Ce qu'il faut dire en fait c'est que la *force* totale qui agit sur

© Dunod. Toute reproduction non autorisée est un délit.

une charge quelconque à l'intérieur d'un conducteur parfait doit être nulle. Autrement il apparaîtrait un courant infini de charges libres. Ce qui est donc toujours vrai, c'est que la somme du champ électrique $\boldsymbol{E}$ et du produit vectoriel de la vitesse du conducteur et du champ magnétique $\boldsymbol{B}$ – qui représente la force totale s'exerçant sur une charge unité – doit avoir la valeur zéro à l'intérieur du conducteur :

$$\boldsymbol{F}/\text{charge unité} = \boldsymbol{E} + \boldsymbol{v} \times \boldsymbol{B} = 0 \quad \text{(dans un conducteur parfait)}, \tag{22.12}$$

où $\boldsymbol{v}$ représente la vitesse du conducteur. Notre énoncé précédent, selon lequel il n'y a pas de champ électrique à l'intérieur d'un conducteur parfait, est bon si la vitesse du conducteur est nulle ; dans le cas contraire le résultat correct est donné par l'Éq. (22.12).

Revenant au générateur de la Fig. 22.7, nous voyons que la circulation du champ électrique $\boldsymbol{E}$ de la borne a à la borne b le long du circuit conducteur du générateur doit être égale à la circulation de $\boldsymbol{v} \times \boldsymbol{B}$ le long du même circuit,

$$\underset{\substack{\text{à l'intérieur}\\ \text{du conducteur}}}{\int_a^b} \boldsymbol{E} \cdot d\boldsymbol{s} = - \underset{\substack{\text{à l'intérieur}\\ \text{du conducteur}}}{\int_a^b} (\boldsymbol{v} \times \boldsymbol{B}) \cdot d\boldsymbol{s}. \tag{22.13}$$

Cependant il est encore vrai que la circulation de $\boldsymbol{E}$ le long d'une boucle complète, comprenant le retour de b à a à l'extérieur du générateur, doit être nulle parce qu'il n'y a pas de champ magnétique variable. La première intégrale de l'Éq. (22.13) est aussi égale à la tension V entre les bornes. Il se trouve que l'intégrale du second membre de l'Éq. (22.13) n'est autre que le taux de variation du flux à travers la bobine et est donc égale – d'après la loi des flux – à la f.é.m. dans la bobine. Nous retrouvons donc à nouveau le fait que la différence de potentiel aux bornes est égale à la force électromotrice dans le circuit, ce qui est en accord avec l'Éq. (22.11). Donc, que nous ayons un générateur dans lequel un champ magnétique varie au voisinage d'une bobine fixe, ou un générateur dans lequel la bobine se déplace dans un champ magnétique fixe, les propriétés externes des générateurs sont les mêmes. Il existe une différence de potentiel V entre les bornes qui est indépendante du courant dans le circuit mais qui ne dépend que des conditions arbitrairement imposées à l'intérieur du générateur.

Pendant que nous y sommes à essayer de comprendre le fonctionnement des générateurs en nous plaçant au point de vue des équations de Maxwell, nous pourrions aussi nous interroger sur l'élément chimique ordinaire, la pile d'une lampe de poche, par exemple. C'est aussi un générateur, c'est-à-dire une source de tension, bien qu'elle ne se rencontre que dans des circuits de courant continu. La Fig. 22.8 montre la forme d'élément la plus simple à comprendre. Nous imaginons deux plaques métalliques immergées dans une solution chimique. Nous supposons que la solution contient des ions positifs et négatifs. Nous supposons aussi que les ions d'une espèce, disons les négatifs, sont beaucoup plus lourds que ceux de polarité opposée, de sorte que leur mouvement à travers la solution, par diffusion, est beaucoup plus lent. Nous supposons ensuite que par un moyen ou par un autre on s'arrange pour que la concentration de la solution varie d'une partie du liquide à l'autre, de sorte que le nombre d'ions des deux polarités au voisinage, disons, de la plaque inférieure, est beaucoup plus grande que la concentration des

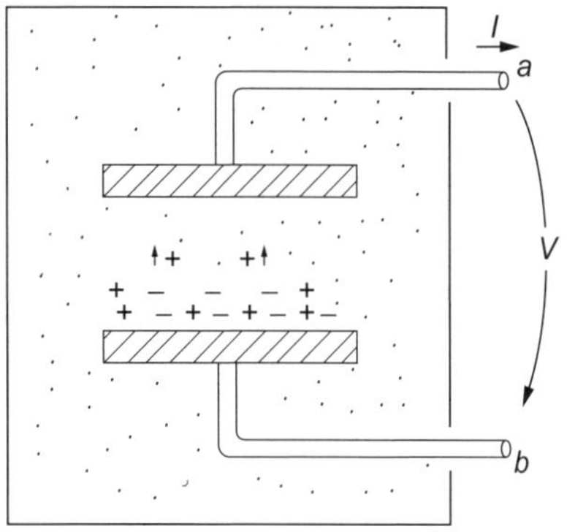

Figure 22.8 – Un élément chimique.

ions près de la plaque supérieure. À cause de leur grande mobilité, les ions positifs vont se déplacer plus rapidement dans la région de faible concentration, de sorte qu'il y aura un léger excès de charges positives arrivant à la plaque supérieure. La plaque supérieure va se charger positivement et la plaque inférieure aura une charge résultante négative.

Pendant que de plus en plus de charges diffusent vers la plaque supérieure, le potentiel de cette plaque augmente jusqu'à ce que le champ électrique résultant entre les plaques produise sur les ions des forces qui compensent exactement leur excès de mobilité. Ainsi les deux plaques de l'élément atteignent rapidement une différence de potentiel qui est caractéristique de leur construction interne.

Raisonnant comme nous l'avons fait pour un condensateur idéal, nous voyons que la différence de potentiel entre les extrémités a et b est exactement égale à la circulation du champ électrique entre les deux plaques quand il n'y a plus de diffusion d'ensemble des ions. Il y a, évidemment, une différence essentielle entre un condensateur et un tel élément chimique. Si nous court-circuitons un moment les bornes d'un condensateur, celui-ci se décharge et il n'y a plus de différence de potentiel entre les bornes. Dans le cas de l'élément chimique, on peut tirer continuellement un courant des bornes sans qu'il y ait de variation dans la f.é.m. – jusqu'à ce que les produits chimiques contenus dans l'élément soient usés, évidemment. Dans un élément réel, on trouve que la différence de potentiel entre les extrémités décroît à mesure que le courant qu'on tire de l'élément augmente. En restant dans la ligne des idéalisations que nous avons faites, nous pouvons cependant imaginer un élément parfait dans lequel la tension entre les bornes est indépendante du courant. Un élément réel peut alors être considéré comme un élément parfait placé en série avec une résistance.

22.3 Réseaux d'éléments parfaits ; lois de Kirchhoff

Comme nous l'avons vu dans le dernier paragraphe, la description d'un élément de circuit idéal d'après ce qui se passe à l'extérieur de l'élément est très simple. Le courant et la tension sont liés linéairement. Mais ce qui se passe effectivement à l'intérieur de l'élément est très compliqué et il est très difficile d'en donner une description précise

© Dunod. Toute reproduction non autorisée est un délit.

avec les équations de Maxwell. Cherchez à donner une description précise des champs électriques et magnétiques à l'intérieur d'un poste de radio qui contient des centaines de résistances, de condensateurs, de selfs. L'analyse d'un tel objet avec les équations de Maxwell est une tâche insurmontable. Mais en faisant les nombreuses approximations que nous avons décrites au paragraphe 22-2 et en résumant les traits essentiels des éléments du circuit réel en termes d'éléments parfaits, il devient possible d'analyser un circuit électrique d'une façon relativement simple. Nous allons montrer maintenant comment on s'y prend.

Soit un circuit constitué d'un générateur et de nombreuses impédances reliées ensemble, comme le montre la Fig. 22.9. D'après nos approximations, il n'y a pas de champ magnétique dans la région extérieure aux éléments de circuit individuels. Donc la circulation de $\boldsymbol{E}$ le long de toute courbe ne traversant aucun des éléments est nulle. Soit alors la courbe Γ, dessinée en pointillé, qui fait tout le tour du circuit sur la Fig. 22.9. La circulation de $\boldsymbol{E}$ le long de cette courbe est faite de plusieurs morceaux. Chaque morceau est la circulation d'une borne à une autre d'un élément du circuit. Nous avons appelé cette circulation la chute de potentiel à travers l'élément de circuit. La circulation totale est alors exactement la somme des chutes de potentiel à travers tous les éléments du circuit :

$$\oint \boldsymbol{E} \cdot d\boldsymbol{s} = \sum V_n.$$

Comme la circulation est nulle, la somme des différences de potentiel le long de la boucle complète d'un circuit est égale à zéro :

$$\sum_{\substack{\text{autour d'une boucle}\\ \text{quelconque}}} V_n = 0. \qquad (22.14)$$

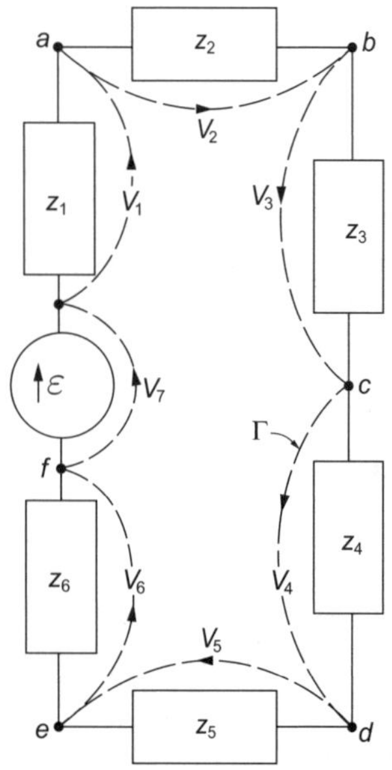

Figure 22.9 – La somme des chutes de potentiel le long d'un trajet fermé quelconque est nulle.

Ce résultat découle d'une des équations de Maxwell – celle qui dit que dans une région où il n'y a pas de champs magnétiques, la circulation de $\boldsymbol{E}$ le long d'une boucle fermée est nulle.

Considérons maintenant un circuit comme celui de la Fig. 22.10. La ligne horizontale qui joint les bornes a, b, c, et d a été tracée pour montrer que ces bornes sont réunies, ou qu'elles sont reliées par des fils de résistance négligeable. En tout cas, le dessin signifie que les bornes a, b, c, et d sont toutes au même potentiel et, de même, que les extrémités e, f, g, et h sont aussi à un même potentiel. La chute de potentiel V à travers chacun des quatre éléments est alors la même.

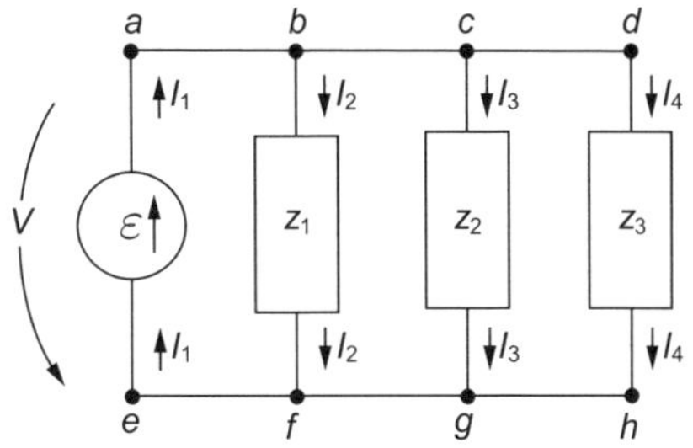

Figure 22.10 – La somme des courants entrant dans un nœud est nulle.

L'une de nos idéalisations a été de dire que les charges électriques qui s'accumulaient aux bornes des impédances étaient négligeables. Nous supposons maintenant en plus que toute charge électrique sur les fils joignant les bornes peut aussi être négligée. La conservation de la charge entraîne alors que toute charge qui quitte un élément de circuit entre immédiatement dans un autre. Ou, ce qui revient au même, nous exigeons que la somme algébrique des courants qui entrent dans n'importe quelle jonction soit nulle. Par jonction nous entendons évidemment tout ensemble de bornes telles que a, b, c, et d qui sont reliées. Un tel ensemble de bornes reliées est habituellement appelé un « nœud ». La conservation de la charge exige alors que pour le circuit de la Fig. 22.10,

$$I_1 - I_2 - I_3 - I_4 = 0. \tag{22.15}$$

La somme des courants qui entrent dans le nœud constitué par les quatre extrémités e, f, g, et h doit aussi être nulle :

$$-I_1 + I_2 + I_3 + I_4 = 0. \tag{22.16}$$

C'est évidemment la même chose que l'Éq. (22.15). Les deux équations ne sont pas indépendantes. La règle générale est que *la somme des courants entrant dans un nœud quelconque est nulle.*

$$\sum_{\substack{\text{dans} \\ \text{un nœud}}} I_n = 0. \tag{22.17}$$

Notre conclusion précédente, que la somme des chutes de potentiel autour d'une boucle fermée est nulle, doit s'appliquer à toute boucle d'un circuit compliqué. Notre résultat, que la somme des courants entrant dans un nœud est nulle, doit aussi être vrai

© Dunod. Toute reproduction non autorisée est un délit.

pour tout nœud. Ces deux équations sont connues sous le nom de *lois de Kirchhoff*. Avec ces deux lois il est possible de calculer les courants et les potentiels dans n'importe quel réseau.

Considérons le circuit plus compliqué de la Fig. 22.11. Comment allons-nous trouver les courants et les tensions dans ce circuit ? Nous pouvons les trouver sans difficulté de la façon suivante. Nous considérons séparément chacune des quatre boucles auxiliaires fermées qui apparaissent dans le circuit. (Par exemple, une boucle va de la borne a à la borne b, à la borne e, à la borne d et revient à la borne a.) Pour chacune des boucles nous écrivons l'équation correspondant à la première des lois de Kirchhoff – la somme des tensions autour d'une boucle est nulle. Il faut se rappeler de considérer comme positive la chute de potentiel quand on va *dans* la direction du courant et négative si on traverse un élément dans la direction *opposée* au courant ; et nous devons nous rappeler que la chute de potentiel à travers un générateur est l'opposé de la f.é.m. dans cette direction. Si donc nous considérons la petite boucle qui commence et finit à la borne a nous avons l'équation

$$z_1 I_1 + z_3 I_3 + z_4 I_4 - \mathcal{E}_1 = 0.$$

En appliquant la même règle aux autres boucles, nous obtiendrons trois autres équations analogues.

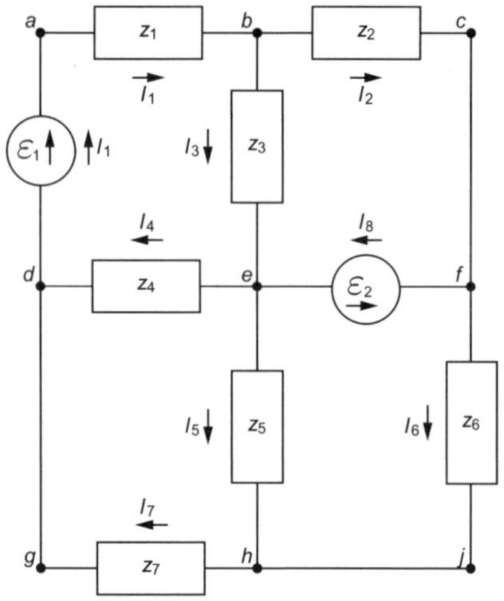

Figure 22.11 – Analyse d'un circuit par les lois de Kirchhoff.

Il faut ensuite écrire l'équation des courants pour chaque nœud du circuit. Par exemple, la sommation des courants entrant dans la borne b donne l'équation

$$I_1 - I_3 - I_2 = 0.$$

De même, pour le nœud e nous aurions l'équation des courants

$$I_3 - I_4 + I_8 - I_5 = 0.$$

Pour le circuit indiqué il y a cinq équations de ce type pour les courants. Il se trouve cependant qu'une quelconque de ces équations peut se déduire des quatre autres : il y a par conséquent seulement quatre équations indépendantes pour les courants. Nous avons ainsi un total de huit équations linéaires indépendantes : les quatre équations pour les tensions et les quatre équations pour les courants. Avec ces huit équations nous pouvons calculer les huit courants inconnus. Quand les courants sont connus, le problème est résolu. La chute de potentiel à travers tout élément est donnée par le produit du courant qui le traverse par son impédance (dans le cas d'une source de potentiel, elle est déjà connue).

Nous avons vu que quand nous écrivons les équations pour les courants, nous obtenons une équation qui n'est pas indépendante des autres. En général il est également possible d'écrire trop d'équations pour les tensions. Par exemple, dans le circuit de la Fig. 22.11, bien que nous ayons considéré seulement les quatre petites boucles, il existe un grand nombre d'autres boucles pour lesquelles nous aurions pu écrire l'équation pour les tensions. Par exemple pour la boucle *abcfeda*. Il existe une autre boucle qui suit le trajet *abcfehgda*. Vous voyez qu'il y a beaucoup de boucles. En analysant des circuits compliqués, il est très facile d'obtenir trop d'équations. Il existe des lois indiquant comment procéder pour n'écrire que le nombre minimum d'équations, mais habituellement, avec un peu de réflexion, il est possible de voir comment obtenir le bon nombre d'équations sous la forme la plus simple. De plus, écrire une équation ou deux de trop ne fait pas de mal. Elles ne conduiront pas à des solutions fausses mais seulement peut-être à faire un peu trop d'algèbre.

Dans le chapitre 25 du Vol. I, nous avons montré que si deux impédances z_1 et z_2 sont en *série*, elles sont équivalentes à une seule impédance z_s donnée par

$$z_s = z_1 + z_2. \tag{22.18}$$

Nous avons montré aussi que si deux impédances sont montées en *parallèle*, elles sont équivalentes à une seule impédance z_p donnée par

$$z_p = \frac{1}{(1/z_1) + (1/z_2)} = \frac{z_1 z_2}{z_1 + z_2}. \tag{22.19}$$

En y revenant vous allez voir qu'en déduisant ces résultats nous étions en fait en train d'utiliser les lois de Kirchhoff. Il est souvent possible d'analyser un circuit compliqué en répétant l'application de formules pour des impédances en série ou en parallèle. Par exemple, le circuit de la Fig. 22.12 peut être analysé de cette façon. On peut d'abord remplacer z_4 et z_5, qui sont en parallèle, par leur équivalent, et de même z_6 et z_7. L'impédance z_2 peut alors être combinée avec l'équivalent des impédances en parallèle z_6 et z_7 par la règle des impédances en série. De cette façon, tout le circuit peut être réduit à un générateur placé en série avec une seule impédance Z. Le courant à travers le générateur est alors $\mathcal{E}/Z$. En reprenant alors en sens inverse, on peut trouver les intensités dans chacune des impédances.

Il existe cependant des circuits tout à fait simples qu'on ne peut résoudre par cette méthode, comme par exemple le circuit de la Fig. 22.13. Pour analyser ce circuit il faut écrire les équations des courants et des tensions à partir des lois de Kirchhoff. Faisons-le.

© Dunod. Toute reproduction non autorisée est un délit.

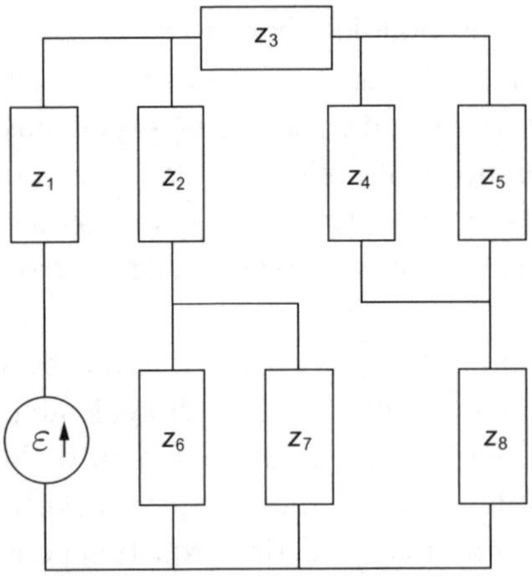

Figure 22.12 – Circuit qui peut être analysé à l'aide de combinaisons en série et en parallèle.

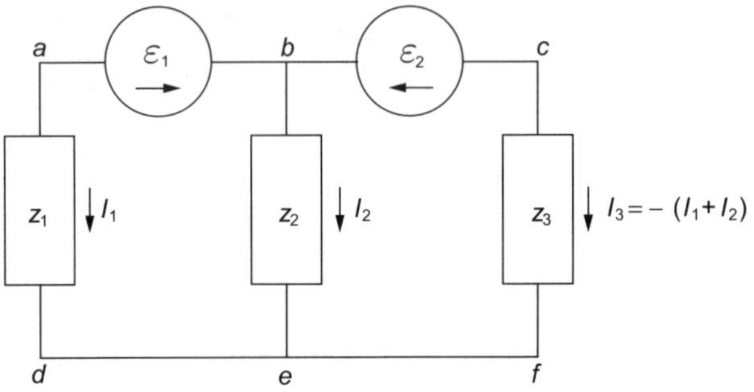

Figure 22.13 – Un circuit qu'on ne peut analyser à l'aide de combinaisons en série et en parallèle.

Il y a une seule équation pour les courants :

$$I_1 + I_2 + I_3 = 0,$$

de sorte qu'on sait immédiatement que

$$I_3 = -(I_1 + I_2).$$

On peut s'épargner un peu de calcul si on utilise immédiatement ce résultat en écrivant les équations pour les tensions. Pour ce circuit, il y a deux équations indépendantes pour les tensions ; ce sont

$$-\mathcal{E}_1 + I_2 z_2 - I_1 z_1 = 0$$

et

$$\mathcal{E}_2 - (I_1 + I_2)z_3 - I_2 z_2 = 0.$$

On a deux équations et deux courants inconnus. En résolvant ces équations pour I_1 et I_2 on obtient

$$I_1 = \frac{z_2\mathcal{E}_2 - (z_2 + z_3)\mathcal{E}_1}{z_1(z_2 + z_3) + z_2 z_3} \tag{22.20}$$

et

$$I_2 = \frac{z_1\mathcal{E}_2 + z_3\mathcal{E}_1}{z_1(z_2 + z_3) + z_2 z_3}. \qquad (22.21)$$

Le troisième courant s'obtient en faisant la somme de ces deux-là.

La Fig. 22.14 montre un autre exemple de circuit qu'on ne peut résoudre avec les lois des impédances en série et en parallèle. Un tel circuit s'appelle un « pont ». On le rencontre dans de nombreux instruments de mesure d'impédances. Dans un tel circuit on se pose habituellement la question suivante : quelle relation doit-il y avoir entre les diverses impédances quand le courant à travers l'impédance z_3, est nul ? Nous vous laissons chercher les conditions dans lesquelles il en est ainsi.

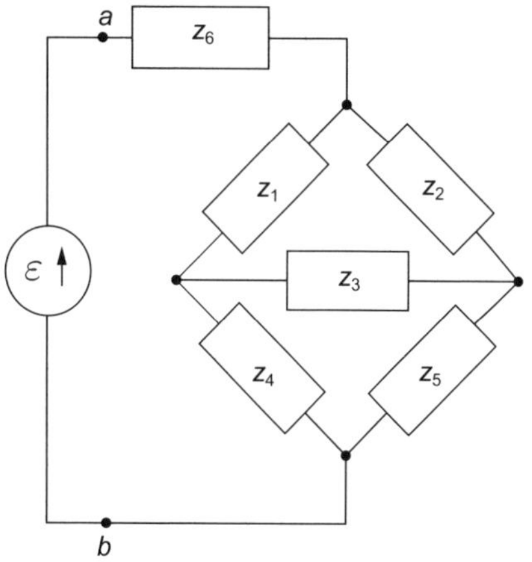

Figure 22.14 – Un pont.

22.4 Circuits équivalents

Supposons qu'on relie un générateur $\mathcal{E}$ à un circuit contenant certaines interconnexions compliquées d'impédances, comme indiqué schématiquement dans la Fig. 22.15a. Toutes les équations qu'on obtient avec les lois de Kirchhoff sont linéaires, donc si on les résout pour le courant I à travers le générateur, on trouve que I est proportionnel à $\mathcal{E}$. On peut écrire

$$I = \frac{\mathcal{E}}{z_{\text{eff}}},$$

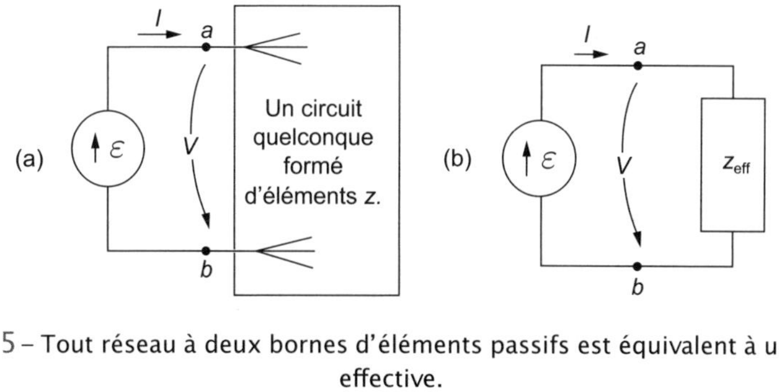

Figure 22.15 – Tout réseau à deux bornes d'éléments passifs est équivalent à une impédance effective.

© Dunod. Toute reproduction non autorisée est un délit.

où maintenant z_{eff} est un certain nombre complexe, fonction algébrique de tous les éléments du circuit. (Si le circuit ne contient pas de générateur autre que celui représenté, il n'y a pas de terme supplémentaire indépendant de $\mathcal{E}$.) Mais cette équation est exactement celle qu'on aurait obtenue pour le circuit de la Fig. 22.15b. Tant qu'on ne s'intéresse qu'à ce qui se passe à *gauche* des deux bornes a et b, les deux circuits de la Fig. 22.15 sont *équivalents*. On peut par conséquent donner l'énoncé général que *tout* réseau à deux bornes constitué d'éléments passifs peut être remplacé par une impédance unique z_{eff} sans changer les courants ni les tensions dans le reste du circuit. Ce principe n'est évidemment qu'une remarque sur ce qui se déduit des lois de Kirchhoff – et finalement de la linéarité des équations de Maxwell.

L'idée peut se généraliser à un circuit qui contient des générateurs aussi bien que des impédances. Supposons qu'on regarde un tel circuit « du point de vue » de l'une des impédances, qu'on va appeler z_n, comme dans la Fig. 22.16a. Si nous cherchions à résoudre l'équation de l'ensemble du circuit, nous trouverions que la tension V_n entre les deux bornes a et b est une fonction linéaire de I, qu'on peut écrire

$$V_n = A - BI_n, \tag{22.22}$$

où A et B dépendent des générateurs et des impédances dans le circuit à gauche des bornes. Par exemple, pour le circuit de la Fig. 22.13, nous trouvons $V_1 = I_1 z_1$. Ce qu'on peut écrire (en réarrangeant l'Éq. (22.20))

$$V_1 = \left[\left(\frac{z_2}{z_2 + z_3}\right)\mathcal{E}_2 - \mathcal{E}_1\right] - \frac{z_2 z_3}{z_2 + z_3} I_1. \tag{22.23}$$

La solution complète est alors obtenue en combinant cette équation avec celle pour l'impédance z_1, soit $V_1 = I_1 z_1$, ou, dans le cas général, en combinant l'Éq. (22.22) avec

$$V_n = I_n z_n.$$

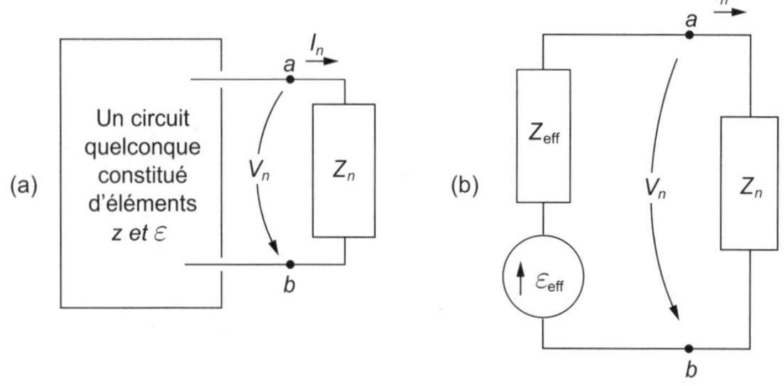

Figure 22.16 – Tout réseau à deux bornes peut être remplacé par un générateur en série avec une impédance.

Si nous considérons maintenant que z_n est reliée à un simple circuit constitué d'un générateur et d'une impédance en série, comme dans la Fig. 22.15b, l'équation correspondant à l'Éq. (22.22) est

$$V_n = \mathcal{E}_{\text{eff}} - I_n z_{\text{eff}},$$

qui est identique à l'Éq. (22.22) pourvu qu'on pose $\mathcal{E}_{\text{eff}} = A$ et $z_{\text{eff}} = B$. De sorte que si on ne s'intéresse qu'à ce qui arrive à *droite* des bornes a et b, le circuit arbitraire de la Fig. 22.16 peut toujours être remplacé par une combinaison équivalente d'un générateur en série avec une impédance.

22.5 Énergie

Nous avons vu que pour établir le courant I dans une inductance, l'énergie $U = \frac{1}{2}LI^2$ doit être fournie par le circuit extérieur. Quand le courant redevient nul, cette énergie est restituée au circuit extérieur. Il n'y a pas de mécanisme de perte d'énergie dans une inductance parfaite. Quand il passe un courant alternatif dans une inductance, de l'énergie circule dans un sens et dans l'autre, entre l'inductance et le reste du circuit, mais le taux *moyen* auquel l'énergie est apportée dans le circuit est nul. On dit qu'une inductance est un élément non *dissipatif* ; aucune énergie électrique n'est dissipée – c'est-à-dire « perdue » – dedans.

De même, l'énergie d'un condensateur, $U = \frac{1}{2}CV^2$, retourne au circuit extérieur quand le condensateur se décharge. Quand un condensateur est placé dans un circuit en courant alternatif, de l'énergie y entre et en sort, mais le bilan résultant d'énergie à chaque cycle est nul. Un condensateur parfait est également non dissipatif.

Nous savons qu'une f.é.m. est une source d'énergie. Quand un courant I circule dans la direction de la f.é.m., de l'énergie est envoyée dans le circuit extérieur au taux $dU/dt = \mathcal{E}I$. Si le courant circule à *l'encontre* de la f.é.m. – grâce à d'autres générateurs du circuit – la f.é.m. absorbe de l'énergie au taux $\mathcal{E}I$; comme I est négatif, dU/dt va également être négatif.

Si un générateur est relié à une résistance R, le courant dans la résistance est $I = \mathcal{E}/R$. L'énergie, fournie par le générateur au taux $\mathcal{E}I$, est absorbée par la résistance. Cette énergie se transforme en chaleur dans la résistance et est perdue pour l'énergie électrique du circuit. On dit que de l'énergie électrique est *dissipée* dans une résistance. Le taux auquel l'énergie se dissipe dans une résistance est $dU/dt = RI^2$.

Dans un circuit en courant alternatif le taux moyen d'énergie perdue dans une résistance est la moyenne de RI^2 sur un cycle. Comme $I = \hat{I}e^{i\omega t}$ – relation qui signifie en réalité que I varie comme $\cos \omega t$ – la moyenne de I^2 sur un cycle est $|\hat{I}|^2/2$, puisque la valeur maximum du courant est $|\hat{I}|$ et la moyenne de $\cos^2 \omega t$ est 1/2.

Quelle est la perte d'énergie quand un générateur est relié à une impédance arbitraire z ? (Par « perte » on veut dire évidemment, conversion d'énergie électrique en énergie thermique.) Toute impédance z peut s'écrire comme la somme de ses parties réelle et imaginaire. C'est-à-dire,

$$z = R + iX, \tag{22.24}$$

© Dunod. Toute reproduction non autorisée est un délit.

où R et X sont réels. Au point de vue des équivalences de circuits, on peut dire que toute impédance est équivalente à une résistance en série avec une impédance imaginaire pure – dite *réactance* – comme le montre la Fig. 22.17.

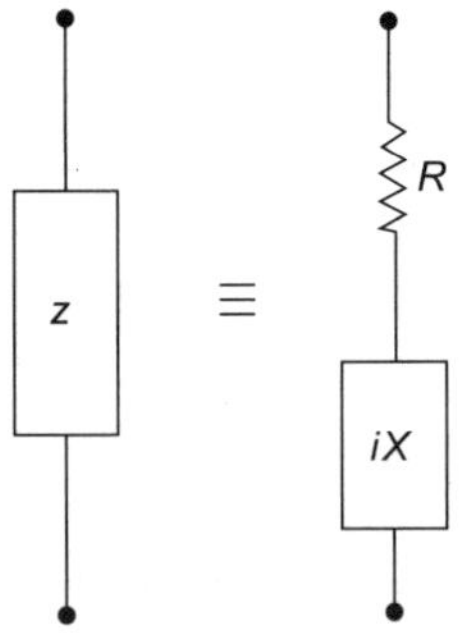

Figure 22.17 – Toute impédance est équivalente à une combinaison en série d'une résistance pure et d'une réactance pure.

Nous avons vu précédemment que tout circuit qui ne contient que des L et des C a une impédance qui est imaginaire pure. Comme il n'y a en moyenne pas de perte d'énergie dans une L ou une C, une réactance pure ne contenant que des L et des C n'aura pas de perte d'énergie. On peut voir que cela doit être vrai en général pour une réactance.

Si un générateur de f.é.m. $\mathcal{E}$ est relié à l'impédance z de la Fig. 22.17, la f.é.m. doit être liée au courant I du générateur par

$$\mathcal{E} = I(R + iX). \qquad (22.25)$$

Pour trouver le taux moyen auquel l'énergie est fournie, il nous faut la moyenne du produit $\mathcal{E}I$. Là, il faut faire attention. Quand on traite de tels produits, il faut utiliser les quantités réelles $\mathcal{E}(t)$ et $I(t)$. (Les parties réelles des fonctions complexes ne représenteront les véritables quantités physiques que lorsque nous aurons des équations linéaires ; il s'agit ici de *produits*, qui ne sont certainement pas linéaires.)

Choisissons notre origine de t de façon que l'amplitude $\hat{I}$ soit un nombre réel, soit I_0 ; la variation vraie de I dans le temps est donnée par

$$I = I_0 \cos \omega t.$$

La f.é.m. de l'Éq. (22.25) est la partie réelle de

$$I_0 e^{i\omega t}(R + iX)$$

soit

$$\mathcal{E} = I_0 R \cos \omega t - I_0 X \sin \omega t. \qquad (22.26)$$

Les deux termes de l'Éq. (22.26) représentent les chutes de potentiel à travers R et X de la Fig. 22.17. Nous voyons que la chute de potentiel à travers la résistance est *en phase* avec le courant, tandis que la chute de potentiel à travers la partie purement réactive est *déphasée*.

Le *taux moyen* de perte d'énergie du générateur, $\langle P \rangle_m$, est l'intégrale du produit $\mathcal{E}I$ sur un cycle, divisée par la période T ; en d'autres termes,

$$\langle P \rangle_m = \frac{1}{T}\int_0^T \mathcal{E}I\,dt = \frac{1}{T}\int_0^T I_0^2 R\cos^2\omega t\,dt - \frac{1}{T}\int_0^T I_0^2 X\cos\omega t\sin\omega t\,dt.$$

La première intégrale est $\frac{1}{2}I_0^2 R$, et la seconde est nulle. La perte moyenne d'énergie dans une impédance $z = R+iX$ ne dépend que de la partie réelle de z, et vaut $I_0^2 R/2$, ce qui est en accord avec notre résultat précédent pour la perte d'énergie dans une résistance. Il n'y a pas de perte d'énergie dans la partie réactive.

22.6 Un réseau en échelle

Nous aimerions considérer maintenant un circuit intéressant qui peut s'analyser au moyen de combinaisons en série et en parallèle. Supposons qu'on parte du circuit de la Fig. 22.18(a). On peut voir tout de suite que l'impédance de la borne a à la borne b est simplement $z_1 + z_2$. Prenons maintenant un circuit un peu plus difficile, celui que montre la Fig. 22.18(b). On pourrait analyser ce circuit en utilisant les lois de Kirchhoff mais il est aussi facile de se servir de combinaisons en série et en parallèle. On peut remplacer les deux impédances de l'extrémité droite par une impédance unique $z_3 = z_1 + z_2$ comme sur la partie (c) de la figure. Les deux impédances en parallèle z_2 et z_3 peuvent alors être remplacées par leur impédance équivalente z_4, comme le montre la partie (d) de la figure. Enfin z_1 et z_4 sont équivalentes à une impédance unique z_5 comme le montre la partie (e).

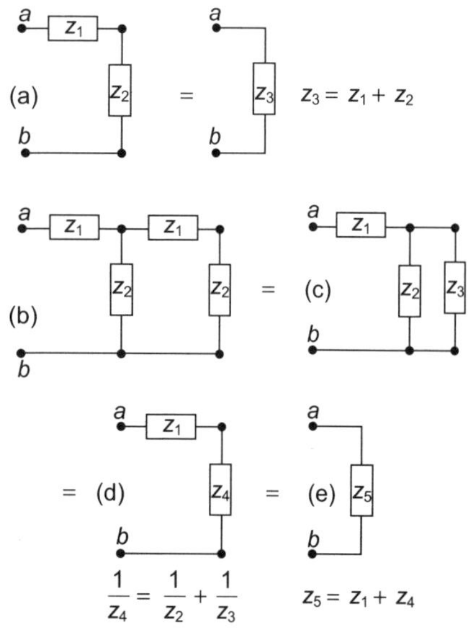

Figure 22.18 – L'impédance effective d'un réseau en échelle.

© Dunod. Toute reproduction non autorisée est un délit.

On peut se poser maintenant une question amusante : qu'arriverait-il si dans le réseau de la Fig. 22.18(b) on continuait à ajouter d'autres échelons *indéfiniment* – comme

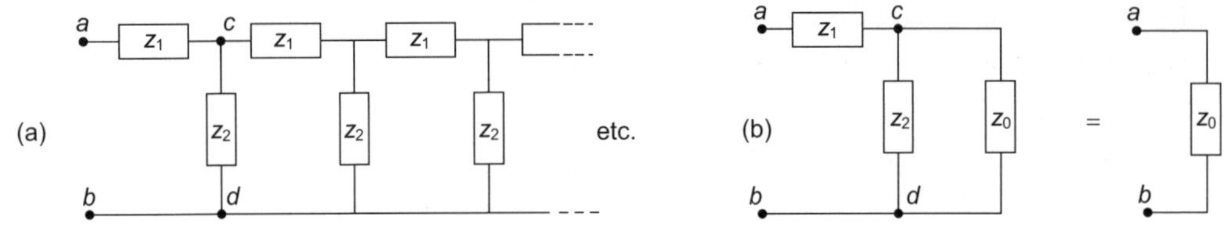

Figure 22.19 – L'impédance effective d'une échelle infinie.

l'indiquent les pointillés dans la Fig. 22.19(a) ? Peut-on résoudre un tel réseau infini ? Eh bien, ça n'est pas si difficile. D'abord, on remarque qu'un tel réseau infini est inchangé si on ajoute un échelon de plus « à l'avant ». Si on ajoute un échelon de plus à un réseau infini on a bien sûr encore le même réseau infini. Soit z_0 l'impédance entre les deux bornes *a* et *b* du réseau infini ; l'impédance de tout ce qui est à droite des deux bornes *c* et *d* est alors aussi z_0. Par conséquent, en ce qui concerne la partie avant, on peut représenter le réseau comme le montre la Fig. 22.19(b). En combinant les impédances parallèles z_2 et z_0 et en ajoutant le résultat en série avec z_1, on peut écrire immédiatement l'impédance de cette combinaison :

$$z = z_1 + \frac{1}{(1/z_2) + (1/z_0)} \qquad \text{ou} \qquad z = z_1 + \frac{z_2 z_0}{z_2 + z_0}.$$

Mais cette impédance est aussi égale à z_0 de sorte qu'on a l'équation

$$z_0 = z_1 + \frac{z_2 z_0}{z_2 + z_0}.$$

On peut la résoudre en z_0 pour obtenir

$$z_0 = \frac{z_1}{2} + \sqrt{\left(z_1^2/4\right) + z_1 z_2}. \tag{22.27}$$

On a ainsi trouvé la solution pour l'impédance d'une échelle infinie d'impédances en série et en parallèle répétées. L'impédance z_0 est dite *impédance caractéristique* d'un tel réseau infini.

Considérons maintenant un exemple particulier dans lequel l'élément en série est une inductance L et l'élément shunt est une capacitance C, comme le montre la Fig. 22.20(a). On trouve dans ce cas l'impédance du réseau infini en posant $z_1 = i\omega L$ et $z_2 = 1/i\omega C$. Notez que le premier terme $z_1/2$, dans l'Éq. (22.27) est exactement la moitié de l'impédance du premier élément. Il paraîtrait donc plus naturel, ou du moins un peu plus simple, de représenter notre réseau infini comme sur la Fig. 22.20(b). En regardant le réseau infini depuis la borne a' on verrait l'impédance caractéristique

$$z_0 = \sqrt{(L/C) - (\omega^2 L^2/4)}. \tag{22.28}$$

Maintenant il existe deux cas intéressants, suivant la fréquence ω. Si ω^2 est inférieur à $4/LC$, le second terme sous le radical est inférieur au premier, et l'impédance z_0 est un

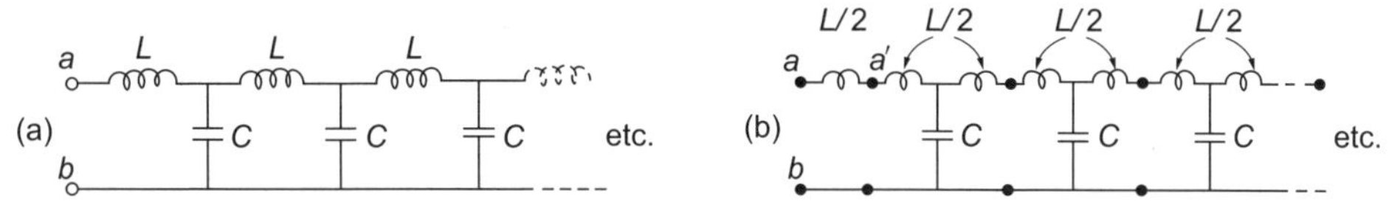

Figure 22.20 – Une échelle L–C représentée de deux façons différentes.

nombre réel. D'autre part si ω^2 est plus grand que $4/LC$ l'impédance z_0 est un nombre imaginaire pur qu'on peut écrire

$$z_0 = i\sqrt{(\omega^2L^2/4) - (L/C)}.$$

Nous avons dit précédemment qu'un circuit qui ne contient que des impédances imaginaires, telles que des inductances et des capacitances, a une impédance purement imaginaire. Comment se peut-il alors que pour le circuit que nous sommes en train d'étudier – qui n'a que des L et des C – l'impédance soit une résistance pure pour les fréquences inférieures à $\sqrt{4/LC}$? Pour les fréquences plus élevées, l'impédance est purement imaginaire, en accord avec notre proposition précédente. Pour les fréquences plus basses, l'impédance est une résistance pure et va par conséquent absorber de l'énergie. Mais comment un circuit peut-il absorber continuellement de l'énergie, comme une résistance, s'il n'est fait que d'inductances et de capacitances ? *Réponse* : parce qu'il y a un nombre infini d'inductances et de capacitances, de sorte que lorsqu'une source est reliée à un circuit, elle fournit de l'énergie à la première inductance et à la première capacitance, puis aux secondes, aux troisièmes, et ainsi de suite. Dans un circuit de cette sorte, l'énergie du générateur est continuellement absorbée, venant à un taux constant et s'écoulant constamment dans le réseau, fournissant de l'énergie qui est emmagasinée dans les inductances et les capacitances le long de la ligne.

Cette idée suggère quelque chose d'intéressant au sujet de ce qui se passe dans le circuit. Nous devons nous attendre à ce que, si on relie une source à l'extrémité avant, les effets de cette source se propagent à travers le réseau vers l'extrémité à l'infini. La propagation des ondes le long de la ligne ressemble beaucoup au rayonnement d'une antenne qui absorbe de l'énergie à partir de la source qui l'alimente ; c'est-à-dire qu'on s'attend à ce qu'une telle propagation se produise quand l'impédance est réelle, ce qui arrive si ω est inférieure à $\sqrt{4/LC}$. Mais quand l'impédance est imaginaire pure, ce qui arrive pour ω plus grande que $\sqrt{4/LC}$, on ne doit pas s'attendre à voir une telle propagation.

22.7 Filtres

Nous avons vu dans le paragraphe précédent que le réseau infini en échelle de la Fig. 22.20 absorbe continuellement de l'énergie s'il est alimenté à une fréquence inférieure à une certaine fréquence critique $\sqrt{4/LC}$ que nous appellerons la *fréquence de coupure* ω_0. Nous avons suggéré que cet effet pouvait s'expliquer par un transport continuel d'énergie le long de la ligne. D'autre part, aux hautes fréquences, pour $\omega > \omega_0$, il

© Dunod. Toute reproduction non autorisée est un délit.

n'y a pas absorption continuelle d'énergie, nous devons alors nous attendre à ce que les courants ne « pénètrent » pas très loin le long de la ligne. Voyons si ces idées sont justes.

Supposons que l'avant de l'échelle soit relié à un générateur alternatif et qu'on se demande de quoi a l'air la tension, disons, au 754ème échelon. Comme le réseau est infini, ce qui arrive à la tension entre une section et la suivante est toujours la même chose ; regardons par conséquent ce qui se passe quand on passe d'une section quelconque, disons la $n^{\text{ème}}$, à la suivante. Nous définirons les courants I_n et les tensions V_n comme l'indique la Fig. 22.21(a).

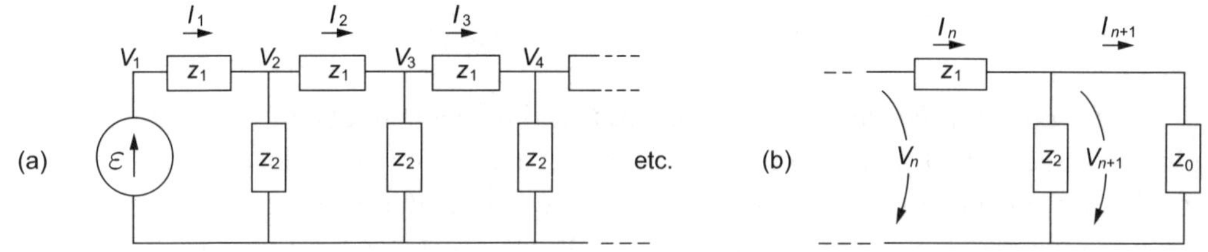

Figure 22.21 – Recherche du facteur de propagation d'une échelle.

On peut obtenir la tension V_{n+1} à partir de V_n en se rappelant qu'on peut toujours remplacer le reste d'une échelle après le $n^{\text{ème}}$ échelon par son impédance caractéristique z_0 ; il n'y a donc plus qu'à analyser le circuit de la Fig. 22.21(b). On remarque d'abord que toute V_n, comme elle s'exerce à travers z_0, doit être égale à $I_n z_0$. D'autre part, la différence entre V_n et V_{n+1} est $I_n z_1$:

$$V_n - V_{n+1} = I_n z_1 = V_n \frac{z_1}{z_0}.$$

on trouve donc le rapport

$$\frac{V_{n+1}}{V_n} = 1 - \frac{z_1}{z_0} = \frac{z_0 - z_1}{z_0}.$$

On peut appeler ce rapport le *facteur de propagation* pour une section de l'échelle ; nous allons l'appeler α. Il est évidemment le même pour toutes les sections :

$$\alpha = \frac{z_0 - z_1}{z_0}. \tag{22.29}$$

La tension après la $n^{\text{ème}}$ section est alors

$$V_n = \alpha^n \mathcal{E}. \tag{22.30}$$

Vous pouvez maintenant trouver la tension après 754 échelons ; c'est exactement α à la puissance 754 multiplié par $\mathcal{E}$.

Voyons donc de quoi α a l'air pour l'échelle L–C de la Fig. 22.20(a). En utilisant z_0 tiré de l'Éq. (22.27) et $z_1 = i\omega L$, on obtient

$$\alpha = \frac{\sqrt{(L/C) - (\omega^2 L^2/4)} - i(\omega L/2)}{\sqrt{(L/C) - (\omega^2 L^2/4)} + i(\omega L/2)}. \tag{22.31}$$

Si la fréquence d'alimentation est inférieure à la fréquence de coupure $\omega_0 = \sqrt{4/LC}$, le radical est réel, et les modules des nombres complexes du numérateur et du dénominateur sont égaux. Le module de α est par conséquent égal à un ; on peut écrire

$$\alpha = e^{i\delta},$$

ce qui signifie que la valeur de la tension est la même dans toutes les sections ; seule sa phase change. Le déphasage δ est, en fait, un nombre négatif et représente le « retard » que prend la tension en traversant le réseau.

Pour des fréquences supérieures à la fréquence de coupure ω_0 il vaut mieux simplifier par le facteur i du numérateur et du dénominateur de l'Éq. (22.31) et écrire

$$\alpha = \frac{\sqrt{(\omega^2L^2/4) - (L/C)} - (\omega L/2)}{\sqrt{(\omega^2L^2/4) - (L/C)} + (\omega L/2)}. \tag{22.32}$$

Le facteur de propagation α est maintenant un nombre *réel* et *plus petit que un*. Cela signifie que le potentiel dans une section quelconque est toujours plus petit d'un facteur a que le potentiel dans la section précédente. Pour toute fréquence supérieure à ω_0, la tension s'évanouit rapidement le long du réseau. La valeur absolue de α en fonction de la fréquence est représentée par un graphe du genre de celui de la Fig. 22.22.

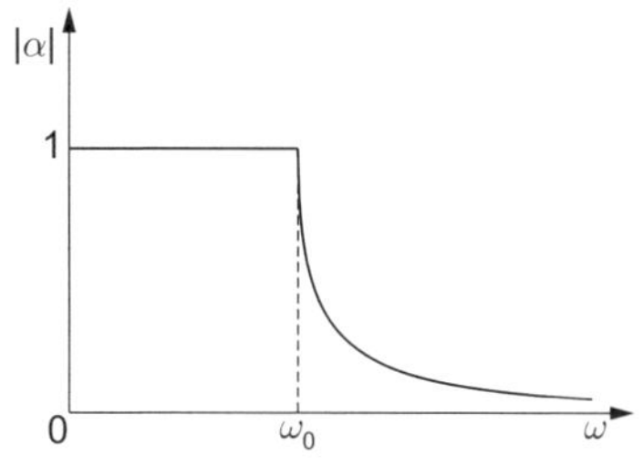

Figure 22.22 – Le facteur de propagation d'un échelon d'une échelle L–C.

On voit que le comportement de α, tant au-dessus qu'au-dessous de ω_0, est en accord avec notre interprétation que le réseau propage l'énergie pour $\omega < \omega_0$ et la bloque pour $\omega > \omega_0$. On dit que le réseau « passe » les basses fréquences et « arrête » ou « filtre » les hautes fréquences. Tout réseau conçu pour que ses caractéristiques varient d'une façon donnée avec la fréquence est dit un « filtre ». Nous venons d'analyser un « filtre passe-bas ».

Vous vous demandez pourquoi toute cette discussion à propos d'un réseau infini qui manifestement ne peut pas réellement exister. La raison en est qu'on trouve les mêmes caractéristiques dans un réseau fini si on le ferme sur une impédance égale à son impédance caractéristique z_0. En pratique, il n'est pas possible de reproduire *exactement* l'impédance caractéristique avec quelques éléments simples – comme des R, des L et des C. Mais il est souvent possible d'y arriver avec une bonne approximation pour une certaine gamme de fréquences. On peut fabriquer de cette façon un filtre fini dont les propriétés sont très proches de celles trouvées dans le cas infini. L'échelle L–C par exemple a un comportement très voisin de celui que nous avons décrit si elle est fermée sur une résistance pure $R = \sqrt{L/C}$.

© Dunod. Toute reproduction non autorisée est un délit.

Si on échange, dans notre échelle L–C, les positions des L et des C pour en faire l'échelle de la Fig. 22.23(a), on peut obtenir un filtre qui propage les *hautes* fréquences et arrête les *basses* fréquences. Il est facile de voir ce qui se passe avec ce réseau en utilisant les résultats déjà obtenus. Notez que si on change un L en un C et *vice versa*, on change également chaque $i\omega$ en $1/i\omega$. Ainsi ce qui arrivait à ω avant, va arriver maintenant à $1/\omega$. On peut voir en particulier comment va varier α avec la fréquence à l'aide de la Fig. 22.22 en changeant la variable en abscisses en $1/\omega$, comme c'est fait sur la Fig. 22.23(b).

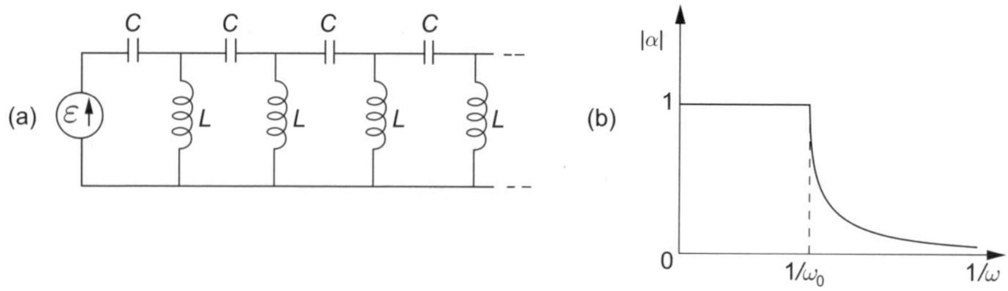

Figure 22.23 – (a) Filtre passe-haut ; (b) son facteur de propagation en fonction de $1/\omega$.

Les filtres passe-bas et passe-haut qu'on a décrits ont diverses applications techniques. Un filtre L–C passe-bas est souvent utilisé comme filtre « lissant » dans une alimentation en courant continu. Si on veut obtenir une puissance continue à partir d'une source alternative, on commence par prendre un redresseur qui ne laisse passer le courant que dans une direction. À la sortie du redresseur on obtient une série d'impulsions qui ressemblent à la fonction $V(t)$ de la Fig. 22.24, ce qui est un courant continu plutôt moche parce qu'il tremblote. Supposons qu'on veuille un joli et pur courant continu, comme celui que fournit une pile. On peut s'en rapprocher en plaçant un filtre passe-bas entre le redresseur et l'utilisation.

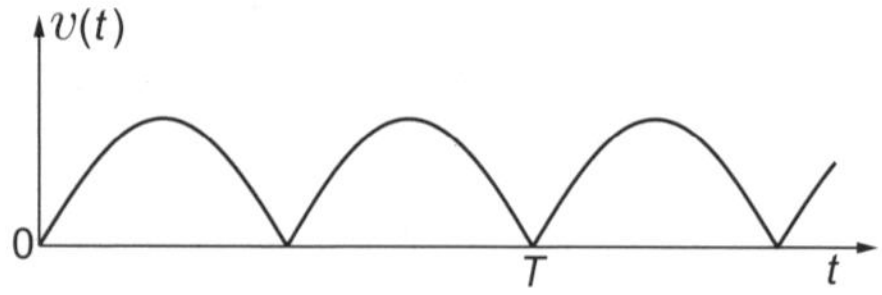

Figure 22.24 – La tension de sortie d'un redresseur double.

On sait depuis le chapitre 50 du Vol. I que la fonction du temps de la Fig. 22.24 peut être représentée comme la superposition d'une tension continue plus une fonction sinusoïdale, plus une fonction sinusoïdale de fréquence plus grande, plus une fonction sinusoïdale de fréquence encore plus grande, etc. – par une série de Fourier. Si notre filtre est linéaire (si, comme on l'a supposé les L et les C ne varient ni avec les courants ni avec les tensions), ce qui sort du filtre est la superposition des sorties correspondant à chacune des composantes à l'entrée. Si on s'arrange pour que la fréquence de coupure ω_0 de notre filtre soit bien au-dessous de la plus basse fréquence contenue dans la fonction $V(t)$, le courant continu (pour lequel $\omega = 0$) traverse facilement, mais l'amplitude du premier harmonique sera un peu coupée. Et les amplitudes des harmoniques plus élevés seront encore plus coupées. On peut obtenir ainsi une sortie aussi lisse qu'on le souhaite, dans la seule limite du nombre de sections de filtre qu'on est prêt à acquérir.

On utilise un filtre passe-haut quand on veut éliminer certaines basses fréquences. Dans l'amplificateur d'un électrophone par exemple on peut utiliser un filtre passe-haut pour laisser passer la musique, tout en arrêtant le ronflement du moteur de la platine qui se situe dans les graves.

On peut aussi fabriquer des filtres « passe-bande » qui rejettent les fréquences inférieures à une certaine fréquence ω_1 et celles supérieures à une autre fréquence ω_2 (supérieure à ω_1) mais laissent passer les fréquences comprises entre ω_1 et ω_2. Cela peut se faire simplement en assemblant un filtre passe-haut et un filtre passe-bas, mais il est plus habituel de fabriquer une échelle dans laquelle les impédances z_1 et z_2 sont plus compliquées – chacune étant une combinaison de L et de C. Un tel filtre passe-bande peut avoir une constante de propagation du genre de celle de la Fig. 22.25(a). On peut s'en servir, par exemple, pour isoler des signaux qui n'occupent qu'un intervalle de fréquences, comme chacun des nombreux canaux d'un câble téléphonique haute-fréquence, ou la porteuse modulée d'une transmission radio.

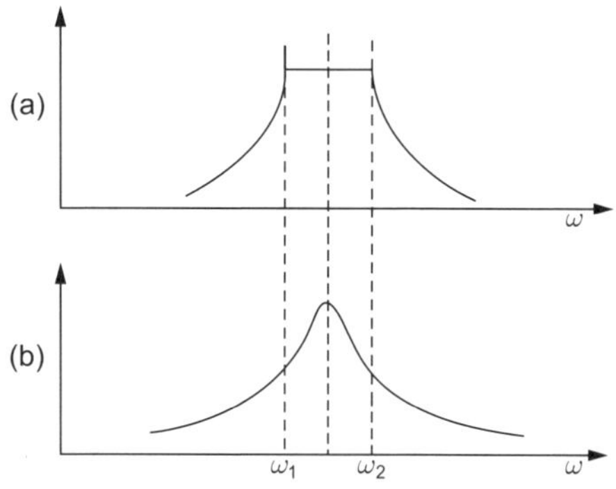

Figure 22.25 – (a) Filtre passe-bande. (b) Simple filtre résonnant.

On a vu au chapitre 25 du Vol. 1 qu'un tel filtrage peut se faire aussi en utilisant la sélectivité d'une courbe de résonance ordinaire, que nous avons tracée pour comparaison [Fig. 22.25(b)]. Mais un filtre résonnant n'est pas aussi bon, dans certaines utilisations, qu'un filtre passe-bande. Rappelez-vous (chapitre 48, Vol. I) que lorsqu'une porteuse de fréquence ω_p est modulée avec un « signal » de fréquence ω_s, le signal résultant contient non seulement la fréquence porteuse mais aussi les deux fréquences latérales $\omega_p + \omega_s$ et $\omega_p - \omega_s$. Avec un filtre résonnant, ces fréquences latérales sont toujours quelque peu atténuées, et l'atténuation est d'autant plus grande que la fréquence du signal est plus grande comme vous pouvez le voir sur la figure. Il y a ainsi une « mauvaise réponse en fréquence ». Les fréquences musicales les plus aiguës ne passent pas. Mais si on fait le filtrage avec un filtre passe-bande construit pour que la largeur $\omega_2 - \omega_1$ soit au moins le double de la plus haute fréquence contenue dans le signal, la réponse en fréquence sera « plate » pour les signaux voulus.

Nous voulons ajouter quelque chose au sujet du filtre échelle : l'échelle L–C de la Fig. 22.20 est également une représentation approximative d'une ligne de transmission.

© Dunod. Toute reproduction non autorisée est un délit.

Si on a un long conducteur tendu parallèlement à un autre – tel un fil dans un câble coaxial ou un fil suspendu au-dessus du sol – il va y avoir une certaine capacitance entre les deux conducteurs et aussi une certaine inductance due au champ magnétique entre eux. Si on suppose la ligne découpée en petits morceaux de longueur $\Delta\ell$, chaque morceau va ressembler à un échelon de notre échelle L–C avec une inductance série ΔL et une capacitance shunt ΔC. Nous pouvons donc utiliser nos résultats sur le filtre échelle. Si on prend la limite pour $\Delta\ell$ tendant vers zéro, on a une bonne description de la ligne de transmission. Remarquez que lorsque $\Delta\ell$ devient de plus en plus petit, ΔL et ΔC décroissent tous deux, mais dans les mêmes proportions, de sorte que le rapport $\Delta L/\Delta C$ reste constant. Donc si on prend la limite de l'Éq. (22.28) quand ΔL et ΔC tendent vers zéro, on trouve que l'impédance caractéristique z_0 est une résistance pure dont la valeur est $\sqrt{\Delta L/\Delta C}$. On peut aussi écrire le rapport $\Delta L/\Delta C$ sous la forme L_0/C_0, où L_0 et C_0 sont l'inductance et la capacitance par unité de longueur de la ligne ; on a alors

$$z_0 = \sqrt{\frac{L_0}{C_0}}. \tag{22.33}$$

Vous remarquerez aussi que lorsque ΔL et ΔC tendent vers zéro, la fréquence de coupure $\omega_0 = \sqrt{4/LC}$ tend vers l'infini. Il n'y a pas de fréquence de coupure pour une ligne de transmission idéale.

22.8 Autres éléments de circuit

Nous n'avons défini jusqu'ici que des impédances idéales – l'inductance, la capacitance, et la résistance – de même qu'un générateur de tension idéal. Nous nous proposons maintenant de montrer que d'autres éléments, tels que des inductances mutuelles, ou des transistors, ou des tubes à vide, peuvent être décrits en utilisant uniquement les mêmes éléments de base. Supposons qu'on ait deux bobines et que, à dessein, ou autrement, du flux de l'une des bobines passe dans l'autre, comme dans la Fig. 22.26(a). Les deux bobines vont alors avoir une inductance mutuelle M telle que, quand le courant varie dans l'une des bobines, une tension soit créée dans l'autre. Peut-on tenir compte d'un tel effet dans nos circuits équivalents ? On le peut de la façon suivante. Nous avons vu que la f.é.m. induite dans l'une des deux bobines en interaction peut s'écrire comme la somme de deux parties :

$$\begin{aligned}\mathcal{E}_1 &= -L_1\frac{dI_1}{dt} \pm M\frac{dI_2}{dt},\\ \mathcal{E}_2 &= -L_2\frac{dI_2}{dt} \pm M\frac{dI_1}{dt}.\end{aligned} \tag{22.34}$$

Le premier terme vient de la self-inductance de la bobine, le second de son inductance mutuelle avec l'autre bobine. Le signe du second terme peut être plus ou moins, suivant la façon dont le flux d'une des bobines traverse l'autre. En faisant les mêmes approximations que pour une inductance idéale, nous dirons que la différence de potentiel entre les bornes de chaque bobine est égale à la force électromotrice dans la bobine. Les deux

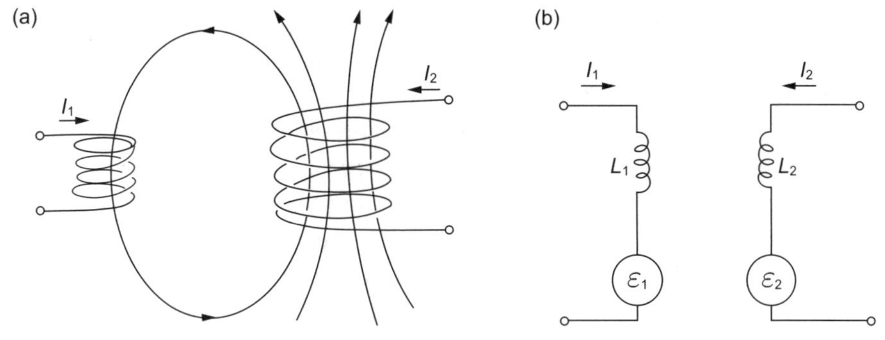

Figure 22.26 – Circuit équivalent à une inductance mutuelle.

équations de (22.34) sont les mêmes que celles qu'on aurait obtenues à partir du circuit de la Fig. 22.26(b), pourvu que la force électromotrice dans chacun des deux circuits représentés dépende du courant dans le circuit opposé suivant les relations

$$\mathcal{E}_1 = \pm i\omega M I_2, \qquad \mathcal{E}_2 = \pm i\omega M I_1. \tag{22.35}$$

De sorte que ce qu'on peut faire, c'est représenter normalement l'effet de la self-inductance, mais remplacer l'effet de l'inductance mutuelle par un générateur de tension auxiliaire idéal. Il nous faut en plus, évidemment, l'équation qui relie cette f.é.m. au courant dans une certaine autre partie du circuit ; mais comme cette équation est linéaire, nous n'avons fait qu'ajouter d'autres équations linéaires à nos équations du circuit, et toutes nos conclusions précédentes sur les circuits équivalents et la suite sont encore correctes.

En plus d'inductances mutuelles, il peut aussi y avoir des capacitances mutuelles. Jusqu'ici, quand on a parlé de condensateurs, on a toujours supposé qu'il y avait deux électrodes, mais dans de nombreux cas, par exemple dans les tubes à vide, il peut y avoir plusieurs électrodes proches les unes des autres. Si on place une charge électrique sur l'une quelconque des électrodes, son champ électrique induit des charges sur chacune des autres et affecte leur potentiel. À titre d'exemple, considérons le système à quatre plateaux de la Fig. 22.27(a). Supposons que ces quatre plateaux soient reliés à des circuits extérieurs au moyen de fils A, B, C et D. Tant qu'on ne s'occupe que d'effets

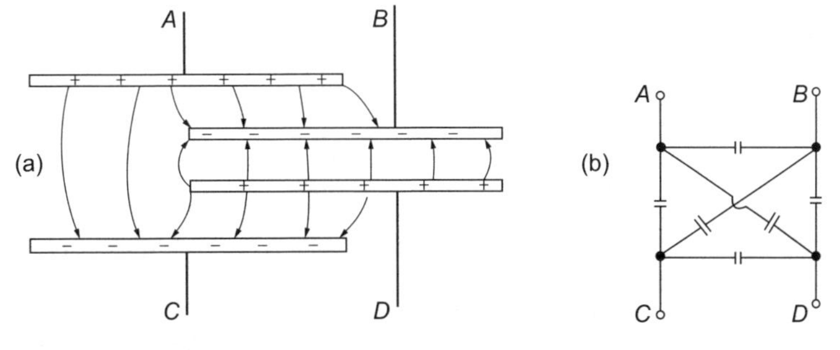

Figure 22.27 – Circuit équivalent de capacitance mutuelle.

© Dunod. Toute reproduction non autorisée est un délit.

électrostatiques, le circuit équivalent à de tels arrangements d'électrodes est comme sur la partie (b) de la figure. L'interaction électrostatique d'une électrode quelconque avec chacune des autres est équivalente à une capacité entre les deux électrodes.

Considérons finalement comment il faudrait représenter des dispositifs compliqués tels que des transistors et des lampes radio dans des circuits alternatifs. Remarquons pour commencer que de tels dispositifs sont souvent utilisés de telle façon que la relation entre les courants et les tensions n'est pas du tout linéaire. Dans de tels cas, les énoncés que nous avons donnés, lorsqu'ils dépendent de la linéarité des équations, cessent évidemment d'être corrects. Cependant, dans de nombreuses applications les caractéristiques de fonctionnement sont suffisamment linéaires pour qu'on puisse considérer que les transistors et les lampes sont des dispositifs linéaires. Nous voulons dire par là que les courants alternatifs sur, disons, la plaque d'un tube à vide sont des fonctions linéaires des tensions qui apparaissent sur les autres électrodes, c'est-à-dire la tension grille et la tension plaque. Quand on a de telles relations linéaires, on peut incorporer le dispositif dans la représentation par un circuit équivalent.

Comme dans le cas de notre inductance mutuelle, notre représentation va devoir inclure des générateurs de tension auxiliaires qui décrivent l'influence des tensions ou des courants dans une partie du système sur les courants ou les tensions d'une autre partie. Le circuit plaque d'une triode, par exemple, peut se représenter habituellement par une résistance en série avec un générateur de tension idéal dont la f.é.m. est proportionnelle à la tension grille. On obtient le circuit équivalent de la Fig. 22.28 [4]. Le circuit collecteur d'un transistor est de même convenablement représenté par une résistance en série avec un générateur de tension idéal dont la f.é.m. est proportionnelle au courant qui circule entre l'émetteur et la base du transistor. Le circuit équivalent ressemble alors à celui de la Fig. 22.29. Tant que les équations qui décrivent le fonctionnement sont linéaires, on peut utiliser de telles représentations pour les lampes ou les transistors. Quand alors ils sont incorporés dans un réseau compliqué, nos conclusions générales sur la représentation équivalente à une connexion arbitraire d'éléments sont encore valables.

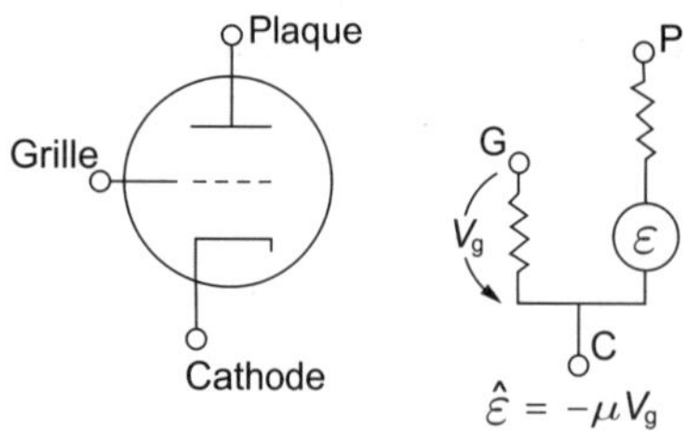

Figure 22.28 – Circuit basse-fréquence équivalent à une triode.

Il y a un fait remarquable au sujet des circuits de transistors et de lampes radio, qu'on ne trouve pas dans les circuits ne contenant que des impédances : la partie réelle de l'impédance effective z_{eff} peut devenir négative. Nous avons vu que la partie réelle de z

4. Le circuit équivalent indiqué n'est correct qu'à basse fréquence. À haute fréquence le circuit équivalent devient beaucoup plus compliqué et comprend des capacitances et des inductances variées dites « parasites ».

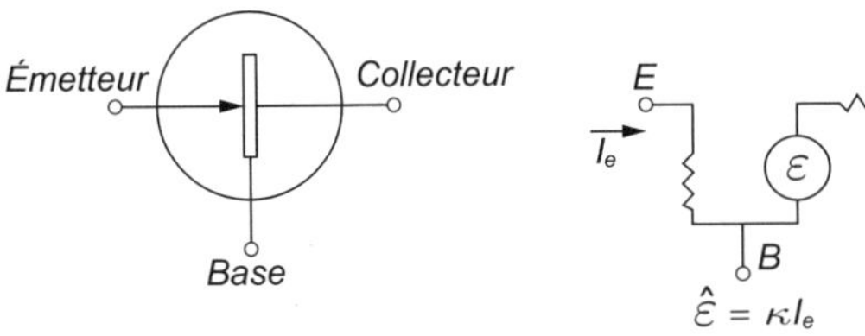

Figure 22.29 – Un circuit basse-fréquence équivalent à un transistor.

représente la perte d'énergie. Mais la caractéristique importante des transistors et lampes est *d'apporter* de l'énergie au circuit. (Naturellement, ils ne « fabriquent » pas d'énergie ; ils prennent de l'énergie aux circuits continus d'alimentation et la convertissent en énergie alternative.) Il est donc possible d'avoir un circuit comportant une résistance négative. Un tel circuit à la propriété suivante : si on le relie a une impédance ayant une partie réelle positive, c'est-à-dire une résistance positive et qu'on arrange les choses pour que la somme des deux parties réelles soit exactement zéro, il n'y a pas de dissipation d'énergie dans le circuit combiné. S'il n'y a pas de perte d'énergie, toute tension alternative une fois mise en route va continuer indéfiniment. C'est l'idée fondamentale du fonctionnement d'un oscillateur ou d'un générateur de signaux qu'on peut utiliser comme source de courant alternatif à la fréquence voulue.

© Dunod. Toute reproduction non autorisée est un délit.

CAVITÉS RÉSONNANTES 23

23.1 ÉLÉMENTS DE CIRCUIT RÉELS

Vu d'une paire de bornes quelconque, tout circuit arbitraire constitué d'impédances idéales et de générateurs est, pour toute fréquence donnée, équivalent à un générateur $\mathcal{E}$ en série avec une impédance z. Ceci résulte du fait que si nous appliquons une tension V entre les bornes et résolvons toutes les équations pour trouver le courant I, nous devons obtenir une relation linéaire entre le courant et la tension. Comme toutes les équations sont linéaires, le résultat pour I ne doit dépendre de V que linéairement. La forme linéaire la plus générale peut s'exprimer comme

$$I = \frac{1}{z}(V - \mathcal{E}). \tag{23.1}$$

En général, z et $\mathcal{E}$ peuvent dépendre tous deux, de façon très compliquée, de la fréquence ω. Cependant, l'équation (23.1) est celle que l'on obtiendrait si entre les deux bornes il n'y avait qu'un générateur $\mathcal{E}(\omega)$ en série avec l'impédance $z(\omega)$.

On peut aussi se poser la question inverse : si nous avons un dispositif électromagnétique quelconque présentant deux bornes, et si nous *mesurons* la relation entre I et V pour déterminer $\mathcal{E}$ et z comme des fonctions de la fréquence, pouvons-nous trouver un assemblage de nos éléments idéaux qui soit équivalent à l'impédance interne z ? La réponse est que pour toute fonction $z(\omega)$ raisonnable - c'est-à-dire ayant un sens physique - il *est* possible de trouver une *approximation*, aussi précise qu'on le souhaite, par un circuit contenant un ensemble fini d'éléments idéaux. Nous ne voulons pas considérer maintenant le problème général, mais simplement voir ce qu'on peut tirer de raisonnements physiques dans quelques cas.

Si nous pensons à une résistance réelle, nous savons que le courant qui la traverse va créer un champ magnétique. Donc toute résistance réelle doit aussi posséder une certaine inductance. De plus, quand on applique à une résistance une différence de potentiel, il doit y avoir des charges à ses extrémités pour produire les champs électriques nécessaires. Quand la tension varie, les charges varient en rapport, de sorte que la résistance possédera aussi une certaine capacité. Nous nous attendons à ce qu'une résistance réelle soit équivalente au circuit de la Fig. 23.1. Dans une résistance bien conçue, les éléments dits « parasites » L et C sont petits, de sorte que pour les fréquences pour lesquelles elle est prévue, ωL est bien inférieur à R, et $1/\omega C$ est bien supérieur à R. Il est alors possible de les négliger. Cependant, quand on augmente la fréquence, ils finissent par devenir importants, et une résistance commence à se comporter comme un circuit résonnant.

Une inductance réelle n'est pas non plus égale à l'inductance idéalisée dont l'impédance est $i\omega L$. Une bobine de fil réelle aura une certaine résistance, de sorte qu'aux

© Dunod. Toute reproduction non autorisée est un délit.

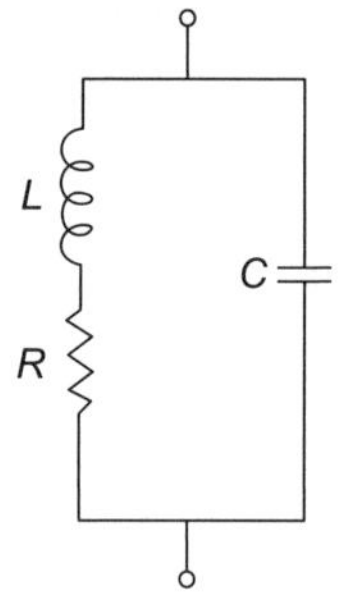

Figure 23.1 – Circuit équivalent à une résistance réelle.

basses fréquences la bobine est en réalité équivalente à une inductance en série avec une résistance, comme sur la Fig. 23.2a. Mais, penserez-vous, la résistance et l'inductance sont *ensemble* dans une bobine réelle – la résistance se répartit tout le long du fil et est ainsi mélangée à l'inductance. Nous devrions probablement utiliser un circuit ressemblant davantage à celui de la Fig. 23.2b, avec plusieurs petites R et L en série. Mais l'impédance totale d'un tel circuit est justement $\sum R + \sum i\omega L$, ce qui est équivalent au schéma plus simple de la partie (a).

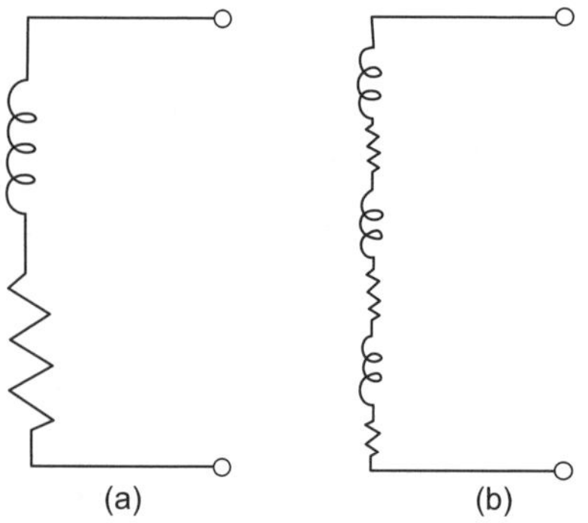

Figure 23.2 – Circuit équivalent à une inductance réelle aux basses fréquences.

Si nous montons en fréquence dans une bobine réelle, l'approximation d'une inductance plus une résistance n'est plus très bonne. Les charges qui doivent s'établir sur les fils pour créer les tensions vont devenir importantes. Tout se passe comme s'il y avait de petits condensateurs entre les spires de la bobine, comme on l'a schématisé sur la Fig. 23.3a. Nous pourrions essayer de prendre le circuit de la Fig. 23.3b comme une approximation de la bobine réelle. Aux basses fréquences, ce circuit peut être assez bien imité par celui, plus simple, de la partie (c) de la figure (qui est encore ce même circuit résonnant que nous avons trouvé comme modèle d'une résistance à haute fréquence). Cependant pour de plus hautes fréquences, le circuit plus compliqué de la Fig. 23.3b convient mieux. En fait, plus vous voulez représenter avec précision l'impédance vraie d'une inductance physique réelle, plus il vous faudra d'éléments idéaux dans le modèle artificiel.

Voyons d'un peu plus près ce qui se passe dans une bobine réelle. L'impédance d'une inductance varie comme ωL, de sorte qu'elle devient nulle aux basses fréquences – c'est un « court-circuit » : la résistance du fil est tout ce que nous voyons. À mesure que

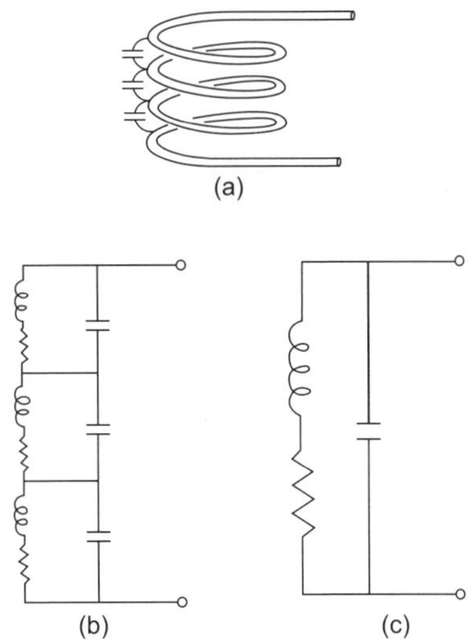

Figure 23.3 – Circuit équivalent à une inductance réelle á des fréquences plus élevées.

nous montons en fréquence, ωL devient bientôt très grande devant R, et la bobine se comporte à peu de chose près comme une inductance idéale. En montant encore plus, cependant, les capacités deviennent importantes. Leur impédance est proportionnelle à $1/\omega C$, qui est grand quand ω est petite. Pour des fréquences assez petites un condensateur est un « circuit ouvert », et placé en parallèle sur quelque chose d'autre, il ne conduit aucun courant. Mais aux hautes fréquences, le courant préfère passer dans les capacités comprises entre les spires, plutôt qu'à travers l'inductance. Le courant dans la bobine saute ainsi d'une spire à l'autre sans prendre la peine de faire le tour là où il doit faire front à la f.é.m. Donc, bien que nous puissions avoir conçu les choses pour que le courant circule le long du circuit, celui-ci empruntera le chemin le plus commode – le chemin de moindre impédance.

Si le sujet avait été un de ceux qui intéressent le grand public, on aurait baptisé cet effet, « la barrière de haute fréquence », ou quelque chose comme ça. Ce même genre de phénomène se produit dans tous les domaines. En aérodynamique, si vous tentez de communiquer une vitesse supérieure à celle du son, à des objets qui ont été conçus pour des vitesses plus faibles, ils ne marchent pas. Ce qui ne veut pas dire qu'il y ait là une grande « barrière » ; cela veut simplement dire que l'objet doit être reconçu. Donc cette bobine qui a été conçue pour être une « inductance » ne fonctionnera pas aux fréquences élevées comme une bonne inductance, mais comme autre chose. Pour les hautes fréquences, il nous faudra trouver une inductance d'un type nouveau.

23.2 Une capacité aux hautes fréquences

Nous allons maintenant discuter en détail le comportement d'une capacité – une capacité géométriquement idéale – quand la fréquence devient de plus en plus grande, afin de suivre le changement de ses propriétés. (Nous préférons utiliser une capacité au lieu d'une inductance, car la géométrie d'une paire de plateaux est bien moins compliquée

© Dunod. Toute reproduction non autorisée est un délit.

que la géométrie d'une bobine.) Considérons la capacité de la Fig. 23.4a, constituée de deux disques circulaires et parallèles reliés à un générateur extérieur par une paire de fils. Si nous chargeons le condensateur avec une tension continue, il y aura une charge positive sur un des plateaux et une charge négative sur l'autre ; et il y aura un champ électrique uniforme entre les plateaux.

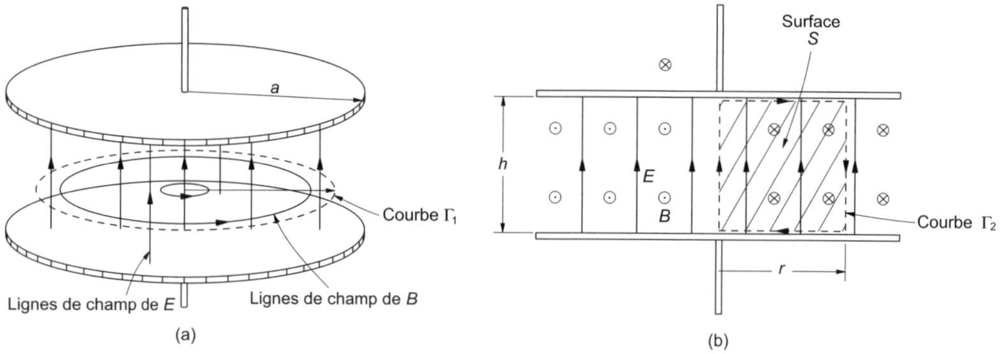

Figure 23.4 – Les champs électriques et magnétiques entre les plateaux d'un condensateur.

Maintenant, supposons qu'à la place d'une tension continue, on établisse une tension alternative de basse fréquence entre les plateaux. (Nous verrons plus tard ce qu'on appelle « basses » et « hautes » fréquences.) Disons que nous relions la capacité à un générateur de basse fréquence. Quand la tension change de signe, la charge positive du plateau supérieur disparaît et une charge négative apparaît. En même temps, le champ électrique disparaît puis se rétablit en sens opposé. Et tandis que la charge alterne mollement, le champ électrique suit. À chaque instant le champ électrique est uniforme, comme sur la Fig. 23.4b, à des effets de bords près dont nous négligeons les effets. Nous pouvons écrire l'intensité du champ électrique sous la forme

$$E = E_0 e^{i\omega t}, \tag{23.2}$$

où E_0 est une constante.

Est-ce que cela restera exact à mesure que la fréquence augmente ? Non, parce que, à mesure que le champ électrique s'élève et s'abaisse, il y a un flux du champ électrique à travers un contour quelconque tel que la Courbe Γ_1 de la Fig. 23.4a. Et, comme vous le savez, un champ électrique variable agit en créant un champ magnétique. L'une des équations de Maxwell nous dit que s'il y a un champ électrique variable, comme c'est le cas ici, il doit y avoir une intégrale curviligne du champ magnétique. L'intégrale du champ magnétique le long d'une courbe fermée, multipliée par c^2, est égale à la variation par unité de temps du flux électrique à travers la surface intérieure à la courbe (s'il n'existe aucun courant) :

$$c^2 \oint_\Gamma \boldsymbol{B} \cdot d\boldsymbol{s} = \frac{d}{dt} \int_{\text{dans } \Gamma} \boldsymbol{E} \cdot \boldsymbol{n}\, da. \tag{23.3}$$

Donc, quelle est l'intensité du champ magnétique ? Ce n'est pas très difficile. Supposons qu'on considère la boucle Γ_1, qui est un cercle de rayon r. Nous pouvons voir, d'après la symétrie que le champ magnétique circule comme sur la figure. L'intégrale curviligne de $\boldsymbol{B}$ est alors $2\pi rB$. Et comme le champ électrique est uniforme, le flux du champ électrique est tout simplement E multiplié par πr^2, l'aire du cercle :

$$c^2 B \cdot 2\pi r = \frac{\partial}{\partial t} E \cdot \pi r^2. \tag{23.4}$$

La dérivée de E par rapport au temps, pour notre champ alternatif, est tout simplement $i\omega E_0 E^{i\omega t}$. Nous trouvons donc que notre capacité contient un champ magnétique

$$B = \frac{i\omega r}{2c^2} E_0 e^{i\omega t}. \tag{23.5}$$

En d'autres termes, le champ magnétique oscille aussi et son intensité est proportionnelle à r.

Qu'est-ce que cela a comme effet ? Quand il y a un champ magnétique variable, il doit y avoir des champs électriques induits et la capacité va commencer à se comporter un peu comme une inductance. Quand la fréquence augmente, le champ magnétique s'intensifie ; il est proportionnel à la vitesse de variation de E, donc à ω. L'impédance de la capacité ne peut plus être simplement $1/i\omega C$.

Continuons à augmenter la fréquence et analysons minutieusement ce qui se passe. Il existe un champ magnétique alternatif. Mais alors le champ électrique ne peut plus être uniforme comme nous l'avons supposé ! Quand il y a un champ magnétique variable, il doit y avoir une intégrale curviligne du champ électrique – en raison de la loi de Faraday. Donc, s'il existe un champ magnétique appréciable, ce qui commence à se produire aux hautes fréquences, le champ électrique ne peut plus être le même à toute distance du centre. Le champ électrique doit varier avec r de telle sorte que l'intégrale curviligne du champ électrique puisse égaler la variation de flux du champ magnétique.

Voyons si nous pouvons calculer le champ électrique correct. Nous pouvons le faire en calculant un « terme correctif » au champ électrique uniforme que nous avions pris au départ pour les basses fréquences. Soit E_1 le champ électrique uniforme qui sera encore $E_0 e^{i\omega t}$, écrivons le champ électrique correct sous la forme

$$E = E_1 + E_2,$$

où E_2 est le terme correctif dû à la variation du champ magnétique. Quel que soit ω, nous noterons $E_0 e^{i\omega t}$ (définissant ainsi E_0) le champ au centre du condensateur, de sorte que nous n'avons aucune correction au centre ; $E_2 = 0$ en $r = 0$.

Pour trouver E_2 nous pouvons appliquer la loi de Faraday sous sa forme intégrale :

$$\oint_\Gamma \boldsymbol{E} \cdot d\boldsymbol{s} = -\frac{d}{dt}(\text{flux of } \boldsymbol{B}).$$

Les intégrales sont simples si nous les prenons le long de la courbe Γ_2 de la Fig. 23.4b, elle monte le long de l'axe, s'en écarte radialement sur une distance r le long du plateau

© Dunod. Toute reproduction non autorisée est un délit.

supérieur, descend verticalement jusqu'à l'autre plateau et revient à l'axe. L'intégrale curviligne de E_1, le long de cette courbe est évidemment zéro ; donc seul E_2 y contribue et son intégrale vaut $-E_2(r) \cdot h$, où h est la distance entre les deux plateaux. (Nous dirons que E est positif s'il est orienté vers le haut.) Ceci est égal à moins la variation par unité de temps du flux de $\boldsymbol{B}$, que nous calculerons par une intégrale étendue à la surface hachurée S intérieure à la courbe Γ_2 de la Fig. 23.4b. Le flux à travers une bande verticale de largeur dr est $B(r)hdr$, le flux total est donc

$$h \int B(r)\, dr.$$

Posant que $\frac{-\partial}{\partial t}$ du flux est égale à l'intégrale curviligne de E_2, il vient

$$E_2(r) = \frac{\partial}{\partial t} \int B(r)\, dr. \tag{23.6}$$

Remarquez que h s'élimine : les champs ne dépendent pas de l'écartement des deux plateaux.

Appliquant l'Éq. (23.5) pour $B(r)$, nous obtenons

$$E_2(r) = \frac{\partial}{\partial t} \frac{i\omega r^2}{4c^2} E_0 e^{i\omega t}.$$

La dérivée par rapport au temps introduit un autre facteur $i\omega$: nous obtenons

$$E_2(r) = -\frac{\omega^2 r^2}{4c^2} E_0 e^{i\omega t}. \tag{23.7}$$

Comme prévu, le champ électrique induit tend à *diminuer* le champ électrique loin du centre. Le champ électrique corrigé vaut donc

$$E = E_1 + E_2 = \left(1 - \frac{1}{4} \frac{\omega^2 r^2}{c^2}\right) E_0 e^{i\omega t}. \tag{23.8}$$

Le champ électrique à l'intérieur du condensateur n'est plus uniforme ; il a une allure parabolique comme la courbe en pointillé de la Fig. 23.5. Vous voyez que notre simple condensateur est en train de devenir légèrement compliqué.

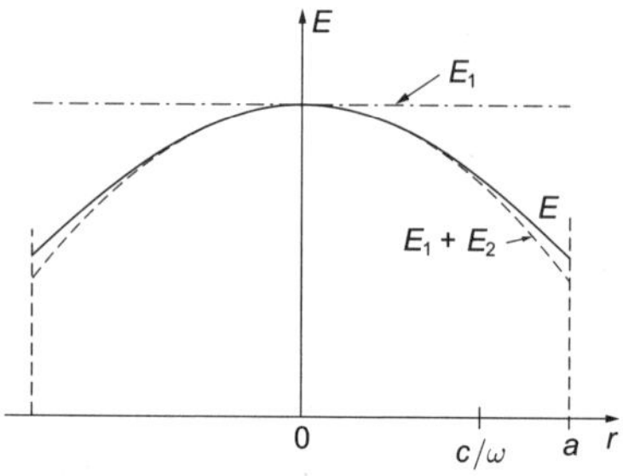

Figure 23.5 – Le champ électrique entre les plateaux d'un condensateur à haute fréquence. (Les effets de bord sont négligés.)

Nous pourrions maintenant utiliser nos résultats pour calculer l'impédance du condensateur aux hautes fréquences. Connaissant le champ électrique, nous pourrions calculer les charges sur les plateaux et trouver la loi de variation du courant qui traverse le condensateur en fonction de la fréquence ω, mais ce n'est pas ce problème qui nous intéresse pour l'instant. Ce qui nous intéresse davantage, c'est de voir ce qui se passe si nous continuons à monter en fréquence – c'est de voir ce qui se passe aux fréquences encore plus hautes. N'en avons-nous pas terminé ? Non, car nous avons corrigé le champ électrique, ce qui implique que le champ magnétique que nous avons calculé n'est plus le bon. Le champ magnétique de l'Éq. (23.5) est approximativement exact, mais ce n'est qu'une première approximation. Soit B_1 ce champ. Nous devrions alors récrire l'Éq. (23.5) sous la forme

$$B_1 = \frac{i\omega r}{2c^2} E_0 e^{i\omega t}. \tag{23.9}$$

Rappelez-vous que ce champ était dû aux variations de E_1. Or, le champ magnétique exact sera celui créé par le champ électrique total $E_1 + E_2$. Si nous écrivons le champ magnétique sous la forme $B = B_1 + B_2$, le second terme correspond au champ supplémentaire produit par E_2. Pour trouver B_2, nous pouvons appliquer les mêmes raisonnements que pour le calcul de B_1 ; l'intégrale curviligne de B_2 le long de la courbe Γ est égale à la variation par unité de temps du flux de E_2 à travers Γ_1. Nous retrouverons l'Éq. (23.4) où B sera remplacé par B_2 et E par E_2 :

$$c^2 B_2 \cdot 2\pi r = \frac{d}{dt}(\text{flux de } E_2 \text{ travers } \Gamma_1).$$

Comme E_2 varie avec le rayon, pour obtenir le flux, nous devons intégrer sur la surface circulaire intérieure à Γ_1. L'élément d'aire étant $2\pi r dr$, l'intégrale est :

$$\int_0^r E_2(r) \cdot 2\pi r \, dr.$$

Nous obtenons donc pour $B_2(r)$

$$B_2(r) = \frac{1}{rc^2} \frac{\partial}{\partial t} \int E_2(r) r \, dr. \tag{23.10}$$

Si nous utilisons le $E_2(r)$ de l'Éq. (23.7), il nous faut l'intégrale de $r^3 dr$, qui est bien sûr $r^4/4$. Notre terme correctif du champ magnétique devient

$$B_2(r) = -\frac{i\omega^3 r^3}{16c^4} E_0 e^{i\omega t}. \tag{23.11}$$

Mais nous n'avons toujours pas fini ! Si le champ magnétique B n'est pas ce que nous avons pensé au départ, le champ E_2 calculé est incorrect. Nous devons faire une correction supplémentaire sur E qui provient du champ magnétique supplémentaire B_2 Soit E_3 ce terme correctif additionnel du champ électrique. Il est lié au champ magnétique B_2 de

© Dunod. Toute reproduction non autorisée est un délit.

la même façon que E_2 l'était à B_1 Nous pouvons de nouveau appliquer l'Éq. (23.6) en changeant simplement les indices :

$$E_3(r) = \frac{\partial}{\partial t}\int B_2(r)\,dr. \tag{23.12}$$

Appliquant notre résultat, Éq. (23.11), pour B_2 la nouvelle correction du champ électrique vaut

$$E_3(r) = +\frac{\omega^4 r^4}{64c^4}E_0 e^{i\omega t}. \tag{23.13}$$

En dénotant par $E = E_1 + E_2 + E_3$ le champ électrique deux fois corrigé, nous avons

$$E = E_0 e^{i\omega t}\left[1 - \frac{1}{2^2}\left(\frac{\omega r}{c}\right)^2 + \frac{1}{2^2\cdot 4^2}\left(\frac{\omega r}{c}\right)^4\right]. \tag{23.14}$$

La variation du champ électrique avec le rayon n'est plus la simple parabole que nous avions tracée sur la Fig. 23.5, mais pour les grandes valeurs de r elle se place légèrement au-dessus de la courbe $(E_1 + E_2)$.

Nous n'en sommes pas encore tout à fait sortis. Le nouveau champ électrique crée un nouveau terme correctif pour le champ magnétique, et le nouveau champ magnétique corrigé créera une nouvelle correction au champ électrique, et ainsi de suite. Cependant, nous avons déjà toutes les formules qu'il nous faut. Pour B_3 nous pouvons appliquer l'Éq. (23.10) en changeant les indices de B et E de 2 en 3.

Le terme correctif suivant pour le champ électrique est

$$E_4 = -\frac{1}{2^2\cdot 4^2\cdot 6^2}\left(\frac{\omega r}{c}\right)^6 E_0 e^{i\omega t}.$$

De sorte qu'à cet ordre d'approximation le champ électrique total nous est donné par

$$E = E_0 e^{i\omega t}\left[1 - \frac{1}{(1!)^2}\left(\frac{\omega r}{2c}\right)^2 + \frac{1}{(2!)^2}\left(\frac{\omega r}{2c}\right)^4 - \frac{1}{(3!)^2}\left(\frac{\omega r}{2c}\right)^6 \pm \cdots\right]. \tag{23.15}$$

où les coefficients numériques ont été écrits pour qu'on puisse compléter la série de façon évidente.

En somme, le champ électrique entre les plateaux d'un condensateur, pour toute fréquence, est égal au produit par $E_0 e^{i\omega t}$ d'une série infinie ne contenant que la variable $\omega r/c$. Si nous le voulons, nous pouvons alors définir une fonction particulière, que nous appellerons $J_0(x)$, et qui sera la série infinie qui figure entre crochets dans l'Éq. (23.15) :

$$J_0(x) = 1 - \frac{1}{(1!)^2}\left(\frac{x}{2}\right)^2 + \frac{1}{(2!)^2}\left(\frac{x}{2}\right)^4 - \frac{1}{(3!)^2}\left(\frac{x}{2}\right)^6 \pm \cdots \tag{23.16}$$

Nous pouvons alors écrire notre solution comme le produit par $E_0 e^{i\omega t}$ de cette fonction, avec $x = \omega r/c$:

$$E = E_0 e^{i\omega t} J_0\left(\frac{\omega r}{c}\right). \tag{23.17}$$

La raison pour laquelle nous avons appelé cette fonction J_0, c'est que, naturellement, ce n'est pas la première fois que l'on résout un problème où il est question d'oscillations dans un cylindre. Cette fonction est apparue bien avant, et il est d'usage de l'appeler J_0. Elle apparaît chaque fois que l'on veut résoudre un problème d'ondes à symétrie cylindrique. La fonction J_0 est aux ondes cylindriques, ce qu'est la fonction cosinus pour les ondes sur une droite. C'est donc une fonction importante, découverte il y a très longtemps. Alors, un homme qui s'appelait Bessel lui donna son nom. Quant à l'indice zéro, il vient simplement de ce que Bessel découvrit tout un ensemble de fonctions différentes et que celle-ci en est la première.

Les autres fonctions de Bessel $-J_1$, J_2, et ainsi de suite – se rapportent aux ondes cylindriques dont l'intensité varie avec l'angle de rotation autour de l'axe du cylindre.

Le champ électrique corrigé total qui règne entre les armatures de notre condensateur cylindrique, qui est donné par l'Éq. (23.17), est représenté en trait plein sur la Fig. 23.5. Pour des fréquences peu élevées, la seconde approximation était déjà assez bonne. La troisième était encore meilleure – si bonne, en fait que si nous l'avions représentée vous n'auriez pu déceler aucune différence avec la courbe en trait plein. Nous verrons dans le paragraphe suivant, que l'on doit tenir compte cependant de la série complète pour avoir une description précise pour de grands rayons ou de hautes fréquences.

23.3 Une cavité résonnante

Voyons ce que donne notre solution pour le champ électrique entre les plaques du condensateur quand on augmente de plus en plus la fréquence. Pour de grandes ω, le paramètre $x = \omega r/c$ augmente aussi et les tout premiers termes de la série J_0 de x croissent rapidement. Ce qui signifie que la parabole que nous avons tracée sur la Fig. 23.5 s'incurve vers le bas plus rapidement aux fréquences plus hautes. En fait, on dirait que le champ tombe jusqu'à zéro pour une certaine fréquence élevée, quand c/w vaut environ la moitié de a. Voyons si J_0 passe vraiment par la valeur zéro et devient négative. Essayons d'abord $x = 2$:

$$J_0(2) = 1 - 1 + \tfrac{1}{4} - \tfrac{1}{36} = 0.22.$$

La fonction ne vaut toujours pas zéro, essayons donc une valeur plus élevée de x, disons $x = 2,5$. Numériquement, cela donne

$$J_0(2.5) = 1 - 1.56 + 0.61 - 0.11 = -0.06.$$

La fonction J_0 a déjà traversé la valeur zéro avant que nous en soyons à $x = 2,5$. En comparant les résultats pour $x = 2$ et $x = 2,5$ il semble que J_0 s'annule au cinquième de la distance entre 2,5 et 2. Nous pouvons penser que le zéro est atteint pour $x = 2,4$ approximativement. Voyons ce que donne cette valeur de x :

$$J_0(2.4) = 1 - 1.44 + 0.52 - 0.08 = 0.00.$$

Nous obtenons zéro à la précision de nos deux chiffres après la virgule. En faisant un calcul plus précis (ou, puisque J_0 est une fonction bien connue, en regardant dans une

© Dunod. Toute reproduction non autorisée est un délit.

table) nous trouvons qu'elle s'annule pour $x = 2,405$. Nous avons fait le calcul entièrement pour vous montrer que vous aussi vous auriez pu le faire sans avoir recours à une table.

Tant que nous en sommes à rechercher J_0 dans un livre, il est intéressant de noter comment elle se comporte pour les grandes valeurs de x ; elle a l'allure du graphe de la Fig. 23.6. Quand x croit, $J_0(x)$ oscille entre des valeurs positives et négatives avec une amplitude décroissante.

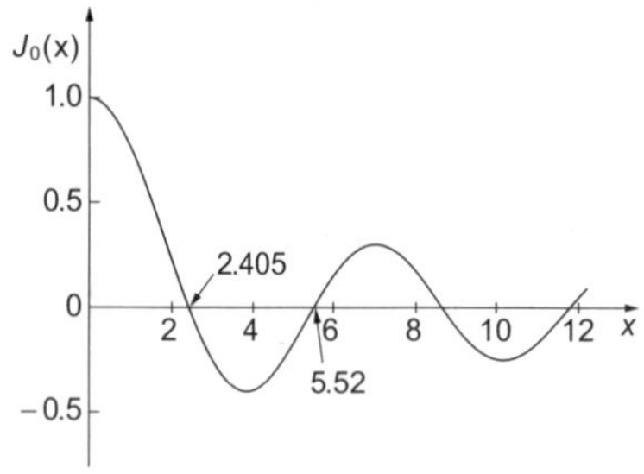

Figure 23.6 – La fonction de Bessel $J_0(x)$.

Nous obtenons donc le résultat intéressant suivant : si nous faisons croître suffisamment la fréquence, les champs électriques au centre du condensateur et au bord auront des directions opposées. Imaginons par exemple, qu'on prenne ω assez élevée pour que $x = \omega r/c$ sur le bord extérieur du condensateur soit égal à 4 ; alors le bord du condensateur correspond à l'abscisse $x = 4$ de la Fig. 23.6. Cela signifie que ce condensateur est soumis à une fréquence $\omega = 4c/a$. Sur le bord des plateaux, le champ électrique aura une intensité plutôt élevée et une direction opposée à celle que nous avions prévue. Telle est donc la chose terrible qui peut arriver à un condensateur utilisé en haute fréquence. Si nous allons vers les très hautes fréquences, le sens du champ oscille de nombreuses fois quand on s'écarte du centre du condensateur. Il y a aussi les champs magnétiques associés à ces champs électriques. Il n'est donc pas surprenant que ce condensateur ne se comporte pas comme une capacité idéale aux hautes fréquences. Nous pouvons même commencer à nous demander s'il se comporte comme une capacité ou comme une inductance. Nous devrions aussi insister sur l'existence aux bords du condensateur d'autres phénomènes, plus compliqués encore, et que nous avons négligés. Par exemple, il y aura un rayonnement d'ondes au-delà des bords, si bien que les champs sont encore plus compliqués que ceux que nous avons calculés, mais nous ne nous préoccuperons pas de ces effets maintenant.

Nous pourrions essayer de représenter ce condensateur par un circuit équivalent, mais il est sans doute préférable d'admettre simplement que le condensateur conçu pour des champs de basses fréquences cesse d'être satisfaisant si la fréquence devient trop grande. Si nous voulions traiter le fonctionnement d'un tel objet aux hautes fréquences, nous devons abandonner les approximations apportées aux équations de Maxwell pour traiter les circuits et remonter au système complet des équations qui décrivent complètement les champs dans l'espace. Au lieu d'avoir affaire à des éléments de circuits idéaux, c'est à des conducteurs réels tels qu'ils sont que nous avons affaire et nous devons tenir compte de tous les champs dans tout l'espace qui les entoure. Par exemple, si nous voulons un circuit résonnant à haute fréquence, nous ne tenterons pas de le réaliser avec une bobine et un condensateur plan.

Nous avons déjà signalé que le condensateur plan étudié présente certaines caractéristiques appartenant à la fois à une capacité et à une inductance. En raison du champ électrique, il y a des charges sur les surfaces des armatures, et en raison du champ magnétique, il y a des f.é.m. induites. Est-il possible que nous ayons déjà un circuit résonnant ? Eh bien oui. Imaginez que nous choisissons une fréquence pour laquelle le champ électrique s'annule pour une certaine valeur du rayon inférieure au rayon du disque ; c'est-à-dire que nous choisissons $\omega a/c$ supérieur à 2,405. En tout point d'un cercle coaxial aux plateaux du condensateur, le champ électrique sera nul. Imaginons alors que l'on prenne une mince feuille de métal et qu'on y découpe une bande juste assez large pour tenir juste entre les plateaux du condensateur. Puis nous enroulons cette bande suivant un cylindre dont le rayon est celui pour lequel le champ électrique est nul. Puisqu'il n'y a pas de champs électriques là, quand nous mettons en place le cylindre conducteur, celui-ci n'est traversé par aucun courant, et les champs électriques et magnétiques n'en sont pas perturbés. Nous avons donc pu introduire un court-circuit direct à travers le condensateur sans rien modifier. Voyez ce que nous obtenons : une boîte cylindrique fermée renfermant des champs électriques et magnétiques, sans aucune connexion avec l'extérieur. Les champs à l'intérieur ne changeraient pas même si nous jetions les bords des plateaux extérieurs à notre boîte ainsi que les fils de connexion du condensateur. Tout ce qui nous reste, c'est une boîte fermée, à l'intérieur de laquelle se trouvent des champs électriques et magnétiques, comme sur la Fig. 23.7a. Les champs électriques oscillent à la fréquence ω – qui, ne l'oublions pas, détermine le diamètre de la boîte. L'amplitude du champ oscillant E varie avec la distance à l'axe de la boîte, suivant le graphe de la Fig. 23.7b. Cette courbe n'est autre que la première arche de la fonction de Bessel d'ordre zéro. Il existe aussi un champ magnétique décrivant des cercles autour de l'axe, oscillant et déphasé de 90° par rapport au champ électrique.

Nous pouvons aussi exprimer par une série le champ magnétique et le représenter comme sur le graphe de la Fig. 23.7c.

Comment se fait-il qu'il existe des champs électriques et magnétiques à l'intérieur de la boîte sans connexions avec l'extérieur ? C'est parce que les champs électriques et magnétiques s'entretiennent eux-mêmes : les variations de $\boldsymbol{E}$ créent un champ $\boldsymbol{B}$, et les variations de $\boldsymbol{B}$ créent un champ $\boldsymbol{E}$ – en obéissant aux équations de Maxwell. Le champ magnétique possède un caractère inductif, et le champ électrique, un caractère capacitif : ensemble ils forment quelque chose qui ressemble à un circuit résonnant. Remarquez bien que les conditions que nous venons de décrire se produiront seulement si le rayon de la boîte vaut exactement 2,405 c/ω. Pour une boite d'un rayon donné les champs oscillants électriques et magnétiques s'entretiennent – comme nous l'avons décrit – seulement pour la fréquence particulière correspondante. Ainsi une boîte cylindrique de rayon r est *résonnante à* la fréquence

$$\omega_0 = 2.405\,\frac{c}{r}. \tag{23.18}$$

© Dunod. Toute reproduction non autorisée est un délit.

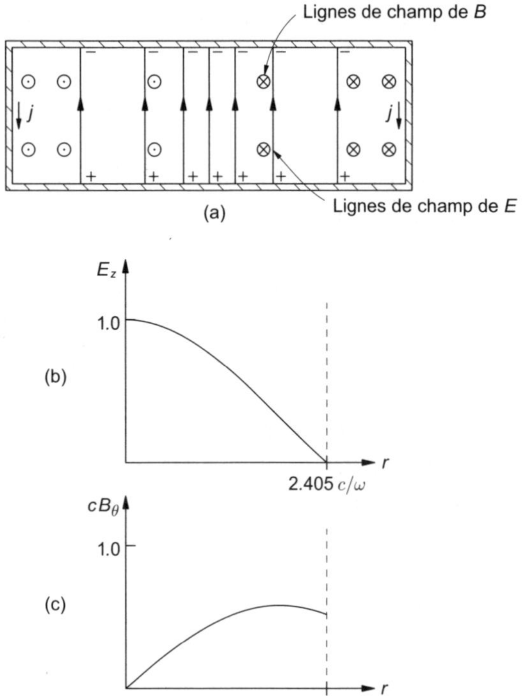

Figure 23.7 – La fonction de Bessel J_0 (x).

Nous avons dit que les champs continuaient d'osciller de la même façon après fermeture complète de la boîte. Ce n'est pas tout à fait exact. Ce serait possible si les parois de la boîte étaient des conducteurs parfaits. Cependant, pour une boîte réelle, les courants oscillants qui existent sur les parois intérieures de la boîte peuvent perdre de l'énergie en raison de la résistance du matériau. Les oscillations des champs s'amortissent peu à peu. Nous voyons sur la Fig. 23.7 qu'il doit y avoir des courants très intenses associés aux champs électriques et magnétiques à l'intérieur de la cavité. Comme le champ électrique vertical s'annule brusquement sur les plateaux supérieur et inférieur de la boîte, sa divergence y est grande ; il doit donc y avoir des charges électriques positives et négatives sur les faces internes de la boîte, ce qu'on peut voir sur la Fig. 23.7a. Quand le champ électrique s'inverse, les charges doivent s'inverser aussi, il doit donc s'établir un courant alternatif entre les deux plateaux de la boîte. Ces charges s'écoulent par les faces latérales de la boîte, comme sur la figure. On peut aussi voir qu'il doit y avoir des courants sur les côtés de la boîte, en observant ce qui se passe pour le champ magnétique. Le graphe de la Fig. 23.7c montre que le champ magnétique s'annule brusquement sur les bords de la boîte. Cette variation brusque du champ magnétique ne peut se produire que s'il existe un courant dans la paroi. Et c'est ce courant qui crée les charges électriques alternatives sur les plateaux de la boîte.

Vous pouvez être surpris par la découverte de ces courants dans les parois verticales de la boîte. Que devient notre hypothèse, que rien ne devait être changé par l'introduction de ces parois verticales dans la région où le champ électrique était nul ? Rappelez-vous cependant que lorsque nous avons mis en place les côtés de la boîte, les plateaux *supérieur* et inférieur s'étendaient bien au-delà, de sorte qu'il y avait aussi à l'extérieur de la boîte un champ magnétique. Ce n'est que lorsque nous avons supprimé les parties des plateaux extérieures à la boîte que des courants ont dû apparaître dans les parois verticales.

Bien que les champs électriques et magnétiques, à l'intérieur de la boîte complètement fermée, s'amortissent peu à peu en raison des pertes d'énergie, nous pouvons les en empêcher en introduisant, par un petit trou pratiqué dans la boîte, un peu d'énergie électrique pour compenser les pertes. Prenons un fil fin que nous glissons à l'intérieur de la boîte par le trou latéral, et que nous fixons sur la paroi interne de façon à ce qu'il forme une petite boucle, comme sur la Fig. 23.8. Si nous relions cette boucle à une source de courant alternatif de haute fréquence, celui-ci fournira de l'énergie aux champs électriques et magnétiques de la cavité et entretiendra les oscillations. Ceci se produit évidemment seulement si la fréquence de la source excitatrice est la fréquence de résonance de la boîte. Si la source n'est pas à la bonne fréquence, les champs électriques et magnétiques ne seront pas en résonance avec la source, et les champs dans la boîte seront très faibles.

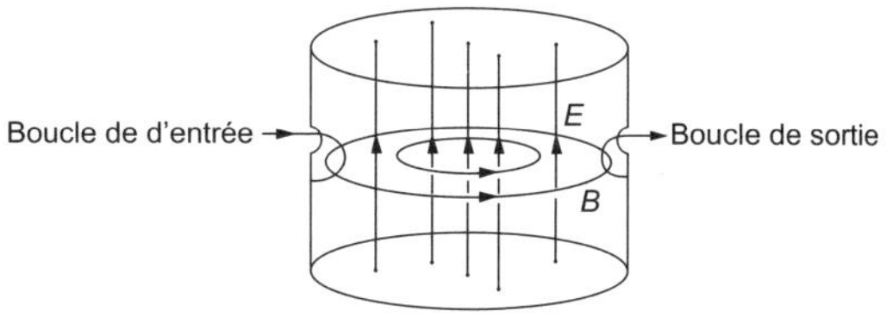

Figure 23.8 – Couplage d'entrée et de sortie dans une cavité résonnante.

On peut facilement observer la résonance en pratiquant un autre petit trou dans ia boite et en y accrochant une autre boucle de couplage, comme sur la Fig. 23.8. Les variations du champ magnétique à travers cette boucle y engendreront une force électromotrice induite. Et si cette boucle est reliée à un circuit de mesure extérieur les courants y seront proportionnels à l'intensité des champs dans la cavité. Supposons alors qu'on relie la boucle d'entrée de la cavité à un générateur de signal radiofréquence comme sur la Fig. 23.9. Le générateur contient une source de courant alternatif dont on peut faire varier la fréquence en agissant sur le bouton qui est devant le générateur. Puis nous relions la boucle de sortie de la cavité à un « détecteur », instrument de mesure du courant dans la boucle de sortie. L'échelle de lecture est proportionnelle au courant. En mesurant le courant de sortie en fonction de la fréquence du générateur d'entrée, on obtient une courbe comme celle de la Fig. 23.10. Le courant de sortie est faible pour toutes fréquences autres que les fréquences très voisines de ω_0, fréquence de résonance de la cavité. La courbe de résonance est très semblable à celles décrites au chapitre 23 du Vol. I. Cependant, la largeur de résonance est bien plus étroite que celles obtenues avec

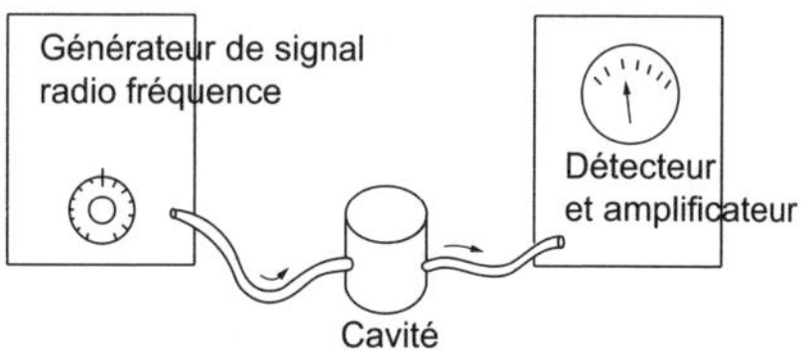

Figure 23.9 – Montage pour l'observation de la résonance de la cavité.

© Dunod. Toute reproduction non autorisée est un délit.

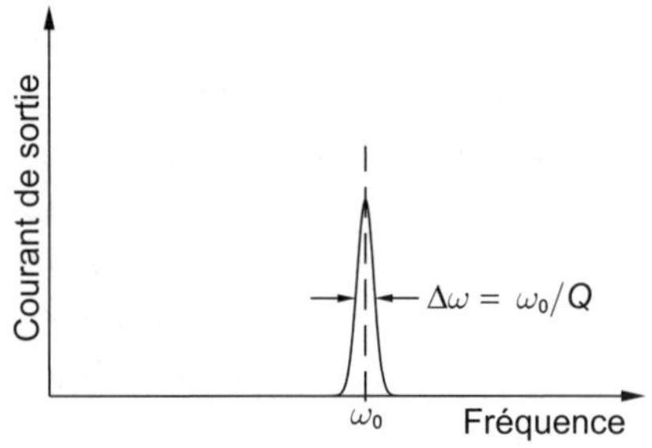

Figure 23.10 – Courbe de réponse en fréquence d'une cavité résonnante.

des circuits résonnants constitués par des inductances et des capacités, c'est-à-dire que le Q de la cavité est très élevé. Il n'est pas rare de trouver des Q de l'ordre de 100 000 ou plus si les parois internes de la cavité sont faites d'un très bon conducteur, de l'argent par exemple.

23.4 Modes d'une cavité

Essayons de vérifier nos résultats théoriques en faisant des mesures sur une boîte réelle. Prenons une boîte cylindrique de 7,5 cm de diamètre et de 6,25 cm de hauteur environ. Cette boîte est munie de deux boucles d'entrée et de sortie, comme sur la Fig. 23.8. En calculant la fréquence de résonance de cette boîte, prévue par l'Éq. (23.18) on obtient $f_0 = \omega_0/2\pi = 3\,010$ mégacycles. Si nous mettons la fréquence du générateur de signal aux environs de 3 000 mégacycles et si nous la faisons varier lentement jusqu'à ce que nous trouvions la résonance, nous observons un courant de sortie maximum pour une fréquence de 3 050 mégacycles, très voisine de la valeur prévue, mais pas exactement la même. Il y a plusieurs raisons possibles à ce désaccord entre les deux valeurs. Peut-être la fréquence de résonance est-elle légèrement modifiée par les deux trous percés pour introduire les deux boucles de couplage. Cependant, en réfléchissant un peu, on voit que ces trous devraient abaisser un peu la fréquence de résonance, et ce n'est donc pas la vraie raison. Peut-être y a-t-il une légère erreur dans l'étalonnage des fréquences du générateur de signal, ou peut-être la mesure du diamètre de la cavité n'est-elle pas assez précise. Quoi qu'il en soit, l'accord est plutôt bon. Il y a quelque chose de bien plus important qui se produit quand nous faisons varier la fréquence du générateur de signal au-delà de 3 000 mégacycles. Ce faisant nous obtenons les résultats que traduit la Fig. 23.11. En plus de la résonance prévue près de 3 000 mégacycles, il apparaît aussi

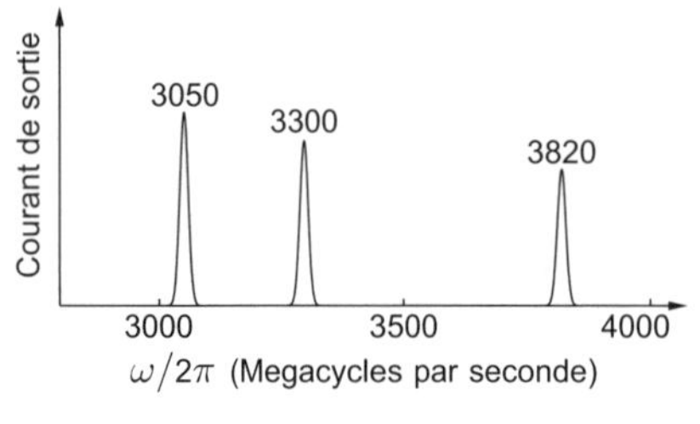

Figure 23.11 – Fréquences de résonance observées pour une cavité cylindrique.

une résonance vers 3 300 mégacycles et une autre vers 3 820 mégacycles. Que signifient ces résonances supplémentaires ? Nous pouvons en avoir une idée à partir de la Fig. 23.6. Bien que nous ayons supposé que le premier zéro de la fonction de Bessel était au bord de la boîte, il se peut tout aussi bien que ce soit le second zéro de la fonction de Bessel qui corresponde au bord de la boîte, de sorte qu'il y ait une oscillation complète du champ électrique quand on se déplace du centre vers le bord de la boîte, comme sur la Fig. 23.12. C'est un autre mode possible pour les champs oscillants. Nous devrions certainement nous attendre à ce que la boîte puisse résonner sur un tel mode. Mais remarquez que le second zéro de la fonction de Bessel est à $x = 5,52$, ce qui est plus du double de la valeur qui correspond au premier zéro. La fréquence de résonance de ce mode devrait donc être supérieure à 6 000 mégacycles. Nous le trouverions bien là, sans doute, mais cela n'explique pas la résonance observée à 3 300.

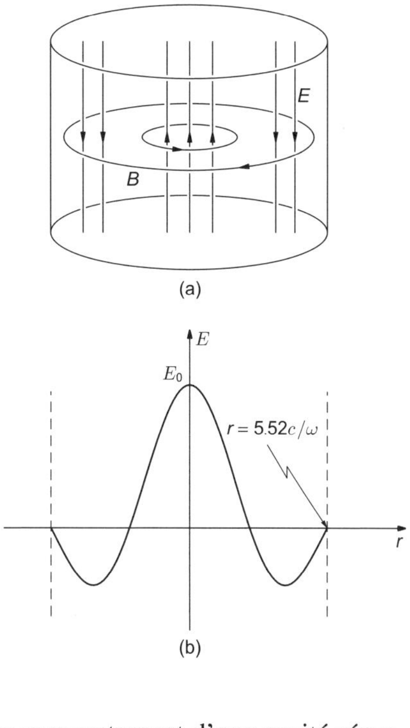

Figure 23.12 – Un mode de fréquence plus élevée.

L'ennui vient de ce que, dans notre description du comportement d'une cavité résonnante, nous avons considéré un seul arrangement géométrique possible pour les champs électriques et magnétiques. Nous avons supposé que les champs électriques sont verticaux et les champs magnétiques décrivent des cercles horizontaux. Mais d'autres champs sont possibles. La seule exigence pour les champs est qu'ils satisfassent les équations de Maxwell à l'intérieur de la boîte et que le champ électrique soit normal aux parois. Nous avons envisagé le cas de la boîte dont les plateaux inférieur et supérieur sont plans, mais les choses ne seraient pas si différentes si ceux-ci étaient courbes. En fait, comment la boite peut-elle savoir quels sont ses plateaux inférieur et supérieur et quels sont ses côtés ? On peut, en fait, montrer qu'il existe un mode d'oscillation des champs à l'intérieur

© Dunod. Toute reproduction non autorisée est un délit.

de la boîte pour lequel le champ électrique est plus ou moins orienté suivant le diamètre de la boîte, comme sur la Fig. 23.13.

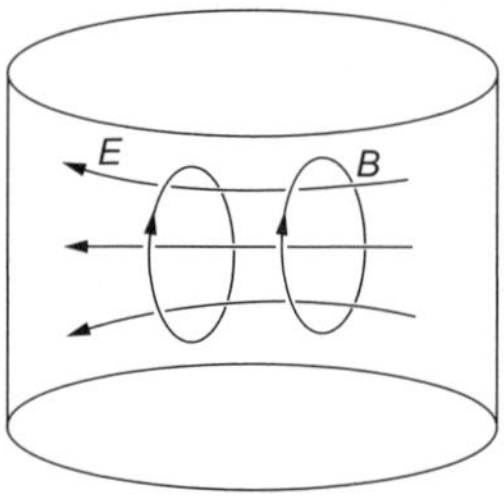

Figure 23.13 – Un mode transversal de la cavité cylindrique.

Il n'est pas difficile de comprendre pourquoi la fréquence propre de ce mode ne doit pas être bien différente de la fréquence propre du premier mode considéré. Imaginez qu'au lieu d'avoir choisi une cavité cylindrique, nous ayons pris une cavité cubique de 7,5 cm d'arête. Il est évident que celle-ci aurait trois modes distincts, mais tous se produiraient pour la même fréquence. Un mode, avec le champ électrique dirigé à peu près de haut en bas aurait certainement la même fréquence que le mode avec le champ dirigé de gauche à droite. Si maintenant nous déformons le cube en un cylindre, nous changerons quelque peu ces fréquences. Nous prévoyons cependant qu'elles ne seront pas trop changées à condition de maintenir à peu près les mêmes dimensions pour la cavité. Ainsi la fréquence du mode de la Fig. 23.13 ne devrait pas être trop différente de celle du mode de la Fig. 23.8. Nous pourrions faire un calcul détaillé de la fréquence propre du mode de la Fig. 23.13, mais nous ne le ferons pas ici. Tous calculs faits on trouve que pour les dimensions considérées, la fréquence de résonance s'avère être très voisine de la fréquence mesurée de 3 300 mégacycles.

On peut encore montrer par d'autres calculs semblables qu'il existe un autre mode avec une fréquence de résonance voisine de la fréquence de 3 800 mégacycles mesurée. Pour ce mode, les champs électriques et magnétiques sont représentés sur la Fig. 23.14. Le champ électrique ne prend pas la peine de traverser toute la cavité. Il se dirige des côtés vers les plateaux, comme le montre la figure.

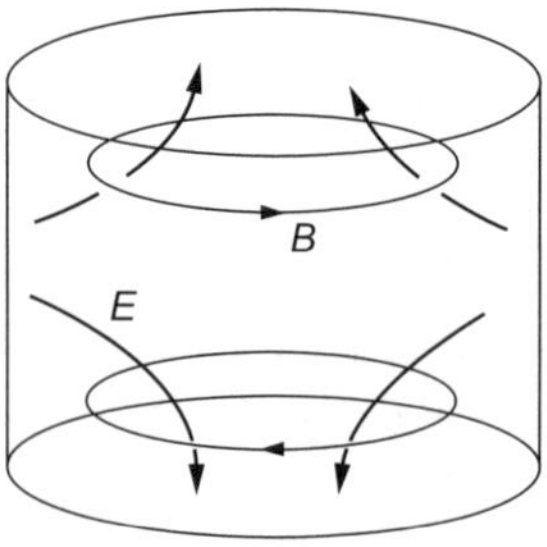

Figure 23.14 – Un autre mode d'une cavité cylindrique.

Vous imaginez donc volontiers qu'en augmentant de plus en plus la fréquence nous trouverons de plus en plus de résonances. Il existe de nombreux modes distincts, chacun d'eux possédant une fréquence de résonance différente et correspondant à un arrangement particulier des champs électriques et magnétiques. On appelle chacun de ces arrangements un *mode* de résonance. On peut calculer la fréquence de résonance de chaque mode en résolvant les équations de Maxwell pour les champs électriques et magnétiques dans la cavité.

Quand nous sommes à la résonance pour une fréquence particulière, comment pouvons-nous savoir quel est le mode excité ? Un des moyens est d'introduire par un trou un petit fil dans la cavité. Si le champ électrique est dirigé suivant le fil, comme sur la Fig. 23.15a, le courant dans le fil sera relativement intense, absorbant l'énergie des champs, et ayant pour effet de supprimer la résonance. Si le champ électrique est orienté comme sur la Fig. 23.15b, le fil aura un effet bien plus faible. On pourrait déterminer la direction du champ dans ce cas, en coudant l'extrémité du fil comme sur la Fig. 23.15c. Puis, en faisant tourner le fil, on obtiendra un grand effet si la partie repliée du fil est parallèle à E et un faible effet, si elle est amenée perpendiculairement à E.

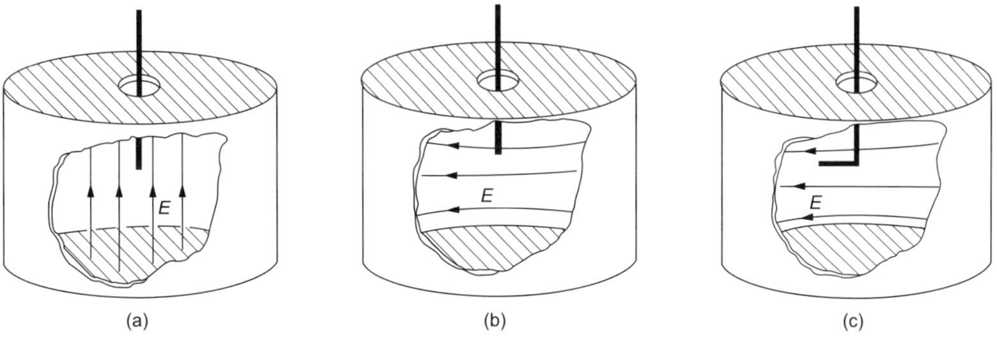

Figure 23.15 – Un court fil métallique introduit dans une cavité gêne la résonance beaucoup plus s'il est parallèle à E que s'il lui est perpendiculaire.

23.5 Cavités et circuits résonnants

Bien que la cavité résonnante que nous venons de décrire semble très différente d'un circuit résonnant ordinaire, composé d'une inductance et d'une capacité, les deux systèmes résonnants sont, bien entendu, intimement liés. Tous deux sont membres d'une même famille ; ils sont les deux cas extrêmes des résonateurs électromagnétiques – et l'on trouve de nombreux cas intermédiaires compris entre ces deux extrêmes. Considérons d'abord le circuit résonnant d'une capacité en parallèle avec une inductance, comme sur la Fig. 23.16a. Ce circuit entre en résonance pour $\omega_0 = 1/\sqrt{LC}$. Pour augmenter la fréquence de résonance de ce circuit nous pouvons diminuer l'inductance L. Par exemple en diminuant le nombre de tours de fil de la bobine. Nous ne pouvons pas cependant aller tellement loin dans ce sens. Nous finirons par arriver au dernier tour et nous n'aurons plus qu'un fil joignant les deux plateaux du condensateur. Nous pourrions augmenter encore la fréquence de résonance en diminuant la capacité du condensateur ; mais nous pouvons aussi continuer à diminuer l'inductance en disposant plusieurs inductances en parallèle. Deux inductances formées d'un tour, en parallèle, auront une inductance moitié de l'inductance de chacune. Donc une fois notre inductance réduite à

© Dunod. Toute reproduction non autorisée est un délit.

un seul tour, nous pouvons continuer à augmenter la fréquence de résonance en ajoutant d'autres spires uniques reliant le plateau supérieur au plateau inférieur du condensateur. Par exemple, la Fig. 23.16b représente les plateaux d'un condensateur reliés par six de ces « inductances à un tour ». Si nous continuons à ajouter ainsi un grand nombre de fils nous pouvons aboutir au système résonnant totalement fermé représenté sur la partie (c) de la figure, dessin de la section droite d'un objet à symétrie cylindrique. Notre inductance est maintenant une boîte creuse cylindrique fixée sur les bords des plateaux du condensateur. Les champs électriques et magnétiques qui y règnent, sont représentés sur la figure. Un tel objet est évidemment une cavité résonnante. On l'appelle une cavité « chargée ». Mais nous pouvons encore la considérer comme un circuit *L-C* dans lequel la partie capacité est la région où se trouve presque tout le champ électrique, et la partie inductance, celle où se trouve presque tout le champ magnétique.

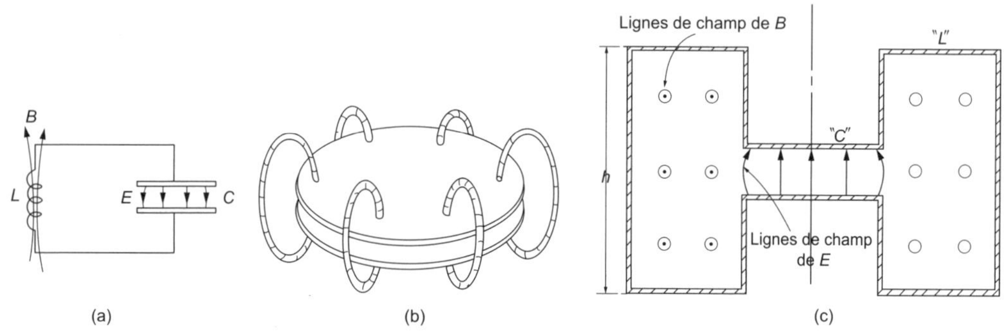

Figure 23.16 – Résonateurs de fréquences de résonance progressivement plus élevées.

Si nous voulons encore augmenter la fréquence du résonateur de la Fig. 23.16c, nous le pouvons en diminuant encore l'inductance *L*. Il nous faut diminuer les dimensions géométriques de la partie inductance, en diminuant par exemple la grandeur *h* indiquée sur le dessin. En diminuant *h*, on augmente la fréquence de résonance. On finira, bien sûr, par arriver au cas où la hauteur *h* est juste égale à la séparation entre les plateaux du condensateur. Nous n'avons plus alors qu'une boîte cylindrique ; notre circuit résonnant est devenu la cavité résonnante de la Fig. 23.7.

Remarquez que dans le premier circuit résonnant *L-C* de la Fig. 23.16 les champs électriques et magnétiques sont très séparés. En modifiant peu à peu le système résonnant pour élever la fréquence de résonance, le champ magnétique s'est rapproché de plus en plus du champ électrique, jusqu'à être tout à fait entremêlé à lui dans la cavité résonnante.

Bien que les cavités résonnantes dont nous avons parlé dans ce chapitre aient été des boîtes cylindriques, la forme cylindrique n'a rien de magique. Une boîte de forme quelconque possède des fréquences de résonance correspondant à différents modes possibles

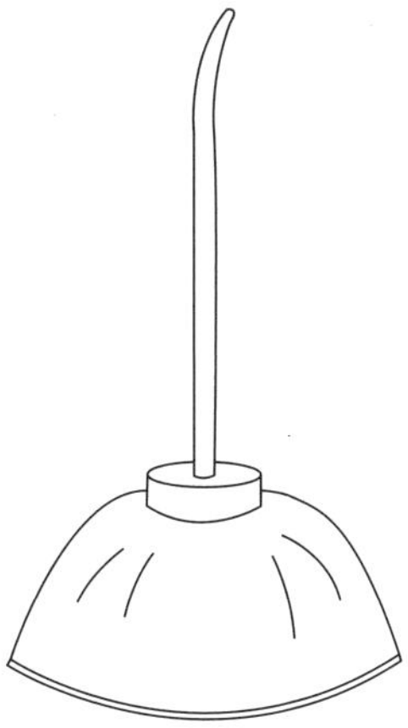

Figure 23.17 – Une autre cavité résonnante.

d'oscillation des champs électriques et magnétiques. Par exemple, la « cavité » représentée par la Fig. 23.17 possède son propre ensemble particulier de fréquences de résonance – bien qu'elles soient d'un calcul assez difficile.

© Dunod. Toute reproduction non autorisée est un délit.

GUIDES D'ONDES 24

24.1 LA LIGNE DE TRANSMISSION

Dans le chapitre précédent nous avons étudié ce qui arrivait à des composants de circuits lorsqu'ils fonctionnent à de très hautes fréquences, et nous avons été amenés à voir qu'un circuit résonnant pouvait être remplacé par une cavité contenant des champs résonnants. La connexion entre un élément et un autre, de telle sorte que l'énergie électromagnétique soit transmise entre eux, constitue un autre problème technique intéressant. Dans les circuits à basse fréquence, la connexion se fait à l'aide de fils, mais cette méthode ne marche pas très bien en haute fréquence parce que dans ces conditions les circuits rayonnent de l'énergie dans tout l'espace environnant, et il est difficile de contrôler où passe l'énergie. Les champs s'étalent autour des fils ; les courants et les tensions ne sont pas très bien « guidés » par les fils. Nous allons voir dans ce chapitre comment on peut interconnecter des éléments en haute fréquence. C'est tout au moins une façon de présenter notre sujet.

Une autre façon consisterait à dire que nous avons discuté du comportement des ondes dans l'espace libre. Il est temps maintenant de voir ce qui arrive quand des champs oscillants sont confinés en une ou plusieurs dimensions de l'espace. Nous allons découvrir un phénomène nouveau intéressant : quand les champs sont confinés en deux dimensions, et, libres d'aller selon la troisième dimension, ils se propagent en ondes. Ce sont des « ondes guidées » – qui font l'objet de ce chapitre.

Nous commençons par l'étude de la théorie générale de la *ligne de transmission*. La ligne électrique ordinaire qui traverse le paysage de pylône en pylône rayonne une partie de son énergie, mais les fréquences (50–60 cycles/sec) en sont si basses que cette perte n'est pas importante. On pourrait arrêter ce rayonnement en entourant la ligne d'un tube métallique, mais cette méthode ne serait pas commode pour des lignes de transport d'énergie parce que les tensions et les courants utilisés nécessiteraient un tube très grand, très cher et très lourd. On utilise donc de simples « lignes nues ».

Pour des fréquences un peu plus hautes – disons quelques kilocycles – le rayonnement peut devenir sérieux. Il peut cependant être réduit en utilisant des lignes de transmission à « fils torsadés », comme on le fait pour les relations téléphoniques à courte distance. Cependant, à de 'plus hautes fréquences, le rayonnement devient vite intolérable, soit à cause des pertes d'énergie, soit parce que l'énergie apparaît dans d'autres circuits où elle est indésirable. Pour les fréquences comprises entre quelques kilocycles et quelques centaines de mégacycles, les signaux et l'énergie électromagnétiques sont habituellement transmis à l'aide de câbles coaxiaux constitués par un fil placé au milieu d'un cylindre « le conducteur externe » ou « armature ». Bien que l'exposé qui suit s'applique à

© Dunod. Toute reproduction non autorisée est un délit.

une ligne de transmission constituée par deux conducteurs parallèles de n'importe quelle forme, nous nous y référerons à une ligne coaxiale.

Nous prenons la ligne coaxiale la plus simple, celle qui a un conducteur central, que nous supposerons constitué d'un mince cylindre creux, et un conducteur externe qui est un autre cylindre mince de même axe que le conducteur interne (Fig. 24.1). Nous commençons par étudier approximativement le comportement de la ligne aux fréquences relativement basses. Nous avons déjà décrit un peu ce comportement à basse fréquence quand nous avons dit précédemment que deux tels conducteurs possédaient une certaine inductance par unité de longueur et une certaine capacité par unité de longueur. On peut, effectivement, décrire le comportement à basse fréquence de n'importe quelle ligne de transmission en donnant son inductance par unité de longueur, L_0, et sa capacité par unité de longueur, C_0. Nous pouvons alors analyser la ligne en la considérant comme cas limite du filtre $L–C$ discuté au paragraphe 22-6. Nous pouvons construire un filtre qui imite la ligne en prenant de petits éléments en série, $L_0\Delta x$, et de petites capacités en parallèle $C_0\Delta x$, où Δx est l'élément de longueur de la ligne. En utilisant nos résultats pour le filtre infini nous voyons qu'il y aura propagation de signaux électriques le long de la ligne. Cependant, plutôt que d'utiliser cette façon d'aborder le problème, nous allons considérer la ligne en faisant intervenir une équation différentielle.

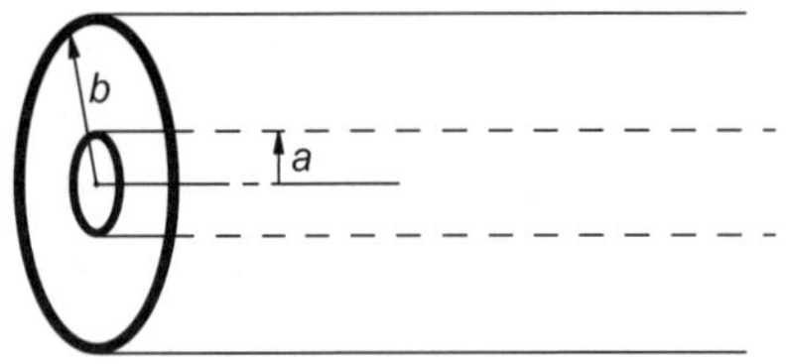

Figure 24.1 – Une ligne de transmission coaxiale.

Voyons donc ce qui se passe en deux points voisins de la ligne de transmission. disons en deux points situés aux distances x et $x + \Delta x$ de l'origine de la ligne. Soit $V(x)$ la différence de potentiel entre les deux conducteurs et $I(x)$ le courant dans le conducteur « chaud » (voir Fig. 24.2). Si le courant de la ligne varie, l'inductance nous donne pour la petite portion de ligne comprise entre x et $x + \Delta x$ une chute de tension égale à

$$\Delta V = V(x + \Delta x) - V(x) = -L_0\,\Delta x\,\frac{dI}{dt}.$$

Ou encore, en passant à la limite lorsque $\Delta x \to 0$, nous obtenons

$$\frac{\partial V}{\partial x} = -L_0\,\frac{\partial I}{\partial t}. \tag{24.1}$$

Le courant variable crée un gradient de tension.

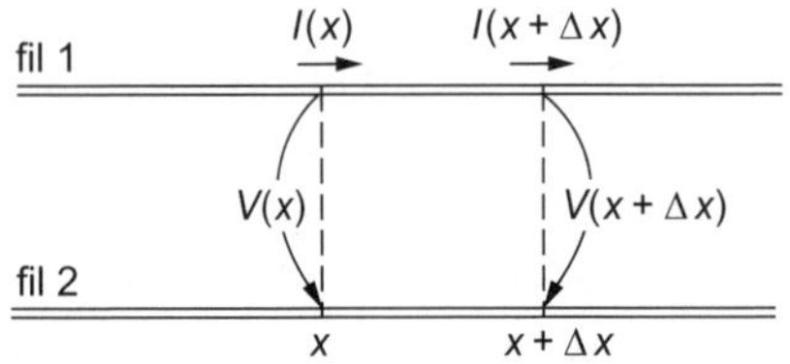

Figure 24.2 – Courants et tensions dans une ligne de transmission.

En revenant encore à la figure, on voit que si la tension en x varie, il faut qu'on fournisse une certaine charge à la capacité dans cette région. Si nous considérons le petit tronçon de ligne compris entre x et $x + \Delta x$, nous voyons que sa charge vaut $q = C_0 \Delta x V$. La variation de cette charge par unité de temps est donnée par $C_0 \Delta x dV/dt$, mais la charge ne varie que si le courant $I(x)$ entrant dans l'élément est différent du courant $I(x + \Delta x)$ qui en sort. En appelant ΔI cette différence nous avons

$$\Delta I = -C_0 \, \Delta x \, \frac{dV}{dt}.$$

En passant à la limite lorsque $\Delta x \to 0$, nous obtenons

$$\frac{\partial I}{\partial x} = -C_0 \, \frac{\partial V}{\partial t}. \tag{24.2}$$

La conservation de la charge implique donc que le gradient du courant soit proportionnel à la variation de la tension par unité de temps.

Les équations (24.1) et (24.2) sont alors les équations de base d'une ligne de transmission. Si on veut, on peut les modifier pour y inclure les effets de résistance dans les conducteurs ou de perte de charge à travers l'isolant entre les conducteurs, mais pour l'instant, nous n'allons garder que l'exemple simple.

Les deux équations de la ligne de transmission peuvent être combinées en en dérivant l'une par rapport à t et l'autre par rapport à x et en éliminant soit V soit I. Nous avons alors ou bien

$$\frac{\partial^2 V}{\partial x^2} = C_0 L_0 \, \frac{\partial^2 V}{\partial t^2} \tag{24.3}$$

ou bien

$$\frac{\partial^2 I}{\partial x^2} = C_0 L_0 \, \frac{\partial^2 I}{\partial t^2} \tag{24.4}$$

Nous reconnaissons une fois de plus l'équation d'onde en x. Pour une ligne uniforme, la tension (et le courant) se propage sous forme d'onde le long de la ligne. La tension le long de la ligne doit être de la forme $V(x, t) = f(x - vt)$ ou $V(x, t) = g(x + vt)$, ou une somme des deux. Quelle est la vitesse v ? Nous savons que le coefficient du terme $\partial^2/\partial t^2$ est précisément $1/v^2$, donc

$$v = \frac{1}{\sqrt{L_0 C_0}}. \tag{24.5}$$

Nous allons vous laisser le soin de montrer que la tension *pour chacune des ondes* d'une ligne est proportionnelle au courant de cette onde et que la constante de proportionnalité est exactement l'impédance caractéristique z_0. En désignant par V_+ et I_+ la tension et le courant pour une onde se propageant dans la direction des x positifs, vous devriez obtenir

$$V_+ = z_0 I_+. \tag{24.6}$$

De même, pour l'onde se propageant vers les x négatifs la relation est

$$V_- = z_0 I_-.$$

© Dunod. Toute reproduction non autorisée est un délit.

L'impédance caractéristique – comme nous l'avons vu à partir des équations des filtres – est donnée par

$$z_0 = \sqrt{\frac{L_0}{C_0}}, \tag{24.7}$$

et est, par conséquent, une résistance pure.

Pour trouver la vitesse de propagation v et l'impédance caractéristique z_0 d'une ligne de transmission, il faut connaître l'inductance et la capacité par unité de longueur. Nous pouvons les calculer facilement pour un câble coaxial, nous verrons ainsi comment on fait. Pour l'inductance. nous suivons les idées du paragraphe 17-8 et posons $\frac{1}{2}LI^2$ égal à l'énergie magnétique que nous obtenons en intégrant $\epsilon_0 c^2 B^2/2$ sur le volume. Supposons que le conducteur central transporte le courant I ; nous savons alors que $B = I/2\pi\epsilon_0 c^2 r$, où r est la distance à l'axe. En prenant comme élément de volume une couche cylindrique d'épaisseur dr et de longueur l, nous avons pour l'énergie magnétique

$$U = \frac{\epsilon_0 c^2}{2} \int_a^b \left(\frac{I}{2\pi\epsilon_0 c^2 r}\right)^2 l\,2\pi r\,dr,$$

où a et b sont respectivement les rayons des conducteurs intérieur et extérieur. En calculant l'intégrale, nous obtenons

$$U = \frac{I^2 l}{4\pi\epsilon_0 c^2} \ln\frac{b}{a}. \tag{24.8}$$

Posant l'énergie égale à $\frac{1}{2}LI^2$, nous trouvons

$$L = \frac{l}{2\pi\epsilon_0 c^2} \ln\frac{b}{a}. \tag{24.9}$$

L est, comme il se doit, proportionnelle à la longueur l de la ligne de sorte que l'inductance par unité de longueur L_0 est

$$L_0 = \frac{\ln(b/a)}{2\pi\epsilon_0 c^2}. \tag{24.10}$$

Nous avons calculé la charge sur un condensateur cylindrique (voir paragraphe 12-2). Maintenant, en divisant la charge par la différence de potentiel, nous obtenons

$$C = \frac{2\pi\epsilon_0 l}{\ln(b/a)}.$$

La capacité par unité de longueur C_0 est C/l. En combinant ce résultat avec l'Éq. (24.10), nous voyons que le produit L_0C_0 est exactement égal à $1/c^2$, donc $v = 1/\sqrt{L_0C_0}$ est égal à C. L'onde parcourt la ligne à la vitesse de la lumière. Notons bien que ce résultat dépend de nos hypothèses : (a) qu'il n'y a pas de matériaux diélectriques ou magnétiques dans l'espace compris entre les conducteurs, et (b) que les courants se sont tous localisés sur les surfaces des conducteurs (comme ce serait le cas pour des conducteurs parfaits).

Nous verrons plus tard que pour de bons conducteurs en haute fréquence, tous les courants se répartissent sur les surfaces comme ils le feraient sur un conducteur parfait, cette hypothèse est donc valable.

Il est intéressant de noter maintenant que pourvu que les hypothèses (a) et (b) soient correctes, le produit L_0C_0 est égal à $1/c^2$ pour *n'importe quelle* paire de conducteurs parallèles – même, par exemple, pour un conducteur intérieur hexagonal placé n'importe où dans un conducteur extérieur elliptique. Pourvu que la section droite soit constante et que l'espace entre les conducteurs contienne aucune matière, les ondes se propagent à la vitesse de la lumière.

Aucune remarque générale semblable ne peut être faite à propos de l'impédance caractéristique. Pour la ligne coaxiale, elle vaut

$$z_0 = \frac{\ln(b/a)}{2\pi\epsilon_0 c}. \tag{24.11}$$

Le facteur $1/\epsilon_0 c$ a les dimensions d'une résistance et est égal à 120π ohms. Le facteur géométrique $\ln(b/a)$ ne dépend que logarithmiquement des dimensions, de sorte que pour la ligne coaxiale – et pour la plupart des lignes – l'impédance caractéristique a des valeurs typiques allant de 50 ohms à quelques centaines d'ohms.

24.2 Le guide d'ondes rectangulaire

Ce dont nous voulons parler maintenant semble, à première vue, un phénomène surprenant : si le conducteur central est retiré d'une ligne coaxiale, elle peut encore transporter de la puissance électromagnétique. En d'autres termes, à des fréquences suffisamment élevées, un tube vide marche tout aussi bien qu'un tube contenant des fils. Ceci est relié à la façon mystérieuse dont un circuit résonnant condensateur – inductance peut être remplacé en haute fréquence par une simple boîte.

Bien que cela puisse paraître remarquable quand on a considéré une ligne de transmission comme une distribution d'inductances et de capacités, nous savons tous que des ondes électromagnétiques peuvent se propager dans un tube métallique creux. Si le tube est droit, on peut *voir* à travers ! Donc des ondes électromagnétiques peuvent certainement traverser un tube. Mais nous savons aussi qu'il n'est pas possible de transmettre des ondes de basse fréquence (énergie électrique ou téléphone) à travers un simple tube métallique. C'est donc que les ondes électromagnétiques ne vont le traverser que si leur longueur d'onde est assez courte. Nous nous proposons donc de discuter le cas limite des plus grandes longueurs d'onde (ou des plus basses fréquences) qui peuvent traverser un tube de dimensions données. Comme le tube est alors utilisé pour transporter des ondes, on l'appelle un *guide d'ondes*.

Nous commencerons par un tuyau rectangulaire, parce que c'est le cas le plus simple à analyser. Nous le traiterons d'abord mathématiquement et nous y reviendrons plus tard pour étudier le problème d'une façon beaucoup plus élémentaire. Cependant, l'approche la plus élémentaire ne peut s'appliquer facilement qu'à un guide rectangulaire.

© Dunod. Toute reproduction non autorisée est un délit.

Les phénomènes de base sont les mêmes pour un guide en général de forme arbitraire, de sorte que le raisonnement mathématique est fondamentalement plus solide.

Notre problème est donc de trouver quelles sortes d'ondes peuvent exister à l'intérieur d'un tube rectangulaire. Choisissons d'abord des coordonnées commodes ; prenons l'axe des z dans le sens de la longueur du tube, et les axes x et y parallèles aux deux côtés comme le montre la Fig. 24.3.

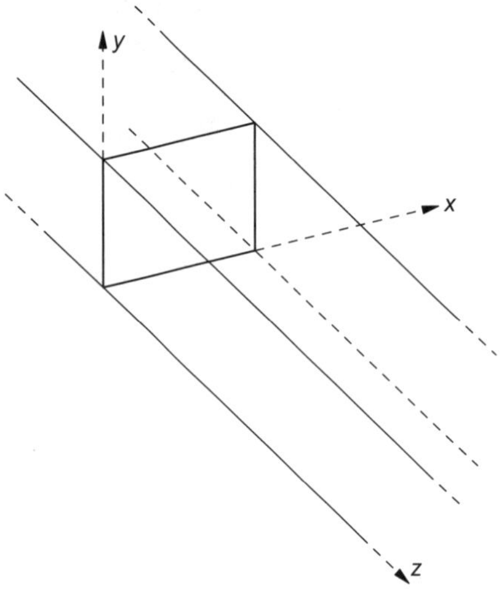

Figure 24.3 – Les coordonnées choisies dans le cas du guide d'ondes rectangulaire.

Nous savons que lorsque les ondes lumineuses traversent le tube, elles possèdent un champ électrique tranversal ; supposons donc qu'on recherche d'abord les solutions où $\boldsymbol{E}$ est perpendiculaire à z, disons avec une seule composante, E_y. Ce champ électrique va varier à travers le guide ; en fait il doit s'annuler sur les côtés parallèles à l'axe des y, parce que les courants et les charges dans un conducteur s'ajustent toujours de façon à ce qu'il n'existe pas de composante tangentielle du champ électrique à la surface d'un conducteur. Donc E_y va varier avec x selon une courbe en forme d'arche, comme le montre la Fig. 24.4. C'est peut-être la fonction de Bessel que nous avons trouvée pour une cavité ? Non, parce que la fonction s'applique aux systèmes à géométrie cylindrique.

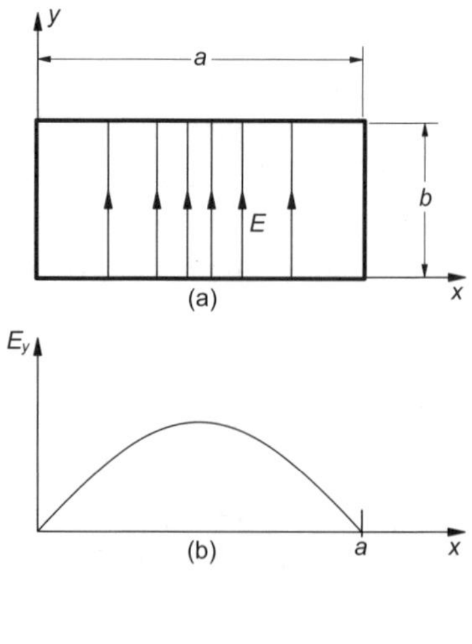

Figure 24.4 – Le champ électrique dans le guide d'ondes pour une valeur donnée de z.

Dans les systèmes à géométrie rectangulaire, les ondes sont d'habitude de simples fonctions harmoniques, de sorte que nous devrions essayer quelque chose comme $\sin k_x x$.

Comme nous voulons des ondes qui se propagent dans le guide, nous prévoyons que le champ va alterner entre des valeurs positives et négatives le long de l'axe des z, comme sur la Fig. 24.5, et que ces oscillations vont se propager le long du guide à une vitesse v. Si nous avons des oscillations à une certaine fréquence ω, nous pouvons penser que l'onde va varier avec z comme $\cos(\omega t - k_z z)$ ou, pour utiliser une forme mathématique plus commode, comme $e^{i(\omega t - k_z z)}$. Cette fonction de z représente une onde se propageant à la vitesse $v = \omega/k_z$ (voir chapitre 29, Vol. I).

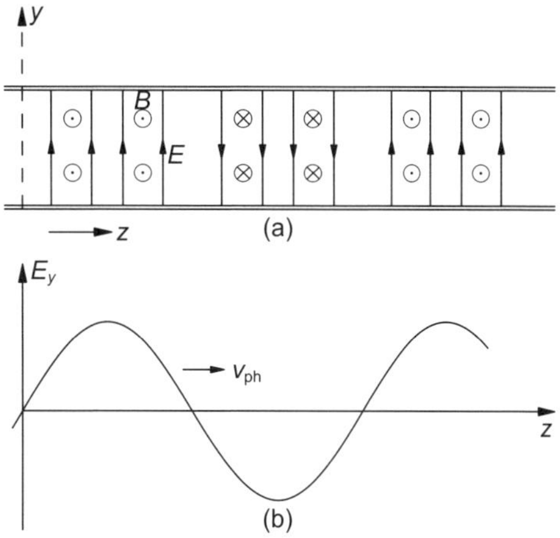

Figure 24.5 – Représentation du champ en fonction de z dans le guide d'ondes.

Nous pouvons alors penser que l'onde dans le guide va avoir la forme mathématique suivante :

$$E_y = E_0 e^{i(\omega t - k_z z)} \sin k_x x. \tag{24.12}$$

Voyons si cette hypothèse satisfait aux équations du champ convenable. D'abord. le champ électrique ne doit pas avoir de composante tangentielle sur les conducteurs. Notre champ satisfait cette condition ; il est perpendiculaire au plafond et au plancher et il est nul sur les deux faces latérales. Bon, il l'est si on choisit k_x de façon à ce qu'une demi-période de $\sin k_x x$ coïncide exactement avec la largeur du guide – c'est-à-dire si

$$k_x a = \pi. \tag{24.13}$$

Il y a d'autres possibilités, telles que $k_x a = 2\pi, 3\pi, \ldots$, ou, en général,

$$k_x a = n\pi, \tag{24.14}$$

où n est un entier quelconque. Ces cas représentent diverses dispositions compliquées du champ, mais pour l'instant ne prenons que la plus simple d'entre elles, $k_x = \pi/a$, où a est la largeur intérieure du guide.

La divergence de $\boldsymbol{E}$ doit être nulle dans l'espace libre intérieur au guide, puisqu'il n'y a pas de charges. Notre $\boldsymbol{E}$ n'a qu'une composante y et ne varie pas avec y, nous avons donc bien $\boldsymbol{\nabla} \cdot \boldsymbol{E} = 0$.

© Dunod. Toute reproduction non autorisée est un délit.

Finalement, notre champ électrique doit être compatible avec le reste des équations de Maxwell dans l'espace libre intérieur au guide. Il revient au même de dire qu'il doit satisfaire à l'équation de propagation

$$\frac{\partial^2 E_y}{\partial x^2} + \frac{\partial^2 E_y}{\partial y^2} + \frac{\partial^2 E_y}{\partial z^2} - \frac{1}{c^2}\frac{\partial^2 E_y}{\partial t^2} = 0. \tag{24.15}$$

Il faut voir si notre idée, l'Éq. (24.12), va marcher. La dérivée seconde de E_y en fonction de x est précisément $-k_x^2 E_y$. La dérivée seconde par rapport à y est nulle, puisque rien ne dépend de y. La dérivée seconde par rapport à z est $-k_z^2 E_y$, et la dérivée seconde par rapport à t est $-\omega^2 E_y$. L'équation (24.15) donne alors

$$k_x^2 E_y + k_z^2 E_y - \frac{\omega^2}{c^2} E_y = 0.$$

À moins que E_y ne soit nul partout (ce qui n'est pas très intéressant), cette équation est correcte si

$$k_x^2 + k_z^2 - \frac{\omega^2}{c^2} = 0. \tag{24.16}$$

Nous avons déjà fixé k_x, de sorte que cette équation nous montre qu'il peut y avoir des ondes du type que nous avons supposé si k_z est relié à la fréquence ω de façon que l'Éq. (24.16) soit satisfaite – en d'autres termes, si

$$k_z = \sqrt{(\omega^2/c^2) - (\pi^2/a^2)}. \tag{24.17}$$

Les ondes que nous avons décrites se propagent dans la direction des z avec cette valeur de k_z.

Le nombre d'onde k_z que nous avons tiré de l'Éq. (24.17) nous donne, pour une fréquence ω donnée, la vitesse à laquelle les nœuds de l'onde se propagent dans le guide. La vitesse de phase est

$$v = \frac{\omega}{k_z}. \tag{24.18}$$

Vous vous rappelez que la longueur d'onde λ d'une onde en mouvement est donnée par $\lambda = 2\pi v/\omega$, de sorte que k_z est aussi égal à $2\pi/\lambda_g$, où λ_g est la longueur d'onde des oscillations dans la direction de z – la « longueur d'onde dans le guide ». La longueur d'onde dans le guide est différente, évidemment, de la longueur d'onde des ondes électromagnétiques de même fréquence dans l'espace libre. Si nous appelons λ_0 la longueur d'onde dans l'espace libre, égale à $2\pi c/\omega$, nous pouvons écrire l'Éq. (24.17)

$$\lambda_g = \frac{\lambda_0}{\sqrt{1 - (\lambda_0/2a)^2}}. \tag{24.19}$$

En plus des champs électriques, des champs magnétiques vont se propager avec l'onde, mais nous n'allons pas nous ennuyer à chercher tout de suite une expression pour eux. Comme $c^2\boldsymbol{\nabla} \times \boldsymbol{B} = \partial \boldsymbol{E}/\partial t$, les lignes de champ de $\boldsymbol{B}$ circulent autour des régions où $\partial \boldsymbol{E}/\partial t$ est le plus grand, c'est-à-dire à mi-chemin entre le maximum et le minimum de $\boldsymbol{E}$. Les boucles de $\boldsymbol{B}$ vont se trouver parallèles au plan xz et entre les pics et les creux de $\boldsymbol{E}$, comme indiqué sur la Fig. 24.6.

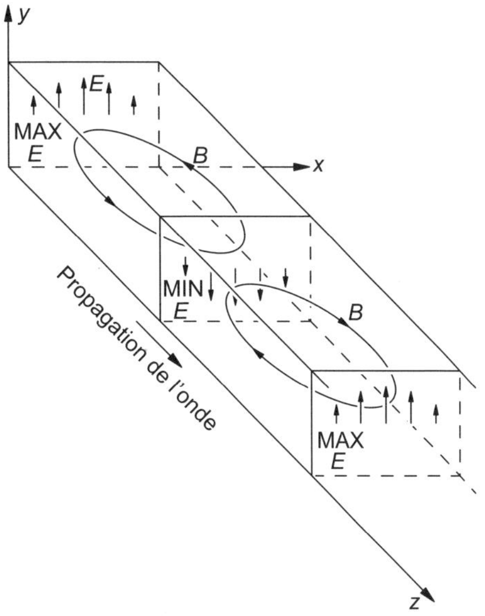

Figure 24.6 – Le champ magnétique dans le guide d'ondes.

24.3 La fréquence de coupure

En résolvant l'Éq. (24.16) pour k_z, il devrait y avoir en réalité deux racines – une plus et une moins. Nous devrions écrire

$$k_z = \pm\sqrt{(\omega^2/c^2) - (\pi^2/a^2)}. \tag{24.20}$$

Les deux signes signifient simplement qu'il peut y avoir des ondes qui se propagent avec une vitesse de phase négative (vers les z négatifs), comme des ondes qui se propagent dans la direction positive du guide. Naturellement, les ondes doivent pouvoir aller dans chacune des directions. Comme les deux types d'ondes peuvent être présents au même moment, il va y avoir possibilité d'ondes stationnaires.

Notre équation pour k_z nous montre aussi que de plus hautes fréquences donnent de plus grandes valeurs de k_z, et donc de plus petites longueurs d'onde, jusqu'à ce qu'à la limite des grands ω, k devienne égal à ω/c qui est la valeur que nous attendrions pour des ondes dans l'espace libre. La lumière qu'on « voit » à travers un tuyau se propage encore à la vitesse c. Mais notez maintenant que si nous allons vers les basses fréquences, il se passe quelque chose de bizarre. D'abord la longueur d'onde devient de plus en plus grande, mais si ω devient trop petit la quantité sous le radical dans l'Éq. (24.20) devient brusquement négative. Ceci arrivera dès que ω deviendra inférieur à $\pi c/a$ – c'est-à-dire quand λ_0 deviendra plus grand que $2a$. En d'autres termes, quand la fréquence devient plus petite qu'une certaine fréquence critique $\omega_c = \pi c/a$ le nombre d'onde k_z (et aussi λ_g) devient imaginaire et nous n'avons plus de solution. Ou en avons-nous une ? Qui a dit que k_z devait être réel ? Que se passe-t-il s'il devient imaginaire ? Nos équations du champ sont encore satisfaites. Peut-être qu'un k_z imaginaire représente aussi une onde.

© Dunod. Toute reproduction non autorisée est un délit.

Supposez que ω est inférieur à ω_c ; nous pouvons alors écrire

$$k_z = \pm ik', \tag{24.21}$$

où k' est un nombre réel positif :

$$k = \sqrt{(\pi^2/a^2) - (\omega^2/c^2)}. \tag{24.22}$$

Si nous revenons maintenant à notre expression, l'Éq. (24.12) pour E_y, nous avons

$$E_y = E_0\, e^{i(\omega t \mp ik'z)} \sin k_x x, \tag{24.23}$$

que nous pouvons écrire

$$E_y = E_0\, e^{\pm k'z}\, e^{i\omega t} \sin k_x x. \tag{24.24}$$

Cette expression donne un champ $\boldsymbol{E}$ qui oscille en fonction du temps comme $e^{i\omega t}$ mais qui varie avec z comme $e^{\pm k'z}$. Il décroît ou croit avec z régulièrement comme une exponentielle réelle. Dans notre calcul nous ne nous sommes pas occupés des sources qui donnent naissance aux ondes, mais il doit bien y avoir, évidemment, une source quelque part dans le guide. Le signe qui va avec k' doit être celui qui fait décroître le champ quand la distance à la source des ondes augmente.

Ainsi pour des fréquences inférieures à $\omega_c = \pi c/a$, il n'y a *pas* d'ondes qui se propagent dans le guide, les champs oscillants ne pénètrent dans le guide que sur une longueur de l'ordre de $1/k'$. Pour cette raison, la fréquence ω_c. est dite « fréquence de coupure » du guide. En regardant l'Éq. (24.22), nous voyons que pour des fréquences juste un peu inférieures à ω_c, le nombre k' est petit et que les champs peuvent pénétrer loin dans le guide. Mais si ω est très inférieur à ω_c, le coefficient exponentiel k' est égal à π/a et le champ disparaît extrêmement rapidement, comme le montre la Fig. 24.7. Le champ décroît d'un facteur $1/e$ sur la longueur a/π, c'est-à-dire sur seulement un tiers environ de la largeur du guide. Les champs pénètrent à une très petite distance de la source.

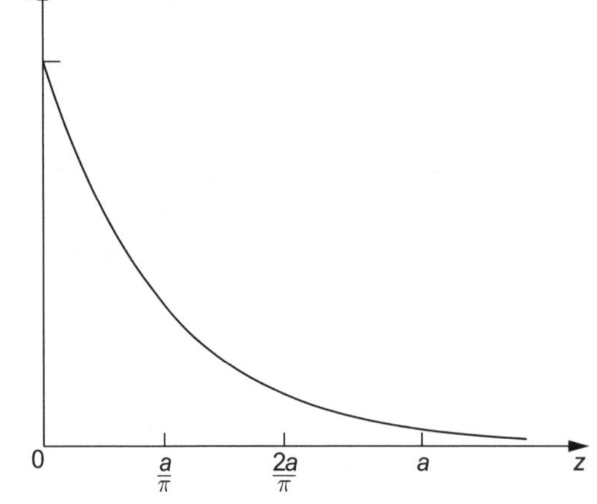

Figure 24.7 – Variations de E_y avec z pour $\omega \ll \omega_c$.

Nous tenons à insister sur un aspect intéressant de notre analyse des ondes guidées – l'apparition du nombre d'onde imaginaire k_z. Normalement, quand on résout une équation en physique et qu'on trouve un nombre imaginaire, il n'a aucune signification physique. Pour des *ondes*, cependant, un nombre imaginaire *signifie* quelque chose. L'équation d'onde est encore satisfaite ; elle signifie seulement que la solution donne des champs qui décroissent exponentiellement au lieu d'ondes progressives. Ainsi dans tout problème d'onde où k devient imaginaire pour une fréquence quelconque, cela signifie que la forme de l'onde change – l'onde sinusoïdale devient exponentielle.

24.4 La vitesse des ondes guidées

La vitesse des ondes que nous avons utilisée ci-dessus est la vitesse de phase, qui est la vitesse d'un nœud de l'onde ; elle est fonction de la fréquence. En combinant les Éqs. (24.17) et (24.18), nous pouvons écrire :

$$v_{\text{phase}} = \frac{c}{\sqrt{1-(\omega_c/\omega)^2}}. \tag{24.25}$$

Pour des fréquences au-dessus de la coupure – là où des ondes progressives existent – ω_c/ω est plus petit que un, et v_{phase} est réelle et *plus grande* que la vitesse de la lumière.

Nous avons déjà vu dans le chapitre 48 du Vol. I que des vitesses *de phase* plus grandes que la vitesse de la lumière étaient possibles, parce que ce ne sont que les nœuds de l'onde qui se déplacent et non l'énergie ou l'information. Pour savoir à quelle vitesse les *signaux* vont se déplacer, nous devons calculer la vitesse des impulsions ou des modulations dues à l'interférence d'une onde d'une certaine fréquence avec une ou plusieurs ondes de fréquences légèrement différentes (voir chapitre 48, Vol. I). Nous avons appelé la vitesse de l'enveloppe d'un tel groupe d'ondes la vitesse de groupe ; ce n'est pas ω/k mais $d\omega/dk$:

$$v_{\text{groupe}} = \frac{d\omega}{dk}. \tag{24.26}$$

En prenant la dérivée de l'Éq. (24.17) par rapport à ω, et en inversant pour avoir $d\omega/dk$, on trouve que

$$v_{\text{groupe}} = c\sqrt{1-(\omega_c/\omega)^2}, \tag{24.27}$$

qui est inférieur à la vitesse de la lumière.

La moyenne géométrique de v_{phase} et v_{groupe} exactement c, la vitesse de la lumière :

$$v_{\text{phase}}\, v_{\text{groupe}} = c^2. \tag{24.28}$$

Ceci est curieux, parce que nous avons vu une relation semblable en mécanique quantique. Pour une particule de vitesse quelconque – même relativiste – la quantité de mouvement p et l'énergie U sont reliées par

$$U^2 = p^2c^2 + m^2c^4. \tag{24.29}$$

Mais en mécanique quantique l'énergie est $\hbar\omega$, et la quantité de mouvement est $\hbar/\lambda\!\!\!^{-}$, qui est égal à $\hbar k$; l'Éq. (24.29) peut donc s'écrire

$$\frac{\omega^2}{c^2} = k^2 + \frac{m^2c^2}{\hbar^2}, \tag{24.30}$$

© Dunod. Toute reproduction non autorisée est un délit.

ou

$$k = \sqrt{(\omega^2/c^2) - (m^2c^2/\hbar^2)}, \tag{24.31}$$

qui paraît très semblable à l'Éq. (24.17)... Intéressant !

La vitesse de groupe des ondes est aussi la vitesse à laquelle l'énergie est transportée le long du guide. Si nous voulons trouver le flux d'énergie qui se propage dans le guide, nous pouvons l'obtenir à partir de la densité d'énergie multipliée par la vitesse de groupe. Si la valeur quadratique moyenne du champ électrique est E_0, la densité moyenne de l'énergie électrique est $\epsilon_0 E_0^2/2$. Il y a aussi de l'énergie associée au champ magnétique. Nous n'allons pas le démontrer ici, mais dans toute cavité ou guide les énergies électriques et magnétiques sont égales, de sorte que la densité totale d'énergie électromagnétique est $\epsilon_0 E_0^2$. La puissance dU/dt transmise par le guide est alors

$$\frac{dU}{dt} = \epsilon_0\, E_0^2\, a\, b\, v_{\text{groupe}}. \tag{24.32}$$

(Nous verrons plus tard une autre méthode, plus générale, pour obtenir le flux d'énergie.)

24.5 Observation des ondes guidées

De l'énergie peut être transmise vers l'intérieur d'un guide d'onde par une sorte d'« *antenne* ». Par exemple, un petit fil vertical ou « pointe » peut faire l'affaire. La présence des ondes guidées peut être observée en captant un peu de l'énergie électromagnétique avec une petite « antenne » réceptrice, qui peut à nouveau être une petite pointe de fil ou une petite boucle. Nous montrons, sur la Fig. 24.8, un guide avec des parties enlevées pour montrer une pointe excitatrice et une sonde réceptrice. La pointe excitatrice peut être reliée à un générateur de signaux à l'aide d'un câble coaxial, et la sonde réceptrice peut être connectée à un détecteur par un câble semblable. Il est habituellement commode d'insérer la sonde réceptrice à travers une longue et mince fente dans le guide, comme le montre la Fig. 24.8. La sonde peut alors être déplacée vers l'avant ou l'arrière le long du guide pour obtenir des échantillonnages de champs en différents points.

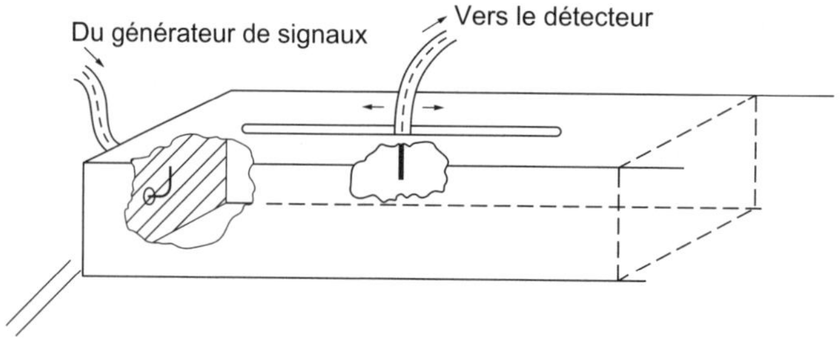

Figure 24.8 – Guide d'ondes avec pointe excitatrice et sonde réceptrice.

Si le générateur de signaux est réglé à une certaine fréquence ω plus grande que la fréquence de coupure ω_c, il y aura des ondes progressives se propageant dans le guide à partir de la pointe excitatrice. Elles seront les seules ondes présentes si le guide est infiniment long, ce qu'on peut réaliser effectivement en terminant le guide sur un dispositif absorbant soigneusement calculé de façon à ce qu'il n'y ait pas de réflexions venant de cette extrémité. Alors, comme le détecteur mesure la moyenne temporelle des champs au voisinage de la sonde, il recueillera un signal ne dépendant pas de la position le long du guide ; son signal de sortie sera proportionnel à la puissance qui aura été transmise.

Si maintenant l'extrêmité du guide est telle qu'elle produise une onde réfléchie – si, pour prendre un exemple extrême, on le ferme par une plaque de métal – il y aura une onde réfléchie en plus de l'onde incidente primitive. Ces deux ondes vont interférer et produire une onde stationnaire dans le guide, semblable aux ondes stationnaires sur une corde dont nous avons discuté au chapitre 49 du Vol. I. Alors, quand on déplace la sonde le long de la ligne, les indications du détecteur vont croître et décroître périodiquement, indiquant un maximum des champs à chaque ventre de l'onde stationnaire et un minimum à chaque nœud. La distance entre deux nœuds (ou ventres) successifs est exactement $\lambda_g/2$. Ceci constitue une façon commode de mesurer la longueur d'onde du guide. Si maintenant on rapproche la fréquence de ω_c, les distances entre les nœuds augmentent, ce qui montre que la longueur d'onde dans le guide augmente, comme le prédit l'Éq. (24.19).

Supposons maintenant que le générateur de signaux est placé à une fréquence juste un peu inférieure à ω_c, Le signal de sortie du détecteur va décroître graduellement quand on éloigne la sonde le long du guide. Si on baisse encore un peu la fréquence, l'intensité du champ va tomber rapidement, en suivant la courbe de la Fig. 24.7, montrant qu'il n'y a pas d'ondes progressives.

24.6 Plomberie des guides d'ondes

Une utilisation pratique importante des guides d'onde est celle de la transmission de puissance en haute fréquence comme, par exemple, pour coupler l'oscillateur de haute fréquence ou l'amplificateur de sortie d'un radar à une antenne. En fait, l'antenne elle-même consiste habituellement en un réflecteur parabolique alimenté en son foyer par un guide d'onde éclaté à son extrémité de façon à former un « pavillon » qui rayonne les ondes arrivant le long du guide. Bien que les hautes fréquences puissent être transmises le long d'un coaxial, un guide d'ondes est préférable pour transmettre de grandes quantités d'énergie. D'abord, la puissance maximum qui peut être transmise le long d'une ligne est limitée par la rupture de l'isolant (solide ou gaz) entre les conducteurs. Pour une puissance donnée, les intensités des champs dans un guide sont habituellement inférieures à ce qu'elles sont dans un câble coaxial, de sorte que de plus grandes puissances peuvent être transmises avant qu'il y ait rupture. Deuxièmement, les pertes de puissance dans le câble coaxial sont habituellement plus grandes que dans un guide d'ondes. Dans un coaxial, il faut des isolants pour soutenir le conducteur central, et il s'y produit une perte d'énergie particulièrement aux hautes fréquences. De plus, les densités de courant sur le conducteur central sont assez grandes et comme les pertes varient comme le *carré* de la densité de courant, les courants plus faibles qui apparaissent sur les parois du guide

© Dunod. Toute reproduction non autorisée est un délit.

provoquent des pertes d'énergie plus faibles. Pour réduire ces pertes au minimum, les surfaces intérieures du guide sont souvent plaquées d'un matériau à haute conductivité, comme l'argent.

Figure 24.9 – Éléments de guide d'ondes reliés par des flasques.

Le problème du raccordement d'un « circuit » à des guides d'ondes est très différent du problème correspondant des circuits à basses fréquences, et porte couramment le nom de « plomberie » en microondes. De nombreux dispositifs spéciaux ont été développés à cet effet. Par exemple, deux sections d'un guide d'ondes sont habituellement reliées au moyen de flasques, comme on peut le voir sur la Fig. 24.9. De telles connexions peuvent toutefois créer de sérieuses pertes d'énergie parce que les courants superficiels doivent passer à travers le joint, qui peut avoir une résistance relativement grande. Une façon d'éviter de telles pertes est de fabriquer les flasques comme le montre la coupe de la Fig. 24.10. Un petit espace est laissé entre deux sections adjacentes du guide, et une rainure est découpée dans la face de l'un des flasques pour constituer une petite cavité du type indiqué dans la Fig. 23.16(c). Les dimensions sont choisies de façon à ce que cette cavité soit résonnante à la fréquence utilisée. Cette cavité résonnante présente une forte « impédance » aux courants, de sorte qu'un courant relativement faible traverse les joints métalliques (en *a* dans la Fig. 24.10). Les forts courants du guide chargent et déchargent simplement la « capacité » de l'interstice (en *b* sur la figure), où il y a peu de dissipation d'énergie.

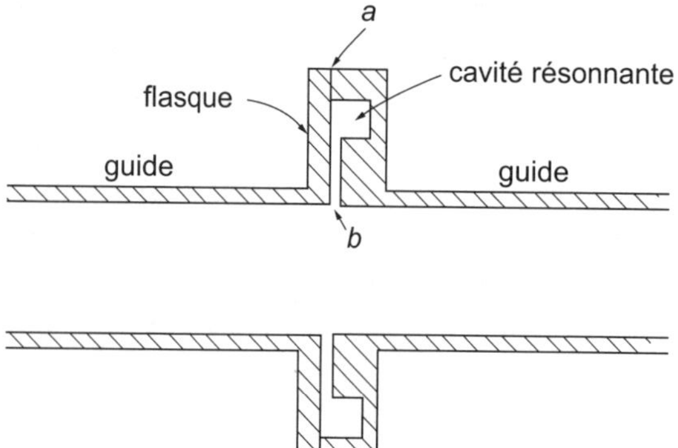

Figure 24.10 – Connexion à faibles pertes entre deux éléments de guide d'ondes.

Supposez que vous désirez terminer un guide d'ondes de façon à ce qu'il n'y ait pas d'ondes réfléchies. Vous devez alors mettre quelque chose au bout qui imite une longueur infinie de guide. Vous avez besoin d'une « extrémité » qui joue pour le guide le rôle de l'impédance caractéristique d'une ligne de transmission – quelque chose qui absorbe les ondes incidentes sans provoquer de réflexions. Le guide se comportera alors comme s'il se prolongeait indéfiniment. De telles extrémités se fabriquent en plaçant à l'intérieur du guide des coins de matériau résistant, soigneusement étudiés pour absorber l'énergie de l'onde en ne donnant presque pas d'ondes réfléchies.

Si vous voulez connecter *trois* choses ensemble – par exemple, une seule source à deux antennes différentes – vous pouvez utiliser un « T » comme celui de la Fig. 24.11. La puissance apportée au centre de la section du « T » sera partagée et sortira par les deux bras latéraux (et il peut y avoir aussi des ondes réfléchies). Vous pouvez voir quantitativement sur les schémas de la Fig. 24.12 que les champs vont se déformer quand ils parviendront à l'extrémité de la section d'entrée et constituer des champs électriques qui vont créer des ondes se propageant dans les deux bras. Suivant que les champs électriques dans le guide sont parallèles ou perpendiculaires à la « barre du haut » du « T », les champs à la jonction seront, en gros, comme indiqué en (a) ou (b) sur la Fig. 24.12.

Figure 24.11 – Guide d'ondes en « T ». (Les flasques ont des capuchons de plastique pour que l'intérieur reste propre quand le « T » n'est pas utilisé.)

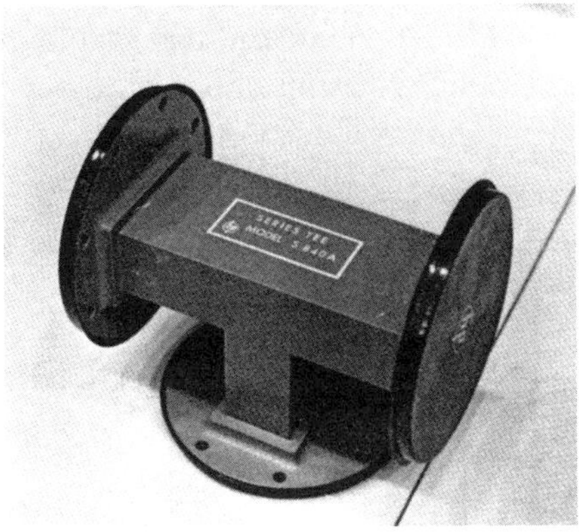

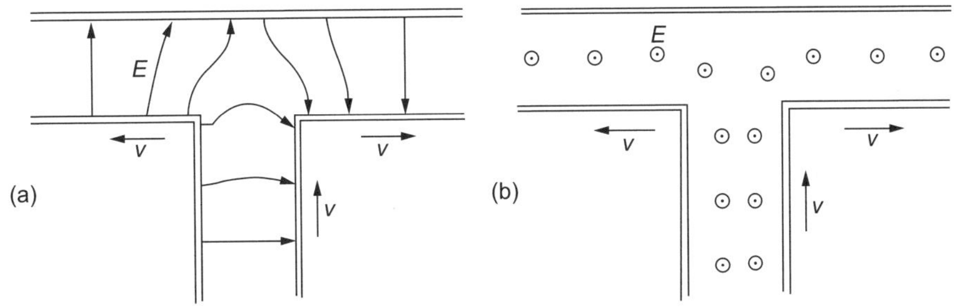

Figure 24.12 – Les champs électriques dans un guide d'ondes en « T » dans deux orientations possibles du champ.

Nous allons décrire pour finir un système appelé « coupleur unidirectionnel », très utile pour expliquer ce qui se passe quand on a monté une association compliquée de

© Dunod. Toute reproduction non autorisée est un délit.

guides d'ondes. Supposons qu'on veuille savoir quel chemin vont suivre les ondes dans une certaine section du guide – on pourrait se demander, par exemple, s'il y a ou non une onde réfléchie intense. Le coupleur unidirectionnel prend une faible fraction de la puissance d'un guide s'il y a une onde se propageant dans une direction mais aucune si l'onde se propage dans l'autre direction. En connectant la sortie du coupleur à un détecteur, on peut mesurer la puissance « dans un sens » à l'intérieur du guide.

La Fig. 24.13 est le dessin d'un coupleur unidirectionnel, un morceau de guide d'ondes *AB* est soudé le long d'une de ses faces à un morceau d'un autre guide d'ondes *CD*. Le guide *CD* est courbé vers l'extérieur pour qu'il y ait de la place pour les flasques de connexion. Avant que les guides ne soient soudés l'un à l'autre, deux trous (ou plus) ont été percés dans chaque guide (les uns en face des autres) de façon à ce que les champs du guide principal *AB* puissent être couplés au guide secondaire. S'il n'y avait qu'un seul trou, les ondes seraient envoyées dans les deux directions et seraient les mêmes quel que soit le sens dans lequel l'onde se propage dans le guide primaire. Mais s'il y a *deux* trous distants l'un de l'autre du quart de la longueur d'onde dans le guide, ils constituent deux sources en quadrature de phase. Vous rappelez-vous que nous avons étudié dans le chapitre 29 du Vol. I l'interférence de deux ondes issues de deux antennes distantes de $\lambda/4$ et excitées avec un déphasage temporel de 90° ? Nous avons trouvé que les ondes se retranchent dans une direction et s'ajoutent dans la direction opposée. Il va se produire la même chose ici. L'onde produite dans le guide *CD* va se propager dans la même direction que l'onde dans *AB*.

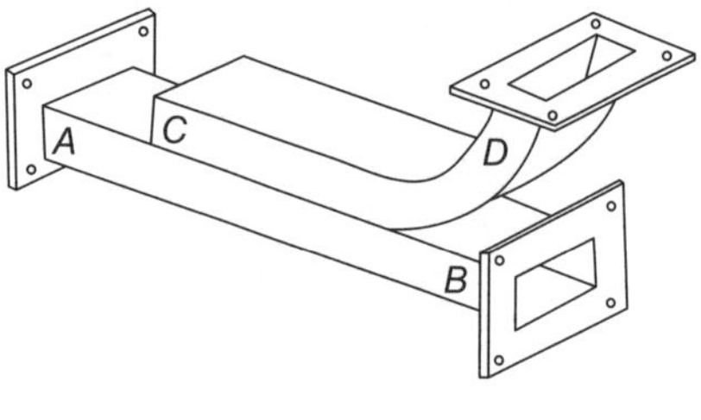

Figure 24.13 – Coupleur unidirectionnel.

Si l'onde du guide primaire se propage de *A* vers *B*, il y aura une onde à la sortie *D* du guide secondaire. Si l'onde se propage de *B* vers *A* dans le guide primaire, il y aura une onde se propageant vers l'extrémité *C* du guide secondaire. Cette extrémité est fermée de façon à ce que cette onde soit absorbée et il n'y a pas d'onde à la sortie du coupleur.

24.7 Modes d'un guide d'ondes

L'onde que nous avons choisi d'analyser est une solution particulière des équations du champ. Il y en a beaucoup d'autres. Chaque solution est un « mode » du guide d'ondes. Par exemple, la variation en fonction de x de notre champ était exactement une demi-période d'une onde sinusoïdale. Il existe une solution aussi bonne, en prenant une période entière ; la variation de E_y en fonction de x est indiquée sur la Fig. 24.14. Le k_x d'un tel mode est deux fois plus grand, de sorte que la fréquence de coupure est beaucoup plus grande. De plus, dans l'onde que nous avons étudiée, $\boldsymbol{E}$ n'a qu'une composante en y, mais il existe d'autres modes avec des champs électriques plus compliqués. Si le champ électrique n'a de composantes qu'en x et y – de sorte que le champ électrique total est toujours à angle droit de la direction des z – le mode est dit « transverse électrique » (ou T.E.). Le champ magnétique de tels modes aura toujours une composante suivant z. Il se trouve que si $\boldsymbol{E}$ a une composante dans la direction des z (le long de la direction de propagation), le champ magnétique n'aura que des composantes transversales. De tels champs sont donc appelés des modes transverses magnétiques (T.M.). Pour un guide rectangulaire, tous les autres modes ont une fréquence de coupure plus élevée que le mode T.E. simple que nous avons décrit. Il est par conséquent possible – et usuel – d'utiliser un guide à une fréquence juste supérieure à la coupure pour ce mode le plus bas, mais inférieure à la fréquence de coupure pour tous les autres modes, de sorte qu'il n'y a qu'un seul mode qui se propage. Autrement le comportement devient compliqué et difficile à contrôler.

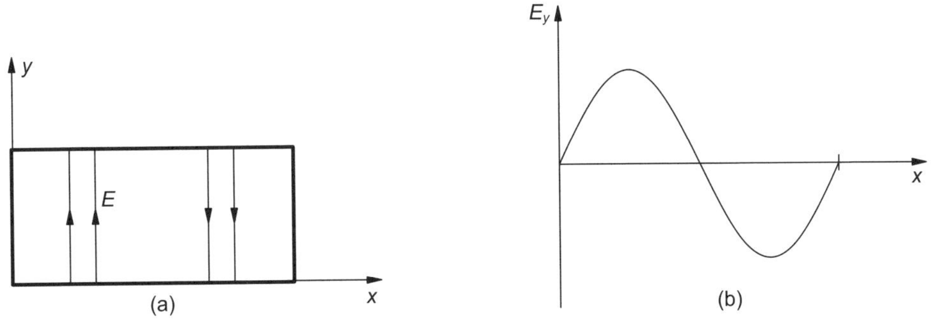

Figure 24.14 – Une autre possibilité de variation de E_y avec x.

24.8 Une autre façon de voir les guides d'ondes

Nous avons l'intention de vous montrer une autre façon de comprendre pourquoi un guide d'ondes atténue les champs rapidement pour des fréquences inférieures à la fréquence de coupure ω_c. Vous aurez alors une idée plus « physique » de la raison pour laquelle le comportement change si radicalement entre les basses et les hautes fréquences. On peut le faire pour le guide rectangulaire en analysant les champs en fonction des réflexions – ou images – sur les parois du guide. Cette méthode ne convient cependant que pour des guides rectangulaires : c'est la raison pour laquelle nous avons commencé par une analyse plus mathématique qui convient, en principe, pour des guides de forme quelconque.

Pour le mode que nous avons décrit, la dimension verticale (en y) n'a pas d'effet, nous pouvons donc ignorer le haut et le bas du guide et supposer que le guide s'étend indéfiniment dans la direction verticale. On suppose donc que le guide consiste juste en deux plaques verticales distantes de a.

© Dunod. Toute reproduction non autorisée est un délit.

Disons que la source des champs est un fil vertical placé au milieu du guide, le fil transportant un courant qui oscille à la fréquence ω. En l'absence des parois du guide un tel fil rayonne des ondes cylindriques.

Supposons maintenant que les parois du guide sont des conducteurs parfaits. Alors, exactement comme en électrostatique, les conditions à la surface seront satisfaites si on ajoute au champ du fil celui d'une ou plusieurs images du fil convenablement choisies. L'idée d'image marche tout aussi bien en électrodynamique qu'en électrostatique, pourvu, évidemment, qu'on introduise aussi les retards. Nous savons que c'est vrai parce que nous avons souvent vu un miroir donner l'image d'une source lumineuse. Et un miroir est précisément un conducteur « parfait » pour les ondes électromagnétiques de fréquences optiques.

Prenons donc une coupe horizontale, comme celle de la Fig. 24.15, où W_1 et W_2 sont les deux parois du guide et S_0, le fil source. Nous prenons la direction du courant dans le fil pour direction positive. Maintenant, s'il n'y avait qu'une paroi, disons W_1, nous pourrions la retirer si nous placions une source image (de polarité opposée) à l'endroit marqué S_1. Mais avec les deux parois, il y a aussi une image de S_0 dans la paroi W_2, que nous représentons par l'image S_2. Cette source aussi aura une image dans W_1, nous l'appellerons S_3. Mais maintenant S_1 et S_3 vont toutes deux avoir des images dans W_2 aux emplacements notés S_4 et S_6 et ainsi de suite. Pour nos conducteurs plans avec la source à mi-chemin entre eux, les champs sont les mêmes que ceux produits par une rangée infinie de sources, distantes de a les unes des autres. (C'est en fait exactement ce que vous pourriez *voir* en regardant un fil placé à mi-chemin entre deux miroirs plans parallèles.) Pour que les champs soient nuls sur les parois, la polarité des courants dans les images doit alterner d'une image à la suivante. En d'autres termes, ils oscillent avec un déphasage de 180°. Le champ du guide d'ondes est alors l'exacte superposition des champs d'un tel ensemble infini de sources linéaires.

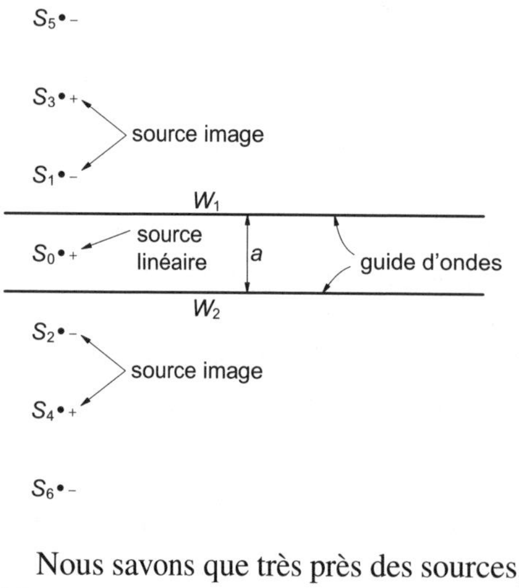

Figure 24.15 – Source linéaire S_0 entre les parois conductrices planes W_1 et W_2. On peut remplacer les parois par une suite infinie de sources images.

Nous savons que très près des sources, le champ est très semblable au champ statique. Nous avons étudié au paragraphe 7-5 le champ statique créé par un réseau de sources linéaires et trouvé qu'il est semblable au champ d'un plateau chargé, sauf pour des termes qui décroissent exponentiellement avec la distance au réseau. Ici la valeur moyenne de l'intensité de la source est nulle, parce que les signes alternent d'une source à la suivante. Tous les champs existants doivent décroître exponentiellement avec la distance. Près de la source, nous voyons surtout le champ dû à la source la plus proche ; à grande distance, beaucoup de sources contribuent et leur effet moyen est nul. Nous voyons ainsi maintenant pourquoi le guide d'ondes donne au-dessous de la fréquence de coupure un champ décroissant exponentiellement. Aux basses fréquences en particulier, l'approximation statique est bonne, et elle prévoit une atténuation rapide des champs en fonction de la distance.

Nous nous trouvons maintenant en face de la question inverse : pourquoi somme toute, y a-t-il des ondes qui se propagent ? Voilà le point mystérieux ! La raison est qu'aux hautes fréquences le retard des champs peut introduire des changements de phase supplémentaires qui peuvent entraîner que les champs des sources déphasées s'ajoutent au lieu de s'annuler. En fait, au chapitre 29 du Vol. I nous avons déjà étudié, justement pour ce problème, les champs engendrés par un réseau d'antennes ou par un réseau optique. Nous avions alors trouvé que lorsque plusieurs antennes radio sont convenablement disposées elles peuvent donner un système d'interférences ayant un fort signal dans une certaine direction mais aucun signal dans une autre.

Retournons à la Fig. 24.15 et étudions les champs qui arrivent à grande distance de la rangée des sources images. Le champ ne sera intense que dans certaines-directions qui dépendent de la fréquence – dans les seules directions pour lesquelles les champs de toutes les sources s'ajoutent en phase. À une distance raisonnable des sources, le champ se propage dans ces directions spéciales comme des ondes planes. Nous avons schématisé une telle onde sur la Fig. 24.16, où les traits pleins représentent les crêtes des ondes

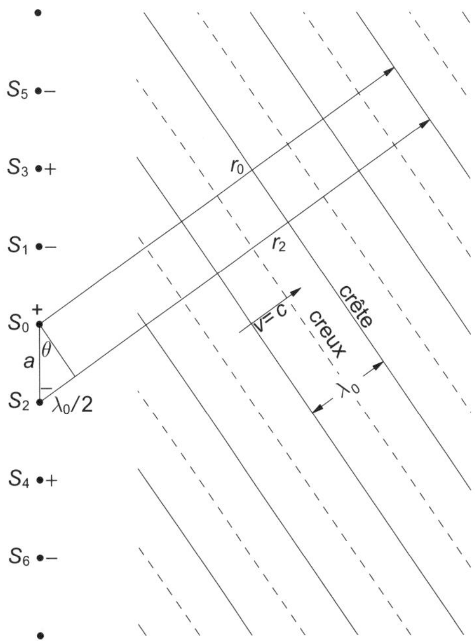

Figure 24.16 – Un ensemble d'ondes cohérentes créées par une distribution de sources linéaires.

© Dunod. Toute reproduction non autorisée est un délit.

et les pointillés représentent les creux. La direction de l'onde sera celle pour laquelle la différence des retards pour deux sources voisines au ventre d'une onde correspond à une demi-période. En d'autres termes, la différence entre r_2 et r_0 sur la figure est la moitié de la longueur d'onde dans le vide :

$$r_2 - r_0 = \frac{\lambda_0}{2}.$$

L'angle θ est alors donné par

$$\sin\theta = \frac{\lambda_0}{2a}. \tag{24.33}$$

Il existe évidemment un autre ensemble d'ondes se propageant vers le bas en faisant avec la ligne des sources l'angle symétrique. Le champ total du guide d'ondes (pas trop près de la source) est la superposition de ces deux ensembles d'ondes, comme le montre la Fig. 24.17. Les champs réels ne sont en fait comme cela qu'entre les deux parois du guide, naturellement.

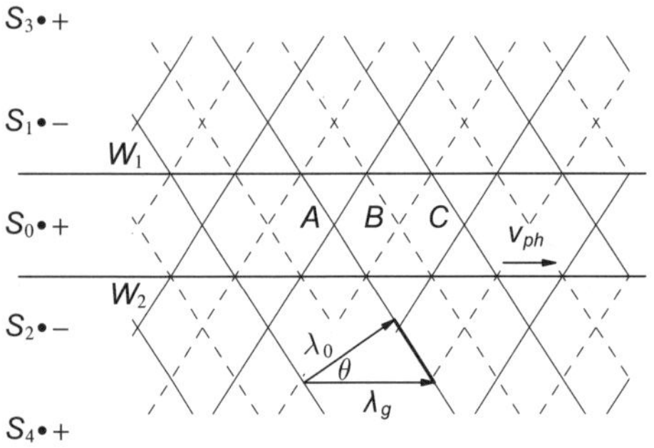

Figure 24.17 – Le champ du guide d'ondes peut être considéré comme la superposition de deux trains d'ondes planes.

En des points teis que A et C les crêtes des deux systèmes d'ondes coïncident et le champ présente un maximum ; en des points tels que B les deux ondes ont leurs valeurs négatives maximales et le champ est minimum (valeur négative la plus grande). Au cours du temps le champ dans le guide parait se propager le long du guide avec une longueur d'onde λ qui est la distance entre A et C. Cette distance est liée à θ par

$$\cos\theta = \frac{\lambda_0}{\lambda_g}. \tag{24.34}$$

Tirant θ de l'Éq. (24.33) on obtient

$$\lambda_g = \frac{\lambda_0}{\cos\theta} = \frac{\lambda_0}{\sqrt{1 - (\lambda_0/2a)^2}}, \tag{24.35}$$

ce qui est bien ce que nous avions trouvé dans l'Éq. (24.19).

Nous voyons maintenant pourquoi il n'y a propagation d'onde qu'au-dessus de la fréquence de coupure ω_0. Si la longueur d'onde dans le vide est plus grande que $2a$ il n'y a pas d'angle tels que les ondes indiquées sur la Fig. 24.16 puissent apparaître.

L'interférence constructive nécessaire apparaît brusquement quand λ_0 tombe au-dessous de $2a$, ou quand ω devient supérieur à $\omega_0 = \pi c/a$.

Si la fréquence est assez haute il peut exister deux ou plusieurs directions dans lesquelles les ondes vont apparaître. Dans notre cas ceci se produira si $\lambda_0 < 2a/3$. En général, cependant, cela pourrait aussi arriver quand $\lambda_0 < a$. Ces ondes supplémentaires correspondent aux modes plus élevés que nous avons mentionnés.

Notre analyse a également mis en évidence pourquoi la vitesse de phase des guides d'ondes est supérieure à c et pourquoi cette vitesse dépend de ω. Si ω varie, l'angle des ondes dans le vide (Fig. 24.16) varie et par conséquent il en est de même de la vitesse le long du guide.

Bien que nous ayons décrit le guide d'ondes comme la superposition de champs dus à une rangée infinie de sources linéaires, vous pouvez voir que nous serions arrivés au même résultat si nous avions imaginé deux ensembles d'ondes dans le vide se réfléchissant continuellement en va-et-vient entre deux miroirs parfaits – en se rappelant qu'une réflexion implique un changement de signe de la phase. Ces ensembles d'ondes réfléchies s'annuleraient mutuellement à moins qu'ils ne se propagent précisément suivant l'angle θ de l'Éq. (24.33). Il y a de nombreuses façons de considérer une même chose.

© Dunod. Toute reproduction non autorisée est un délit.

L'ÉLECTRODYNAMIQUE EN NOTATION RELATIVISTE

25

25.1 QUADRIVECTEURS

Nous allons voir maintenant comment la théorie de la relativité restreinte s'applique à l'électrodynamique. Puisque nous avons déjà étudié la théorie de la relativité restreinte dans les chapitres 15 à 17 du Vol. I, nous allons seulement revoir rapidement les idées de base.

On trouve expérimentalement que les lois de la physique sont inchangées si l'on se déplace d'un mouvement uniforme. Vous ne pouvez pas dire si vous êtes dans un vaisseau animé d'un mouvement rectiligne uniforme, à moins de regarder en dehors du vaisseau, ou tout au moins en faisant une observation reliée au monde extérieur. Toute loi physique vraie que nous écrivons doit être formulée d'une façon qui contienne ce fait de la nature.

La relation entre l'espace et le temps de deux systèmes de coordonnées, l'un S' en mouvement rectiligne uniforme suivant l'axe des x avec la vitesse v par rapport à l'autre S, est donnée par la *transformation de Lorentz* :

$$\begin{aligned} t' &= \frac{t - vx}{\sqrt{1 - v^2}}, & y' &= y, \\ x' &= \frac{x - vt}{\sqrt{1 - v^2}}, & z' &= z. \end{aligned} \tag{25.1}$$

Les lois de la physique doivent être telles que, après une transformation de Lorentz, la nouvelle forme des lois soit exactement la même que l'ancienne forme. Ceci est exactement la même chose que le principe de l'indépendance des lois de la physique par rapport à *l'orientation* du système de coordonnées. Au chapitre 11 du Vol. I, nous avons vu que pour traduire mathématiquement l'invariance de la physique par rapport aux rotations, il fallait écrire nos équations en termes de *vecteurs*.

Dans ce chapitre : c = 1

Par exemple, si nous avons deux vecteurs

$$\boldsymbol{A} = (A_x, A_y, A_z) \qquad \text{et} \qquad \boldsymbol{B} = (B_x, B_y, B_z),$$

nous avons trouvé que la combinaison

$$\boldsymbol{A} \cdot \boldsymbol{B} = A_x B_x + A_y B_y + A_z B_z$$

© Dunod. Toute reproduction non autorisée est un délit.

était inchangée par une rotation du système de coordonnées. Nous savons donc que si un produit scalaire comme $\boldsymbol{A} \cdot \boldsymbol{B}$ figure dans les deux membres d'une équation, l'équation conservera exactement la même forme dans tout système de coordonnées déduit par rotation. Nous avons aussi découvert un opérateur (voir chapitre 2),

$$\boldsymbol{\nabla} = \left(\frac{\partial}{\partial x}, \frac{\partial}{\partial y}, \frac{\partial}{\partial z}\right),$$

qui, appliqué à une fonction scalaire, donnait trois grandeurs qui se transformaient exactement comme un vecteur. Au moyen de cet opérateur nous avons défini le gradient, et en combinaison avec d'autres vecteurs, la divergence et le Laplacien. Enfin nous avons découvert qu'en faisant la somme de certains produits de couples de composantes de deux vecteurs, on obtenait trois nouvelles grandeurs qui se comportaient comme un nouveau vecteur. Nous l'avons appelé le *produit vectoriel* de deux vecteurs. Appliquant ce produit vectoriel à notre opérateur $\boldsymbol{\nabla}$ nous avons alors défini le rotationnel d'un vecteur.

Comme nous allons nous reporter à ce qui a déjà été fait en analyse vectorielle nous avons groupé dans le tableau 25.1 un résumé de toutes les opérations vectorielles importantes à trois dimensions dont il a été fait usage. Le problème est qu'il doit être possible d'écrire les équations de la physique de sorte que les deux membres se transforment de la même façon par des rotations. Si l'un des membres est un vecteur, l'autre doit aussi être un vecteur, et les deux membres changeront ensemble exactement de la même façon si nous faisons tourner le système de coordonnées. De même si l'un des membres est un scalaire, l'autre doit aussi être un scalaire, de sorte qu'aucun des deux membres ne soit affecté par une rotation du système de coordonnées, et ainsi de suite.

Tableau 25.1 – Grandeurs et opérations importantes de l'analyse vectorielle à trois dimensions.

Définition d'un vecteur	$A = (A_x, A_y, A_z)$
Produit scalaire	$\boldsymbol{A} \cdot \boldsymbol{B}$
Opérateur différentiel vectoriel	$\boldsymbol{\nabla}$
Gradient	$\boldsymbol{\nabla}_{\varphi}$
Divergence	$\boldsymbol{\nabla} \cdot \boldsymbol{A}$
Laplacien	$\boldsymbol{\nabla} \cdot \boldsymbol{\nabla} = \nabla^2$
Produit vectoriel	$\boldsymbol{A} \times \boldsymbol{B}$
Rotationnel	$\boldsymbol{\nabla} \times \boldsymbol{A}$

Or, dans le cas de la relativité restreinte, temps et'espace sont inextricablement mêlés et nous devons opérer de façon analogue, mais dans quatre dimensions. Nous voulons que nos équations restent inchangées non seulement dans toute rotation, mais aussi dans *tout* système d'inertie. C'est-à-dire que nos équations doivent être invariantes dans une transformation de Lorentz selon les équations (25.1). L'objet de ce chapitre est de vous montrer comment on y arrive. Cependant avant de commencer nous allons faire quelque chose qui nous rendra la tâche beaucoup plus aisée (et nous évitera une certaine confusion). Il s'agit de choisir nos unités de longueur et de temps de façon que la vitesse de la lumière c soit égale à 1. Vous pouvez vous l'imaginer en prenant comme unité de temps, *le temps nécessaire à la lumière pour parcourir un mètre* (qui est d'environ 3×10^{-9} s). Nous pouvons même appeler cette unité de temps « un mètre ». Avec cette unité, toutes nos équations montreront plus clairement la symétrie espace-temps. De plus, tous les c vont disparaître de nos équations relativistes. (Si cela vous gêne, vous pouvez toujours réintroduire les c dans une équation en remplaçant chaque t par ct, ou, en général, en collant un c partout où cela est nécessaire pour que les dimensions de nos équations soient correctes.) Avec ces bases nous sommes prêts à commencer. Notre programme consiste à faire dans les quatre dimensions de l'espace-temps tout ce que nous avons fait avec les vecteurs dans l'espace à trois dimensions. C'est en fait, un jeu très simple ; nous opérons par analogie. Les seules complications réelles sont dans les notations (nous avons déjà utilisé le symbole vectoriel pour les trois dimensions) et dans une légère déviation des signes.

Tout d'abord, par analogie avec les vecteurs à trois dimensions, nous définissons un *quadrivecteur* comme un ensemble de quatre nombres a_t, a_x, a_y et a_z qui se transforment comme t, x, y et z quand on passe à un système de coordonnées en mouvement. On utilise plusieurs notations différentes pour un quadrivecteur ; nous écrirons a_μ qui exprimera l'ensemble des quatre nombres (a_t, a_x, a_y, a_z) – en d'autres termes, l'indice μ peut prendre les quatre « valeurs » t, x, y, z. Parfois il sera commode d'indiquer les trois composantes spatiales par un trivecteur, comme ceci : $a_\mu = (a_t, \boldsymbol{a})$.

Nous avons déjà vu un quadrivecteur, composé de l'énergie et de l'impulsion d'une particule (chapitre 17, Vol. I). Avec notre nouvelle notation, nous écrirons

$$p_\mu = (E, \boldsymbol{p}), \tag{25.2}$$

ce qui signifie que le quadrivecteur p_μ comprend l'énergie E et les trois composantes du trivecteur $\boldsymbol{p}$ d'une particule.

Il semble donc que le jeu soit réellement très simple – pour chaque trivecteur en physique, nous n'avons qu'à trouver ce que doit être la quatrième composante, et nous avons un quadrivecteur. Pour voir que cela n'est pas aussi simple, considérons le vecteur vitesse dont les composantes sont

$$v_x = \frac{dx}{dt}, \qquad v_y = \frac{dy}{dt}, \qquad v_z = \frac{dz}{dt}.$$

Voici la question : quelle est la composante-temps ? Notre intuition pourrait nous fournir la réponse exacte. Comme les quadrivecteurs sont du type t, x, y, z nous pourrions penser que la composante-temps est

$$v_t = \frac{dt}{dt} = 1.$$

C'est faux. La raison en est que le temps au dénominateur n'est pas invariant dans une transformation de Lorentz. Les numérateurs se comportent bien comme un quadrivecteur, mais le dt du dénominateur fausse tout ; il n'est pas symétrique et il n'est pas le même dans deux systèmes différents.

© Dunod. Toute reproduction non autorisée est un délit.

Or, les quatre composantes de la « vitesse » que nous avons écrites vont devenir les composantes d'un quadrivecteur si nous divisons simplement par $\sqrt{1-v^2}$. Nous pouvons vérifier que ceci est bien exact, en partant du quadrivecteur impulsion

$$p_\mu = (E, \boldsymbol{p}) = \left(\frac{m_0}{\sqrt{1-v^2}}, \frac{m_0\boldsymbol{v}}{\sqrt{1-v^2}}\right), \tag{25.3}$$

et en le divisant par la masse au repos m_0 qui est un scalaire invariant dans les *quatre dimensions*, nous obtenons

$$\frac{p_\mu}{m_0} = \left(\frac{1}{\sqrt{1-v^2}}, \frac{\boldsymbol{v}}{\sqrt{1-v^2}}\right), \tag{25.4}$$

qui doit encore être un quadrivecteur. (Diviser par un *scalaire invariant*, ne modifie pas les propriétés de transformation.) Nous pouvons alors *définir* le « *quadrivecteur vitesse* » u_μ par

$$\begin{aligned} u_t &= \frac{1}{\sqrt{1-v^2}}, & u_y &= \frac{v_y}{\sqrt{1-v^2}}, \\ u_x &= \frac{v_x}{\sqrt{1-v^2}}, & u_z &= \frac{v_z}{\sqrt{1-v^2}}, \end{aligned} \tag{25.5}$$

Le quadrivecteur vitesse est une grandeur utile. Nous pouvons, par exemple, écrire

$$p_\mu = m_0 u_\mu. \tag{25.6}$$

Tel est le type même de la forme que doit prendre une équation correcte du point de vue relativiste ; chaque membre est un quadrivecteur. (Le membre de droite est le produit d'un invariant par un quadrivecteur, ce qui est encore un quadrivecteur.)

25.2 Le produit scalaire

On peut dire, si vous voulez, que c'est un accident si, lors d'une rotation du système de coordonnées la distance d'un point à l'origine ne varie pas. Mathématiquement cela veut dire que $r^2 = x^2 + y^2 + z^2$ est un invariant. En d'autres termes, après une rotation $r'^2 = r^2$, ou bien

$$x'^2 + y'^2 + z'^2 = x^2 + y^2 + z^2.$$

Or, voici la question : existe-t-il une grandeur semblable qui soit invariante dans une transformation de Lorentz ? Oui, elle existe. De l'Éq. (25.1) nous tirons que

$$t'^2 - x'^2 = t^2 - x^2.$$

Cela est assez beau, bien que cela dépende du choix particulier de la direction des x. Nous pouvons y remédier en retranchant y^2 et z^2. Alors, toute transformation de Lorentz, *plus* une rotation, laisse cette grandeur inchangée. Donc l'analogue de r^2 dans les trois dimensions est, dans les quatre dimensions

$$t^2 - x^2 - y^2 - z^2.$$

C'est un invariant, parce qu'on appelle le « groupe de Lorentz complet » – c'est-à-dire à la fois, par les translations à vitesse constante *et* les rotations.

Or comme cette invariance est une propriété algébrique dépendant seulement des lois de transformation de l'Éq. (25.1) – et des rotations – elle est valable pour n'importe quel quadrivecteur (par définition ils subissent tous la même transformation). Donc, pour un quadrivecteur a_μ nous avons

$$a_t'^2 - a_x'^2 - a_y'^2 - a_z'^2 = a_t^2 - a_x^2 - a_y^2 - a_z^2.$$

Nous appellerons cette grandeur, le carré de « la longueur » du quadrivecteur a_μ. (Parfois certains changent le signe de tous les termes et appellent la longueur $a_x^2 + a_y^2 + a_z^2 - a_t^2$, il faudra donc vous méfier.)

Soit alors *deux* vecteurs a_μ et b_μ, leurs composantes correspondantes se transforment de la même façon de sorte que la combinaison

$$a_t b_t - a_x b_x - a_y b_y - a_z b_z$$

est encore une grandeur invariante (scalaire). (En fait nous avons déjà démontré ceci au chapitre 17, Vol. I.) Il est clair que cette expression est tout à fait analogue au produit scalaire de deux vecteurs. Nous l'appellerons, en fait, le *produit scalaire* de deux quadrivecteurs. Il semblerait logique de l'écrire $a_\mu \cdot b_\mu$ et il *ressemblerait* bien à un produit scalaire. Malheureusement il n'en est pas ainsi, et on a l'habitude de l'écrire sans le point. Nous suivrons donc la convention et nous écrirons le produit scalaire simplement $a_\mu b_\mu$. Ainsi, *par définition*

$$a_\mu b_\mu = a_t b_t - a_x b_x - a_y b_y - a_z b_z. \tag{25.7}$$

Chaque fois que vous verrez deux indices identiques ensemble (nous pourrons utiliser à l'occasion v ou toute autre lettre à la place de μ) cela signifie que vous devez effectuer les quatre produits et en faire la somme, *en vous souvenant du signe moins*, devant les produits des composants d'espace. Avec cette convention l'invariance du produit scalaire dans une transformation de Lorentz s'écrit

$$a'_\mu b'_\mu = a_\mu b_\mu.$$

Comme les trois derniers termes dans l'Éq. (25.7) sont simplement le produit scalaire à trois dimensions, il est souvent plus commode d'écrire

$$a_\mu b_\mu = a_t b_t - \boldsymbol{a} \cdot \boldsymbol{b}.$$

Il est bien évident aussi que la longueur quadridimensionnelle que nous venons de décrire peut aussi s'écrire $a_\mu a_\mu$:

$$a_\mu a_\mu = a_t^2 - a_x^2 - a_y^2 - a_z^2 = a_t^2 - \boldsymbol{a} \cdot \boldsymbol{a}. \tag{25.8}$$

© Dunod. Toute reproduction non autorisée est un délit.

Parfois il sera commode aussi de l'écrire a_μ^2 :

$$a_\mu^2 \equiv a_\mu a_\mu.$$

Voyons sur un exemple, l'utilité du produit scalaire de deux quadrivecteurs. On produit des antiprotons ($\overline{\mathrm{P}}$) dans les grands accélérateurs par la réaction

$$\mathrm{P} + \mathrm{P} \rightarrow \mathrm{P} + \mathrm{P} + \mathrm{P} + \overline{\mathrm{P}}.$$

C'est-à-dire qu'un proton de grande énergie entre en collision avec un proton au repos (par exemple, dans une cible d'hydrogène placée dans le faisceau), et si le proton incident a une énergie assez grande, il se crée une paire antiproton-proton en plus des deux protons initiaux[1]. Voici la question : quelle énergie faut-il fournir au proton incident pour que la réaction soit possible du point de vue énergétique ?

Le moyen le plus simple de répondre est de considérer ce que devient cette réaction dans le référentiel du centre de masse (CM) (voir Fig. 25.1). Soit a le proton incident et p_μ^a son quadrivecteur impulsion. De même soit b le proton-cible et p_μ^b son quadrivecteur impulsion. Si le proton incident a *juste* l'énergie nécessaire pour que la réaction ait lieu, l'état final – après la collision – consistera en un amas contenant trois protons et un antiproton au repos dans le système CM. Si l'énergie incidente était légèrement supérieure, les particules dans l'état final posséderaient une certaine énergie cinétique et s'écarteraient ; si l'énergie incidente était légèrement inférieure, il n'y aurait pas assez d'énergie pour fabriquer les quatre particules.

Soit p_μ^c le quadrivecteur impulsion totale de l'amas dans l'état final, la conservation de l'énergie et de l'impulsion s'écrit

$$\boldsymbol{p}^a + \boldsymbol{p}^b = \boldsymbol{p}^c,$$

et

$$E^a + E^b = E^c.$$

En combinant ces deux équations, on peut encore écrire

$$p_\mu^a + p_\mu^b = p_\mu^c. \tag{25.9}$$

Or, le point important c'est que nous avons là une équation entre quadrivecteurs, donc qui est vraie dans n'importe quel référentiel d'inertie. Tenons-en compte pour simplifier

1. Vous pouvez vous demander : pourquoi ne pas considérer les réactions

$$\mathrm{P} + \mathrm{P} \rightarrow \mathrm{P} + \mathrm{P} + \overline{\mathrm{P}},$$

ou encore,

$$\mathrm{P} + \mathrm{P} \rightarrow \mathrm{P} + \overline{\mathrm{P}}$$

qui nécessitent évidemment moins d'énergie. La réponse est que, selon le principe de la *conservation des baryons*, « le nombre de protons, moins le nombre d'antiprotons » ne peut varier. Il vaut 2 dans le premier membre de notre réaction. Par conséquent si nous voulons un antiproton à droite, nous devons avoir aussi *trois* protons (ou autres baryons).

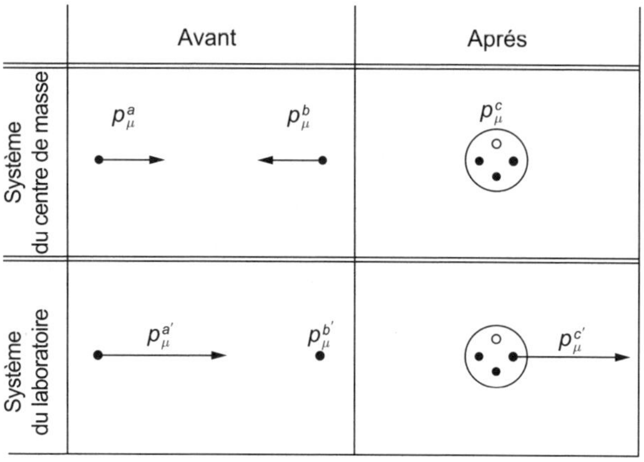

Figure 25.1 – La réaction $P + P \to 3P + \overline{P}$ observée dans les systèmes du centre de masse et du laboratoire. Le proton incident est supposé avoir l'énergie juste suffisante pour provoquer la réaction. Les protons sont représentés par des cercles noirs, les anti-protons par des cercles clairs.

nos calculs. Commençons par prendre la « longueur » de chaque membre de l'Éq. (25.9) ; elles sont évidemment égales. Nous avons

$$\left(p^a_\mu + p^b_\mu\right)\left(p^a_\mu + p^b_\mu\right) = p^c_\mu p^c_\mu. \tag{25.10}$$

Comme $p^c_\mu p^c_\mu$ est invariant, nous pouvons le calculer dans n'importe quel système de coordonnées. Dans le système CM, la composante de temps de p^c_μ est l'énergie au repos des quatre protons, soit $4M$, et la composante d'espace $\boldsymbol{p}$ est nulle ; donc $p^c_\mu = (4M, \mathbf{0})$. Nous avons utilisé le fait que la masse au repos d'un antiproton égale la masse au repos d'un proton, et nous avons appelé M la masse commune.

Ainsi, l'Éq. (25.10) devient

$$p^a_\mu p^a_\mu + 2p^a_\mu p^b_\mu + p^b_\mu p^b_\mu = 16M^2. \tag{25.11}$$

or, $p^a_\mu p^a_\mu$ et $p^b_\mu p^b_\mu$ sont très simples, puisque la « longueur » du quadrivecteur impulsion de n'importe quelle particule est simplement la masse de la particule au carré :

$$p_\mu p_\mu = E^2 - \boldsymbol{p}^2 = M^2.$$

On peut montrer ceci par un calcul direct, ou plus astucieusement, en remarquant que pour une particule *au repos* $p_\mu = (M, \mathbf{0})$, donc $p_\mu p_\mu = M^2$. Mais puisque c'est un invariant, c'est encore égal à M^2 dans *n'importe quel* référentiel. En appliquant ces résultats dans l'Éq. (25.11), nous avons

$$2p^a_\mu p^b_\mu = 14M^2$$

ou bien

$$p^a_\mu p^b_\mu = 7M^2. \tag{25.12}$$

Nous pouvons aussi calculer $p^a_\mu p^b_\mu$ dans le système du laboratoire. Le quadrivecteur p^a_μ s'écrit $(E^a, \boldsymbol{p}^a)$, alors que $p^b_\mu = (M, \mathbf{0})$, puisqu'il s'agit d'un proton au repos. Ainsi,

© Dunod. Toute reproduction non autorisée est un délit.

$p^a_\mu p^b_\mu$ doit aussi être égal à ME^a, et puisque nous savons que le produit scalaire est un invariant, celui-ci doit être numériquement égal à ce que nous avons trouvé en (25.12). De sorte que nous obtenons

$$E^{a'} = 7M,$$

résultat cherché. L'énergie *totale* du proton initial doit être au moins $7M$ (environ 6,6 Gev puisque $M = 938$ Mev) soit, en retranchant l'énergie au repos M, une énergie *cinétique* de $6M$ au moins (environ 5,6 Gev). Le bévatron de Berkeley avait été conçu pour communiquer aux protons accélérés des énergies cinétiques de l'ordre de 6,2 Gev, afin de rendre possible la création d'antiprotons.

Comme les produits scalaires sont invariants, il est toujours intéressant de les calculer. Que dire de la « longueur » du quadrivecteur $u_\mu u_\mu$?

$$u_\mu u_\mu = u_t^2 - \boldsymbol{u}^2 = \frac{1}{1-v^2} - \frac{v^2}{1-v^2} = 1.$$

Donc, u_μ est le *quadrivecteur unité.*

25.3 Le gradient quadridimensionnel

Le point suivant à traiter est l'analogue quadridimensionnel du gradient. Rappelons (chapitre 14, Vol. I) que les trois opérateurs différentiels $\partial/\partial x$, $\partial/\partial y$, $\partial/\partial z$ se transforment comme un trivecteur et sont appelés le gradient. Le même schéma devrait s'appliquer à quatre dimensions ; c'est-à-dire qu'on pourrait croire que le gradient quadridimensionnel devrait être $(\partial/\partial t, \partial/\partial x, \partial/\partial y, \partial/\partial z)$. Ceci est faux.

Pour voir l'erreur, considérons une fonction scalaire ϕ qui dépend seulement de x et t. La variation de ϕ, si nous donnons une petite variation Δt à t en maintenant x constant, est

$$\Delta\phi = \frac{\partial\phi}{\partial t}\,\Delta t. \tag{25.13}$$

D'autre part, pour un observateur en mouvement,

$$\Delta\phi = \frac{\partial\phi}{\partial x'}\,\Delta x' + \frac{\partial\phi}{\partial t'}\,\Delta t'.$$

Nous pouvons exprimer $\Delta x'$ et $\Delta t'$ en fonction de Δt en appliquant l'Éq. (25.1). En nous souvenant qu'on maintient x constant, donc $\Delta x = 0$, nous écrirons

$$\Delta x' = -\frac{v}{\sqrt{1-v^2}}\,\Delta t; \qquad \Delta t' = \frac{\Delta t}{\sqrt{1-v^2}}.$$

Ainsi,

$$\Delta\phi = \frac{\partial\phi}{\partial x'}\left(-\frac{v}{\sqrt{1-v^2}}\,\Delta t\right) + \frac{\partial\phi}{\partial t'}\left(\frac{\Delta t}{\sqrt{1-v^2}}\right)$$

$$= \left(\frac{\partial\phi}{\partial t'} - v\,\frac{\partial\phi}{\partial x'}\right)\frac{\Delta t}{\sqrt{1-v^2}}.$$

Comparant ce résultat avec l'Éq. (25.13), nous apprenons que

$$\frac{\partial \phi}{\partial t} = \frac{1}{\sqrt{1-v^2}}\left(\frac{\partial \phi}{\partial t'} - v\frac{\partial \phi}{\partial x'}\right). \tag{25.14}$$

Un calcul semblable nous donne

$$\frac{\partial \phi}{\partial x} = \frac{1}{\sqrt{1-v^2}}\left(\frac{\partial \phi}{\partial x'} - v\frac{\partial \phi}{\partial t'}\right). \tag{25.15}$$

Nous pouvons alors voir que le gradient est assez curieux. Les formules pour x et t en fonction de x' et t' [obtenues en résolvant l'Éq. (25.1)] sont :

$$t = \frac{t' + vx'}{\sqrt{1-v^2}}, \qquad x = \frac{x' + vt'}{\sqrt{1-v^2}}.$$

Telle est la façon dont *doit* se transformer un quadrivecteur. Mais les Éqs. (25.14) et (25.15) ont deux signes faux !

La réponse à cela c'est qu'au lieu de l'incorrect $(\partial/\partial t, \boldsymbol{\nabla})$ nous devons *définir* l'opérateur *gradient quadridimensionnel*, que nous appelons ∇_μ, par

$$\nabla_\mu = \left(\frac{\partial}{\partial t}, -\boldsymbol{\nabla}\right) = \left(\frac{\partial}{\partial t}, -\frac{\partial}{\partial x}, -\frac{\partial}{\partial y}, -\frac{\partial}{\partial z}\right). \tag{25.16}$$

Avec cette définition, les difficultés de signe rencontrées plus haut tombent, et ∇_μ se comporte comme doit le faire un quadrivecteur. Il est mal commode d'avoir ces signes moins, mais ainsi va le monde.) Bien sûr, dire que ∇_μ « se comporte comme un quadrivecteur » signifie simplement que le quadrigradient d'un scalaire est un quadrivecteur. Si φ est un vrai champ scalaire invariant (invariant de Lorentz), alors $\nabla_\mu \phi$ est un champ de quadrivecteurs.

Bon, maintenant que nous avons défini les vecteurs, les gradients et les produits scalaires, le problème suivant est de chercher un invariant analogue à la divergence de l'analyse vectorielle à trois dimensions. Il est clair que, l'analogie consiste à former l'expression $\nabla_\mu b_\mu$, où b_μ est un champ de quadrivecteurs dont les composantes sont des fonctions de l'espace et du temps. Nous *définissons la divergence* d'un quadrivecteur $b_\mu = (b_t, \boldsymbol{b})$ comme le produit scalaire de ∇_μ, par b_μ :

$$\begin{aligned}\nabla_\mu b_\mu &= \frac{\partial}{\partial t} b_t - \left(-\frac{\partial}{\partial x}\right) b_x - \left(-\frac{\partial}{\partial y}\right) b_y - \left(-\frac{\partial}{\partial z}\right) b_z \\ &= \frac{\partial}{\partial t} b_t + \boldsymbol{\nabla} \cdot \boldsymbol{b},\end{aligned} \tag{25.17}$$

où $\boldsymbol{\nabla} \cdot \boldsymbol{b}$ est la divergence tridimensionnelle ordinaire du trivecteur $\boldsymbol{b}$. Remarquez qu'il faut faire attention aux signes. Certains des signes moins proviennent de la définition du produit scalaire, Éq. (25.7) ; les autres sont nécessaires car les composantes d'espace

© Dunod. Toute reproduction non autorisée est un délit.

de ∇_μ sont $-\partial/\partial x$, etc., comme dans l'Éq. (25.16). La divergence telle qu'elle est définie par (25.17) est un invariant et conduit au même résultat dans tous les systèmes de coordonnées qui diffèrent par une transformation de Lorentz.

Examinons un exemple physique où apparaît la quadridivergence. Nous pouvons nous en servir pour résoudre le problème des champs autour d'un fil en mouvement. Nous avons déjà vu (paragraphe 13-7) que la densité de charge électrique ρ et la densité de courant $\boldsymbol{j}$ forment un quadrivecteur $j = (\rho, \boldsymbol{j})$. Si un fil non chargé transporte le courant j_x, alors dans un référentiel en mouvement par rapport à lui avec la vitesse v (le long des x) le fil portera la charge et la densité de courant suivantes [obtenues par la transformation de Lorentz, Éq. (25.1)] :

$$\rho' = \frac{-vj_x}{\sqrt{1-v^2}}, \qquad j'_x = \frac{j_x}{\sqrt{1-v^2}}.$$

C'est exactement ce que nous avons trouvé au chapitre 13. Nous pouvons utiliser ces sources dans les équations de Maxwell dans le système en mouvement pour calculer les champs.

La loi de conservation de la charge, paragraphe 13-2, prend elle aussi une forme simple avec cette notation quadrivectorielle. Soit la quadridivergence de j_μ :

$$\nabla_\mu j_\mu = \frac{\partial \rho}{\partial t} + \boldsymbol{\nabla}\cdot\boldsymbol{j}. \tag{25.18}$$

La loi de conservation de la charge indique que le flux du courant sortant par unité de volume, doit être égal à la vitesse de décroissance de la densité de charge. En d'autres termes,

$$\boldsymbol{\nabla}\cdot\boldsymbol{j} = -\frac{\partial \rho}{\partial t}.$$

Portant ceci dans l'Éq. (25.18), la loi de conservation de la charge prend la forme simple

$$\nabla_\mu j_\mu = 0. \tag{25.19}$$

Comme $\nabla_\mu j_\mu$ est un scalaire invariant, s'il est nul dans un référentiel, il est nul dans tous. Nous obtenons ce résultat, que si la charge est conservée dans un système de coordonnées, elle est conservée dans tous les systèmes de coordonnées animés d'une vitesse uniforme.

Comme dernier exemple, nous allons considérer le produit scalaire de l'opérateur gradient ∇_μ par lui-même. Dans les trois dimensions il conduit au Laplacien

$$\nabla^2 = \boldsymbol{\nabla}\cdot\boldsymbol{\nabla} = \frac{\partial^2}{\partial x^2} + \frac{\partial^2}{\partial y^2} + \frac{\partial^2}{\partial z^2}.$$

Qu'obtient-on dans les quatre dimensions ? C'est facile. En appliquant les règles du produit scalaire et du gradient, nous obtenons

$$\begin{aligned}\nabla_\mu \nabla_\mu &= \frac{\partial}{\partial t}\frac{\partial}{\partial t} - \left(-\frac{\partial}{\partial x}\right)\left(-\frac{\partial}{\partial x}\right) - \left(-\frac{\partial}{\partial y}\right)\left(-\frac{\partial}{\partial y}\right) - \left(-\frac{\partial}{\partial z}\right)\left(-\frac{\partial}{\partial z}\right)\\ &= \frac{\partial^2}{\partial t^2} - \nabla^2.\end{aligned}$$

Cet opérateur qui est l'analogue du Laplacien tridimensionnel est appelé le *d'Alembertien* et est représenté par

$$\Box^2 = \nabla_\mu \nabla_\mu = \frac{\partial^2}{\partial t^2} - \nabla^2. \tag{25.20}$$

Par définition c'est un opérateur scalaire invariant ; en agissant sur un champ de quadrivecteurs, il fournit un autre champ de quadrivecteurs. (Certains définissent le d'Alembertien avec un signe opposé à celui de l'Éq. (25.20), soyez donc attentifs quand vous lirez la littérature.)

Nous avons donc trouvé des équivalents quadridimensionnels de la plupart des grandeurs tridimensionnelles dont nous avons dressé la liste dans le tableau 25.1. (Nous n'avons pas encore les équivalents du produit vectoriel ni de l'opérateur rotationnel ; nous n'y arriverons qu'au chapitre suivant.) Nous avons résumé dans le tableau 25.2 toutes les définitions et tous les résultats importants, qui ainsi regroupés vous aideront à vous rappeler comment tout cela marche.

Tableau 25.2– Grandeurs importantes de l'analyse vectorielle à trois et à quatre dimensions.

	Trois dimensions	Quatre dimensions
Vecteur	$\boldsymbol{A} = (A_x, A_y, A_z)$	$a_\mu = (a_t, a_x, a_y, a_z) = (a_t, \boldsymbol{a})$
Produit scalaire	$\boldsymbol{A}\cdot\boldsymbol{B} = A_xB_x + A_yB_y + A_zB_z$	$a_\mu b_\mu = a_tb_t - a_xb_x - a_yb_y - a_zb_z = a_tb_t - \boldsymbol{a}\cdot\boldsymbol{b}$
Opérateur vectoriel	$\boldsymbol{\nabla} = (\partial/\partial x, \partial/\partial y, \partial/\partial z)$	$\nabla_\mu = (\partial/\partial t, -\partial/\partial x, -\partial/\partial y, -\partial/\partial z) = (\partial/\partial t, -\boldsymbol{\nabla})$
Gradient	$\boldsymbol{\nabla}\psi = \left(\frac{\partial\psi}{\partial x}, \frac{\partial\psi}{\partial y}, \frac{\partial\psi}{\partial z}\right)$	$\nabla_\mu\varphi = \left(\frac{\partial\varphi}{\partial t}, -\frac{\partial\varphi}{\partial x}, -\frac{\partial\varphi}{\partial y}, -\frac{\partial\varphi}{\partial z}\right) = \left(\frac{\partial\varphi}{\partial t}, -\boldsymbol{\nabla}\varphi\right)$
Divergence	$\boldsymbol{\nabla}\cdot\boldsymbol{A} = \frac{\partial A_x}{\partial x} + \frac{\partial A_y}{\partial y} + \frac{\partial A_z}{\partial z}$	$\nabla_\mu a_\mu = \frac{\partial a_t}{\partial t} + \frac{\partial a_x}{\partial x} + \frac{\partial a_y}{\partial y} + \frac{\partial a_z}{\partial z} = \frac{\partial a_t}{\partial t} + \boldsymbol{\nabla}\cdot\boldsymbol{a}$
Laplacien et d'Alembertien	$\boldsymbol{\nabla}\cdot\boldsymbol{\nabla} = \frac{\partial^2}{\partial x^2} + \frac{\partial^2}{\partial y^2} + \frac{\partial^2}{\partial z^2} = \nabla^2$	$\nabla_\mu\nabla_\mu = \frac{\partial^2}{\partial t^2} - \frac{\partial^2}{\partial x^2} - \frac{\partial^2}{\partial y^2} - \frac{\partial^2}{\partial z^2} = \frac{\partial^2}{\partial t^2} - \nabla^2 = \Box^2$

© Dunod. Toute reproduction non autorisée est un délit.

25.4 L'ÉLECTRODYNAMIQUE EN NOTATION QUADRIDIMENSIONNELLE

Nous avons déjà rencontré l'opérateur d'Alembertien sans le nommer au paragraphe 18-6 ; les équations différentielles trouvées pour les potentiels s'écrivent avec nos nouvelles notations :

$$\Box^2\phi = \frac{\rho}{\epsilon_0}, \qquad \Box^2\boldsymbol{A} = \frac{\boldsymbol{j}}{\epsilon_0}. \tag{25.21}$$

Les quatre grandeurs du second membre des deux équations (25.21) sont ρ, j_x, j_y, j_z divisées par ϵ_0, constante universelle qui reste la même dans tous les référentiels si l'on garde la même unité de charge. Donc les quatre grandeurs ρ/ϵ_0, j_x/ϵ_0, j_y/ϵ_0, j_z/ϵ_0 se transforment aussi comme un quadrivecteur. Nous pouvons les écrire : j_μ/ϵ_0. Le d'Alembertien ne change pas dans un changement de système de coordonnées, donc les grandeurs ϕ, A_x, A_y, A_z *doivent aussi se transformer* comme un quadrivecteur – ce qui signifie que ce *sont* les composantes d'un quadrivecteur. En bref,

$$A_\mu = (\phi, \boldsymbol{A})$$

est un quadrivecteur. Ce que nous appelons les potentiels scalaires et vectoriels sont en réalité les aspects différents du même objet physique. Ils marchent ensemble. Et s'ils sont considérés ensemble, l'invariance relativiste de l'univers est évidente. Nous appelons A_μ le *quadrivecteur potentiel*.

En notation quadrivectorielle, les Éq. (25.21) deviennent tout simplement

$$\Box^2 A_\mu = \frac{j_\mu}{\epsilon_0}, \tag{25.22}$$

Le sens physique de cette équation est exactement celui des équations de Maxwell. Mais on éprouve un certain plaisir à les récrire sous une forme plus élégante. Cette jolie forme est aussi significative ; elle montre directement l'invariance de l'électrodynamique dans une transformation de Lorentz.

Rappelez-vous que les Éq. (25.21) se déduisaient des équations de Maxwell seulement en imposant la condition de jauge

$$\frac{\partial\phi}{\partial t} + \boldsymbol{\nabla}\cdot\boldsymbol{A} = 0, \tag{25.23}$$

qui s'écrit tout simplement $\nabla_\mu A_\mu = 0$; la condition de jauge signifie que la divergence du quadrivecteur A_μ est nulle. Cette condition est appelée la *condition de Lorentz*. Elle est très commode parce que c'est une condition invariante, et par conséquent, les équations de Maxwell s'écrivent sous la forme de l'Éq. (25.22) dans tous les référentiels.

25.5 LE QUADRIVECTEUR POTENTIEL D'UNE CHARGE EN MOUVEMENT

Bien qu'elles soient implicitement contenues dans ce que nous avons déjà dit, écrivons les lois de transformation qui donnent ϕ et A dans un système en mouvement, en fonction de ϕ et A dans un système immobile. Comme $A_\mu = (\phi, \boldsymbol{A})$ est un quadrivecteur, les équations doivent ressembler aux Éq. (25.1), sauf que t est remplacé par ϕ, et x par $\boldsymbol{A}$. Ainsi

$$\begin{aligned} \phi' &= \frac{\phi - vA_x}{\sqrt{1-v^2}}, \qquad A'_y = A_y, \\ A'_x &= \frac{A_x - v\phi}{\sqrt{1-v^2}}, \qquad A'_z = A_z. \end{aligned} \tag{25.24}$$

Ceci suppose, que le système de coordonnées, tel qu'on le voit dans le système de coordonnées non primé, est en mouvement avec la vitesse v suivant les x positifs.

Étudions sur un exemple l'utilité de la notion du quadrivecteur potentiel. Que sont les potentiels scalaires et vectoriels d'une charge q se déplaçant à la vitesse v le long de l'axe des x ? Le problème est simple dans un système de coordonnées qui se déplace avec la charge, puisque dans ce système la charge est immobile. Disons que la charge est à l'origine du référentiel S', comme sur la Fig. 25.2. Le potentiel scalaire dans le système en mouvement est alors donné par

$$\phi' = \frac{q}{4\pi\epsilon_0 r'}, \tag{25.25}$$

où r' est la distance de la charge q au point du champ, mesurée dans le système en mouvement. Le potentiel-vecteur $\boldsymbol{A}'$ est évidemment nul.

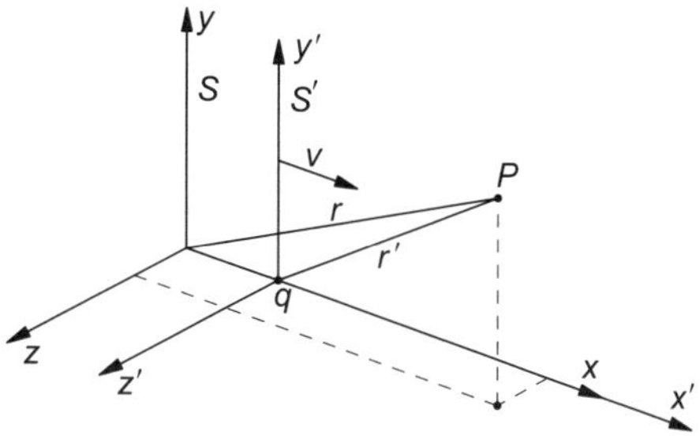

Figure 25.2 – Le référentiel S' se déplace à la vitesse v (dans la direction des x) par rapport à S. Une charge au repos à l'origine de S' est en $x = vt$ dans S. Les potentiels en P peuvent être calculés dans l'un ou l'autre des référentiels.

Il est alors très facile de trouver ϕ et $\boldsymbol{A}$, les potentiels mesurés dans les coordonnées immobiles. Les relations inverses des Éq. (25.24) sont

$$\begin{aligned} \phi &= \frac{\phi' + vA'_x}{\sqrt{1-v^2}}, \qquad A_y = A'_y, \\ A_x &= \frac{A'_x + v\phi'}{\sqrt{1-v^2}}, \qquad A_z = A'_z. \end{aligned} \tag{25.26}$$

En utilisant le ϕ' donné par l'Éq. (25.25), et $\boldsymbol{A}' = 0$, nous obtenons

$$\begin{aligned} \phi &= \frac{q}{4\pi\epsilon_0} \frac{1}{r'\sqrt{1-v^2}} \\ &= \frac{q}{4\pi\epsilon_0} \frac{1}{\sqrt{1-v^2}\sqrt{x'^2+y'^2+z'^2}}. \end{aligned}$$

© Dunod. Toute reproduction non autorisée est un délit.

Ceci nous donne le potentiel scalaire que nous verrions dans S, mais malheureusement, exprimé en fonction des coordonnées de S'. Nous pouvons l'avoir en fonction de t, x, y, z en remplaçant t', x', y', z' par leurs expressions (25.1). On a

$$\phi = \frac{q}{4\pi\epsilon_0}\frac{1}{\sqrt{1-v^2}}\frac{1}{\sqrt{[(x-vt)/\sqrt{1-v^2}]^2+y^2+z^2}}. \tag{25.27}$$

En suivant le même procédé pour les composantes de $\boldsymbol{A}$, vous pouvez montrer

$$\boldsymbol{A} = \boldsymbol{v}\phi. \tag{25.28}$$

Ce sont les mêmes formules que celles obtenues par une méthode différente au chapitre 21.

25.6 L'INVARIANCE DES ÉQUATIONS DE L'ÉLECTRODYNAMIQUE

Nous avons vu que les potentiels ϕ et $\boldsymbol{A}$, considérés ensemble constituent un quadrivecteur que nous appelons A_μ et que les équations d'onde – les équations complètes qui déterminent les A_μ, en fonction des j_μ, – peuvent s'écrire comme l'Éq. (25.22). Cette équation, jointe à la conservation de la charge, Éq. (25.19), nous donne la loi fondamentale du champ électromagnétique :

$$\Box^2 A_\mu = \frac{1}{\epsilon_0}\,j_\mu, \qquad \nabla_\mu j_\mu = 0. \tag{25.29}$$

Là, sur une toute petite ligne de la page, se trouvent toutes les équations de Maxwell – belles et simples. Avons-nous appris quelque chose de plus en écrivant les équations sous cette forme, à part le fait qu'elles sont belles et simples ? Tout d'abord, est-ce différent de ce que nous avions en explicitant les diverses composantes ? Pouvons-nous déduire de cette équation quelque chose qui ne pouvait être déduit des équations d'onde pour les potentiels en fonction des charges et des courants ? La réponse est nettement non. La seule chose que nous ayons faite est de changer les noms des choses – en utilisant une nouvelle notation. Nous avons écrit un symbole carré pour représenter les dérivées, mais il ne signifie toujours ni plus ni moins que la dérivée seconde par rapport à t moins la dérivée seconde par rapport à x, moins la dérivée seconde par rapport à y, moins la dérivée seconde par rapport à z. Et l'indice μ signifie que nous avons quatre équations, une pour chaque valeur $\mu = t,\ x,\ y$ ou z. Quelle est donc la signification du fait que ces équations peuvent s'écrire sous cette forme simple ? Du point de vue de ce que l'on peut en déduire directement, cela n'a aucun sens. Peut-être, cependant, la simplicité des équations signifie-t-elle que la nature aussi possède une certaine simplicité.

Nous allons vous montrer quelque chose d'intéressant, que nous avons récemment découvert : *toutes les lois de la physique peuvent être contenues dans une seule équation.* Voici cette équation

$$\mathsf{U} = 0. \tag{25.30}$$

Que cette équation est simple ! Évidemment il faut savoir ce que représente le symbole. U est une grandeur physique que nous appellerons l'« irréalité » de la situation. Et nous disposons d'une formule pour elle. Voici comment calculer cette irréalité. Prenez toutes les lois connues de la physique et écrivez-les sous une forme particulière. Par exemple, prenez la loi de la mécanique, $\boldsymbol{F} = m\boldsymbol{a}$ et écrivez-là à nouveau sous la forme $\boldsymbol{F} - m\boldsymbol{a} = 0$. Vous pouvez appeler $(\boldsymbol{F} - m\boldsymbol{a})$ – qui doit, évidemment, être nulle – le « défaut » de la mécanique. Puis vous en prenez le *carré* et vous l'appelez U_1, que l'on peut appeler « l'irréalité des effets mécaniques ». En d'autres termes, vous prenez

$$\mathsf{U}_1 = (\boldsymbol{F} - m\boldsymbol{a})^2. \tag{25.31}$$

Puis, vous écrivez une autre loi physique, disons, $\boldsymbol{\nabla} \cdot \boldsymbol{E} = \rho/\epsilon_0$ et vous définissez

$$\mathsf{U}_2 = \left(\boldsymbol{\nabla} \cdot \boldsymbol{E} - \frac{\rho}{\epsilon_0}\right)^2,$$

que vous pouvez appeler « l'irréalité gaussienne de l'électricité ». Vous poursuivez en écrivant U_3, U_4 et ainsi de suite – une pour chaque loi physique existante.

Enfin, vous appelez irréalité *totale* U de l'univers la somme des différentes irréalités U_i relatives à tous les sous-phénomènes qu'elles concernent, soit, $\mathsf{U} = \sum \mathsf{U}_i$. Alors la grande « loi de la nature » est

$$\boxed{\mathsf{U} = 0.} \tag{25.32}$$

Cette « loi » signifie évidemment que la somme des carrés de tous les défauts individuels est nulle, et le seul moyen pour une somme de carrés d'être nulle est que chacun des termes soit nul.

Ainsi la loi de l'Éq. (25.32), avec sa « belle simplicité », est équivalente à toute la série des équations que vous aviez commencé par écrire. Il est par conséquent absolument évident qu'une notation simple qui se contente de cacher la complexité sous des définitions de symboles, n'est pas une simplicité réelle. C'est simplement un truc. La beauté qui apparaît dans l'Éq. (25.32) – due au simple fait que diverses équations y sont cachées – n'est rien de plus qu'un truc. Quand vous déballez le paquet, vous vous retrouvez là où vous en étiez auparavant.

Cependant, *il y a* plus dans la simplicité des lois de l'électromagnétisme écrites sous la forme de l'Éq. (25.29). Cela veut dire plus, tout comme la théorie de l'analyse vectorielle veut dire plus. Le fait que les équations de l'électromagnétisme puissent s'écrire avec une notation très particulière *qui fut conçue* pour la géométrie quadridimensionnelle des transformations de Lorentz – c'est-à-dire comme une équation vectorielle dans un espace à quatre dimensions – signifie que cette équation est invariante dans les transformations de Lorentz. C'est parce que les équations de Maxwell sont invariantes par ces transformations qu'elles peuvent s'écrire sous une belle forme.

Ce n'est pas un hasard si les lois de l'électrodynamique s'écrivent sous cette forme élégante de l'Éq. (25.29). La théorie de la relativité fut développée *parce qu'on avait trouvé expérimentalement* que les phénomènes prévus par les équations de Maxwell

© Dunod. Toute reproduction non autorisée est un délit.

étaient les mêmes dans tous les systèmes d'inertie. Et c'est précisément en étudiant les propriétés de transformation des équations de Maxwell que Lorentz découvrit sa transformation comme celle qui laissait invariantes les équations.

Nous avons cependant une autre raison pour écrire nos équations de cette façon. On découvrit – après qu'Einstein l'ait deviné – que *toutes* les lois de la physique étaient invariantes dans une transformation de Lorentz. Tel est le principe de relativité. Par conséquent, si nous créons une notation qui montre immédiatement si une loi écrite est invariante ou non, nous pouvons être sûrs qu'en essayant de faire de nouvelles théories nous écrirons seulement des équations compatibles avec le principe de relativité.

Le fait que les équations de Maxwell soient simples dans cette notation particulière n'est pas un miracle, car cette notation fut inventée en pensant à elles. Mais le fait physique intéressant, c'est que *toute loi* de la physique – la propagation des ondes de mésons, ou bien le comportement des neutrinos dans la radioactivité bêta, et ainsi de suite – doivent posséder cette même invariance dans cette même transformation. Donc, quand vous vous déplacez à une vitesse constante dans un vaisseau spatial, toutes les lois de la nature se transforment ensemble, de sorte qu'aucun phénomène nouveau n'apparaît. C'est parce que le principe de relativité est une donnée de la nature qu'avec la notation quadrivectorielle les équations de l'univers paraissent simples.

Transformation de Lorentz des champs

26

26.1 Le quadripotentiel d'une charge en mouvement

Nous avons vu dans le chapitre précédent que le potentiel $A_\mu = (\phi, A)$ est un quadrivecteur. La composante temporelle est le potentiel scalaire ϕ, et les trois composantes spatiales sont le potentiel vecteur $\boldsymbol{A}$. Nous avons aussi calculé les potentiels créés par une particule se déplaçant en ligne droite avec une vitesse uniforme en utilisant la transformation de Lorentz. (Nous les avions trouvés précédemment par une autre méthode au chapitre 21.) Pour une charge ponctuelle dont la position à l'instant t est $(vt, 0, 0)$, les potentiels au point (x, y, z) sont

$$\begin{aligned}\phi &= \frac{1}{4\pi\epsilon_0\sqrt{1-v^2}}\frac{q}{\left[\dfrac{(x-vt)^2}{1-v^2}+y^2+z^2\right]^{1/2}}\\ A_x &= \frac{1}{4\pi\epsilon_0\sqrt{1-v^2}}\frac{qv}{\left[\dfrac{(x-vt)^2}{1-v^2}+y^2+z^2\right]^{1/2}}\\ A_y &= A_z = 0.\end{aligned} \tag{26.1}$$

Les équations (26.1) donnent les potentiels en x, y et z au temps t, pour une charge dont la position « présente » (nous entendons par là *la position au temps t)* est en $x = vt$. Remarquez que ces équations s'expriment en fonction de $(x - vt)$, y, et z, qui sont les coordonnées mesurées à *partir de la position actuelle P* de la charge en mouvement (voir Fig. 26.1).

Dans ce chapitre : $c = 1$

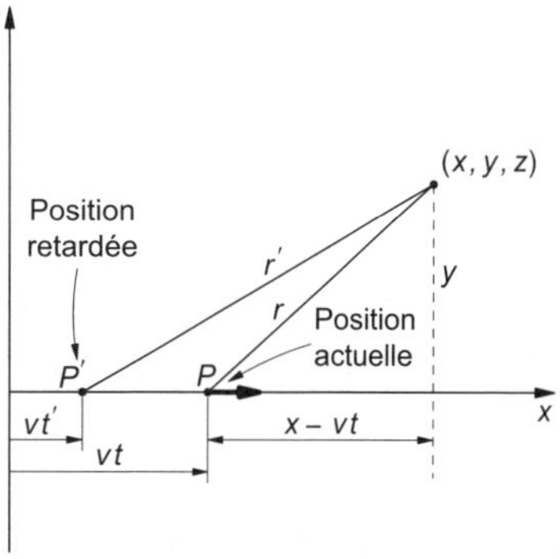

Figure 26.1 – Recherche du champ en P, créé par une charge q se déplaçant à la vitesse v le long de l'axe des v. Le champ « actuel » en (x, y, z) peut s'exprimer en fonction de la position « actuelle » P, aussi bien qu'en fonction de P', position « retardée » (à $t' = t - r'/c$).

© Dunod. Toute reproduction non autorisée est un délit.

Nous savons que l'effet réel se propage en fait à la vitesse c, de sorte que c'est le comportement passé de la charge située dans la position retardée P' qui compte réellement[1]. Le point P' est en $x = vt'$ (où $t' = 1 - r'/c$ est le temps retardé). Mais nous avons dit que la charge se déplaçait en ligne droite avec une vitesse uniforme, de sorte qu'il existe naturellement une relation directe entre son comportement en P' et sa position actuelle. En fait, si nous faisons l'hypothèse supplémentaire que les potentiels ne dépendent que de la position et de la vitesse au temps retardé, nous avons dans les équations (26.1) une formulation *complète* des potentiels créés par une charge se déplaçant d'une façon *quelconque*. Ça marche de la façon suivante. Supposez que vous ayez une charge se déplaçant d'une manière arbitraire, disons suivant la trajectoire de la Fig. 26.2, et que vous essayiez de trouver les potentiels au point (x, y, z). Tout d'abord, vous calculez la position retardée P' et la vitesse v' en ce point. Puis vous imaginez que la charge continue à se déplacer avec cette vitesse pendant l'intervalle de temps $(t' - t)$, de sorte qu'elle apparaîtrait en un point imaginaire P_{proj}, que nous pouvons appeler « position projetée », et qu'elle arriverait là avec la vitesse v' (Bien entendu, elle ne fait pas cela ; sa position réelle à l'instant t est en P.) Les potentiels en (x, y, z) sont alors tout simplement ceux que donneraient les équations (26.1) pour la charge imaginaire située à la position projetée P_{proj}. Ce que nous disons, c'est que les potentiels ne dépendant seulement de ce que la charge fait au temps *retardé*, les potentiels seront les mêmes, que la charge continue à se déplacer avec une vitesse constante ou qu'elle change sa vitesse après l'instant t' – c'est-à-dire après que les potentiels qui allaient apparaître en (x, y, z) au temps t aient été déjà déterminés.

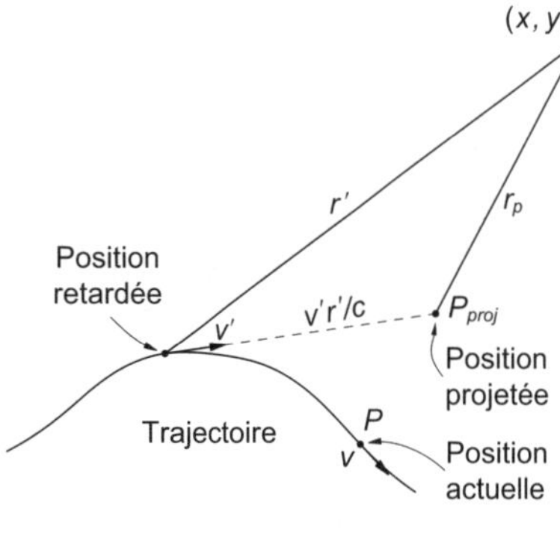

Figure 26.2 – Une charge se déplace sur une trajectoire arbitraire. Les potentiels en (x, y, z) à t sont déterminés par la position P' et la vitesse v' au temps retardé $t' - r'/c$. On les exprime conventionnellement en fonction des coordonnées de la position projetée P_{proj}. (La position actuelle à t est P.)

Vous savez, bien sûr, qu'à partir du moment où nous avons les.formules des potentiels créés par une charge se déplaçant d'une manière quelconque, nous avons toute l'électrodynamique ; nous pouvons obtenir les potentiels d'une distribution de charge quelconque par superposition. Nous pouvons donc résumer tous les phénomènes de l'électrodynamique soit en écrivant les équations de Maxwell, soit par la série de remarques suivantes. (Souvenez-vous en au cas où vous vous trouveriez par hasard sur une île déserte. À partir

1. Il ne faut pas confondre les primes utilisés ici pour désigner les positions *retardées* et les temps *retardés*, avec les primes se rapportant à un repère transformé de Lorentz dans le chapitre précédent.

d'elles, on peut tout reconstruire. Vous devez, bien entendu, connaître la transformation de Lorentz ; vous ne devez jamais oublier ça sur une île déserte ou en tout autre lieu.)

Premièrement, A_μ est un quadrivecteur. *Deuxièmement*, le potentiel coulombien d'une charge immobile vaut $q/4\pi`epsilon_0 r$. *Troisièmement,* les potentiels créés par une charge en mouvement quelconque ne dépendent que de sa vitesse et de sa position au temps retardé. Avec ces trois résultats nous avons tout. Sachant que A_μ est un quadrivecteur, nous transformons le potentiel coulombien, que nous connaissons, et nous obtenons les potentiels pour une vitesse constante. Puis, en vertu de la dernière proposition, selon laquelle les potentiels ne dépendent que de la vitesse passée au temps retardé, nous pouvons jouer à projeter la position pour les trouver. Ce n'est pas une façon particulièrement utile de faire, mais il est intéressant de montrer qu'on peut mettre les lois de la physique sous un grand nombre de formes différentes.

On entend dire quelquefois par des gens qui ne font pas attention qu'on peut déduire toute l'électrodynamique uniquement de la transformation de Lorentz et de la loi de Coulomb. C'est, bien sûr, complètement faux. Tout d'abord, nous devons supposer qu'il existe un potentiel scalaire et un potentiel vecteur qui, réunis, constituent un quadrivecteur. Ceci nous indique comment se transforment les potentiels. Ensuite, comment se fait-il que les effets au temps retardé soient les seules choses qui comptent ? Mieux encore, comment se fait-il que les potentiels ne dépendent que de la position et de la vitesse et non pas, par exemple, de l'accélération ? Les *champs* $\boldsymbol{E}$ et $\boldsymbol{B}$ *dépendent* de l'accélération. Si vous essayiez de faire le même raisonnement pour eux, vous devriez dire qu'ils ne dépendent que de la position et de la vitesse au temps retardé. Mais alors les champs créés par une charge en mouvement accéléré devraient être les mêmes que les champs créés par une charge placée à la position projetée – ce qui est faux. Les *champs* dépendent non seulement de la position et de la vitesse le long de la trajectoire mais aussi de l'accélération. Il y a donc plusieurs hypothèses implicites supplémentaires dans ce grand principe qui dit que tout peut se déduire de la transformation de Lorentz. (Toutes les fois que vous trouvez la déclaration catégorique qu'une énorme quantité de résultats peut être déduite d'un très petit nombre d'hypothèses, vous vous apercevez toujours que c'est faux. Il y a habituellement un grand nombre d'hypothèses impliquées qui sont loin d'être évidentes si vous y réfléchissez avec suffisamment d'attention.)

26.2 Les champs d'une charge ponctuelle ayant une vitesse constante

Maintenant que nous avons les potentiels créés par une charge ponctuelle se déplaçant à vitesse constante, nous devons trouver les champs – pour des raisons pratiques. Il existe de nombreux cas où nous avons des particules en mouvement uniforme – par exemple, des rayons cosmiques traversant une chambre à brouillard, ou même les électrons en mouvement lent dans un fil. Voyons donc au moins à quoi ressemblent en fait les champs pour une vitesse quelconque - même pour des vitesses voisines de celle de la lumière - en supposant uniquement qu'il n'y a pas d'accélération. C'est une question intéressante.

© Dunod. Toute reproduction non autorisée est un délit.

Nous déduisons les champs des potentiels par les règles habituelles :

$$\boldsymbol{E} = -\boldsymbol{\nabla}\phi - \frac{\partial \boldsymbol{A}}{\partial t}, \qquad \boldsymbol{B} = \boldsymbol{\nabla} \times \boldsymbol{A}.$$

D'abord, pour E_z

$$E_z = -\frac{\partial \phi}{\partial z} - \frac{\partial A_z}{\partial t}.$$

Mais A_z est nul ; donc, en différenciant dans les équations (26.1), nous obtenons

$$E_z = \frac{q}{4\pi\epsilon_0\sqrt{1-v^2}} \frac{z}{\left[\dfrac{(x-vt)^2}{1-v^2} + y^2 + z^2\right]^{3/2}}. \tag{26.2}$$

De même, pour E_y,

$$E_y = \frac{q}{4\pi\epsilon_0\sqrt{1-v^2}} \frac{y}{\left[\dfrac{(x-vt)^2}{1-v^2} + y^2 + z^2\right]^{3/2}}. \tag{26.3}$$

La composante x donne un peu plus de travail. La dérivée de ϕ. est plus compliquée et A_x n'est pas nul. Tout d'abord,

$$-\frac{\partial \phi}{\partial x} = \frac{q}{4\pi\epsilon_0\sqrt{1-v^2}} \frac{(x-vt)/(1-v^2)}{\left[\dfrac{(x-vt)^2}{1-v^2} + y^2 + z^2\right]^{3/2}}. \tag{26.4}$$

Ensuite, en dérivant A_x par rapport à t, nous trouvons

$$-\frac{\partial A_x}{\partial t} = \frac{q}{4\pi\epsilon_0\sqrt{1-v^2}} \frac{-v^2(x-vt)/(1-v^2)}{\left[\dfrac{(x-vt)^2}{1-v^2} + y^2 + z^2\right]^{3/2}}. \tag{26.5}$$

Et finalement, en faisant la somme,

$$E_x = \frac{q}{4\pi\epsilon_0\sqrt{1-v^2}} \frac{x-vt}{\left[\dfrac{(x-vt)^2}{1-v^2} + y^2 + z^2\right]^{3/2}}. \tag{26.6}$$

Nous chercherons le sens physique de $\boldsymbol{E}$ dans une minute ; trouvons d'abord $\boldsymbol{B}$. Pour la composante z,

$$B_z = \frac{\partial A_y}{\partial x} - \frac{\partial A_x}{\partial y}.$$

Puisque A_y est nul, nous n'avons qu'une dérivée à calculer. Remarquez cependant que A_x n'est autre que $v\phi$, et que ∂/∂_y de $v\phi$ n'est autre que vE_y. Donc

$$B_z = vE_y. \tag{26.7}$$

De même,

$$B_y = \frac{\partial A_x}{\partial z} - \frac{\partial A_z}{\partial x} = +v\,\frac{\partial \phi}{\partial z},$$

et

$$B_y = -vE_z. \tag{26.8}$$

Finalement, B_x est nul, puisque A_y et A_z sont tous deux nuls. Nous pouvons écrire simplement pour le champ magnétique

$$\boldsymbol{B} = \boldsymbol{v} \times \boldsymbol{E}. \tag{26.9}$$

Voyons maintenant à quoi ressemblent les champs. Nous essayerons de faire un dessin du champ en diverses positions autour de la position présente de la charge. Il est vrai que l'influence de la charge s'exerce, en un certain sens, depuis sa position retardée ; mais comme le mouvement est bien déterminé, la position retardée est donnée de façon unique en fonction de la position présente. Dans le cas des vitesses uniformes, il est plus élégant de relier les champs à la position présente, puisque les composantes du champ en (x, y, z) ne dépendent que de $(x - vt)$, y, et z – qui sont les composantes des vecteurs $\boldsymbol{r}_P$ allant de la position présente à (x, y, z) (voir Fig. 26.3).

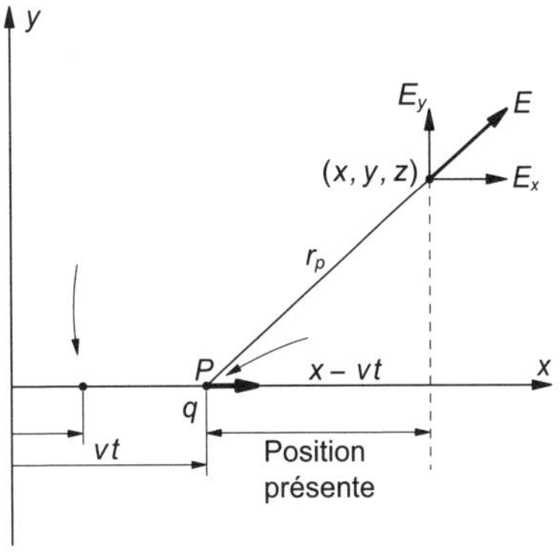

Figure 26.3 – Pour une charge se déplaçant à vitesse constante, la direction du champ électrique à la position actuelle de la charge est radiale.

Considérons tout d'abord un point de $z = 0$. E n'a alors que des composantes x et y. À partir des Eqs. (26.3) et (26.6), on voit que le rapport de ces composantes est égal au rapport des composantes x et y du déplacement. Cela signifie que $\boldsymbol{E}$ a *la même direction* que $\boldsymbol{r}_P$, comme le montre la Fig. 26.3. Puisque E_z est aussi proportionnel à z, il est clair que ce résultat est valable à trois dimensions. En résumé, le champ électrique est radial à partir de la charge, et les lignes de champ rayonnent directement à partir de la charge, tout comme elles le font dans le cas d'une charge stationnaire. Bien entendu, le champ n'est pas exactement le même que celui des charges stationnaires, à cause de tous les facteurs supplémentaires en $(1 - v^2)$. Mais nous pouvons montrer quelque chose d'intéressant. La différence est juste égale à ce que vous obtiendriez si vous dessiniez le champ coulombien dans un système de coordonnées particulier dans lequel l'échelle des x aurait été réduite par le facteur $\sqrt{1 - v^2}$. Si vous faites cela, les lignes de champ s'étendront vers l'avant et vers l'arrière de la charge et se resserreront sur les côtés, comme le montre la Fig. 26.4.

© Dunod. Toute reproduction non autorisée est un délit.

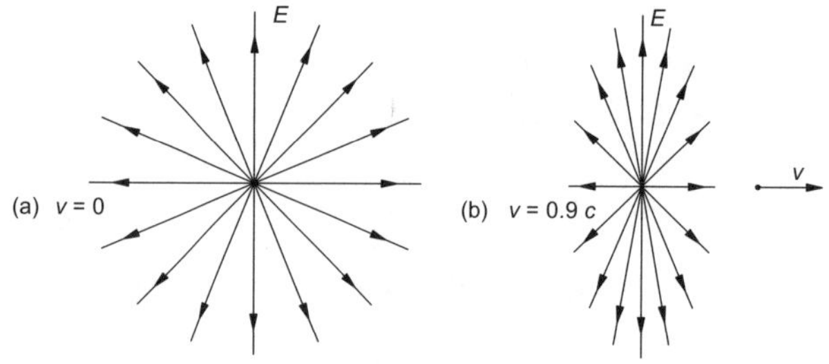

Figure 26.4 – Le champ électrique d'une charge se déplaçant à une vitesse constante $v = 0,9c$ (partie b), comparé au champ d'une charge au repos (partie a).

Si nous relions l'intensité du champ $\boldsymbol{E}$ à la densité des lignes de champ à la façon habituelle, nous voyons un champ plus intense sur les côtés et un champ plus faible en avant et en arrière, ce qui est bien ce que disent les équations. Tout d'abord, si nous étudions l'intensité du champ à angle droit de la direction du mouvement, c'est-à-dire, pour $(x - vt) = 0$, la distance à la charge est $\sqrt{(y^2 + z^2)}$. Ici l'intensité totale du champ est $\sqrt{E_y^2 + E_z^2}$, qui est égale à

$$E = \frac{q}{4\pi\epsilon_0\sqrt{1 - v^2}}\,\frac{1}{y^2 + z^2}. \tag{26.10}$$

Le champ est inversement proportionnel au carré de la distance – tout comme le champ coulombien, mais augmenté d'un facteur constant supplémentaire $1/\sqrt{1 - v^2}$ qui est toujours plus grand que un. Donc sur les *côtés* d'une charge en mouvement, le champ électrique est plus fort que celui que donne la loi de Coulomb. En fait, le champ dans la direction latérale est plus grand que le potentiel coulombien par un facteur égal au rapport de l'énergie de la particule à sa masse au repos.

En avant de la charge (et en arrière), y et z sont nuls et

$$E = E_x = \frac{q(1 - v^2)}{4\pi\epsilon_0(x - vt)^2}. \tag{26.11}$$

Le champ varie à nouveau comme l'inverse du carré de la distance à la charge mais il est maintenant *réduit* par un facteur $(1 - v^2)$, conformément au dessin des lignes de champ. Si v/c est petit, v^2/c^2 est encore plus petit, et l'influence du terme $(1 - v^2)$ est très faible ; nous retrouvons la loi de Coulomb. Mais si la particule se déplace à une vitesse très proche de celle de la lumière, le champ en avant est énormément réduit, et le champ latéral est énormément augmenté.

Nos résultats pour le champ électrique d'une charge peuvent être mis sous la forme suivante : supposez que vous traciez sur une feuille de papier les lignes de champ d'une charge au repos, et que vous déplaciez ensuite le dessin à la vitesse v. Alors, bien sûr, tout le dessin serait comprimé par la contraction de Lorentz ; c'est-à-dire que les grains de carbone sur le papier apparaîtraient en des endroits différents. Le miracle, c'est que le dessin que vous verriez lorsque la feuille vole, représenterait encore les lignes de champ de la charge ponctuelle. La contraction les fait se rapprocher sur les côtés et s'espacer en avant et en arrière, juste comme il faut pour donner les densités de ligne correctes. Nous avons insisté précédemment sur le fait que les lignes de champ ne sont pas réelles mais sont seulement un moyen de représenter le champ. Ici, cependant, elles semblent presque réelles. Dans ce cas particulier, si vous commettez l'erreur de penser que les lignes de champ sont d'une certaine façon réellement là dans l'espace, et que vous les transformez, vous obtenez le champ correct. Ceci, cependant, ne rend pas les lignes de champ plus réelles. Tout ce que vous avez besoin de faire pour vous souvenir qu'elles ne sont pas réelles est de penser aux champs électriques créés par une charge en présence d'un aimant ; lorsque l'aimant se déplace, des champs électriques nouveaux apparaissent, et détruisent le beau dessin. L'idée élégante de contracter un dessin ne marche donc pas en général. C'est cependant un moyen élégant de se rappeler ce à quoi ressemblent les champs d'une charge qui se déplace rapidement.

Le champ magnétique est $\boldsymbol{v}x\boldsymbol{E}$ [d'après l'Éq. (26.9)]. Si vous prenez la vitesse perpendiculaire à un champ radial E, vous obtenez un champ $\boldsymbol{B}$ qui tourne autour de la direction du déplacement, comme le montre la Fig. 26.5. Si nous laissons de côté les c, vous voyez que c'est le même résultat que celui obtenu pour les charges à faible vitesse. Un bon moyen de voir où les c doivent aller est de revenir sur la loi de force,

$$\boldsymbol{F} = q(\boldsymbol{E} + \boldsymbol{v} \times \boldsymbol{B}).$$

Vous voyez qu'une vitesse multipliée par un champ magnétique a les mêmes dimensions qu'un champ électrique. Le second membre de l'Éq. (26.9) doit donc comporter un facteur $1/c^2$:

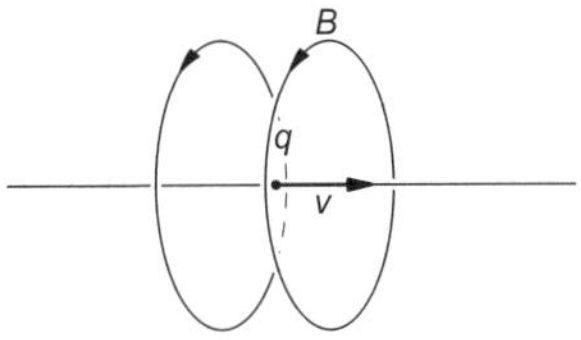

Figure 26.5 – Le champ magnétique au voisinage d'une charge mobile est $\boldsymbol{v} \times \boldsymbol{E}$. (Comparer à la Fig. 26.4.)

$$\boldsymbol{B} = \frac{\boldsymbol{v} \times \boldsymbol{E}}{c^2}. \tag{26.12}$$

Pour une charge en mouvement lent ($v \ll c$), nous pouvons prendre pour $\boldsymbol{E}$ le champ coulombien ; alors

$$\boldsymbol{B} = \frac{q}{4\pi\epsilon_0 c^2} \frac{\boldsymbol{v} \times \boldsymbol{r}}{r^3}. \tag{26.13}$$

Cette formule correspond exactement aux équations du champ magnétique créé par un courant que nous avons trouvées dans le paragraphe 14–7.

Nous voudrions souligner, en passant, quelque chose à quoi il sera intéressant de penser. (Nous en discuterons de nouveau plus tard.) Imaginez deux électrons ayant des vitesses perpendiculaires, de sorte que l'un croisera la trajectoire de l'autre, mais en avant, si bien qu'ils n'entrent pas en collision. À un certain instant, leurs positions relatives seront celles de la Fig. 26.6a. Nous étudions la force s'exerçant sur q_1 due à q_2 et vice versa. Sur q_2 ne s'exerce que la force électrique due à q_1 puisque q_1 ne crée pas de champ magnétique le long de sa ligne de mouvement. Sur q_1 cependant, s'exerce encore la force

© Dunod. Toute reproduction non autorisée est un délit.

électrique mais, en plus, une force magnétique, puisqu'elle se déplace dans un champ $\boldsymbol{B}$ créé par q_2. Les forces sont celles dessinées sur la Fig. 26.6b. Les forces électriques sur q_1 et q_2 sont égales et opposées. Il existe cependant une force (magnétique) transversale agissant sur q_1 *et aucune force transversale agissant sur* q_2. L'action n'égale-t-elle pas la réaction ? Nous vous laissons y réfléchir.

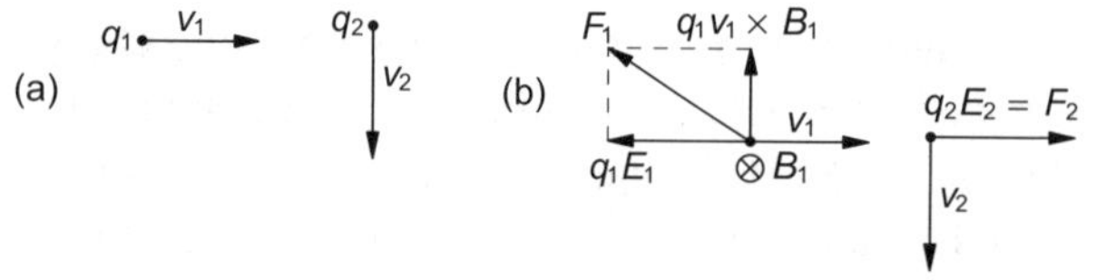

Figure 26.6 – Les forces entre deux charges en mouvement ne sont pas toujours égales et opposées. On constate que l'a action a n'est pas égale à la réaction.

26.3 Transformation relativiste des champs

Dans le dernier paragraphe nous avons calculé les champs électriques et magnétiques à partir des potentiels transformés. Les champs sont bien sûr importants, malgré les arguments donnés précédemment selon lesquels les potentiels ont une réalité et un sens physique. Les champs aussi sont réels. Il serait commode pour de nombreuses applications d'avoir un moyen de calculer les champs dans un système en mouvement lorsque l'on connaît déjà les champs dans un certain système « au repos ». Nous avons les lois de transformation pour ϕ et $\boldsymbol{A}$, puisque A_μ est un quadrivecteur. Nous voudrions maintenant connaître les lois de transformation pour $\boldsymbol{E}$ et $\boldsymbol{B}$. $\boldsymbol{E}$ et $\boldsymbol{B}$ étant donnés dans un repère, à quoi ressemblent-ils dans un autre repère en mouvement par rapport au premier ? C'est une transformation qu'il est commode de connaître. Nous pourrions toujours revenir aux potentiels, mais il est quelquefois utile d'être capable de transformer les champs directement. Nous allons voir maintenant comment ça marche.

Comment pouvons-nous trouver les lois de transformation des champs ? Nous connaissons les lois de transformation de ϕ et de $\boldsymbol{A}$, et nous savons comment les champs sont donnés en fonction de ϕ et de $\boldsymbol{A}$ – il devrait être facile de trouver la transformation pour $\boldsymbol{B}$ et $\boldsymbol{E}$. (Vous pourriez penser que sur tout vecteur il y a quelque chose à faire pour le transformer en quadrivecteur, donc avec $\boldsymbol{E}$ il doit bien exister quelque chose d'autre que nous pouvons utiliser en guise de quatrième composante. Et aussi avec $\boldsymbol{B}$. Mais il n'en est pas ainsi. C'est tout à fait différent de ce que vous attendriez.) Pour commencer, considérons seulement un champ magnétique $\boldsymbol{B}$, qui est bien entendu égal à $\nabla \times \boldsymbol{A}$. Nous savons à présent que le potentiel vecteur avec ses composantes x, y et z, n'est qu'une partie de quelque chose ; il y a aussi une composante t. Nous savons aussi que pour les dérivées telles que ∇, à côté des parties en x, y, z, il existe aussi une dérivée par rapport à t. Essayons donc de calculer ce qui arrive lorsque nous remplaçons un « y » par un « t », ou un « z » par un « t », ou quelque chose comme ça.

Remarquez tout d'abord la forme des termes dans $\nabla \times \boldsymbol{A}$ lorsque nous écrivons les composantes :

$$B_x = \frac{\partial A_z}{\partial y} - \frac{\partial A_y}{\partial z}, \qquad B_y = \frac{\partial A_x}{\partial z} - \frac{\partial A_z}{\partial x}, \qquad B_z = \frac{\partial A_y}{\partial x} - \frac{\partial A_x}{\partial y}. \tag{26.14}$$

La composante x est égale à une paire de termes qui ne font intervenir que les composantes y et z. Supposez que nous appelions cette combinaison de dérivées et de composantes « quelque chose en zy », et que nous lui donnions un nom abrégé, F_{zy}. Nous voulons simplement dire que

$$F_{zy} \equiv \frac{\partial A_z}{\partial y} - \frac{\partial A_y}{\partial z}. \tag{26.15}$$

De même, B_y est égal à la même sorte de « chose », mais cette fois c'est « quelque chose en xz ». Et B_z est, bien sûr, la « chose yx » correspondante. Nous avons

$$B_x = F_{zy}, \qquad B_y = F_{xz}, \qquad B_z = F_{yx}. \tag{26.16}$$

Qu'arrive-t-il maintenant si nous essayons de concocter aussi certaines choses du type « t » telles que F_{xt}, et F_{tz} (puisque la nature doit être gentille et symétrique en x, y, z et t) ? Par exemple, qu'est-ce que F_{tz} ? C'est, bien sûr,

$$\frac{\partial A_t}{\partial z} - \frac{\partial A_z}{\partial t}.$$

Mais souvenez-vous que $A_t = \phi$, donc c'est aussi

$$\frac{\partial \phi}{\partial z} - \frac{\partial A_z}{\partial t}.$$

Vous avez vu ça auparavant. C'est la composante z de $\boldsymbol{E}$. Enfin, presque – le signe est mauvais. Mais nous avons oublié que dans le gradient quadridimensionnel la dérivée en t se présente avec le signe opposé de celles en x, y, et z. Nous aurions donc dû, en réalité, prendre une extension plus cohérente de F_{tz}

$$F_{tz} = \frac{\partial A_t}{\partial z} + \frac{\partial A_z}{\partial t} \tag{26.17}$$

C'est alors exactement $-E_z$. En essayant aussi F_{tx} et F_{ty}, nous constatons que les trois possibilités donnent

$$F_{tx} = -E_x, \qquad F_{ty} = -E_y, \qquad F_{tz} = -E_z. \tag{26.18}$$

Qu'arrive-t-il si les deux indices sont t? Ou encore si les deux sont x ? Nous obtenons des choses telles que

$$F_{tt} = \frac{\partial A_t}{\partial t} - \frac{\partial A_t}{\partial t},$$

et

$$F_{xx} = \frac{\partial A_x}{\partial x} - \frac{\partial A_x}{\partial x},$$

qui ne donnent rien d'autre que zéro.

Nous avons donc six de ces choses F. Il y en a six de plus, que vous obtenez en inversant les indices, mais elles ne donnent en fait rien de nouveau, puisque

$$F_{xy} = -F_{yx},$$

© Dunod. Toute reproduction non autorisée est un délit.

et ainsi de suite. Donc, parmi les seize combinaisons possibles des quatre indices pris deux à deux, nous n'obtenons que six objets physiques différents ; *et ce sont les composantes de **B** et **E**.*

Pour représenter le terme général de F, nous utiliserons les indices généraux μ et ν, dont chacun peut être pris pour 0, 1, 2 ou 3 – qui représentent t, x, y et z dans notre notation habituelle d'un quadrivecteur. Tout sera finalement cohérent avec notre notation de quadrivecteur si on définit $F_{\mu\nu}$ par

$$F_{\mu\nu} = \nabla_\mu A_\nu - \nabla_\nu A_\mu, \tag{26.19}$$

en se rappelant que $\nabla_\mu = (\partial/\partial t, -\partial/\partial x, -\partial/\partial y, \partial z)$ et que $A_\mu = (\phi, A_x, A_y, A_z)$.

Ce qu'on a trouvé c'est qu'il existe six quantités qui toutes ensemble appartiennent à la nature – et qui sont des aspects différents d'une même chose. Les champs électriques et magnétiques que nous avons considérés comme des vecteurs séparés dans notre monde de déplacements lents (où on ne s'occupe pas de la vitesse de la lumière), ne sont pas des vecteurs d'un espace à quatre dimensions. Ce sont des parties d'une « chose » nouvelle. Notre « champ » physique est en réalité un objet à six composantes $F_{\mu\nu}$. C'est la façon dont il faut le considérer pour la relativité. Nous résumons nos résultats au sujet de $F_{\mu\nu}$ dans le tableau 26.1.

Tableau 26.1 – The components of $F_{\mu\nu}$

$F_{\mu\nu} = -F_{\nu\mu}$	
$F_{\mu\mu} = 0$	
$F_{xy} = -B_z$	$F_{xt} = E_x$
$F_{yz} = -B_x$	$F_{yt} = E_y$
$F_{zx} = -B_y$	$F_{zt} = E_z$

Vous voyez que ce que nous venons de faire, c'est de généraliser le produit vectoriel. Nous avons commencé par le rotationnel et le fait que les propriétés de transformation du rotationnel sont les mêmes que les propriétés de transformation de *deux* vecteurs – le vecteur ordinaire à trois dimensions $\boldsymbol{A}$, et l'opérateur gradient, dont nous savons qu'il se comporte également comme un vecteur. Considérons pour un instant un produit vectoriel ordinaire à trois dimensions, par exemple, le moment angulaire d'une particule. Quand un objet se déplace dans un plan, la quantité $(xv_y - yv_x)$ est importante. Pour un mouvement à trois dimensions, il existe trois telles quantités, qu'on appelle le moment angulaire :

$$L_{xy} = m(xv_y - yv_x), \qquad L_{yz} = m(yv_z - zv_y), \qquad L_{zx} = m(zv_x - xv_z).$$

Nous avons découvert au chapitre 20 du Vol. I (bien que vous l'ayez peut-être oublié maintenant) que ces trois quantités peuvent miraculeusement s'identifier aux composantes d'un vecteur. Pour ce faire nous avons dû inventer une règle artificielle avec une convention de la main droite. Ce n'était que de la chance. C'était de la chance parce que

L_{ij} (avec i et j égaux à x, y ou z) était un objet antisymétrique :

$$L_{ij} = -L_{ji}, \qquad L_{ii} = 0.$$

Parmi les neuf quantités possibles, il n'y a que trois nombres indépendants. Et il arrive justement que lorsqu'on change le système des coordonnées, ces trois objets se transforment exactement de la même façon que les composantes d'un vecteur.

La même chose nous permet de représenter un élément de surface par un vecteur. Un élément de surface comporte deux parties $-dx$ et dy par exemple, – qu'on peut représenter par un vecteur $\boldsymbol{da}$ normal à la surface. Mais on ne peut en faire autant à quatre dimensions. Où est la « normale » à $dx\, dy$? Suivant z ou suivant t?

Bref, pour trois dimensions, il se trouve par hasard qu'après avoir fait une combinaison de deux vecteurs telle que L_{ij}, on peut la représenter à nouveau par un autre vecteur parce qu'il y a justement trois termes qui se transforment comme les composantes d'un vecteur. Mais pour quatre dimensions c'est évidemment impossible, parce qu'il y a six termes indépendants et qu'on ne peut représenter six choses avec quatre.

Même dans le cas de trois dimensions il est possible d'avoir des combinaisons de vecteurs qui ne peuvent être représentées par des vecteurs. Supposons qu'on prenne deux vecteurs quelconques $\boldsymbol{a}(a_1, a_y, a_2)$ et $\boldsymbol{b} = (b_1, b_y, b_2)$, et qu'on fasse toutes les combinaisons possibles de composantes telles que $a_Z b_T, a_z b_y$, etc. Il y aurait neuf quantités possibles :

$$\begin{array}{ccc} a_x b_x, & a_x b_y, & a_x b_z, \\ a_y b_x, & a_y b_y, & a_y b_z, \\ a_z b_x, & a_z b_y, & a_z b_z. \end{array}$$

On peut appeler ces quantités T_{ij}.

Si maintenant on fait tourner le système de coordonnées (disons autour de l'axe des z) les composantes de $\boldsymbol{a}$ et $\boldsymbol{b}$ changent. Dans le nouveau système a_x, par exemple, est remplacé par

$$a'_x = a_x \cos\theta + a_y \sin\theta,$$

et b_y est remplacé par

$$b'_y = b_y \cos\theta - b_x \sin\theta.$$

et de même pour les autres composantes. Les neuf composantes du produit T_{ij} que nous avons inventé, sont évidemment toutes changées. Par exemple, $T_{xy} = a_x b_y$ est changé en

$$T'_{xy} = a_x b_y(\cos^2\theta) - a_x b_x(\cos\theta \sin\theta) + a_y b_y(\sin\theta\cos\theta) - a_y b_x(\sin^2\theta),$$

ou

$$T'_{xy} = T_{xy}\cos^2\theta - T_{xx}\cos\theta\sin\theta + T_{yy}\sin\theta\cos\theta - T_{yx}\sin^2\theta.$$

Chaque composante de T'_{ij} est une combinaison linéaire des composantes de T_{ij}.

© Dunod. Toute reproduction non autorisée est un délit.

Nous avons ainsi découvert non seulement qu'il est possible d'avoir un « produit vectoriel », comme a x b qui a trois composantes se transformant comme un vecteur, mais aussi qu'on peut – artificiellement – faire une autre sorte de « produit » de deux vecteurs T_{ij} à *neuf* composantes, qui se transforme par rotation suivant un ensemble compliqué de règles qu'on pourrait calculer. Un tel objet, décrit à l'aide de deux indices au lieu d'un, est un *tenseur*. C'est un tenseur de « second ordre » parce que vous pourriez rejouer à ce jeu aussi avec trois vecteurs et obtenir un tenseur du troisième ordre, – ou avec quatre et obtenir un tenseur du quatrième ordre et ainsi de suite. Un tenseur du premier ordre est un vecteur.

L'intérêt de tout cela est que notre quantité électromagnétique $F_{\mu\nu}$ est également un tenseur du second ordre, puisqu'il a deux indices. C'est pourtant un tenseur à quatre dimensions. Il se transforme d'une façon particulière qu'on développera dans un moment – c'est celle dont se transforme un produit de vecteurs. Pour $F_{\mu\nu}$, il se trouve que si l'on intervertit les indices, $F_{\mu\nu}$, change de signe. C'est un cas spécial – un *tenseur antisymétrique*. On dit donc : les champs électriques et magnétiques font tous deux partie d'un tenseur antisymétrique du second ordre à quatre dimensions.

Vous avez fait du chemin. Vous vous rappelez notre chemin depuis que nous avons défini ce que représente une vitesse ? Nous parlons maintenant de « tenseur antisymétrique du second ordre à quatre dimensions ».

Il nous faut maintenant trouver la loi de transformation de $F_{\mu\nu}$. Ce n'est pas difficile du tout, mais c'est laborieux – on n'a pas besoin de matière grise, mais il faut se donner du mal. Ce qu'on veut, c'est la transformation de Lorentz de $\nabla_\mu A_\nu - \nabla_\nu A_\mu$. Comme ∇_μ n'est qu'un cas particulier de vecteur, nous allons utiliser la combinaison antisymétrique générale de vecteurs, qu'on peut appeler $G_{\mu\nu}$:

$$G_{\mu\nu} = a_\mu b_\nu - a_\nu b_\mu. \tag{26.20}$$

(Pour nous, a_μ au sera remplacé éventuellement par ∇_μ et b_μ par le potentiel A_μ.) Les composantes de a_μ et b_μ se transforment par les formules de Lorentz qui sont

$$\begin{aligned} a'_t &= \frac{a_t - va_x}{\sqrt{1-v^2}}, & b'_t &= \frac{b_t - vb_x}{\sqrt{1-v^2}}, \\ a'_x &= \frac{a_x - va_t}{\sqrt{1-v^2}}, & b'_x &= \frac{b_x - vb_t}{\sqrt{1-v^2}}, \\ a'_y &= a_y, & b'_y &= b_y, \\ a'_z &= a_z, & b'_z &= b_z. \end{aligned} \tag{26.21}$$

Transformons maintenant les composantes de G_a. D'abord G_{tx} :

$$\begin{aligned} G'_{tx} &= a'_t b'_x - a'_x b'_t \\ &= \left(\frac{a_t - va_x}{\sqrt{1-v^2}}\right)\left(\frac{b_x - vb_t}{\sqrt{1-v^2}}\right) - \left(\frac{a_x - va_t}{\sqrt{1-v^2}}\right)\left(\frac{b_t - vb_x}{\sqrt{1-v^2}}\right) \\ &= a_t b_x - a_x b_t. \end{aligned}$$

Mais c'est précisément G_{tx} on a donc le résultat simple

$$G'_{tx} = G_{tx}.$$

Recommençons une fois.

$$G'_{ty} = \frac{a_t - va_x}{\sqrt{1-v^2}} b_y - a_y \frac{b_t - vb_x}{\sqrt{1-v^2}} = \frac{(a_t b_y - a_y b_t) - v(a_x b_y - a_y b_x)}{\sqrt{1-v^2}}.$$

On a donc

$$G'_{ty} = \frac{G_{ty} - vG_{xy}}{\sqrt{1-v^2}}.$$

Et, de la même façon, évidemment,

$$G'_{tz} = \frac{G_{tz} - vG_{xz}}{\sqrt{1-v^2}}.$$

La suite est facile à voir. Faisons un tableau de tous les six termes ; seulement, maintenant, nous pouvons aussi bien écrire $F_{\mu\nu}$:

$$\begin{aligned} F'_{tx} &= F_{tx}, & F'_{xy} &= \frac{F_{xy} - vF_{ty}}{\sqrt{1-v^2}}, \\ F'_{ty} &= \frac{F_{ty} - vF_{xy}}{\sqrt{1-v^2}}, & F'_{yz} &= F_{yz}, \\ F'_{tz} &= \frac{F_{tz} - vF_{xz}}{\sqrt{1-v^2}}, & F'_{zx} &= \frac{F_{zx} - vF_{zt}}{\sqrt{1-v^2}}. \end{aligned} \tag{26.22}$$

On a évidemment encore $F'_{\mu\nu} = -F'_{\nu\mu}$ et $F'_{\mu\mu} = 0$.

On a ainsi la loi de transformation des champs électrique et magnétique. Il n'y a qu'à regarder le tableau 26.1 pour trouver ce que notre grandiose notation en $F_{\mu\nu}$ signifie en fonction de $\boldsymbol{E}$ et $\boldsymbol{B}$. Il ne s'agit que de substitutions. Pour voir comment cela se présente en symboles ordinaires, nous allons récrire notre transformation des composantes du champ dans le tableau 26.2.

Tableau 26.2 – The Lorentz transformation of the electric and magnetic fields (Note : $c = 1$)

$$\begin{aligned} E'_x &= E_x & B'_x &= B_x \\ E'_y &= \frac{E_y - vB_z}{\sqrt{1-v^2}} & B'_y &= \frac{B_y + vE_z}{\sqrt{1-v^2}} \\ E'_z &= \frac{E_z + vB_y}{\sqrt{1-v^2}} & B'_z &= \frac{B_z - vE_y}{\sqrt{1-v^2}} \end{aligned}$$

Les équations du tableau 26.2 nous montrent comment varient $\boldsymbol{E}$ et $\boldsymbol{B}$ si on passe d'un système d'inertie à un autre. Si on connaît $\boldsymbol{E}$ et $\boldsymbol{B}$ dans un système, on peut trouver ce qu'ils valent dans un autre se déplaçant à la vitesse v.

© Dunod. Toute reproduction non autorisée est un délit.

On peut écrire ces équations sous une forme plus facile à retenir si on remarque que, comme v est dans la direction de x, tous les termes en v sont des composantes des produits vectoriels $\boldsymbol{v} \times \boldsymbol{E}$ et $\boldsymbol{v} \times \boldsymbol{B}$. On peut donc récrire les transformations comme dans le tableau 26.3.

Tableau 26.3 – An alternative form for the field transformations (Note : $c = 1$)

$$E'_x = E_x \qquad B'_x = B_x$$

$$E'_y = \frac{(\boldsymbol{E} + \boldsymbol{v} \times \boldsymbol{B})_y}{\sqrt{1 - v^2}} \qquad B'_y = \frac{(\boldsymbol{B} - \boldsymbol{v} \times \boldsymbol{E})_y}{\sqrt{1 - v^2}}$$

$$E'_z = \frac{(\boldsymbol{E} + \boldsymbol{v} \times \boldsymbol{B})_z}{\sqrt{1 - v^2}} \qquad B'_z = \frac{(\boldsymbol{B} - \boldsymbol{v} \times \boldsymbol{E})_z}{\sqrt{1 - v^2}}$$

Il est maintenant plus facile de se rappeler où vont les différentes composantes. La transformation peut en fait s'écrire encore plus simplement, si on appelle les composantes des champs le long de x composantes « parallèles » $E_{\|}$, et $B_{\|}$ (parce qu'elles sont parallèles à la vitesse relative de S et S'), et les composantes transverses totales - les vecteurs sommes des composantes en y et en z – composantes « perpendiculaires » $E_{\perp}$ et $B_{\perp}$ On obtient alors les équations du tableau 26.4. (Nous avons en plus remis les c, ce sera ainsi plus facile si on veut s'y référer plus tard.)

Tableau 26.4 – Still another form for the Lorentz transformation of $\boldsymbol{E}$ and $\boldsymbol{B}$

$$E'_{\|} = E_{\|} \qquad B'_{\|} = B_{\|}$$

$$E'_{\perp} = \frac{(\boldsymbol{E} + \boldsymbol{v} \times \boldsymbol{B})_{\perp}}{\sqrt{1 - v^2/c^2}} \qquad B'_{\perp} = \frac{\left(\boldsymbol{B} - \dfrac{\boldsymbol{v} \times \boldsymbol{E}}{c^2}\right)_{\perp}}{\sqrt{1 - v^2/c^2}}$$

Les transformations des champs nous fournissent un autre moyen de résoudre quelques problèmes que nous avons déjà étudiés – par exemple, trouver les champs d'une charge ponctuelle mobile. Nous avions calculé auparavant les champs en dérivant les potentiels. Mais on peut le faire maintenant en transformant le champ de Coulomb. Si on a une charge ponctuelle au repos dans le repère S, il n'y a qu'un champ radial $\boldsymbol{E}$. Dans le repère S' on verra une charge ponctuelle qui se déplace à la vitesse u, si le repère S' se déplace par rapport au repère S à la vitesse $v = u$. Nous vous laissons le soin de montrer que les transformations des tableaux 26.3 et 26.4 donnent les mêmes champs électriques et magnétiques que ceux trouvés au paragraphe 26-2.

La transformation du tableau 26.2 nous fournit une réponse intéressante et simple au sujet de ce qu'on voit en se déplaçant devant un système *quelconque* de charges fixes. Supposons par exemple, qu'on veuille connaître les champs dans *notre* repère S' quand on se déplace parallèlement aux plateaux à l'intérieur d'un condensateur, comme l'indique la Fig. 26.7. (C'est évidemment la même chose que si l'on dit qu'un condensateur chargé passe devant *nous*.) Qu'est-ce qu'on voit ? La transformation est facile dans ce cas parce que le champ $\boldsymbol{B}$ du système primitif est zéro. Supposons d'abord que notre mouvement est perpendiculaire à $\boldsymbol{E}$; on voit alors que $\boldsymbol{E}' = E/\sqrt{1 - v^2/c^2}$ qui est encore complètement transversal. Nous verrons, en plus, un champ magnétique $\boldsymbol{B}' = -\boldsymbol{v}E'/c^2$. (Le $\sqrt{1 - v^2}$ n'apparaît pas dans notre formule pour $\boldsymbol{B}'$ parce que nous l'avons écrite en fonction de $\boldsymbol{E}'$ plutôt que de $\boldsymbol{E}$; mais c'est la même chose.) Ainsi quand on se déplace perpendiculairement à un champ électrostatique, on voit un $\boldsymbol{E}$ réduit et un $\boldsymbol{B}$ transversal supplémentaire. Si notre mouvement n'est pas perpendiculaire à $\boldsymbol{E}$, on décompose $\boldsymbol{E}$ en $\boldsymbol{E}_{\|}$ et $E_{\perp}$. La partie parallèle est inchangée, $E'_{\|} = E_{\|}$, et la composante perpendiculaire se comporte comme on vient de le décrire.

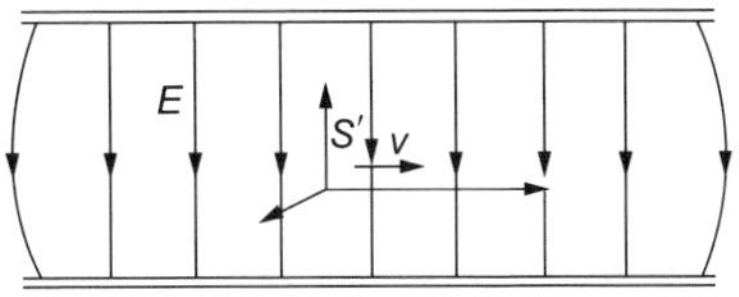

Figure 26.7 – Le repère S' se déplaçant à travers un champ électrique statique.

Prenons le cas opposé et imaginons qu'on se déplace dans un champ *magnétique* statique pur. On voit cette fois un champ électrique $\boldsymbol{E}'$ égal à $\boldsymbol{v}\times\boldsymbol{B}'$ et le champ magnétique est multiplié par un facteur $1/\sqrt{1 - v^2/c^2}$ (en supposant qu'il est transversal). Tant que v est beaucoup plus petit que c, on peut négliger la variation du champ magnétique, et l'effet principal est qu'un champ électrique apparaît. Comme exemple de cet effet, considérons le problème autrefois célèbre de la détermination de la vitesse d'un avion. Il n'est plus célèbre maintenant car le radar peut être utilisé pour déterminer la vitesse dans l'air à l'aide de réflexions sur le sol, mais pendant beaucoup d'années, il fut très difficile de trouver la vitesse d'un avion par mauvais temps. On ne pouvait pas voir le sol, on ne pouvait pas savoir où était le haut, et ainsi de suite. Il était pourtant important de savoir à quelle vitesse on se déplaçait par rapport à la terre. Comment pouvait-on s'y prendre sans voir la terre ? Ceux qui connaissaient les formules de transformation furent nombreux à avoir l'idée d'utiliser le fait que l'avion se déplace dans le champ magnétique terrestre. Supposons qu'un avion vole là où il y a un champ magnétique plus ou moins connu. Prenons seulement le cas simple où le champ magnétique est vertical. Si on le traverse avec une vitesse horizontale v, alors, d'après notre formule, on devrait voir un champ électrique $\boldsymbol{v} \times \boldsymbol{B}$, c'est-à-dire perpendiculaire au déplacement. Si on tend un fil isolé à travers l'avion, ce champ électrique doit induire des charges aux extrémités du fil. Ce n'est pas nouveau. Aux yeux de quelqu'un placé sur le sol, on déplace un fil dans un champ, et la force $\boldsymbol{v} \times \boldsymbol{B}$ amène les charges à se mouvoir vers les extrémités du fil. Les équations de transformation ne font que dire la même chose d'une façon différente. (Le fait qu'on puisse dire la même chose de plus d'une façon ne signifie pas qu'une façon est meilleure que l'autre. On a tant de méthodes et d'outils différents qu'on peut habituellement obtenir le même résultat de 65 manières différentes). Ainsi pour mesurer v tout ce qu'il y a à faire est de mesurer la tension entre les extrémités du fil. On ne peut pas le faire avec un voltmètre parce que les mêmes champs agiraient sur les fils du voltmètre, mais on a les moyens de mesurer de tels champs. Nous avons parlé de certains

© Dunod. Toute reproduction non autorisée est un délit.

d'entre eux en étudiant l'électricité atmosphérique au chapitre 9. Il serait ainsi possible de mesurer la vitesse de l'avion.

Ce problème important ne fut cependant jamais résolu de cette façon. La raison en est que le champ électrique développé est de l'ordre de quelques millivolts par mètre. Il est possible de mesurer de tels champs mais la difficulté est que ces champs ne sont malheureusement pas du tout différents de tous les autres champs électriques. Le champ produit par le mouvement dans un champ magnétique ne peut être distingué d'un champ électrique qui existait déjà dans l'air, créé par d'autres causes, par exemple, par des charges électrostatiques dans l'air, ou sur les nuages. Nous avons décrit au chapitre 9 les champs électriques typiques à la surface de la terre, qui ont des intensités d'environ 100 volts par mètre. Mais ils sont très irréguliers. Ainsi quand l'avion vole dans l'air, il voit des fluctuations des champs électriques atmosphériques qui sont énormes, comparées aux minuscules champs produits par le terme $\boldsymbol{v} \times \boldsymbol{B}$, et il se trouve que pour des raisons pratiques, il est impossible de mesurer la vitesse des avions par leur mouvement dans le champ magnétique terrestre.

26.4 Les équations du mouvement en notation relativiste

Cela ne nous avance pas tellement de trouver les champs électriques et magnétiques à partir des équations de Maxwell, si nous ne savons pas ce que font les champs quand on les a. Il faut vous rappeler que les champs sont nécessaires pour trouver les forces sur les charges et que ces forces déterminent le mouvement de la charge. Une partie de la théorie de l'électrodynamique est donc tout naturellement la relation entre le mouvement des charges et les forces.

Pour une charge unique dans les champs $\boldsymbol{E}$ et $\boldsymbol{B}$, la force est

$$\boldsymbol{F} = q(\boldsymbol{E} + \boldsymbol{v} \times \boldsymbol{B}). \tag{26.23}$$

Cette force est égale à la masse multipliée par l'accélération pour les faibles vitesses, mais la loi correcte pour une vitesse quelconque est que la force est égale à $d\boldsymbol{p}/dt$. En écrivant que $\boldsymbol{p} = m_0\boldsymbol{v}/\sqrt{1 - v^2/c^2}$, on trouve que l'équation relativiste correcte du mouvement est

$$\frac{d}{dt}\left(\frac{m_0\boldsymbol{v}}{\sqrt{1 - v^2/c^2}}\right) = \boldsymbol{F} = q(\boldsymbol{E} + \boldsymbol{v} \times \boldsymbol{B}). \tag{26.24}$$

Nous allons discuter maintenant cette équation au point de vue de la relativité. Comme nous avons écrit les équations de Maxwell sous forme relativiste, il serait intéressant de voir à quoi ressembleraient les équations du mouvement sous forme relativiste. Voyons si on peut récrire l'équation avec une notation de quadrivecteurs.

Nous savons que la quantité de mouvement est une partie d'un quadrivecteur p_μ dont la composante de temps est l'énergie $m_0\boldsymbol{v}/\sqrt{1 - v^2/c^2}$. On pourrait donc penser remplacer le premier membre de l'Éq. (26.24) par dp_μ/dt. Nous n'aurions alors qu'à trouver une quatrième composante pour compléter F. Cette quatrième composante doit être égale au taux de variation de l'énergie, ou à la puissance qui vaut $\boldsymbol{F}\cdot\boldsymbol{v}$. On voudrait alors pouvoir écrire le deuxième membre de l'Éq. (26.24) sous forme d'un quadrivecteur tel que $(\boldsymbol{F}\cdot\boldsymbol{v}, F_x, F_y, F_z)$. Mais cela ne constitue pas un quadrivecteur.

La dérivée par rapport au *temps* d'un quadrivecteur n'est plus un quadrivecteur, parce que le d/dt nécessite le choix d'un repère spécial pour mesurer t. Nous avions déjà rencontré cette difficulté quand nous avions essayé de faire entrer $\boldsymbol{v}$dans un quadrivecteur. Notre première idée était que la composante temporelle était $cdt/dt = c$. Mais les quantités

$$\left(c, \frac{dx}{dt}, \frac{dy}{dt}, \frac{dz}{dt}\right) = (c, \boldsymbol{v}) \tag{26.25}$$

ne sont *pas* les composantes d'un quadrivecteur. Nous avions trouvé qu'elles pourraient être transformées en un quadrivecteur en multipliant chaque composante par $1/\sqrt{1-v^2/c^2}$. La « quadrivitesse » u_μ est le quadrivecteur

$$u_\mu = \left(\frac{c}{\sqrt{1-v^2/c^2}}, \frac{\boldsymbol{v}}{\sqrt{1-v^2/c^2}}\right). \tag{26.26}$$

Il apparaît ainsi que le truc consiste à multiplier d/dt par $1/\sqrt{1-v^2/c^2}$ si on veut que les dérivées forment un quadrivecteur.

Notre seconde idée est alors que

$$\frac{1}{\sqrt{1-v^2/c^2}}\frac{d}{dt}(p_\mu) \tag{26.27}$$

doit être un quadrivecteur. Mais qu'est-ce que $\boldsymbol{v}$ C'est la vitesse de la particule – et non celle d'un repère ! La quantité f_μ définie par

$$f_\mu = \left(\frac{\boldsymbol{F}\cdot\boldsymbol{v}}{\sqrt{1-v^2/c^2}}, \frac{\boldsymbol{F}}{\sqrt{1-v^2/c^2}}\right) \tag{26.28}$$

est alors l'extension à quatre dimensions d'une force – on peut l'appeler une « quadriforce ». C'est bien un quadrivecteur, et ses composantes d'espace ne sont pas les composantes de $\boldsymbol{F}$ mais celles de $\boldsymbol{F}/\sqrt{1-v^2/c^2}$.

La question est – pourquoi est-ce que f_μ est un quadrivecteur ? Il serait bon de comprendre un peu ce qu'est ce facteur $1/\sqrt{1-v^2/c^2}$. Comme cela s'est déjà produit deux fois, il est temps de voir pourquoi d/dt peut toujours être multiplié par le même facteur. La réponse est la suivante : quand on prend la dérivée par rapport au temps d'une certaine fonction x, on calcule l'accroissement Δx pour un petit intervalle Δt de la variable t. Mais dans un autre repère, l'intervalle Δt peut correspondre à un changement à la fois de t' et de x', donc si on ne fait varier que t', la variation de x sera différente. Pour notre dérivation, il faut que nous trouvions une variable qui soit la mesure d'un « intervalle » d'espace-temps, qui soit le même dans tous les systèmes. Quand on prend, pour cet intervalle, Δx, c'est le même dans tous les repères. Quand une particule se « déplace » dans l'espace à quatre dimensions, il y a les variations $\Delta t, \Delta x, \Delta y, \Delta z$. Peut-on en tirer

© Dunod. Toute reproduction non autorisée est un délit.

un intervalle invariant ? Eh bien, il y a les composantes du quadrivecteur $x_\mu(ct, x, y, z)$, de sorte que si on définit une quantité *Deltas* par

$$(\Delta s)^2 = \frac{1}{c^2}\,\Delta x_\mu \Delta x_\mu = \frac{1}{c^2}(c^2\Delta t^2 - \Delta x^2 - \Delta y^2 - \Delta z^2) \qquad (26.29)$$

– qui est un produit scalaire à quatre dimensions - on obtient un bon quadriscalaire pour mesurer un intervalle à quatre dimensions. À partir de Δs – ou de sa limite ds – on peut définir un paramètre $s = \int ds$. Et une dérivée par rapport à *s, d/ds,* est une bonne opération à quatre dimensions parce qu'elle est invariante par rapport à une transformation de Lorentz.

Il est facile de trouver une relation entre *ds* et *dt* pour une particule en mouvement. Pour une particule ponctuelle en mouvement,

$$dx = v_x\,dt, \qquad dy = v_y\,dt, \qquad dz = v_z\,dt, \qquad (26.30)$$

et

$$ds = \sqrt{(dt^2/c^2)(c^2 - v_x^2 - v_y^2 - v_z^2)} = dt\,\sqrt{1 - v^2/c^2}. \qquad (26.31)$$

De sorte que l'opérateur

$$\frac{1}{\sqrt{1 - v^2/c^2}}\,\frac{d}{dt}$$

est un *opérateur invariant.* Si on l'applique à n'importe quel quadrivecteur, on obtient un autre quadrivecteur. Par exemple, si on opère sur *(ct, x, y, z)* on obtient une quadrivitesse u_μ :

$$\frac{dx_\mu}{ds} = u_\mu.$$

On voit maintenant pourquoi le facteur $\sqrt{1 - v^2/c^2}$ arrange les choses.

La variable invariante s est une quantité physique utile. On l'appelle le « temps propre » le long de la trajectoire d'une particule, parce que *ds* est toujours un intervalle de temps dans un repère qui se déplace avec la particule à un instant particulier quelconque. (Alors, $\Delta x = \Delta y = \Delta z = 0$, et $\Delta s = \Delta t$.) Si vous pouvez imaginer une « horloge » dont la marche ne dépend pas de l'accélération, une telle horloge transportée avec la particule indiquera le temps s.

Nous pouvons maintenant revenir en arrière et écrire la loi de Newton (corrigée par Einstein) sous la forme simple

$$\frac{dp_\mu}{ds} = f_\mu, \qquad (26.32)$$

où f_μ, est donnée par l'Éq. (26.28). La quantité de mouvement p_μ peut s'écrire

$$p_\mu = m_0 u_\mu = m_0\,\frac{dx_\mu}{ds}, \qquad (26.33)$$

où les coordonnées $x_\mu = (ct, x, y, z)$ décrivent maintenant la trajectoire de la particule. Finalement, la notation à quatre dimensions nous donne cette forme très simple des équations du mouvement :

$$f_\mu = m_0 \frac{d^2 x_\mu}{ds^2}, \tag{26.34}$$

qui rappelle $F- = ma$. Il est important de noter que l'Éq. (26.34) n'est *pas* la même chose que $F = -ma$, parce que la formule quadrivectorielle de l'Éq. (26.34) contient la mécanique relativiste qui diffère de la loi de Newton aux très grandes vitesses. Ce n'est pas comme dans le cas des équations de Maxwell où nous avions été capables de récrire les équations sous forme relativiste *sans rien changer du tout à leur signification* – avec seulement un changement de notation.

Revenons maintenant à l'Éq. (26.24) et voyons comment on peut récrire le second membre dans la notation quadrivectorielle. Les trois composantes – divisées par $\sqrt{1 - v^2/c^2}$ – sont les composantes de f_μ, donc

$$f_x = \frac{q(\boldsymbol{E} + \boldsymbol{v} \times \boldsymbol{B})_x}{\sqrt{1 - v^2/c^2}} = q\left[\frac{E_x}{\sqrt{1 - v^2/c^2}} + \frac{v_y B_z}{\sqrt{1 - v^2/c^2}} - \frac{v_z B_y}{\sqrt{1 - v^2/c^2}}\right]. \tag{26.35}$$

Il faut mettre maintenant toutes les quantités en notation relativiste. D'abord $c/\sqrt{1 - v^2/c^2}$ et $v_y/\sqrt{1 - v^2/c^2}$ et $v_z/\sqrt{1 - v^2/c^2}$ sont les composantes t, y et z de la quadrivitesse u_p. Et les composantes de $\boldsymbol{E}$ et $\boldsymbol{B}$ sont les composantes du tenseur du second ordre des champs $F_{\mu\nu}$. En reprenant le tableau 26.1 pour les composantes de $F_{\mu\nu}$ qui correspondent à E_x, B_z, et B_y, on obtient

$$f_x = q(u_t F_{xt} - u_y F_{xy} - u_z F_{xz}),$$

qui commence à paraître intéressant. Chaque terme a l'indice x, ce qui est raisonnable puisqu'on trouve une composante x. Puis tous les autres apparaissent par paires *tt, yy, zz* – sauf que le terme en xx manque. Alors on le glisse tout simplement, et on écrit

$$f_x = q(u_t F_{xt} - u_x F_{xx} - u_y F_{xy} - u_z F_{xz}). \tag{26.36}$$

Nous n'avons rien changé puisque $F_{\mu\nu}$, est antisymétrique et que F_{xx} est nul. La raison pour laquelle on a voulu mettre le terme en *xx* est qu'on peut ainsi écrire l'Éq. (26.36) sous la forme condensée

$$f_\mu = q u_\nu F_{\mu\nu}. \tag{26.37}$$

Cette équation est la même que l'Éq. (26.36) si on pose la *règle* que toutes les fois qu'on rencontre *deux fois* un indice (comme ici v), on additionne automatiquement les termes de la même façon que pour le produit scalaire, *en utilisant la même convention de signes.*

Vous devez admettre facilement que (26.37) marche également bien pour $\mu = y$ ou $\mu = z$, mais que se passe-t-il pour $\mu = t'$ Voyons, pour le plaisir, ce qu'elle donne :

$$f_t = q(u_t F_{tt} - u_x F_{tx} - u_y F_{ty} - u_z F_{tz}).$$

© Dunod. Toute reproduction non autorisée est un délit.

Il faut maintenant repasser aux $\boldsymbol{E}$ et aux $\boldsymbol{B}$. On obtient

$$f_t = q\left(0 + \frac{v_x}{\sqrt{1-v^2/c^2}}E_x + \frac{v_y}{\sqrt{1-v^2/c^2}}E_y + \frac{v_z}{\sqrt{1-v^2/c^2}}E_z\right), \qquad (26.38)$$

ou

$$f_t = \frac{q\boldsymbol{v}\cdot\boldsymbol{E}}{\sqrt{1-v^2/c^2}}.$$

Mais d'après l'Éq. (26.28), f est supposé être

$$\frac{\boldsymbol{F}\cdot\boldsymbol{v}}{\sqrt{1-v^2/c^2}} = \frac{q(\boldsymbol{E}+\boldsymbol{v}\times\boldsymbol{B})\cdot\boldsymbol{v}}{\sqrt{1-v^2/c^2}}.$$

C'est la même chose que l'Éq. (26.38), puisque $(\boldsymbol{v}\times\boldsymbol{B})\cdot\boldsymbol{v}$ est nul. Donc tout va très bien.

En résumé, notre équation du mouvement peut s'écrire sous la forme élégante

$$m_0\,\frac{d^2x_\mu}{ds^2} = f_\mu = qu_\nu F_{\mu\nu}. \qquad (26.39)$$

Bien qu'il soit sympathique de voir que ces équations peuvent s'écrire de cette façon, cette forme n'est pas particulièrement utile. Il est habituellement plus commode, pour trouver les mouvements des particules, d'utiliser les équations initiales (26.24) et c'est ce que nous ferons couramment.

L'ÉNERGIE DU CHAMP ET L'IMPULSION DU CHAMP

27

27.1 CONSERVATION LOCALE

Il est clair que l'énergie de la matière ne se conserve pas. Quand un objet rayonne de la lumière, il perd de l'énergie. Néanmoins, l'énergie perdue peut être décrite sous une autre forme, par exemple, sous forme de lumière. Par suite, la théorie de la conservation de l'énergie est incomplète si l'on ne considère pas l'énergie associée à la lumière, ou plus généralement, au champ électromagnétique. Nous allons maintenant traiter de la loi de la conservation de l'énergie et aussi, de l'impulsion des champs. Certes, nous ne pouvons traiter l'une sans l'autre, puisque dans la théorie de la relativité elles sont deux aspects du même quadrivecteur.

Tout au début du volume I nous avons parlé de la conservation de l'énergie ; nous avons dit là, seulement, que l'énergie totale de l'univers était constante. Nous voulons maintenant étendre l'idée de la loi de conservation de l'énergie d'une façon importante – d'une façon qui nous indique dans le *détail comment* l'énergie se conserve. Cette nouvelle loi nous dira que si de l'énergie s'échappe d'une région, c'est parce qu'elle *s'écoule à* travers les frontières de cette région. C'est une loi un peu plus forte que la conservation de l'énergie sans une telle restriction.

Pour comprendre cette proposition, voyons comment fonctionne la loi de conservation de la charge. Nous avons décrit la conservation de la charge en disant qu'il y avait une densité de courant $\boldsymbol{j}$ et une densité de charge ρ et que si la charge décroît en un point il doit y avoir un écoulement de charges à partir de ce point. C'est ce que nous avons appelé la conservation de la charge. L'expression mathématique de la loi de conservation est donc

$$\boldsymbol{\nabla} \cdot \boldsymbol{j} = -\frac{\partial \rho}{\partial t}. \tag{27.1}$$

Cette loi a pour conséquence que la charge totale de l'univers est toujours constante – il n'y a jamais au total, un gain ou une perte de charge. Cependant, la charge totale de l'univers pourrait être constante d'une autre façon. Soit une charge Q_1 près d'un point (1), alors qu'il n'y a pas de charge près d'un point (2) à quelque distance de là (Fig. 27.1). Imaginons alors, que le temps passant, la charge Q_1 décroisse progressivement et que *simultanément* une certaine charge Q_2 apparaisse près du point (2), et de telle sorte qu'à tout instant la somme de Q_1 et Q_2 reste constante. En d'autres termes, à tout stade intermédiaire, la charge perdue par Q_1 serait ajoutée à Q_2. Alors, la charge totale de l'univers

© Dunod. Toute reproduction non autorisée est un délit.

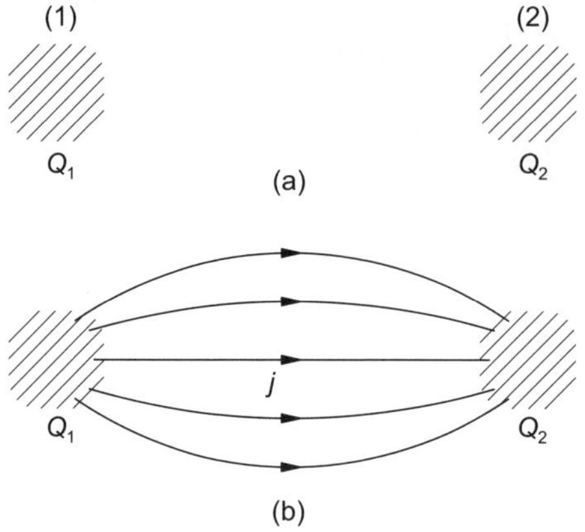

Figure 27.1 – Deux moyens pour conserver la charge : (a) $Q_1 + Q_2$ est constant ; (b) $dQ_1/dt = \int \boldsymbol{j} \cdot \boldsymbol{n} da = -dQ_2/dt$.

serait conservée. Nous avons là une conservation « globale », mais non pas ce que nous appellerons une conservation « locale », car pour passer de (1) à (2). la charge n'a pas dû apparaître où que ce soit dans l'espace compris entre (1) et (2). Localement, la charge a été tout simplement « perdue ».

La loi « globale » de la conservation de la charge présente une difficulté dans la théorie de la relativité. La notion d'« instants simultanés » en des points éloignés, n'est pas équivalente dans les différents systèmes. Deux événements simultanés dans un système, ne sont pas simultanés pour un autre système en mouvement par rapport au premier. Pour la conservation « globale » ici décrite, il est nécessaire que la charge perdue par Q_1 apparaisse *simultanément* sur Q_2. Sinon, il y aurait des instants où la charge ne serait pas conservée. Il semble qu'il n'y ait pas moyen de rendre la loi de conservation de la charge invariante relativiste sans la considérer comme une loi « locale ». En fait, l'exigence de l'invariance relativiste de Lorentz, semble restreindre de façon surprenante les lois possibles de la nature. Dans la théorie quantique des champs modernes, on a souvent voulu, par exemple, modifier la théorie en admettant ce qu'on appelle une interaction « non locale » – quelque chose *ici* aurait un effet direct sur quelque chose *là* – mais on a des difficultés avec le principe de la relativité.

La conservation « locale » implique une autre idée. Une charge ne peut aller d'un point à un autre sans que quelque chose se soit produit dans l'espace intermédiaire. Pour décrire la loi nous devons connaître non seulement, la densité de charge ρ, mais aussi une grandeur d'une autre nature, $\boldsymbol{j}$, vecteur qui traduit la vitesse d'écoulement des charges à travers une surface. L'écoulement est alors relié à la variation instantanée de la densité par l'Éq. (27.1). Tel est le type extrême d'une loi de conservation. Elle traduit que la charge se conserve d'une façon particulière – elle se conserve « localement ».

II se trouve que la conservation de l'énergie est aussi un processus *local*. Il existe, non seulement, une densité d'énergie dans une région donnée de l'espace, mais aussi un vecteur qui représente la vitesse d'écoulement de l'énergie à travers une surface. Par exemple, quand une source lumineuse rayonne nous pouvons calculer l'énergie lumineuse émise par la source. Si nous imaginons une surface mathématique entourant la source lumineuse, l'énergie perdue à l'intérieur de la surface, est égale à l'énergie qui s'écoule à travers la surface.

27.2 CONSERVATION DE L'ÉNERGIE ET ÉLECTROMAGNÉTISME

Nous allons maintenant écrire quantitativement la conservation de l'énergie pour l'électromagnétisme. Pour ce faire, il nous faut connaître la quantité d'énergie contenue dans un élément de volume de l'espace, ainsi que la vitesse d'écoulement de l'énergie. Considérons d'abord seulement l'énergie du champ électromagnétique. Soit u la *densité d'énergie* du champ (c'est-à-dire la quantité d'énergie par unité de volume de l'espace) et soit $\boldsymbol{S}$, le vecteur *flux d'énergie* du champ (c'est-à-dire l'écoulement de l'énergie par unité de temps à travers l'unité de surface normale à la direction d'écoulement). Alors, par analogie exacte avec la conservation de la charge, Éq. (27.1), nous pouvons écrire la « loi locale » de la conservation de l'énergie du champ

$$\frac{\partial u}{\partial t} = -\boldsymbol{\nabla} \cdot \boldsymbol{S}. \tag{27.2}$$

Bien sûr, cette loi n'est pas vraie en général ; il n'est pas vrai que l'énergie du champ se conserve. Imaginez que vous êtes dans une pièce obscure, et qu'alors vous allumez. D'un seul coup la pièce est pleine de lumière, il y a donc de l'énergie dans le champ alors qu'il n'y en avait pas avant. L'équation (27.2) n'est pas la loi de conservation complète parce que l'énergie du *champ seul* n'est pas conservée, mais seulement l'énergie totale de l'univers – il y a aussi l'énergie de la matière. L'énergie du champ varie quand la matière effectue un certain travail sur le champ ou le champ, sur la matière.

Néanmoins, s'il y a de la matière à l'intérieur du volume considéré, nous savons quelle énergie elle contient : chaque particule possède l'énergie $m_0c^2/\sqrt{1 - v^2/c^2}$. L'énergie totale de la matière est exactement la somme de toutes les énergies des particules et l'écoulement de cette énergie à travers une surface est exactement la somme des énergies transportées par chacune des particules qui traverse la surface. Nous ne parlerons que de l'énergie du champ électromagnétique. Nous devons donc écrire une équation selon laquelle, l'énergie totale du *champ* décroît *soit* parce que l'énergie s'écoule à l'extérieur du volume, *soit* parce que le champ cède de l'énergie à la matière (ou gagne de l'énergie, ce qui revient à une perte négative). L'énergie du champ à l'intérieur du volume V est

$$\int_V u\,dV,$$

et sa vitesse de décroissance est la dérivée par rapport au temps de cette intégrale, changée de signe. Le flux de l'énergie du champ, sortant du volume V est l'intégrale de la composante normale de $\boldsymbol{S}$ étendue à la surface Σ limitant le volume V,

$$\int_\Sigma \boldsymbol{S} \cdot \boldsymbol{n}\,da.$$

Donc

$$-\frac{d}{dt}\int_V u\,dV = \int_\Sigma \boldsymbol{S} \cdot \boldsymbol{n}\,da + (\text{travail fourni à la matière dans } V). \tag{27.3}$$

© Dunod. Toute reproduction non autorisée est un délit.

Nous avons vu précédemment que le champ fournit du travail à chaque unité de volume de matière, fournissant une puissance $\boldsymbol{E} \cdot \boldsymbol{j}$. [La force exercée sur une particule est $\boldsymbol{F} = q(\boldsymbol{E} + \boldsymbol{v} \times \boldsymbol{B})$, et la puissance fournie est $\boldsymbol{F} \cdot \boldsymbol{v} = q\boldsymbol{E} \cdot \boldsymbol{v}$. S'il y a N particules par unité de volume, la puissance fournie par unité de volume est $Nq\boldsymbol{E} \cdot \boldsymbol{v}$, mais $Nq\boldsymbol{v} = \boldsymbol{j}$.] Ainsi la grandeur $\boldsymbol{E} \cdot \boldsymbol{j}$ doit être égale à la perte d'énergie du champ par unité de temps et par unité de volume. L'équation (27.3) devient alors

$$-\frac{d}{dt}\int_V u\,dV = \int_\Sigma \boldsymbol{S} \cdot \boldsymbol{n}\,da + \int_V \boldsymbol{E} \cdot \boldsymbol{j}\,dV. \tag{27.4}$$

Telle est notre loi de conservation de l'énergie du champ. Nous pouvons la transformer en une équation différentielle comme l'Éq. (27.2) en transformant le second terme en une intégrale de volume. Ce qui est facile par application du théorème de Gauss. L'intégrale de surface de la composante normale de $\boldsymbol{S}$ est l'intégrale de sa divergence étendue au volume intérieur. Donc l'Éq. (27.3) est équivalente à

$$-\int_V \frac{\partial u}{\partial t}\,dV = \int_V \boldsymbol{\nabla} \cdot \boldsymbol{S}\,dV + \int_V \boldsymbol{E} \cdot \boldsymbol{j}\,dV,$$

dans laquelle nous avons fait passer la dérivation par rapport au temps, du premier terme sous le signe intégral. Comme cette équation est vraie quel que soit le volume, on peut supprimer l'intégrale, et l'on obtient l'équation de l'énergie pour les champs électromagnétiques :

$$-\frac{\partial u}{\partial t} = \boldsymbol{\nabla} \cdot \boldsymbol{S} + \boldsymbol{E} \cdot \boldsymbol{j}. \tag{27.5}$$

Or cette équation ne nous apporte rien de bien à moins de connaître u et $\boldsymbol{S}$. Peut-être devrions-nous simplement vous dire comment ils s'expriment en fonction de $\boldsymbol{E}$ et $\boldsymbol{B}$, puisque c'est seulement le résultat qui nous intéresse vraiment. Cependant nous préférons vous exposer le raisonnement qui a conduit Poynting en 1884 à établir les formules donnant $\boldsymbol{S}$ et u, vous saurez ainsi d'où elles viennent. (Vous n'aurez pas à apprendre cette démonstration pour notre travail ultérieur.)

27.3 Densité d'énergie et flux d'énergie dans le champ électromagnétique

L'idée est de supposer qu'il existe une densité d'énergie u et un flux $\boldsymbol{S}$ qui dépendent uniquement des champs $\boldsymbol{E}$ et $\boldsymbol{B}$. (Par exemple, nous savons qu'en électrostatique, au moins, la densité d'énergie peut s'écrire $\frac{1}{2}\epsilon_0 \boldsymbol{E} \cdot \boldsymbol{E}$.) Bien sûr, u et $\boldsymbol{S}$ peuvent dépendre des potentiels ou de quelque chose d'autre, mais voyons ce que nous pouvons construire. Nous pouvons essayer de récrire la grandeur $\boldsymbol{E} \cdot \boldsymbol{j}$ de telle sorte qu'elle devienne la somme de deux termes : l'un sera la dérivée par rapport au temps d'une certaine grandeur, et l'autre la divergence d'une autre grandeur. La première grandeur serait u et la seconde $\boldsymbol{S}$ (avec les signes appropriés). Ces deux grandeurs doivent s'exprimer en fonction des champs seulement ; c'est-à-dire que nous voulons écrire notre égalité sous la forme

$$\boldsymbol{E}\cdot\boldsymbol{j} = -\frac{\partial u}{\partial t} - \boldsymbol{\nabla}\cdot\boldsymbol{S}. \tag{27.6}$$

Le premier membre doit d'abord être exprimé en fonction des champs seulement. Comment pouvons-nous faire cela ? En utilisant les équations de Maxwell bien sûr. De l'équation de Maxwell relative au rotationnel de $\boldsymbol{B}$, on tire,

$$\boldsymbol{j} = \epsilon_0 c^2 \boldsymbol{\nabla}\times\boldsymbol{B} - \epsilon_0\,\frac{\partial \boldsymbol{E}}{\partial t}.$$

Substituant ceci dans (27.6) nous aurons seulement des $\boldsymbol{E}$ et $\boldsymbol{B}$:

$$\boldsymbol{E}\cdot\boldsymbol{j} = \epsilon_0 c^2 \boldsymbol{E}\cdot(\boldsymbol{\nabla}\times\boldsymbol{B}) - \epsilon_0 \boldsymbol{E}\cdot\frac{\partial \boldsymbol{E}}{\partial t}. \tag{27.7}$$

Nous avons déjà partiellement fini. Le dernier terme est une dérivée par rapport au temps – c'est $(\partial/\partial t)(\frac{1}{2}\epsilon_0\boldsymbol{E}\cdot\boldsymbol{E})$. Donc, $\frac{1}{2}\epsilon_0\boldsymbol{E}\cdot\boldsymbol{E}$ est au moins une partie de u. C'est ce que nous avions trouvé en électrostatique. Maintenant, tout ce qui nous reste à faire est de transformer l'autre terme en une divergence de quelque chose.

Remarquez que le premier terme de droite de (27.7) est aussi bien

$$(\boldsymbol{\nabla}\times\boldsymbol{B})\cdot\boldsymbol{E}. \tag{27.8}$$

Et, comme vous le savez d'après l'algèbre vectorielle, $(\boldsymbol{a}\times\boldsymbol{b})\cdot\boldsymbol{c}$ est égal à $\boldsymbol{a}\cdot(\boldsymbol{b}\times\boldsymbol{c})$; donc notre terme s'écrit aussi

$$\boldsymbol{\nabla}\cdot(\boldsymbol{B}\times\boldsymbol{E}) \tag{27.9}$$

et nous avons ainsi la divergence de « quelque chose » comme nous le cherchions. Seulement, c'est faux ! Nous vous avons déjà prévenu que $\boldsymbol{\nabla}$ est « comme » un vecteur mais n'en est pas un « exactement ». Il n'en est pas un parce qu'il faut ajouter une *convention* qui vient du calcul différentiel : quand un opérateur de dérivation est placé devant un produit, il agit sur tout ce qui est à sa droite. Dans l'Éq. (27.7) $\boldsymbol{\nabla}$ agit seulement sur $\boldsymbol{B}$ et non sur $\boldsymbol{E}$. Mais sous la forme (27.9) la convention habituelle le fait agir à la fois sur $\boldsymbol{B}$ et sur $\boldsymbol{E}$. Ce *n'est* donc *plus* la même chose. En fait, en calculant les composantes de $\boldsymbol{\nabla}\cdot(\boldsymbol{B}\times\boldsymbol{E})$, nous trouvons qu'il est égal à $\boldsymbol{E}\cdot(\boldsymbol{\nabla}\times\boldsymbol{B})$ *plus* d'autres termes. C'est comme ce qui arrive quand on prend la dérivée d'un produit en algèbre. Par exemple,

$$\frac{d}{dx}(fg) = \frac{df}{dx}g + f\,\frac{dg}{dx}.$$

Plutôt que de calculer toutes les composantes de $\boldsymbol{\nabla}\cdot(\boldsymbol{B}\times\boldsymbol{E})$, nous allons vous montrer un artifice très utile pour ce genre de problèmes. C'est un artifice qui vous permet d'appliquer toutes les règles de l'algèbre vectorielle à des expressions comportant l'opérateur ∇, sans avoir d'ennuis. Cet artifice consiste à se débarrasser – au moins pour un instant – de la notation du calcul différentiel concernant ce sur quoi agit l'opérateur de dérivation. Vous voyez, d'habitude, l'ordre des termes est utilisé à *deux* fins distinctes.

© Dunod. Toute reproduction non autorisée est un délit.

L'une pour le calcul différentiel : $f(d/dx)g$ n'est pas la même chose que $g(d/dx)f$; l'autre pour les vecteurs : $\boldsymbol{a} \times \boldsymbol{b}$ est différent de $\boldsymbol{b} \times \boldsymbol{a}$. Nous pouvons choisir de laisser tomber momentanément la règle du calcul différentiel. Au lieu de dire qu'une dérivée agit sur tout ce qui est à droite, nous formulons une *nouvelle* règle qui ne dépend pas de l'ordre dans lequel sont écrits les termes. Nous pourrons ensuite jongler avec les termes sans souci.

Voici notre nouvelle convention : nous indiquons par un indice sur quoi agit l'opérateur différentiel ; *l'ordre* n'a pas de sens. Soit D l'opérateur $\partial/\partial x$. Alors D_f indique qu'on prend la dérivée seulement de la grandeur variable f. Ainsi

$$D_f f = \frac{\partial f}{\partial x}.$$

Mais si nous avons $D_f fg$, cela veut dire

$$D_f fg = \left(\frac{\partial f}{\partial x}\right) g.$$

Mais remarquez alors que selon notre nouvelle règle, $fD_f g$ veut dire la même chose. Nous pouvons écrire la même chose, de toutes ces façons différentes :

$$D_f fg = gD_f f = fD_f g = fgD_f.$$

Vous voyez que D_f peut même se placer *après* tout le reste. (Il est surprenant qu'une notation aussi maniable ne soit jamais exposée dans aucun livre de mathématiques ou de physique.)

Vous pouvez vous demander : et si je *veux* écrire la dérivée de fg ? Je *veux* la dérivée des *deux* termes. C'est très facile, vous n'avez qu'à le dire ; vous écrivez $D_f(fg)+D_g(fg)$. Ceci n'est autre que $g(\partial f/\partial x) + f(\partial g/\partial x)$ c'est-à-dire ce qu'on écrivait dans l'ancienne notation $\partial(fg)/\partial x$.

Vous allez voir qu'il est très facile maintenant de trouver une nouvelle expression pour $\boldsymbol{\nabla} \cdot (\boldsymbol{B} \times \boldsymbol{E})$. Commençons par appliquer la nouvelle notation ; nous écrivons

$$\boldsymbol{\nabla} \cdot (\boldsymbol{B} \times \boldsymbol{E}) = \boldsymbol{\nabla}_B \cdot (\boldsymbol{B} \times \boldsymbol{E}) + \boldsymbol{\nabla}_E \cdot (\boldsymbol{B} \times \boldsymbol{E}). \tag{27.10}$$

Du moment que nous avons fait cela, nous n'avons plus besoin de conserver l'ordre des termes. Nous savons que $\boldsymbol{\nabla}_E$ agit sur $\boldsymbol{E}$ seulement, et $\boldsymbol{\nabla}_B$ agit sur $\boldsymbol{B}$ seulement. Dans ces conditions, nous pouvons travailler avec $\boldsymbol{\nabla}$ comme s'il était un vecteur ordinaire. (Bien sûr, quand nous aurons fini, nous reviendrons à la notation habituelle, utilisée par tout le monde.) Nous pouvons alors effectuer différentes choses telles que inter- changer points et croix, et faire d'autres réarrangements des termes. Par exemple, le terme du milieu de (27.10) s'écrit aussi $\boldsymbol{E} \cdot \boldsymbol{\nabla}_B \times \boldsymbol{B}$. (Rappelez-vous que $\boldsymbol{a} \cdot \boldsymbol{b} \times \boldsymbol{c} = \boldsymbol{b} \cdot \boldsymbol{c} \times \boldsymbol{a}$.) Le dernier terme est aussi $\boldsymbol{B} \cdot \boldsymbol{E} \times \boldsymbol{\nabla}_E$. Tout cela paraît bien fantasque, mais c'est exact. Si nous essayons de revenir à la convention habituelle, nous devons nous arranger pour que $\boldsymbol{\nabla}$ n'agisse que sur sa « propre » variable. Il en est bien déjà ainsi pour le premier terme, il suffit donc d'enlever l'indice. Pour le second il faut faire certains réarrangements pour amener $\boldsymbol{\nabla}$ devant $\boldsymbol{E}$; on inverse le produit vectoriel et on change de signe :

$$\boldsymbol{B} \cdot (\boldsymbol{E} \times \boldsymbol{\nabla}_E) = -\boldsymbol{B} \cdot (\boldsymbol{\nabla}_E \times \boldsymbol{E}).$$

Tout a été ramené dans l'ordre habituel, et l'on peut revenir à la notation courante. L'Éq. (27.10) est équivalente à

$$\boldsymbol{\nabla} \cdot (\boldsymbol{B} \times \boldsymbol{E}) = \boldsymbol{E} \cdot (\boldsymbol{\nabla} \times \boldsymbol{B}) - \boldsymbol{B} \cdot (\boldsymbol{\nabla} \times \boldsymbol{E}). \tag{27.11}$$

(Dans ce cas particulier, il eût été plus rapide de partir des composantes. Mais cet artifice mathématique valait bien la peine qu'on prenne son temps pour l'exposer. Vous ne le verrez certainement nulle part ailleurs, et il est très bon de libérer l'algèbre vectorielle des règles concernant l'ordre des termes dans les dérivées.)

Revenons alors au problème de la conservation de l'énergie et appliquons notre dernier résultat, Éq. (27.11), pour transformer le terme $\boldsymbol{\nabla} \times \boldsymbol{B}$ de l'Éq. (27.7). L'équation de l'énergie devient

$$\boldsymbol{E} \cdot \boldsymbol{j} = \epsilon_0 c^2 \boldsymbol{\nabla} \cdot (\boldsymbol{B} \times \boldsymbol{E}) + \epsilon_0 c^2 \boldsymbol{B} \cdot (\boldsymbol{\nabla} \times \boldsymbol{E}) - \frac{\partial}{\partial t}\left(\frac{1}{2}\epsilon_0 \boldsymbol{E} \cdot \boldsymbol{E}\right). \tag{27.12}$$

Nous avons presque fini. Nous avons un terme qui est une belle dérivée par rapport à t qui interviendra dans u et un autre qui est une superbe divergence, pour représenter $\boldsymbol{S}$. Malheureusement, il y a le terme du milieu, qui n'est ni une divergence, ni une dérivée par rapport au temps. Nous avons donc presque réussi, mais pas tout à fait. Après réflexion, revenons aux équations différentielles de Maxwell, et remarquons avec bonheur que $\boldsymbol{\nabla} \times \boldsymbol{E}$ est égal à $-\partial \boldsymbol{B}/\partial t$, ce qui nous permet de transformer le terme supplémentaire en quelque chose qui est une dérivée par rapport au temps :

$$\boldsymbol{B} \cdot (\boldsymbol{\nabla} \times \boldsymbol{E}) = \boldsymbol{B} \cdot \left(-\frac{\partial \boldsymbol{B}}{\partial t}\right) = -\frac{\partial}{\partial t}\left(\frac{\boldsymbol{B} \cdot \boldsymbol{B}}{2}\right).$$

Nous avons exactement ce que nous cherchions. Notre équation s'écrit

$$\boldsymbol{E} \cdot \boldsymbol{j} = \boldsymbol{\nabla} \cdot \left(\epsilon_0 c^2 \boldsymbol{B} \times \boldsymbol{E}\right) - \frac{\partial}{\partial t}\left(\frac{\epsilon_0 c^2}{2} \boldsymbol{B} \cdot \boldsymbol{B} + \frac{\epsilon_0}{2} \boldsymbol{E} \cdot \boldsymbol{E}\right), \tag{27.13}$$

qui est exactement la même équation que (27.6), si nous posons les *définitions*

$$u = \frac{\epsilon_0}{2} \boldsymbol{E} \cdot \boldsymbol{E} + \frac{\epsilon_0 c^2}{2} \boldsymbol{B} \cdot \boldsymbol{B} \tag{27.14}$$

et

$$\boldsymbol{S} = \epsilon_0 c^2 \boldsymbol{E} \times \boldsymbol{B}. \tag{27.15}$$

(En inversant le produit vectoriel on fait apparaître les bons signes.)

Notre programme est réussi. Nous disposons d'une expression pour la densité d'énergie qui est la somme d'une densité d'énergie « électrique » et d'une densité d'énergie

© Dunod. Toute reproduction non autorisée est un délit.

« magnétique » et dont la forme est exactement celle que nous avions trouvée en statique *quand nous avons calculé l'énergie en fonction des champs*. Nous avons également trouvé une formule pour le vecteur flux d'énergie du champ électromagnétique. Ce nouveau vecteur $\boldsymbol{S} = \epsilon_0 c^2 \boldsymbol{E} \times \boldsymbol{B}$ est le « vecteur de Poynting », du nom de celui qui l'a découvert. Il nous indique la vitesse à laquelle l'énergie du champ se déplace dans l'espace. L'énergie qui s'écoule à travers une petite surface da par seconde est $\boldsymbol{S} \cdot \boldsymbol{n} da$ où $\boldsymbol{n}$ est le vecteur unitaire normal à da. (Maintenant que vous connaissez les formules donnant u et $\boldsymbol{S}$, vous pouvez oublier les démonstrations si vous voulez.)

27.4 L'ambiguïté de l'énergie du champ

Avant de traiter certaines applications des formules de Poynting [Éq. (27.14) et (27.15)], nous voudrions dire que nous ne les avons pas réellement « démontrées ». Tout ce que nous avons fait a été de trouver un « u » possible et un « $\boldsymbol{S}$ » possible. Comment savoir si en jonglant encore avec les termes on n'aboutirait pas à une autre formule pour « u » et à une autre formule pour « $\boldsymbol{S}$ » ? Le nouveau $\boldsymbol{S}$ et le nouveau u seraient différents mais ils satisferaient encore l'Éq. (27.6). Cela est possible. On peut le faire, mais les formules trouvées comportent toujours diverses *dérivées* du champ (et toujours avec des termes du second ordre, comme une dérivée seconde ou le carré d'une dérivée première). Il existe en fait, un nombre infini de possibilités différentes pour u et S et jusqu'ici personne n'a encore jamais songé à une méthode expérimentale pour dire laquelle est la bonne ! On a pensé que la plus simple était probablement la bonne, mais il faut avouer que nous ne savons pas de façon certaine quelle est la localisation réelle, dans l'espace, de l'énergie du champ électromagnétique. Nous aussi nous adopterons donc la solution de facilité en disant que l'énergie du champ est donnée par l'Éq. (27.14). Alors le vecteur-flux $\boldsymbol{S}$ est donné par l'Éq. (27.15).

Il est intéressant de noter qu'il ne semble pas y avoir une façon unique pour lever l'indétermination sur la localisation de l'énergie du champ. On dit quelquefois que ce problème peut être résolu à l'aide de la théorie de la gravitation de la façon suivante. Dans la théorie de la gravitation toute énergie est la source d'une attraction gravitationnelle. Par conséquent, la densité d'énergie électrique doit être correctement localisée si nous voulons savoir dans quelle direction agit la force de gravité. Jusqu'à présent, cependant, personne n'a jamais fait une expérience assez délicate pour déterminer la localisation précise de l'influence gravitationnelle des champs électromagnétiques. Que les champs électromagnétiques seuls puissent être la source d'une force de gravitation est une idée dont il est difficile de se passer. En fait, on a pu observer que la lumière était déviée en passant près du soleil – on pourrait dire que le soleil attire la lumière vers lui. N'admettriez-vous pas que la lumière attire également le soleil ? De toute façon, tout le monde accepte toujours les expressions simples trouvées pour la localisation de l'énergie électromagnétique et pour son flux. Et bien que parfois, les résultats obtenus en les appliquant paraissent étranges, personne ne leur a jamais rien trouvé de faux – c'est-à-dire aucune contradiction avec l'expérience. Nous suivrons donc le reste du monde – et de plus, nous pensons que ces formules sont probablement tout à fait exactes.

Nous devrions faire encore une remarque au sujet de la formule de l'énergie. D'abord, l'énergie par unité de volume du champ est très simple : c'est l'énergie électrostatique plus l'énergie magnétique, *si* nous écrivons l'énergie électrostatique en fonction de E^2 et l'énergie magnétique en fonction de B^2. Nous avons trouvé ces deux expressions comme des expressions *possibles* de l'énergie dans les problèmes de statique. Nous avions encore trouvé certaines autres formules pour l'énergie du champ électrostatique, telles que $\rho\varphi$, qui est égal à l'intégrale de $\boldsymbol{E} \cdot \boldsymbol{E}$ dans le cas de l'électrostatique. Cependant, l'égalité n'était plus valable dans un champ électrodynamique, et il n'y avait pas de façon évidente de choisir celle qui était la bonne. Maintenant nous savons quelle est la bonne. De même, nous avons trouvé la formule, exacte en général, de l'énergie magnétique. La formule exacte de la densité d'énergie des champs *dynamiques* est l'Éq. (27.14).

27.5 Exemples de flux d'énergie

La formule que nous avons trouvée pour le vecteur flux d'énergie $\boldsymbol{S}$ est tout à fait nouvelle. Nous allons voir comment on s'en sert dans certains cas particuliers, et aussi si elle est compatible avec tout ce que nous connaissons déjà. C'est la lumière que nous choisirons comme premier exemple. Dans une onde lumineuse nous avons un vecteur $\boldsymbol{E}$ et un vecteur $\boldsymbol{B}$, perpendiculaires entre eux et perpendiculaires à la direction de propagation de l'onde (voir Fig. 27.2). Dans une onde électromagnétique, l'intensité de $\boldsymbol{B}$ est égale à $1/c$ fois l'intensité de $\boldsymbol{E}$ et comme ils sont perpendiculaires,

$$|\boldsymbol{E} \times \boldsymbol{B}| = \frac{E^2}{c}.$$

Donc, pour la lumière, le flux d'énergie par unité de surface et par seconde est

$$S = \epsilon_0 c E^2. \tag{27.16}$$

Pour une onde lumineuse dans laquelle $E = E_0 \cos \omega(t - x/c)$, le flux d'énergie moyen par unité de surface et par unité de temps, $\langle S \rangle_{\text{moy}}$ – qu'on appelle l'« intensité » de la lumière – est la valeur moyenne du carré du champ électrique multipliée par $\epsilon_0 c$:

$$\text{Intensité} = \langle S \rangle_{\text{moy}} = \epsilon_0 c \langle E^2 \rangle_{\text{moy}}. \tag{27.17}$$

Croyez-le ou non, nous avions déjà obtenu ce résultat au paragraphe 31-3 du Vol. I, en étudiant la lumière. Nous pouvons penser qu'il est exact puisqu'il concorde avec quelque

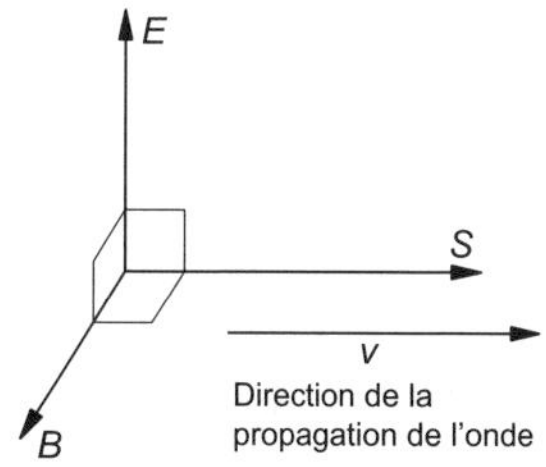

Figure 27.2 – Les vecteurs ***E***, ***B*** et ***S*** d'une propagation de l'onde onde lumineuse.

© Dunod. Toute reproduction non autorisée est un délit.

chose d'autre. Quand nous avons un rayon lumineux, il existe une densité d'énergie dans l'espace donnée par l'Éq. (27.14). Appliquant $cB = E$ pour une onde lumineuse, nous obtenons

$$u = \frac{\epsilon_0}{2} E^2 + \frac{\epsilon_0 c^2}{2}\left(\frac{E^2}{c^2}\right) = \epsilon_0 E^2.$$

Mais $\boldsymbol{E}$ varie dans l'espace, la densité d'énergie moyenne vaut donc

$$\langle u \rangle_{\text{moy}} = \epsilon_0 \langle E^2 \rangle_{\text{moy}}. \tag{27.18}$$

Or, l'onde se propage à la vitesse c, ce qui nous fait penser que l'énergie qui traverse un mètre carré en une seconde est c fois l'énergie contenue dans un mètre cube. Nous dirions donc que

$$\langle S \rangle_{\text{moy}} = \epsilon_0 c \langle E^2 \rangle_{\text{moy}}.$$

Et ceci est bien exact ; c'est la même chose que l'Éq. (27.17).

Prenons un autre exemple. En voici un bien étrange. Considérons le flux d'énergie dans un condensateur que nous chargeons lentement. Nous ne voulons pas de fréquences si élevées que le condensateur commence à se comporter comme une cavité résonnante, mais nous ne voulons pas non plus de courant continu. Soit un condensateur à armatures circulaires planes et parallèles, comme ceux que nous utilisons d'ordinaire, Fig. 27.3. Il existe à l'intérieur un champ électrique presque uniforme, et variable avec le temps. À chaque instant, l'énergie électromagnétique totale qui y est contenue est u multipliée par le volume. Si les armatures ont un rayon a et sont distantes de h l'énergie totale entre les plateaux est

$$U = \left(\frac{\epsilon_0}{2} E^2\right)\left(\pi a^2 h\right). \tag{27.19}$$

Cette énergie varie avec E. Quand le condensateur se charge, le volume compris entre les armatures reçoit l'énergie à la vitesse

$$\frac{dU}{dt} = \epsilon_0 \pi a^2 h E \dot{E}. \tag{27.20}$$

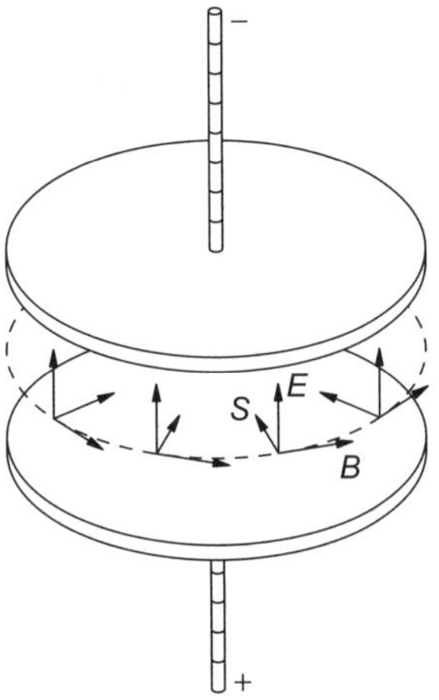

Figure 27.3 – Au voisinage d'un condensateur que l'on charge, le vecteur de Poynting $\boldsymbol{S}$ est dirigé vers l'axe.

Il doit donc y avoir un flux d'énergie entrant dans ce volume et issu de quelque part. Il est évident, pensez-vous, qu'il doit arriver par les fils de charge – pas du tout ! Il ne peut traverser l'espace compris entre les armatures dans cette direction, car $\boldsymbol{E}$ est perpendiculaire aux armatures ; $\boldsymbol{E} \times \boldsymbol{B}$ doit être *parallèle* aux armatures.

Vous vous souvenez, bien sûr, que pendant la charge du condensateur il existe un champ magnétique dont les lignes de champ sont des cercles centrés sur l'axe. Nous en avons discuté au chapitre 23. En appliquant la dernière des équations de Maxwell, nous avons trouvé que le champ magnétique au bord du condensateur était

$$2\pi a c^2 B = \dot{E} \cdot \pi a^2,$$

ou bien

$$B = \frac{a}{2c^2}\,\dot{E}.$$

Sa direction est indiquée sur la Fig. 27.3. Il existe donc un flux d'énergie proportionnel à $\boldsymbol{E} \times \boldsymbol{B}$ qui pénètre tout autour par les bords du condensateur, comme on le voit sur la figure. L'énergie n'est pas réellement apportée par les fils mais provient de l'espace environnant le condensateur.

Vérifions si le flux total à travers toute la surface comprise entre les deux armatures est en accord avec la variation instantanée de l'énergie à l'intérieur – il vaudrait mieux ; nous avons fait tout le travail de démontrer l'Éq. (27.15) pour en être sûr, mais voyons. L'aire de la surface est $2\pi a h$, et $\boldsymbol{S} = \epsilon_0 c^2 \boldsymbol{E} \times \boldsymbol{B}$ a pour module

$$\epsilon_0 c^2 E\left(\frac{a}{2c^2}\,\dot{E}\right),$$

donc, le flux total de l'énergie est

$$\pi a^2 h \epsilon_0 E \dot{E}.$$

Cela est bien en accord avec l'Éq. (27.20). Mais cela nous dit quelque chose de singulier : quand on charge un condensateur, l'énergie n'est pas amenée par les fils ; elle arrive par l'espace entre les armatures. Voilà ce que nous apprend cette théorie ! Comment est-ce possible ? Ce n'est *pas* une question facile, mais voici une façon d'y réfléchir. Supposons qu'il y ait des charges au-dessus et au-dessous du condensateur, très loin. Quand les charges sont très loin il y a un champ faible mais très étendu tout autour du condensateur. (Voir Fig. 27.4.) Puis, quand les charges se rapprochent, le champ devient plus intense plus près du condensateur. Donc l'énergie du champ qui est à l'extérieur se déplace vers le condensateur, et finalement s'arrête entre les armatures.

Comme autre exemple cherchons ce qui se passe dans un morceau de résistance parcouru par un courant. Comme le fil a une résistance, il y a un champ électrique le long du fil, qui produit le courant. Comme il y a une chute de potentiel le long du fil, il y a aussi un champ électrique à l'extérieur et tout près du fil, parallèle à sa surface. (Voir Fig. 27.5.) Il existe en plus un champ magnétique qui tourne autour du fil, en raison du courant. $\boldsymbol{E}$ et $\boldsymbol{B}$ sont perpendiculaires ; donc le vecteur de Poynting est radial et dirigé

© Dunod. Toute reproduction non autorisée est un délit.

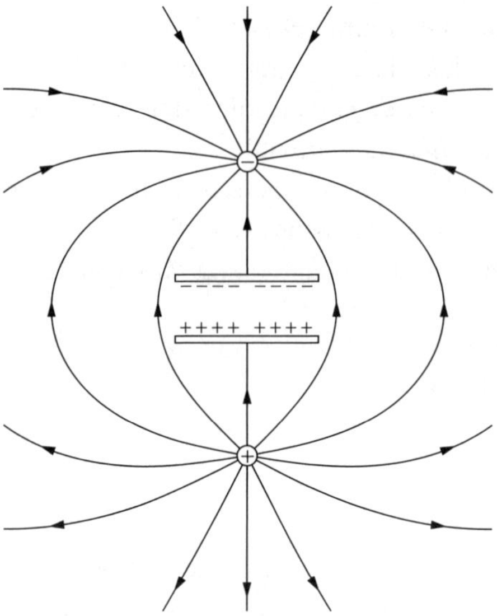

Figure 27.4 – Les champs à l'extérieur d'un condensateur que l'on charge en apportant deux charges, depuis une région très éloignée.

vers l'intérieur, comme sur la figure. Il y a tout autour un flux d'énergie entrant dans le fil. Celui-ci est égal à l'énergie dissipée dans le fil sous forme de chaleur. Ainsi notre théorie « folle » dit que les électrons reçoivent leur énergie pour produire de la chaleur, parce qu'il y a un flux d'énergie entrant dans le fil et provenant du champ extérieur. Notre intuition nous suggérerait plutôt que les électrons reçoivent leur énergie de leur mouvement le long du fil, et donc, l'énergie devrait s'écouler vers le bas (ou vers le haut) le long du fil.

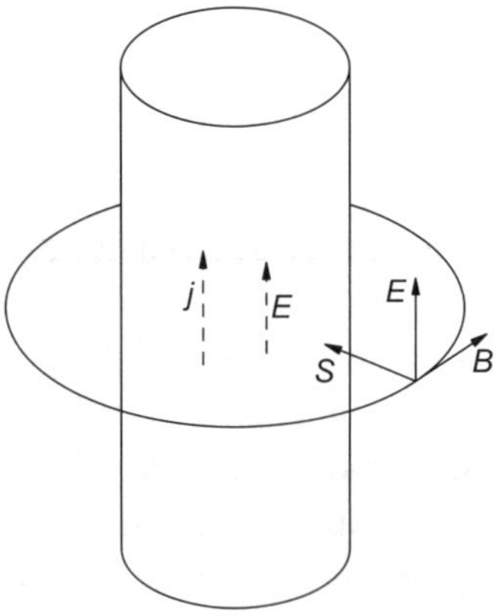

Figure 27.5 – Le vecteur de Poynting $\boldsymbol{S}$ au voisinage d'un fil transportant un courant.

Mais la théorie dit que les électrons sont en réalité poussés par un champ électrique dû à des charges très éloignées, et qu'ils acquièrent leur énergie pour engendrer de la chaleur à partir de ces champs. L'énergie s'écoule d'une certaine façon, à partir des charges éloignées à travers une vaste région de l'espace, puis vers l'intérieur du fil.

Enfin, pour vous convaincre réellement que cette théorie est évidemment loufoque nous choisirons un dernier exemple – exemple dans lequel une charge électrique et un aimant sont *au repos* l'un près de l'autre – tous deux tout à fait immobiles. Prenons le cas d'une charge ponctuelle, placée près du centre d'un barreau aimanté comme sur la Fig. 27.6. Tout est au repos, donc l'énergie ne varie pas avec le temps. De même $\boldsymbol{E}$ et $\boldsymbol{B}$ sont tout à fait statiques. Mais le vecteur de Poynting nous indique qu'il existe un flux d'énergie parce qu'il y a un $\boldsymbol{E} \times \boldsymbol{B}$ non nul. Si vous regardez l'écoulement de l'énergie, vous trouvez qu'elle tourne sans cesse. Il n'y a nulle part de variation de l'énergie – tout ce qui pénètre dans un volume, en ressort. C'est comme de l'eau incompressible qui s'écoule en tournant. Il y a donc une circulation de l'énergie dans ce cas soi-disant statique. Comme cela devient absurde !

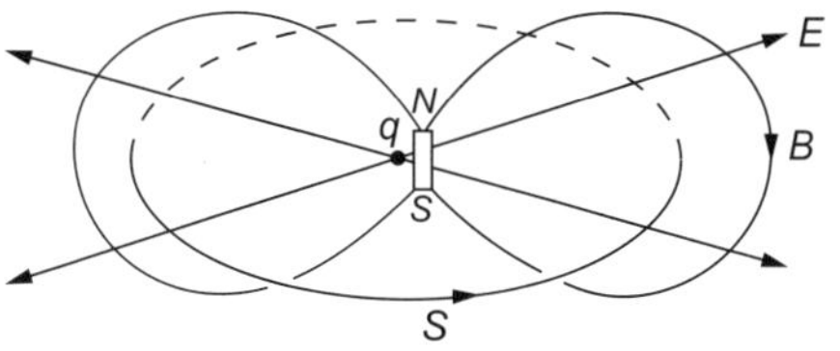

Figure 27.6 – Une charge et un aimant créent un vecteur de Poynting qui circule le long de boucles fermées.

Toutefois, ce n'est peut-être pas si mystérieux, si vous pensez que ce que nous avons appelé un aimant « statique » est en réalité un courant permanent qui circule. Dans un aimant permanent, les électrons sont en rotation permanente. **Il** se pourrait donc que la circulation de l'énergie à l'extérieur, ne soit pas, tout compte fait, chose si bizarre.

Vous commencez sans doute à avoir l'impression que la théorie de Poynting, viole au moins partiellement, votre intuition en ce qui concerne la localisation de l'énergie dans un champ électromagnétique. Vous pourriez croire qu'il vous faut revoir toutes vos intuitions, et par suite, apprendre ici des tas de choses. Mais cela ne semble pas nécessaire. Vous n'avez pas besoin de croire que vous aurez de gros ennuis si vous oubliez de temps en temps que l'énergie qui s'écoule à l'intérieur du fil, provient de l'extérieur plutôt qu'elle ne s'écoule le long du fil. Il semble rarement utile, quand on applique l'idée de la conservation de l'énergie, de considérer dans le détail le chemin suivi par l'énergie. La circulation de l'énergie autour d'un aimant et d'une charge, semble dans la plupart des cas, tout à fait sans importance. Ce n'est pas un détail vital, mais il est bien clair que nos intuitions courantes sont tout à fait fausses.

27.6 L'impulsion du champ

Nous allons maintenant aborder *l'impulsion* du champ électromagnétique. Tout comme le champ possède une certaine énergie, il possédera une certaine impulsion par unité de volume. Soit $\boldsymbol{g}$ cette densité d'impulsion. Évidemment l'impulsion peut avoir différentes directions, de sorte que $\boldsymbol{g}$ doit être un vecteur. Parlons d'une seule composante à la fois ; nous prenons d'abord la composante x. Puisque chaque composante de l'impulsion se conserve, nous devrions pouvoir écrire une loi du type :

$$-\frac{\partial}{\partial t}\begin{pmatrix}\text{impulsion}\\ \text{de la matière}\end{pmatrix}_x = \frac{\partial g_x}{\partial t} + \begin{pmatrix}\text{impulsion}\\ \text{sortante}\end{pmatrix}_x .$$

Le premier membre est facile. La variation instantanée de l'impulsion de la matière est égale à la force qu'elle subit. Pour une particule, c'est $\boldsymbol{F} = q(\boldsymbol{E} + \boldsymbol{v} \times \boldsymbol{B})$; pour

© Dunod. Toute reproduction non autorisée est un délit.

une distribution de charges, la force par unité de volume est $(\rho \boldsymbol{E} + \boldsymbol{j} \times \boldsymbol{B})$. Mais le terme impulsion sortante » est curieux. Il ne peut être la divergence d'un vecteur, car ce n'est pas un scalaire ; c'est plutôt la composante x d'un vecteur. De toute façon, il serait probablement de la forme

$$\frac{\partial a}{\partial x} + \frac{\partial b}{\partial y} + \frac{\partial c}{\partial z},$$

car la composante x de l'impulsion peut s'écouler dans chacune des trois directions. En tout cas, quels que soient a, b et c, cette combinaison doit égaler la composante x de l'impulsion sortante.

Le jeu consisterait maintenant à écrire $\rho \boldsymbol{E} + \boldsymbol{j} \times \boldsymbol{B}$ en fonction de $\boldsymbol{E}$ et $\boldsymbol{B}$ seulement – en éliminant ρ et $\boldsymbol{j}$ à l'aide des équations de Maxwell – puis à jongler avec les termes et à faire des substitutions pour pouvoir le mettre sous une forme comme

$$\frac{\partial g_x}{\partial t} + \frac{\partial a}{\partial x} + \frac{\partial b}{\partial y} + \frac{\partial c}{\partial z}.$$

Puis, en identifiant les termes, on aurait les expressions de g_x, a, b, et c. Cela représente un gros travail, que nous ne ferons pas. Au lieu de cela, nous allons seulement chercher une expression de $\boldsymbol{g}$, la densité d'impulsion – et par une autre voie.

Il y a un important théorème de mécanique : chaque fois qu'il y a un flux d'énergie, dans une circonstance quelconque, (énergie du champ ou tout autre énergie), l'énergie qui s'écoule par unité de surface et par unité de temps, multipliée par $1/c^2$, est égale à l'impulsion par unité de volume de l'espace. Dans le cas particulier de l'électrodynamique, ce théorème montre que $\boldsymbol{g}$ est $1/c^2$ multiplié par le vecteur de Poynting :

$$\boldsymbol{g} = \frac{1}{c^2}\boldsymbol{S}. \tag{27.21}$$

Le vecteur de Poynting fournit donc, non seulement le flux d'énergie, mais encore si on le divise par c^2, la densité d'impulsion. Le même résultat s'obtiendrait à partir de la première méthode suggérée, mais il est plus intéressant de remarquer ce résultat plus général. Nous allons maintenant donner un certain nombre d'exemples et d'arguments intéressants pour vous convaincre de la vérité du théorème général énoncé.

Premier exemple : supposons que nous ayons un grand nombre de particules dans une boite – soit N par mètre cube – et supposons qu'elles se déplacent toutes à la même vitesse v. Imaginons une surface plane perpendiculaire à v. Le flux d'énergie à travers l'unité de cette surface par seconde est égal à Nv, nombre de particules qui ont traversé la surface, par seconde, multiplié par l'énergie transportée par chaque particule. L'énergie de chaque particule est $m_0c^2/\sqrt{1 - v^2/c^2}$. Donc, le flux d'énergie par seconde est

$$Nv\,\frac{m_0c^2}{\sqrt{1 - v^2/c^2}}.$$

Mais l'impulsion de chaque particule est $m_0v/\sqrt{(1 - v^2)/c^2}$ donc la densité d'impulsion est

$$N\,\frac{m_0v}{\sqrt{1 - v^2/c^2}},$$

qui est juste $1/c^2$ le flux d'énergie – ce qu'indique le théorème. Ainsi, le théorème est vrai pour un essaim de particules.

Ceci est encore vrai pour la lumière. Quand nous avons étudié la lumière, dans le volume I, nous avons vu que quand on absorbe de l'énergie d'un faisceau lumineux, une certaine impulsion est fournie à l'absorbeur. En fait, nous avons montré au chapitre 36 du Vol. I, que l'impulsion est égale au produit par $1/c$ de l'énergie absorbée [Éq. (36.24) du Vol. I). Soit U_0 l'énergie arrivant sur l'unité de surface par seconde, l'impulsion frappant l'unité de surface par seconde est alors U_0/c. Mais l'impulsion se déplace à la vitesse c, sa *densité* en face de l'absorbeur doit donc être U_0/c^2. Ici encore, le théorème est vrai.

Enfin, nous allons citer un argument dû à Einstein, qui démontre encore une fois la même chose. Imaginons un wagon monté sur roues (sans frottements) et ayant une grande masse M. À l'une des extrémités se trouve un dispositif qui projette des particules, ou de la lumière, (ou n'importe quoi, cela n'a pas d'importance), qui sont arrêtées par la paroi opposée du wagon. Au début, il y avait une certaine énergie à l'une des extrémités – disons l'énergie U indiquée sur la Fig. 27.7(a) – plus tard elle se retrouve à l'opposé comme sur la Fig. 27.7(c). L'énergie U s'est déplacée de la distance L, longueur du wagon. Or, l'énergie U possède la masse U/c^2, donc, si le wagon était immobile, son centre de gravité serait déplacé. Mais cette idée, que le centre de gravité d'un objet

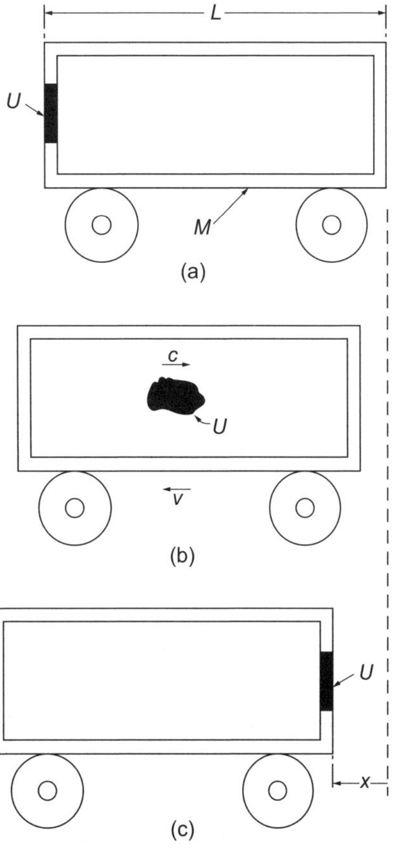

Figure 27.7 – L'énergie U en mouvement à la vitesse c transporte l'impulsion U/c.

© Dunod. Toute reproduction non autorisée est un délit.

peut se déplacer simplement en folâtrant à l'intérieur, ne plaisait pas à Einstein, aussi supposa-t-il qu'il était impossible de déplacer le centre de gravité en faisant quelque chose à l'intérieur. Mais s'il en est ainsi, quand nous avons déplacé l'énergie U d'une extrémité à l'autre, le wagon a dû reculer d'une distance x, comme sur la partie c de la figure. Il est facile de voir, en fait, que la masse totale du wagon, multipliée par x doit être égale à la masse de l'énergie déplacée U/c^2, par L (en supposant que U/c^2 est très inférieur à M) :

$$Mx = \frac{U}{c^2}L. \tag{27.22}$$

Examinons le cas particulier de l'énergie transportée par un éclair lumineux. (Le raisonnement serait valable aussi pour des particules, mais nous suivrons Einstein qui s'intéressait au problème de la lumière.) Qu'est-ce qui provoque le déplacement du wagon ? Einstein raisonnait ainsi : quand la lumière est émise, il doit y avoir un recul, recul inconnu avec une impulsion p. C'est ce recul qui fait rouler le wagon vers l'arrière. La vitesse de recul du wagon, v est égale à l'impulsion divisée par la masse du wagon :

$$v = \frac{p}{M}.$$

Le wagon se déplace à cette vitesse jusqu'à ce que l'énergie lumineuse U ait atteint la paroi opposée. Puis quand elle frappe la paroi, elle rend son impulsion au wagon et l'arrête. Si x est petit, le temps pendant lequel le wagon se déplace est pratiquement égal à L/c ; nous avons donc

$$x = vt = v\frac{L}{c} = \frac{p}{M}\frac{L}{c}.$$

Reportant cette valeur de x dans l'Éq. (27.22), nous obtenons

$$p = \frac{U}{c}.$$

Et voici de nouveau, la relation entre l'énergie et l'impulsion pour la lumière. Divisant par c pour avoir la densité d'impulsion $g = p/c$, nous obtenons une fois de plus

$$g = \frac{U}{c^2}. \tag{27.23}$$

Vous pouvez vous demander : qu'y a-t-il de si important dans ce théorème du centre de gravité ? Peut-être est-il faux. Pourquoi pas ? Mais alors, nous perdrions aussi la conservation du moment cinétique. Imaginons que notre wagon se déplace le long d'une voie à la vitesse v, et que nous envoyons une certaine énergie lumineuse du *haut* vers le *bas* du wagon, disons de A à B sur la Fig. 27.8. Examinons le moment cinétique du système par rapport au point P. Avant que l'énergie U ne quitte A, elle possède la masse $m = U/c^2$ et la vitesse v donc le moment cinétique mvr_a. Quand elle arrive en B elle a la même masse, et si l'impulsion de tout le wagon ne doit pas avoir changé, elle doit encore avoir la vitesse v. Son moment cinétique par rapport à P est alors mvr_B. Le moment cinétique

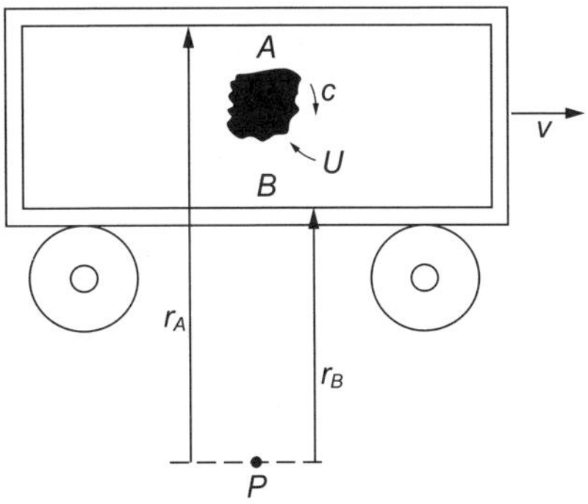

Figure 27.8 – L'énergie U doit transporter l'impulsion U/c si l'on veut que le moment cinétique par rapport à P soit conservé.

a donc varié à *moins que* la bonne impulsion de recul n'ait été communiquée à la voiture en même temps que l'émission de la lumière – c'est-à-dire à moins que la lumière ne transporte l'impulsion U/c. Il se trouve que la conservation du moment cinétique et le théorème du centre de gravité sont intimement liés en théorie de la relativité. Donc, la conservation du moment cinétique serait aussi mise en défaut si notre théorème était faux. Quoi qu'il en soit, il se révèle bien être une loi générale vraie et dans le cas de l'électrodynamique nous pouvons l'appliquer pour le calcul de l'impulsion du champ.

Citons deux autres exemples d'impulsion du champ électromagnétique. Nous avons fait remarquer au paragraphe 26-2, la mise en défaut de la loi de l'action et de la réaction quand deux particules chargées se déplacent sur des trajectoires orthogonales. Les forces agissant sur les deux particules ne s'équilibrent pas, l'action et la réaction ne sont donc pas égales : donc l'impulsion totale de la matière doit varier. Elle n'est pas conservée. Mais l'impulsion du champ varie aussi dans un tel cas. Si vous calculez l'impulsion totale fournie par le vecteur de Poynting, elle n'est pas constante. Cependant la variation des impulsions des particules est compensée par l'impulsion du champ, de sorte que l'impulsion totale des particules, plus celle du champ est conservée.

Enfin, un autre exemple est celui du cas de l'aimant et de la charge, représenté sur la Fig. 27.6. Nous étions malheureux de trouver que l'énergie s'écoule le long de cercles, mais maintenant, puisque nous savons que le flux d'énergie et de l'impulsion sont proportionnels, nous savons aussi qu'il existe une impulsion qui circule dans l'espace. Mais une impulsion qui *circule*, cela veut dire qu'il existe un moment *cinétique*. Il y a donc un moment *cinétique* du champ. Vous rappelez-vous le paradoxe que nous avons décrit au paragraphe 17-4, à propos d'un solénoïde et de quelques charges portées par un disque ? Il semblait qu'en coupant le courant, le disque devait se mettre à tourner. L'énigme était : d'où venait le moment cinétique ? Voici la réponse : si l'on a un champ magnétique et quelques charges, il existe un certain moment cinétique du champ. Il a dû y être introduit quand on a établi le champ. Quand on supprime le champ, le moment cinétique est restitué. Et le disque, dans le paradoxe, se *mettrait* en rotation. Cet écoulement circulaire mystique d'énergie, qui à première vue paraissait si ridicule, est absolument nécessaire. Il y a réellement un écoulement d'impulsion. Il est indispensable à la conservation du moment cinétique de l'univers.

© Dunod. Toute reproduction non autorisée est un délit.

28 La masse électromagnétique

28.1 L'énergie du champ d'une charge ponctuelle

En rassemblant la relativité et les équations de Maxwell, nous avons achevé l'essentiel de notre étude de la théorie de l'électromagnétisme. Il reste évidemment des détails que nous avons esquivés et un vaste domaine qui va nous intéresser maintenant – l'interaction des champs électromagnétiques avec la matière. Mais nous tenons à nous arrêter un peu pour vous montrer que ce formidable édifice, qui est un si magnifique succès pour l'explication de si nombreux phénomènes, se casse finalement le nez. Quand vous allez trop loin en physique, vous trouvez toujours un ennui quelconque. Nous nous proposons de discuter maintenant un ennui sérieux – la défaillance de la théorie classique de l'électromagnétisme. Vous pouvez vous rendre compte qu'il y a défaillance de toute la physique classique à cause des effets de la mécanique quantique. La mécanique classique est une théorie mathématiquement logique ; seulement elle ne colle pas avec l'expérience. Il est cependant intéressant que la théorie classique de l'électromagnétisme soit en elle-même une théorie non satisfaisante. Il y a des difficultés associées aux *idées* de la théorie de Maxwell qui ne sont pas résolues par la mécanique quantique et ne lui sont pas directement associées. Vous pouvez dire, « ce n'est peut-être pas utile de s'en faire pour ces difficultés. Puisque la mécanique quantique vient changer les lois de l'électrodynamique, nous devrions attendre pour voir quelles seront les difficultés après cette modification. » Pourtant, quand l'électromagnétisme s'adjoint la mécanique quantique, les difficultés restent. Ce ne sera donc pas une perte de temps maintenant de regarder quelles sont ces difficultés. De plus, elles ont une grande importance historique. En outre, vous pourrez tirer un sentiment d'accomplissement du fait d'être capable d'aller assez loin dans la théorie pour tout voir – y compris tous ses ennuis.

La difficulté dont nous parlons est associée aux concepts de quantité de mouvement et d'énergie électromagnétique, quand on les applique à l'électron ou à toute particule chargée. Les concepts de particules simples chargées et de champ électromagnétique sont en quelque sorte incompatibles. Pour décrire cette difficulté, nous allons commencer par faire quelques exercices avec ces concepts d'énergie et de quantité de mouvement.

Cherchons d'abord l'énergie d'une particule chargée. Prenons le modèle simple d'un électron dans lequel toute la charge q est distribuée uniformément sur la surface d'une sphère de rayon a, qu'on peut prendre nul dans le cas particulier d'une charge ponctuelle.

© Dunod. Toute reproduction non autorisée est un délit.

Calculons maintenant l'énergie qui se trouve dans le champ électromagnétique. Si la charge est au repos, il n'y a pas de champ magnétique, et l'énergie par unité de volume est proportionnelle au carré du champ électrique. Le champ électrique vaut $q/4\pi\epsilon_0 r^2$, et la densité d'énergie est

$$u = \frac{\epsilon_0}{2} E^2 = \frac{q^2}{32\pi^2\epsilon_0 r^4}.$$

Pour avoir l'énergie totale, il faut intégrer cette densité sur tout l'espace. En se servant du volume élémentaire $4\pi r^2 dr$, l'énergie totale, qu'on appellera $U_{\text{élec}}$, est

$$U_{\text{élec}} = \int \frac{q^2}{8\pi\epsilon_0 r^2}\, dr.$$

Ce qui s'intègre immédiatement. La limite inférieure est a, et la limite supérieure est ∞, de sorte que

$$U_{\text{élec}} = \frac{1}{2}\frac{q^2}{4\pi\epsilon_0}\frac{1}{a}. \tag{28.1}$$

Si q est la charge électronique q_e et si le symbole e^2 représente $q_e^2/4\pi\epsilon_0$, on a

$$U_{\text{élec}} = \frac{1}{2}\frac{e^2}{a}. \tag{28.2}$$

Tout va bien jusqu'à ce qu'on pose a égal à zéro pour une charge ponctuelle – voilà la grosse difficulté. Comme l'énergie varie en raison inverse de la quatrième puissance de la distance au centre, l'intégrale volumique est infinie. Il existe une quantité infinie d'énergie dans le champ entourant une charge ponctuelle.

Qu'y a-t-il de faux dans l'idée d'une énergie infinie ? Si l'énergie ne peut pas s'échapper mais doit rester là éternellement, y a-t-il une difficulté réelle ? Bien sûr, une quantité qui s'avère infinie peut être ennuyeuse, mais cela n'a réellement d'importance que s'il existe des effets physiques *observables*. Pour répondre à cette question, il faut nous tourner vers quelque chose de plus que l'énergie. Demandons-nous comment *change* l'énergie quand on *déplace* la charge. Si alors les *variations* sont infinies, nous serons en difficulté.

28.2 La quantité de mouvement du champ d'une charge mobile

Soit un électron se déplaçant dans l'espace avec une vitesse uniforme, en supposant pour l'instant que sa vitesse est faible devant celle de la lumière. Il existe une quantité de mouvement associée à cet électron mobile – même si l'électron n'avait pas de masse avant d'être chargé – à cause de la quantité de mouvement du champ électromagnétique. On peut montrer que la quantité de mouvement du champ a la direction de la vitesse v de la charge et, pour de faibles vitesses, est proportionnelle à v. Pour un point P situé à la distance r du centre de la charge et à l'angle θ par rapport à la direction du mouvement

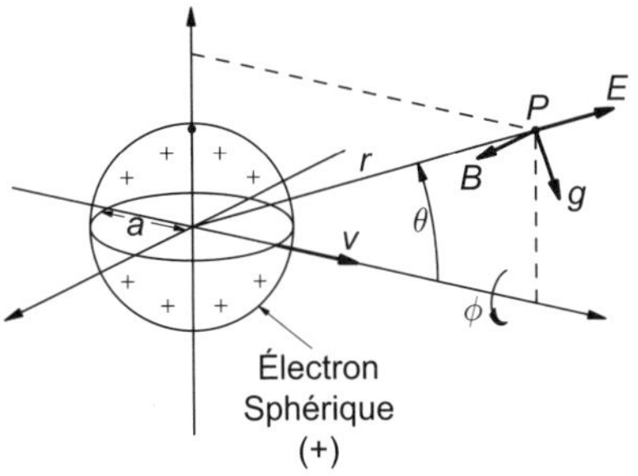

Figure 28.1 – Les champs $\boldsymbol{E}$ et $\boldsymbol{B}$ et la densité de quantité de mouvement $\boldsymbol{g}$ d'un électron positif. Pour un électron négatif, $\boldsymbol{E}$ et $\boldsymbol{B}$ sont de sens opposé mais pas $\boldsymbol{g}$.

(voir Fig. 28.1) le champ électrique est radial et, comme nous l'avons vu, le champ magnétique vaut $\boldsymbol{v} \times \boldsymbol{E}/c^2$. La densité de quantité de mouvement, l'Éq. (27.21), est

$$\boldsymbol{g} = \epsilon_0 \boldsymbol{E} \times \boldsymbol{B}.$$

Sa direction est oblique par rapport à celle du mouvement, comme le montre la figure, et elle a pour module

$$g = \frac{\epsilon_0 v}{c^2} E^2 \sin\theta.$$

Les champs sont symétriques par rapport à la direction du déplacement de sorte que lorsqu'on intègre sur tout l'espace les composantes transverses ont une résultante nulle, ce qui donne une quantité de mouvement résultante parallèle à $\boldsymbol{v}$. La composante de $\boldsymbol{g}$ dans cette direction est $g \sin\theta$, qu'il faut intégrer sur tout l'espace. Prenons comme élément de volume un anneau dans le plan perpendiculaire à $\boldsymbol{v}$, comme le montre la Fig. 28.2. Son volume est $2\pi r^2 \sin\theta d\theta dr$. La quantité de mouvement totale est alors

$$\boldsymbol{p} = \int \frac{\epsilon_0 \boldsymbol{v}}{c^2} E^2 \sin^2\theta \, 2\pi r^2 \sin\theta \, d\theta \, dr.$$

Comme E ne dépend pas de θ (pour $v \ll c$) on peut intégrer immédiatement sur θ ; l'intégrale vaut

$$\int \sin^3\theta \, d\theta = -\int (1 - \cos^2\theta) \, d(\cos\theta) = -\cos\theta + \frac{\cos^3\theta}{3}.$$

Les limites de θ sont 0 et π, donc l'intégrale en θ donne simplement le facteur 4/3, et

$$\boldsymbol{p} = \frac{8\pi}{3} \frac{\epsilon_0 \boldsymbol{v}}{c^2} \int E^2 r^2 \, dr.$$

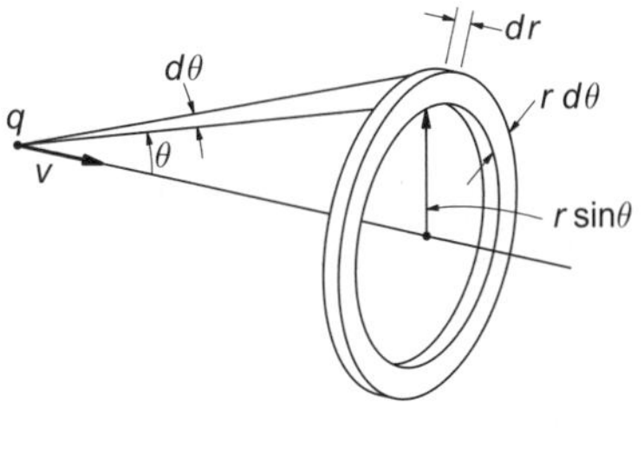

Figure 28.2 – L'éléments de volume $2\pi r^2 \sin\theta \, d\theta \, dr$ utilisé pour calculer la quantité de mouvement du champ.

© Dunod. Toute reproduction non autorisée est un délit.

L'intégrale (pour $v \ll c$) est celle qu'on vient de calculer en cherchant l'énergie ; elle vaut $q^2/16\pi^2\epsilon_0^2 a$, et

$$\boldsymbol{p} = \frac{2}{3}\frac{q^2}{4\pi\epsilon_0}\frac{\boldsymbol{v}}{ac^2},$$

ou

$$\boldsymbol{p} = \frac{2}{3}\frac{e^2}{ac^2}\boldsymbol{v}. \tag{28.3}$$

La quantité de mouvement dans le champ – la quantité de mouvement électromagnétique – est proportionnelle à $\boldsymbol{v}$. C'est exactement ce qu'on aurait obtenu pour une particule ayant pour masse le coefficient de $\boldsymbol{v}$. Par conséquent on peut appeler ce coefficient la *masse électromagnétique*, $m_{\text{élec}}$, et l'écrire

$$m_{\text{élec}} = \frac{2}{3}\frac{e^2}{ac^2}. \tag{28.4}$$

28.3 La masse électromagnétique

D'où vient la masse ? Dans nos lois de la mécanique nous avons supposé que chaque objet « porte » une chose qu'on appelle la masse – ce qui signifie aussi qu'il « porte » une quantité de mouvement proportionnelle à sa vitesse. Maintenant, nous découvrons qu'on peut comprendre qu'une particule chargée porte une quantité de mouvement proportionnelle à sa vitesse. Il pourrait se faire en fait que la masse soit seulement l'effet de l'électrodynamique. Jusqu'à maintenant, l'origine de la masse n'a pas encore été expliquée. Avec la théorie de l'électrodynamique, on a enfin une magnifique occasion de comprendre quelque chose qu'on n'avait jusque-là pas compris. Il sort du brouillard – ou plutôt de Maxwell et de Poynting – que toute particule chargée a une quantité de mouvement proportionnelle à sa vitesse uniquement à cause d'influences électromagnétiques.

Soyons conservateurs et disons, pour le moment, qu'il existe deux sortes de masse – que la quantité totale de mouvement d'un objet pourrait être la somme d'une quantité de mouvement mécanique et d'une quantité de mouvement électromagnétique. La quantité de mouvement mécanique est la masse « mécanique », $m_{\text{méc}}$, multipliée par $\boldsymbol{v}$. Dans les expériences où l'on mesure la masse d'une particule en cherchant sa quantité de mouvement, ou la façon dont elle tourne sur une orbite, c'est sa masse totale qu'on mesure. On dit en général que la quantité de mouvement est la masse totale $(m_{\text{méc}} + m_{\text{élec}})$ multipliée par la vitesse. La masse observée consiste donc en deux parties (et peut-être plus si on considère aussi les autres champs) : une partie mécanique plus une partie électromagnétique. On sait qu'il existe sûrement une partie électromagnétique, et on en a la formule. Et il existe l'excitante possibilité que la partie mécanique ne soit pas du tout présente – que la masse soit entièrement électromagnétique.

Voyons quelle devrait être la taille d'un électron s'il ne devait pas y avoir de masse mécanique. On peut la trouver en posant que la masse électromagnétique de l'Éq. (28.4) est égale à la masse observée m_e d'un électron. On trouve

$$a = \frac{2}{3}\frac{e^2}{m_e c^2}. \tag{28.5}$$

La quantité

$$r_0 = \frac{e^2}{m_e c^2} \tag{28.6}$$

est dite « rayon classique de l'électron » ; sa valeur numérique est $2{,}82 \times 10^{-13}$ cm, environ un cent millième du diamètre d'un atome.

Pourquoi est-ce r_0 qu'on appelle le rayon de l'électron, plutôt que a ? Parce qu'on aurait pu tout aussi bien faire le même calcul en imaginant d'autres distributions de charges – la charge aurait pu être uniformément répartie dans le volume d'une sphère, ou étalée comme une balle cotonneuse. Dans chacun de ces cas le facteur 2/3 serait changé en une autre fraction. Pour une charge uniformément distribuée dans le volume d'une sphère, par exemple, le 2/3 aurait été remplacé par 4/5. Plutôt que de discuter pour savoir quelle est la distribution correcte, on a décidé de définir r_0 comme le rayon « nominal ». Les différentes théories peuvent alors apporter leur coefficient préféré.

Continuons notre théorie électromagnétique de la masse. Notre calcul était valable pour $v \ll c$; que se passe-t-il pour les grandes vitesses ? Les premiers essais conduisirent à une certaine confusion, mais Lorentz comprit que la sphère chargée devait se contracter en un ellipsoïde aux grandes vitesses et que les champs devaient changer conformément aux formules (26.6) et (26.7) que nous avons obtenues dans le cas relativiste au chapitre 26. En calculant les intégrales qui donnent $\boldsymbol{p}$ dans ce cas, on trouve que pour une vitesse arbitraire $\boldsymbol{v}$, la quantité de mouvement est modifiée par le facteur $1/\sqrt{1 - v^2/c^2}$:

$$\boldsymbol{p} = \frac{2}{3}\frac{e^2}{ac^2}\frac{\boldsymbol{v}}{\sqrt{1 - v^2/c^2}}. \tag{28.7}$$

En d'autres termes, la masse électromagnétique croît, en fonction de la vitesse, en raison inverse de $\sqrt{1 - v^2/c^2}$ – cette découverte a été faite avant la théorie de la relativité.

Très tôt, des expériences ont été proposées pour mesurer les variations de la masse d'une particule en fonction de la vitesse, pour déterminer quelle part de la masse était mécanique et quelle part en était électrique. On croyait à cette époque que la partie électrique *devait* varier avec la vitesse, tandis que la partie mécanique ne le devait *pas*. Mais pendant qu'on réalisait ces expériences, les théoriciens étaient au travail. La théorie de la relativité fut bientôt développée, proposant que, quelle que soit l'origine de la masse, cette masse *tout entière* devait varier comme $m_0/\sqrt{1 - v^2/c^2}$. L'équation (28.7) fut le commencement de la théorie de la dépendance de la masse avec la vitesse.

Revenons maintenant à notre calcul de l'énergie dans le champ, qui nous a conduits à l'Éq. (28.2). D'après la théorie de la relativité, l'énergie U va avoir pour masse U/c^2 ; l'Éq. (28.2) dit alors que le champ de l'électron doit avoir la masse

$$m'_{\text{élec}} = \frac{U_{\text{élec}}}{c^2} = \frac{1}{2}\frac{e^2}{ac^2}, \tag{28.8}$$

ce qui n'est pas la même chose que la masse électromagnétique $m_{\text{élec}}$ de l'Éq. (28.4). En fait, si on combine simplement les Éq. (28.2) et (28.4), on trouve

$$U_{\text{élec}} = \frac{3}{4} m_{\text{élec}} c^2.$$

© Dunod. Toute reproduction non autorisée est un délit.

Cette formule a été découverte avant la relativité et quand Einstein et d'autres commencèrent à se rendre compte que U devait être toujours égal à mc^2, il y eut pas mal de confusion.

28.4 La force d'un électron sur lui-même

Le désaccord entre les deux formules de la masse électromagnétique est particulièrement gênant du fait que nous avons soigneusement démontré que la théorie de l'électrodynamique est compatible avec le principe de la relativité. La théorie de la relativité implique pourtant, sans problème, que la quantité de mouvement est égale à l'énergie multipliée par v/c^2. On rencontre donc une difficulté, on a dû faire une erreur. Nous n'avons pas fait de faute de calcul, mais nous avons oublié quelque chose.

En déduisant nos équations donnant l'énergie et la quantité de mouvement nous avons supposé valables les lois de conservation. Nous avons supposé qu'on tenait compte de *toutes* les forces et que tout travail accompli et toute quantité de mouvement transportée par une autre machinerie « non électrique » étaient inclus. Or, si nous avons une sphère de charges, les forces électriques sont toutes répulsives et un électron devrait tendre à éclater. Comme le système comporte des forces non compensées, on peut commettre toutes sortes d'erreurs dans les lois reliant énergie et quantité de mouvement. Pour s'en faire une image *cohérente*, il faut imaginer que quelque chose maintient l'électron. Il faut que les charges soient *maintenues* dans la sphère par des espèces d'élastiques – quelque chose qui empêche les charges de s'échapper. C'est Poincaré qui montra le premier que les élastiques – ou quoi que ce soit qui maintienne l'électron – devaient être inclus dans les calculs d'énergie et de quantité de mouvement. C'est pour cette raison que les forces supplémentaires non électriques sont également connues sous le nom plus élégant de « contraintes de Poincaré ». Si l'on tient compte dans les calculs des forces supplémentaires, les masses obtenues des deux manières sont changées (d'une façon qui dépend des hypothèses particulières). Et les résultats sont compatibles avec la relativité ; c'est-à-dire que la masse que l'on déduit du calcul de la quantité de mouvement est la même que celle que l'on déduit du calcul de l'énergie. Toutes deux contiennent cependant *deux* contributions : une masse électromagnétique et une contribution des contraintes de Poincaré. Ce n'est qu'en les additionnant qu'on obtient une théorie cohérente.

Il est donc impossible d'obtenir que toute la masse soit électromagnétique comme nous l'espérions. La théorie n'est pas permise si l'on n'a rien d'autre que l'électrodynamique. Il faut ajouter quelque chose. Quel qu'en soit le nom – « élastiques », ou « contraintes de Poincaré », ou autre chose – il faut qu'il existe dans la nature d'autres forces pour faire une théorie cohérente de ce type.

Dès qu'il faut introduire des forces à l'intérieur d'un électron, la beauté de l'idée tout entière commence à s'évanouir. Les choses deviennent très compliquées. Vous pourriez poser la question : quelle est la force de ces contraintes ? Comment l'électron est-il secoué ? Est-ce qu'il oscille ? Quelles sont ses propriétés internes ? Et ainsi de suite. Il se pourrait bien qu'un électron ait effectivement certaines propriétés internes compliquées.

Si on élabore là-dessus une théorie de l'électron, cette théorie pourra prédire d'étranges propriétés, telles que des modes d'oscillations, qui n'ont apparemment pas été observées. Nous disons « apparemment » parce qu'on observe dans la nature un tas de choses qu'on n'a pas encore expliquées. Il se pourrait qu'un jour on trouve que l'une des choses que nous ne comprenons pas aujourd'hui (le muon, par exemple), puisse s'expliquer comme une oscillation des contraintes de Poincaré. Cela ne paraît pas vraisemblable, mais personne ne peut en être sûr. Il y a tant de choses à propos des particules fondamentales qu'on n'a toujours pas comprises. De toute façon, la structure complexe qu'implique cette théorie est indésirable, et l'essai d'explication de l'ensemble de la masse par l'électromagnétisme – au moins de la façon que nous avons décrite – nous a menés dans une impasse.

Nous aimerions réfléchir un peu plus à la raison pour laquelle nous avons dit que nous avions une masse quand la quantité de mouvement dans le champ est proportionnelle à la vitesse. C'est facile ! La masse est le rapport de la quantité de mouvement et de la vitesse. Mais on peut considérer la masse d'une autre façon : une particule possède une masse s'il faut exercer une force pour l'accélérer. On peut donc comprendre mieux ce qui se passe si on regarde de plus près d'où viennent les forces. Comment savons-nous qu'il faut une force ? Parce que nous avons démontré la loi de la conservation de la quantité de mouvement pour les champs. Si nous avons une particule chargée et que nous la poussons pendant un instant, il y aura une quantité de mouvement dans le champ électromagnétique. Il faut qu'une quantité de mouvement ait été apportée dans le champ d'une façon ou d'une autre. Il a donc dû y avoir une force qui a poussé l'électron pour le faire avancer – une force en plus de celle exigée par son inertie mécanique, une force due à son interaction électromagnétique. Et il faut qu'il y ait eu une force correspondante de réaction sur le « pousseur ». Mais d'où vient cette force ?

La description est quelque chose du genre suivant. On peut considérer l'électron comme une sphère chargée. Au repos, chaque élément de charge repousse électriquement chacun des autres éléments, mais les forces s'équilibrent toutes par paires, de sorte qu'il n'y a pas de force *résultante*. [Voir Fig. 28.3(a).] Cependant, quand un électron est accéléré, les forces ne s'équilibrent plus parce que les influences électromagnétiques prennent un certain temps pour aller d'un élément à l'autre. La force sur l'élément a de la Fig. 28.3(b) par exemple, due à un élément β situé de l'autre côté dépend de la position de β à un instant antérieur, comme indiqué. Le module et la direction de la force dépendent tous deux du mouvement de la charge. Si la charge subit une accélération, les forces sur diverses parties de l'électron pourraient être semblables à celles indiquées par la Fig. 28.3(c). Quand toutes ces forces s'ajoutent, elles ne s'annulent pas. Elles s'annuleraient pour une vitesse uniforme, bien qu'il semble, à première vue, que le retard devrait donner une force non compensée même pour une vitesse uniforme. Mais il s'avère qu'il n'existe pas de force globale, sauf si l'électron est accéléré. En présence d'une accélération, si on considère les forces entre les différentes parties de l'électron, l'action et la réaction ne sont pas exactement égales, et l'électron exerce *sur lui-même* une force qui tend à empêcher l'accélération. « Il se retient par ses propres lacets de chaussures. »

© Dunod. Toute reproduction non autorisée est un délit.

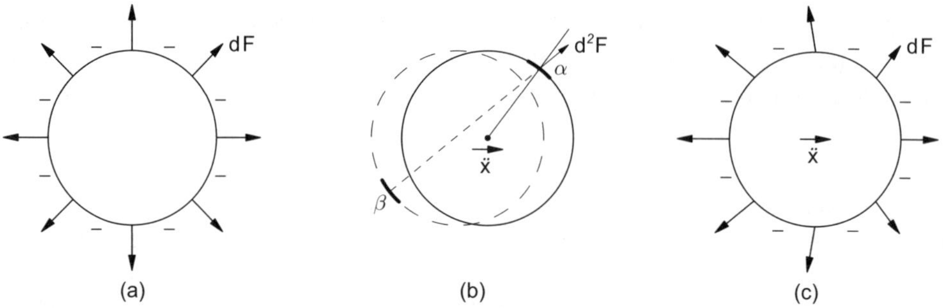

Figure 28.3 – La force propre sur un électron accéléré n'est pas nulle à cause du retard. (*dF* est la force sur un élément de surface *da* ; d^2F est la force sur l'élément de surface $da\alpha$ due à la charge sur l'élément de surface $da\beta$.)

Il est possible, mais difficile, de calculer cette force d'autoréaction ; nous n'avons cependant pas l'intention d'entrer ici dans des calculs aussi compliqués. Nous allons vous donner le résultat dans le cas particulier d'un mouvement relativement pas compliqué à une dimension, disons x. La force propre peut alors se mettre sous la forme d'une série. Le premier terme de la série dépend de l'accélération $\ddot{x}$, le suivant est proportionnel à $\dddot{x}$, et ainsi de suite[1]. Le résultat est

$$F = \alpha \frac{e^2}{ac^2} \ddot{x} - \frac{2}{3} \frac{e^2}{c^3} \dddot{x} + \gamma \frac{e^2 a}{c^4} \ddddot{x} + \cdots , \tag{28.9}$$

où a et γ sont des coefficients numériques de l'ordre de grandeur de 1. Le coefficient α du terme en $\ddot{x}$ dépend de la distribution des charges ; si la charge est uniformément distribuée sur une sphère, $\alpha = 2/3$. Il y a donc un terme, proportionnel à l'accélération, qui varie en raison inverse du rayon a de l'électron et qui concorde exactement avec la valeur trouvée dans l'Éq. (28.4) pour $m_{\text{élec}}$. Si la distribution de charge est choisie différemment, de façon à changer α, la fraction 2/3 de l'Éq. (28.4) est changée de la même manière. Le terme en $\dddot{x}$ est *indépendant* du rayon a et de la distribution de charge ; son coefficient est *toujours* 2/3. Le terme suivant est proportionnel au rayon a, et son coefficient γ dépend de la distribution de charge. Remarquez que si le rayon a de l'électron tend vers zéro, le dernier terme (et tous ceux de rang supérieur) tendent vers zéro ; le second terme reste constant, mais le premier – la masse électromagnétique – tend vers l'infini. Et on peut se rendre compte que l'infinité vient de la force exercée par une partie de l'électron sur une autre – parce qu'on a supposé, ce qui est peut-être absurde, que l'électron « ponctuel » pouvait agir sur lui-même.

1. On utilise la notation : $\dot{x} = dx/dt$, $\ddot{x} = d^2x/dt^2$, $\dddot{x} = d^3x/dt^3$, etc.

28.5 Essais de modification de la théorie de Maxwell

Nous allons discuter maintenant comment on pourrait modifier la théorie de Maxwell de l'électrodynamique pour pouvoir conserver l'idée d'un électron qui soit une simple charge ponctuelle. De nombreux essais ont été faits, et certaines de ces théories permettaient même d'arranger les choses de telle sorte que toute la masse d'un électron soit électromagnétique. Mais toutes ces théories sont mortes. Il est encore intéressant de discuter certaines des possibilités qui ont été suggérées – pour voir les luttes de l'esprit humain.

Nous avons abordé notre théorie de l'électricité en partant de l'interaction d'une charge sur une autre. Puis nous avons élaboré une théorie de ces charges en interaction et achevé par une théorie du champ. Nous y croyons tant que nous comptons sur elle pour nous renseigner sur la force exercée par une partie de l'électron sur une autre. Toute la difficulté vient peut-être de ce que les électrons n'agissent pas sur eux-mêmes ; nous faisons peut-être une trop grande extrapolation en étendant la théorie de l'interaction d'électrons séparés à l'idée qu'un électron agit sur lui-même. On a donc proposé des théories qui excluent la possibilité qu'un électron agisse sur lui-même. L'infinité due à l'auto-action disparaît alors. Il n'y a plus non plus de masse électromagnétique associée a la particule ; toute la masse est redevenue mécanique, mais de nouvelles difficultés théoriques apparaissent.

Il faut dire tout de suite que de telles théories nécessitent une modification de l'idée de champ électromagnétique. Vous vous rappelez qu'on a dit au début que la force sur la particule en tout point n'est déterminée que par deux quantités – $\boldsymbol{E}$ et $\boldsymbol{B}$. Si on abandonne la « force propre » ceci n'est plus vrai, parce que s'il y a un électron en un certain endroit, la force n'est pas donnée par $\boldsymbol{E}$ total et $\boldsymbol{B}$ total, mais seulement par la partie de ces champs qui est due aux *autres* charges. Il faut donc toujours garder trace de ce qui, dans $\boldsymbol{E}$ et $\boldsymbol{B}$, est dû à la charge sur laquelle on calcule la force et de ce qui est dû aux autres charges. Cela rend la théorie beaucoup plus compliquée, mais nous débarrasse de la difficulté de l'infinité.

On peut donc ainsi, *si on le veut*, dire qu'il n'existe rien de tel qu'un électron agissant sur lui-même et rejeter l'ensemble des forces entrant dans l'Éq. (28.9). Mais on a alors jeté le bébé avec l'eau du bain ! Parce qu'on a besoin du second terme de l'Éq. (28.9), celui en $\dddot{x}$. Cette force a une action bien définie. Si vous la supprimez, vous avez de nouveaux ennuis. Quand on accélère une charge, elle rayonne des ondes électromagnétiques, et perd ainsi de l'énergie. Donc, pour accélérer une charge, il nous faut plus de force que pour accélérer un objet neutre de même masse ; sinon l'énergie ne serait pas conservée. Le travail qu'on fournit à une charge en accélération doit être égal, par seconde, à la perte d'énergie due au rayonnement. Nous avons déjà parlé de cet effet – on l'appelle la résistance de rayonnement. Nous avons encore à répondre à la question : d'où vient la force supplémentaire, contre laquelle nous effectuons ce travail ? Quand une grande antenne rayonne, les forces proviennent de l'influence d'une partie du courant de l'antenne sur une autre. Pour un unique électron en accélération, qui rayonne dans un espace par

© Dunod. Toute reproduction non autorisée est un délit.

ailleurs vide, il semble qu'il ne puisse y avoir qu'un endroit d'où la force puisse venir – l'action d'une partie de l'électron sur une autre.

Nous avons retrouvé dans le chapitre 32 du Vol. I qu'une charge oscillante rayonne une énergie au taux de

$$\frac{dW}{dt} = \frac{2}{3}\frac{e^2(\ddot{x})^2}{c^3}. \tag{28.10}$$

Voyons ce qu'on trouve pour le travail exercé par seconde *sur* un électron contre la « force aux lacets de chaussures » de l'Éq. (28.9). Cette puissance est la force multipliée par la vitesse, soit $F\dot{x}$:

$$\frac{dW}{dt} = \alpha\,\frac{e^2}{ac^2}\,\ddot{x}\dot{x} - \frac{2}{3}\frac{e^2}{c^3}\,\dddot{x}\dot{x} + \cdots \tag{28.11}$$

Le premier terme est proportionnel à $d\dot{x}^2/dt$, et correspond donc exactement au taux de variation de l'énergie cinétique $\frac{1}{2}mv^2$ associée à la masse électromagnétique. Le second terme devrait correspondre à la puissance rayonnée dans l'Éq. (28.10). Mais il est différent. L'écart provient du fait que le terme de l'Éq. (28.11) est vrai en général, tandis que l'Éq. (28.10) n'est vraie que pour une charge *oscillante*. On peut montrer que les deux sont équivalentes si le mouvement de la charge est périodique. Pour cela, réécrivons le second terme de l'Éq. (28.11) sous la forme

$$-\frac{2}{3}\frac{e^2}{c^3}\frac{d}{dt}(\dot{x}\ddot{x}) + \frac{2}{3}\frac{e^2}{c^3}(\ddot{x})^2,$$

ce qui n'est qu'une transformation algébrique. Si le mouvement de l'électron est périodique, la quantité $\dot{x}\ddot{x}$ reprend périodiquement la même valeur, de sorte qu'en prenant la *moyenne* de la dérivée par rapport au temps, on trouve zéro. Le second terme est cependant toujours positif (c'est un carré), sa moyenne est donc également positive. Ce terme donne le travail total fourni et est exactement égal à l'Éq. (28.10).

Le terme en $\dddot{x}$ de la force « aux lacets de chaussures » est nécessaire pour obtenir la conservation de l'énergie dans les systèmes rayonnants, et on ne peut pas le supprimer. Cela a été en fait, l'un des triomphes de Lorentz de montrer qu'il existe une telle force et qu'elle provient de l'action de l'électron sur lui-même. Il faut croire à l'action de l'électron sur lui-même, et nous avons besoin du terme en $\dddot{x}$. Le problème est d'obtenir ce terme sans le premier terme de l'Éq. (28.9) qui crée tous les ennuis. Nous ne savons pas comment. Vous voyez que la théorie classique de l'électron s'est fourrée dans un cul-de-sac.

Il y a eu d'autres essais de modification des lois afin de serrer les choses de près. Une façon, proposée par Born et Infeld, consiste à changer les équations de Maxwell d'une façon compliquée si bien qu'elles ne sont plus linéaires. L'énergie électromagnétique et la quantité de mouvement peuvent être telles qu'elles restent finies. Mais les lois qu'ils ont suggérées prédisent des phénomènes qu'on n'a jamais observés. Leur théorie présente aussi une autre difficulté à laquelle nous arriverons plus tard, qui est commune à tous les essais qu'on tente pour éviter les ennuis qu'on a décrits.

La possibilité suivante a été suggérée par Dirac. Il a dit : admettons qu'un électron agit sur lui-même par le *second* terme de l'Éq. (28.9) mais pas par le premier. Il a eu alors une idée ingénieuse pour se débarrasser de l'un mais pas de l'autre. Voyez, dit-il, on fait une hypothèse particulière quand on ne prend que les solutions d'ondes *retardées* des équations de Maxwell ; si on avait pris au lieu de cela les solutions *avancées* on aurait obtenu quelque chose de différent. La formule pour la force propre aurait été

$$F = \alpha \frac{e^2}{ac^2} \ddot{x} + \frac{2}{3} \frac{e^2}{c^3} \dddot{x} + \gamma \frac{e^2 a}{c^4} \ddddot{x} + \cdots \qquad (28.12)$$

Cette équation ressemble bien à l'Éq. (28.9) sauf en ce qui concerne le signe du second terme – et certains termes de rang plus élevé. [Changer les ondes retardées en ondes avancées revient à changer le *signe* du retard, ce qui est équivalent, cela est facile à voir, à changer le signe de t partout. Le seul effet sur l'Éq. (28.9) est de changer le signe de toutes les dérivées impaires.] Ainsi, propose Dirac, établissons comme nouvelle règle qu'un électron agit sur lui-même par la moitié de la *différence* des champs retardé et avancé qu'il produit. La demi-différence des Éq. (28.9) et (28.12) est alors

$$F = -\frac{2}{3} \frac{e^2}{c^3} \dddot{x} + \text{termes de plus haut rang.}$$

Dans tous les termes de plus haut rang, le rayon a apparaît à une puissance positive au numérateur. Quand on passe à la limite d'une charge ponctuelle, on n'obtient par conséquent que le premier terme – précisément celui dont on a besoin. Dirac obtint de cette façon la force de résistance de rayonnement et aucune des forces d'inertie. Il n'y a pas de masse électromagnétique, et la théorie classique est sauve – mais au prix d'une hypothèse arbitraire au sujet de la force propre.

Ce qu'il y avait d'arbitraire dans l'hypothèse supplémentaire de Dirac a été levé, au moins dans une certaine mesure, par Wheeler et Feynman qui proposèrent une théorie encore plus bizarre. Ils suggérèrent que les charges ponctuelles n'interagissent qu'avec d'autres charges, mais que l'interaction a lieu à moitié par les ondes avancées et à moitié par les ondes retardées. Il apparaît, chose on ne peut plus surprenante, que, dans la plupart des cas, on ne voit aucun effet dû aux ondes avancées, mais qu'elles ont bien pour effet de produire précisément la réaction de rayonnement. La résistance de rayonnement n'est *pas* due à l'action de l'électron sur lui-même, mais à l'effet particulier suivant. Quand un électron est accéléré au temps t, il ébranle toutes les autres charges du monde à l'instant *postérieur* $t' = t + r/c$ (où r est la distance à l'autre charge), à cause des ondes *retardées*. Mais alors ces autres charges réagissent sur l'électron initial par leurs ondes *avancées*, qui vont arriver au temps t'', égal à t' *moins* r/c, qui vaut évidemment t. (Elles réagissent aussi avec leurs ondes retardées, mais cela correspond simplement aux ondes « réfléchies » normales.) La combinaison des ondes avancées et retardées signifie qu'à l'instant où elle est accélérée, une charge oscillante subit une force provenant de toutes les charges qui « sont sur le point » d'absorber ses ondes rayonnées. Vous voyez dans quels « sacs de noeuds » on s'est mis en essayant de trouver une théorie de l'électron !

© Dunod. Toute reproduction non autorisée est un délit.

Nous allons décrire encore une autre sorte de théorie pour montrer le genre de choses qu'imaginent les gens quand ils sont coincés. C'est une autre modification des lois de l'électrodynamique, proposée par Bopp. Vous avez compris qu'une fois que vous avez décidé de changer les équations de l'électromagnétisme, vous pouvez commencer par où vous voulez. Vous pouvez changer la loi de force pour un électron, ou bien vous pouvez changer les équations de Maxwell (comme nous l'avons vu dans les exemples que nous avons décrits), ou bien vous pouvez faire un changement autre part. Une possibilité consiste à changer les formules qui donnent les potentiels en fonction des charges et des courants. L'une de nos formules exprimait que les potentiels en un point sont donnés par la densité de courant (ou de charge) en chacun des autres points à un temps antérieur. Avec notre notation quadrivectorielle pour les potentiels nous écrivons

$$A_\mu(1,t) = \frac{1}{4\pi\epsilon_0 c^2}\int \frac{j_\mu(2, t - r_{12}/c)}{r_{12}}\,dV_2. \tag{28.13}$$

La belle idée toute simple de Bopp est que : peut-être que l'ennui vient du facteur $1/r$ dans l'intégrale. Si on commençait par supposer simplement que le potentiel en un point dépend de la densité de charge en tout autre point suivant une fonction *quelconque* de la distance entre les points, soit $f(r_{12})$? Le potentiel total au point (1) serait donné par l'intégrale de j_μ multiplié par cette fonction sur tout l'espace

$$A_\mu(1,t) = \int j_\mu(2, t - r_{12}/c) f(r_{12})\,dV_2.$$

C'est tout. Pas d'équation différentielle, rien d'autre. Bon, autre chose. Nous voulons aussi que le résultat soit invariant en relativité. Donc pour « distance » nous devrions prendre la « distance » invariante entre deux points dans l'espace-temps. Le carré de cette distance (avec un signe qui n'a pas d'importance) est

$$\begin{aligned} s_{12}^2 &= c^2(t_1 - t_2)^2 - r_{12}^2 \\ &= c^2(t_1 - t_2)^2 - (x_1 - x_2)^2 - (y_1 - y_2)^2 - (z_1 - z_2)^2. \end{aligned} \tag{28.14}$$

Ainsi, pour une théorie invariante en relativité, nous devrions prendre une fonction quelconque du module de s_{12}, ou, ce qui est la même chose, une fonction quelconque de s_{12}^2. La théorie de Bopp est donc que

$$A_\mu(1,t_1) = \int j_\mu(2,t_2) F(s_{12}^2)\,dV_2\,dt_2. \tag{28.15}$$

(L'intégrale doit porter évidemment sur le volume à quatre dimensions $dt_2 dx_2 dy_2 dz_2$.)

Il ne reste plus qu'à choisir une fonction convenable pour F. Nous n'avons supposé qu'une chose à propos de F – c'est qu'elle est très petite sauf quand son argument est voisin de zéro – de sorte qu'un graphe de F doit être une courbe telle que celle de la Fig. 28.4. C'est un pic étroit d'aire finie centrée en $s^2 = 0$, et d'une largeur qu'on peut dire être de l'ordre de a^2. On peut dire en gros que lorsqu'on calcule le potentiel au

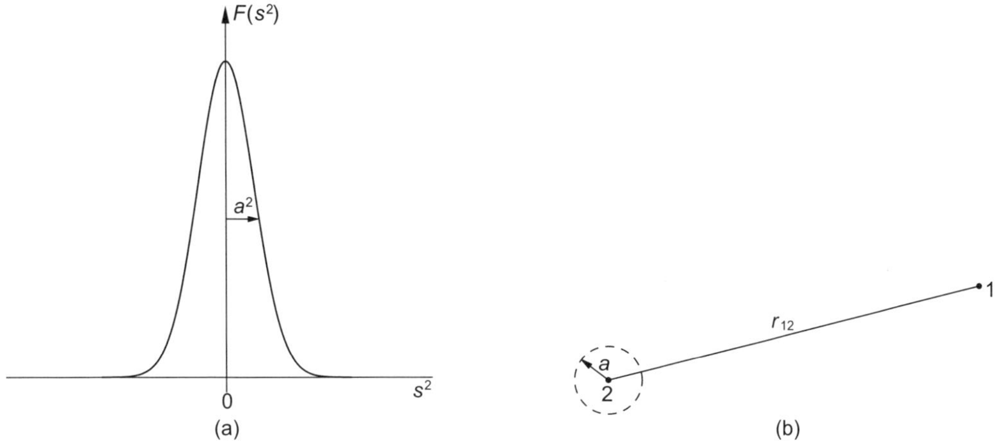

Figure 28.4 – La fonction $F(s^2)$ utilisée dans la théorie non locale de Bopp.

point (1), seuls les points (2) produisent un effet appréciable si $s_{12}^2 = c^2(t_2 - t_1)^2 - r_{12}^2$ est zéro à $\pm a^2$ près. On peut indiquer cela en disant que F n'est important que si

$$s_{12}^2 = c^2(t_1 - t_2)^2 - r_{12}^2 \approx \pm a^2. \tag{28.16}$$

Vous pouvez rendre cela plus mathématique si vous voulez, mais c'est bien l'idée.

Supposons maintenant que a est très petit par rapport aux dimensions d'objets ordinaires comme des moteurs, des générateurs et autres, de sorte que dans les problèmes courants $r_{12} \gg a$. Alors l'Éq. (28.16) dit que des charges ne contribuent à l'intégrale de l'Éq. (28.15) que lorsque $t_1 - t_2$ est dans le petit intervalle

$$c(t_1 - t_2) \approx \sqrt{r_{12}^2 \pm a^2} = r_{12}\sqrt{1 \pm \frac{a^2}{r_{12}^2}}.$$

Comme $a^2/r_{12}^2 \ll 1$, le radical peut être approché par $1 \pm a^2/2r_{12}^2$, de sorte que

$$t_1 - t_2 = \frac{r_{12}}{c}\left(1 \pm \frac{a^2}{2r_{12}^2}\right) = \frac{r_{12}}{c} \pm \frac{a^2}{2r_{12}c}.$$

Qu'est-ce que cela signifie ? Ce résultat indique que seuls les *temps* t_2 qui sont importants dans l'intégrale de A_μ sont ceux qui présentent, sur le temps t_1 duquel on cherche le potentiel, le retard r_{12}/c – avec une correction négligeable tant que $r_{12} \gg a$. En d'autres termes, cette théorie de Bopp rejoint la théorie de Maxwell – tant qu'on est loin d'une charge particulière – en ce sens qu'elle donne les effets des ondes retardées.

On peut effectivement voir à peu près ce que l'intégrale de l'Éq. (28.15) va donner. Si on intègre d'abord sur t_2 depuis $-\infty$ jusqu'à $+\infty$ – en maintenant r_{12} constant – alors s_{12}^2 va aussi varier depuis $-\infty$ jusqu'à $+\infty$. Toute l'intégrale va provenir des t_2 d'un petit intervalle de largeur $\Delta t_2 = 2 \times a^2/2r_{12}c$, centré à $t_1 - r_{12}/c$. Soit K la valeur de la fonction

© Dunod. Toute reproduction non autorisée est un délit.

$F(s^2)$ à $s^2 = 0$; l'intégrale sur t_2 donne alors approximativement $Kj_\mu \Delta t_2$, ou

$$\frac{Ka^2}{c}\frac{j_\mu}{r_{12}}.$$

Il faut bien sûr prendre la valeur de j_μ à $t_2 = t_1 - r_{12}/c$, de sorte que l'Éq. (28.15) devient

$$A_\mu(1, t_1) = \frac{Ka^2}{c}\int \frac{j_\mu(2, t_1 - r_{12}/c)}{r_{12}}\, dV_2.$$

Si on fait $K = q^2c/4\pi\epsilon_0 a^2$, on revient exactement à la solution des potentiels retardés des équations de Maxwell – incluant automatiquement la dépendance en $1/r$! Et tout vient de la simple proposition que le potentiel en un point de l'espace-temps dépend de la densité de courant en tous les autres points de l'espace-temps, mais avec un poids statistique qui est une certaine fonction étroite de la distance quadridimensionnelle entre les deux points. Cette théorie prédit à nouveau une masse électromagnétique finie pour l'électron, et l'énergie et la masse sont liées par la relation correcte pour la théorie de la relativité. Elles doivent l'être, parce que la théorie est invariante au point de vue relativiste depuis le début, et tout semble aller.

Il y a pourtant une objection fondamentale à cette théorie et à toutes celles que nous avons décrites. Toutes les particules que nous connaissons obéissent aux lois de la mécanique quantique, il faut donc apporter une modification de mécanique quantique à l'électrodynamique. La lumière se comporte comme des photons. Ce n'est pas à 100 pour cent comme la théorie de Maxwell. Il faut donc changer la théorie électrodynamique. Nous avons déjà signalé que ce serait une perte de temps de tellement travailler à redresser la théorie classique, parce qu'il pourrait se faire qu'en électrodynamique quantique les difficultés vont disparaître ou pouvoir être surmontées d'une autre façon. Mais les difficultés ne disparaissent pas en électrodynamique quantique. C'est une des raisons pour lesquelles des gens ont fait tant d'efforts pour essayer de surmonter les difficultés classiques, espérant que s'ils *pouvaient* surmonter la difficulté classique, *puis* faire des modifications quantiques, tout irait bien. La théorie de Maxwell comporte toujours des difficultés après qu'on ait fait les modifications de mécanique quantique.

Les effets quantiques apportent bien quelques changements – la formule de la masse est modifiée, et la constante de Planck $\hbar$ apparaît – mais le résultat devient toujours infini sauf si on coupe une intégrale d'une certaine façon – exactement comme s'il fallait arrêter les intégrales classiques à $r = a$. Et les résultats dépendent de la façon dont on coupe les intégrales. Nous ne pouvons malheureusement pas vous montrer ici que les difficultés sont en réalité fondamentalement les mêmes, parce que nous avons trop peu développé la théorie de la mécanique quantique et encore moins l'électrodynamique quantique. Vous n'avez donc qu'à nous croire sur parole quand nous affirmons que la théorie quantifiée de l'électrodynamique de Maxwell donne une masse infinie à un électron ponctuel.

On s'aperçoit pourtant que personne n'a jamais réussi à tirer une théorie quantique cohérente de n'importe laquelle des théories modifiées. Les idées de Born et Infeld n'ont jamais été introduites de façon satisfaisante dans une théorie quantique. Les théories avec les ondes retardées ou avancées de Dirac, ou celles de Wheeler et Feynman n'ont jamais pu être introduites dans une théorie quantique satisfaisante. La théorie de Bopp n'a jamais été introduite dans une théorie quantique satisfaisante. Ainsi à ce jour il n'existe pas de solution connue à ce problème. Nous ne savons pas comment construire une théorie cohérente – comprenant la mécanique quantique – qui ne donne pas l'infini pour l'énergie propre d'un électron, ou une charge ponctuelle quelconque. Et en même temps, il n'existe pas de théorie satisfaisante qui décrive une charge non ponctuelle. C'est un problème non résolu.

Au cas où vous décideriez de vous lancer dans l'élaboration d'une théorie dans laquelle l'action d'un électron sur lui-même soit complètement enlevée, de sorte que la masse électromagnétique n'ait plus de sens, puis d'en faire une théorie quantique, soyez avertis que vous êtes sûrs d'avoir du mal. Nous avons des preuves expérimentales indéniables de l'existence d'une inertie électromagnétique – des preuves qu'une partie de la masse des particules chargées est d'origine électromagnétique.

On disait dans les vieux livres que puisque la nature ne veut manifestement pas nous donner deux particules – l'une neutre et l'autre chargée, mais par ailleurs semblables – nous n'arriverons jamais à dire quelle fraction de la masse est électromagnétique et quelle fraction est mécanique. Mais il se trouve que la nature a *été* assez aimable pour nous donner de tels objets, de sorte qu'en comparant la masse de la particule chargée avec celle de la neutre, on peut dire s'il existe une masse électromagnétique. Il y a, par exemple, les neutrons et les protons. Ils entrent en interaction avec des forces énormes – les forces nucléaires - dont l'origine est inconnue. Cependant, comme on l'a déjà dit, les forces nucléaires ont une propriété remarquable. Vis-à-vis d'elles, le neutron et le proton sont exactement semblables. Les forces *nucléaires* entre neutron et neutron, neutron et proton, et proton et proton sont identiques, pour autant que nous le sachions. Seules les faibles forces électromagnétiques sont différentes ; au point de vue électrique le proton et le neutron sont aussi différents que le jour et la nuit. C'est précisément ce qu'on voulait. Voici deux particules, identiques au point de vue des interactions fortes, mais électriquement différentes. Et elles présentent une légère différence de masse. La différence de masse entre le proton et le neutron – exprimée par la différence d'énergie au repos mc^2 en Mev – est environ 1,3 Mev, ce qui est environ 2,6 fois la masse de l'électron. La théorie classique devrait donc prédire un rayon d'environ $\frac{1}{3}$ à $\frac{1}{2}$ du rayon classique de l'électron, soit environ 10^{-13} cm. Il faudrait bien sûr utiliser la théorie quantique, mais par un curieux hasard, toutes les constantes – les 2π, les $\hbar$ etc. – s'en vont de sorte que la théorie quantique donne en gros le même rayon que la théorie classique. Le seul ennui c'est que le *signe* est faux ! Le neutron est *plus lourd* que le proton.

La nature nous a également donné plusieurs autres paires de particules – ou ensembles de trois particules – qui s'avèrent être exactement les mêmes sauf en ce qui concerne leur charge électrique. Elles entrent en interaction avec des protons et des neutrons, par les interactions dites « fortes » des forces nucléaires. Dans de telles interactions, les particules d'une certaine catégorie – disons les mésons π – se comportent en tout point comme un seul objet *sauf* en ce qui concerne leur charge électrique. Dans le tableau 28.1, nous donnons une liste de telles particules, avec leurs masses mesurées. Les mésons π chargés

© Dunod. Toute reproduction non autorisée est un délit.

Tableau 28.1 – Masses des particules.

Particule	Charge (électronique)	Masse (en Mev)	Δm* (en Mev)
n (neutron)	0	939,5	
p (proton)	+1	938,2	–1,3
π (méson π)	0	135,0	
	±1	139,6	+4,6
K (méson K)	0	497,8	
	±1	493,9	–3,9
Σ (sigma)	0	1191,5	
	+1	1189,4	–2,1
	–1	1196,0	+4,5

* Δm = (masse de la particule chargée) – (masse de la neutre).

– positifs ou négatifs – ont une masse de 139,6 Mev, mais le méson π neutre est plus léger de 4,6 Mev. Nous croyons que cette différence de masse est électromagnétique ; elle correspondrait à une particule de rayon de 3 à 4×10^{-14} cm. Vous verrez dans le tableau que les différences de masses des autres particules sont généralement du même ordre de grandeur.

Maintenant, on peut déterminer la taille de ces particules par d'autres méthodes, par exemple, par leur diamètre apparent dans les collisions à grande énergie. De cette façon, la masse électromagnétique semble être en général en accord avec la théorie électromagnétique, si on coupe les intégrales de l'énergie du champ au rayon qu'on obtient par ces autres méthodes. C'est pourquoi nous pensons que ces différences représentent bien la masse électromagnétique.

Vous vous inquiétez sûrement des signes différents pour les différences de masse dans le tableau. Il est facile de voir pourquoi les particules chargées devraient être plus lourdes que les neutres. Mais que se passe-t-il pour les paires telles que proton-neutron où la masse mesurée se comporte à l'opposé ? Il semble que ces particules soient compliquées, et le calcul de la masse électromagnétique doit être fait plus soigneusement dans leur cas. Par exemple, bien que le neutron n'ait pas de charge *totale*, il a pourtant une distribution de charge interne – ce n'est que sa charge *totale* qui est nulle. On croit, en fait, que le neutron – au moins de temps en temps – a l'air d'un proton avec un méson π négatif localisé dans un nuage l'environnant, comme le montre la Fig. 28.5. Bien que le neutron soit « neutre », parce que sa charge totale est nulle, il y a encore des énergies électromagnétiques (il a par exemple un moment magnétique), de sorte qu'il n'est

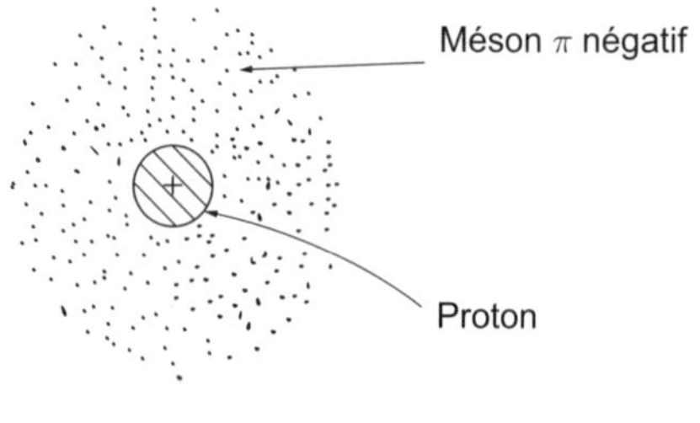

Figure 28.5 – Un neutron peut parfois se présenter sous la forme d'un proton entouré d'un méson π négatif.

pas facile de dire le signe de la différence de masse électromagnétique sans une théorie détaillée de sa structure interne.

Nous n'insisterons ici que sur les points suivants : (1) la théorie électromagnétique prédit l'existence d'une masse électromagnétique, mais ce faisant elle se casse le nez, parce qu'elle ne fournit pas une théorie cohérente – et il en est de même avec des modifications quantiques ; (2) il existe des preuves expérimentales de l'existence de la masse électromagnétique ; et (3) toutes ces masses sont en gros semblables à celle de l'électron. On revient donc à l'idée primitive de Lorentz – peut-être que toute la masse d'un électron est purement électromagnétique, peut-être que la totalité des 0,511 Mev est due à l'électrodynamique. Est-ce vrai ou pas ? On n'a pas obtenu de théorie, on ne peut donc pas répondre.

Il faut mentionner un autre élément d'information qui est le plus ennuyeux. Il existe dans l'univers une autre particule appelée le *muon* – ou méson μ – qui, pour autant que nous le sachions, ne diffère en rien d'un électron, sauf en ce qui concerne sa masse. Il se comporte en tout point comme un électron : il interagit avec les neutrinos et avec le champ électromagnétique, et il ne possède pas de forces nucléaires. Il ne fait rien de différent de ce que fait un électron – ou tout au moins rien qui ne puisse s'expliquer comme la simple conséquence de sa masse plus grande (206,77 fois celle de l'électron). Par conséquent, si quelqu'un trouve un jour finalement l'explication de la masse de l'électron, il se trouvera alors devant le problème de dire d'où vient la masse d'un muon ? Pourquoi ? Parce que, quoi que fasse l'électron, le muon fait la même chose – la masse devrait donc être la même. Certains tiennent fermement à l'idée que le muon et l'électron sont une même particule et que, dans la théorie finale de la masse, la formule de la masse sera une équation quadratique à deux racines – une pour chacune des particules. D'autres proposent que ce soit une équation transcendante avec un nombre infini de racines, et ont entrepris de deviner ce que doivent être les masses des autres particules de la série, et pourquoi ces particules n'ont pas encore été découvertes.

28.6 Le champ de forces nucléaires

Nous aimerions faire quelques autres remarques au sujet de la fraction de la masse des particules nucléaires qui n'est pas électromagnétique. D'où vient cette autre fraction importante ? Il existe d'autres forces que celles de l'électrodynamique – telles les forces nucléaires – qui ont leur propres théories du champ, bien que personne ne sache si les théories actuelles sont correctes. Ces théories prédisent aussi une énergie du champ qui donne aux particules nucléaires un terme de masse analogue à la masse électromagnétique ; on pourrait l'appeler « la masse du champ de mésons π ». On prévoit qu'elle est très grande, parce que les forces sont grandes, et c'est l'origine possible de la masse des particules lourdes. Mais les théories du champ des mésons en sont encore à un stade très rudimentaire. Même avec la théorie de l'électromagnétisme, qui est bien développée, nous avons été incapables de dépasser les premières explications de base à propos de la masse de l'électron. Avec la théorie des mésons, nous tirons un trait.

© Dunod. Toute reproduction non autorisée est un délit.

Nous pouvons consacrer un moment à exposer la théorie des mésons, à cause de ses liens intéressants avec l'électrodynamique. En électrodynamique, on peut décrire le champ à l'aide d'un quadripotentiel qui satisfait l'équation

$$\Box^2 A_\mu = \text{sources}.$$

Nous avons vu à présent que des fractions du champ peuvent être rayonnées de telle sorte qu'elles aient une existence distincte des sources. Ce sont les photons lumineux, et ils sont décrits à l'aide d'une équation différentielle sans les sources :

$$\Box^2 A_\mu = 0.$$

Les gens ont raisonné en disant que le champ des forces nucléaires devrait aussi avoir ses propres « photons » – ce seraient vraisemblablement les mésons π – et qu'ils devraient pouvoir être décrits à l'aide d'une équation différentielle analogue. (À cause de la faiblesse de l'esprit humain, on n'est pas capable d'imaginer quelque chose de nouveau ; on procède donc par analogie avec ce que l'on connaît.) L'équation des mésons pourrait donc être

$$\Box^2 \phi = 0,$$

où ϕ pourrait être un quadrivecteur différent ou peut-être un scalaire. Il se trouve que le pion n'a pas de polarisation, de sorte que ϕ devrait être un scalaire. Avec l'équation simple $\Box^2\phi = 0$, le champ de méson varierait avec la distance à la source comme $1/r^2$, comme le champ électrique. Mais nous savons que les forces nucléaires ont des distances d'action beaucoup plus courtes, de sorte que l'équation simple ne va pas. Il existe une façon de changer les choses sans rompre l'invariance relativiste : on peut ajouter ou retrancher au d'Alembertien une constante multipliée par ϕ. Ainsi Yukawa a suggéré que les quanta libres du champ de forces nucléaires obéissent à l'équation

$$-\Box^2\phi - \mu^2\phi = 0, \tag{28.17}$$

où μ^2 est une constante – c'est-à-dire un scalaire invariant. (Comme $\Box^2$ est un opérateur différentiel scalaire à quatre dimensions, son invariance est inchangée si on lui ajoute un autre scalaire.)

Voyons ce que donne l'Éq. (28.17) pour la force nucléaire quand rien ne varie avec le temps. On cherche une solution à symétrie sphérique de

$$\nabla^2\phi - \mu^2\phi = 0$$

autour d'un point source quelconque, disons l'origine. Si ϕ ne dépend que de r, on sait que

$$\nabla^2\phi = \frac{1}{r}\frac{\partial^2}{\partial r^2}(r\phi).$$

On a donc l'équation

$$\frac{1}{r}\frac{\partial^2}{\partial r^2}(r\phi) - \mu^2\phi = 0$$

ou

$$\frac{\partial^2}{\partial r^2}(r\phi) = \mu^2(r\phi).$$

Considérant $(r\phi)$ comme la variable indépendante, ceci est une équation qu'on a déjà souvent rencontrée. Sa solution est

$$r\phi = Ke^{\pm\mu r}.$$

Il est évident que ϕ ne peut devenir infini quand r est grand, le signe + dans l'exponentielle est donc exclu. La solution est

$$\phi = K\,\frac{e^{-\mu r}}{r}. \tag{28.18}$$

Cette fonction porte le nom de *potentiel de Yukawa*. Pour une force attractive, K est un nombre négatif dont le module doit être ajusté pour convenir aux forces observées expérimentalement.

Le potentiel de Yukawa des forces nucléaires décroît plus rapidement que $1/r$ à cause du facteur exponentiel. Le potentiel – et par conséquent la force – tend vers zéro beaucoup plus rapidement que $1/r$ pour les distances supérieures à $1/\mu$, comme le montre la Fig. 28.6. La « portée » des forces nucléaires est très inférieure à la « portée » des forces électrostatiques. On a trouvé expérimentalement que les forces nucléaires n'agissent pas au-delà d'environ 10^{-13} cm, de sorte que $\mu \approx 10^{15}$ m^{-1}.

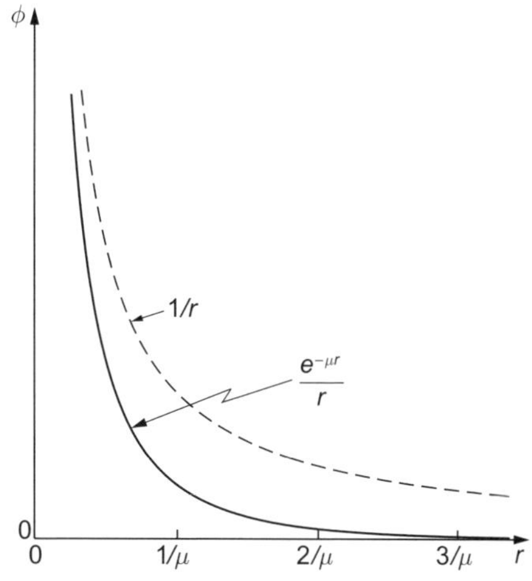

Figure 28.6 – Le potentiel de Yukawa $e^{-\mu r}/r$ comparé au potentiel de Coulomb $1/r$.

Considérons pour finir la solution onde libre de l'Éq. (28.17). Si on substitue

$$\phi = \phi_0\, e^{i(\omega t - kz)}$$

dans l'Éq. (28.17) on trouve que

$$\frac{\omega^2}{c^2} - k^2 - \mu^2 = 0.$$

© Dunod. Toute reproduction non autorisée est un délit.

Reliant la fréquence à l'énergie et le nombre d'onde à la quantité de mouvement, comme on l'a fait à la fin du chapitre 36 du Vol. I, on obtient que

$$\frac{E^2}{c^2} - p^2 = \mu^2\hbar^2,$$

ce qui exprime que le « photon » de Yukawa a une masse égale à $\mu\hbar/c$. Si on prend pour μ sa valeur estimée de 10^{15} m^{-1}, ce qui donne la portée des forces nucléaires observées, il vient la masse de 3×10^{-25} gm, ou 170 Mev, ce qui est en gros la masse observée du méson π. Ainsi, par analogie avec l'électrodynamique, on pourrait dire que le méson πest le « photon » du champ de forces nucléaires. Mais nous avons poussé les idées de l'électrodynamique dans des régions où elles ne sont peut-être plus valables – nous avons été au-delà de l'électrodynamique dans le problème des forces nucléaires.

MOUVEMENT DES CHARGES DANS LES CHAMPS ÉLECTRIQUES ET MAGNÉTIQUES

29

29.1 MOUVEMENT DANS UN CHAMP UNIFORME ÉLECTRIQUE OU MAGNÉTIQUE

Nous allons maintenant décrire – surtout qualitativement – les mouvements des charges dans différentes circonstances. La plupart des phénomènes intéressants qui impliquent le mouvement de charges dans des champs se produisent dans des conditions très compliquées, avec de très nombreuses charges qui interagissent toutes mutuellement. Par exemple, quand une onde électromagnétique traverse un bloc de matière ou bien un plasma, des milliards et des milliards de charges interagissent avec l'onde, et entre elles. Nous aborderons ces problèmes un peu plus tard, mais dans l'immédiat, nous nous proposons d'exposer le cas beaucoup plus simple des mouvements d'une charge unique placée dans un champ *donné*. Nous pouvons ainsi laisser de côté toutes les autres charges – excepté évidemment les charges et les courants qui doivent exister quelque part pour produire les champs considérés.

On pourrait commencer par se poser la question du mouvement d'une particule placée dans un champ électrique uniforme. Aux faibles vitesses, le mouvement n'est pas particulièrement intéressant – c'est tout simplement un mouvement à accélération constante dans la direction du champ. Cependant, si la particule reçoit assez d'énergie pour devenir relativiste, le mouvement devient plus compliqué. Mais nous vous laisserons vous débattre avec la solution dans ce cas.

Puis, nous considérons le mouvement dans un champ magnétique uniforme et un champ électrique nul. Nous avons déjà résolu ce problème – une des solutions étant que la particule décrit un cercle. La force magnétique $q\boldsymbol{v} \times \boldsymbol{B}$ est toujours normale à la vitesse, si bien que $d\boldsymbol{p}/dt$ est perpendiculaire à $\boldsymbol{p}$ et a pour module vp/R, où R est le rayon du cercle :

$$F = qvB = \frac{vp}{R}.$$

Le rayon de l'orbite circulaire est alors

$$R = \frac{p}{qB}. \tag{29.1}$$

© Dunod. Toute reproduction non autorisée est un délit.

Mais ceci ne représente qu'une des possibilités. Si, la particule a une composante de sa vitesse parallèle à la direction du champ, celle-ci est constante, puisqu'il ne peut y avoir aucune composante de la force magnétique dans la direction du champ. Dans le cas général, le mouvement d'une particule dans un champ magnétique uniforme, comporte une composante de vitesse constante parallèle à $\boldsymbol{B}$ et un mouvement circulaire normal à $\boldsymbol{B}$ – la trajectoire est une hélice cylindrique (Fig. 29.1). Le rayon de l'hélice est donné par l'Éq. (29.1) où il faut remplacer p par $p_\perp$, composante de l'impulsion normale au champ.

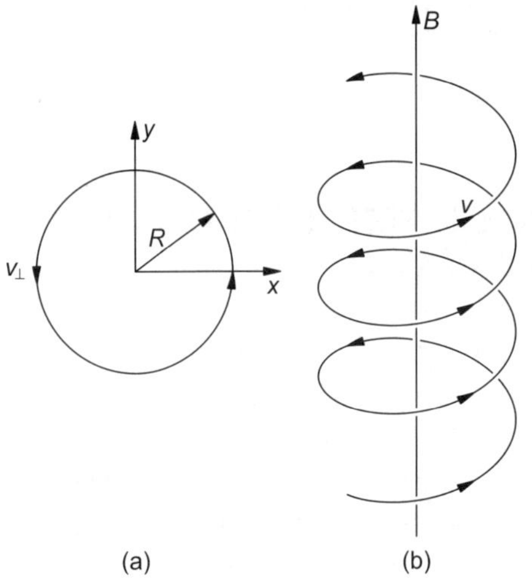

Figure 29.1 – Mouvement d'une particule dans un champ magnétique uniforme.

29.2 Analyse en impulsion

On utilise souvent un champ magnétique uniforme pour construire un « analyseur d'impulsion », ou un « spectromètre d'impulsion », pour des particules chargées de haute énergie. Imaginons que des particules chargées soient projetées dans un champ magnétique uniforme au point A de la Fig. 29.2(a), le champ magnétique étant normal au plan de figure. Chaque particule va se placer sur une orbite circulaire dont le rayon est proportionnel à son impulsion p. Un compteur placé en un point tel que C ne détectera que celles des particules dont l'impulsion est à Δp près, voisine de l'impulsion $p = qBx/2$.

Il n'est évidemment pas nécessaire que les particules balayent un angle de 180° avant d'être comptées, mais le « spectromètre à 180° » possède une propriété particulière. Il n'est pas nécessaire que toutes les particules entrent normalement au bord du champ. La Fig. 29.2(b) montre les trajectoires de trois particules, toutes de *même* impulsion, mais entrant dans le champ sous différents angles. Vous voyez qu'elles suivent des trajectoires différentes, mais toutes sortent du champ en des points très voisins de C. Nous disons qu'il y a un « foyer ». Cette propriété de focalisation a l'avantage de tolérer de plus grands angles en A – quoiqu'une certaine limite soit en général imposée, comme indiqué sur la figure. Une tolérance angulaire plus grande signifie, en général, qu'un plus grand nombre de particules est compté dans un temps donné, diminuant le temps nécessaire à une mesure donnée.

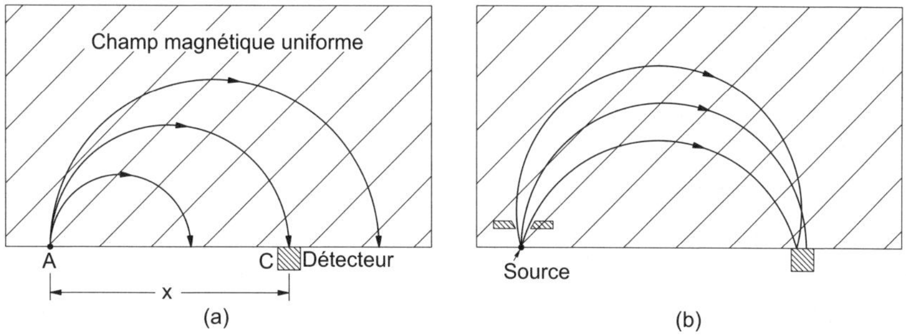

Figure 29.2 – Un spectromètre d'impulsion à champ uniforme et focalisation à 180° : (a) impulsions différentes ; (b) angles différents. (Le champ magnétique est normal au plan de figure.)

En faisant varier le champ magnétique, ou en déplaçant le compteur le long de x, ou en utilisant plusieurs compteurs pour couvrir tout un segment de x, on peut mesurer le « spectre » des impulsions dans le faisceau incident. [Par « spectre d'impulsion » $f(p)$, nous voulons dire que le nombre de particules dont l'impulsion est comprise entre p et $(p + dp)$ est $f(p)dp$.] De telles mesures ont été faites, par exemple, pour déterminer la distribution des énergies de désintégration β de différents noyaux.

Il y a bien d'autres types de spectromètres d'impulsion, mais nous n'en décrirons qu'un de plus, pour lequel l'angle *solide* de tolérance est particulièrement grand. Il est basé sur les orbites hélicoïdales dans un champ uniforme, comme celle de la Fig. 29.1. Soit un système de coordonnées cylindriques – ρ, θ, z – l'axe des z étant orienté parallèlement à la direction du champ. Si une particule est émise de l'origine dans la direction a par rapport à l'axe des z, elle décrit une spirale dont l'équation est

$$\rho = a \sin kz, \qquad \theta = bz,$$

où a, b, et k sont des paramètres que vous calculerez facilement en fonction de p, a et du champ magnétique $\boldsymbol{B}$. Si nous portons la distance ρ à l'axe, comme fonction de z pour une impulsion donnée, mais pour des angles d'émission différents, nous obtenons des courbes comme celles tracées en trait plein sur la Fig. 29.3. (Remarquez bien que ceci revient à faire une sorte de projection d'une trajectoire hélicoïdale.) Quand l'angle de l'axe et de la direction d'émission est plus grand, la valeur maximum de ρ est grande, mais la vitesse longitudinale est moindre, si bien que les trajectoires relatives à différents angles viennent converger en une sorte de « foyer » près du point A de la figure. Si nous plaçons une ouverture étroite en A des particules émises sous une série d'angles peuvent encore la traverser et arriver sur l'axe, où elles peuvent être comptées par le long détecteur D.

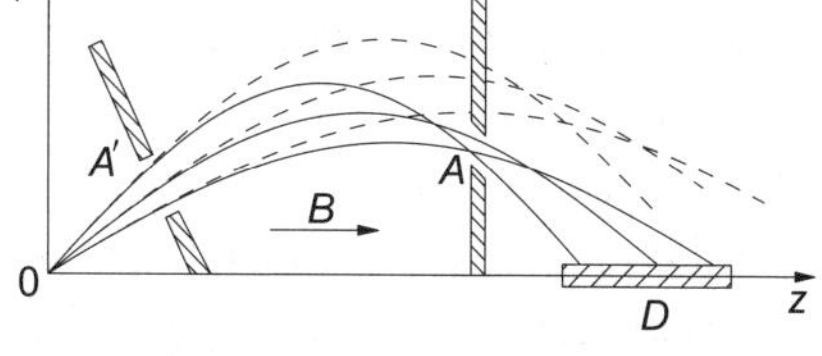

Figure 29.3 – Un spectromètre à champ axial.

© Dunod. Toute reproduction non autorisée est un délit.

Les particules qui quittent la source à l'origine avec une impulsion plus grande, mais sous les mêmes angles, suivent les trajets tracés en pointillé, et ne traversent pas l'ouverture *A*. L'appareil sélectionne donc un petit intervalle d'impulsions. L'avantage sur le premier spectromètre décrit, c'est que l'ouverture *A* – et l'ouverture *A′* – peuvent être annulaires, si bien que les particules émises par la source dans un angle solide assez grand peuvent passer. Une grande fraction des particules émises par la source sont utilisées – avantage important pour de faibles sources, ou pour des mesures très précises.

On paye le prix de cet avantage, néanmoins, car il faut un champ magnétique uniforme dans un grand volume, et ceci n'est en général commode que pour des particules de faible énergie. Un moyen de construire un champ uniforme, rappelez-vous, est d'enrouler un fil sur une sphère avec une densité de courant superficiel proportionnelle au sinus de l'angle. Vous pouvez encore démontrer que cela est vrai pour un ellipsoïde de révolution. Ainsi, de nombreux spectromètres comportent un enroulement elliptique sur un cadre en bois (ou en aluminium). Il faut simplement obtenir le même courant dans chaque intervalle Δx compté sur l'axe, comme sur la Fig. 29.4.

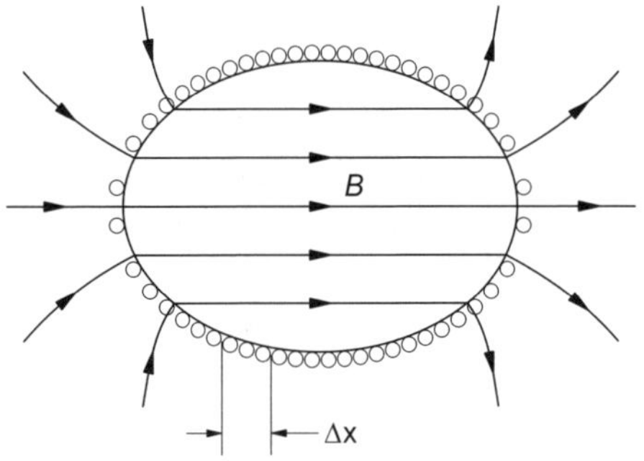

Figure 29.4 – Une bobine ellipsoïdale avec des courants égaux dans chaque intervalle axial Δx crée un champ magnétique uniforme en son intérieur.

29.3 Une lentille électrostatique

La focalisation des particules a de nombreuses applications. Par exemple, les électrons qui sont émis par la cathode dans un tube de télévision, sont focalisés sur l'écran – pour y faire un beau spot. Dans ce cas, on part d'électrons ayant tous la même énergie, mais émis sous différents angles et on les concentre tous sur une petite tache. Le problème est le même que celui de la focalisation de la lumière avec une lentille, et les dispositifs correspondants utilisés pour les particules s'appellent aussi des lentilles.

La Fig. 29.5 montre le schéma d'une lentille pour électrons. C'est une lentille « électrostatique » dont l'action dépend du champ électrique qui règne entre les deux électrodes adjacentes. On peut comprendre comment elle agit en observant un faisceau de rayons parallèles venant de la gauche. Quand les électrons arrivent dans la région *a* ils subissent une force ayant une composante normale qui les incurve vers l'axe. Vous pourriez penser qu'ils vont subir une impulsion égale et opposée dans la région *b*, mais non. Pendant le temps qu'ils mettent à atteindre *b* ils ont acquis de l'énergie et ils *passent moins de temps* dans la région *b*. Les forces sont les mêmes, mais le temps est plus court,

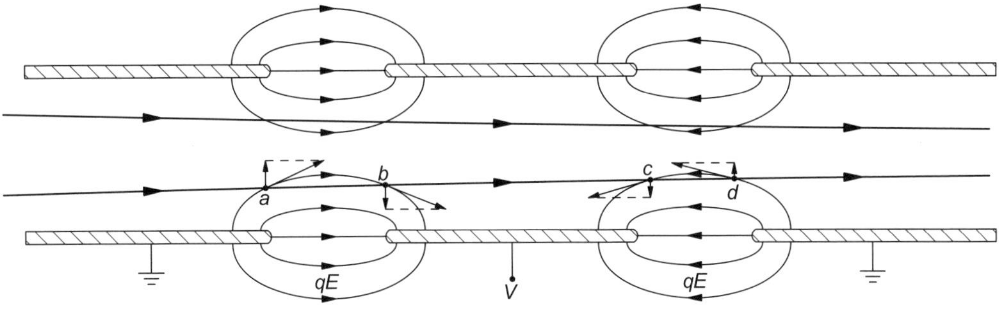

Figure 29.5 – Une lentille électrostatique. Les lignes de champ indiquées sont des « lignes de force », c'est-à-dire de $q\boldsymbol{E}$.

donc l'impulsion est plus faible. La traversée des régions a et b s'accompagne d'une impulsion axiale résultante, et les électrons sont déviés vers un point commun. Quand elles sortent de la région à haute tension, les particules subissent une nouvelle déviation vers l'axe. La force est dirigée vers l'extérieur en c et vers l'intérieur en d, mais les particules restent plus longtemps dans cette dernière région, et il y a encore une impulsion résultante. Pour des distances qui ne sont pas trop éloignées de l'axe, l'impulsion totale reçue en traversant la lentille est proportionnelle à la distance à l'axe, (voyez-vous pourquoi ?), ce qui est précisément la condition nécessaire pour une focalisation par une lentille.

Vous pouvez faire le même raisonnement pour montrer qu'il y a focalisation que le potentiel de l'électrode médiane soit positif ou négatif par rapport aux deux autres. Des lentilles électrostatiques de ce type sont couramment employées dans les tubes à rayons cathodiques et dans certains microscopes électroniques.

29.4 Une lentille magnétique

Un autre type de lentille – que l'on rencontre souvent dans les microscopes électroniques – est la lentille magnétique représentée schématiquement sur la Fig. 29.6. Un électro-aimant à symétrie cylindrique avec des pièces polaires circulaires à arêtes très vives crée un champ intense, non uniforme, dans une petite région. Les électrons qui traversent verticalement cette région sont focalisés. Vous pouvez comprendre le mécanisme en regardant la figure agrandie de la région des pièces polaires, Fig. 29.7. Considérez deux électrons a et b émis par la source S sous un certain angle par rapport à l'axe. Quand l'électron a a atteint le début du champ, il est dévié par la composante horizontale du

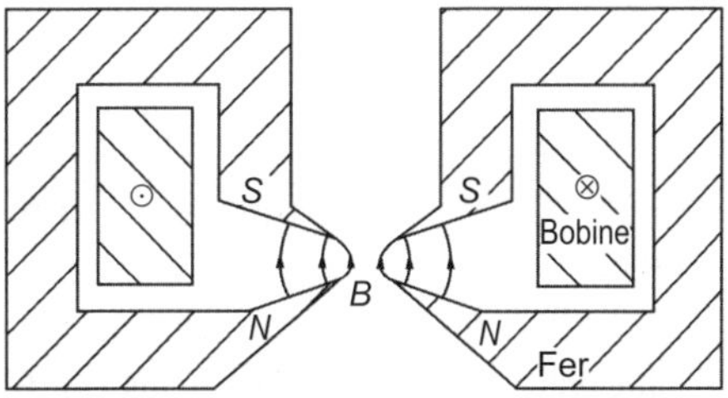

Figure 29.6 – Une lentille magnétique.

© Dunod. Toute reproduction non autorisée est un délit.

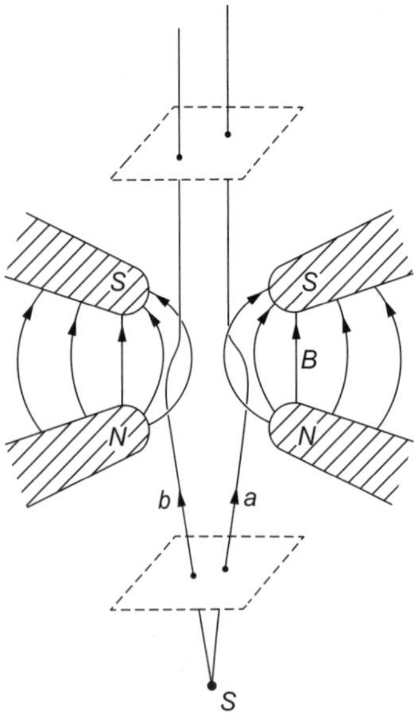

Figure 29.7 – Mouvement d'un électron dans la lentille magnétique.

champ, et *il s'éloigne de vous*. Mais alors, il est animé d'une vitesse latérale, si bien qu'en traversant le champ vertical intense, il va acquérir une impulsion dirigée vers l'axe. Son mouvement latéral est arrêté par la force magnétique quand il sort du champ, de sorte qu'au total, il a acquis une impulsion dirigée vers l'axe, plus une « rotation » autour de l'axe. Toutes les forces agissant sur la particule h sont opposées de sorte qu'elle aussi est déviée vers l'axe. Sur la figure, les trajectoires divergentes des électrons sont rendues parallèles. L'action est la même que celle d'une lentille ayant un objet en son foyer. On peut utiliser une autre lentille semblable à la première et placée en aval, pour refocaliser les électrons en un point unique, créant ainsi une image de la source S.

29.5 LE MICROSCOPE ÉLECTRONIQUE

Vous savez que les microscopes électroniques permettent de voir des « objets » trop petits pour être vus avec des microscopes optiques. Nous avons étudié au chapitre 30, Vol. I les limites théoriques de tout système optique, dues à la diffraction par les ouvertures des lentilles. Si l'ouverture d'une lentille sous-tend un angle de 2θ, à partir de la source (voir Fig. 29.8), deux points voisins de la source ne peuvent être vus séparés s'ils sont plus proches que, environ,

$$\delta \approx \frac{\lambda}{\sin\theta},$$

où λ est la longueur d'onde de la lumière. Avec le meilleur microscope optique, θ est voisin de la limite théorique de 90°, donc δ est à peu près égal à λ, soit environ 5 000 angströms.

La même limite s'applique aussi au microscope électronique, mais ici, la longueur d'onde vaut – pour des électrons de 50 KV – environ 0,05 angström. Si l'on pouvait se

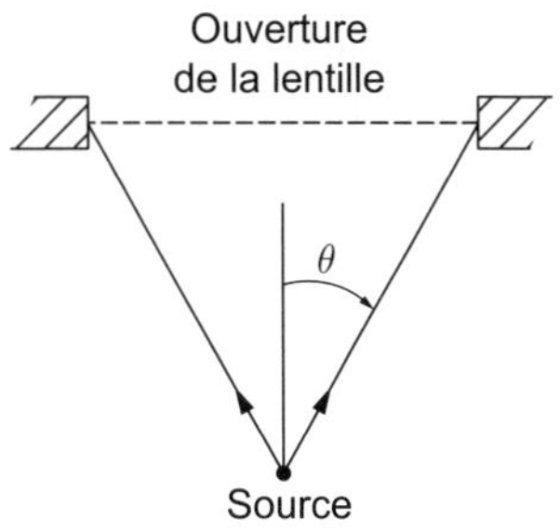

Figure 29.8 – Le pouvoir de résolution d'un microscope est limité par l'angle sous lequel est vue la lentille à partir de la source.

servir d'une lentille d'ouverture voisine de 30°, on pourrait séparer des objets distants de 1/5 d'angström seulement. Comme dans les molécules, les atomes sont en général distants de 1 ou 2 angströms, nous pourrions voir des photographies de molécules. La biologie serait facile ; nous aurions une photographie de la structure du DNA. Comme ce serait sensationnel ! La plupart des recherches actuelles en biologie moléculaire consistent à essayer de représenter la forme de molécules organiques complexes. Si seulement nous pouvions les voir !

Malheureusement, le meilleur pouvoir de résolution réalisé dans un microscope électronique est plutôt de l'ordre de 20 angströms. C'est que personne n'a encore conçu de lentille à grande ouverture. Toutes les lentilles ont des « aberrations sphériques », c'est-à-dire que les rayons très inclinés sur l'axe ont un point de focalisation différent de celui des rayons peu inclinés, comme on le voit sur la Fig. 29.9. Grâce à des techniques particulières, les lentilles des microscopes optiques peuvent être faites avec une aberration sphérique négligeable, mais personne jusqu'ici n'a réussi à faire une lentille pour électrons dépourvue d'aberration sphérique.

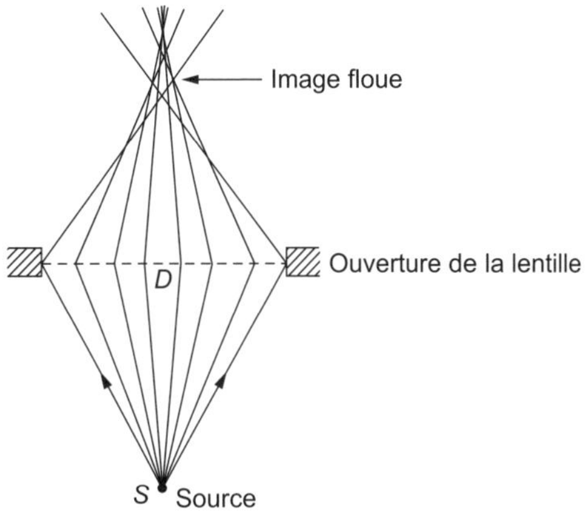

Figure 29.9 – Aberration sphérique d'une lentille.

En fait, on peut montrer que toute lentille électrostatique ou magnétique du type de celles qui viennent d'être décrites doit comporter une certaine aberration sphérique irréductible. Cette aberration – jointe à la diffraction – limite les pouvoirs de résolution des microscopes électroniques à leur valeur actuelle.

© Dunod. Toute reproduction non autorisée est un délit.

La limite que nous venons de mentionner ne s'applique pas aux champs électriques et magnétiques qui n'ont pas de symétrie axiale, ou qui ne sont pas constants dans le temps. Peut-être un jour découvrira-t-on un nouveau type de lentille pour électrons qui surmontera la difficulté de l'aberration inhérente à la simple lentille. Alors on pourra directement photographier des atomes. Peut-être un jour fera-t-on l'analyse des composés chimiques en regardant les positions des atomes plutôt qu'en regardant la couleur d'un précipité !

29.6 CHAMPS DE GUIDAGE DANS LES ACCÉLÉRATEURS

On utilise aussi des champs magnétiques pour créer des trajectoires particulières de particules dans les accélérateurs de particules de haute énergie. Des dispositifs comme le cyclotron et le synchrotron communiquent aux particules des hautes énergies en les faisant passer plusieurs fois dans un champ électrique élevé. Les particules sont maintenues sur leurs orbites circulaires par un champ magnétique.

Nous avons vu qu'une particule placée dans un champ magnétique uniforme décrit une orbite circulaire. Cependant, ceci n'est vrai que pour un champ parfaitement uniforme. Imaginez un champ B presque uniforme dans un grand domaine mais qui est légèrement plus intense dans une région que dans une autre. Une particule d'impulsion p placée dans ce champ décrit une orbite presque circulaire de rayon $R = p/qB$. Néanmoins, le rayon de courbure sera légèrement plus faible là où le champ est plus intense. L'orbite n'est pas un cercle fermé mais elle se « déplace » dans le champ, comme on l'a représenté sur la Fig. 29.10. Nous pouvons considérer que la légère « erreur » sur le champ produit une déviation angulaire supplémentaire qui envoie la particule sur une nouvelle trajectoire. Si les particules doivent accomplir des millions de révolutions dans un accélérateur, il faut produire une sorte de « focalisation radiale » qui tendra à maintenir les trajectoires du voisinage d'une orbite déterminée.

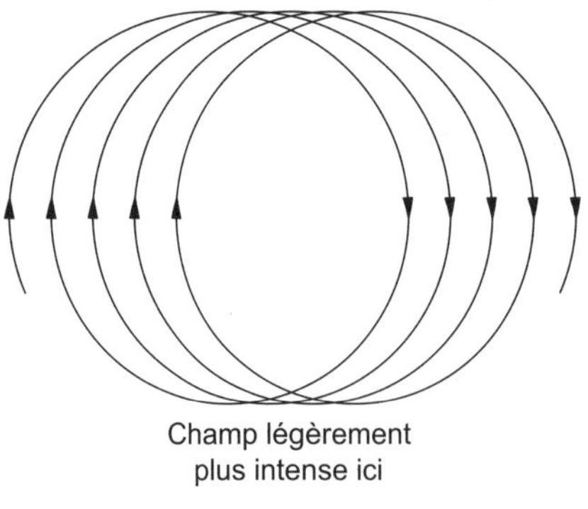

Figure 29.10 – Mouvement d'une particule dans un champ légèrement non uniforme.

Une autre difficulté liée au champ uniforme, consiste dans le fait que les particules ne demeurent pas dans un plan. Si elles sont émises sous le moindre petit angle – ou bien si elles sont déviées d'un tout petit angle, en raison d'une quelconque légère erreur du champ – elles décriront une trajectoire hélicoïdale qui pourra les conduire dans le pôle de l'aimant, ou dans les parois supérieure ou inférieure de l'enceinte à vide. Il faut prévoir un dispositif pour empêcher de telles dérives verticales ; le champ doit assurer une « focalisation verticale », aussi bien qu'une focalisation radiale.

De prime abord, on pourrait penser qu'une focalisation radiale puisse être assurée par un champ magnétique croissant avec la distance au centre de la trajectoire imposée. Si alors une particule arrive à une distance supérieure au rayon de la trajectoire donnée, elle se trouve dans un champ plus intense, qui la ramène sur cette trajectoire. Si elle arrive à une distance inférieure, la courbure est moindre, et la particule est renvoyée vers la trajectoire donnée. Si une particule est lancée sous un certain angle par rapport au cercle idéal, elle va osciller autour de l'orbite circulaire idéale, comme sur la Fig. 29.11. La focalisation radiale maintient les particules près de la trajectoire circulaire.

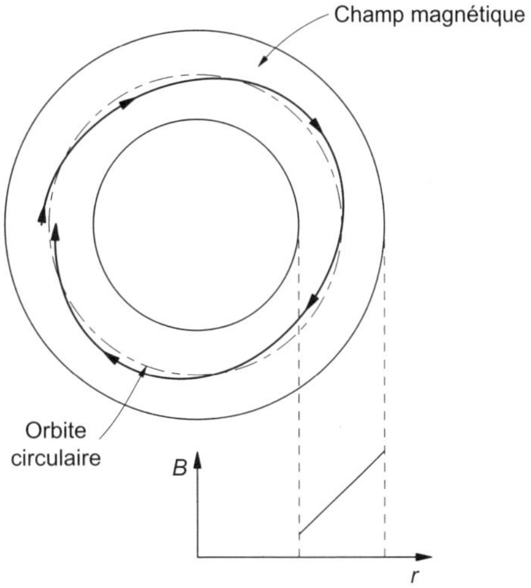

Figure 29.11 – Mouvement radial d'une particule dans un champ magnétique à forte pente positive.

En réalité il y a encore focalisation radiale même avec un champ de pente *contraire*. Ceci peut se produire si le rayon de courbure de la trajectoire n'augmente pas plus vite que la croissance de la distance de la particule au centre du champ. Les orbites des particules auront l'allure indiquée sur la Fig. 29.12. Si le gradient du champ est trop grand, cependant, les orbites ne reprendront pas le rayon donné, mais elles s'enrouleront en spirale vers l'intérieur ou l'extérieur, comme on le voit sur la Fig. 29.13.

Nous décrivons en général la pente du champ par le « gradient relatif », ou *indice de champ*, n :

$$n = \frac{dB/B}{dr/r}. \qquad (29.2)$$

Un champ de guidage produit une focalisation radiale si ce gradient relatif est plus grand que -1.

Un gradient de champ radial exerce également des forces *verticales* sur les particules. Imaginons un champ plus intense vers le centre de l'orbite, et plus faible à l'extérieur. On a représenté par la Fig. 29.14 ce que pourrait être une coupe verticale de l'aimant,

© Dunod. Toute reproduction non autorisée est un délit.

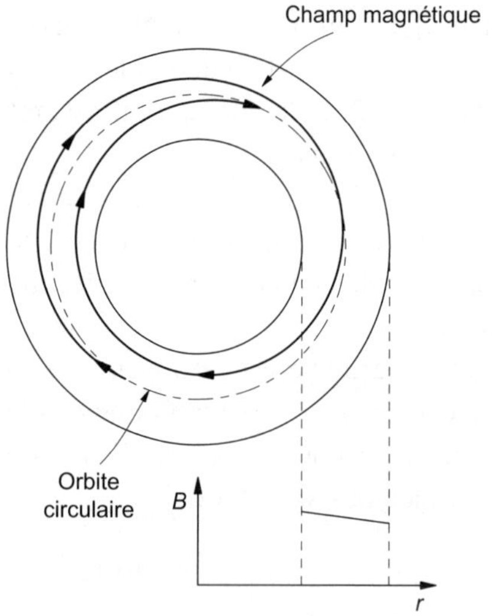

Figure 29.12 – Mouvement radial d'une particule dans un champ magnétique à faible pente négative.

normale à la trajectoire. (Pour des protons, les orbites seraient dirigées en sortant de la page.) Si le champ doit être plus intense à gauche et plus faible à droite, les lignes du champ magnétique doivent être incurvées comme sur la figure. On voit qu'il en est bien ainsi par application du théorème sur la circulation de $\boldsymbol{B}$ qui doit être nulle dans le vide. En choisissant les coordonnées indiquées sur la figure,

$$(\boldsymbol{\nabla} \times \boldsymbol{B})_y = \frac{\partial B_x}{\partial z} - \frac{\partial B_z}{\partial x} = 0,$$

ou

$$\frac{\partial B_x}{\partial z} = \frac{\partial B_z}{\partial x}. \tag{29.3}$$

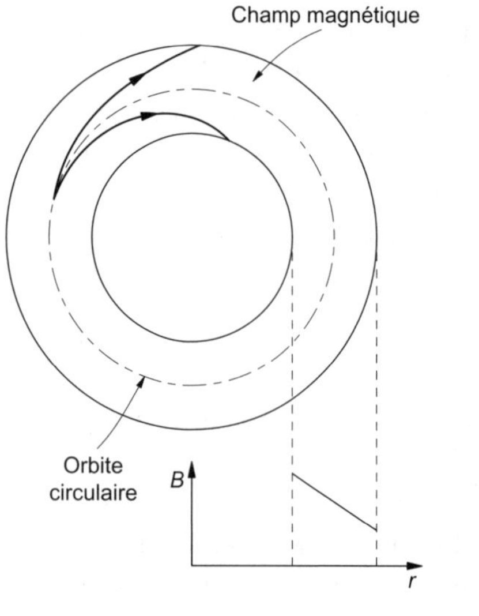

Figure 29.13 – Mouvement radial d'une particule dans un champ magnétique à forte pente négative.

Puisque nous posons que $\partial Bz/\partial x$ est négatif, il doit y avoir une valeur négative égale pour $\partial B_x/\partial z$. Si le plan « donné » de l'orbite est un plan de symétrie dans lequel $B_x = 0$, alors la composante radiale B_x sera négative au-dessus du plan et positive au-dessous. Les lignes de champ doivent donc bien s'incurver comme sur la figure.

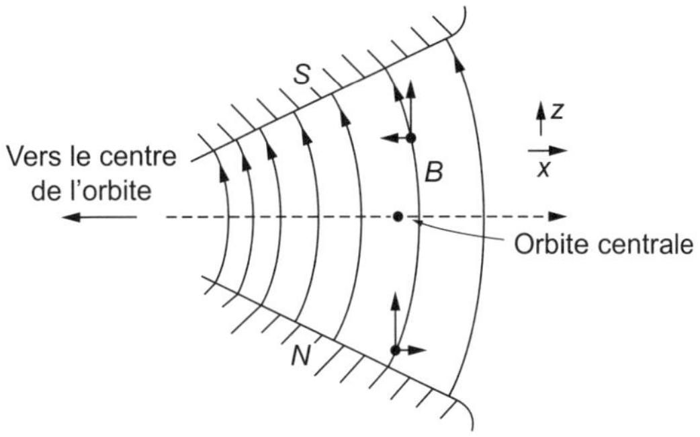

Figure 29.14 – Un champ de guidage vertical vu en coupe normale aux orbites.

Un tel champ aura des propriétés de focalisation verticale. Imaginez un proton circulant plus ou moins parallèlement à l'orbite centrale, mais au-dessus d'elle. La composante horizontale de $\boldsymbol{B}$ exerce une force descendante sur lui. Si le proton est au-dessous de l'orbite centrale, la force est inversée. Il y a donc une « force de rappel » effective vers l'orbite centrale. D'après notre raisonnement il y aura focalisation verticale à condition que le champ *vertical* décroisse quand le rayon croît ; mais si le gradient du champ est positif, il y aura « défocalisation verticale ». Donc, pour qu'il y ait focalisation verticale, l'indice du champ n doit être inférieur à zéro. Nous avons trouvé plus haut que pour qu'il y ait une focalisation radiale, n devait être plus grand que -1. Les deux conditions réunies donnent

$$-1 < n < 0$$

si l'on veut que les particules soient maintenues sur des orbites stables. Dans les cyclotrons, on prend des valeurs très voisines de 0 ; dans les bêtatrons et les synchrotrons, une valeur du genre $n = -0{,}6$ est adoptée.

29.7 Focalisation par un gradient alternatif

Des valeurs aussi petites pour n donnent une focalisation plutôt « faible ». Il est évident qu'on pourrait obtenir une focalisation radiale beaucoup plus efficace, en prenant un gradient positif grand ($n \gg 1$), mais alors les forces verticales seraient fortement défocalisantes. De même, avec des pentes négatives importantes ($n \ll -1$) on aurait des forces verticales plus intenses, mais aussi une défocalisation radiale. Il y a une dizaine d'années, cependant, on s'aperçut qu'une force alternant entre une focalisation importante et une défocalisation importante, peut encore avoir une résultante focalisante.

Pour expliquer comment marche la focalisation par *gradient alternatif* ; nous allons tout d'abord décrire l'action d'une lentille quadripolaire, qui est basée sur le même principe. Imaginez qu'un champ magnétique uniforme négatif soit ajouté au champ de la

© Dunod. Toute reproduction non autorisée est un délit.

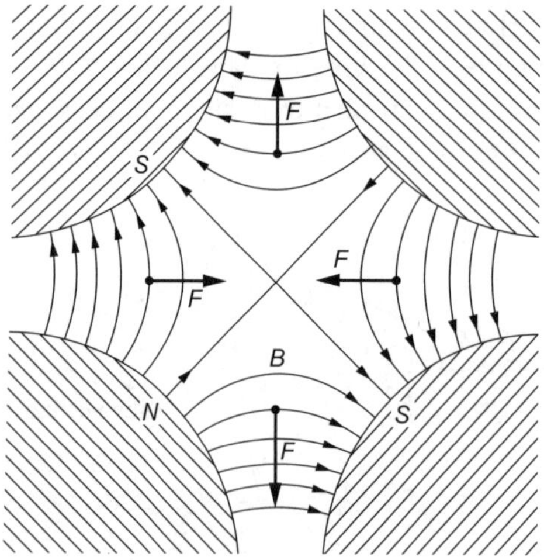

Figure 29.15 – Une lentille quadripolaire focalisant horizontalement.

Fig. 29.14, l'intensité étant ajustée pour que le champ sur l'orbite soit nul. Le champ résultant – pour de petits déplacements par rapport au point neutre – serait un champ comme celui de la Fig. 29.15. Un tel aimant quadripolaire est ce qu'on appelle une « lentille quadripolaire ». Une particule positive qui pénètre (en venant du lecteur) à droite ou à gauche du centre est repoussée vers le centre ; si la particule pénètre au-dessus ou au-dessous, elle est écartée du centre. Voici une lentille de focalisation horizontale. Si le gradient horizontal est inversé – ce qu'on peut obtenir en inversant toutes les polarités – les signes de toutes les forces sont inversés et nous avons une lentille de focalisation verticale, comme sur la Fig. 29.16. Pour ces lentilles, l'intensité du champ – et donc les forces de focalisation – augmentent linéairement avec la distance à l'axe.

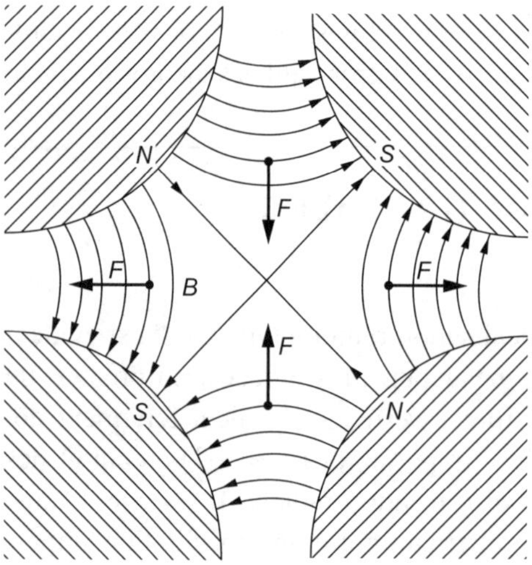

Figure 29.16 – Une lentille quadripolaire focalisant verticalement.

Imaginons que deux de ces lentilles soient mises en série. Si une particule pénètre à une certaine distance horizontale de l'axe, comme sur la Fig. 29.17(a), elle sera déviée vers l'axe par la première lentille. Quand elle arrive sur la seconde, elle est plus proche de l'axe, de sorte que la force dirigée vers l'extérieur est moindre et la déviation vers l'extérieur aussi. Il s'est produit une courbure résultante dirigée vers l'axe ; l'effet *moyen* est une focalisation horizontale. D'autre part, si nous regardons une particule qui pénètre verticalement en dehors de l'axe, la trajectoire a l'allure tracée sur la Fig. 29.17(b). La particule est d'abord déviée et *écartée* de l'axe, mais elle arrive alors sur la seconde lentille, avec un plus grand écart par rapport à l'axe, subit une force plus importante, et ainsi est incurvée vers l'axe ; encore une fois, l'effet résultant est une focalisation. Ainsi une paire de lentilles quadripolaires agit indépendamment sur les mouvements horizontaux et verticaux – tout comme une lentille optique. On utilise les lentilles quadripolaires pour former et contrôler des faisceaux de particules, tout à fait de la même façon que les lentilles optiques pour les rayons lumineux.

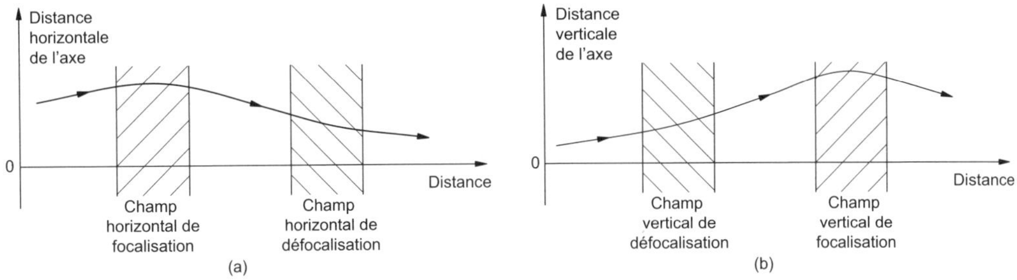

Figure 29.17 – Focalisation horizontale et verticale au moyen de deux lentilles quadripolaires.

Il nous faut remarquer qu'un système à gradient alternatif ne produit pas *toujours* la focalisation. Si les gradients sont trop importants (par rapport à l'impulsion de la particule, ou à la distance entre les lentilles), l'effet résultant peut être une défocalisation. Vous pouvez vous en rendre compte en imaginant que la distance des deux lentilles de la Fig. 29.17 est augmentée dans un rapport trois ou quatre.

Revenons maintenant à l'aimant de guidage du synchrotron. Nous pouvons considérer qu'il est forme d'une suite de lentilles alternativement « positives » et « négatives » auxquelles se surajoute un champ uniforme. Le champ uniforme sert à incurver, en moyenne, les trajectoires des particules en un cercle horizontal (sans aucun effet sur le mouvement vertical), et les lentilles en alternance agissent sur toutes les particules qui tendent à s'égarer – en les poussant toujours vers l'orbite centrale (en moyenne).

Il y a une jolie analogie mécanique qui prouve qu'une force qui est alternativement « focalisante » et « défocalisante » peut, au total, avoir un effet « focalisant ». Imaginons un « pendule » mécanique constitué par une tige *rigide* terminée par un poids et suspendue à un pivot fixé au vilebrequin d'un moteur qui lui imprime un mouvement rapide de haut en bas. Ce pendule a *deux* positions d'équilibre. En plus de la position normale vers le bas, le pendule est aussi en équilibre vers le haut – avec son « balancier » *au-dessus* du pivot ! La Fig. 29.18 représente un tel pendule.

Grâce au raisonnement suivant vous allez voir que le mouvement vertical du pivot est équivalent à l'effet d'une force focalisante par alternance. Quand le pivot est accéléré vers le bas, le balancier a tendance à se déplacer vers l'intérieur, comme sur la Fig. 29.19.

© Dunod. Toute reproduction non autorisée est un délit.

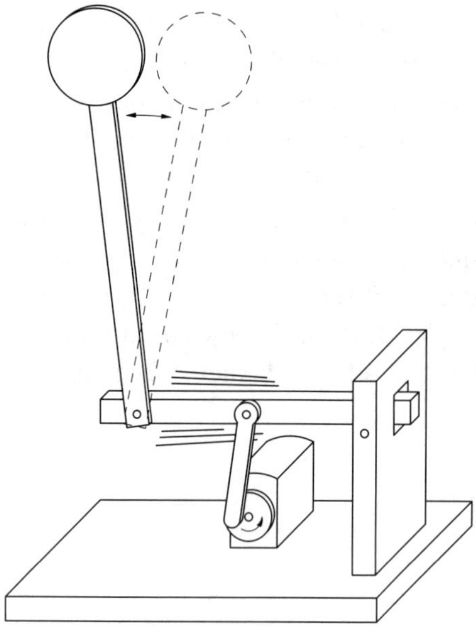

Figure 29.18 – Un pendule avec un pivot oscillant peut avoir une position stable, le balancier au-dessus du pivot.

Quand le pivot est accéléré vers le haut, l'effet est inversé. La force de rappel du balancier vers l'axe est alternative, mais l'effet moyen est une force dirigée vers l'axe. Le pendule va donc se balancer d'arrière en avant, autour d'une position neutre qui est juste l'opposé de la position normale.

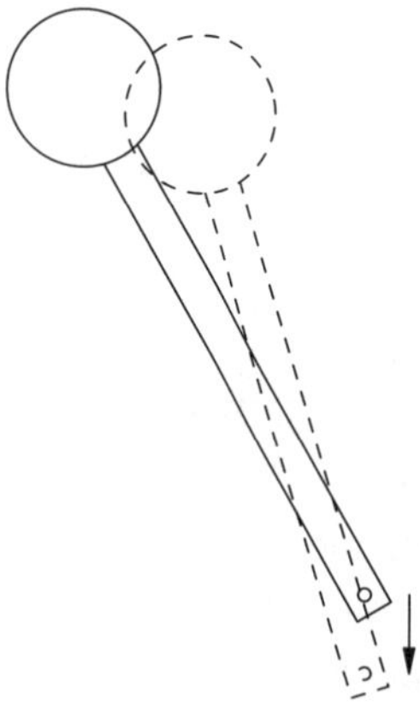

Figure 29.19 – Le pivot soumis à une accélération dirigée vers le bas produit un déplacement du pendule vers la verticale.

Il y a évidemment un moyen beaucoup plus simple de maintenir un pendule à l'envers, et ceci, en le maintenant en équilibre sur votre doigt. Mais essayez donc de maintenir en équilibre deux tiges *indépendantes* sur le *même doigt !* Ou bien d'une seule tige, mais les yeux fermés ! Le maintien en équilibre implique une correction à ce qui ne va pas. Et ceci n'est pas possible en général, si plusieurs choses, simultanément, ne vont pas. Dans un synchrotron, des milliards de particules circulent ensemble, chacune d'elles pouvant avoir été émise avec une « erreur » différente. Le type de focalisation que nous avons décrit agit sur toutes.

29.8 Mouvement dans des champs électriques et magnétiques croisés

Jusqu'ici nous n'avons envisagé que des particules dans des champs électriques seuls ou dans des champs magnétiques seuls. Certains effets intéressants peuvent être observés quand les deux sortes de champs agissent en même temps. Soit un champ magnétique uniforme $\boldsymbol{B}$ et un champ électrique $\boldsymbol{E}$ perpendiculaires. Les particules émises perpendiculairement à $\boldsymbol{B}$ vont décrire une courbe comme celle de la Fig. 29.20. (La figure est une courbe *plane* et *non* pas une hélice !) On peut expliquer qualitativement ce mouvement. Quand la particule (supposée positive) se déplace dans le même sens que $\boldsymbol{E}$, elle acquiert de la vitesse et sa trajectoire est moins incurvée par le champ magnétique. Quand elle se dirige en sens inverse de $\boldsymbol{E}$, elle perd de la vitesse et sa trajectoire est incurvée de plus en plus par le champ magnétique. L'effet global est que la particule « dérive » en moyenne dans la direction de $\boldsymbol{E} \times \boldsymbol{B}$.

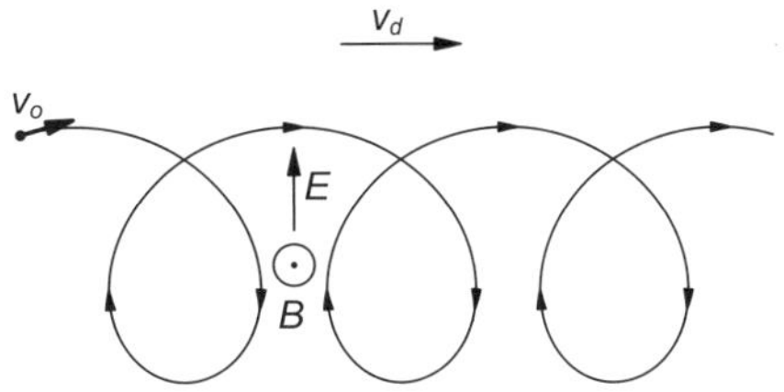

Figure 29.20 – Trajectoire d'une particule dans des champs électriques et magnétiques croisés.

On peut en fait montrer que le mouvement se compose d'un mouvement circulaire uniforme auquel se superpose un mouvement uniforme latéral à la vitesse $v_d = E/B$ – la trajectoire de la Fig. 29.20 est une cycloïde. Imaginez un observateur qui se déplace à vitesse constante, vers la droite. Dans son référentiel, notre champ magnétique est transformé en un nouveau champ magnétique *plus* un champ électrique dirigé *vers le bas*.

S'il possède une vitesse convenable, le champ électrique total sera nul, et il verra l'électron décrire un cercle. Ainsi le mouvement que nous observons est un mouvement circulaire, *plus* une translation à la vitesse $v_d = E/B$. Le mouvement des électrons dans des champs électriques et magnétiques croisés, est à la base des *magnétrons*, c'est-à-dire des oscillateurs utilisés pour émettre de l'énergie en ondes micrométriques.

Il existe bien d'autres exemples intéressants de mouvements de particules dans des champs électriques et magnétiques – tels que les orbites d'électrons et de protons capturés dans les ceintures de Van Allen – mais nous n'avons malheureusement pas le temps de les exposer ici.

© Dunod. Toute reproduction non autorisée est un délit.

La géométrie interne des cristaux

30

30.1 La géométrie interne des cristaux

Nous avons terminé l'étude des lois fondamentales de l'électricité et du magnétisme et nous allons maintenant étudier les propriétés électromagnétiques de la matière. Nous commençons par la description des solides – c'est-à-dire des cristaux. Lorsque les atomes de la matière ne se déplacent pas beaucoup, ils restent fixés ensemble et se disposent selon une configuration d'énergie aussi faible que possible. Si en un certain endroit les atomes ont trouvé un motif qui paraît être de faible énergie, les atomes quelque part ailleurs vont probablement se disposer de la même façon. C'est pourquoi nous trouvons dans les matériaux solides des motifs répétitifs d'atomes.

En d'autres termes, les conditions à l'intérieur d'un cristal sont les suivantes : l'entourage d'un atome donné du cristal présente une certaine disposition et si vous observez en un endroit différent des atomes du même type, vous allez en trouver un dont l'entourage sera exactement le même. Si vous considérez un atome situé un peu plus loin, mais éloigné d'une distance égale, vous vous apercevrez que les conditions sont encore une fois exactement les mêmes. Le motif se répète indéfiniment et, évidemment, suivant trois dimensions.

Supposez que vous ayez à concevoir la décoration d'un papier peint – ou d'un tissu, ou de toute autre surface plane – dans laquelle vous devez avoir un élément qui se répète, se répète et se répète, si bien que vous pouvez rendre la surface aussi grande que vous voulez. C'est l'analogue dans l'espace à deux dimensions du problème que résout un cristal dans l'espace à trois dimensions. La Fig. 30.1(a), par exemple, représente un genre courant de décoration de papier peint. Il y a un élément unique répété selon un motif qui peut se continuer indéfiniment. Les caractéristiques géométriques de la décoration de ce papier peint, si l'on ne considère que ses propriétés répétitives et si l'on ne se préoccupe pas de la géométrie de la fleur elle-même ou de sa valeur artistique, sont contenues dans la Fig. 30.1(b). Partant d'un point quelconque vous pouvez trouver un point *homologue* en vous déplaçant de la longueur a dans la direction de la flèche 1. Vous pouvez aussi obtenir un autre point homologue en vous déplaçant d'une longueur b dans la direction de l'autre flèche. Il y a évidemment beaucoup d'autres directions possibles. Vous pouvez par exemple aller du point a au point β et atteindre une position homologue, mais un tel déplacement peut être considéré comme une combinaison d'un déplacement le long de

© Dunod. Toute reproduction non autorisée est un délit.

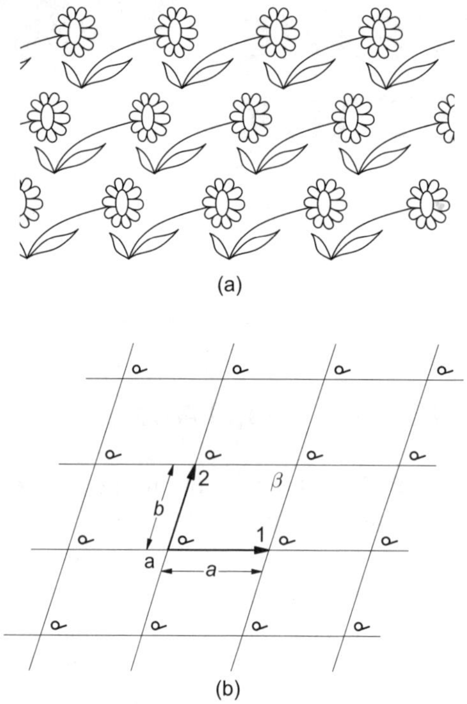

Figure 30.1 – Motif répétitif dans le plan.

la direction 1 et d'un déplacement selon la direction 2. On peut décrire une des propriétés fondamentales du motif à l'aide des deux déplacements les plus courts menant en des positions voisines équivalentes. Par positions « équivalentes » nous voulons dire que si vous vous trouviez en une quelconque d'entre elles et que vous regardiez autour de vous, vous verriez exactement la même chose que si vous vous trouviez dans une autre. C'est là la propriété fondamentale des cristaux. La seule différence est qu'un cristal est un motif à trois dimensions au lieu de deux ; et naturellement, au lieu des fleurs, chaque élément du réseau est constitué par un certain groupement d'atomes – par exemple, six atomes d'hydrogène et deux atomes de carbone, disposés suivant un certain type de motif. On peut expérimentalement mettre en évidence les motifs atomiques d'un cristal à l'aide de la diffraction des rayons X. Nous avons brièvement mentionné cette méthode auparavant et nous n'en dirons rien de plus à présent, si ce n'est qu'elle a permis de localiser avec précision les atomes dans l'espace pour la plupart des cristaux simples et aussi pour quelques cristaux passablement complexes.

La structure interne d'un cristal se révèle de plusieurs façons. Tout d'abord la force de liaison des atomes dans certaines directions est habituellement plus grande que dans d'autres. Cela veut dire qu'il existe dans le cristal certains plans selon lesquels le cristal se brise plus facilement. On les appelle des plans de *clivage*. Si vous fendez un cristal avec une lame de couteau, il se sépare souvent suivant un tel plan. Ensuite, la structure interne apparaît souvent à la surface à cause de la façon dont a été formé le cristal. Considérez un cristal formé à partir d'une solution. Il y a des atomes qui flottent dans la solution et qui finalement, précipitent lorsqu'ils trouvent un emplacement d'énergie minimum. (Comme si le papier peint était fait de fleurs flottant alentour jusqu'à ce que l'une d'entre elles se mette accidentellement en place et y reste collée, qu'une autre fleur en fasse autant et ainsi de suite, de sorte que le motif croisse graduellement.) Vous pouvez vous rendre compte qu'il y a des directions selon lesquelles il croît avec une vitesse différente de celle des autres directions, se développant ainsi avec une certaine forme géométrique. À cause d'effets de ce type, la surface extérieure de beaucoup de cristaux révèle quelques-uns des caractères de la disposition interne des atomes.

La Fig. 30.2(a), par exemple, donne la forme d'un cristal de quartz typique dont la structure interne est hexagonale. Si vous observez de très près un tel cristal, vous remarquez que l'extérieur ne constitue pas un très bel hexagone parce que les côtés ne sont pas tous de longueur égale – en fait, ils sont souvent très inégaux. Mais en un certain sens, c'est un très bon hexagone : les *angles* des faces font exactement 120°. La grandeur d'une face donnée est manifestement déterminée par un accident de croissance, mais les *angles* constituent une représentation de la géométrie interne. Chaque cristal de quartz a donc une forme différente, bien que les angles des faces correspondantes soient toujours les mêmes.

(a) (b) (c)

Figure 30.2 – Cristaux naturels : (a) quartz, (b) chlorure de sodium, (c) mica.

La géométrie interne d'un cristal de chlorure de sodium est, elle aussi, évidente d'après sa forme externe. La figure 30.2(b) donne la forme d'un morceau typique de sel. Encore une fois le cristal n'est pas un cube parfait, mais ses faces sont exactement à angle droit les unes des autres.

© Dunod. Toute reproduction non autorisée est un délit.

Le mica dont la forme est donnée par la Fig. 30.2(c) est un cristal plus compliqué. C'est un cristal hautement anisotropique, comme le montre le fait qu'il est très dur quand on essaie de le couper dans une direction (horizontalement sur la figure), mais très facile à partager dans l'autre direction (verticalement). Il a été couramment utilisé pour obtenir des lames minces très résistantes. Le mica et le quartz sont deux exemples de minéraux naturels contenant de la silice. Un troisième exemple de minéral contenant de la silice est fourni par l'amiante qui possède la propriété intéressante de se déchirer facilement suivant deux directions mais pas suivant la troisième. Il se révèle être constitué de fibres *linéaires* très solides.

30.2 LES LIAISONS CHIMIQUES DANS LES CRISTAUX

Les propriétés mécaniques des cristaux dépendent manifestement du type des liaisons chimiques entre les atomes. La différence frappante de résistance du mica selon différentes directions dépend des types des liaisons interatomiques dans ces différentes directions. Vous avez déjà, sans aucun doute, appris en chimie les différents types de liaisons chimiques. Il y a tout d'abord la liaison ionique, que nous avons déjà étudiée dans le cas du chlorure de sodium. On peut dire en gros que les atomes de sodium ont perdu un électron et sont devenus des ions positifs ; les atomes de chlore ont gagné un électron et sont devenus des ions négatifs. Les ions positifs et négatifs sont disposés suivant un échiquier à trois dimensions et maintenus ensemble par des forces électriques.

La liaison covalente – dans laquelle des électrons sont communs à deux atomes – est plus courante et est habituellement très forte. Dans le diamant, par exemple, les atomes de carbone présentent des liaisons covalentes dans les quatre directions de leurs plus proches voisins, de sorte que le cristal est effectivement très dur. Il existe aussi des liaisons covalentes entre le silicium et l'oxygène dans un cristal de quartz, mais là, la liaison n'est en fait que partiellement covalente. Parce qu'il n'y a pas mise en commun complète des électrons, les atomes sont partiellement chargés et le cristal est quelque peu ionique. La nature n'est pas aussi simple que ce que nous essayons de la faire ; il existe en fait tous les degrés possibles entre les liaisons covalente et ionique.

Un cristal de sucre présente encore une autre sorte de liaison. Il est formé de grosses molécules dans lesquelles les atomes sont fortement maintenus ensemble par des liaisons covalentes, de sorte que la molécule a une structure dure. Mais comme les liaisons fortes sont complètement saturées, il n'y a que des attractions relativement faibles entre les différentes molécules individuelles. Dans de tels cristaux *moléculaires* les molécules gardent leur identité propre pour ainsi dire, et la structure interne peut être représentée comme sur la Fig. 30.3. Comme les molécules ne sont pas liées fortement les unes aux autres, ces cristaux se cassent facilement. Ils sont tout à fait différents de quelque chose comme le diamant, qui constitue réellement une molécule géante unique, qu'on ne peut casser nulle part sans rompre de fortes liaisons covalentes. La paraffine est un autre exemple de cristal moléculaire.

Un exemple extrême de cristal moléculaire se présente dans une substance comme l'argon solidifié. Il y a très peu d'attraction entre les atomes – chaque atome est une

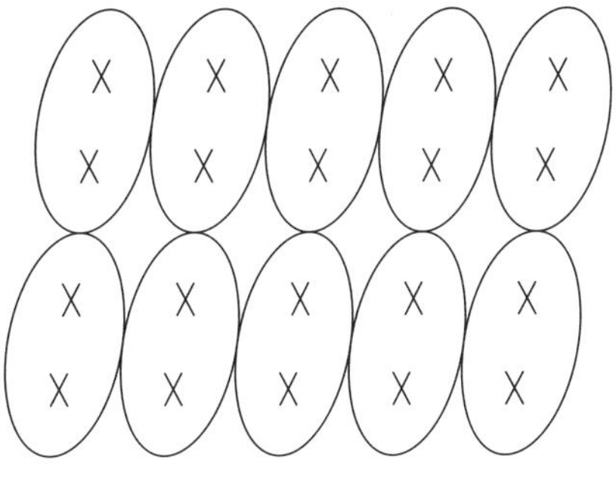

Figure 30.3 – Le réseau d'un cristal moléculaire.

molécule monoatomique, complètement saturée. Mais à très basse température, l'agitation thermique est très faible, si bien que les faibles forces interatomiques peuvent amener les atomes à se disposer suivant un réseau régulier telle qu'une pile compacte de sphères.

Les métaux constituent une catégorie de substances tout à fait différente. La liaison y est d'un type différent. Dans un métal, la liaison ne se fait pas entre atomes adjacents mais constitue une propriété de l'ensemble du cristal. Les électrons de valence ne sont pas attachés à un atome ou à une paire d'atomes mais sont répartis dans tout le cristal. Chaque atome fournit un électron à un bain universel d'électrons, et les ions positifs que sont les atomes baignent dans la mer des électrons négatifs. La mer électronique maintient les ions ensemble comme une sorte de colle.

Dans les métaux, comme il n'y a de liaison spéciale dans aucune direction particulière, il n'existe pas d'effet directif intense dans la liaison. Ils sont cependant cristallins puisque l'énergie totale est la plus faible lorsque les ions atomiques sont disposés suivant un réseau déterminé, quoique l'énergie de la disposition priviligiée ne soit pas habituellement beaucoup plus faible que celle des autres dispositions possibles. En première approximation, on peut dire que les atomes d'un grand nombre de métaux sont comme des petites sphères entassées aussi étroitement que possible.

30.3 La croissance des cristaux

Essayez d'imaginer la formation naturelle des cristaux dans la terre. À la surface de la terre il y a un grand mélange de toutes sortes d'atomes. Ils sont continuellement brassés par l'action volcanique, par le vent et par l'eau – continuellement déplacés et mélangés. Cependant, par un procédé quelconque, les atomes de silicium commencent graduellement à se rencontrer et à trouver des atomes d'oxygène, pour former de la silice. Un seul atome à chaque fois s'ajoute aux autres pour construire le cristal – le mélange se démêle. Et quelque part, tout près de là, des atomes de sodium et de chlore se rencontrent et bâtissent un cristal de sel.

Comment se fait-il qu'une fois qu'un cristal est commencé, il ne puisse y avoir qu'un type particulier d'atomes qui le rejoigne ? Cela se produit parce que le système évolue vers l'énergie la plus faible possible. Un cristal en train de pousser n'acceptera de nouvel atome que si cet atome contribue à l'abaissement de l'énergie du cristal. Mais comment

© Dunod. Toute reproduction non autorisée est un délit.

sait-il qu'un atome de silicium – ou d'oxygène – placé en un point déterminé va rendre l'énergie la plus basse possible ? Il va le faire par tâtonnements. Dans un liquide tous les atomes sont en mouvement continuel. Chaque atome tamponne ses voisins environ 10^{13} fois par seconde. S'il frappe au bon endroit dans le cristal qui pousse, il a une chance passablement plus petite de rebondir à nouveau si l'énergie est faible. En essayant continuellement sur des périodes de plusieurs millions d'années à la cadence de 10^{13} essais par seconde, les atomes s'agglomèrent graduellement aux endroits où ils prennent leur plus faible énergie. Finalement ils donnent de gros cristaux.

30.4 Les réseaux cristallins

La disposition des atomes dans un cristal – le *réseau* cristallin – peut prendre de nombreuses formes géométriques. Nous allons décrire tout d'abord les réseaux les plus simples qui sont caractéristiques de la plupart des métaux et de la phase solide des gaz inertes. Ce sont les réseaux cubiques qui peuvent se présenter sous deux formes : cubique centré [Fig. 30.4(a)] et cubique à faces centrées [Fig. 30.4(b)]. Les dessins représentent évidemment un seul des cubes du réseau ; vous devez imaginer que le motif se répète indéfiniment suivant trois dimensions. De plus, pour rendre le dessin plus clair, on n'a représenté que les « centres » des atomes. Dans un cristal réel les atomes ressemblent plus à des sphères en contact les unes avec les autres. Les sphères noires et blanches du dessin peuvent en général représenter soit différents types d'atomes, soit le même type d'atome. Le fer, par exemple, a un réseau cubique centré à basse température, mais un réseau à faces centrées a des températures plus élevées. Ses propriétés physiques dans les deux formes cristallines sont tout à fait différentes.

(a) (b)

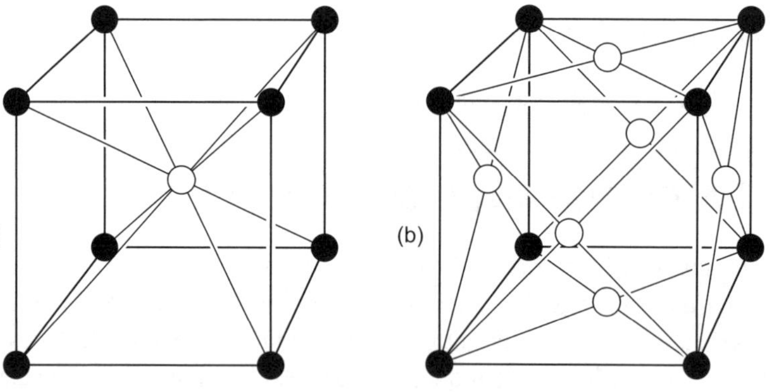

Figure 30.4 – La maille élémentaire des cristaux cubiques : (a) centrés, (b) à faces centrées.

Comment se réalisent de telles formes ? Imaginez que vous ayez à entasser des atomes sphériques le plus étroitement possible. Un moyen consisterait à commencer par fabriquer une couche « hexagonale compacte » telle que celle représentée sur la Fig. 30.5(a). Puis vous pourrez construire une seconde couche identique à la première mais décalée horizontalement, comme le montre la Fig. 30.5(b). Vous pourrez ensuite placer une troisième couche. Mais attention ! Il y *a deux* façons distinctes de placer la *troisième* couche.

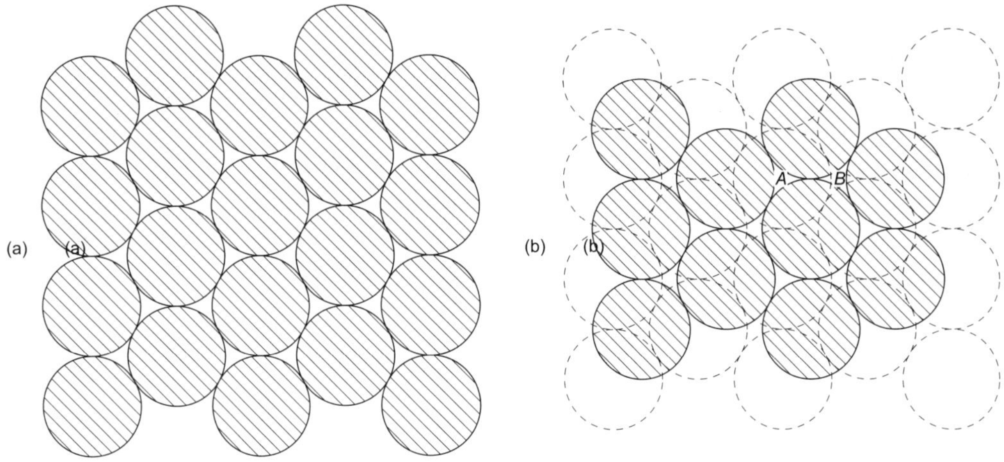

Figure 30.5 – Construction d'un réseau hexagonal compact.

Si vous commencez la troisième couche en mettant un atome en *A* de la Fig. 30.5(b), tous les atomes de la troisième couche vont se trouver directement au-dessus d'un atome de la couche du bas. Par contre, si vous commencez la troisième couche en mettant un atome au point *B*, les atomes de la troisième couche seront exactement centrés sur le point milieu du triangle formé par trois atomes de la couche du bas. Toute autre position de départ est équivalente à *A* ou *B*, de sorte qu'il n'y a que deux façons de placer la troisième couche.

Si la troisième couche a un atome en *B*, le réseau cristallin est cubique à faces centrées – mais vu en oblique. Il paraît bizarre que partant avec des hexagones vous puissiez vous retrouver avec des cubes. Notez cependant qu'un cube vu d'un de ses sommets a un contour hexagonal. La Fig. 30.6 peut, par exemple, représenter un hexagone ou un cube vu en perspective !

Figure 30.6 – Est-ce là un hexagone ou bien un cube vu d'un de ses sommets ?

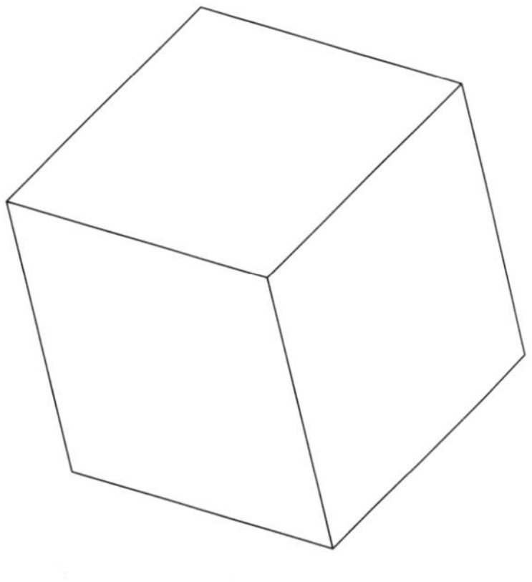

© Dunod. Toute reproduction non autorisée est un délit.

Si on ajoute la troisième couche à la Fig. 30.5(b) en partant avec un atome en *A*. il n'apparaît pas de structure cubique et le réseau ne présente au lieu de cela que la symétrie hexagonale. Il est évident que les deux possibilités que nous avons décrites constituent des entassements tout aussi serrés.

Certains métaux – par exemple le cuivre et l'argent – choisissent la première possibilité, le réseau cubique à faces centrées. D'autres – comme par exemple le béryllium et le magnésium – choisissent les autres possibilités ; ils forment des cristaux hexagonaux. Manifestement le réseau cristallin qui apparaît ne peut dépendre uniquement de l'empilement de petites sphères, mais doit aussi être en partie conditionné par d'autres facteurs. Il dépend en particulier du léger reste de dépendance angulaire des forces interatomiques (ou, dans le cas des métaux, de l'énergie du bain d'électrons). Vous étudierez, sans aucun doute, toutes ces choses dans vos cours de chimie.

30.5 Les symétries dans le plan

Nous allons étudier maintenant quelques-unes des propriétés des cristaux ayant trait à leur symétrie interne. La caractéristique principale d'un cristal est que si vous partez d'un atome et que vous vous placez en un atome correspondant situé un vecteur unité du réseau plus loin, vous vous trouvez à nouveau dans le même type d'environnement. C'est là la proposition fondamentale. Mais si vous étiez un atome, il existerait un autre type de déplacement qui pourrait vous ramener dans le même environnement – c'est-à-dire qu'il y aurait une autre « symétrie » possible. La figure 30.7(a) représente un autre motif possible du « type papier peint » (quoique c'en soit un que vous n'avez probablement jamais vu). Supposez que nous comparions les environnements des points A et B. Vous pourriez penser, à première vue, qu'ils sont identiques. Mais pas tout à fait. Les points C et D sont équivalents au point A, mais l'environnement de B n'est identique à celui de A que si leurs entourages sont inversés, comme par une réflexion sur un miroir.

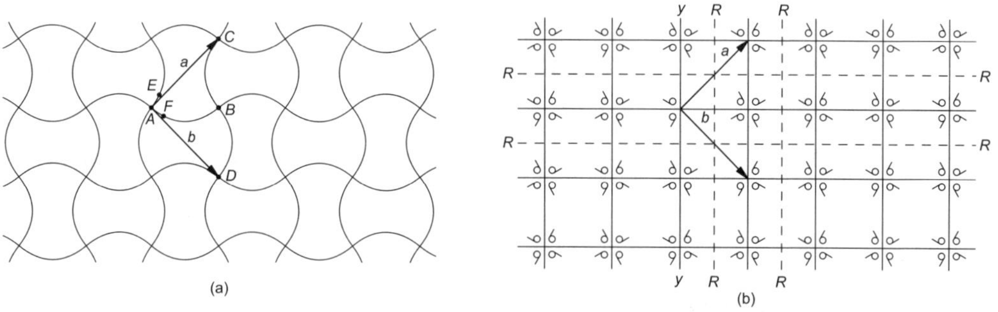

Figure 30.7 – Un motif à symétrie élevée.

Il existe d'autres types de points « équivalents » dans le motif. Par exemple,les points E et F ont le « même » environnement à ceci près que l'un est tourné de 90° par rapport à l'autre. Ce motif est tout à fait spécial. Une rotation de 90° – ou de tout multiple de 90° – autour d'un sommet tel que A redonne le même motif. Un cristal présentant une telle structure aurait des angles droits à l'extérieur, mais serait à l'intérieur plus compliqué qu'un simple cube.

Maintenant que nous avons décrit quelques exemples particuliers, essayons d'établir toutes les symétries que peut présenter un cristal. Nous considérons tout d'abord ce qui se passe dans un plan. Un réseau plan peut être défini par deux vecteurs dits *primitifs* qui joignent un point du réseau aux deux points équivalents les *plus proches*. Les vecteurs **1** et **2** sont les vecteurs primitifs du réseau de la Fig. 30.1. Les vecteurs ***a*** et ***b*** de la Fig. 30.7(a) sont les vecteurs primitifs de ce motif. Nous pourrions évidemment tout aussi bien remplacer ***a*** par −***a***, ou ***b*** par −***b***. Comme ***a*** et ***b*** sont égaux en module et à angle droit l'un de l'autre, une rotation de 90° transforme ***a*** en ***b*** et ***b*** en −***a***, en donnant encore une fois le même réseau.

Nous voyons qu'il y a des réseaux qui ont une symétrie « quaternaire ». Et nous avons décrit précédemment un réseau compact basé sur un hexagone, qui pouvait présenter une symétrie d'ordre six. Une rotation du réseau de cercles de la Fig. 30.5(a) d'un angle de 60° autour du centre d'un cercle quelconque ramène le motif sur lui-même.

Quels autres types de symétries de rotation existe-t-il ? Pouvons-nous, par exemple, avoir des symétries de rotation d'ordre cinq ou huit ? Il est facile de voir que c'est impossible. *La seule symétrie possible d'ordre supérieur à quatre est une symétrie d'ordre six.* Montrons tout d'abord qu'une symétrie d'ordre supérieur à six est impossible. Supposez que nous essayons d'imaginer un réseau ayant deux vecteurs primitifs égaux faisant un angle inférieur à 60°, comme sur la Fig. 30.8(a). Nous allons supposer que les points *B* et *C* sont équivalents à *A* et que ***a*** et ***b*** sont les deux vecteurs les *plus courts* joignant *A* à ses voisins équivalents. Mais c'est manifestement faux, parce que la distance entre *B* et *C* est plus courte que celle qu'il y a entre l'un de ces deux points et *A*. Il doit exister un voisin en *D* équivalent à *A* qui est plus près que *B* ou *C*. Nous aurions dû choisir ***b′*** pour l'un des vecteurs primitifs. L'angle entre les deux vecteurs primitifs doit donc être égal à 60° ou plus grand. La symétrie octogonale n'est pas possible.

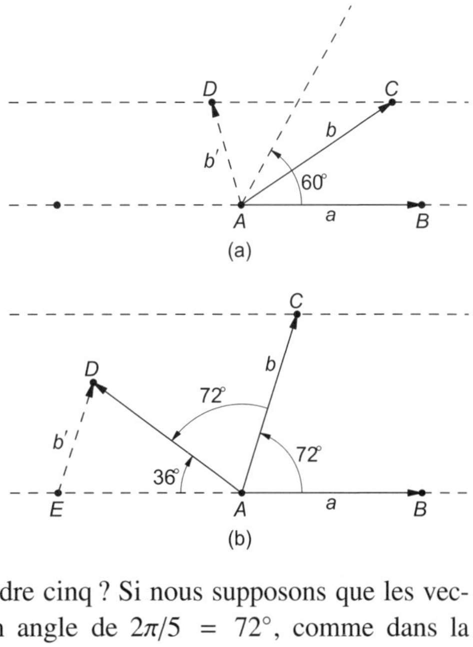

Figure 30.8 – (a) Il est impossible d'avoir des symétries de rotation d'ordre supérieur à six. (b) Il est impossible d'avoir une symétrie de rotation d'ordre cinq.

© Dunod. Toute reproduction non autorisée est un délit.

Que pouvons-nous dire de la symétrie d'ordre cinq ? Si nous supposons que les vecteurs primitifs ***a*** et ***b*** sont égaux et font un angle de $2\pi/5 = 72°$, comme dans la Fig. 30.8(b), il doit aussi exister en *D* un point équivalent du réseau, à 72° de *C*. Mais le vecteur ***b′*** qui joint *E* à *D* est alors plus petit que ***b***, de sorte que ***b*** n'est pas un vecteur primitif. Il ne peut pas y avoir de symétrie d'ordre cinq. Les seules possibilités qui ne nous amènent pas cette sorte de difficulté sont $\theta = 60°$, $90°$, ou $120°$. Zéro et 180° sont manifestement aussi possibles. Une façon d'énoncer nos résultats est de dire que le motif peut rester inchangé lors d'une rotation d'un tour complet (pas de changement du tout), un demi-tour, un tiers de tour, un quart de tour, ou un sixième de tour. Et ce sont là toutes les symétries de rotation possibles dans le plan – cinq au total. Si $\theta = 2\pi/n$, nous parlons de symétrie « d'ordre *n* ». Nous disons qu'un motif à *n* égal à 4 ou 6 a une « plus grande symétrie » qu'un motif à *n* égal à 1 ou 2.

Revenant à la Fig. 30.7(a), nous voyons que le motif a une symétrie de rotation d'ordre 4. Nous avons dessiné dans la Fig. 30.7(b) un autre motif qui a les mêmes propriétés de symétrie que la partie (a). Les petites figures en forme de virgule sont des objets asymétriques qui servent à définir la symétrie du motif à l'intérieur de chacun des carrés. Remarquez que les virgules sont inversées dans les carrés consécutifs, de sorte que la maille unité est plus grande qu'un des petits carrés. S'il n'y avait pas de virgule, le motif aurait encore une symétrie d'ordre quatre, mais la maille unité serait plus petite. Les motifs de la Fig. 30.7 ont aussi d'autres propriétés de symétrie. Par exemple, une réflexion sur l'une quelconque des lignes en pointillés *R-R* reproduit le même motif.

Les motifs de la Fig. 30.7 ont encore une autre sorte de symétrie. Si le motif est réfléchi sur la droite *Y-Y* et déplacé d'un carré vers la droite (ou la gauche), nous retrouvons le motif original. La droite *Y-Y* s'appelle un axe de « glissement ».

Ce sont là toutes les symétries possibles dans le plan. Il existe une opération de symétrie spatiale de plus qui est équivalente *dans le plan* à une rotation de 180°, mais qui est une opération tout à fait distincte dans l'espace à trois dimensions. C'est l'inversion. Par inversion nous voulons dire que tout point, repéré à partir d'une certaine origine [par exemple le point *A* de la Fig. 30.9(b)] par un vecteur $\boldsymbol{R}$, est transformé en un point repéré par $-\boldsymbol{R}$.

Une inversion du motif (a) de la Fig. 30.9 donne un nouveau motif, mais une inversion du motif (b) redonne le même motif. Pour un motif à deux dimensions (comme vous pouvez le voir sur la figure), une inversion du motif (b) par rapport au point *A* est équivalente à une rotation de 180° autour du même point. Supposons, cependant, que nous rendions le motif de la Fig. 30.9(b) tridimensionnel en imaginant que les petits 6 et 9 ont chacun une « flèche » *pointant hors de la page*. Après une inversion dans l'espace à trois dimensions toutes les flèches seront inversées de sorte que le motif ne sera *pas* reproduit. Si nous représentons la pointe et l'empennage des flèches par des points et des croix, respectivement, nous pouvons fabriquer un motif à *trois dimensions*, comme dans la Fig. 30.9(c), qui n'est *pas* symétrique dans une inversion, ou nous pouvons fabriquer un motif tel que celui représenté en (d), qui *a bien* une telle symétrie. Notez qu'il n'est *pas* possible d'imiter une inversion tridimensionnelle par une combinaison de rotations.

Si nous caractérisons la « symétrie » d'un motif – ou d'un réseau – par les opérations de symétrie que nous avons décrites, il se trouve que dans le plan il existe 17 motifs distincts. Nous avons dessiné un motif de la plus faible symétrie possible dans la Fig. 30.1, et un de haute symétrie dans la Fig. 30.7. Nous vous laissons jouer à essayer de trouver tous les 17 motifs possibles.

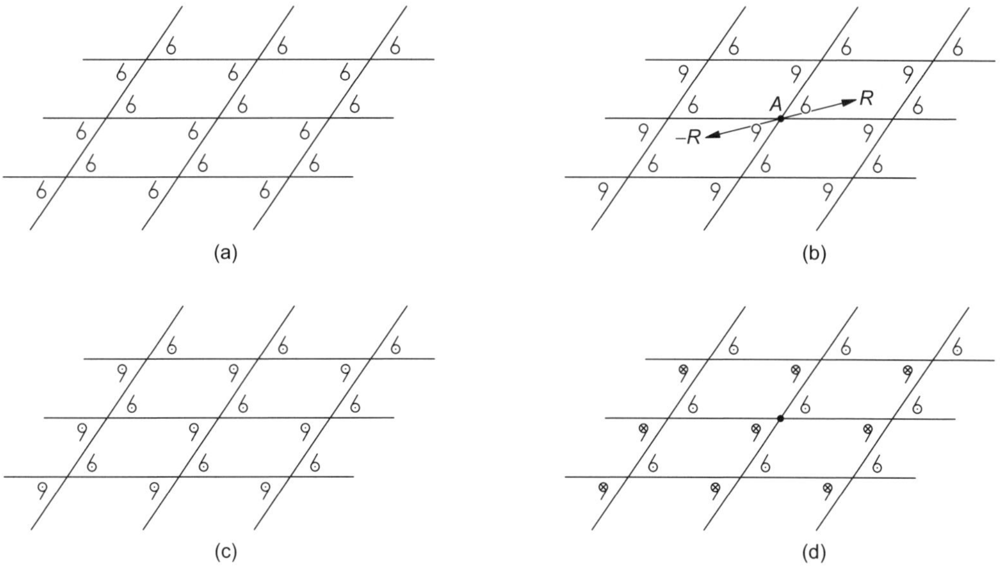

Figure 30.9 – La symétrie dans une inversion. Le motif (b) n'est pas modifié si $\boldsymbol{R} \to -\boldsymbol{R}$, mais le motif (a) est modifié. Dans un réseau à trois dimensions (d) *est* symétrique lors d'une inversion mais (c) ne l'est pas.

Il est singulier que si peu de ces 17 motifs possibles soient utilisés pour la fabrication des papiers muraux et des tissus. On voit toujours les mêmes trois ou quatre motifs de base. Est-ce à cause d'un manque d'imagination des décorateurs, ou parce que beaucoup des motifs possibles ne sont pas agréables à regarder ?

30.6 Les symétries dans l'espace à trois dimensions

Nous n'avons parlé jusqu'ici que des motifs dans le plan. Cependant, ce qui nous intéresse réellement, ce sont les motifs d'atomes dans l'espace. Tout d'abord, il est évident qu'un cristal tridimensionnel aura *trois* vecteurs primitifs. Si nous cherchons alors combien il existe d'opérations de symétrie dans l'espace, nous trouvons qu'il existe 230 symétries possibles ! Ces 230 types peuvent utilement être groupés en sept classes qui sont représentées sur la Fig. 30.10. Le réseau de symétrie minimale est appelé *triclinique*. Sa maille unité est un parallélépipède. Les vecteurs primitifs sont de longueurs différentes, et les angles qu'ils font entre eux ne sont pas égaux. Il n'existe aucune possibilité de symétrie de rotation ou de réflexion. Il existe encore cependant deux symétries possibles – la maille unité est ou n'est pas modifiée par une inversion par rapport au sommet. [Par inversion dans l'espace nous voulons encore dire que les déplacements spatiaux $\boldsymbol{R}$ sont remplacés par $-\boldsymbol{R}$ – en d'autres termes que (x, y, z) se transforme en $(-x, -y, -z)$.] Le réseau triclinique n'a donc que deux symétries possibles, à moins qu'il n'existe une relation particulière entre les vecteurs primitifs. Par exemple, si tous les vecteurs sont

© Dunod. Toute reproduction non autorisée est un délit.

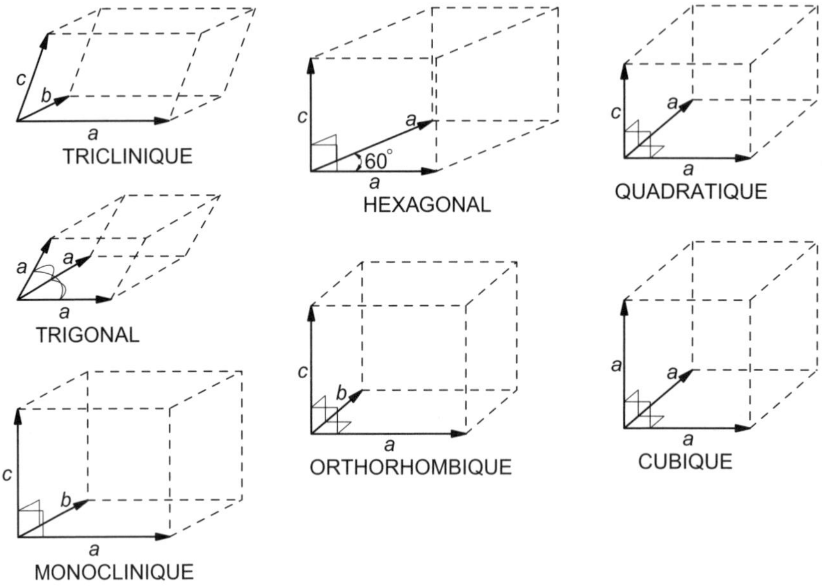

Figure 30.10 – Les sept classes de réseaux cristallins.

égaux et séparés par des angles égaux on a le réseau *trigonal* représenté sur la figure. Cette figure peut avoir une Symétrie additionnelle ; elle peut rester inchangée dans une rotation autour de la diagonale principale.

Si un des vecteurs primitifs, ***c*** par exemple, est à angle droit des deux autres, nous obtenons une maille unité *monoclinique*. Une nouvelle symétrie est possible – une rotation de 180° autour de ***c***. La maille *hexagonale* est un cas particulier dans lequel les vecteurs ***a*** et ***b*** sont égaux et l'angle qu'ils font est de 60°, de sorte qu'une rotation de 60°, de 120° ou de 180° autour du vecteur ***c*** redonne le même réseau (pour certaines symétries internes).

Si les trois vecteurs primitifs sont à angle droit, mais de longueurs différentes, nous obtenons la maille *orthorhombique*. La figure est symétrique pour des rotations de 180° autour des trois axes. Des symétries d'ordre plus élevé sont possibles avec la maille *quadratique*, qui a tous ses angles droits et deux vecteurs primitifs égaux. Il y a enfin la maille *cubique*, qui est la plus symétrique de toutes.

L'essentiel de toute cette discussion sur les symétries est que les symétries internes des cristaux apparaissent – quelquefois de manière subtile – dans les propriétés physiques macroscopiques du cristal. Par exemple, un cristal possède en général un tenseur de polarisabilité électrique. Si nous décrivons le tenseur par un ellipsoïde de polarisation, nous devons nous attendre à ce que certaines des propriétés de symétrie du cristal apparaissent aussi dans l'ellipsoïde. Un cristal cubique, par exemple, est symétrique par rapport aux rotations de 90° autour de l'un quelconque de trois axes orthogonaux. Le seul ellipsoïde qui manifestement possède cette propriété est une sphère. *Un cristal cubique doit être un diélectrique isotrope.*

Un cristal quadratique a, par contre, une symétrie de rotation d'ordre quatre. Son ellipsoïde doit avoir deux de ses axes principaux égaux, et le troisième doit être parallèle à l'axe du cristal. De même, puisque le cristal orthorhombique présente une symétrie de rotation d'ordre deux, autour de trois axes orthogonaux, ses axes doivent coïncider avec les axes de l'ellipsoïde de polarisabilité. De la même manière, *un* des axes d'un cristal monoclinique doit être parallèle à *un* des axes principaux de l'ellipsoïde, bien que nous ne puissions rien dire des autres axes. Comme un cristal triclinique ne présente aucune symétrie de rotation, l'ellipsoïde peut prendre une orientation tout à fait quelconque.

Comme vous pouvez le voir, nous avons bien de quoi nous distraire avec la représentation des symétries possibles et leurs relations avec les tenseurs physiques possibles. Nous n'avons considéré que le tenseur de polarisabilité, mais les choses deviennent plus compliquées pour d'autres – comme par exemple pour le tenseur d'élasticité. Il existe une branche des mathématiques appelée « la théorie des groupes » qui traite de tels sujets, mais vous pouvez habituellement trouver ce que vous cherchez en faisant appel au bon sens.

30.7 La résistance mécanique des métaux

Nous avons dit qu'habituellement les métaux ont une structure cristalline cubique simple ; nous allons à présent étudier leurs propriétés mécaniques – qui dépendent de cette structure. Les métaux sont généralement très « mous », parce qu'il est facile de faire glisser une couche du cristal sur la suivante. Vous pouvez penser : « c'est ridicule ; les métaux sont solides ». Pas du tout, un *monocristal* de métal peut se tordre très facilement.

Supposez que nous observions deux couches d'un cristal soumis à une force de cisaillement, comme le montre le diagramme de la Fig. 30.11(a). Vous pourriez penser de prime abord que la couche entière va s'opposer au mouvement jusqu'à ce que la force soit suffisamment grande pour pousser toute la couche « par dessus la bosse », de sorte qu'elle se trouve décalée d'un cran vers la gauche. Bien que le glissement se produise le long d'un plan, cela ne se passe pas comme ça. (Si cela était, vous estimeriez que le métal est beaucoup plus solide qu'il n'est en réalité.) Ce qui se passe ressemble plus à un phénomène dû au mouvement d'un seul atome à la fois ; tout d'abord l'atome de gauche effectue un saut, puis le suivant, et ainsi de suite, comme le montre la Fig. 30.11(b). C'est en fait l'espace vide entre deux atomes qui se déplace rapidement vers la droite, ce qui se traduit finalement par un déplacement global de la deuxième couche, égal à un

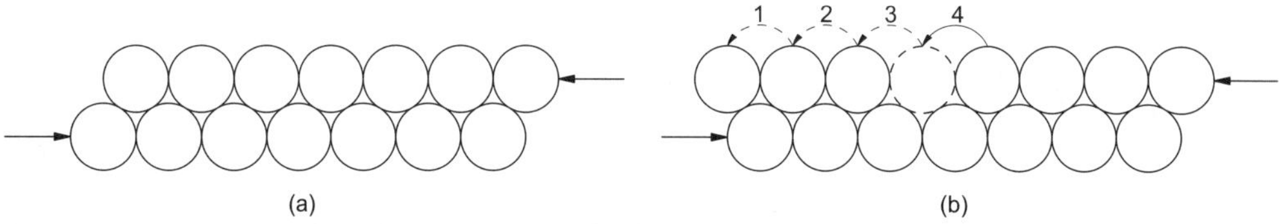

Figure 30.11 – Glissement de plans cristallins.

© Dunod. Toute reproduction non autorisée est un délit.

intervalle atomique. Le glissement se produit de cette façon parce que ça demande beaucoup moins d'énergie de faire passer un seul atome à la fois sur la bosse que de soulever une rangée entière. Dès que la force est suffisante pour mettre en route le processus, la suite se déroule très vite.

Il se trouve que dans un cristal réel le glissement se produit à plusieurs reprises sur un seul plan, puis s'arrête là et démarre sur un autre plan. Le détail des raisons qui le font démarrer et s'arrêter est tout à fait mystérieux. Il est en fait très étrange que les régions successives de glissement soient souvent assez régulièrement espacées. La Fig. 30.12 représente une photographie d'un minuscule et mince cristal de cuivre, qui a été étiré. Vous pouvez voir les divers plans où ont eu lieu les glissements.

Figure 30.12 – Photographie d'un petit cristal de cuivre après étirage. [Due à l'amabilité de S.S. Brenner, Senior Scientist, United States Steel Research Center, Monroeville, Pa.]

Le glissement brusque d'un plan cristallin particulier est tout à fait apparent si vous prenez un morceau de fil d'étain qui contient de gros cristaux, et que vous l'étirez tout en le tenant près de votre oreille. Vous pouvez entendre un grand nombre de « tics » lorsque les plans se mettent dans leur nouvelle position, l'un après l'autre.

Le problème d'avoir un atome « manquant » dans une rangée est un peu plus difficile qu'il peut le paraître sur la Fig. 30.11. Lorsqu'il y a plus de couches, la situation doit être quelque chose comme ce qui est représenté sur la Fig. 30.13. Une telle imperfection dans un cristal est appelée *dislocation*. On suppose que de telles dislocations sont, soit présentes lorsque le cristal est formé, soit engendrées en quelque encoche ou fente de la surface. Une fois qu'elles ont été créées, elles peuvent se déplacer relativement librement dans le cristal. Les distorsions d'ensemble sont dues aux déplacements d'un grand nombre de telles dislocations.

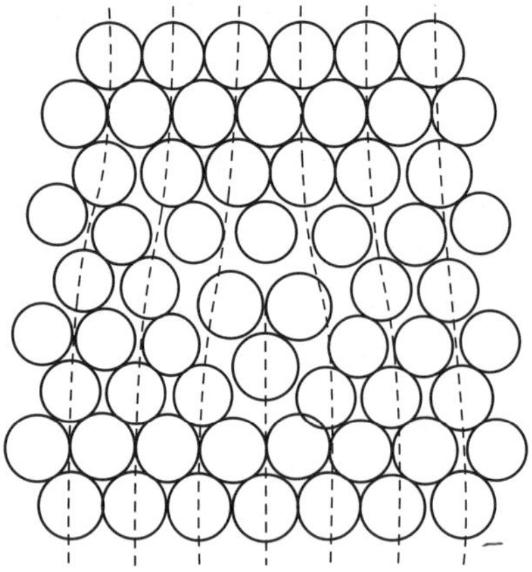

Figure 30.13 – Une dislocation dans un cristal.

Les dislocations peuvent se déplacer librement – c'est-à-dire qu'elles demandent un très faible apport d'énergie – tant que le reste du cristal présente un réseau parfait. Mais elles peuvent rester « figées » si elles rencontrent quelqu'autre sorte d'imperfection dans le cristal. S'il leur faut beaucoup d'énergie pour franchir un défaut, elles s'arrêtent. C'est précisément là le mécanisme qui donne de la résistance aux cristaux métalliques *imparfaits*. Les cristaux de fer pur sont très mous, mais une petite concentration d'impuretés atomiques peut créer suffisamment de défauts pour immobiliser effectivement les dislocations. Comme vous le savez, l'acier qui est principalement du fer, est très dur. Pour fabriquer de l'acier, on dissout une petite quantité de carbone dans le fer en fusion ; si l'on refroidit rapidement le liquide, le carbone précipite sous forme de petits grains, créant dans le réseau un grand nombre de distorsions microscopiques. Les dislocations ne peuvent plus se déplacer, et le métal est dur.

Le cuivre pur est très mou, mais il peut être « écroui ». C'est ce que l'on fait en le martelant ou en le pliant et le dépliant. Dans ce cas on crée un grand nombre de dislocations nouvelles de types variés qui interfèrent les unes avec les autres en restreignant leur mobilité. Vous avez peut-être déjà vu le truc qui consiste à prendre une barre de cuivre très mou et à le tordre doucement autour du poignet de quelqu'un pour en faire un bracelet. Elle s'écrouit au cours du processus et on ne peut plus la redresser facilement. Un métal écroui comme le cuivre peut redevenir mou lorsqu'on le recuit à haute température. L'agitation thermique des atomes « balaie » les dislocations et redonne de gros monocristaux. Jusqu'ici nous n'avons décrit que les dislocations dites de *glissement*. Il en existe de beaucoup d'autres types, dont une est la dislocation *hélicoïdale* illustrée sur la Fig. 30.14. De telles dislocations jouent souvent un rôle important dans la croissance des cristaux.

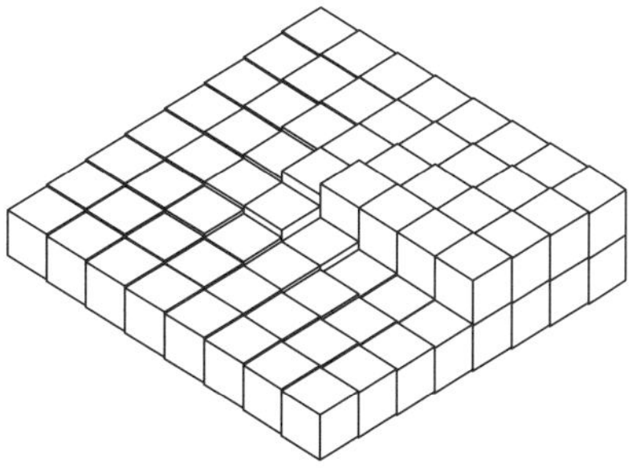

Figure 30.14 – Une dislocation hélicoïdale. [D'après Charles Kittel, *Introduction to Solid States Physics*, John Wiley and Sons, Inc., New York, 2e éd., 1956.]

30.8 Dislocation et croissance des cristaux

Une des grandes énigmes a été pendant longtemps de savoir comment il était possible de faire pousser des cristaux. Nous avons décrit comment chaque atome peut, à l'aide d'essais répétés, déterminer s'il préfère ou non être dans le cristal. Mais cela signifie que chaque atome doit trouver une position de faible énergie. Toutefois, un atome posé sur une surface nouvelle n'est maintenu que par une ou deux liaisons vers le bas et n'a pas la même énergie que celle qu'il aurait s'il était placé en un coin où il pourrait avoir des atomes de trois côtés. Imaginons un cristal en train de croître pour ainsi dire formé d'un entassement de blocs, comme le montre la Fig. 30.15. Si nous essayons de placer un nouveau bloc, en *A* par exemple, il ne trouvera qu'un seul des six voisins qu'il devrait

© Dunod. Toute reproduction non autorisée est un délit.

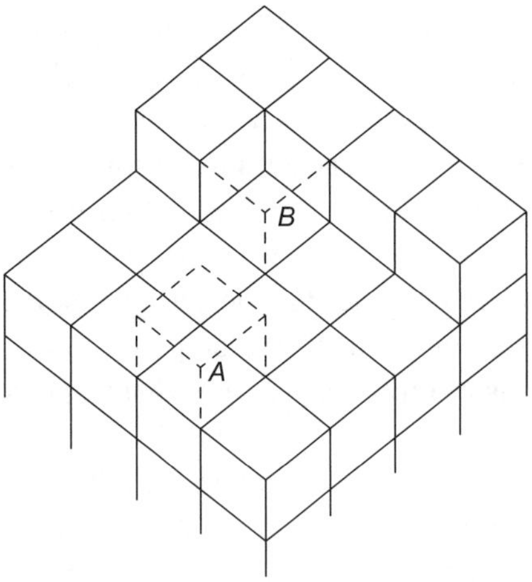

Figure 30.15 – Croissance d'un cristal.

finalement avoir. Avec un si grand nombre de liaisons manquantes, son énergie n'est pas très basse. Il ferait mieux d'aller en B où il aurait déjà la moitié de sa quote-part de liaisons. En fait, les cristaux croissent bien en fixant de nouveaux atomes dans des endroits tels que B.

Qu'arrive-t-il, cependant, lorsque cette rangée est terminée ? Pour commencer une nouvelle rangée un atome doit s'immobiliser avec seulement deux côtés fixés, et cela est encore une fois très peu probable. Même si cela arrivait, que se passerait-il lorsque la couche serait finie ? Comment une nouvelle couche pourrait-elle commencer ? Une réponse est que les cristaux préfèrent croître à l'emplacement d'une dislocation, par exemple autour d'une dislocation hélicoïdale telle que celle représentée sur la Fig. 30.14. Au fur et à mesure que des blocs s'ajoutent à ce cristal, il y a toujours des endroits où il y a trois liaisons disponibles. Le cristal préfère donc croître autour d'une dislocation. Un tel motif de croissance en spirale est illustré sur la Fig. 30.16 qui est une photographie d'un monocristal de paraffine.

Figure 30.16 – Cristal de paraffine qui a poussé autour d'une dislocation hélicoïdale. [D'après Charles Kittel, *Introduction to Solid States Physics*, John Wiley and Sons, Inc., New York, 2e éd., 1956.]

30.9 Le modèle cristallin de Bragg-Nye

Nous ne pouvons évidemment pas voir ce qui se passe avec chacun des atomes d'un cristal. De plus, comme vous vous en doutez maintenant, il existe un grand nombre de phénomènes compliqués qu'il est difficile de traiter quantitativement. Sir Lawrence Bragg et J. F. Nye ont imaginé un dispositif qui fournit un modèle de cristal métallique et qui met en lumière de manière frappante un grand nombre de phénomènes qui se déroulent croit-on dans les métaux réels. Dans les pages qui suivent nous avons reproduit leur article original qui décrit leur méthode et donne quelques-uns des résultats qu'ils ont obtenu avec elle. L'article est réimprimé d'après les *Proceedings of the Royal Society of London*, Vol. 190, septembre 1947, pages 474-481 – avec la permission des auteurs et de la Royal Society.)

© Dunod. Toute reproduction non autorisée est un délit.

Un modèle dynamique de structure cristalline

Par SIR LAWRENCE BRAGG, F.R.S. et J. F. NYE,
Laboratoire Cavendish, Université de Cambridge

(Reçu le 9 janvier 1947 – Lu le 19 juin 1947)
(Plaques 8 à 21)

On représente la structure cristalline d'un métal par un assemblage de bulles d'un millimètre, ou moins, de diamètre, flottant à la surface d'une solution savonneuse. Les bulles sont soufflées à pression d'air constante à l'aide d'une petite pipette placée au dessous de la surface. Elles sont de dimensions remarquablement uniformes. Elles restent au contact l'une de l'autre grace à la tension superficielle, soit suivant une couche unique en surface, soit suivant une masse tridimensionnelle. Un assemblage peut contenir des centaines de milliers de bulles et peut durer une heure ou plus. Ces assemblages font apparaître des structures que l'on suppose exister dans les métaux et simulent des effets qui ont été observés, tels que des limites de grain, des dislocations et autres types de défauts, glissement, recristallisation, recuit et tensions dues à des atomes « étrangers ».

1. Le modèle de bulles

On a décrit de temps en temps des modèles de structure cristalline dans lesquels on représente les atomes par de petits aimants flottants ou suspendus, ou par des disques circulaires flottant sur un plan d'eau et maintenus ensemble par les forces attractives de capillarité. Ces modèles présentent un certain nombre d'inconvénients ; par exemple, dans le cas d'objets flottants en contact, les forces de frottement entravent le mouvement relatif libre. Un inconvénient plus sérieux est le fait que le nombre de composants est limité et qu'il faut un grand nombre de composants pour se rapprocher des conditions existant dans un cristal réel. Le présent article décrit le comportement d'un modèle dans lequel les atomes sont représentés par de petites bulles ayant de 2,0 à 0,1 mm de diamètre flottant à la surface d'une solution savonneuse. Ces petites bulles persistent suffisamment longtemps pour permettre des expériences durant une heure ou même plus. Elles glissent sans frottement les unes contre les autres et on peut les produire en grandes quantités. Certaines figures de cet article ont été réalisées à partir d'assemblages contenant plus de 100 000 bulles. Ce modèle simule de très près le comportement d'une structure métallique car les bulles sont d'une seule espèce et sont maintenues ensemble par une attraction générale due à la capillarité qui représente les forces de liaisons des électrons libres dans un métal. Une brève description de ce modèle a été donnée dans la *Journal of Scientific Instruments* (Bragg 1942*b*).

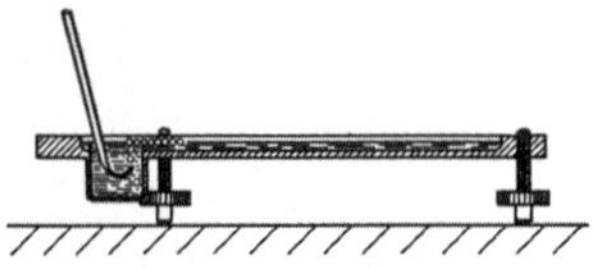

Figure 1 – Appareil permettant de produire des « radeaux » de bulles.

2. Méthode de formation

On souffle les bulles à partir d'un petit orifice situé au dessous de la surface de la solution savonneuse. Nous avons obtenu les meilleurs résultats en utilisant une solution dont la formule nous a été communiquée par M. Green de la Royal Institution. On agite fortement 15,2 cc d'acide oléique (pur, redistillé) dans 50 cc d'eau. On mélange intimement avec 73 cc d'une solution à 10 % de tri-éthanolamine et on complète jusqu'à 200 cc. On y ajoute 164 cc de glycérine pure. On laisse reposer et on retire le liquide limpide qui se trouve au dessous. Dans certaines expériences ce liquide a été dilué dans trois fois son volume d'eau afin de réduire sa viscosité. L'orifice du jet est à environ 5 mm au dessous de la surface. On crée une pression d'air constante de 50 à 200 cm d'eau à l'aide de deux flacons Winchester[1]. Normalement les bulles sont de taille remarquablement uniforme. Elles sortent quelquefois de manière irrégulière mais on peut corriger ce défaut en changeant le jet ou la pression. On peut facilement détruire les bulles indésirables en promenant une petite flamme au dessus de la surface. L'appareillage est représenté sur la Fig. 1. Nous avons trouvé avantageux de noircir le fond du récipient pour faire apparaître plus nettement les détails de structure tels que les limites de grain et les dislocations.

La Fig. 2, plaque 8, représente une partie d'un « radeau » ou cristal de bulles à deux dimensions. On peut juger de sa régularité en observant la figure sous une incidence oblique. La dimension des bulles varie avec l'ouverture mais ne paraît pas varier de façon nette avec la pression ou la profondeur d'immersion de l'orifice. Accroître la pression a pour effet principal d'augmenter la vitesse de sortie des bulles. À titre d'exemple, un jet à parois épaisses de 49 μ, porté à une pression de 100 cm, donne des bulles de 1,2 mm de diamètre. Un jet à parois minces de 27 s de diamètre, ayant une pression de 180 cm donne des bulles de 0,6 mm de diamètre. Il est pratique de désigner par « grosses » les bulles de 2,0 à 1,0 mm de diamètre, par « moyennes » les bulles de 0,8 à 0,6 mm de diamètre et par « petites » les bulles de 0,3 à 0,1 mm de diamètre, puisque leur comportement change avec leur taille.

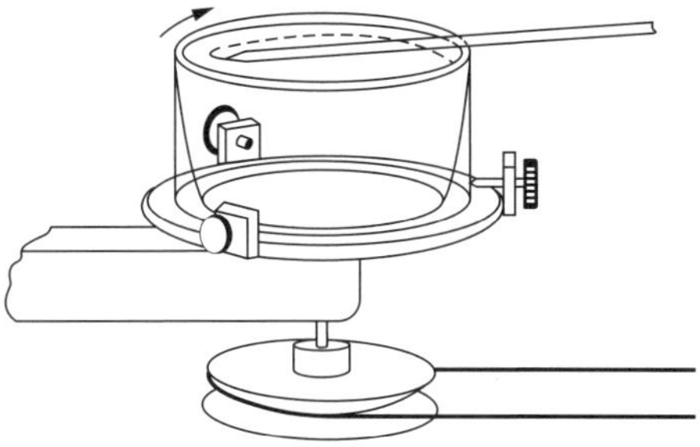

Figure 3 – Appareillage produisant des bulles de petite taille.

Avec cet appareil nous n'avons pas pu réduire la taille du jet et donc obtenir des bulles de diamètre inférieur à 0,6 mm. Comme on voulait faire des expériences avec de très petites bulles, nous avons placé la solution savonneuse dans un récipient en rotation et nous avons introduit un jet fin aussi parallèle que possible à une ligne de courant. Les bulles sont entraînées au fur et à mesure de leur formation et sont raisonnablement uniformes si le régime est régulier. Elles sortent à la cadence de mille ou plus par seconde en émettant une note très haute. La solution savonneuse s'élève en formant une paroi abrupte le long de la circonférence du récipient, lorsque celui-ci est en rotation, et ramène avec elle la plupart des bulles lorsque la rotation cesse. On peut obtenir avec cet appareil, représenté sur la Fig. 3, des bulles ayant jusqu'à 0,12 mm de diamètre. À titre d'exemple, un orifice de 38 μ dans un jet à parois minces, avec une pression de 190 cm d'eau et une vitesse de

1. N.D.T. C'est-à-dire un flacon de 80 onces, soit plus de 2 litres $\frac{1}{4}$.

© Dunod. Toute reproduction non autorisée est un délit.

fluide de 180 cm/sec. au voisinage de l'orifice, crée des bulles de 0,14 mm de diamètre. Dans cet exemple on a utilisé un plat de 9,5 cm de diamètre et une vitesse de 6 tours/sec. La Fig. 4, plaque 8, est un agrandissement de ces « petites » bulles et montre leur degré de régularité ; le modèle n'est pas aussi parfait avec un récipient en rotation qu'avec un récipient immobile, les rangées paraissant légèrement irrégulières lorsqu'on les observe sous incidence oblique.

Ces cristaux à deux dimensions font apparaître des structures que l'on suppose exister dans les métaux, et simulent des effets observés tels que les limites de grain, les dislocations et d'autres types de défauts, glissement, recristallisation, recuit et tensions dues à des atomes « étrangers ».

3. Les limites de grains

Les Figs. 5*a*, 5*b* et 5*c*, plaques 9 et 10, montrent des limites de grain typiques pour des bulles de 1,87, 0,76 et 0,30 mm de diamètre. La largeur de la surface perturbée à la limite, où les bulles ont une distribution irrégulière, est en général d'autant plus grande que les bulles soient plus petites. Sur la Fig. 5*a*, qui représente des parties de plusieurs grains adjacents, les bulles à la limite entre deux grains appartiennent de façon marquée à un arrangement cristallin ou à l'autre. Sur la Fig. 5*c* on voit une « couche de Beilby » nette entre les deux grains. Comme on le verra, les petites bulles ont une plus grande rigidité que les grandes, et cela parait donner naissance à plus d'irrégularités à l'interface.

On voit distinctement des grains séparés lorsqu'on regarde sous incidence oblique des clichés des radeaux polycristallins tels que ceux des Figs. 5*a* à 5*c*, plaques 9 et 10, et des Figs. 12*a* à 12*e*, plaques 14 à 16. Avec un éclairage approprié, le radeau de bulles flottantes observé obliquement, ressemble remarquablement à un métal poli et gravé.

Il arrive souvent que quelques « atomes d'impureté » ou des bulles nettement plus grandes ou plus petites que la moyenne se trouvent dans un radeau polycristallin et lorsqu'il en soit ainsi, beaucoup sont situés à la limite. Il serait inexact de dire que les bulles irrégulières se déplacent vers les limites ; c'est un défaut du modèle qui fait qu'aucune diffusion de bulles à travers la structure ne peut avoir lieu, des réarrangements mutuels de voisins étant seuls possibles. On voit que les limites ont tendance à se réajuster grâce à la croissance d'un cristal aux dépends de l'autre, jusqu'à ce qu'elles passent par des atomes irréguliers.

4. Dislocations

Lorsqu'un monocristal ou un radeau polycristallin est comprimé ou étiré, ou déformé de toute autre manière, il se comporte de façon très semblable à celle qui a été décrite pour les métaux soumis à des contraintes. Jusqu'à un certain point, le modèle reste dans son domaine élastique. Au-delà de ce point, il s'affaisse, en glissant le long de l'une des trois directions également inclinées de lignes compactes. Le glissement est dû au mouvement des bulles d'une ligne qui se dirigent vers celles de la rangée voisine en quantité égale à la distance entre voisins. Il est très intéressant d'observer la naissance de ce phénomène. Le mouvement n'est pas simultané le long de la rangée entière mais commence à une extrémité avec l'apparence d'une dislocation, là où il y a localement une bulle de plus dans les rangées d'un côté de la ligne de glissement par rapport à celles qui sont de l'autre côté. Cette dislocation s'étend ensuite le long de la ligne de glissement d'un côté du cristal à l'autre, le résultat final étant un glissement d'une distance « interatomique ». Un tel processus a été invoqué par Orowan, par Polanyi et par Taylor pour expliquer les faibles forces nécessaires pour produire un glissement plastique dans les structures métalliques.

La théorie avancée par Taylor (1934) pour expliquer le mécanisme de la déformation plastique des cristaux fait intervenir l'action mutuelle et l'équilibre de ces dislocations. Les bulles fournissent une description frappante de ce que l'on suppose se passer dans le métal. Quelquefois les dislocations se propagent très lentement, prenant quelques secondes pour traverser le cristal ; on peut aussi trouver des dislocations stationnaires dans des cristaux qui ne sont pas soumis à des contraintes de façon homogène. Elles apparaissent sous forme de courtes lignes noires et on peut les voir dans la série de photographies, Figs. 12*a* à 12*e*, plaques 14 à 16. Lorsqu'on comprime un radeau polycristallin, on voit ces lignes sombres se précipiter dans toutes les directions à travers le cristal.

Les Figs. 6*a*, 6*b* et 6*c*, plaques 10 et 11, donnent des exemples de dislocations. Sur la Fig. 6*a*, où le diamètre des bulles est de 1,9 mm, la dislocation est très localisée et s'étend sur environ six bulles. Sur la Fig. 6*b* (diamètre 0,76 mm) elle s'étend sur douze bulles et sur la Fig. 6*c* (diamètre 0,30 mm) on peut suivre son influence sur une longueur d'environ cinquante bulles. La plus grande dureté des petites bulles provoque des dislocations plus étendues. L'étude d'une masse quelconque de bulles montre cependant qu'il n'existe pas de longueur standard de dislocation pour chacune des tailles. La longueur dépend de la nature de la tension dans le cristal. Une limite entre deux cristaux ayant des axes faisant approximativement 30° (angle maximum que l'on puisse rencontrer) peut être considérée comme une série de dislocations dans des rangées alternées, et dans ce cas les dislocations sont très courtes. À mesure que l'angle entre les cristaux voisins détroit, les dislocations se produisent à des intervalles plus grands et deviennent en mime temps plus longues, jusqu'à ce qu'on ait finalement une dislocation unique dans un corps de grande dimension et structure parfaite, comme le montrent les Figs. 6*a*, 6*b* et 6*c*.

La Fig. 7, plaque 1 I, représente trois dislocations parallèles. Si nous les qualifions de positive et de négative (suivant Taylor) elles sont positive, négative, positive, en lisant de gauche à droite. La bande comprise entre les deux dernières a trois bulles en excès, comme on peut le voir en regardant les rangées suivant une direction horizontale. La Fig. 8, plaque 12, montre une dislocation jaillissant d'un joint de grain, effet souvent observé.

La Fig. 9, plaque 12, montre un emplacement où deux bulles prennent la place d'une seule. On peut considérer ceci comme un cas limite de dislocations positive et négative sur des rangées voisines, les côtés comprimants des dislocations se faisant face. Le cas contraire conduirait à un trou dans la structure, une bulle étant absente au point où les dislocations se rejoignent.

5. Autres types de défauts

La Fig. 10, plaque 12, représente une bande étroite entre deux cristaux d'orientations parallèles, la bande étant traversée par un grand nombre de défauts linéaires où les bulles ne sont pas en assemblage compact. C'est en des endroits tels que ceux-ci que l'on peut s'attendre à des recristallisations. Les limites se rapprochent et la bande est absorbée dans une grande surface de cristal parfait.

Les Figs. 11*a* à 11*g*, plaques 13 et 14, donnent des exemples d'arrangements qui apparaissent fréquemment en des emplacements où il y a un déficit local de bulles. Alors que l'on voit une dislocation sous l'aspect d'une bande sombre dans une vue générale, ces structures se manifestent sous forme de lettre V ou de triangles. On voit sur la Fig. 11*a* une structure en V typique. Lorsque le modèle subit une distorsion, il se forme une structure en V, deux dislocations se coupant sous un angle de 60° ; elle est détruite par les dislocations qui continuent à suivre leurs trajectoires. La Fig. 11*b*, montre un petit triangle qui

© Dunod. Toute reproduction non autorisée est un délit.

renferme aussi une dislocation, car on remarquera que les rangées au-dessous du défaut ont une bulle de plus que celles du dessus. Si, en agitant doucement un côté du cristal, on impose un faible « mouvement thermique », ces emplacements de défauts disparaissent et il se forme une structure parfaite.

Çà et là, dans le cristal, existe un espace vide où manque une bulle, apparaissant comme un point noir dans une vue d'ensemble. Des exemples sont donnés dans la Fig. 11*g*. Une telle lacune ne peut ètre comblée par un réajustement local, car le remplissage d'un trou provoque l'apparition d'un autre. Ces deux types de trous apparaissent et disparaissent lorsque le cristal est travaillé à froid.

Ces structures dans le modèle suggèrent que des défauts locaux semblables peuvent exister dans un métal réel. Ils peuvent jouer un rôle dans des processus tels que la diffusion ou la transformation ordre-désordre en diminuant les barrières d'énergie dans leur voisinage, et se comportent comme des germes de cristallisation dans une transformation allotropique.

6. Recristallisation et recuit

Les Figs. 12*a* à 12*e*, plaques 14 à 16, montrent le même radeau de bulles à des instants successifs. On a agité fortement à l'aide d'un râteau en verre un radeau couvrant la surface de la solution et puis on l'a laissé s'arranger lui-même. La Fig. 12*a* donne son aspect environ une seconde après que l'agitation ait cessé. Le radeau s'est séparé en un grand nombre de « cristallites » ; ceux-ci se trouvent dans un état élevé de tensions non homogènes, comme le montrent les nombreuses dislocations et autres défauts. La photographie suivante (Fig. 12*b*) représente le même radeau 32 sec plus tard. Les petits grains se sont fondus pour former des grains plus gros, et beaucoup de tensions ont disparu au cours du phénomène. La recristallisation se développe tout au long de la série de clichés, dont les trois derniers donnent l'aspect du radeau 2, 14 et 25 min. après l'agitation initiale. Il n'est pas possible de suivre le réarrangement pendant beaucoup plus longtemps, car les bulles se contractent après une longue attente, apparemment à cause de la diffusion de l'air à travers leurs parois, deviennent minces et tendent à éclater. Le modèle n'a pas été agité au cours du processus. Un processus de réarrangement encore plus lent se développe gràce au mouvement des bulles dans une partie du radeau qui crée des tensions qui accélèrent un réarrangement dans une partie voisine, et ceci, à son tour, ramène au repos une autre partie.

On doit noter un certain nombre de choses intéressantes dans ces séries. Remarquez les trois petits grains aux points repérés par les coordonnées *AA*, *BB*, *CC*. *A* persiste, bien que sa forme change, au cours de la série. *B* est encore présent au bout de 14 min, mais disparaît en 25 min, en laissant derrière lui quatre dislocations marquant la présence de tensions internes dans le grain. Le grain *C* rétrécit et disparait finalement dans la Fig. 12*d*, en laissant un trou et un V qui a disparu sur la Fig. 12*e*. Au même moment la limite mal définie sur la Fig. 12*d* en *DD* est devenue bien définie sur la Fig. 12*e*. Notez aussi le renforcement de la limite de grain au voisinage de *EE* dans les Figs. 12*b* à 12*e*. On peut voir des dislocations de longueurs variées, marquant toutes les étapes entre une légère courbure de la structure et une limite définie. Les trous où il n'y a pas de bulles apparaissent comme des points noirs. Certains de ces trous sont formés ou remplis par les déplacements des dislocations, mais d'autres représentent des emplacements où une bulle a éclaté. On peut voir plusieurs exemples de V et quelques triangles. D'autres particularités intéressantes apparaîtront au cours de l'étude de cette série de clichés.

Les Figs. 13*a*, 13*b* et 13*e*, plaque 17, représentent une portion du radeau 1 sec., 4 sec., et 4 min. après le début de l'agitation, et sont intéressantes pour montrer deux étapes successives dans la relaxation vers un arrangement plus parfait. Les transformations apparaissent bien lorsque l'on regarde la, page sous une incidence oblique. La disposition est fortement perturbée dans la Fig. 13*a*. Sur la Fig. 13*b* les bulles se sont groupées en rangées, mais la courbure de ces rangées révèle un haut degré de tension interne. Sur la Fig. 13*c*, cette tension a diminué à cause de la formation d'une nouvelle bruite en $A{-}A$, les rangées des deux côtés étant maintenant droites. Il semblerait que l'énergie de ce cristal soumis à des tensions soit plus grande que celle de la frontière intercristalline. Nous sommes redevables à MMs. Kodak des photographies de la Fig. 13, qui ont été prises lorsque le film cinématographique dont on parle plus bas a été réalisé.

7. Effet d'un atome d'impureté

La Fig. 14, plaque 18, montre l'effet à grande distance d'une bulle de mauvaise dimension. Si on compare cette figure avec les radeaux parfaits représentés sur les Figs. 2 et 4, plaque 8, on voit que trois bulles, une plus grande et deux plus petites que la normale, perturbent la régularité des rangées sur toute l'étendue de la figure. Comme on l'a dit plus haut, les bulles de mauvaise dimension se rencontrent généralement dans les limites de grain, là où des trous de taille irrégulière apparaissent et peuvent les recevoir.

8. Propriétés mécaniques du modèle à deux dimensions

Les propriétés mécaniques d'un radeau à deux dimensions parfait ont été décrites dans l'article mentionné ci-dessus (Bragg 1942*b*). Le radeau s'étend entre deux ressorts parallèles immergés horizontalement à la surface de la solution savonneuse. La tension du ressort est ajustée de façon à épouser l'espacement des rangées de bulles, qui alors y adhèrent fermement. On peut déplacer parallèlement à lui-même un des ressorts à l'aide d'une vis micrométrique, l'autre ressort étant porté par deux fines fibres de verre verticales. On peut mesurer la déformation de cisaillement en observant la déflection des fibres de verre. Lorsqu'on le soumet à un effort de cisaillement, le radeau obéit à la loi de Hooke de l'élasticité jusqu'à ce que la limite élastique soit atteinte. Il glisse alors le long d'une rangée intermédiaire quelconque d'une quantité égale à la largeur d'une bulle. On peut reproduire plusieurs fois le cisaillement élastique et le glissement. La limite élastique est à peu près atteinte lorsqu'un côté du radeau a été soumis à un cisaillement égal à la largeur d'une bulle située de l'autre côté. Ce résultat confirme l'hypothèse fondamentale faite par l'un de nous lors du calcul de la limite élastique d'un métal (Bragg 1942*a*), selon laquelle on suppose que chacune des cristallites d'un métal travaillé à froid ne disparaît que lorsque la tension qu'elle supporte a atteint une valeur telle que l'énergie est cédée par le glissement.

Un calcul des forces s'exerçant entre les bulles a été fait par M. M. Nicolson et sera publié prochainement. Il présente deux points intéressants. La courbe donnant les variations de l'énergie potentielle en fonction de la distance des centres ressemble beaucoup à celles que l'on trace pour des atomes. Elle présente un minimum pour une distance entre centres légèrement inférieure au diamètre d'une bulle libre, et se redresse rapidement pour des distances plus faibles. De plus, la montée est extrêmement rapide pour des bulles de 0,1 mm de diamètre mais beaucoup moindre pour des bulles de 1 mm de diamètre, confirmant ainsi l'impression donnée par le modèle suivant laquelle les petites bulles se comportent comme si elles étaient beaucoup plus rigides que les grandes.

© Dunod. Toute reproduction non autorisée est un délit.

9. Assemblage à trois dimensions

Si l'on permet aux bulles de s'accumuler en couches multiples à la surface, elles forment une masse de « cristal » à trois dimensions présentant un arrangement en structure compacte. La Fig. 15, plaque 18, donne une vue oblique d'une telle masse ; sa ressemblance avec une surface métallique polie et gravée est remarquable. Sur la Fig. 16, plaque 20, on voit sous incidence normale une masse semblable. Certaines parties de la structure présentent incontestablement un empilement cubique compact, la surface extérieure étant la face (111) ou la face (100). La Fig. 17*a*, plaque 19, montre une face (111). Le contour des trois bulles sur lesquelles s'appuie chacune des bulles du dessus peut se voir clairement, et la couche suivante de ces bulles se voit faiblement dans une position qui n'est pas la couche la plus élevée, montrant ainsi que l'empilement des plans (111) présente la succession cubique bien connue. La Fig. 17b, plaque 19, représente une face (100) avec chacune des bulles reposant sur quatre autres. Les axes du cube sont, bien entendu, inclinés à 45° des rangées à empilement compact de la couche en surface. La Fig. 17*c*, plaque 19, représente un jumelage dans la structure cubique selon la face (111). Les faces les plus hautes sont les faces (111) et (100) et elles font entre elles un petit angle, qui n'est pas visible sur la figure ; on le voit en regardant sous incidence oblique. La Fig. 17*d*, plaque 19, semble faire apparaître à la fois des successions cubiques et hexagonales d'empilements compacts de plans, mais il est difficile de vérifier si le côté gauche appartient bien à la véritable structure hexagonale compacte parce qu'il n'est pas sûr que l'assemblage ait en ce point une profondeur supérieure à deux couches. On peut voir plusieurs cas de jumelages et de limites inter-cristallines sur la Fig. 16, plaque 20.

La Fig. 18, plaque 21, représente plusieurs dislocations dans une structure à trois dimensions soumise à un effort de flexion.

10. Exposé du modèle

Un film cinématographique de 16 mm a été tourné en collaboration avec MMs. Kodak pour montrer les mouvements des dislocations et les limites de grains lorsque des monocristaux et des radeaux polycristallins sont soumis à des cisaillements, des compressions ou des tensions. Bien plus, si on met la solution savonneuse dans un récipient en verre à fond plat, le modèle se prête à la projection sur une grande échelle en transmission. Comme il faut une certaine profondeur pour faire les bulles, et que la solution est assez opaque, il est bon de faire la projection à travers un bloc de verre posé sur le fond du récipient et à peine immergé sous la surface.

En conclusion, nous tenons à exprimer tous nos remerciements à M. C. E. Harrold de King's College, Cambridge, qui a fabriqué pour nous quelques-unes des pipettes qui ont été utilisées pour faire les bulles.

Références

Bragg, W. L. 1942*a Nature*, **149**, 511.
Bragg, W. L. 19426*b Sci. Instrum.* **19**, 148.
Taylor, G. I. 1934 *Proc. Roy. Soc.* **A**, **145**, 362.

Figure 2 – Radeau de bulles parfaitement cristallin. Diamètre 1,41 mm.

© Dunod. Toute reproduction non autorisée est un délit.

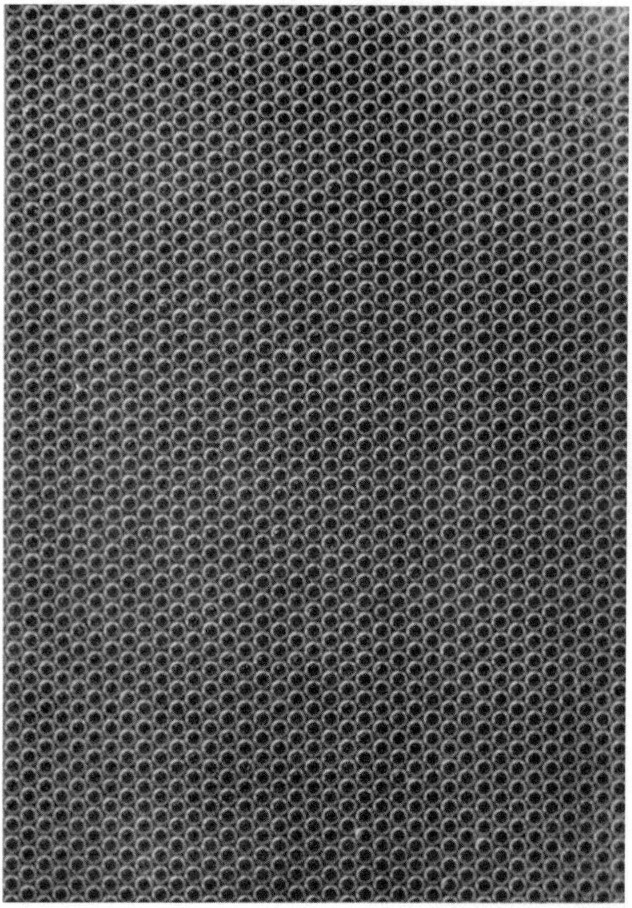

Figure 4 – Radeau de bulles parfaitement cristallin. Diamètre 0,30 mm.

Limites de grains

Figure 5a – Diamètre 1,87 mm.

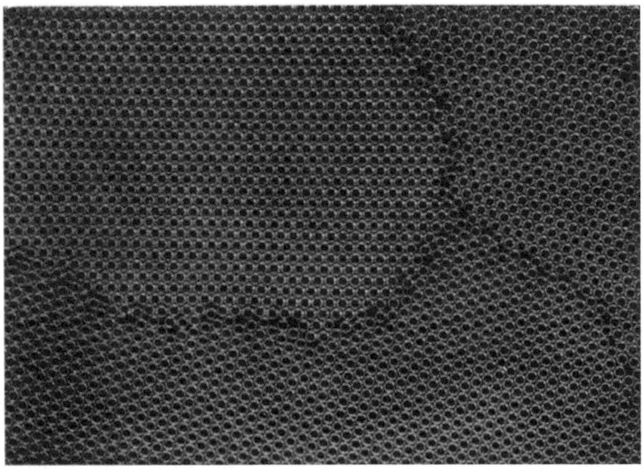

Figure 5b – Diamètre 0,76 mm.

© Dunod. Toute reproduction non autorisée est un délit.

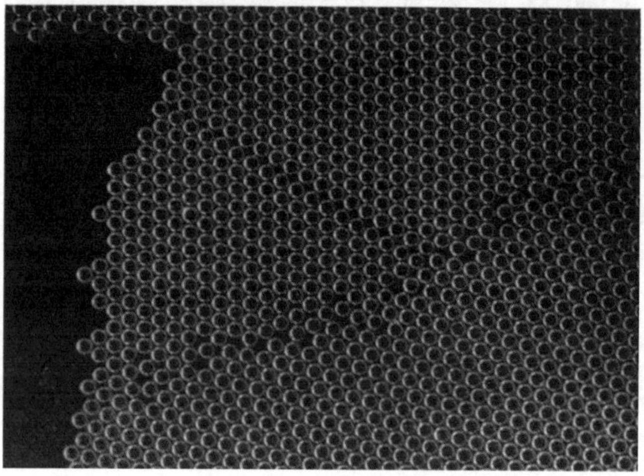

Figure 5c – Une limite de grain. Diamètre 0,30 mm.

Dislocations

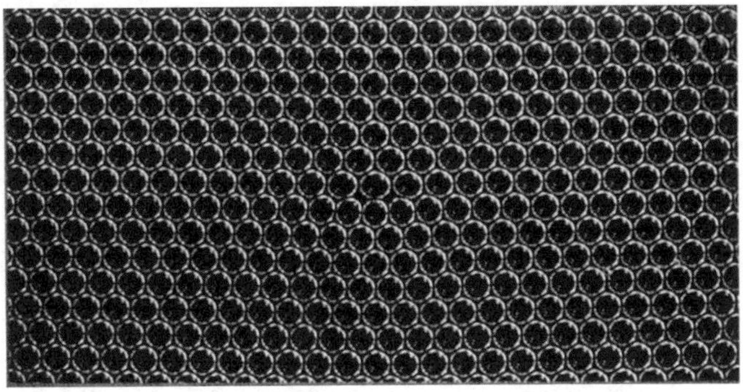

Figure 6*a*– Une dislocation. Diamètre 1,9 mm.

Figure 6*b*– Diamètre 0,76 mm.

Figure 6*c*– Diamètre 0,30 mm.

© Dunod. Toute reproduction non autorisée est un délit.

Figure 7 – Dislocations parallèles. Diamètre 0,76 mm.

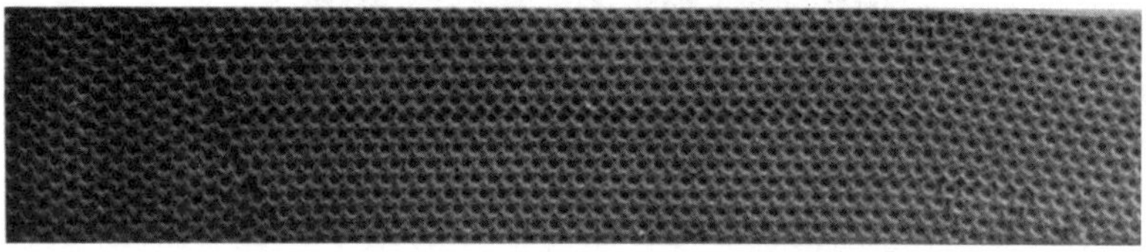

Figure 8 – Dislocation partant d'une limite de grain. Diamètre 0,30 mm.

Figure 9 – Dislocations dans des rangées adjacentes. Diamètre 1,9 mm.

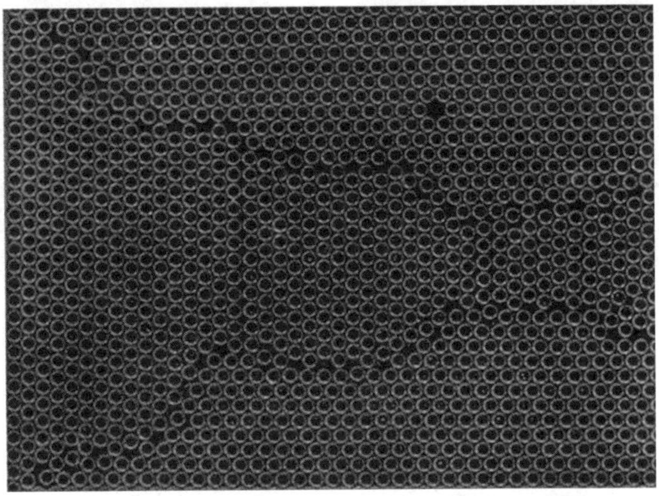

Figure 10 – Séries de défauts linéaires entre deux surfaces d'orientations parallèles. Diamètre 0,30 mm.

Figure 11 – Types de défauts.

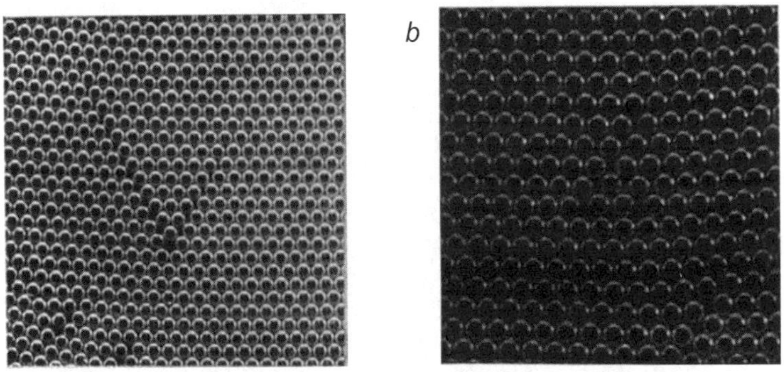

a Diamètre 0,68 mm.

b Diamètre 0,68 mm.

© Dunod. Toute reproduction non autorisée est un délit.

c

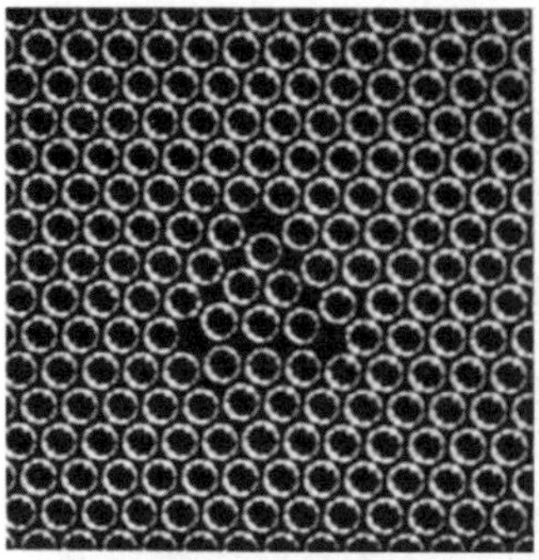

Diamètre 0,6 mm.

d

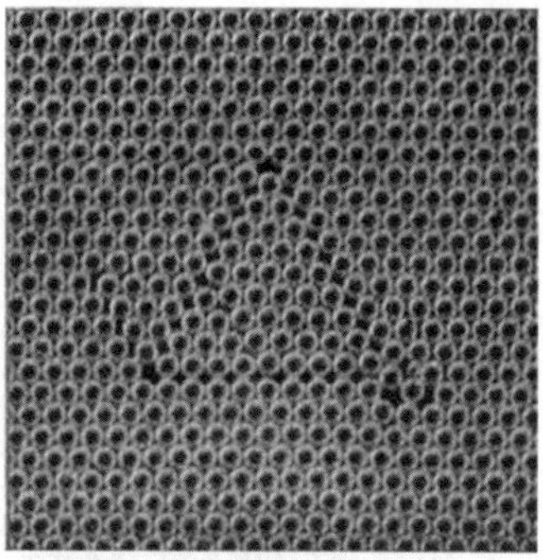

Diamètre 0,30 mm.

e

Diamètre 0,6 mm.

f

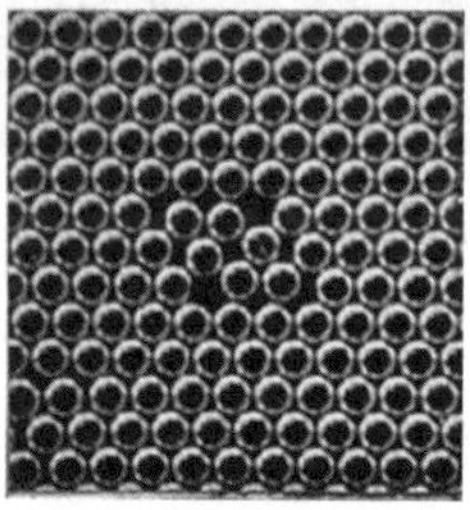

Diamètre 0,6 mm.

g

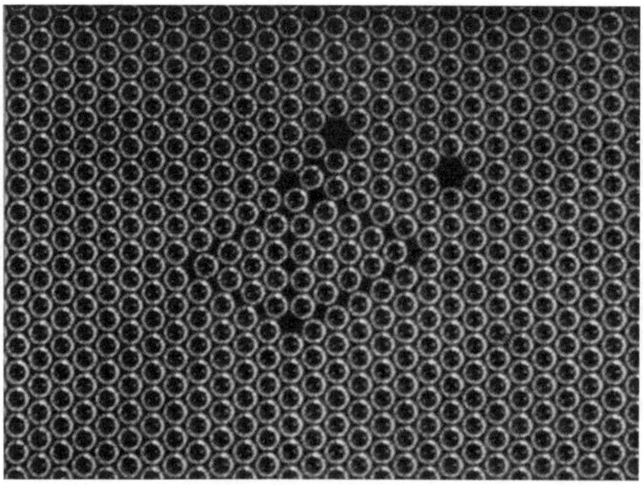

Diamètre 0,68 mm.

Figure 12 – Recristallisation. Diamètre 0,60 mm.

a. Immédiatement après agitation.

b. Au bout de 33 sec.

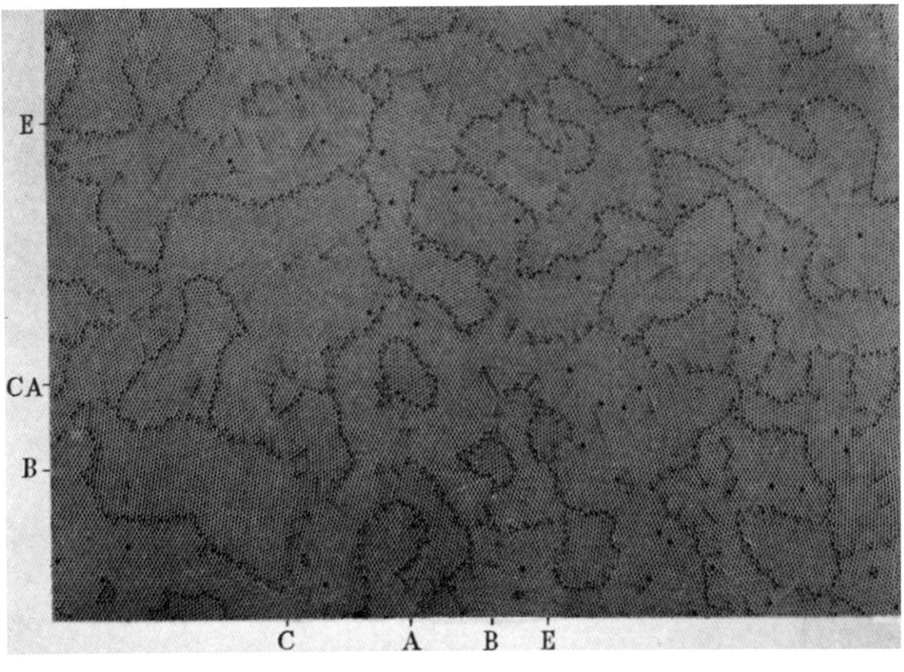

© Dunod. Toute reproduction non autorisée est un délit.

c. Au bout de 2 min.

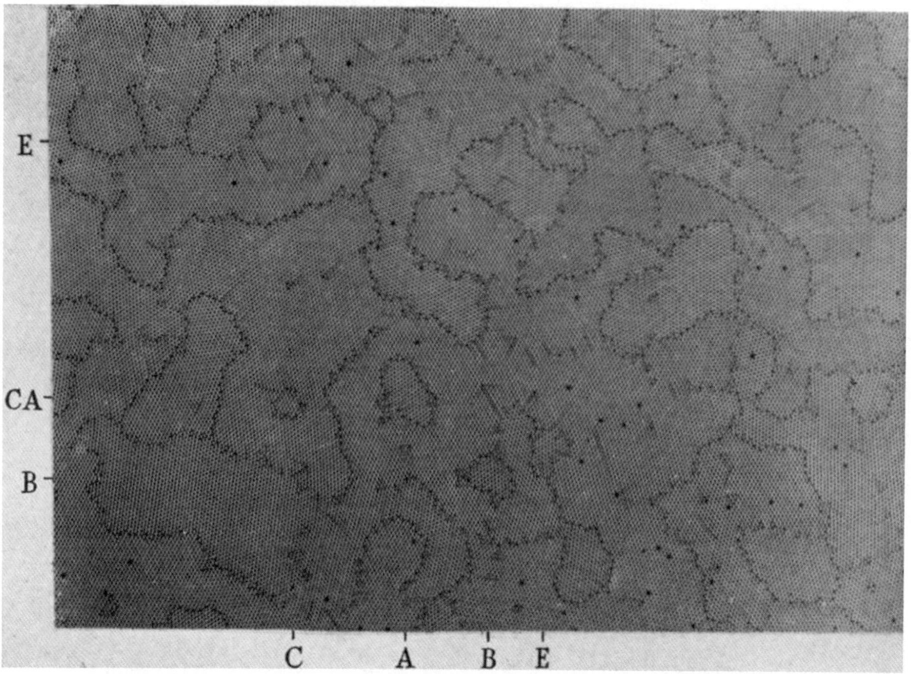

d. Au bout de 14 min.

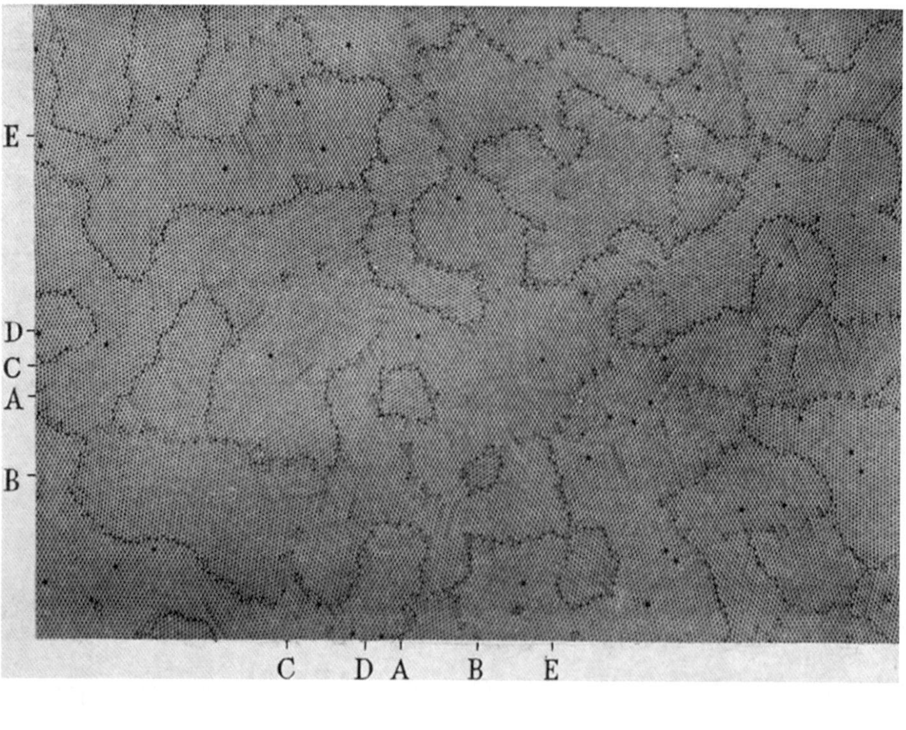

c. Au bout de 25 min.

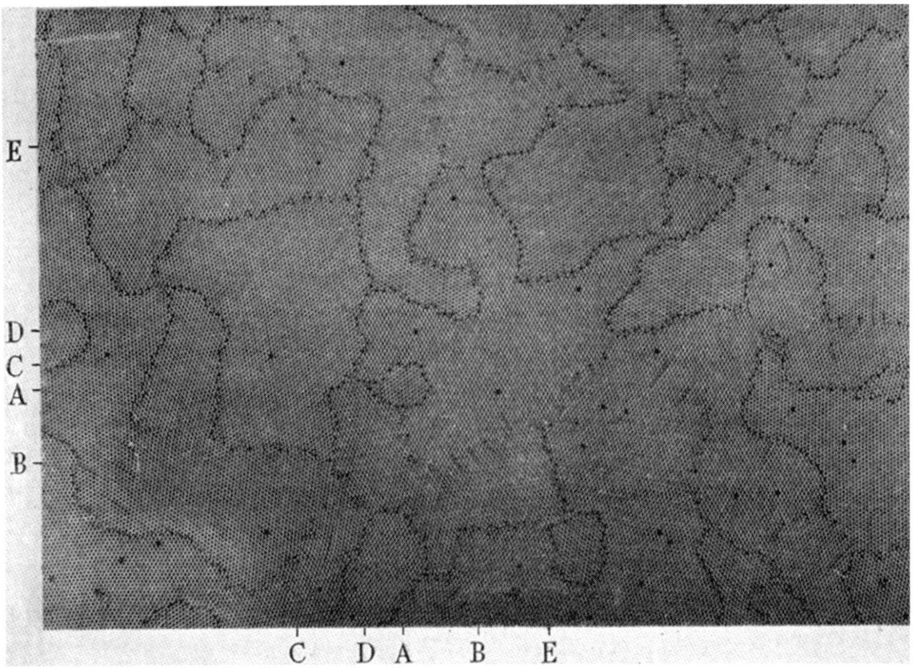

© Dunod. Toute reproduction non autorisée est un délit.

Figure 13 – Deux étapes de la recristallisation. Diamètre 1,64 mm.

a. Au bout d'une sec.

b. Au bout de 4 sec.

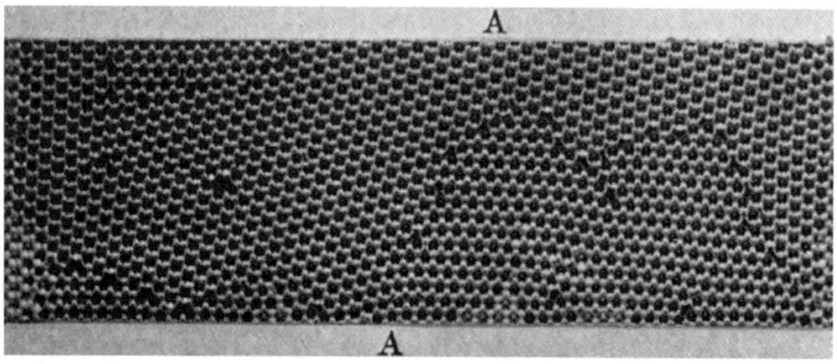

c. Au bout de 4 min.

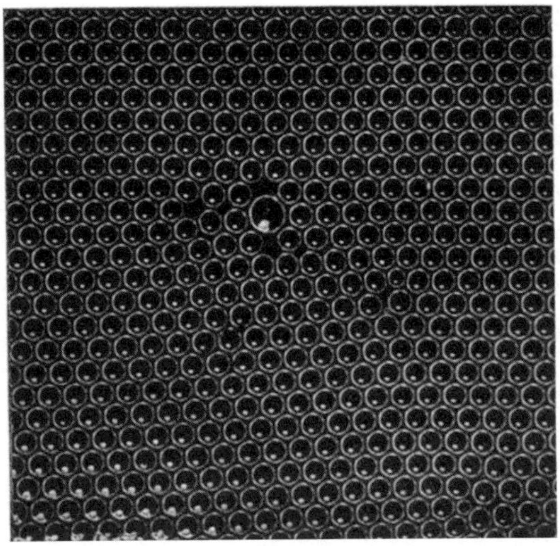

Figure 14 – Effet des atomes d'impureté. Diamètre des bulles uniformes environ 1,3 mm.

Figure 15 – Vue oblique d'un radeau à trois dimensions.

© Dunod. Toute reproduction non autorisée est un délit.

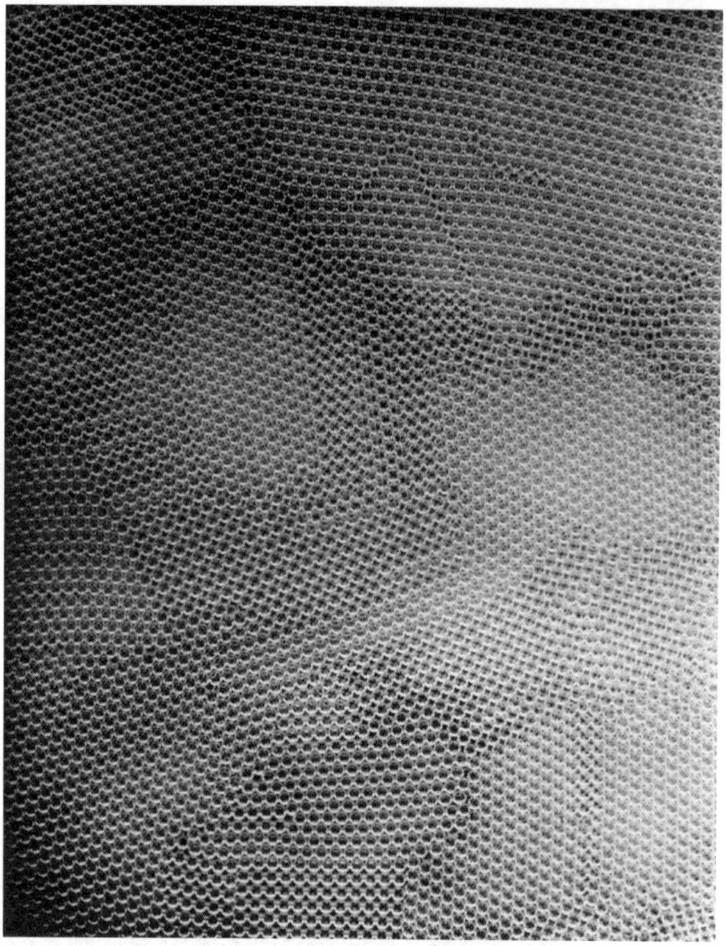

Figure 16 – Radeau à trois dimensions vu sous incidence normale. Diamètre 0,70 mm.

Figure 17 – Structure cubique faces centrées.

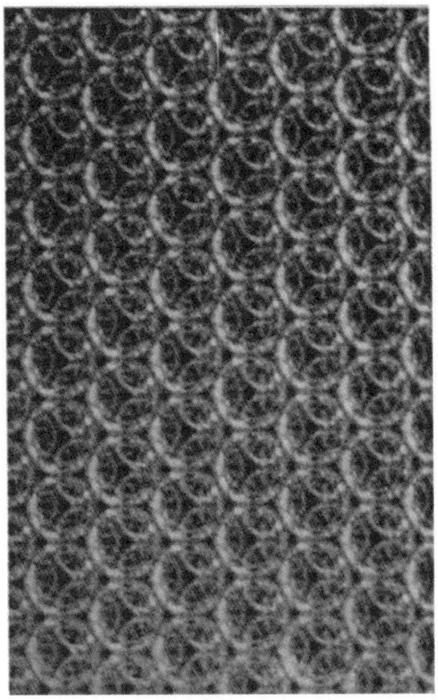

a. Face (111).

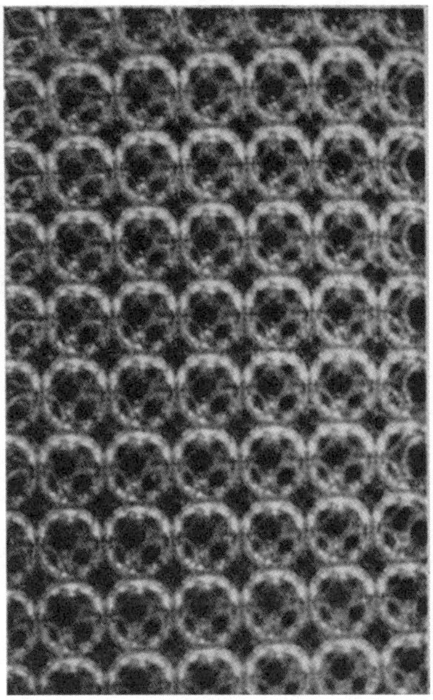

b. Face (100).

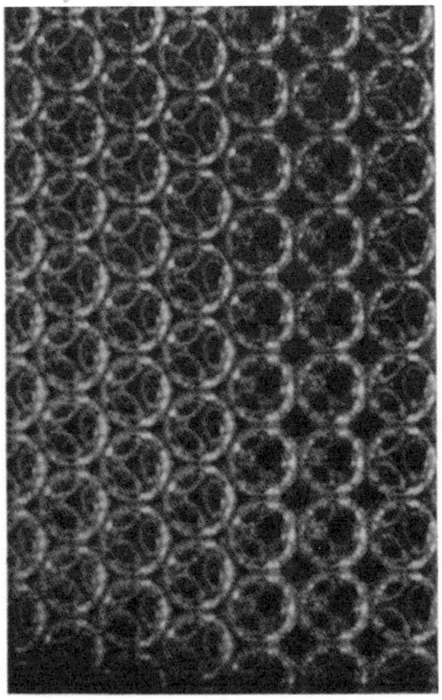

c. Jumelage à travers (111), structure cubique.

d. Exemple possible d'empilement hexagonal compact.

Diamètre 0,70 mm.

© Dunod. Toute reproduction non autorisée est un délit.

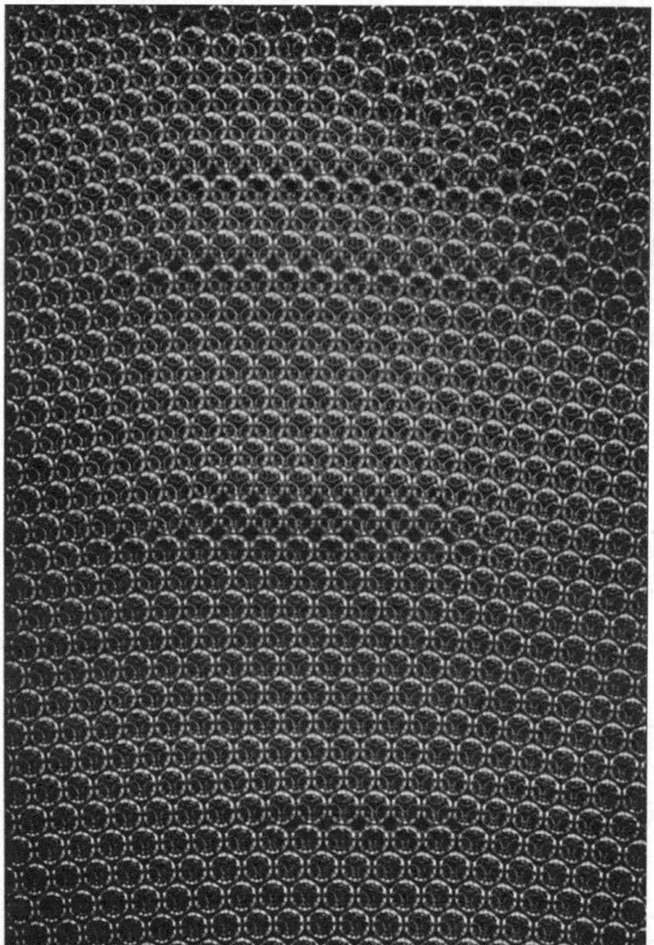

Figure 18 – Dislocations dans une structure à trois dimensions. Diamètre 0,70 mm.

TENSEURS 31

31.1 LE TENSEUR DE POLARISABILITÉ

Les physiciens ont toujours l'habitude de choisir l'exemple le plus simple de chaque phénomène et de le considérer comme faisant partie de la physique, en laissant les exemples les plus compliqués à d'autres domaines – disons, aux mathématiques appliquées, à l'électrotechnique, à la chimie, ou à la cristallographie. Même la physique de l'état solide ne relève qu'à moitié de la physique car elle s'occupe trop de substances particulières. De sorte que dans ce cours nous laisserons tomber bien des choses intéressantes. Par exemple, l'une des propriétés importantes des cristaux – du moins pour presque toutes les substances – est que leur polarisabilité électrique est différente dans différentes directions. Si vous appliquez un champ dans une direction quelconque, les charges atomiques se déplacent un peu et créent un moment dipolaire, mais l'intensité de ce moment dépend beaucoup de la direction du champ. Ceci est évidemment une certaine complication. Mais en physique, nous commençons en général par parler du cas particulier pour lequel la polarisabilité est la même dans toutes les directions, ce qui rend la vie plus facile. Nous laissons les autres cas à quelque autre discipline. Par conséquent, nous n'aurons pas besoin de tout ce qui va être dit dans ce chapitre pour notre travail ultérieur.

Les mathématiques des tenseurs sont très utiles en particulier pour décrire les propriétés des substances qui varient avec la direction, bien que ce ne soit là qu'un exemple particulier de leurs applications. Comme plusieurs d'entre vous ne deviendront pas physiciens, mais iront dans un monde *réel* où les choses dépendent sérieusement de la direction, tôt ou tard vous devrez utiliser les tenseurs. Afin de ne rien laisser de côté, nous allons décrire les tenseurs, mais pas très en détail. Nous voulons avoir le sentiment que notre étude de la physique est complète. Par exemple, notre cours d'électrodynamique est complet – aussi complet que n'importe quel cours d'électricité et de magnétisme, même qu'un cours supérieur. La partie mécanique est incomplète, parce que nous avons étudié la mécanique quand vous ne possédiez pas encore un haut niveau de raffinement mathématique, et que vous n'étiez pas capable d'aborder des sujets tels que le principe de moindre action, ou les Lagrangiens, ou les Hamiltoniens, et ainsi de suite, qui sont des *moyens plus élégants* de décrire la mécanique. Exception faite pour la relativité générale, nous possédons toutes les *lois* de la mécanique. La partie électricité et magnétisme est complète, et bien d'autres choses sont pratiquement complètes. La mécanique quantique, naturellement, ne le sera pas – il faut bien laisser quelque chose pour l'avenir. Mais vous devez au moins savoir ce qu'est un tenseur.

Nous avons insisté au chapitre 30 sur le fait que les propriétés des substances cristallines sont différentes dans différentes directions – nous disons qu'elles sont *anisotropes.*

© Dunod. Toute reproduction non autorisée est un délit.

La variation du moment dipolaire induit avec la direction du champ appliqué n'est qu'un exemple, c'est celui que nous choisirons comme exemple de tenseur. Disons que pour une direction donnée du champ électrique, le moment dipolaire induit par unité de volume $\boldsymbol{P}$ est proportionnel à l'intensité du champ appliqué $\boldsymbol{E}$ (ceci est une bonne approximation pour bien des substances si $\boldsymbol{E}$ n'est pas trop grand). Soit a la constante de proportionnalité[1]. Considérons maintenant des substances pour lesquelles a dépend de la direction du champ appliqué, par exemple, des cristaux comme la calcite, qui donnent une double image quand on regarde à travers eux.

Imaginons que dans un cristal particulier, nous trouvions qu'un champ électrique $\boldsymbol{E}_1$, parallèle à l'axe des x produise la polarisation $\boldsymbol{P}_1$, dans la direction de l'axe des x. Ensuite, nous trouvons qu'un champ électrique $\boldsymbol{E}_2$ parallèle à l'axe des y, de même intensité que $\boldsymbol{E}_1$, produit une polarisation différente $\boldsymbol{P}_2$ dans la direction de l'axe des y. Que se passerait-il avec un champ orienté à 45° ? Celui-ci est la superposition de deux champs le long des axes x et y, donc la polarisation $\boldsymbol{P}$ sera le vecteur somme de $\boldsymbol{P}_1$ et $\boldsymbol{P}_2$ comme sur la Fig. 31.1a. La polarisation n'est plus parallèle au champ électrique. Vous pouvez voir comment cela peut se faire. Il peut y avoir des charges qui se déplacent facilement de haut en bas, mais qui sont assez inertes devant des déplacements latéraux. Quand on applique une force à 45°, les charges vont plus loin vers le haut que vers les côtés. Les déplacements ne se font pas parallèlement à la force extérieure, parce qu'il y a des forces élastiques internes asymétriques.

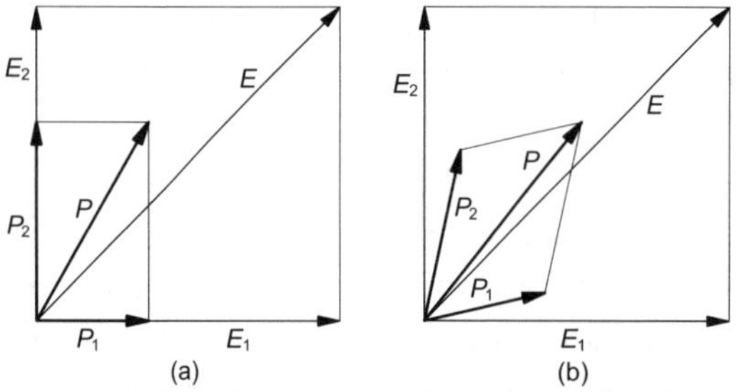

Figure 31.1 – Le vecteur somme des polarisations dans un cristal anisotrope.

Il n'y a, évidemment, rien de particulier pour 45°. Il est vrai *en général* que la polarisation induite d'un cristal n'est *pas* parallèle au champ électrique. Dans l'exemple ci-dessus, il se trouve que nous avons fait un choix « heureux » pour nos axes des x et y, suivant lesquels $\boldsymbol{P}$ était bien parallèle à $\boldsymbol{E}$ dans les deux directions x et y. Si l'on faisait tourner le cristal par rapport aux axes de coordonnées, le champ électrique E_2 parallèle à l'axe des y produirait une polarisation $\boldsymbol{P}$ avec deux composantes x et y. De même la polarisation due à un champ électrique parallèle à l'axe des x aurait deux composantes x et y. Les polarisations seraient donc comme sur la Fig. 31.1b au lieu d'être comme sur la Fig. 31.1a. Les choses sont plus compliquées, mais pour tout champ $\boldsymbol{E}$, le module de $\boldsymbol{P}$ reste proportionnel au module de $\boldsymbol{E}$.

1. Au chapitre 10 nous avons adopté la convention usuelle et nous avons écrit $P = \epsilon_0 xE$ où (« khi ») est la « susceptibilité ». Il sera plus commode ici de ne prendre qu'une lettre et d'écrire a pour $\epsilon_0 x$. Pour des diélectriques isotropes, $a = (\kappa - 1)\epsilon_0$, où e est la constante diélectrique (voir paragraphe 10-4).

Abordons maintenant le cas général d'une orientation quelconque d'un cristal par rapport aux axes de coordonnées. Un champ électrique parallèle à l'axe des x produit une polarisation $\boldsymbol{P}$ ayant trois composantes suivant les axes des x, y et z ; nous pouvons écrire

$$P_x = \alpha_{xx}E_x, \qquad P_y = \alpha_{yx}E_x, \qquad P_z = \alpha_{zx}E_x. \tag{31.1}$$

Tout ce que nous formulons ici, c'est que, si un champ électrique est parallèle à l'axe des x, la polarisation n'est pas forcément orientée dans cette direction, mais qu'elle possède en fait trois composantes suivant les axes des x, y et z - chacune étant proportionnelle à E_r. Appelons a_{xx}, a_{yx}, a_{zx} respectivement, les constantes de proportionnalité (la première lettre indique celle des composantes de $\boldsymbol{P}$ concernée, la dernière se rapporte à l'orientation du champ électrique).

De même pour un champ parallèle à l'axe des y,nous pouvons écrire

$$P_x = \alpha_{xy}E_y, \qquad P_y = \alpha_{yy}E_y, \qquad P_z = \alpha_{zy}E_y; \tag{31.2}$$

et pour un champ parallèle à l'axe des

$$P_x = \alpha_{xz}E_z, \qquad P_y = \alpha_{yz}E_z, \qquad P_z = \alpha_{zz}E_z. \tag{31.3}$$

Or. nous avons dit que la polarisation dépendait linéairement des champs, donc avec un champ électrique $\boldsymbol{E}$ ayant deux composantes suivant les axes des x et des y, la résultante des composantes x de P sera la somme des deux P_r des Éqs. (31.1) et (31.2). Si $\boldsymbol{E}$ a des composantes suivant les axes des x, y et z, les composantes résultantes de $\boldsymbol{P}$ seront la somme des trois contributions des Éqs. (31.1), (31.2) et (31.3). En d'autres termes P sera donné par

$$\begin{aligned} P_x &= \alpha_{xx}E_x + \alpha_{xy}E_y + \alpha_{xz}E_z, \\ P_y &= \alpha_{yx}E_x + \alpha_{yy}E_y + \alpha_{yz}E_z, \\ P_z &= \alpha_{zx}E_x + \alpha_{zy}E_y + \alpha_{zz}E_z. \end{aligned} \tag{31.4}$$

Le comportement diélectrique du cristal est alors décrit complètement par les neuf grandeurs $(a_{xx}, a_{xy}, a_{xz}, a_{yz}, \ldots)$, que l'on peut représenter par le symbole a_{ij}.

(Les indices i et j sont mis pour l'une des trois lettres x, y, z.) Tout champ électrique $\boldsymbol{E}$ peut être décomposé en ses trois composantes E_x, E_y, E_z ; à partir d'elles et par application des a_{ij} on peut trouver P_x, P_y et P_z qui, ensemble, donnent la polarisation totale $\boldsymbol{P}$. L'ensemble des neuf coefficients a_{ij} ; s'appelle un *tenseur* - dans ce cas-ci, le *tenseur de polarisabilité*. De même que nous disons que $(E_r, E_y.E_s)$ « forment le vecteur $\boldsymbol{E}$ », nous disons que les neuf nombres $(a_{xx}, a_{xy}, \ldots)$ « forment le tenseur a_{ij} ».

31.2 Transformation des composantes d'un tenseur

Vous savez que si nous passons à un autre système de coordonnées x', y' et z', les composantes E'_x, E'_y, et E'_z, du vecteur seront très différentes - comme le seront aussi *les*

© Dunod. Toute reproduction non autorisée est un délit.

composantes de **P**. Donc tous les coefficients a_{ij} seront différents pour un autre système de coordonnées. En fait, vous pouvez vous rendre compte comment doivent changer les a, en changeant les composantes de **E** et **P** convenablement, car si nous décrivons le *même* champ électrique *physique* dans le nouveau système de coordonnées nous devons obtenir la même polarisation. Pour tout nouvel ensemble de coordonnées, P_x, est une combinaison linéaire de P_x, P_y et P_z :

$$P_{x'} = aP_x + bP_y + cP_z,$$

et de même pour les autres composantes. Si vous substituez les P_x, P_y et P_z en fonction des E, en appliquant les Éq. (31.4), vous obtenez

$$\begin{aligned} P_{x'} &= a(\alpha_{xx}E_x + \alpha_{xy}E_y + \alpha_{xz}E_z) \\ &\quad + b(\alpha_{yx}E_x + \alpha_{yy}E_y + \alpha_{yz}E_z) \\ &\quad + c(\alpha_{zx}E_x + \alpha_{zy}E_y + \alpha_{zz}E_z). \end{aligned}$$

Puis vous écrivez E_x, E_y et E_z en fonction de $E_{x'}$, $E_{y'}$, et $E_{z'}$; par exemple,

$$E_x = a'E_{x'} + b'E_{y'} + c'E_{z'},$$

où a', b', c' sont reliés à a, b, c, mais ne leur sont pas égaux. Vous avez donc $P_{x'}$ exprimé en fonction de $E_{x'}$, $E_{y'}$, et $E_{z'}$; vous avez le nouveau a_{ij}. C'est un peu embrouillé, mais sans difficultés réelles.

Quand nous parlons de changer les axes, nous supposons que le cristal est fixe dans l'espace. Si le cristal tournait *avec* les axes, les a ne changeraient pas. Au contraire, si l'orientation du cristal changeait par rapport aux axes, nous aurions un nouvel ensemble des a. Mais s'ils sont connus pour une orientation quelconque du cristal, on peut les calculer pour tout autre orientation grâce à la transformation que nous venons de décrire. En d'autres termes, les propriétés diélectriques d'un cristal sont décrites *totalement* par la donnée des composantes du tenseur de polarisation a_{ij} par rapport à un ensemble d'axes arbitrairement choisi. Tout comme nous pouvons associer un vecteur vitesse $\boldsymbol{v} = (v_x, v_y, v_z)$ à une particule, en sachant que les trois composantes changeront d'une certaine façon avec un changement des axes de coordonnées, nous associons à un cristal un tenseur de polarisabilité a_{ij}, dont les neuf composantes se transformeront d'une certaine façon avec un changement du système des coordonnées.

La relation entre **P** et **E** écrite dans l'Éq. (31.4) peut se mettre sous une forme plus condensée.

$$P_i = \sum_j \alpha_{ij}E_j, \tag{31.5}$$

où il est entendu que i représente soit x, soit y, soit z et que la somme doit être prise sur $j = x, y$ et z. On a inventé plusieurs notations spéciales pour les tenseurs, mais chacune d'elles ne convient que pour une classe limitée de problèmes. Une des conventions usuelles consiste à omettre le signe somme($\sum$) dans l'Éq. (31.5), étant sous-entendu que si le même indice est répété deux fois (ici j) il faut prendre la somme sur cet indice. Comme nous n'utiliserons que très peu les tenseurs, nous ne prendrons pas la peine d'adopter de telles notations ou conventions particulières.

31.3 L'ÉLLIPSOIDE D'ÉNERGIE

Nous allons maintenant nous habituer un peu aux tenseurs. Posons-nous la question intéressante : quelle énergie faut-il pour polariser un cristal (en plus de l'énergie du champ que nous savons être égale à $\epsilon_0 E^2/2$ par unité de volume) ? Considérons pour un instant les charges atomiques en train de se déplacer. Le travail fourni par le déplacement d'une charge, de dx est $qE_x dx$ et s'il y a N charges par unité de volume, le travail fourni est $qE_x N dx$. Mais $qNdx$ est la variation dP_x du moment dipolaire par unité de volume. Donc, l'énergie nécessaire *par unité de volume* est

$$E_x\, dP_x.$$

En additionnant le travail des trois composantes du champ, on trouve que le travail par unité de volume est

$$\boldsymbol{E} \cdot d\boldsymbol{P}.$$

Comme le module de $\boldsymbol{P}$ est proportionnel à $\boldsymbol{E}$, le travail par unité de volume pour amener la polarisation de 0 à P est l'intégrale de $\boldsymbol{E} \cdot d\boldsymbol{P}$, soit u_p ce travail,[2] nous écrirons

$$u_P = \frac{1}{2}\boldsymbol{E} \cdot \boldsymbol{P} = \frac{1}{2}\sum_i E_i P_i. \tag{31.6}$$

Puis nous exprimerons $\boldsymbol{P}$ en fonction de $\boldsymbol{E}$ par l'Éq. (31.5), ce qui donne

$$u_P = \frac{1}{2}\sum_i \sum_j \alpha_{ij} E_i E_j. \tag{31.7}$$

La densité d'énergie u_P est un nombre, indépendant)iu choix des axes, c'est donc un scalaire. Un tenseur possède donc la propriété que, sommé sur un indice (avec un vecteur), il donne un nouveau vecteur ; et sommé sur les *deux* indices (avec *deux* vecteurs), il donne un scalaire.

Le tenseur a_{ij} devrait, en réalité, s'appeler un « tenseur de second rang » car il a deux indices. Un vecteur – avec un seul indice – est un tenseur de premier rang ; et un scalaire – sans indice – est un tenseur de rang zéro. Nous disons donc que le champ électrique $\boldsymbol{E}$ est un tenseur du premier rang et que la densité d'énergie u_P est un tenseur de rang zéro. On peut étendre l'idée de tenseur à trois ou plus de trois indices, et donc construire des tenseurs de rang plus élevé que deux.

Les indices du tenseur de polarisation peuvent prendre trois valeurs possibles – ce sont des tenseurs dans un espace à trois dimensions. Les mathématiciens considèrent des tenseurs dans des espaces à quatre, cinq ou plusieurs dimensions. Nous nous sommes déjà servis d'un tenseur dans un espace à quatre dimensions $F_{\mu\nu}$, pour notre description relativiste du champ électromagnétique (chapitre 26).

2. Ce travail fourni pour *produire* la polarisation par un champ électrique ne doit pas être confondu avec l'énergie potentielle $-\boldsymbol{p}_0 \cdot \boldsymbol{E}$ d'un moment dipolaire permanent p_0.

© Dunod. Toute reproduction non autorisée est un délit.

Le tenseur de polarisation a_{ij} possède la propriété intéressante d'être *symétrique*, c'est-à-dire que $a_{xy} = a_{yx}$ et il en est de même, pour toute paire d'indices. (Ceci est une propriété *physique* d'un cristal réel mais non nécessairement de tous les tenseurs.) Vous pouvez vous convaincre que ceci doit être vrai, en calculant la variation d'énergie d'un cristal hors du cycle suivant : (I) introduction d'un champ parallèle à l'axe des x ; (2) introduction d'un champ parallèle à l'axe des y ; (3) suppression du champ x ; (4) suppression du champ y. Le cristal est de nouveau dans son état initial, et le travail total de polarisation doit être nul. Vous pouvez voir, cependant, que pour qu'il en soit ainsi a_{xy} doit être égal à a_{yx}. On peut évidemment faire le même type de raisonnement pour a_{xz}, etc. Le tenseur de polarisation est donc symétrique.

Cela signifie également que l'on peut mesurer le tenseur de polarisation, en mesurant simplement l'énergie nécessaire pour polariser le cristal dans diverses directions. Imaginez qu'on applique un champ $\boldsymbol{E}$ ayant seulement une composante x et une composante y ; d'après l'Éq. (31.7),

$$u_P = \frac{1}{2}[\alpha_{xx}E_x^2 + (\alpha_{xy} + \alpha_{yx})E_xE_y + \alpha_{yy}E_y^2]. \tag{31.8}$$

Avec E_x seul, on peut déterminer a_{xx} ; avec E_y seul on peut déterminer a_{yy} ; avec à la fois, E_x et E_y, on obtient une énergie supplémentaire due au terme contenant $(a_{xy} + a_{yx})$. Comme a_{xy} et a_{yx} sont égaux ce terme vaut $2a_{xy}$ et peut être relié à l'énergie.

L'expression de l'énergie, Éq. (31.8), admet une interprétation géométrique très jolie. Demandons-nous quels sont les champs E_x et E_y qui correspondent à une densité d'énergie *donnée* – soit u_0. C'est le problème mathématique de la résolution de l'équation

$$\alpha_{xx}E_x^2 + 2\alpha_{xy}E_xE_y + \alpha_{yy}E_y^2 = 2u_0.$$

C'est une équation quadratique, donc, si nous faisons un graphique de E_x et E_y, les solutions de cette équation sont tous les points d'une ellipse (Fig. 31.2). (Il faut que ce soit une ellipse plutôt qu'une parabole ou une hyperbole, parce que l'énergie pour un champ quelconque est toujours positive et finie.) Le vecteur $\boldsymbol{E}$ avec ses composantes E_x et E_y peut être tracé du centre à un point de l'ellipse. Ainsi, « l'ellipse d'énergie » est un moyen élégant de « visualiser » le tenseur de polarisation.

Si maintenant nous généralisons pour introduire les trois composantes, le vecteur champ électrique $\boldsymbol{E}$, orienté de façon *quelconque* et nécessaire pour fournir une densité d'énergie unité, donne un point situé sur la surface d'un ellipsoïde, comme sur la Fig. 31.3. La forme de cet ellipsoïde d'énergie constante caractérise de façon unique le tenseur de polarisabilité.

Or, un ellipsoïde possède la jolie propriété de pouvoir être décrit simplement par la donnée des directions des trois « axes principaux » et des diamètres le long de ces trois axes. Les « axes principaux » sont les directions des diamètres le plus long et le plus court et la direction qui est leur perpendiculaire commune. On les a figurés par les axes a, b, c de la Fig. 31.3. Par rapport à ces axes l'équation de l'ellipsoïde est particulièrement simple

$$\alpha_{aa}E_a^2 + \alpha_{bb}E_b^2 + \alpha_{cc}E_c^2 = 2u_0.$$

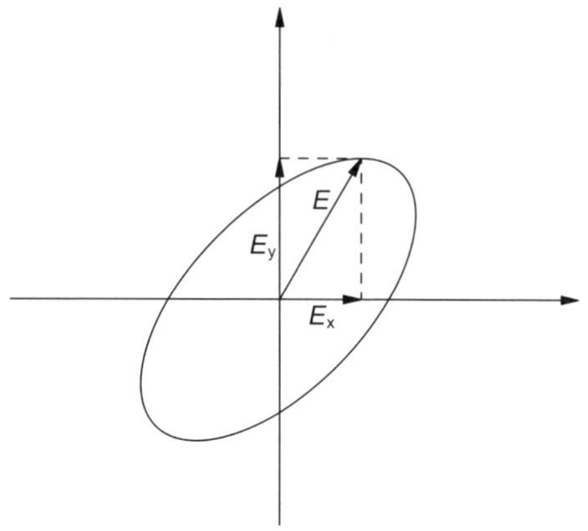

Figure 31.2 – Lieu du vecteur $\boldsymbol{E} = (E_x, E_y)$ produisant une énergie de polarisation constante.

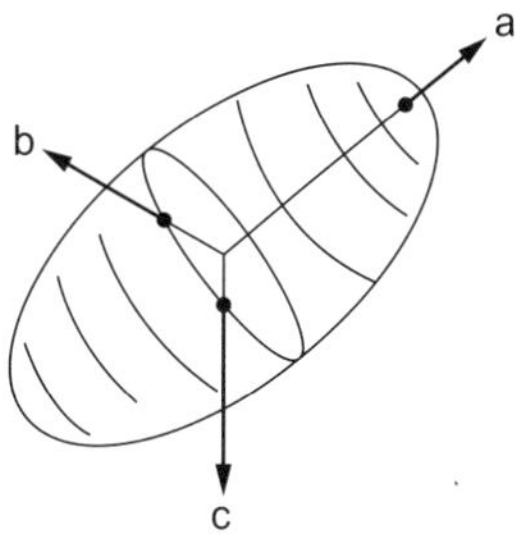

Figure 31.3 – L'ellipsoïde d'énergie du tenseur de polarisation.

Donc, par rapport à ces axes, le tenseur diélectrique n'a que trois composantes non nulles : a_{aa}, a_{bb} et a_{cc}. Autrement dit, quelle que soit la complexité d'un cristal, il est toujours possible de choisir un ensemble de trois axes (non nécessairement les axes du cristal) par rapport auxquels le tenseur de polarisation n'a que trois composantes. Avec ces axes, l'Éq. (31.4) devient tout simplement

$$P_a = \alpha_{aa}E_a, \qquad P_b = \alpha_{bb}E_b, \qquad P_c = \alpha_{cc}E_c. \tag{31.9}$$

Un champ électrique parallèle à l'un des trois axes principaux, produit une polarisation le long de cet axe, mais les coefficients relatifs à ces trois axes peuvent évidemment être différents.

On représente souvent un tenseur en groupant les neuf coefficients dans un tableau entre crochets :

$$\begin{bmatrix} \alpha_{xx} & \alpha_{xy} & \alpha_{xz} \\ \alpha_{yx} & \alpha_{yy} & \alpha_{yz} \\ \alpha_{zx} & \alpha_{zy} & \alpha_{zz} \end{bmatrix}. \tag{31.10}$$

Pour les axes principaux a, b, et c, seuls les termes de la diagonale ne sont pas nuls ; nous disons alors que « le tenseur est diagonal ». Le tenseur complet s'écrit

$$\begin{bmatrix} \alpha_{aa} & 0 & 0 \\ 0 & \alpha_{bb} & 0 \\ 0 & 0 & \alpha_{cc} \end{bmatrix}. \tag{31.11}$$

© Dunod. Toute reproduction non autorisée est un délit.

Il est important de noter ici que tout tenseur de polarisation (en fait, *tout* tenseur *symétrique* de rang deux, dans un nombre quelconque de dimensions) peut être mis sous cette forme en choisissant convenablement un ensemble d'axes de coordonnées.

Si les trois éléments du tenseur de polarisation sous forme diagonale sont égaux, c'est-à-dire si

$$\alpha_{aa} = \alpha_{bb} = \alpha_{cc} = \alpha, \tag{31.12}$$

l'ellipsoïde d'énergie devient une sphère et la polarisabilité est alors la même dans toutes les directions. La substance est isotrope. En notation tensorielle,

$$\alpha_{ij} = \alpha\delta_{ij} \tag{31.13}$$

où δ_{ij} est le *tenseur unité*

$$\delta_{ij} = \begin{bmatrix} 1 & 0 & 0 \\ 0 & 1 & 0 \\ 0 & 0 & 1 \end{bmatrix}. \tag{31.14}$$

Ceci veut dire, naturellement, que

$$\begin{aligned} \delta_{ij} &= 1, \qquad \text{if} \qquad i = j; \\ \delta_{ij} &= 0, \qquad \text{if} \qquad i \neq j. \end{aligned} \tag{31.15}$$

On appelle souvent le tenseur δ_{ij} « le delta de Kronecker ». Vous pourrez vous amuser à vérifier que le tenseur (31.14) conserve exactement la même forme quand on remplace le système des coordonnées par un autre système orthogonal. Le tenseur de polarisation de l'Éq. (31.13) donne

$$P_i = \alpha \sum_j \delta_{ij} E_j = \alpha E_i,$$

ce qui est identique à notre premier résultat concernant les diélectriques isotropes :

$$\boldsymbol{P} = \alpha \boldsymbol{E}.$$

La forme et l'orientation de l'ellipsoïde de polarisation peuvent parfois être rattachées aux propriétés de symétrie du cristal. Nous avons dit au chapitre 30 qu'il y avait 230 symétries internes possibles pour un réseau à trois dimensions et qu'elles pouvaient, pour bien des applications, être commodément groupées en sept classes, suivant la forme de la cellule unité. Or, l'ellipsoïde de polarisabilité doit partager les symétries géométriques internes du cristal. Par exemple, un cristal triclinique a peu de symétries – l'ellipsoïde de polarisabilité aura des axes inégaux et leur orientation ne sera pas en général alignée sur les axes du cristal. Par contre, un cristal monoclinique possède la propriété de laisser inchangées les propriétés du cristal par une rotation de 180° autour d'un axe. Le tenseur de polarisation doit donc être le même après cette rotation. Il s'ensuit que l'ellipsoïde de polarisabilité doit se retrouver sur lui-même après une rotation de 180°. Ceci ne peut se produire que si l'un des axes de l'ellipsoïde a la même direction que l'axe de symétrie du cristal. Pour le reste, l'orientation et les dimensions de l'ellipsoïde sont sans restriction.

Par contre, pour un cristal orthorhombique, les axes de l'ellipsoïde doivent correspondre aux axes du cristal, car une rotation de 180° autour de chacun des trois axes reproduit le même réseau. Pour un cristal quadratique, l'ellipsoïde doit avoir la même symétrie, il doit donc avoir deux diamètres égaux. Enfin pour un cristal cubique les trois diamètres de l'ellipsoïde doivent être égaux ; il devient une sphère, et la polarisabilité du cristal est la même dans toutes les directions.

C'est un jeu compliqué que de trouver tous les tenseurs possibles pour toutes les symétries possibles d'un cristal. Cela s'appelle l'analyse par la théorie des groupes. Mais pour le cas simple du tenseur de polarisabilité, il est relativement facile de voir quelles doivent être les relations.

31.4 AUTRES TENSEURS ; LE TENSEUR D'INERTIE

Bien d'autres exemples de tenseurs se voient en physique. Par exemple, dans un métal, ou bien dans un conducteur quelconque, on trouve souvent que le vecteur densité de courant $\boldsymbol{j}$ est à peu près proportionnel au champ électrique $\boldsymbol{E}$; la constante de proportionnalité est la conductivité a :

$$\boldsymbol{j} = \sigma \boldsymbol{E}.$$

Pour les cristaux, cependant, la relation entre $\boldsymbol{j}$ et $\boldsymbol{E}$ est plus compliquée ; la conductivité est un tenseur qui s'écrit

$$j_i = \sum \sigma_{ij} E_j.$$

Un autre exemple de tenseur en physique, est le moment d'inertie. Au chapitre 18 du volume I, nous avons vu qu'un solide en rotation autour d'un axe fixe, avait un moment cinétique L proportionnel à la vitesse angulaire co et nous avons appelé I le coefficient de proportionnalité, ou moment d'inertie :

$$L = I\omega.$$

Pour un solide de forme quelconque, le moment d'inertie dépend de son orientation par rapport à l'axe de rotation. Par exemple, un parallélépipède aura des moments différents par rapport à ses trois axes orthogonaux. Or, la vitesse angulaire ω et le moment cinétique $\boldsymbol{L}$ sont tous deux des vecteurs. Pour les rotations autour d'un des axes de symétrie, ils sont parallèles. Mais si le moment d'inertie est différent par rapport aux trois axes, ω et $\boldsymbol{L}$ ne sont en général pas parallèles (voir Fig. 31.4). Ils sont liés par une relation semblable à celle qui lie $\boldsymbol{E}$ et $\boldsymbol{P}$. Dans le cas général, on peut écrire

$$\begin{aligned} L_x &= I_{xx}\omega_x + I_{xy}\omega_y + I_{xz}\omega_z, \\ L_y &= I_{yx}\omega_x + I_{yy}\omega_y + I_{yz}\omega_z, \\ L_z &= I_{zx}\omega_x + I_{zy}\omega_y + I_{zz}\omega_z. \end{aligned} \tag{31.16}$$

Les neuf coefficients I_{ij} forment le tenseur d'inertie. En poursuivant l'analogie avec la polarisation, on trouve que l'énergie cinétique relative à un moment cinétique quel-

© Dunod. Toute reproduction non autorisée est un délit.

conque doit être une forme quadratique des composantes ω_z, ω_y, et ω_s :

$$\mathrm{KE} = \frac{1}{2}\sum_{ij} I_{ij}\omega_i\omega_j. \tag{31.17}$$

Nous pouvons utiliser l'énergie pour définir l'ellipsoïde d'inertie. De même, un raisonnement basé sur l'énergie permet de montrer que le tenseur est symétrique – c'est-à-dire $I_{ij} = I_{ji}$.

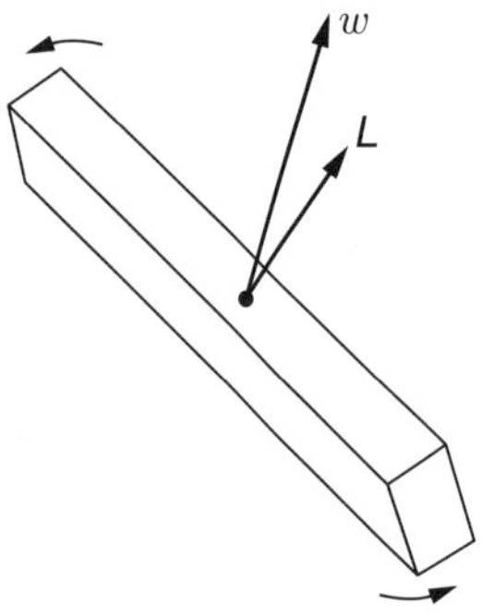

Figure 31.4 – Le moment cinétique $\boldsymbol{L}$ d'un solide n'est pas en général parallèle à sa vitesse angulaire ω

On peut construire le tenseur d'inertie d'un corps solide, si l'on connaît la forme de ce corps. Il suffit simplement d'écrire l'énergie cinétique totale de toutes les particules de ce corps. Une particule de masse m et vitesse $\boldsymbol{v}$ possède l'énergie cinétique $\frac{1}{2}mv^2$, l'énergie cinétique totale est donc la somme

$$\sum \frac{1}{2}mv^2$$

sur toutes les particules du corps. La vitesse $\boldsymbol{v}$ de chaque particule est reliée à la vitesse ω de rotation du solide.

Supposons que le solide tourne autour de son centre de masse, que nous prenons au repos. Alors si $\boldsymbol{r}$ est la distance d'une particule au centre de masse, sa vitesse $\boldsymbol{v}$ est $\boldsymbol{\omega} \times \boldsymbol{r}$. L'énergie cinétique totale est donc

$$\mathrm{EC} = \sum \frac{1}{2}m(\omega \times \boldsymbol{r})^2. \tag{31.18}$$

Il ne nous reste plus qu'à exprimer $\boldsymbol{\omega} \times \boldsymbol{r}$ en fonction des composantes ω_z, ω_y, ω_z et x, y, z, et à comparer le résultat avec l'Éq. (31.17) ; on trouve I_{ij} en identifiant terme à terme. En faisant les calculs, on obtient

$$\begin{aligned}(\omega \times \boldsymbol{r})^2 &= (\omega \times \boldsymbol{r})_x^2 + (\omega \times \boldsymbol{r})_y^2 + (\omega \times \boldsymbol{r})_z^2\\ &= (\omega_y z - \omega_z y)^2 + (\omega_z x - \omega_x z)^2 + (\omega_x y - \omega_y x)^2\\ &= +\omega_y^2 z^2 - 2\omega_y\omega_z zy + \omega_z^2 y^2\\ &\quad + \omega_z^2 x^2 - 2\omega_z\omega_x xz + \omega_x^2 z^2\\ &\quad + \omega_x^2 y^2 - 2\omega_x\omega_y yx + \omega_y^2 x^2.\end{aligned}$$

En multipliant cette équation par $m/2$, en sommant sur toutes les particules, et en comparant avec l'Éq. (31.17) nous voyons que I_{xx}, par exemple, vaut

$$I_{xx} = \sum m(y^2 + z^2).$$

C'est précisément la formule que nous avions déjà obtenue (chapitre 19, Vol. I) pour le moment d'inertie d'un corps par rapport à l'axe des x. Comme $r^2 = x^2 + y^2 + z^2$, ce terme s'écrit encore

$$I_{xx} = \sum m(r^2 - x^2).$$

En calculant tous les autres termes, le tenseur d'inertie peut s'écrire

$$I_{ij} = \begin{bmatrix} \sum m(r^2 - x^2) & -\sum mxy & -\sum mxz \\ -\sum myx & \sum m(r^2 - y^2) & -\sum myz \\ -\sum mzx & -\sum mzy & \sum m(r^2 - z^2) \end{bmatrix}. \tag{31.19}$$

Si vous voulez, on peut encore l'écrire en « notation tensorielle »

$$I_{ij} = \sum m(r^2\delta_{ij} - r_i r_j), \tag{31.20}$$

où les r_i sont les composantes (x, y, z) du vecteur position d'une particule, et où $\sum$ indique qu'il faut sommer sur toutes les particules. Le tenseur d'inertie est alors un tenseur de rang deux, dont les termes sont une caractéristique du solide et relient $\boldsymbol{L}$ à ω par la relation

$$L_i = \sum_j I_{ij}\omega_j. \tag{31.21}$$

Quelle que soit la forme du solide, nous pouvons trouver l'ellipsoïde d'inertie et par suite, ses trois axes principaux. Rapporté à ces axes, le tenseur est diagonal, de sorte que pour tout solide il existe toujours trois axes orthogonaux par rapport auxquels la vitesse angulaire et le moment cinétique sont parallèles. Ce sont les axes principaux d'inertie.

31.5 Le produit vectoriel

Il faut remarquer que nous avons considéré des tenseurs de rang deux depuis le chapitre 20 du volume I. Nous y avons défini un « couple dans un plan », tel que τ_{xy}, comme

$$\tau_{xy} = xF_y - yF_x.$$

En généralisant aux trois dimensions, nous pouvons écrire

$$\tau_{ij} = r_iF_j - r_jF_i. \tag{31.22}$$

La grandeur τ_{ij} est un tenseur de rang deux. Un moyen de s'en assurer consiste à combiner τ_{ij} avec un vecteur, disons le vecteur unitaire $\boldsymbol{e}$, sous la forme

$$\sum_j \tau_{ij}e_j.$$

© Dunod. Toute reproduction non autorisée est un délit.

Si cette grandeur est un *vecteur*, alors ro doit se transformer en un tenseur – telle est notre définition d'un tenseur. En remplaçant τ_{ij}, nous obtenons

$$\sum_j \tau_{ij} e_j = \sum_j r_i F_j e_j - \sum_j r_j e_j F_i$$
$$= r_i(\boldsymbol{F} \cdot \boldsymbol{e}) - (\boldsymbol{r} \cdot \boldsymbol{e}) F_i.$$

Comme les produits scalaires sont des scalaires, les deux termes du membre de droite sont des vecteurs, et de même leur différence. Donc τ_{ij} est un tenseur.

Mais τ_{ij} est un tenseur d'un type particulier ; il est *antisymétrique*, c'est-à-dire,

$$\tau_{ij} = -\tau_{ji},$$

il ne possède donc que trois termes non nuls $-\tau_{xy}$, τ_{yz}, et τ_{zx}. Nous avions montré au chapitre 20, Vol. I que ces trois termes, presque par « accident » se transformaient comme les trois composantes d'un vecteur, de sorte que nous avions pu *définir*

$$\boldsymbol{\tau} = (\tau_x, \tau_y, \tau_z) = (\tau_{yz}, \tau_{zx}, \tau_{xy})$$

Nous disons « par accident », car ceci ne se produit que dans l'espace à trois dimensions. Dans quatre dimensions, un tenseur antisymétrique de rang deux a *six* termes non nuls et ne peut certainement pas être remplacé par un vecteur à *quatre* composantes.

Tout comme le vecteur axial $\tau = \boldsymbol{r} \times \boldsymbol{F}$ est un tenseur, il en est de même de tout produit vectoriel de deux vecteurs polaires – tous les mêmes raisonnements s'appliquent. Par chance, néanmoins, on peut aussi les représenter par des vecteurs (en réalité des pseudo-vecteurs), de sorte que nos mathématiques en ont été simplifiées.

Mathématiquement, si $\boldsymbol{a}$ et $\boldsymbol{b}$ sont deux vecteurs quelconques, les neuf grandeurs $a_i b_j$ forment un tenseur (bien qu'il puisse n'avoir aucune application intéressante en physique). Ainsi, pour le vecteur position r_i, $r_i r_j$ est un tenseur, et comme δ_{ij} en est un aussi, nous voyons que le membre de droite de l'Éq. (31.20) est bien un tenseur. De même, l'Éq. (31.22) est un tenseur, puisque les deux termes du membre de droite sont des tenseurs.

31.6 Le tenseur des contraintes

Les tenseurs symétriques que nous avons décrits jusqu'ici, nous sont apparus comme les coefficients d'une relation entre deux vecteurs. Examinons maintenant le cas d'un tenseur qui a un autre sens physique – le tenseur des *contraintes*. Imaginons un objet solide soumis à des forces diverses. Nous disons qu'à l'intérieur de ce solide s'exercent des « contraintes » – c'est-à-dire qu'il existe des forces internes entre des éléments voisins de matière. Nous avons déjà parlé un peu de ces contraintes dans un cas à deux dimensions, quand nous avions considéré la tension d'une membrane tendue, au paragraphe 12-3. Nous allons voir maintenant que les forces internes qui règnent dans la matière d'un corps à trois dimensions peuvent être décrites par un tenseur.

Soit un corps fait d'une matière élastique – par exemple un morceau de gélatine. Pratiquons une coupure à travers le morceau ; la matière qui se trouve de chaque côté de cette coupure est en général déplacée par des forces internes. Avant que la coupure n'existe, il devait y avoir des forces entre les deux parties qui maintenaient la gélatine en place ; nous pouvons décrire les contraintes au moyen de ces forces. Considérons un plan perpendiculaire à l'axe des x – comme le plan σ de la Fig. 31.5 – et cherchons la force qui s'exerce à travers la petite surface $\Delta y \Delta z$ de ce plan. La matière à gauche de la surface exerce la force $\Delta \boldsymbol{F}_1$ sur la matière de droite comme on le voit sur la partie (b) de la figure. Il y a évidemment la force de réaction opposée – $\Delta \boldsymbol{F}_1$ exercée sur la matière à gauche de la surface. Si la surface est assez petite, $\Delta \boldsymbol{F}_1$, doit être proportionnelle à l'aire $\Delta y \Delta z$.

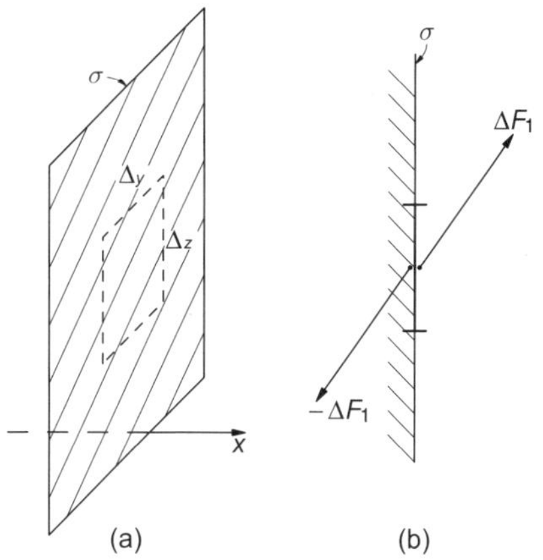

Figure 31.5 – La matière à gauche du plan σ exerce à travers la surface $\Delta y \Delta z$ la force $\Delta \boldsymbol{F}_1$ sur la matière à droite du plan.

Il existe un type de contrainte qui vous est déjà familier : c'est la pression dans un liquide en équilibre. Dans ce cas la force est égale au produit de la pression par la surface, et elle est normale à l'élément de surface. Pour les solides – et aussi pour les liquides visqueux en mouvement – la force n'a pas besoin d'être normale à la surface ; il existe des forces de *cisaillement* en plus des forces de pression (positives ou négatives). (Les forces de « cisaillement » sont les composantes tangentielles de la force sur une surface.) Il faut tenir compte des trois composantes de la force. Remarquez aussi que si nous faisons notre coupure dans un plan différemment orienté, les forces seront différentes. Pour faire une description complète des contraintes internes, il faut un tenseur.

Nous définirons le tenseur des contraintes de la façon suivante : imaginons d'abord une coupure perpendiculaire à l'axe des x et décomposons la force $\Delta \boldsymbol{F}_1$ qui s'exerce à travers la coupure en ses composantes ΔF_{x1}, ΔF_{y1}, ΔF_{z1}, comme sur la Fig. 31.6. Nous appellerons S_{xx}, S_{yx}, S_{zx} le rapport de ces forces à l'aire $\Delta y \Delta z$. Par exemple,

$$S_{yx} = \frac{\Delta F_{x1}}{\Delta y \, \Delta z}.$$

Le premier indice y se rapporte à la direction de la composante de la force ; le second indice x est la direction normale à la surface. Vous pourriez aussi écrire l'aire $\Delta y \Delta z$ sous

© Dunod. Toute reproduction non autorisée est un délit.

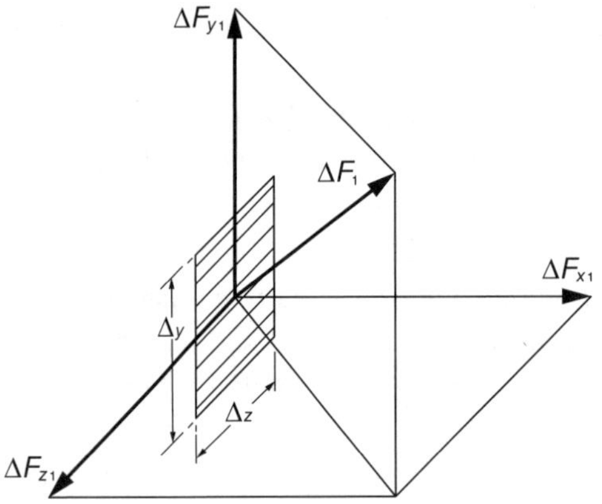

Figure 31.6 – La force $\Delta \boldsymbol{F}_1$ à travers un élément de surface $\Delta y \Delta z$ perpendiculaire à l'axe des x se décompose en ses trois composantes ΔF_{x1}, ΔF_{y1}, et ΔF_{z1}.

la forme Δa_x, ce qui signifierait un élément d'aire perpendiculaire à x. Alors,

$$S_{yx} = \frac{\Delta F_{x1}}{\Delta a_x}.$$

Ensuite nous imaginons une coupure perpendiculaire à l'axe des y. La force $\Delta \boldsymbol{F}_2$ s'exercera à travers une petite surface $\Delta y \Delta z$. Nous décomposons encore la force en ses trois composantes, comme sur la Fig. 31.7, et nous définissons les trois composantes de la contrainte, S_{zv}, S_{yy}, S_{zv} comme les forces par unité de surface orientées suivant les trois

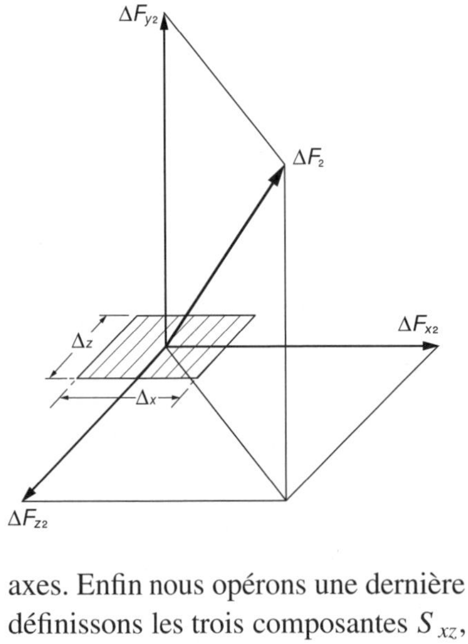

Figure 31.7 – La force à travers un élément de surface perpendiculaire aux y se décompose en trois composantes rectangulaires.

axes. Enfin nous opérons une dernière coupure perpendiculairement à l'axe des z et nous définissons les trois composantes S_{xz}, S_{yz}, S_{zz}. Nous avons ainsi les neuf nombres

$$S_{ij} = \begin{bmatrix} S_{xx} & S_{xy} & S_{xz} \\ S_{yx} & S_{yy} & S_{yz} \\ S_{zx} & S_{zy} & S_{zz} \end{bmatrix}. \tag{31.23}$$

Nous allons voir comment ces neuf nombres suffisent à décrire complètement l'état interne de contrainte, et montrer que S_{ij} est bien un tenseur. Imaginons que nous cherchions la force qui s'exerce à travers une surface orientée de façon quelconque. Pouvons-nous la trouver à partir de S_{ij}? Mais oui, et de la manière suivante : imaginons un petit solide dont une face N se trouve dans la surface considérée, et dont les autres faces sont parallèles aux axes de coordonnées. Si N se trouvait être parallèle à l'axe des z, nous aurions la figure plane triangulaire de la Fig. 31.8. (Nous avons là un cas particulier, mais qui illustrera très bien la méthode générale.) Or, les forces de contrainte agissant sur le petit prisme de la Fig. 31.8, sont en équilibre (au moins dans la limite de dimensions infinitésimales) ; donc la résultante des forces doit être nulle. Nous connaissons les forces agissant à travers les faces parallèles aux axes de coordonnées, directement à partir de S_{ij}. Leur somme vectorielle doit être égale à la force agissant sur la face N : nous pouvons donc exprimer cette force en fonction des S_{ij}.

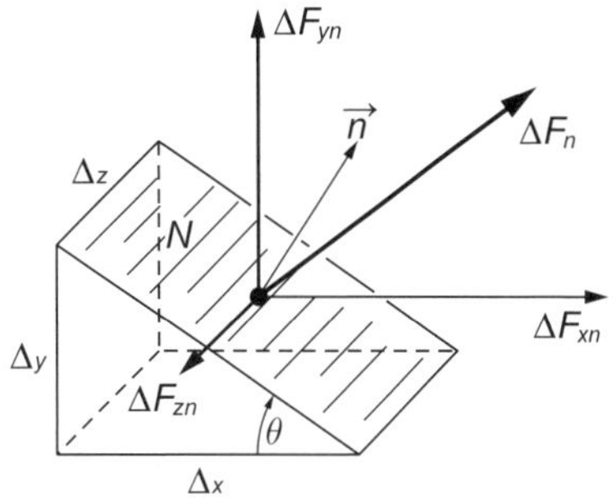

Figure 31.8 – La force $\boldsymbol{F}_n$ à travers la face N (dont le vecteur unitaire de la normale est n) est décomposée en ses composantes.

Notre hypothèse selon laquelle les forces de *surface* agissant sur le petit volume prismatique sont en équilibre néglige toute autre force éventuellement présente agissant sur le *solide*, tel que le poids, ou des pseudo-forces d'inertie, *si* notre système de coordonnées n'est pas un référentiel d'inertie. Remarquez, néanmoins, que ces forces seraient proportionnelles au *volume* du petit prisme et par suite, à $\Delta x \Delta y \Delta z$ alors que les forces de surface sont proportionnelles aux aires telles que $\Delta x \Delta y$, $\Delta y \Delta z$, *etc*. Si nous choisissons donc la dimension du petit prisme assez petite, les forces agissant sur le solide peuvent toujours être négligées par rapport aux forces de surface.

Sommons les forces agissant sur le petit prisme. La composante x est la somme de cinq termes – un terme relatif à chaque face. Cependant si Δz est assez petit, les forces agissant sur les faces triangulaires (perpendiculaires à l'axe des z) seront égales et opposées, nous pouvons donc les oublier. La composante x de la force agissant sur le rectangle inférieur est La composante x de la force agissant sur le rectangle vertical est

$$\Delta F_{x1} = S_{xx}\,\Delta y\,\Delta z.$$

Ces deux composantes doivent être égales à la composante x de la force dirigée vers l'extérieur de la face N. Soit n le vecteur unitaire de la normale à la face N et soit $\boldsymbol{F}_n$ la force qui s'exerce sur cette face ; nous avons alors

$$\Delta F_{xn} = S_{xx}\,\Delta y\,\Delta z + S_{xy}\,\Delta x\,\Delta z.$$

© Dunod. Toute reproduction non autorisée est un délit.

La composante x, S_{xn}, de la contrainte sur ce plan est égale à ΔF_{xn} divisée par l'aire qui vaut $\Delta z\sqrt{\Delta x^2+\Delta y^2}$, soit

$$S_{xn} = S_{xx}\frac{\Delta y}{\sqrt{\Delta x^2+\Delta y^2}} + S_{xy}\frac{\Delta x}{\sqrt{\Delta x^2+\Delta y^2}}.$$

Or, $\Delta x/\sqrt{\Delta x^2+\Delta y^2}$ est le cosinus de l'angle θ de $\boldsymbol{n}$ et de l'axe des y (Fig. 31.8), ce qui s'écrit donc aussi n_y, composante y de $\boldsymbol{n}$. De même, $\Delta y/\sqrt{\Delta x^2+\Delta y^2}$ est $\sin\theta = n_x$. Nous écrirons donc

$$S_{xn} = S_{xx}n_x + S_{xy}n_y.$$

Si nous généralisons à un élément de surface quelconque, nous aurons

$$S_{xn} = S_{xx}n_x + S_{xy}n_y + S_{xz}n_z$$

soit, en général

$$S_{in} = \sum_j S_{ij}n_j. \tag{31.24}$$

Nous sommes donc *capables* de trouver la force s'exerçant à travers tout élément de surface en fonction de S_{ij}; celui-ci décrit donc complètement l'état de contrainte interne de la matière.

L'équation (31.24) indique que le tenseur S_{ij} relie la force $\boldsymbol{S}_n$, au vecteur unitaire $\boldsymbol{n}$, exactement comme a_{ij} relie $\boldsymbol{P}$ à $\boldsymbol{E}$. Comme $\boldsymbol{n}$ et $\boldsymbol{S}_n$ sont des vecteurs, les composantes de S_{ij} doivent se transformer comme un tenseur dans un changement de coordonnées. Donc S_{ij} est réellement un tenseur.

Nous pouvons aussi démontrer que S_{ij} est un tenseur *symétrique*, en considérant les forces qui agissent sur un petit cube de matière. Soit un petit cube, dont les faces sont parallèles aux axes de coordonnées ; examinons une section droite, comme sur la Fig. 31.9. Si l'arête du cube vaut un, les composantes x et y des forces agissant sur les faces normales aux axes x et y seront telles que nous les avons représentées sur la figure. Si le cube est petit, les contraintes ne varient pas sensiblement d'un côté du cube au côté opposé, donc les composantes des forces sont égales et opposées. De plus, il ne doit y avoir aucun couple agissant sur le cube, sinon il se mettrait à tourner. Le moment résultant autour du centre est $(S_{yx} - S_{xy})$ (multiplié par la longueur unité de l'arête du cube), et comme il doit être nul, S_{yx} est égal à S_{xy} et le tenseur des contraintes est bien symétrique.

Comme S_{ij} est un tenseur symétrique, il peut être représenté par un ellipsoïde avec trois axes principaux. Pour les surfaces normales à ces axes, les contraintes sont particulièrement simples, elles correspondent à des poussées ou des tractions perpendiculaires aux surfaces.

Il n'y a aucune force de cisaillement le long de ces faces. Pour une contrainte *quelconque*, nous pouvons toujours choisir des axes pour lesquels les composantes de cisaillement soient nulles. Si l'ellipsoïde est une sphère, il n'y a que des forces normales *quelle que soit* la direction. Ce cas correspond à une pression hydrostatique (positive ou négative). Donc, pour une pression hydrostatique, le tenseur est diagonal et les trois

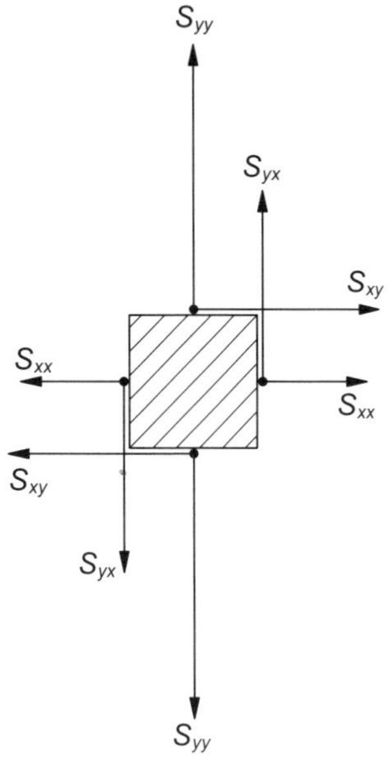

Figure 31.9 – Les composantes x et y des forces agissant sur les quatre faces d'un petit cube unité.

composantes sont toutes égales ; elles sont, en fait, égales à la pression p. Nous pouvons écrire

$$S_{ij} = p\delta_{ij}. \tag{31.25}$$

Le tenseur des contraintes – comme son ellipsoïde – varie en général d'un point à un autre du bloc de matière ; pour décrire tout le bloc nous devons exprimer chaque composante de S_{ij} comme une fonction de point. Le tenseur des contraintes est donc un *champ*. Nous avons vu des *champs scalaires* comme la température $T(x, y, z)$ qui attribue un nombre à chaque point de l'espace, des *champs de vecteurs comme* $\mathbf{E}(x, y, z)$, qui attribuent trois nombres à chaque point. Ici, nous avons un *champ de tenseurs* (ou champ tensoriel) qui attribue neuf nombres à chaque point de l'espace – ou bien six en réalité pour les tenseurs symétriques S_{ij}. Une description complète des forces internes d'un solide déformé de façon quelconque nécessite la donnée de six fonctions de x, y et z.

31.7 Les tenseurs de rang plus élevé

Le tenseur des contraintes S_{ij} décrit les forces internes de la matière. Si la substance est élastique, on peut aussi décrire les *déformations* internes au moyen d'un autre tenseur – qu'on appelle le tenseur des *déformations*. Pour un objet tout simple comme une barre de métal, vous savez que la variation de longueur AL est à peu prés proportionnelle à la force, et nous disons qu'elle obéit à la loi de Hooke :

$$\Delta L = \gamma F.$$

© Dunod. Toute reproduction non autorisée est un délit.

Pour un corps solide élastique, soumis à des déformations quelconques, la déformation T_{ij} est reliée à la contrainte S_{ij} par un ensemble d'équations linéaires :

$$T_{ij} = \sum_{k,l} \gamma_{ijkl} S_{kl}. \tag{31.26}$$

De plus, vous savez que l'énergie potentielle d'une tige (ou d'une autre barre) est

$$\frac{1}{2} F\,\Delta L = \frac{1}{2}\gamma F^2.$$

La généralisation à la *densité* d'énergie élastique dans un solide conduit à

$$U_{\text{elastic}} = \sum_{ijkl} \frac{1}{2}\gamma_{ijkl} S_{ij} S_{kl}. \tag{31.27}$$

La description complète des propriétés élastiques d'un cristal doit s'exprimer en fonction des coefficients γ_{ijkl}. Et nous voilà en face d'une autre bête. C'est un tenseur de rang *quatre*. Puisque chaque indice peut prendre l'une des trois valeurs x, y ou z, il y aura $3^4 = 81$ coefficients. Mais en réalité il n'y en a que 21 *différents*. D'abord, comme Si, est symétrique, il possède six valeurs différentes seulement, et il ne faut que 36 coefficients *différents* dans l'Éqs. (31.27). Mais on peut aussi interchanger ij et kl sans changer l'énergie, donc yijkl doit être symétrique si nous interchangeons ij et kl. Ceci ramène à 21 le nombre des coefficients différents. Donc, pour décrire les propriétés élastiques d'un cristal ayant la symétrie la plus basse, il faut 21 constantes élastiques ! Ce nombre est évidemment réduit pour les cristaux de symétrie plus élevée. Par exemple, un cristal cubique, n'a que trois constantes élastiques et une substance isotrope n'en n'a que deux.

Vérifions l'exactitude de ce dernier cas. Comment les composantes de γ_{ijkl} peuvent-elles être indépendantes de l'orientation des axes comme cela doit être le cas pour une substance isotrope ? *Réponse :* ils peuvent être indépendants *seulement* s'ils ne s'expriment qu'en fonction du tenseur δ_{ij}. Il y a deux expressions possibles, $\delta_{ij}\delta_{kl}$ et $\delta_{ik}\delta_{jl} + \delta_{il}\delta_{jk}$ pour la symétrie cherchée, donc γ_{ijkl} doit être une combinaison linéaire de ces deux expressions. Donc, pour des substances isotropes,

$$\gamma_{ijkl} = a(\delta_{ij}\delta_{kl}) + b(\delta_{ik}\delta_{jl} + \delta_{il}\delta_{jk}),$$

et il ne faut que deux constantes a et b pour décrire les propriétés élastiques de cette substance. Nous vous laissons le soin de montrer que pour un cristal cubique il n'en faut que trois.

Comme dernier exemple, et cette fois-ci, d'un tenseur de rang trois, nous prenons l'effet piézo-électrique. Sous l'action d'une contrainte, un cristal engendre un champ électrique proportionnel à la contrainte ; par suite, en général, la loi peut s'écrire,

$$E_i = \sum_{j,k} P_{ijk} S_{jk},$$

où E_i est le champ électrique et les P_{ijk} sont les coefficients piézo-électriques, ou tenseur piézo-électrique. Pourriez-vous montrer, que si un cristal possède un centre d'inversion (invariance par $x, y, z \to -x, -y, -z$) les coefficients piézo-électriques sont tous nuls ?

31.8 LE QUADRITENSEUR DE L'IMPULSION ÉLECTROMAGNÉTIQUE

Tous les tenseurs que nous avons examinés jusqu'ici dans ce chapitre sont liés aux trois dimensions de l'espace ; ils sont définis à partir d'une certaine propriété de transformation sous l'effet d'une rotation dans l'espace. Au chapitre 26 nous avons eu l'occasion d'utiliser un tenseur dans l'espace-temps relativiste à quatre dimensions – le tenseur champ électromagnétique $F_{\mu\nu}$. Les composantes d'un tel quadritenseur se transforment, dans une transformation de Lorentz des coordonnées, d'une manière particulière que nous avons calculée. (Bien que nous ne l'ayons fait, nous aurions pu considérer la transformation de Lorentz comme une « rotation » dans un « espace » à quatre dimensions, dit espace de Minkowski ; l'analogie avec ce que nous faisons ici serait apparue plus clairement.)

Comme notre dernier exemple, nous allons considérer un autre tenseur dans les quatre dimensions (t, x, y, z) de la théorie de la relativité. Quand nous avons écrit le tenseur des contraintes, nous avons défini S_{ij} comme une composante d'une force agissant sur une surface unité. Mais une force est égale à la variation par unité de temps (= la dérivée) de l'impulsion. Donc, au lieu de dire que « S_{xy} est la composante x de la force agissant sur une surface unité perpendiculaire aux y », nous pourrions tout aussi bien dire que « S_{xy} est le débit de composante x d'impulsion à travers une surface unité perpendiculaire aux y ». En d'autres termes, chaque coefficient de S_{ij} représente aussi le flux de la composante i de l'impulsion à travers une surface unité perpendiculaire à la direction j. Ces composantes sont des composantes purement d'espace, mais elles font partie d'un tenseur « plus grand », $S_{\mu\nu}$, à quatre dimensions (μ et $\nu = t, x, y, z$), qui contient aussi d'autres composantes comme S_{tx}, S_{yt}. S_{tt}, etc. Tâchons de trouver le sens physique de ces composantes supplémentaires.

Nous savons que les composantes d'espace représentent le flux d'impulsion. Nous pouvons avoir une idée sur la façon d'étendre ce qui précède à la dimension temps en étudiant une sorte de « flux » – le flux de charge électrique. Pour la grandeur *scalaire*, charge, le débit (par unité de surface, perpendiculaire à l'écoulement) est décrit par un *vecteur* de l'espace – le vecteur densité de courant $\boldsymbol{j}$. Nous avons vu que la composante-temps de ce vecteur est égale à la densité de ce qui s'écoule. Par exemple $\boldsymbol{j}$ peut être associé à une composante-temps, $j_t = \rho$, densité de charge, pour donner le quadrivecteur $j_\mu = (\rho, \boldsymbol{j})$; c'est-à-dire que μ dans j_μ prend les valeurs t, x, y, z pour exprimer la « densité, le débit dans la direction x, dans la direction y, dans la direction z » de la charge scalaire.

Donc, par analogie avec notre hypothèse sur le flux d'une grandeur scalaire, on peut s'attendre à ce que jointe aux composantes S_{xx}, S_{xy}, et S_{xz}, qui décrivent le flux de la composante x de l'impulsion, il y ait une composante S_{xt} qui serait la densité de ce qui s'écoule ; c'est-à-dire que S_{xt} devrait être la densité de la composante x de l'impulsion. Nous pouvons donc étendre horizontalement notre tenseur en y incluant la composante t.

© Dunod. Toute reproduction non autorisée est un délit.

Nous avons

S_{xt} = densité de composante x d'impulsion,

S_{xx} = composante x de la densité de courant de composante x d'impulsion,

S_{xy} = composante y de la densité de courant de composante x d'impulsion,

S_{xz} = composante z de la densité de courant de composante x d'impulsion.

De même pour la composante y de l'impulsion, nous avons les trois composantes de la densité de courant $-S_{yx}$, S_{yy}, S_{yz}, – auxquelles nous ajoutons un quatrième terme :

S_{yt} = densité de composante y d'impulsion.

Et bien sûr, à S_{zx}, S_{zy}, S_{zz} nous ajouterions

S_{zt} = densité de composante zd'impulsion.

Dans l'espace à quatre dimensions, il y a aussi une composante t de l'impulsion, qui est, nous le savons, l'énergie. Le tenseur S_{ij} s'étendra donc verticalement avec S_{tx}, S_{ty}, S_{tz} où

S_{tx} = composante x de la densité de courant d'énergie,

S_{ty} = omposante y de la densité de courant d'énergie (31.28)

S_{tz} = composante z de la densité de courant d'énergie ;

c'est-à-dire que S_{tx} est le flux d'énergie par unité de surface et par unité de temps à travers une surface perpendiculaire à l'axe des x, et ainsi de suite. Enfin, pour compléter notre tenseur il faut ajouter S_{tt}, qui serait la *densité d'énergie*. Nous avons étendu notre tenseur des contraintes S_{ij} à trois dimensions, à un tenseur à quatre dimensions, le tenseur *contrainte-énergie* $S_{\mu\nu}$. L'indice μ peut prendre les quatre valeurs t, x, y, et z, exprimant respectivement la « densité », le « débit par unité de surface parallèle à l'axe des x », le « débit par unité de surface parallèle à l'axe des y » et le « débit par unité de surface parallèle à l'axe des z ». De même, ν prend les quatre valeurs t, x, y, et z, pour nous indiquer *ce qui* s'écoule, c'est-à-dire l'« énergie », la composante x de l'impulsion », la « composante y de l'impulsion », la « composante z de l'impulsion ».

Comme exemple, étudions ce tenseur non dans la matière, mais dans un espace vide où règne un champ électromagnétique. Nous savons que le flux d'énergie est donné par le vecteur de Poynting $\boldsymbol{S} = \epsilon_0 c^2 \boldsymbol{E} x \boldsymbol{B}$. Donc les composantes de $\boldsymbol{S}$ suivant les x, les y et les z sont, du point de vue relativiste, les composantes S_{tx}, S_{ty} et S_{tz} de notre tenseur à quatre dimensions contraintes-énergie. La symétrie du tenseur S_{ij} s'étend également aux composantes-temps et donc, le tenseur quadridimensionnel $S_{\mu\nu}$ est symétrique :

$$S_{\mu\nu} = S_{\nu\mu}. \tag{31.29}$$

En d'autres termes, les composantes S_{xt}, S_{yt}, S_{zt} qui sont les densités des composantes x, y et z de *l'impulsion* sont aussi égales aux composantes x, y, z du vecteur de Poynting S, qui décrit *le flux d'énergie* – comme nous l'avons déjà montré dans un chapitre précédent par un raisonnement différent.

Les autres composantes du tenseur électromagnétique des contraintes $S_{\mu\nu}$ peuvent aussi s'exprimer en fonction des champs électrique et magnétique $\boldsymbol{E}$ et $\boldsymbol{B}$. C'est-à-dire, nous devons admettre qu'il y a des contraintes, ou, pour être moins mystérieux, un flux d'impulsion, dans le champ électromagnétique. Nous en avons parlé au chapitre 27 en liaison avec l'Éq. (27.21), mais nous ne l'avons pas explicité en détail.

Ceux qui voudront bien exercer leurs talents dans le maniement des tenseurs à quatre dimensions, aimeront sans doute connaître la formule de Se en fonction des champs :

$$S_{\mu\nu} = -\epsilon_0\Big(\sum_{\alpha} F_{\mu\alpha}F_{\nu\alpha} - \frac{1}{4}\delta_{\mu\nu}\sum_{\alpha,\beta} F_{\beta\alpha}F_{\beta\alpha}\Big),$$

où les sommes sur a, β sont des sommes sur t, x, y, z mais (comme toujours en relativité) où nous adoptons un sens particulier pour le signe sommer et pour le symbole δ. Dans les sommes les termes en x, y, z doivent être *soustraits* et $\delta_{tt} = +1$, alors que $\delta_{xx} = \delta_{yy} = \delta_{zz} = -1$ et $\delta_{\mu\nu} = 0$ pour $\mu \neq 1$). Pouvez-vous vérifier qu'on obtient bien la densité d'énergie $S_{tt} = (\epsilon_0/2)(E^2+B^2)$ et le vecteur de Poynting $\epsilon_0 \boldsymbol{E}x\boldsymbol{B}$? Pouvez-vous démontrer que dans un champ électrostatique où $\boldsymbol{B} = 0$ l'axe principal de la contrainte est parallèle au champ électrique, qu'il y a une *tension* $(\epsilon_0/2)E^2$ dans la direction du champ et qu'il y a une *pression* égale dans toutes les directions perpendiculaires au champ ?

© Dunod. Toute reproduction non autorisée est un délit.

L'INDICE DE RÉFRACTION DES MATÉRIAUX DENSES

32

32.1 LA POLARISATION DE LA MATIÈRE

Nous allons maintenant étudier le phénomène de la réfraction de la lumière – et donc aussi, l'absorption de la lumière – par les matériaux denses. Au chapitre 31 du volume I nous avons étudié la théorie de l'indice de réfraction, mais à cause de nos possibilités mathématiques, à ce moment-là limitées, nous avons dû nous restreindre au calcul de l'indice de matériaux de faible densité tels que les gaz. Nous avons pu cependant dégager les principes physiques qui donnent naissance à l'indice. Le champ électrique de l'onde lumineuse polarise les molécules du gaz et crée des moments dipolaires oscillants. L'accélération des charges oscillantes crée un nouveau champ de rayonnement. Ce nouveau champ, en interférant avec le champ primitif, crée un champ modifié qui est équivalent à un changement de phase de l'onde primaire. Comme ce changement de phase est proportionnel à l'épaisseur du matériau, l'effet est le même que si l'on avait, dans le matériau, une vitesse de phase différente. Lorsque nous avons précédemment étudié ce sujet, nous avons négligé les complications dues à des effets tels que les variations des champs dues aux nouvelles ondes et agissant sur les dipôles oscillants. Nous avons supposé que les forces qui agissent sur les charges des atomes étaient dues à l'onde *incidente*, alors qu'en fait, leurs oscillations sont pilotées non seulement par l'onde incidente mais aussi par les ondes rayonnées par tous les autres atomes. Il nous aurait été difficile à ce moment-là de faire intervenir cet effet ; c'est pourquoi nous n'avons étudié que les gaz raréfiés où de tels effets ne sont pas importants.

À présent, par contre, nous allons voir qu'il est très facile de traiter ce problème en utilisant des équations différentielles. Cette méthode obscurcit l'origine physique de l'indice (dû à l'interférence des ondes réémises avec les ondes primaires), mais rend beaucoup plus simple la théorie des matériaux denses. Ce chapitre va rassembler un grand nombre de parties de nos travaux précédents. Nous avons vu pratiquement tout ce dont nous aurons besoin, de sorte qu'il y a relativement peu de choses nouvelles à introduire. Comme vous pouvez avoir besoin de vous remémorer ce dont nous allons avoir besoin, nous donnons dans le tableau 32.1 la liste des équations que nous allons utiliser, ainsi que la référence des endroits où vous pouvez les trouver. Dans la plupart des cas nous ne prendrons pas le temps de redonner leur sens physique, mais nous nous contenterons d'utiliser les équations.

© Dunod. Toute reproduction non autorisée est un délit.

Tableau 32.1 – Dans ce chapitre notre travail reposera sur le matériel suivant, déjà étudié dans les chapitres précédents.

Sujets	Référence	Équation
Oscillations amorties	Vol. I, chap. 23	$m(\ddot{x} + \gamma\dot{x} + \omega_0^2 x) = F$
Indice des gaz	Vol. I, chap. 31	$n = 1 + \frac{1}{2}\frac{Nq_e^2}{\epsilon_0(\omega_0^2 - \omega^2)}$
		$n = n' - in''$
Mobilité	Vol. I, chap. 41	$m\ddot{x} + \mu\dot{x} = F$
Conductibilité électrique	Vol. I, chap. 43	$\mu = \frac{\tau}{m}$; $\sigma = \frac{Nq_e^2\tau}{m}$
Polarisabilité	Vol. II, chap. 10	$\rho_{\text{pol}} = -\boldsymbol{\nabla}\cdot\boldsymbol{P}$
Dans les diélectriques	Vol. II, chap. 11	$\boldsymbol{E}_{\text{local}} = \boldsymbol{E} + \frac{1}{3\epsilon_0}\boldsymbol{P}$

Nous commençons par rappeler le mécanisme de l'indice de réfraction d'un gaz. Nous supposons qu'il y a N particules par unité de volume et que chaque particule se comporte comme un oscillateur harmonique. Nous faisons usage d'un modèle d'atome ou de molécule dans lequel l'électron est rappelé par une force proportionnelle à son déplacement (comme si l'électron était maintenu en place par un ressort). Nous avons souligné le fait que ce n'est pas un modèle *classique* légitime d'atome, mais nous montrerons plus tard que la théorie quantique correcte donne un résultat équivalent à ce modèle (dans les cas simples). Dans notre précédente étude nous n'avons pas indu l'existence d'une force d'amortissement dans les oscillateurs harmoniques, mais nous allons le faire maintenant. Une telle force correspond à la résistance au mouvement, c'est-à-dire à une force proportionnelle à la vitesse de l'électron. L'équation du mouvement est alors

$$F = q_e E = m\left(\ddot{x} + \gamma\dot{x} + \omega_0^2 x\right), \tag{32.1}$$

où x est le déplacement parallèle à la direction de $\boldsymbol{E}$. (Nous supposons que nous avons affaire à un oscillateur *isotrope* pour lequel la force de rappel est la même dans toutes les directions. Nous prenons en outre, pour le moment, une onde polarisée linéairement, si bien que $\boldsymbol{E}$ ne change pas de direction.) Si le champ électrique agissant sur l'atome varie sinusoïdalement en fonction du temps, nous pouvons écrire

$$E = E_0 e^{i\omega t}. \tag{32.2}$$

Le déplacement va alors osciller avec la même fréquence et nous pouvons poser

$$x = x_0 e^{i\omega t}.$$

En substituant $\dot{x} = i\omega x$ et $\ddot{x} = -\omega^2 x$, nous pouvons calculer x en fonction de $\boldsymbol{E}$:

$$x = \frac{q_e/m}{-\omega^2 + i\gamma\omega + \omega_0^2}E. \tag{32.3}$$

Connaissant le déplacement, nous pouvons calculer l'accélération $\ddot{x}$ et trouver l'onde rayonnée responsable de l'indice. C'est de cette façon que nous avons calculé l'indice au chapitre 31 du volume I.

Nous allons à présent adopter une approche différente. Le moment dipolaire induit p d'un atome est $q_e x$ ou, en utilisant l'Éq. (32.3),

$$\boldsymbol{p} = \frac{q_e^2/m}{-\omega^2 + i\gamma\omega + \omega_0^2}\,\boldsymbol{E}. \tag{32.4}$$

Comme $\boldsymbol{p}$ est proportionnel à $\boldsymbol{E}$, nous pouvons écrire

$$\boldsymbol{p} = \epsilon_0 \alpha(\omega)\boldsymbol{E}, \tag{32.5}$$

où α est appelé *polarisabilité atomique*[1]. Avec cette définition, nous avons

$$\alpha = \frac{q_e^2/m\epsilon_0}{-\omega^2 + i\gamma\omega + \omega_0^2}. \tag{32.6}$$

La solution donnée par la mécanique quantique pour les mouvements des atomes est semblable à celle-ci, compte tenu des modifications suivantes. Les atomes ont plusieurs fréquences naturelles, chacune des fréquences ayant sa propre constante de dissipation γ. En outre, « l'intensité » effective de chacun des modes est différente, ce dont nous rendrons compte en multipliant la polarisabilité pour chaque fréquence par un facteur d'intensité f, qui est un nombre d'un ordre de grandeur qui sera probablement voisin de 1. Représentant les trois paramètres ω, γ et f par ω_k, γ_k et f_k pour chacun des modes d'oscillation, et prenant la somme sur les divers modes, nous modifions l'Éq. (32.6) et nous lisons

$$\alpha(\omega) = \frac{q_e^2}{\epsilon_0 m}\sum_k \frac{f_k}{-\omega^2 + i\gamma_k\omega + \omega_{0k}^2}. \tag{32.7}$$

Si N est le nombre d'atomes par unité de volume du matériau, la polarisation P est $Np = \epsilon_0 N\alpha E$, et est proportionnelle à E :

$$\boldsymbol{P} = \epsilon_0 N\alpha(\omega)\boldsymbol{E}. \tag{32.8}$$

En d'autres termes, lorsqu'un champ électrique sinusoïdal agit sur un matériau, il y a apparition d'un moment dipolaire induit par unité de volume qui est proportionnel au champ électrique – avec une constante de proportionnalité α qui, nous le soulignons, dépend de la fréquence. À très haute fréquence α est petit ; il n'y a pas beaucoup de réponse. Par contre, à basse fréquence, il peut y avoir une forte réponse. La constante de proportionnalité est en outre un nombre complexe, ce qui signifie que la polarisation ne suit pas exactement le champ électrique, mais peut avoir dans une certaine mesure une phase différente. En tout cas, il existe une polarisation par unité de volume dont la grandeur est proportionnelle à l'intensité du champ électrique.

1. Dans tout ce chapitre nous suivons les notations du chapitre 31 du volume 1, et α représente la polarisabilité *atomique* telle que nous l'avons définie ici. Dans le dernier chapitre, nous utilisions α pour représenter la polarisabilité en *volume* – rapport de P à E. Avec les notations de *ce* chapitre $P = N\alpha\epsilon_0 E$ [voir Éq. (32.8)].

© Dunod. Toute reproduction non autorisée est un délit.

32.2 LES ÉQUATIONS DE MAXWELL DANS UN DIÉLECTRIQUE

L'existence d'une polarisation de la matière signifie qu'il existe des charges et des courants de polarisation à l'intérieur des matériaux, et pour calculer les champs il faut faire intervenir ces quantités dans les équations complètes de Maxwell. Nous allons cette fois résoudre les équations de Maxwell pour un cas dans lequel les charges et les courants ne sont pas nuls comme dans le vide, mais donnés implicitement par le vecteur polarisation. Notre premier travail va être de calculer explicitement la densité de charge ρ et la densité de courant $\boldsymbol{j}$, pris en valeur moyenne dans un petit volume de même taille que celui auquel nous avons pensé lorsque nous avons défini $\boldsymbol{P}$. Les ρ et $\boldsymbol{j}$ dont nous avons besoin peuvent alors être obtenus à partir de la polarisation.

Nous avons vu au chapitre 10 que lorsque la polarisation $\boldsymbol{P}$ varie de point en point, il existe une densité de charge donnée par

$$\rho_{\text{pol}} = -\boldsymbol{\nabla} \cdot \boldsymbol{P}. \tag{32.9}$$

À ce moment-là, nous avions affaire à des champs statiques, mais la même formule est valable pour les champs variant avec le temps. Cependant, lorsque $\boldsymbol{P}$ varie avec le temps, il y a des charges en mouvement, de sorte qu'il existe aussi un *courant* de polarisation. Chacune des charges oscillantes fournit un courant égal à sa charge q_e multipliée par sa vitesse v. S'il y a N de ces charges par unité de volume, la densité de courant $\boldsymbol{j}$ est

$$\boldsymbol{j} = Nq_e\boldsymbol{v}.$$

Comme nous savons que $v = dx/dt$, $j = Nq_e(dx/dt)$ n'est autre que dP/dt. La densité de courant due à la polarisation variable est donc

$$\boldsymbol{j}_{\text{pol}} = \frac{\partial \boldsymbol{P}}{\partial t}. \tag{32.10}$$

Notre problème est maintenant direct et simple. Nous écrivons les équations de Maxwell avec la densité de charge et la densité de courant exprimés en fonction de $\boldsymbol{P}$, en utilisant les Éq. (32.9) et (32.10). (Nous supposons qu'il n'y a pas d'autres courants ni d'autres charges dans le matériau.) Nous relions ensuite $\boldsymbol{P}$ à $\boldsymbol{E}$ à l'aide de l'Éq. (32.5) et nous résolvons les équations pour $\boldsymbol{E}$ et $\boldsymbol{B}$ – en cherchant la solution sous forme d'ondes.

Avant de le faire, nous aimerions faire une remarque d'ordre historique. À l'origine, Maxwell écrivit ses équations sous une forme qui est différente de celle que nous avons utilisée. Comme ces équations ont été écrites sous cette forme différente pendant de nombreuses années – et le sont encore par de nombreuses personnes – nous allons expliquer la différence. Au début, le mécanisme de la constante diélectrique n'était pas complètement et clairement compris. La nature des atomes n'avait pas été comprise pas plus que l'existence de la polarisation des matériaux. Les gens ne pouvaient donc pas comprendre qu'il y avait une partie de la densité de charge ρ qui venait de $\boldsymbol{\nabla} \cdot \boldsymbol{P}$. Ils ne raisonnaient qu'en termes de charges qui n'étaient pas liées aux atomes (comme les charges qui parcourent les fils ou qui sont arrachées aux surfaces).

De nos jours, nous préférons représenter par ρ la densité *totale* de charge, y compris la partie due aux charges atomiques liées. Si nous désignons cette partie par ρ_{pol} nous pouvons écrire

$$\rho = \rho_{\text{pol}} + \rho_{\text{autre}},$$

où ρ_{autre} est la densité de charge considérée par Maxwell et se rapporte aux charges non liées aux atomes individuels. Nous pouvons alors écrire

$$\boldsymbol{\nabla} \cdot \boldsymbol{E} = \frac{\rho_{\text{pol}} + \rho_{\text{autre}}}{\epsilon_0}.$$

En substituant ρ_{pol} tiré de l'Éq. (32.9),

$$\boldsymbol{\nabla} \cdot \boldsymbol{E} = \frac{\rho_{\text{autre}}}{\epsilon_0} - \frac{1}{\epsilon_0}\boldsymbol{\nabla} \cdot \boldsymbol{P}$$

ou

$$\boldsymbol{\nabla} \cdot (\epsilon_0 \boldsymbol{E} + \boldsymbol{P}) = \rho_{\text{autre}}. \tag{32.11}$$

La densité de courant dans les équations de Maxwell pour $\boldsymbol{\nabla} \times \boldsymbol{B}$ reçoit aussi, en général, une contribution des courants atomiques liés. Nous pouvons donc écrire

$$\boldsymbol{j} = \boldsymbol{j}_{\text{pol}} + \boldsymbol{j}_{\text{autre}},$$

et l'équation de Maxwell devient

$$c^2 \boldsymbol{\nabla} \times \boldsymbol{B} = \frac{\boldsymbol{j}_{\text{autre}}}{\epsilon_0} + \frac{\boldsymbol{j}_{\text{pol}}}{\epsilon_0} + \frac{\partial \boldsymbol{E}}{\partial t}. \tag{32.12}$$

En utilisant l'Éq. (32.10), on obtient

$$\epsilon_0 c^2 \boldsymbol{\nabla} \times \boldsymbol{B} = \boldsymbol{j}_{\text{autre}} + \frac{\partial}{\partial t}(\epsilon_0 \boldsymbol{E} + \boldsymbol{P}). \tag{32.13}$$

Vous voyez maintenant que si nous *définissons* un nouveau vecteur $\boldsymbol{D}$ par

$$\boldsymbol{D} = \epsilon_0 \boldsymbol{E} + \boldsymbol{P}, \tag{32.14}$$

les deux équations de champ deviennent

$$\boldsymbol{\nabla} \cdot \boldsymbol{D} = \rho_{\text{autre}} \tag{32.15}$$

et

$$\epsilon_0 c^2 \boldsymbol{\nabla} \times \boldsymbol{B} = \boldsymbol{j}_{\text{autre}} + \frac{\partial \boldsymbol{D}}{\partial t}. \tag{32.16}$$

Ce sont là les formes que Maxwell a utilisées pour les diélectriques. Ses deux dernières équations étaient

$$\boldsymbol{\nabla} \times \boldsymbol{E} = -\frac{\partial \boldsymbol{B}}{\partial t},$$

© Dunod. Toute reproduction non autorisée est un délit.

et

$$\nabla \cdot \boldsymbol{B} = 0,$$

qui sont les mêmes que celles que nous avons utilisées.

Maxwell et d'autres chercheurs de son époque ont eu aussi un problème avec les matériaux magnétiques (que nous aborderons bientôt). Comme ils ignoraient l'existence de courants de circulation responsables du magnétisme atomique, ils faisaient intervenir une densité de courant à laquelle il manquait encore quelque chose. Au lieu de l'Éq. (32.16), ils écrivaient en fait

$$\nabla \times \boldsymbol{H} = \boldsymbol{j}' + \frac{\partial \boldsymbol{D}}{\partial t}, \tag{32.17}$$

où $\boldsymbol{H}$ est différent de $\epsilon_0 c^2 B$, parce que ce dernier comprend les effets des courants atomiques. ($\boldsymbol{j}'$ représente alors le reste des courants.) Maxwell avait donc quatre champs de vecteurs – $\boldsymbol{E}$, $\boldsymbol{D}$, $\boldsymbol{B}$ et $\boldsymbol{H}$ – $\boldsymbol{D}$ et $\boldsymbol{H}$ étaient des moyens détournés de ne pas considérer ce qui se passait à l'intérieur des matériaux. Vous trouverez les équations écrites de cette façon-là en beaucoup d'endroits.

Pour résoudre ces équations il est nécessaire de relier $\boldsymbol{D}$ et $\boldsymbol{H}$ aux autres champs, et les gens écrivaient

$$\boldsymbol{D} = \epsilon \boldsymbol{E} \qquad \text{et} \qquad \boldsymbol{B} = \mu \boldsymbol{H}. \tag{32.18}$$

Ces relations ne sont cependant qu'approximativement vraies pour quelques matériaux et même alors, seulement si les champs ne varient pas trop rapidement avec le temps. (Pour les champs variant sinusoïdalement on *peut* souvent écrire les équations de cette façon en faisant de ϵ et de μ des fonctions complexes de la fréquence, mais on ne peut pas le faire pour des champs variables en fonction du temps d'une manière arbitraire.) Il y avait donc des tricheries de toutes sortes dans la résolution des équations. Nous pensons que la bonne méthode consiste à exprimer les équations en fonction des quantités fondamentales telles que nous les comprenons maintenant – et c'est de cette façon que nous avons procédé.

32.3 Les ondes dans un diélectrique

Nous allons maintenant chercher quel type d'onde électromagnétique peut exister dans un milieu diélectrique dans lequel il n'existe pas d'autres charges que celles liées aux atomes. Nous prenons donc $\rho = -\nabla \cdot \boldsymbol{P}$ et $\boldsymbol{j} = \partial \boldsymbol{P}/\partial t$. Les équations de Maxwell deviennent alors

$$\begin{array}{llll} \text{(a)} & \nabla \cdot \boldsymbol{E} = -\dfrac{\nabla \cdot \boldsymbol{P}}{\epsilon_0} & \text{(b)} & c^2 \nabla \times \boldsymbol{B} = \dfrac{\partial}{\partial t}\left(\dfrac{\boldsymbol{P}}{\epsilon_0} + \boldsymbol{E}\right) \\ \text{(c)} & \nabla \times \boldsymbol{E} = -\dfrac{\partial \boldsymbol{B}}{\partial t} & \text{(d)} & \nabla \cdot \boldsymbol{B} = 0 \end{array} \tag{32.19}$$

Nous pouvons résoudre ces équations comme nous l'avons fait auparavant. Nous commençons en prenant le rotationnel de l'Éq. (32.19c) :

$$\nabla \times (\nabla \times \boldsymbol{E}) = -\frac{\partial}{\partial t} \nabla \times \boldsymbol{B}.$$

Nous faisons ensuite usage de l'identité vectorielle

$$\boldsymbol{\nabla} \times (\boldsymbol{\nabla} \times \boldsymbol{E}) = \boldsymbol{\nabla}(\boldsymbol{\nabla} \cdot \boldsymbol{E}) - \nabla^2 \boldsymbol{E},$$

et nous substituons à $\boldsymbol{\nabla} \times \boldsymbol{B}$ la valeur tirée de l'Éq. (32.19b) ; nous obtenons

$$\boldsymbol{\nabla}(\boldsymbol{\nabla} \cdot \boldsymbol{E}) - \nabla^2 \boldsymbol{E} = -\frac{1}{\epsilon_0 c^2}\frac{\partial^2 \boldsymbol{P}}{\partial t^2} - \frac{1}{c^2}\frac{\partial^2 \boldsymbol{E}}{\partial t^2}.$$

En utilisant l'Éq. (32.19a) pour $\boldsymbol{\nabla} \cdot \boldsymbol{E}$, nous obtenons

$$\nabla^2 \boldsymbol{E} - \frac{1}{c^2}\frac{\partial^2 \boldsymbol{E}}{\partial t^2} = -\frac{1}{\epsilon_0}\boldsymbol{\nabla}(\boldsymbol{\nabla} \cdot \boldsymbol{P}) + \frac{1}{\epsilon_0 c^2}\frac{\partial^2 \boldsymbol{P}}{\partial t^2}. \tag{32.20}$$

Au lieu de l'équation d'ondes nous arrivons donc au fait que le d'Alembertien de $\boldsymbol{E}$ est égal à deux termes dépendant de la polarisation $\boldsymbol{P}$.

Comme $\boldsymbol{P}$ dépend cependant de $\boldsymbol{E}$, l'Éq. (32.20) peut encore avoir une solution sous forme d'ondes. Nous nous bornerons au cas des diélectriques *isotropes*, de sorte que $\boldsymbol{P}$ sera toujours dans la même direction que $\boldsymbol{E}$. Essayons de trouver une solution sous forme d'une onde se propageant dans la direction de z. Le champ électrique peut alors varier comme $e^{i(\omega t-kz)}$. Nous supposerons aussi que l'onde est polarisée dans la direction de x – que le champ électrique n'a qu'une composante en x. Nous écrivons

$$E_x = E_0 e^{i(\omega t-kz)}. \tag{32.21}$$

Vous savez qu'une fonction quelconque de $(z - vt)$ représente une onde qui se déplace à la vitesse v. On peut écrire l'exposant de l'Éq. (32.21) sous la forme

$$-ik\left(z - \frac{\omega}{k}t\right),$$

L'Éq. (32.21) représente donc une onde ayant une vitesse de phase

$$v_{\text{ph}} = \omega/k.$$

On définit l'indice de réfraction n (voir Chap. 31, Vol. I) en posant

$$v_{\text{ph}} = \frac{c}{n}.$$

L'Éq. (32.21) devient ainsi

$$E_x = E_0\, e^{i\omega(t-nz/c)}.$$

Nous pouvons donc trouver n en déterminant la valeur qu'il faut donner à k pour que l'Éq. (32.21) satisfasse les équations du champ, et en utilisant ensuite

$$n = \frac{kc}{\omega}. \tag{32.22}$$

© Dunod. Toute reproduction non autorisée est un délit.

Dans un matériau isotrope, il n'y a qu'une composante x de la polarisation ; de plus, $\boldsymbol{P}$ ne varie pas avec la coordonnée x, si bien que $\boldsymbol{\nabla} \cdot \boldsymbol{P} = 0$, et nous sommes débarrassés du premier terme du second membre de l'Éq. (32.20). De plus, comme nous supposons que nous avons affaire à une diélectrique linéaire, P_x varie comme $e^{i\omega t}$, et $\partial^2 P_x/\partial t^2 = -\omega^2 P_x$. Le laplacien de l'Éq. (32.20) se réduit simplement à $\partial^2 E_x/\partial z^2 = -k^2 E_x$, nous obtenons donc

$$-k^2 E_x + \frac{\omega^2}{c^2} E_x = -\frac{\omega^2}{\epsilon_0 c^2} P_x. \tag{32.23}$$

Supposons pour le moment que, puisque $\boldsymbol{E}$ varie sinusoïdalement, nous puissions poser que $\boldsymbol{P}$ est proportionnel à $\boldsymbol{E}$, comme dans l'Éq. (32.5). (Nous reviendrons sur cette hypothèse plus tard.) Nous écrivons

$$P_x = \epsilon_0 N \alpha E_x.$$

E_x disparaît alors de l'Éq. (32.23), et nous trouvons

$$k^2 = \frac{\omega^2}{c^2}(1 + N\alpha). \tag{32.24}$$

Nous avons trouvé qu'une onde telle que celle représentée par l'Éq. (32.21), ayant un nombre d'onde k donné par l'Éq. (32.24) satisfait aux équations du champ. En utilisant l'Éq. (32.22), l'indice n est donné par

$$n^2 = 1 + N\alpha. \tag{32.25}$$

Comparons cette formule avec celle que nous avons obtenue avec notre théorie de l'indice des gaz (chapitre 31, Vol. I). Nous avions alors obtenu l'Éq. (31.29) qui est

$$n = 1 + \frac{1}{2}\frac{Nq_e^2}{m\epsilon_0}\frac{1}{-\omega^2 + \omega_0^2}. \tag{32.26}$$

En tirant α de l'Éq. (32.6), l'Éq. (32.25) nous donnerait

$$n^2 = 1 + \frac{Nq_e^2}{m\epsilon_0}\frac{1}{-\omega^2 + i\gamma\omega + \omega_0^2}. \tag{32.27}$$

Nous avons tout d'abord un nouveau terme en $i\gamma\omega$, parce que nous tenons compte de l'amortissement des oscillateurs. Deuxièmement, le premier membre est n au lieu de n^2, et il y a un facteur supplémentaire 1/2. Mais remarquez que si N est suffisamment petit pour que n soit voisin de 1 (comme c'est le cas pour un gaz), l'Éq. (32.27) dit que n^2 est égal à 1 plus un nombre petit : $n^2 = 1+\epsilon$. Nous pouvons donc écrire $n = \sqrt{1+\epsilon} \approx 1+\epsilon/2$, et les deux expressions sont équivalentes. Notre nouvelle méthode donne pour un gaz le même résultat que celui que nous avions trouvé précédemment.

Vous pourriez maintenant penser que l'Éq. (32.27) doit aussi donner l'indice de réfraction des matériaux denses. Il faut cependant la modifier pour plusieurs raisons. Tout d'abord, pour établir cette équation on suppose que le champ polarisant qui s'exerce sur chaque atome est le champ E_x. Cette hypothèse n'est cependant *pas* correcte, car dans les matériaux denses il y a aussi le champ créé par les autres atomes du voisinage, champ qui peut être comparable à E_x. Nous avons eu affaire à un problème semblable lorsque nous avons étudié les champs statiques dans les diélectriques. (Voir chapitre 11.) Vous vous souvenez que nous avons calculé le champ qui agit sur un atome donné en imaginant qu'il se trouve dans une cavité sphérique faite dans le diélectrique qui l'entoure. Le champ dans une telle cavité – que nous avons appelé le champ *local* – dépasse le champ moyen $\boldsymbol{E}$ d'une quantité $P/3\epsilon_0$. (Rappelez-vous cependant que ce résultat n'est strictement vrai que dans les matériaux isotropes – y compris le cas particulier des cristaux cubiques.)

Le même raisonnement est valable pour le champ électrique d'une onde, tant que la longueur d'onde de l'onde est beaucoup plus grande que la distance interatomique. En nous limitant à de tels cas, nous pouvons écrire

$$E_{\text{local}} = E + \frac{P}{3\epsilon_0}. \tag{32.28}$$

Ce champ local est celui qu'on doit utiliser pour E dans l'Éq. (32.3) ; c'est-à-dire que l'Éq. (32.8) doit être récrite sous la forme :

$$P = \epsilon_0 N\alpha E_{\text{local}}. \tag{32.29}$$

En utilisant E_{local} tiré de l'Éq. (32.28), nous trouvons

$$P = \epsilon_0 N\alpha \left(E + \frac{P}{3\epsilon_0}\right)$$

ou

$$P = \frac{N\alpha}{1 - (N\alpha/3)}\,\epsilon_0 E. \tag{32.30}$$

En d'autres termes, pour les matériaux denses P est encore proportionnel à E (dans le cas de champs sinusoïdaux). Par contre, la constante de proportionnalité n'est pas $\epsilon_0 N\alpha$, comme nous l'avions écrit au-dessous de l'Éq. (32.23), mais doit être prise égale à $\epsilon_0 N\alpha[1 - (N\alpha/3)]$. Nous devons donc corriger l'Éq. (32.25) pour lire

$$n^2 = 1 + \frac{N\alpha}{1 - (N\alpha/3)}. \tag{32.31}$$

Il sera plus pratique d'écrire cette équation sous la forme

$$3\,\frac{n^2 - 1}{n^2 + 2} = N\alpha, \tag{32.32}$$

qui est algébriquement équivalente. Elle est connue sous le nom d'équation de Clausius-Mosotti.

© Dunod. Toute reproduction non autorisée est un délit.

Il y a une autre complications dans les matériaux denses. C'est que, parce que les atomes voisins sont très proches, il existe entre eux de fortes interactions. Les modes internes d'oscillations sont par conséquent modifiés. Les fréquences naturelles des oscillations atomiques sont écartées par les interactions et elles sont généralement très fortement amorties – le coefficient de résistance devient très grand. Les ω_0, et les γ du solide seront donc tout à fait différents de ceux des atomes libres. Avec ces réserves, nous pouvons encore représenter α, au moins approximativement, par l'Éq. (32.7). Nous avons alors

$$3\frac{n^2-1}{n^2+2}=\frac{Nq_e^2}{m\epsilon_0}\sum_k\frac{f_k}{-\omega^2+i\gamma_k\omega+\omega_{0k}^2}. \qquad (32.33)$$

Une dernière complication. Si le matériau dense est un mélange de plusieurs composants, chacun d'eux contribuera à la polarisation. α total sera la somme des contributions de chacun des composants du mélange [exception faite de l'imprécision de l'approximation du champ local, Éq. (32.28), pour les cristaux ordonnés – effets que nous avons étudiés lorsque nous avons examiné le cas des ferro-électriques). En désignant par N_j le nombre d'atomes de chacun des composants par unité de volume, nous devons remplacer l'Éq. (32.32) par

$$3\left(\frac{n^2-1}{n^2+2}\right)=\sum_j N_j\alpha_j, \qquad (32.34)$$

où chacun des α_j est donné par une expression telle que l'Éq. (32.7). L'équation (32.34) complète notre théorie de l'indice de réfraction. La quantité $3(n^2-1)/(n^2+2)$ est donnée par une certaine fonction complexe de la fréquence, qui est la polarisabilité atomique moyenne $\alpha(\omega)$. Le calcul précis de $\alpha(\omega)$ (c'est-à-dire la détermination de f_k, γ_k et ω_{0k}) dans les matériaux denses est un problème difficile de mécanique quantique. Il a été fait à partir des principes de base pour seulement quelques substances particulièrement simples.

32.4 L'INDICE DE RÉFRACTION COMPLEXE

Nous allons maintenant examiner les conséquences de nos résultats, représentés par l'Éq. (32.33). Nous remarquons tout d'abord que α est complexe et que par conséquent l'indice n va être un nombre complexe. Qu'est-ce que cela veut dire ? Disons que nous écrivons n sous forme d'une somme d'une partie réelle et d'une partie imaginaire :

$$n=n_R-in_I, \qquad (32.35)$$

où n_R et n_I sont des fonctions réelles de ω. Nous écrivons in_I avec un signe moins, de façon à ce que n_I soit une quantité positive pour tous les matériaux optiques ordinaires (Dans les matériaux inactifs ordinaires – qui ne sont pas, comme les lasers, des sources lumineuses – γ est un nombre positif, et cela rend négative la partie imaginaire de n.) L'onde plane de l'Éq. (32.21) s'écrit en fonction de n sous la forme

$$E_x=E_0e^{i\omega(t-nz/c)}.$$

En écrivant n comme dans l'Éq. (32.35), nous avons

$$E_x = E_0\, e^{-\omega n_I z/c}\, e^{i\omega(t-n_R z/c)}. \tag{32.36}$$

Le terme $e^{i\omega(t-n_R z/c)}$ représente une onde se propageant avec la vitesse c/n_R, si bien que n_R représente ce que nous considérons normalement comme l'indice de réfraction. Mais *l'amplitude* de cette onde est

$$E_0 e^{-\omega n_I z/c},$$

qui décroît exponentiellement avec z. Un graphe de l'intensité du champ électrique en un instant donné, en fonction de z, est représenté sur la Fig. 32.1, pour $n_I \approx n_R/2\pi$. La partie imaginaire de l'indice représente l'amortissement de l'onde dû aux pertes d'énergie dans les oscillateurs atomiques. *L'intensité* de l'onde est proportionnelle au carré de l'amplitude, c'est-à-dire

$$\text{Intensité} \propto e^{-2\omega n_I z/c}.$$

On écrit souvent ceci sous la forme

$$\text{Intensité} \propto e^{-\beta z}.$$

où $\beta = 2\omega n_I/c$ est appelé *coefficient d'absorption.* Nous avons donc dans l'Éq. (32.33) non seulement la théorie de l'indice de réfraction des matériaux, mais aussi la théorie de l'absorption de la lumière.

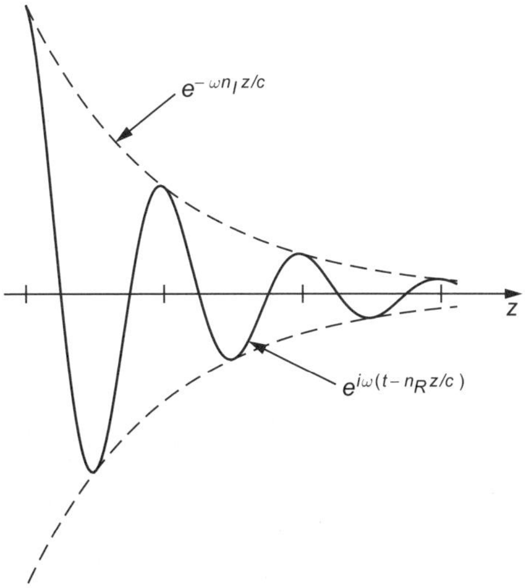

Figure 32.1 – Graphe de E_x en un instant donné t, pour $n_i \approx n_R/2\pi$.

Dans ce que nous considérons habituellement comme un matériau transparent, la quantité $c/\omega n_I$ – qui a les dimensions d'une longueur – est très grande par rapport à l'épaisseur du matériau.

32.5 L'indice d'un mélange

Il y a une autre prévision contenue dans notre théorie de l'indice de réfraction que nous pouvons vérifier par l'expérience. Supposez que nous considérions un mélange de deux

© Dunod. Toute reproduction non autorisée est un délit.

matériaux. L'indice du mélange n'est pas la moyenne des deux indices, mais il doit être donné en fonction de la somme des deux polarisabilités, comme dans l'Éq. (32.34). Si nous cherchons l'indice, disons d'une solution de sucre, la polarisabilité totale est la somme de la polarisabilité de l'eau et de celle du sucre. Chacune doit, bien entendu, être calculée en utilisant pour N le nombre par unité de volume des molécules de chaque sorte. En d'autres termes, si une solution donnée contient N_1 molécules d'eau, dont la polarisabilité est α_1, et N_2 molécules de saccharose ($C_{12}H_{22}O_{11}$), dont la polarisabilité est α_2, on doit avoir

$$3\left(\frac{n^2-1}{n^2+2}\right) = N_1\alpha_1 + N_2\alpha_2. \tag{32.37}$$

Nous pouvons utiliser cette formule pour vérifier notre théorie à l'aide de l'expérience en mesurant l'indice pour diverses concentrations de saccharose dans l'eau. Nous faisons cependant ici plusieurs hypothèses. Notre formule implique qu'il n'y a pas d'action chimique lorsque le saccharose est dissous et que les perturbations des oscillateurs atomiques individuels ne sont pas trop différentes pour diverses concentrations. Notre conclusion n'est donc certainement qu'approximative. Voyons de toute façon jusqu'à quel point elle est bonne.

Nous avons choisi l'exemple de la solution de sucre parce qu'il existe une bonne table de mesures de l'indice de réfraction dans le *Handbook of Chemistry and Physics* et aussi parce que le sucre est un cristal moléculaire qui entre en solution sans être ionisé et sans changer son état chimique.

Nous donnons dans les trois premières colonnes du tableau 32.2 les résultats du « handbook ». La colonne A donne le pourcentage en poids de saccharose, la colonne B donne la densité mesurée (g/cm^3), et la colonne C donne l'indice de réfraction mesuré pour la radiation de longueur d'onde 589,3 millimicrons. Pour le sucre pur nous avons pris l'indice mesuré pour des cristaux. Les cristaux ne sont pas isotropes de sorte que

Tableau 32.2– Indice de réfraction de solutions de saccharose et comparaison avec les prévisions de l'Éq. (32.37).

Données tirées du « handbook »

A Pourcentage en poids de saccharose	B Densité (g/cm^3)	C n à 20 °C	D Moles de saccharose[d] par litre N_2/N_0	E Moles d'eau[e] par litre N_1/N_0	F $3\left(\frac{n^2-1}{n^2+2}\right)$	G $N_1\alpha_1$	H $N_2\alpha_2$	J $N_0\alpha_2$ (g/litre)
0[a]	0,9982	1,333	0	55,5	0,617	0,617	0	–
0,30	1,1270	1,3811	0,970	43,8	0,698	0,487	0,211	0,213
0,50	1,2296	1,4200	1,798	34,15	0,759	0,379	0,380	0,211
0,85	1,4454	1,5033	3,59	12,02	0,886	0,1335	0,752	0,210
1,00[b]	1,588	1,5577[c]	4,64	0	0,960	0	0,960	0,207

[a] eau pure, [b] cristaux de sucre, [c] moyenne (voir texte), [d] poids moléculaire du saccharose = 342, [e] poids moléculaire de l'eau = 18.

l'indice mesuré est différent selon les divers axes. Le « handbook » donne trois valeurs :

$$n_1 = 1{,}5376, \qquad n_2 = 1{,}5651, \qquad n_3 = 1{,}5705.$$

Nous avons pris la moyenne.

Nous pourrions maintenant essayer de calculer n pour chaque concentration, mais nous ne savons pas quelle valeur prendre pour α_1 ou α_2. Vérifions la théorie de la façon suivante : nous supposerons que la polarisabilité de l'eau (α_1) est la même pour toutes les concentrations et nous calculerons la polarisabilité du saccharose en utilisant les valeurs expérimentales de n et en résolvant l'Éq. (32.27) pour α_2. Si la théorie est correcte nous devons obtenir la même valeur de α_2 pour toutes les concentrations.

Nous avons d'abord besoin de connaître N_1 et N_2 : exprimons-les en fonction du nombre d'Avogadro N_0. Prenons le litre (1000 cm^3) comme unité de volume. N_i/N_0 représente alors le poids par litre divisé par le poids de la molécule gramme. Et le poids par litre est la densité (multipliée par 1000 pour avoir des grammes par litre) multipliée par le poids du saccharose ou de l'eau. Nous obtenons ainsi N_2/N_0 et N_1/N_0, valeurs portées dans les colonnes D et E du tableau.

Dans la colonne F nous avons calculé $3(n^2 - 1)/(n^2 + 2)$ à partir des valeurs expérimentales de n de la colonne C. Pour l'eau pure $3(n^2 - 1)/(n^2 + 2)$ vaut 0,617, qui est égal à $N_1\alpha_1$. Nous pouvons ensuite compléter le reste de la colonne G puisque pour chaque ligne G/E doit prendre la même valeur – c'est-à-dire 0,617 : 55,5. En soustrayant la colonne G de la colonne F, nous obtenons la contribution $N_2\alpha_2$ du saccharose, donnée dans la colonne H. En divisant ces valeurs par les quantités N_2/N_0 de la colonne D, nous obtenons la valeur de $N_0\alpha_2$ portée dans la colonne J.

D'après notre théorie, nous devrions nous attendre à trouver les mêmes valeurs pour $N_0\alpha_2$. Elles ne sont pas exactement égales, mais assez voisines. Nous pouvons en conclure que nos idées sont très correctes. Bien plus, nous voyons que la polarisabilité de la molécule de sucre ne semble pas beaucoup dépendre de son entourage – sa polarisabilité est pratiquement la même en solution diluée que ce qu'elle est dans le cristal.

32.6 Les ondes dans les métaux

La théorie que nous avons développée dans ce chapitre pour les matériaux solides peut aussi s'appliquer aux bons conducteurs, comme les métaux, avec très peu de modifications. Dans les métaux, certains des électrons ne sont pas soumis à des forces les liant à un atome donné ; ce sont ces électrons « libres » qui sont responsables de la conductibilité. Il y a d'autre : électrons qui sont liés, et la théorie ci-dessus leur est directement applicable. Leur effet est cependant noyé habituellement sous l'effet des électrons de conduction. Nous allons, à présent, considérer uniquement les effets des électrons libres.

S'il n'y a pas de force de rappel s'exerçant sur un électron – mais encore une certaine résistance s'opposant à son mouvement – son équation du mouvement ne diffère de l'Éq. (32.1) que parce que le terme en $\omega_0^2 x$ manque. Tout ce que nous avons donc à faire,

© Dunod. Toute reproduction non autorisée est un délit.

c'est de poser cos $\omega_0^2 = 0$ pour le reste de nos calculs – en considérant cependant une différence de plus. La raison pour laquelle nous avons fait la distinction entre le champ moyen et le champ local dans un diélectrique est que dans un isolant chaque dipôle occupe une position fixe, de sorte qu'il a une relation déterminée avec la position des autres. Mais comme dans un métal les électrons de conduction se promènent partout, le champ qui agit sur eux *en moyenne* n'est autre que le champ moyen $\boldsymbol{E}$. La correction que nous avons apportée à l'Éq. (32.5) en utilisant l'Éq. (32.28) ne doit *pas* être faite pour les électrons de conduction. La formule donnant l'indice de réfraction des métaux doit donc ressembler à l'Éq. (32.27) avec ω_0 égal à zéro, c'est-à-dire,

$$n^2 = 1 + \frac{Nq_e^2}{m\epsilon_0}\,\frac{1}{-\omega^2 + i\gamma\omega}. \tag{32.38}$$

Cela représente uniquement la contribution des électrons de conduction que nous supposons être le terme prépondérant dans les métaux.

Maintenant, nous savons même comment trouver la valeur qu'il faut prendre pour γ, puisqu'elle est reliée à la conductibilité du métal. Au chapitre 43 du volume I nous avons montré comment la diffusion des électrons libres dans le cristal donnait naissance à la conductibilité des métaux. Les électrons suivent une trajectoire en zig-zag entre deux collisions, et ils se déplacent librement entre les collisions avec une accélération due à un certain champ moyen (comme le montre la Fig. 32.2). Nous avons vu au chapitre 43 du volume I que la vitesse moyenne de déplacement est égale à l'accélération multipliée par le temps moyen entre deux collisions. L'accélération est q_eE/m, donc

$$v_{\text{déplacement}} = \frac{q_eE}{m}\,\tau. \tag{32.39}$$

Cette formule supposait que E était constant de sorte que $v_{\text{déplacement}}$ était une vitesse constante. Comme il n'y a pas d'accélération moyenne, la force de freinage est égale à la force appliquée. Nous avons défini γ en disant que γmv, est la force de freinage [voir Éq. (32.1)], qui est égale à q_eE ; nous avons donc

$$\gamma = \frac{1}{\tau}. \tag{32.40}$$

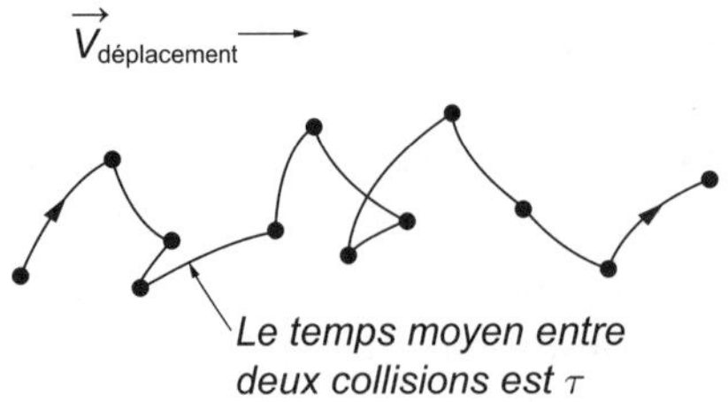

Figure 32.2 – Le mouvement d'un électron libre.

Bien qu'il ne soit pas facile de mesurer τ directement, nous pouvons le déterminer en mesurant la conductivité du métal. On trouve expérimentalement qu'un champ électrique $\boldsymbol{E}$ dans un métal crée un courant de densité $\boldsymbol{j}$ proportionnelle à $\boldsymbol{E}$ (pour les matériaux isotropes) :

$$\boldsymbol{j} = \sigma\boldsymbol{E}.$$

La constante de proportionnalité α s'appelle la *conductivité*. C'est ce que nous attendons de l'Éq. (32.39) si nous posons

$$j = Nq_e v_{\text{déplacement}}.$$

Donc

$$\sigma = \frac{Nq_e^2}{m}\tau. \tag{32.41}$$

On peut ainsi relier τ – et par conséquent γ – à la conductivité électrique observée. En utilisant les Éqs. (32.40) et (32.41) nous pouvons récrire la formule de l'indice, Éq. (32.38), sous la forme suivante :

$$n^2 = 1 + \frac{\sigma/\epsilon_0}{i\omega(1 + i\omega\tau)}, \tag{32.42}$$

où

$$\tau = \frac{1}{\gamma} = \frac{m\sigma}{Nq_e^2}. \tag{32.43}$$

C'est une formule commode pour l'indice de réfraction des métaux.

32.7 Approximations à basse fréquence et à haute fréquence ; profondeur de peau et fréquence de plasma

Le résultat, Éq. (32.42), que nous avons trouvé pour l'indice de réfraction des métaux prévoit des caractéristiques tout à fait différentes pour des propagations d'ondes à des fréquences différentes. Voyons tout d'abord ce qui se passe à très *basse* fréquence. Si ω est suffisamment petit, nous pouvons donner une valeur approchée de l'Éq. (32.42) sous la forme

$$n^2 = -i\frac{\sigma}{\epsilon_0\omega}. \tag{32.44}$$

Comme vous pouvez le vérifier en en prenant le carré[2],

$$\sqrt{-i} = \frac{1-i}{\sqrt{2}};$$

de sorte que pour les basses fréquences,

$$n = \sqrt{\sigma/2\epsilon_0\omega}\,(1 - i). \tag{32.45}$$

Les parties réelle et imaginaire de n ont la même grandeur. Avec une partie imaginaire aussi grande pour n, l'onde s'amortit rapidement dans le métal. En se rapportant à l'Éq. (32.36), on voit que l'amplitude d'une onde se propageant dans la direction z décroît comme

$$\exp\left[-\sqrt{\sigma\omega/2\epsilon_0c^2}\,z\right]. \tag{32.46}$$

2. Ou en écrivant $-i = e^{-i\pi/2}$; $\sqrt{-i} = e^{-i\pi/4} = \cos\pi/4 - i\sin\pi/4$, ce qui donne le même résultat.

© Dunod. Toute reproduction non autorisée est un délit.

Écrivons ceci sous la forme

$$e^{-z/\delta}, \tag{32.47}$$

où δ désigne alors la distance sur laquelle l'amplitude de l'onde diminue de $e^{-1} = 1/2{,}72$ – ou en gros d'un tiers. La variation de l'amplitude d'une telle onde en fonction de z est représentée sur la Fig. 32.3. Comme une onde électromagnétique ne pénètre dans un métal que de cette distance, on appelle *δ l'épaisseur de peau*. Elle est donnée par

$$\delta = \sqrt{2\epsilon_0 c^2/\sigma\omega}. \tag{32.48}$$

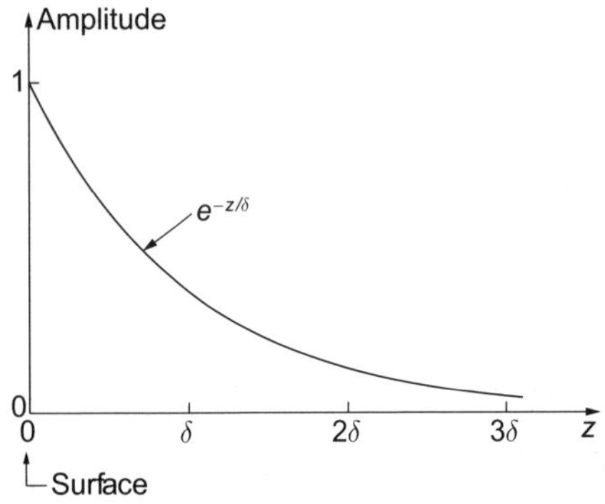

Figure 32.3 – Amplitude d'une onde électromagnétique transversale en fonction de la distance dans le métal.

Mais qu'entendons-nous par « basses » fréquences ? En examinant l'Éq. (32.42), nous voyons que l'Éq. (32.44) n'en constitue une approximation que si $\omega\tau$ est très inférieur à un *et* si $\omega\epsilon_0/\sigma$ est aussi très inférieur à un – c'est-à-dire que notre approximation à basse fréquence s'applique lorsque

$$\omega \ll \frac{1}{\tau}$$

et

$$\omega \ll \frac{\sigma}{\epsilon_0}. \tag{32.49}$$

Voyons à quelles fréquences cela correspond pour un métal typique tel que le cuivre. Nous calculons τ en utilisant l'Éq. (32.43) et σ/ϵ_0 en utilisant la conductivité mesurée. Nous tirons les données suivantes d'une table :

$\sigma = 5{,}76 \times 10^7$ (ohm-mètre)$^{-1}$,

poids atomique $= 63{,}5$ grammes,

densité $= 8{,}9$ grammes $\cdot$ cm^{-3},

nombre d'Avogadro $= 6{,}02 \times 10^{23}$ (atome gramme)$^{-1}$.

Si nous supposons qu'il y a un électron libre par atome, le nombre d'électrons par mètre cube est

$$N = 8{,}5 \times 10^{28} \text{ mètre}^{-3}.$$

En utilisant

$$q_e = 1{,}6 \times 10^{-19} \text{ coulomb},$$
$$\epsilon_0 = 8{,}85 \times 10^{-12} \text{ farad-mètre}^{-1},$$
$$m = 9{,}11 \times 10^{-31} \text{ kg},$$

nous obtenons

$$\tau = 2{,}4 \times 10^{-12} \text{ sec},$$
$$\frac{1}{\tau} = 4{,}1 \times 10^{13} \text{ sec}^{-1},$$
$$\frac{\sigma}{\epsilon_0} = 6{,}5 \times 10^{18} \text{ sec}^{-1}.$$

Donc pour des fréquences inférieures à environ 10^{12} cycles par seconde, le cuivre aura le comportement « basse fréquence » que nous décrivons (c'est-à-dire pour des ondes dont la longueur d'onde dans le vide est supérieure à 0,3 millimètre – des ondes radio *très* courtes !).

Pour ces ondes, la profondeur de peau dans le cuivre est

$$\delta = \sqrt{\frac{0{,}028 \text{ m}^2 \cdot \text{sec}^{-1}}{\omega}}$$

Pour des micro-ondes de 10 000 mégacycles par seconde (ondes de 3 cm)

$$\delta = 6{,}7 \times 10^{-5} \text{ cm}.$$

Les ondes ne pénètrent que sur une très faible distance.

Nous pouvons voir à partir de cela pourquoi dans l'étude des cavités (ou des guides d'onde) nous n'avons eu à nous inquiéter que des champs à l'intérieur de la cavité, et pas des champs dans le métal ou à l'extérieur de la cavité. Nous voyons aussi pourquoi un mince placage d'argent ou d'or réduit les pertes dans la cavité. Les pertes proviennent du courant qui n'est important que dans une couche mince égale à la profondeur de peau.

Supposez maintenant que nous considérions l'indice d'un métal tel que le cuivre pour de hautes fréquences. Pour les très hautes fréquences $\omega\tau$ est beaucoup plus grand que un et l'Éq. (32.42) est bien approximée par

$$n^2 = 1 - \frac{\sigma}{\epsilon_0 \omega^2 \tau}. \tag{32.50}$$

Pour des ondes de haute fréquence l'indice d'un métal devient réel – et inférieur à un ! C'est également évident à partir de l'Éq. (32.38) si l'on néglige le terme d'amortissement γ, comme on peut le faire pour ω très grand. L'équation (32.38) donne

$$n^2 = 1 - \frac{N q_e^2}{m \epsilon_0 \omega^2}, \tag{32.51}$$

© Dunod. Toute reproduction non autorisée est un délit.

ce qui est, évidemment, la même chose que l'Éq. (32.50). Nous avons rencontré précédemment la quantité $Nq_e^2/m\epsilon_0$, qui est le carré de ce que nous avons appelé la fréquence de plasma (paragraphe 7-3) :

$$\omega_p^2 = \frac{Nq_e^2}{\epsilon_0 m},$$

nous pouvons donc écrire l'Éq. (32.50) ou l'Éq. (32.51) sous la forme

$$n^2 = 1 - \left(\frac{\omega_p}{\omega}\right)^2.$$

La fréquence de plasma est une sorte de fréquence « critique ».

Pour $\omega < \omega_p$ l'indice d'un métal a une partie imaginaire et les ondes sont amorties ; mais pour $\omega \gg \omega_p$ l'indice est réel et le métal devient transparent. Vous savez, évidemment, que les métaux sont raisonnablement transparents aux rayons X. Mais quelques métaux sont même transparents dans l'ultraviolet. Dans le tableau 32.3 nous donnons, pour plusieurs métaux, la longueur d'onde observée expérimentalement pour laquelle ils commencent à devenir transparents. Dans la seconde colonne nous donnons la longueur d'onde critique calculée $\lambda_p = 2\pi c/\omega_p$. Si l'on considère que la longueur d'onde expérimentale n'est pas trop bien déterminée, l'accord avec la théorie est très bon.

Tableau 32.3 – Longueurs d'ondes au-dessous desquelles le métal devient transparent.

Métal	λ (expérimental)	$\lambda_p = 2\pi c/\omega_p$
Li	1550 A	1550 A
Na	2100	2090
K	3150	2870
Rb	3400	3220

Tiré de : C. Kittel, *Introduction to Solid State Physics*, John Wiley and Sons, Inc., New York, 2e éd., 1956, p. 266.

Vous pourriez vous demander pourquoi la fréquence de plasma ω_p a quelque chose à voir avec la propagation des ondes électromagnétiques dans les métaux. La fréquence de plasma s'était manifestée au chapitre 7 comme la fréquence naturelle des oscillations de *densité* des électrons libres. (Un groupe d'électrons est repoussé par les forces électriques et l'inertie des électrons provoque une oscillation de la densité.) Les ondes de plasma *longitudinales* ont donc une fréquence de résonance à ω_p. Mais nous parlons maintenant d'ondes électromagnétiques *transversales*, et nous avons vu que les ondes transversales sont absorbées pour des fréquences inférieures à ω_p. (C'est une coïncidence intéressante et *pas* accidentelle.)

Bien que nous ayons parlé de la propagation des ondes dans les métaux, vous vous rendez compte en ce moment de l'universalité des phénomènes de la physique – qu'il n'y a pas beaucoup de différences si les électrons libres se trouvent dans un métal ou dans un plasma de l'ionosphère terrestre, ou encore dans l'atmosphère d'une étoile. Pour comprendre la propagation des ondes radio dans l'ionosphère nous pouvons utiliser les mêmes expressions – en employant, bien sûr, les valeurs convenables de N et τ. Vous pouvez comprendre maintenant pourquoi les ondes longues de radio sont absorbées ou réfléchies par l'ionosphère, alors que les ondes courtes passent à travers. (On doit utiliser des ondes courtes pour communiquer avec les satellites.)

Nous avons considéré les cas extrêmes des basses et hautes fréquences dans la propagation des ondes dans les métaux. Pour les fréquences intermédiaires on doit utiliser la formule complète de l'Éq. (32.42). En général l'indice aura des parties réelle et imaginaire ; l'onde s'amortit lorsqu'elle se propage dans le métal. Pour les couches très minces, les métaux sont quelque peu transparents méme aux fréquences optiques. On fait, par exemple, des lunettes spéciales pour les gens qui travaillent autour de fours à hautes températures, en évaporant une mince couche d'or sur du verre. La lumière visible est bien transmise – avec une forte teinte verte – mais l'infrarouge est fortement absorbé.

Finalement, il ne peut pas avoir échappé au lecteur que ces formules ressemblent en un certain sens à celles établies pour la constante diélectrique κ étudiée au chapitre 10. La constante diélectrique κ mesure la réponse du matériau à un champ constant, c'est-à-dire pour $\omega = 0$. Si vous examinez soigneusement la définition de n et κ vous verrez que κ est simplement la limite de n^2 pour $\omega \to 0$. Effectivement, si l'on pose $\omega = 0$ et $n^2 = \kappa$ dans les équations de ce chapitre, on retrouve les équations de la théorie de la constante diélectrique du chapitre 11.

© Dunod. Toute reproduction non autorisée est un délit.

RÉFLEXION PAR LES SURFACES

33

33.1 RÉFLEXION ET RÉFRACTION DE LA LUMIÈRE

La réflexion et la réfraction de la lumière – ou des ondes électromagnétiques en général – sur les surfaces feront l'objet de ce chapitre. Nous avons déjà traité des lois de la réflexion et de la réfraction au chapitre 35 du volume I. Voici ce que nous y avons dit :

1. L'angle de réflexion est égal à l'angle d'incidence. Les angles étant définis comme sur la Fig. 33.1,
$$\theta_r = \theta_i. \tag{33.1}$$
2. Le produit $n \sin\theta$ est le même pour les rayons incidents et transmis (loi de Descartes) :
$$n_1 \sin\theta_i = n_2 \sin\theta_t. \tag{33.2}$$
3. L'intensité de la lumière réfléchie dépend de l'angle d'incidence et de la direction de polarisation. Si $\boldsymbol{E}$ est perpendiculaire au plan d'incidence, le coefficient de réflexion $R_\perp$ est
$$R_\perp = \frac{I_r}{I_i} = \frac{\sin^2(\theta_i - \theta_t)}{\sin^2(\theta_i + \theta_t)}. \tag{33.3}$$

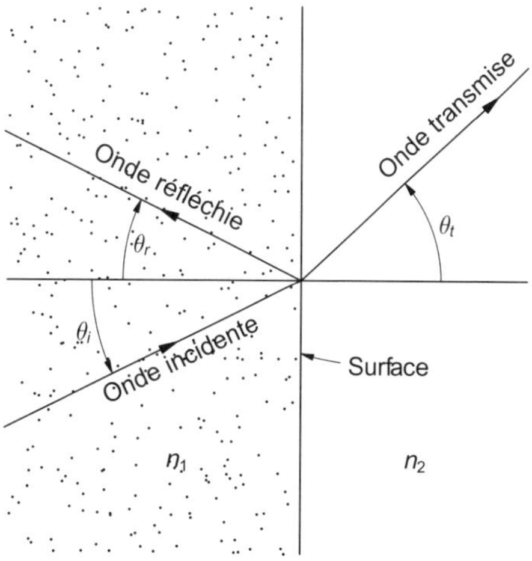

Figure 33.1 – Réflexion et réfraction des ondes lumineuses sur une surface. (Les directions de propagation des ondes sont normales aux plans d'onde.)

© Dunod. Toute reproduction non autorisée est un délit.

Si $\boldsymbol{E}$ est parallèle au plan d'incidence, le coefficient de réflexion $R_{\parallel}$ est

$$R_{\parallel} = \frac{I_r}{I_i} = \frac{\tan^2(\theta_i - \theta_t)}{\tan^2(\theta_i + \theta_t)}. \tag{33.4}$$

4. Sous incidence normale (et quelle que soit la polarisation, bien sûr !),

$$\frac{I_r}{I_i} = \left(\frac{n_2 - n_1}{n_2 + n_1}\right)^2. \tag{33.5}$$

(Précédemment nous avons utilisé i pour l'angle d'incidence, et r pour l'angle de réfraction. Comme nous ne pouvons prendre r à la fois pour les deux angles de « réflexion » et de « réfraction », nous prendrons désormais θ_i = angle d'incidence, θ_r = angle de réflexion, et θ_t = angle de transmission.)

Notre premier exposé des lois est en réalité bien assez poussé pour quiconque aborde le sujet, mais nous allons tout recommencer de façon différente. Pourquoi ? En partie, parce que nous avons supposé que les indices étaient réels (pas d'absorption dans la matière). D'autre part, parce que vous devez savoir résoudre à partir des équations de Maxwell, le problème des ondes qui frappent une surface. Nous obtiendrons les mêmes réponses que précédemment, mais cette fois-ci grâce à une solution directe du problème des ondes plutôt qu'à partir de raisonnements astucieux.

Insistons sur le fait que l'amplitude de la réflexion sur une surface n'est pas une propriété du *matériau* comme l'indice de réfraction. C'est une « propriété de surface », propriété qui dépend justement de la manière dont la surface est faite. Une mince couche de matière différente placée sur une surface entre deux milieux d'indices n_1 et n_2 change en général la réflexion. (Il y a là toutes sortes de possibilités d'interférences – comme les couleurs des couches minces d'huile. Avec une épaisseur convenable on peut même réduire l'amplitude réfléchie à zéro, pour une fréquence donnée : c'est ainsi que sont faites les lentilles à traitement antiréfléchissant. Les formules que nous allons établir sont exactes seulement s'il y a un brusque changement d'indice - sur une épaisseur très petite par rapport à une longueur d'onde. Pour la lumière, la longueur d'onde est à peu près de 5000 Å, donc par surface « lisse » nous entendons une surface sur laquelle les conditions changent sur une épaisseur de quelques atomes (ou de quelques angströms). Nos équations sont applicables à la lumière pour des surfaces parfaitement polies. En général, si l'indice change progressivement sur une épaisseur de quelques longueurs d'onde, il y a très peu de réflexion.

33.2 Les ondes dans les milieux condensés

Rappelons d'abord comment nous avons décrit commodément une onde plane sinusoïdale au chapitre 36 du volume I. Toute *composante* du champ de l'onde (considérons E par exemple) peut s'écrire sous la forme

$$E = E_0 e^{i(\omega t - \boldsymbol{k}\cdot\boldsymbol{r})}, \tag{33.6}$$

où E est l'amplitude au point $\boldsymbol{r}$ (à partir de l'origine) à l'instant t. Le vecteur $\boldsymbol{k}$ est orienté dans la direction de propagation de l'onde et son module, $|\boldsymbol{k}| = k = 2\pi/\lambda$ est le nombre d'onde. La vitesse de phase de l'onde est $v_{\text{ph}} = \omega/k$; pour une onde lumineuse dans un milieu d'indice n, $v_{\text{ph}} = c/n$, donc

$$k = \frac{\omega n}{c}. \tag{33.7}$$

Imaginons que $\boldsymbol{k}$ est parallèle à l'axe des z ; alors $\boldsymbol{k} \cdot \boldsymbol{r}$ vaut exactement kz, ce que nous avons souvent utilisé. Pour $\boldsymbol{k}$ orienté dans une autre direction quelconque, nous devons remplacer z par r_k, distance à l'origine mesurée sur la direction $\boldsymbol{k}$, c'est-à-dire que nous devons remplacer kz par kr_k qui est égal à $\boldsymbol{k} \cdot \boldsymbol{r}$. (Voir Fig. 33.2.) L'Éq. (33.6) représente donc commodément une onde se propageant dans une direction quelconque.

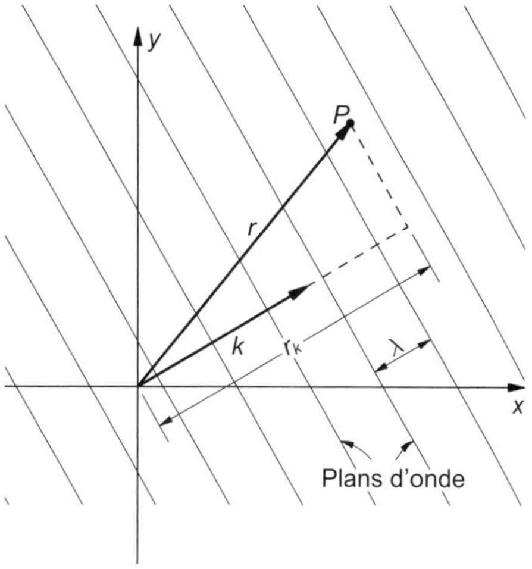

Figure 33.2 – Pour une onde qui se déplace dans la direction $\boldsymbol{k}$, la phase en tout point P est $(\omega t - \boldsymbol{k} \cdot \boldsymbol{r})$.

Nous devons, évidemment, nous rappeler que

$$\boldsymbol{k} \cdot \boldsymbol{r} = k_x x + k_y y + k_z z,$$

où k_x, k_y et k_z sont les composantes de $\boldsymbol{k}$ le long des trois axes. En fait, nous avons fait remarquer une fois que (ω, k_x, k_y, k_z) était un quadrivecteur et que son produit scalaire par (t, x, y, z) était invariant. Donc, la phase d'une onde est un invariant et l'Éq. (33.6) peut encore s'écrire

$$E = E_0 e^{ik_\mu x_\mu}.$$

Mais nous n'avons pas besoin d'être aussi raffinés pour l'instant.

Pour un E sinusoïdal, comme dans l'Éq. (33.6), $\partial E/\partial t$ est égal à $i\omega E$, et $\partial E/\partial x$ est égal à $-ik_x E$, et de même pour les autres composantes. Vous voyez pourquoi il est très commode d'utiliser l'Éq. (33.6) sous cette forme, quand il s'agit d'équations différentielles – les dérivations y sont remplacées par des multiplications. Une autre remarque utile : l'opération gradient $\boldsymbol{\nabla} = (\partial/\partial x, \partial/\partial y, \partial/\partial z)$ est remplacée par les trois multiplications $(-ik_x, -ik_y, -ik_z)$. Mais ces trois facteurs se transforment comme les composantes

© Dunod. Toute reproduction non autorisée est un délit.

du vecteur $\boldsymbol{k}$, et l'opérateur $\boldsymbol{\nabla}$ est remplacé par la multiplication par $-i\boldsymbol{k}$:

$$\frac{\partial}{\partial t} \to i\omega,$$

$$\boldsymbol{\nabla} \to -i\boldsymbol{k}. \tag{33.8}$$

Ceci demeure vrai quelle que soit l'opération effectuée avec le $\boldsymbol{\nabla}$ – que ce soit le gradient, la divergence, ou le rotationnel. Par exemple, la composante z de $\boldsymbol{\nabla} \times \boldsymbol{E}$ est

$$\frac{\partial E_y}{\partial x} - \frac{\partial E_x}{\partial y}.$$

Si E_y et E_x varient tous deux comme $e^{-i\boldsymbol{k}\cdot\boldsymbol{r}}$ nous obtenons

$$-ik_xE_y + ik_yE_x,$$

que vous reconnaissez être la composante z de $-i\boldsymbol{k} \times \boldsymbol{E}$.

Nous avons ainsi obtenu ce résultat général très important que, chaque fois qu'il faudra prendre le gradient d'un vecteur qui varie comme une onde dans les trois dimensions (ils sont une partie importante de la physique), vous pourrez toujours calculer les dérivées rapidement et pratiquement sans penser, en vous souvenant que l'opération $\boldsymbol{\nabla}$ est équivalente à la multiplication par $-ik$.

Par exemple, l'équation de Faraday,

$$\boldsymbol{\nabla} \times \boldsymbol{E} = -\frac{\partial \boldsymbol{B}}{\partial t}$$

devient pour une onde

$$-i\boldsymbol{k} \times \boldsymbol{E} = -i\omega\boldsymbol{B}.$$

Ce qui nous indique que

$$\boldsymbol{B} = \frac{\boldsymbol{k} \times \boldsymbol{E}}{\omega}, \tag{33.9}$$

et qui correspond au résultat trouvé précédemment pour les ondes dans le vide – à savoir que $\boldsymbol{B}$, dans une onde est perpendiculaire à $\boldsymbol{E}$ et à la direction de propagation. (Dans le vide, $\omega/k = c$.) Vous pouvez vous souvenir du signe de l'Éq. (33.9) grâce au fait que $\boldsymbol{k}$ a même direction que le vecteur de Poynting $\boldsymbol{S} = \epsilon_0 c^2 \boldsymbol{E} \times \boldsymbol{B}$.

En appliquant la même règle aux autres équations de Maxwell, vous obtenez de nouveau les résultats du chapitre précédent et en particulier que,

$$\boldsymbol{k} \cdot \boldsymbol{k} = k^2 = \frac{\omega^2 n^2}{c^2}. \tag{33.10}$$

Mais comme nous le savons déjà, nous n'y reviendrons pas.

Si vous voulez vous amuser, vous pouvez essayer de résoudre le problème terrifiant suivant, qui était l'épreuve ultime pour les étudiants de dernière année en 1890 : résoudre les équations de Maxwell, pour des ondes planes, dans un cristal *anisotrope*, c'est-à-dire où la polarisation $\boldsymbol{P}$ est reliée au champ électrique $\boldsymbol{E}$ par un tenseur de polarisabilité. Vous choisirez évidemment vos axes le long des axes principaux du tenseur, de façon que les relations soient le plus simple possible (alors $P_x = a_a E_x$, $P_y = a_b E_y$, $P_z = a_c E_z$), mais vous prendrez des ondes se propageant suivant une direction quelconque, et avec une polarisation quelconque. Vous devez alors être capables de trouver les relations entre $\boldsymbol{E}$ et $\boldsymbol{B}$, et voir comment varie $\boldsymbol{k}$ avec la direction et la polarisation de l'onde. Quand vous aurez fait cela, vous aurez compris l'optique des cristaux anisotropes. Il serait préférable de commencer par le cas plus simple d'un cristal biréfringent – comme la calcite – dont deux des polarisabilités sont égales (disons, $a_b = a_c$) et essayer de comprendre pourquoi vous voyez double à travers un tel cristal. Si vous réussissez cela, alors tentez le cas le plus difficile où les trois a sont différents. Et vous verrez ainsi si vous êtes au niveau d'un étudiant de dernière année de 1890. Dans ce chapitre, cependant, nous ne considérerons que des milieux isotropes.

Nous savons, expérimentalement, qu'une onde plane incidente sur la surface de séparation de deux milieux différents – soit air et verre, ou eau et huile – donne lieu à une onde réfléchie et à une onde transmise. Posons simplement cela comme hypothèse et voyons ce que nous pouvons en tirer. Nous choisissons nos axes, avec le plan yz dans la surface, et le plan xy perpendiculaire aux surfaces d'ondes incidentes, comme sur la Fig. 33.3.

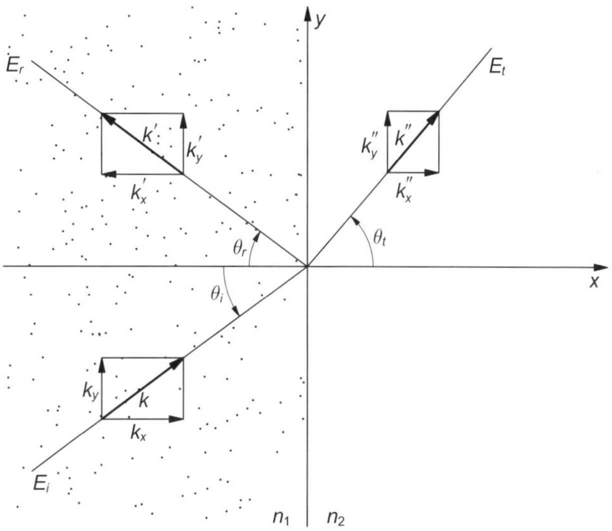

Figure 33.3 – Les vecteurs de propagation k, k' et k'' des ondes incidente, réfléchie et transmise.

Le vecteur champ électrique de l'onde incidente s'écrit

$$\boldsymbol{E}_i = \boldsymbol{E}_0 e^{i(\omega t - \boldsymbol{k}\cdot\boldsymbol{r})}. \tag{33.11}$$

Comme $\boldsymbol{k}$ est perpendiculaire à l'axe des z,

$$\boldsymbol{k}\cdot\boldsymbol{r} = k_x x + k_y y. \tag{33.12}$$

© Dunod. Toute reproduction non autorisée est un délit.

L'onde réfléchie s'écrit

$$\boldsymbol{E}_r = \boldsymbol{E}'_0 e^{i(\omega' t - \boldsymbol{k}'\cdot\boldsymbol{r})}, \tag{33.13}$$

où ω' est sa fréquence, $\boldsymbol{k}'$ son nombre d'onde et $\boldsymbol{E}'_0$ son amplitude. (Nous savons bien sûr que la fréquence et le module de $\boldsymbol{k}$ sont les mêmes que pour l'onde incidente, mais nous ne voulons même pas le poser comme hypothèse. Nous le ferons surgir de notre arsenal mathématique.) Enfin, l'onde transmise s'écrit

$$\boldsymbol{E}_t = \boldsymbol{E}''_0 e^{i(\omega'' t - \boldsymbol{k}''\cdot\boldsymbol{r})}. \tag{33.14}$$

Nous savons que l'une des équations de Maxwell conduit à l'Éq. (33.9), si bien que pour chacune des ondes nous aurons

$$\boldsymbol{B}_i = \frac{\boldsymbol{k}\times\boldsymbol{E}_i}{\omega}, \qquad \boldsymbol{B}_r = \frac{\boldsymbol{k}'\times\boldsymbol{E}_r}{\omega'}, \qquad \boldsymbol{B}_t = \frac{\boldsymbol{k}''\times\boldsymbol{E}_t}{\omega''}. \tag{33.15}$$

De même, en appelant n_1 et n_2 les indices des deux milieux nous tirons de l'Éq. (33.10)

$$k^2 = k_x^2 + k_y^2 = \frac{\omega^2 n_1^2}{c^2}. \tag{33.16}$$

Comme l'onde réfléchie se trouve dans le même milieu,

$$k'^2 = \frac{\omega'^2 n_1^2}{c^2} \tag{33.17}$$

alors que pour l'onde transmise,

$$k''^2 = \frac{\omega''^2 n_2^2}{c^2}. \tag{33.18}$$

33.3 Les conditions aux limites

Jusqu'ici nous nous sommes bornés à décrire les trois ondes ; notre problème consiste maintenant à exprimer les paramètres des ondes réfléchies et transmises en fonction des paramètres de l'onde incidente. Comment faire ? Les trois ondes décrites vérifient les équations de Maxwell dans un milieu uniforme, mais les équations de Maxwell doivent aussi être vérifiées *sur* la surface de séparation des deux milieux différents. Nous devons donc examiner ce qui se produit *sur* la surface même. Nous verrons que les équations de Maxwell imposent aux trois ondes de se raccorder d'une certaine façon.

À titre d'exemple et pour illustrer ce que cela signifie, la composante y du champ électrique $\boldsymbol{E}$ doit être la *même* de part et d'autre de la surface de séparation. Ceci découle de la loi de Faraday,

$$\boldsymbol{\nabla}\times\boldsymbol{E} = -\frac{\partial\boldsymbol{B}}{\partial t}, \tag{33.19}$$

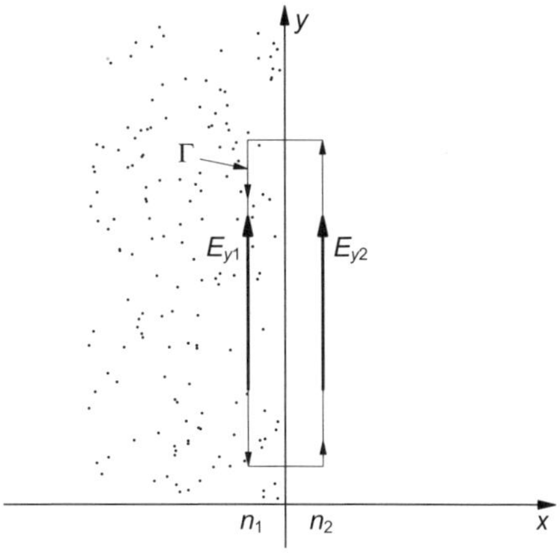

Figure 33.4 – Une condition aux limites $E_{y2} = E_{y1}$ s'obtient à partir de $\varphi_r E\, ds = 0$.

comme nous allons le voir. Considérons une petite boucle rectangulaire Γ à cheval sur la surface de séparation, comme sur la Fig. 33.4. D'après l'Éq. (33.19) l'intégrale curviligne de $\boldsymbol{E}$ le long de Γ est égale à la variation par unité de temps du flux de $\boldsymbol{B}$ à travers la boucle :

$$\oint_\Gamma \boldsymbol{E} \cdot d\boldsymbol{s} = -\frac{\partial}{\partial t} \int \boldsymbol{B} \cdot \boldsymbol{n}\, da.$$

Imaginons alors que le rectangle soit très étroit, de sorte que la boucle entoure une surface infinitésimale. Si $\boldsymbol{B}$ demeure fini (et il n'y a aucune raison pour qu'il devienne infini sur la limite !) le flux à travers cette surface est nul. Donc l'intégrale curviligne de $\boldsymbol{E}$ doit être nulle. Si E_{y1} et E_{y2} sont les composantes du champ des deux côtés de la surface de séparation et si l est la longueur du rectangle, nous obtenons

$$E_{y1}l - E_{y2}l = 0$$

ou bien

$$E_{y1} = E_{y2}, \tag{33.20}$$

comme nous l'avons dit. Cela nous donne une relation entre les champs des trois ondes.

L'établissement des conséquences des équations de Maxwell, à la surface de séparation constitue ce qu'on appelle, « la détermination des conditions aux limites ». D'habitude, on résout ce problème en cherchant autant d'équations du type de l'Éq. (33.20) qu'il est possible, en raisonnant sur des petits rectangles tels que Γ de la Fig. 33.4, ou sur des petites surfaces de Gauss qui coiffent la surface de séparation. Bien que ce soit un procédé tout à fait correct, il donne néanmoins l'impression que le problème des limites est différent pour chaque problème physique différent.

Par exemple, dans le problème de l'écoulement de la chaleur à travers une surface de séparation, comment les températures des deux côtés sont-elles reliées entre elles ? Vous pourriez dire, d'une part, que le flux de chaleur *arrivant* sur la surface de séparation d'un côté doit être égal au flux *sortant* de l'autre côté. Il est d'habitude possible, et en général utile, de déterminer les conditions aux limites par de tels raisonnements physiques. Cependant il peut arriver, parfois, que pour résoudre un problème vous disposiez

© Dunod. Toute reproduction non autorisée est un délit.

seulement de certaines équations, et que vous ne voyiez pas d'emblée le raisonnement physique à faire. Donc, bien que nous ne soyons pour l'instant intéressés que par un problème d'électromagnétisme, où nous *pouvons* faire des raisonnements physiques, nous allons vous montrer une méthode qui peut être appliquée à tout problème – une méthode *générale* pour voir ce qui se passe à la surface de séparation, directement à partir des équations différentielles.

Commençons par écrire les équations de Maxwell pour un diélectrique – et cette fois-ci nous serons très précis et nous expliciterons toutes les composantes :

$$\boldsymbol{\nabla}\cdot\boldsymbol{E} = -\frac{\boldsymbol{\nabla}\cdot\boldsymbol{P}}{\epsilon_0}$$

$$\epsilon_0\left(\frac{\partial E_x}{\partial x}+\frac{\partial E_y}{\partial y}+\frac{\partial E_z}{\partial z}\right) = -\left(\frac{\partial P_x}{\partial x}+\frac{\partial P_y}{\partial y}+\frac{\partial P_z}{\partial z}\right) \tag{33.21}$$

$$\boldsymbol{\nabla}\times\boldsymbol{E} = -\frac{\partial \boldsymbol{B}}{\partial t}$$

$$\frac{\partial E_z}{\partial y}-\frac{\partial E_y}{\partial z} = -\frac{\partial B_x}{\partial t} \tag{33.22a}$$

$$\frac{\partial E_x}{\partial z}-\frac{\partial E_z}{\partial x} = -\frac{\partial B_y}{\partial t} \tag{33.22b}$$

$$\frac{\partial E_y}{\partial x}-\frac{\partial E_x}{\partial y} = -\frac{\partial B_z}{\partial t} \tag{33.22c}$$

$$\boldsymbol{\nabla}\cdot\boldsymbol{B} = 0$$

$$\frac{\partial B_x}{\partial x}+\frac{\partial B_y}{\partial y}+\frac{\partial B_z}{\partial z} = 0 \tag{33.23}$$

$$c^2\boldsymbol{\nabla}\times\boldsymbol{B} = \frac{1}{\epsilon_0}\frac{\partial \boldsymbol{P}}{\partial t}+\frac{\partial \boldsymbol{E}}{\partial t}$$

$$c^2\left(\frac{\partial B_z}{\partial y}-\frac{\partial B_y}{\partial z}\right) = \frac{1}{\epsilon_0}\frac{\partial P_x}{\partial t}+\frac{\partial E_x}{\partial t} \tag{33.24a}$$

$$c^2\left(\frac{\partial B_x}{\partial z}-\frac{\partial B_z}{\partial x}\right) = \frac{1}{\epsilon_0}\frac{\partial P_y}{\partial t}+\frac{\partial E_y}{\partial t} \tag{33.24b}$$

$$c^2\left(\frac{\partial B_y}{\partial x}-\frac{\partial B_x}{\partial y}\right) = \frac{1}{\epsilon_0}\frac{\partial P_z}{\partial t}+\frac{\partial E_z}{\partial t} \tag{33.24c}$$

Or ces équations sont valables dans la région 1 (à gauche de la surface de séparation) et dans la région 2 (à droite). Nous avons déjà écrit les solutions dans les régions 1 et 2. Enfin, elles doivent aussi être vérifiées *sur* la surface de séparation, que nous appellerons la région 3. Bien que nous voyions en général une surface de séparation comme étant une surface de brusque discontinuité, il n'en est pas ainsi réellement. Les propriétés physiques y changent très rapidement, mais non infiniment vite. Dans tous les cas, nous pouvons imaginer qu'il y a un changement très rapide, mais *continu* de l'indice, entre les régions 1 et 2, sur une petite épaisseur que nous appellerons la région 3. De même toute grandeur du champ comme P_x, ou E_y, etc., subira une variation de même genre dans la région 3. Dans cette région, les équations différentielles doivent encore être satisfaites, et c'est en suivant les équations différentielles dans cette région que nous obtiendrons les « conditions aux limites ».

Par exemple, imaginons une surface de séparation entre le vide (région 1) et le verre (région 2). Il n'y a rien à polariser dans le vide, donc $\boldsymbol{P}_1 = 0$. Soit $\boldsymbol{P}_2$ la polarisation dans le verre. Entre le vide et le verre il y a une transition continue, mais rapide. Si nous examinons une des composantes de $\boldsymbol{P}$, soit P_x, elle variera comme sur le schéma de la Fig. 33.5(a). Considérons la première de nos équations, Éq. (33.21). Elle contient des dérivées des composantes de $\boldsymbol{P}$ par rapport à x, y et z. Les dérivées par rapport à y et z sont sans intérêt ; rien de spectaculaire ne se produit dans ces directions. Mais la dérivée par rapport à x de P_x prendra de grandes valeurs dans la région 3, en raison de la très forte pente de P_x. La dérivée $\partial P_x/\partial x$, présentera un pic aigu sur la surface de séparation, comme sur la Fig. 33.5(b). Imaginons qu'on réduise la surface de séparation à une couche encore plus mince, le pic sera encore plus haut. Si la surface de séparation

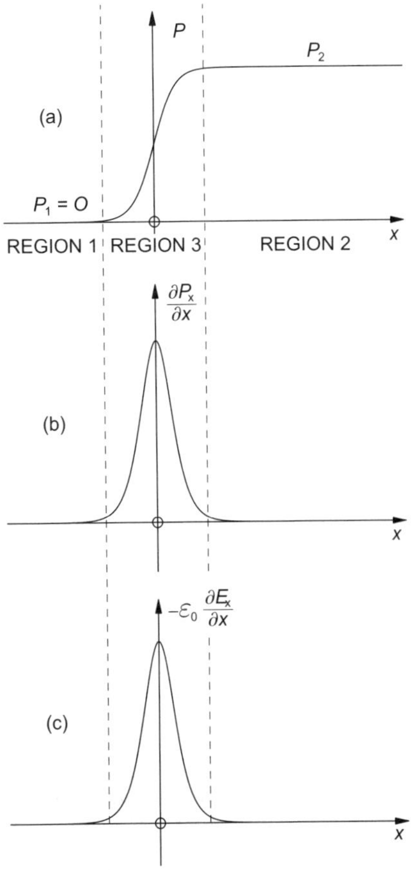

Figure 33.5 – Les champs dans la région de transition (3) comprise entre deux milieux différents (1) et (2).

© Dunod. Toute reproduction non autorisée est un délit.

est réellement nette pour les ondes que nous considérons la valeur de $\partial P_x/\partial x$ dans la région 3 sera bien plus grande que toutes les contributions que nous pourrions avoir venant de la variation de P dans l'onde en dehors de la surface de séparation – nous pouvons donc négliger toutes les variations, autres que celles dues à la séparation.

Or, comment l'Éq. (33.21) va-t-elle être satisfaite s'il y a un énorme pic dans le second membre ? Seulement s'il y a le même énorme pic dans l'autre membre. Il y a donc quelque chose dans le premier membre qui doit être aussi très grand. Le seul candidat c'est $\partial E_x/\partial x$, car les variations avec y et z produisent dans l'onde uniquement ces faibles effets que nous avons déjà cités. Donc $-\epsilon_0(\partial E_x/\partial x)$ doit varier comme nous l'avons tracé sur la Fig. 33.5(c) – calquée sur $\partial P_x/\partial x$. Nous avons donc

$$\epsilon_0 \frac{\partial E_x}{\partial x} = -\frac{\partial P_x}{\partial x}.$$

En intégrant cette équation par rapport à x à travers la région 3, nous en concluons que

$$\epsilon_0(E_{x2} - E_{x1}) = -(P_{x2} - P_{x1}). \tag{33.25}$$

En d'autres termes, la variation de $\epsilon_0 E_x$, de la région 1 à la région 2 doit être égale à la variation de $-P_x$.

Nous pouvons récrire l'Éq. (33.25) sous la forme

$$\epsilon_0 E_{x2} + P_{x2} = \epsilon_0 E_{x1} + P_{x1}, \tag{33.26}$$

qui montre que la grandeur $(\epsilon_0 E_x + P_x)$ a la même valeur dans la région 2 et dans la région 1. On dit que la grandeur $(\epsilon_0 E_x + P_x)$ est *continue à* travers la surface de séparation. Nous tenons là une des conditions aux limites.

Bien que nous ayons pris comme exemple le cas où P_1 était nul parce que la région 1 était le vide, il est évident que le même raisonnement s'appliquerait à deux milieux quelconques dans les deux régions, et l'Éq. (33.26) demeure vraie dans le cas général.

Examinons les autres équations de Maxwell, et voyons ce que chacune d'elles nous apprend. Prenons l'Éq. (33.22a). Il n'y a pas de dérivées par rapport à x, elle ne nous apprend donc rien. (Rappelez-vous que les champs *eux-mêmes* ne deviennent pas particulièrement grands à la surface de séparation ; ce sont seulement les dérivées par rapport à x qui peuvent devenir si importantes qu'elles dominent l'équation.) Voyons l'Éq. (33.22b). Ah ! Elle contient une dérivée par rapport à x ! Il y a $\partial E_z/\partial x$ au premier membre. Imaginons qu'elle ait une très grande valeur. Mais attention ! Il n'y a rien à droite qui puisse s'y associer ; donc, E_z *ne peut* subir aucune variation entre les régions 1 et 2. [S'il y en avait une, il y aurait un pic dans le premier membre de l'Éq. (33.22a), et aucun dans le second, et l'équation serait inexacte.] Nous obtenons une seconde condition :

$$E_{z2} = E_{z1}. \tag{33.27}$$

Grâce au même raisonnement, l'Éq. (33.22c) conduit à

$$E_{y2} = E_{y1}. \tag{33.28}$$

Ce dernier résultat est celui que nous avons obtenu dans l'Éq. (33.20), à partir de l'intégrale curviligne.

Poursuivons avec l'Éq. (33.23). Le seul terme qui pourrait présenter un pic est $\partial B_x/\partial x$. Mais rien à droite ne peut s'y associer, nous en concluons donc

$$B_{x2} = B_{x1}. \tag{33.29}$$

Enfin, la dernière des équations de Maxwell ! L'équation (33.24a) ne conduit à rien car il n'y a pas de dérivées par rapport à x. Il y en a une dans l'Éq. (33.23b), $-c^2\partial B_z/\partial x$, mais là encore elle ne peut s'associer à rien. Donc

$$B_{z2} = B_{z1}. \tag{33.30}$$

La dernière équation est tout à fait semblable et donne

$$B_{y2} = B_{y1}. \tag{33.31}$$

Les trois dernières équations nous donnent $\boldsymbol{B}_2 = \boldsymbol{B}_1$. Insistons bien cependant ; ce résultat n'est valable que si les deux milieux de part et d'autre de la surface de séparation ne sont pas magnétiques – ou plutôt, quand les effets magnétiques des milieux sont négligeables. Ceci est en général le cas pour la plupart des milieux exception faite pour les ferromagnétiques. (Nous traiterons des propriétés magnétiques de la matière dans quelques chapitres suivants.)

Notre programme nous a rapporté les six relations entre les champs de la région 1 et ceux de la région 2. Nous les avons rassemblées dans le tableau 33.1. Nous allons les appliquer pour raccorder les ondes dans les deux régions. Soulignons néanmoins que l'idée utilisée ici s'applique à toute situation physique impliquant des équations différentielles et dont on veut une solution qui traverse une surface de séparation très nette entre deux régions, où certaines propriétés varient. En ce qui nous concerne, nous aurions pu obtenir ces mêmes équations à partir de raisonnements sur les flux et les circulations à la surface de séparation. (À vous de voir si vous obtenez bien le même résultat de cette façon.) Mais vous venez de voir là une méthode applicable dans n'importe quel cas où vous ne sauriez pas trouver le raisonnement simple concernant le fait physique qui se produit à la séparation – il vous suffira de travailler avec les équations.

Tableau 33.1 – Les conditions aux limites à la surface d'un diélectrique.

$(\epsilon_0 \boldsymbol{E}_1 + \boldsymbol{P}_1)_x = (\epsilon_0 \boldsymbol{E}_2 + \boldsymbol{P}_2)_x$
$(\boldsymbol{E}_1)_y = (\boldsymbol{E}_2)_y$
$(\boldsymbol{E}_1)_z = (\boldsymbol{E}_2)_z$
$\boldsymbol{B}_1 = \boldsymbol{B}_2$
(La surface est dans le plan yz)

© Dunod. Toute reproduction non autorisée est un délit.

33.4 Les ondes réfléchies et transmises

Nous sommes prêts à appliquer nos conditions aux limites, aux ondes que nous avons écrites au paragraphe 33-2. Nous avions

$$\boldsymbol{E}_i = \boldsymbol{E}_0 e^{i(\omega t - k_x x - k_y y)}, \tag{33.32}$$

$$\boldsymbol{E}_r = \boldsymbol{E}'_0 e^{i(\omega' t - k'_x x - k'_y y)}, \tag{33.33}$$

$$\boldsymbol{E}_t = \boldsymbol{E}''_0 e^{i(\omega'' t - k''_x x - k''_y y)}, \tag{33.34}$$

$$\boldsymbol{B}_i = \frac{\boldsymbol{k} \times \boldsymbol{E}_i}{\omega}, \tag{33.35}$$

$$\boldsymbol{B}_r = \frac{\boldsymbol{k}' \times \boldsymbol{E}_r}{\omega'}, \tag{33.36}$$

$$\boldsymbol{B}_t = \frac{\boldsymbol{k}'' \times \boldsymbol{E}_t}{\omega''}. \tag{33.37}$$

Nous avons un renseignement supplémentaire : pour chaque onde, $\boldsymbol{E}$ est perpendiculaire au vecteur de propagation $\boldsymbol{k}$.

Les résultats dépendront de la direction du vecteur $\boldsymbol{E}$ (la « polarisation ») de l'onde incidente. L'analyse est de beaucoup simplifiée si nous traitons séparément le cas d'une onde incidente ayant son vecteur $\boldsymbol{E}$ *parallèle* au plan d'incidence (c'est-à-dire au plan xy) et le cas d'une onde incidente ayant son vecteur $\boldsymbol{E}$ *perpendiculaire* au plan d'incidence. Une onde polarisée de façon quelconque est simplement une combinaison linéaire de ces deux ondes. En d'autres termes, les intensités réfléchies et transmises sont différentes pour différentes polarisations, et il est plus facile de prendre les deux cas les plus simples et de les traiter séparément.

Nous pousserons l'analyse jusqu'au bout pour une onde incidente polarisée perpendiculairement au plan d'incidence, mais nous vous donnerons seulement le résultat dans l'autre cas. Nous trichons un peu en choisissant le cas le plus simple, mais le principe est le même dans les deux cas. Nous considérons donc $\boldsymbol{E}_i$ avec l'unique composante z, et comme tous les vecteurs $\boldsymbol{E}$ sont parallèles, nous pouvons laisser tomber les signes vectoriels.

Dans la mesure où les deux milieux sont isotropes, les oscillations induites des charges, dans le milieu seront aussi dans la direction z, et les champs E des ondes transmises et rayonnées n'auront que des composantes z. Donc, pour toutes les ondes, E_x et E_y, P_x et P_y sont nuls. Les vecteurs $\boldsymbol{E}$ et $\boldsymbol{B}$ des ondes seront disposés comme sur la Fig. 33.6. (Nous faisons une entorse à notre plan d'origine : tout obtenir à partir des équations. Ce résultat se trouverait aussi à partir des conditions aux limites, mais nous pouvons économiser bien des calculs grâce à un raisonnement physique ; quand vous aurez du temps libre, vérifiez que vous obtenez bien le même résultat à partir des équations. Il est clair que ce que nous avons dit vérifie les équations, ce qu'il y a, c'est que nous n'avons pas montré qu'il n'y avait pas *d'autres* possibilités.)

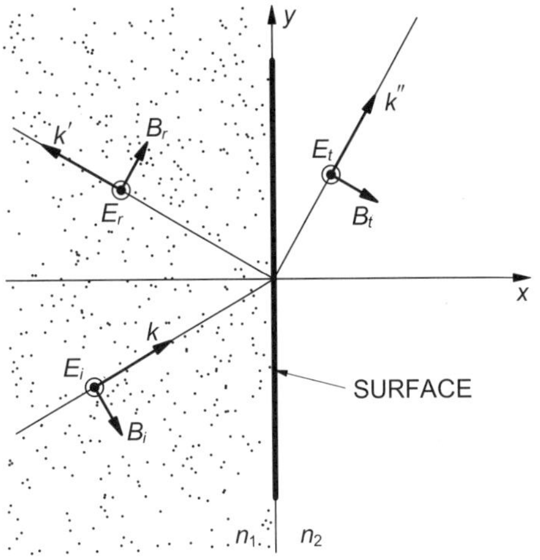

Figure 33.6 – Polarisation des ondes réfléchies et transmises quand le champ E de l'onde incidente est perpendiculaire au plan d'incidence.

Nos conditions aux limites, Éq. (33.26) à (33.31), nous donnent les relations entre les composantes de $\boldsymbol{E}$ et de $\boldsymbol{B}$ dans les régions 1 et 2. Dans la région 2 nous n'avons que l'onde transmise, mais dans la région 1 nous avons *deux* ondes. Laquelle prendrons-nous ? Les champs dans la région 1 résultent évidemment de la superposition des champs des ondes incidentes et réfléchies. (Puisque chacune vérifie les équations de Maxwell, leur somme aussi.) Donc, en appliquant les conditions aux limites, nous devons avoir

$$\boldsymbol{E}_1 = \boldsymbol{E}_i + \boldsymbol{E}_r, \qquad \boldsymbol{E}_2 = \boldsymbol{E}_t,$$

et de même pour les $\boldsymbol{B}$.

Pour la polarisation considérée, les Éqs. (33.26) et (33.28) ne nous donnent pas d'informations supplémentaires ; l'Éq. (33.27) est seule utile. Elle dit que

$$E_i + E_r = E_t,$$

sur la surface de séparation, c'est-à-dire pour $x = 0$. Nous avons donc

$$E_0 e^{i(\omega t - k_y y)} + E_0' e^{i(\omega' t - k_y' y)} = E_0'' e^{i(\omega'' t - k_y'' y)}, \tag{33.38}$$

qui doit être vraie pour *tout t* et pour *tout y*. Faisons d'abord $y = 0$, il reste alors

$$E_0 e^{i\omega t} + E_0' e^{i\omega' t} = E_0'' e^{i\omega'' t}.$$

Selon cette équation deux termes oscillants sont égaux à un troisième. Ceci ne peut se produire que si toutes les fréquences sont égales. (Il est impossible à trois – ou à un nombre quelconque – de tels ternies comportant des fréquences différentes d'avoir une somme nulle à tout instant.) Donc

$$\omega'' = \omega' = \omega. \tag{33.39}$$

Comme nous le savions tout au long de cet exposé, les fréquences des ondes réfléchies et transmises sont égales à la fréquence de l'onde incidente.

© Dunod. Toute reproduction non autorisée est un délit.

Nous nous serions évité bien des difficultés en introduisant ce résultat dès le début, mais nous avons voulu vous montrer qu'on pouvait l'obtenir à partir des équations ; quand vous résolvez un problème réel il est en général préférable d'introduire dés le début tout ce que l'on sait, afin de s'épargner bien des difficultés.

Par définition, le *module* de k est donné par la relation $k^2 = n^2\omega^2/c^2$, nous avons donc aussi

$$\frac{k''^2}{n_2^2} = \frac{k'^2}{n_1^2} = \frac{k^2}{n_1^2}. \tag{33.40}$$

Or, regardez l'Éq. (33.38) pour $t = 0$. Appliquant de nouveau le même genre de raisonnement que celui que nous venons de faire, mais basé cette fois-ci sur le fait que l'équation doit être vérifiée pour toutes les valeurs de y, nous obtenons

$$k''_y = k'_y = k_y. \tag{33.41}$$

D'après l'Éq. (33.40), $k'^2 = k^2$, et donc

$$k'^2_x + k'^2_y = k^2_x + k^2_y.$$

En combinant ceci avec l'équation (33.41), nous obtenons

$$k'^2_x = k^2_x,$$

ou bien $k'_x = \pm k_x$. Le signe positif n'a pas de sens ; il fournirait non pas une onde *réfléchie*, mais une autre onde *incidente*, et nous avons dit au début que nous résolvions le problème d'une seule onde incidente. Nous avons donc

$$k'_x = -k_x. \tag{33.42}$$

Les deux équations (33.41) et (33.42), nous donnent l'égalité de l'angle d'incidence et de l'angle de réflexion, comme nous nous y attendions. (Voir Fig. 33.3.) L'onde réfléchie est

$$E_r = E'_0 e^{i(\omega t + k_x x - k_y y)}. \tag{33.43}$$

Pour l'onde transmise, nous avons déjà

$$k''_y = k_y,$$

et

$$\frac{k''^2}{n_2^2} = \frac{k^2}{n_1^2}; \tag{33.44}$$

nous pouvons les résoudre et trouver k''_x. Nous obtenons

$$k''^2_x = k''^2 - k''^2_y = \frac{n_2^2}{n_1^2}k^2 - k^2_y. \tag{33.45}$$

Imaginons pour un instant que n_1 et n_2 sont des nombres réels (que les parties imaginaires des indices sont très petites). Tous les k sont alors aussi des nombres réels, et d'après la Fig. 33.3, nous trouvons que

$$\frac{k_y}{k} = \sin\theta_i, \qquad \frac{k''_y}{k''} = \sin\theta_t. \tag{33.46}$$

De l'Éq. (33.44) nous tirons

$$n_2 \sin\theta_t = n_1 \sin\theta_i, \tag{33.47}$$

qui est la loi de Descartes de la réfraction – ici encore, quelque chose que nous savions déjà. Si les indices ne sont pas réels, les nombres d'ondes sont complexes, et nous devons utiliser l'Éq. (33.45). [Nous pourrions encore *définir* les angles θ_i et θ_t à partir de l'Éq. (33.46) et les lois de Descartes, Éq. (33.47), seraient toujours vérifiées dans le cas général. Mais alors, les « angles » aussi sont des nombres complexes et par suite, ils perdent leur interprétation géométrique simple d'angles. Il vaut mieux alors décrire le comportement des ondes par les valeurs complexes de k_x ou k''_x.]

Jusqu'ici, rien de neuf. Nous éprouvons simplement ce plaisir simpliste d'obtenir quelques réponses évidentes à partir de tout un arsenal mathématique compliqué. Maintenant, nous sommes prêts à calculer les amplitudes des ondes, que nous ne connaissons toujours pas. Utilisant nos résultats pour les ω et les k, les facteurs exponentiels dans l'Éq. (33.38) se simplifient et nous avons

$$E_0 + E'_0 = E''_0. \tag{33.48}$$

comme E'_0 et E''_0 sont tous deux inconnus il nous faut une seconde relation. Nous devons tenir compte d'une autre des conditions aux limites. Les équations pour E_x et E_y ne nous sont d'aucun secours, car tous les $\boldsymbol{E}$ n'ont que des composantes z. Utilisons les conditions sur $\boldsymbol{B}$. Essayons l'Éq. (33.29) :

$$B_{x2} = B_{x1}.$$

Des Éqs. (33.35) et (33.37),

$$B_{xi} = \frac{k_y E_i}{\omega}, \qquad B_{xr} = \frac{k'_y E_r}{\omega'}, \qquad B_{xt} = \frac{k''_y E_t}{\omega''}.$$

En se souvenant que $\omega'' = \omega' = \omega$ et $k''_y = k'_y = k_y$, nous obtenons

$$E_0 + E'_0 = E''_0.$$

Mais c'est exactement l'Éq. (33.48) de nouveau ! Nous venons de perdre notre temps à retrouver quelque chose que nous savions déjà.

Nous pourrions essayer l'Éq. (33.30), $B_{z2} = B_{z1}$, mais il n'y a pas de composante z de $\boldsymbol{B}$. Il ne reste donc plus qu'une seule équation : l'Éq. (33.31), $B_{y2} = B_{y1}$. Pour les trois ondes :

$$B_{yi} = -\frac{k_x E_i}{\omega}, \qquad B_{yr} = -\frac{k'_x E_r}{\omega'}, \qquad B_{yt} = -\frac{k''_x E_t}{\omega''}. \tag{33.49}$$

© Dunod. Toute reproduction non autorisée est un délit.

En introduisant dans E_i, E_r et E_t, l'expression de l'onde pour $x = 0$ (pour être sur la surface de séparation), la condition aux limites devient

$$\frac{k_x}{\omega} E_0 e^{i(\omega t - k_y y)} + \frac{k'_x}{\omega'} E'_0 e^{i(\omega' t - k'_y y)} = \frac{k''_x}{\omega''} E''_0 e^{i(\omega'' t - k''_y y)}.$$

De nouveau, tous les ω et les k_y, sont égaux, et cette équation se réduit à

$$k_x E_0 + k'_x E'_0 = k''_x E''_0. \tag{33.50}$$

Ceci nous donne une équation pour les E, qui est différente de l'Éq. (33.48). Avec les deux nous pouvons obtenir E'_0 et E''_0. En se souvenant que $k'_x = -k_x$, on obtient

$$E'_0 = \frac{k_x - k''_x}{k_x + k''_x} E_0, \tag{33.51}$$

$$E''_0 = \frac{2k_x}{k_x + k''_x} E_0. \tag{33.52}$$

Ces deux équations, jointes à l'Éq. (33.45) ou à l'Éq. (33.46) pour k''_x nous donnent ce que nous voulions. Nous discuterons des conséquences de ce résultat dans le paragraphe suivant.

Si nous commençons avec une onde polarisée, avec son vecteur $\boldsymbol{E}$ *parallèle* au plan d'incidence, $\boldsymbol{E}$ aura des composantes à la fois sur les x et les y, comme sur la Fig. 33.7. Le calcul est tout aussi direct mais plus compliqué. (Le travail peut être légèrement réduit en exprimant les choses dans ce cas, en fonction des champs *magnétiques*, qui sont tous parallèles à z.) On trouve que

$$|E'_0| = \frac{n_2^2 k_x - n_1^2 k''_x}{n_2^2 k_x + n_1^2 k''_x} |E_0| \tag{33.53}$$

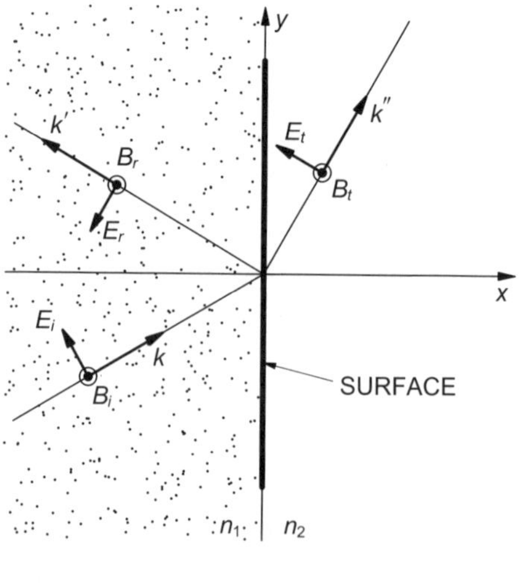

Figure 33.7 – Polarisation des ondes quand le champ E de l'onde incidente est parallèle au plan d'incidence.

et

$$|E_0''| = \frac{2n_1 n_2 k_x}{n_2^2 k_x + n_1^2 k_x''} |E_0|. \tag{33.54}$$

Voyons si ces résultats sont conformes à ceux que nous avons obtenus avant. L'Éq. (33.3) résulte des calculs faits au chapitre 35 du volume I pour le rapport de l'intensité de l'onde réfléchie à l'intensité de l'onde incidente. Là, cependant, nous ne considérions que des indices *réels*. Pour les indices (et les k) réels, nous pouvons écrire

$$k_x = k\cos\theta_i = \frac{\omega n_1}{c}\cos\theta_i,$$

$$k_x'' = k''\cos\theta_t = \frac{\omega n_2}{c}\cos\theta_t.$$

En remplaçant dans l'Éq. (33.51) nous avons

$$\frac{E_0'}{E_0} = \frac{n_1\cos\theta_i - n_2\cos\theta_t}{n_1\cos\theta_i + n_2\cos\theta_t}, \tag{33.55}$$

qui ne ressemble pas à l'Éq. (33.3). Elle lui ressemblera, néanmoins, si nous appliquons les lois de Descartes pour nous débarrasser des n. Posant $n_2 = n_1\sin\theta_i/\sin\theta_t$, et en multipliant numérateur et dénominateur par $\sin\theta_t$, nous obtenons

$$\frac{E_0'}{E_0} = \frac{\cos\theta_i\sin\theta_t - \sin\theta_i\cos\theta_t}{\cos\theta_i\sin\theta_t + \sin\theta_i\cos\theta_t}.$$

Le numérateur et le dénominateur sont le sinus de $(\theta_i - \theta_t)$ et de $(\theta_i + \theta_t)$; nous obtenons

$$\frac{E_0'}{E_0} = -\frac{\sin(\theta_i - \theta_t)}{\sin(\theta_i + \theta_t)}. \tag{33.56}$$

Comme E_0' et E_0 sont dans le même milieu, les intensités sont proportionnelles aux carrés des champs électriques et nous retrouvons bien le résultat précédent. De même, l'Éq. (33.53) est la même que l'Éq. (33.4).

Pour des ondes arrivant sous incidence normale, $\theta_i = 0$ et $\theta_t = 0$. L'Éq. (33.56) nous donne 0/0 qui n'est pas bien utile. Nous pouvons cependant remonter à l'Éq. (33.55) qui donne

$$\frac{I_r}{I_i} = \left(\frac{E_0'}{E_0}\right)^2 = \left(\frac{n_1 - n_2}{n_1 + n_2}\right)^2. \tag{33.57}$$

Ce résultat s'applique naturellement à « l'une ou l'autre » des polarisations, puisque pour l'incidence normale, il n'y a pas de « plan d'incidence » particulier.

33.5 Réflexion métallique

Nous allons pouvoir utiliser ces résultats pour comprendre le phénomène intéressant de la réflexion métallique. Pourquoi les métaux sont-ils brillants ? Nous avons vu au chapitre précédent que les métaux avaient un indice de réfraction, qui, pour certaines fréquences, a une partie imaginaire importante. Voyons ce qu'on obtiendrait pour l'intensité

© Dunod. Toute reproduction non autorisée est un délit.

réfléchie quand la lumière rayonne de l'air (dont $n = 1$) sur un milieu dont $n = -in_I$. L'Éq. (33.55) donne alors (pour une incidence normale)

$$\frac{E_0'}{E_0} = \frac{1 + in_I}{1 - in_I}.$$

Pour *l'intensité* de l'onde réfléchie, nous voulons le carré des modules de E_0' et E_0

$$\frac{I_r}{I_i} = \frac{|E_0'|^2}{|E_0|^2} = \frac{|1 + in_I|^2}{|1 - in_I|^2},$$

ou

$$\frac{I_r}{I_i} = \frac{1 + n_I^2}{1 + n_I^2} = 1. \tag{33.58}$$

Pour un milieu dont l'indice est imaginaire pur, il y a réflexion à 100 % !

Les métaux ne réfléchissent pas à 100 %, mais beaucoup de métaux réfléchissent très bien la lumière visible. En d'autres termes, la partie imaginaire de leur indice est très grande. Mais nous avons vu aussi qu'une partie imaginaire grande de l'indice entraîne une forte absorption. Il y a donc une règle générale selon laquelle, si un milieu *quelconque* se comporte comme un *très* bon absorbeur à toute fréquence, les ondes sont fortement réfléchies à sa surface, et très peu y pénètrent pour y être absorbées. On peut observer cet effet sur les colorants les plus intenses. Des cristaux purs de colorants les plus intenses ont un reflet « métallique ». Vous avez probablement remarqué que sur les bords d'une bouteille d'encre rouge, la teinture sèche donne une réflexion métallique dorée, ou bien que de l'encre rouge séchée donne une réflexion métallique verdâtre. L'encre rouge absorbe le vert de la lumière *transmise*, donc, si l'encre est très concentrée, elle présentera une surface de *réflexion* intense pour les fréquences de la lumière verte.

Vous pouvez facilement le voir en recouvrant une plaque de verre avec de l'encre rouge et en la laissant sécher. Si vous l'éclairez, par derrière, par un faisceau de lumière blanche, comme sur la Fig. 33.8, vous observerez un faisceau transmis, de lumière rouge, et un faisceau réfléchi de lumière verte.

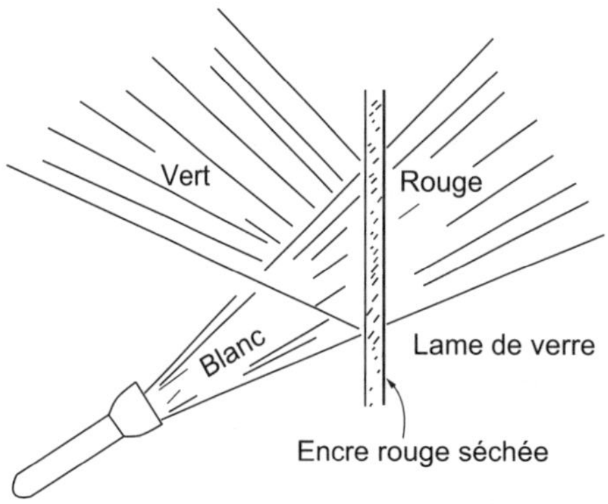

Figure 33.8 – Un milieu qui absorbe fortement la lumière de fréquence ω réfléchit aussi la lumière de cette fréquence.

33.6 RÉFLEXION TOTALE

Si de la lumière passe d'un milieu, comme le verre, ayant un indice réel n plus grand que 1, dans un milieu comme l'air, d'indice n_2 égal à 1, les lois de Descartes nous indiquent que

$$\sin\theta_t = n\sin\theta_i.$$

L'angle θ_t de l'onde transmise devient égal à 90° quand l'angle d'incidence θ_i est égal à « l'angle critique » donné par

$$n\sin\theta_c = 1. \tag{33.59}$$

Que se passe-t-il pour θ_i supérieur à cet angle critique ? Vous savez qu'il y a réflexion totale. Mais comment cela se produit-il ?

Revenons à l'Éq. (33.45) qui donne le nombre d'onde k''_x de l'onde transmise. Nous avons,

$$k''^2_x = \frac{k^2}{n^2} - k_y^2.$$

or, $k_y = k\sin\theta_i$, et $k = \omega n/c$, donc

$$k''^2_x = \frac{\omega^2}{c^2}\left(1 - n^2\sin^2\theta_i\right).$$

Si $n\sin\theta_i$ est plus grand que 1, k''^2_x est négatif et k''_x est imaginaire pur, soit $\pm ik_I$. Vous savez maintenant ce que cela veut dire ! L'onde « transmise » (Éq. 33.34) sera de la forme

$$\boldsymbol{E}_t = \boldsymbol{E}''_0 e^{\pm k_I x} e^{i(\omega t - k_y y)}.$$

L'amplitude de l'onde croît ou décroît exponentiellement quand x croît. Il est clair qu'ici, nous ne garderons que le signe moins. Dans ce cas l'amplitude de l'onde à droite de la surface de séparation varie comme il est indiqué sur la Fig. 33.9. Remarquez que k_I est

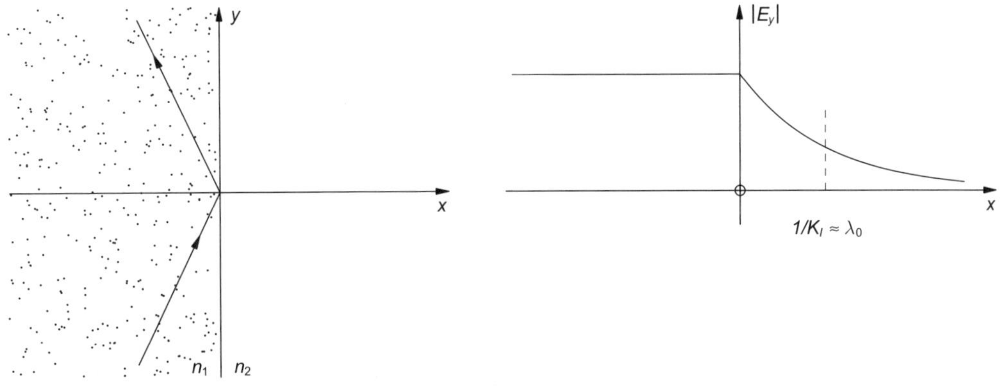

Figure 33.9 – Réflexion totale.

© Dunod. Toute reproduction non autorisée est un délit.

de l'ordre de ω/c – qui est égal à λ_0, la longueur d'onde de la lumière dans le vide. Quand la lumière est totalement réfléchie vers l'intérieur par une surface verre-air, il y a des champs du côté de l'air, mais qui s'étendent au-delà de la surface, seulement sur une distance de l'ordre de la longueur d'onde de la lumière.

Nous voyons maintenant comment répondre à la question suivante : si une onde lumineuse dans le verre, arrive à la surface de séparation sous une incidence suffisamment grande, elle est réfléchie ; si une autre lame de verre est accolée à la surface, (de sorte que la « surface » disparaisse en tant que surface de séparation) la lumière est transmise. Quand cela se produit-il exactement ? Il est clair qu'il doit y avoir un changement continu depuis la réflexion totale jusqu'à l'absence de réflexion ! La réponse est évidemment celle-ci : si la lame d'air est assez petite pour que la partie exponentielle de l'onde dans l'air ait une amplitude suffisante quand elle arrive sur l'autre lame de verre, elle excitera les électrons et engendrera une nouvelle onde, comme le montre la Fig. 33.10. Une certaine partie de la lumière sera transmise. (Il est clair que notre solution est incomplète ; nous devrions de nouveau résoudre toutes les équations pour une lame mince d'air comprise entre deux blocs de verre.)

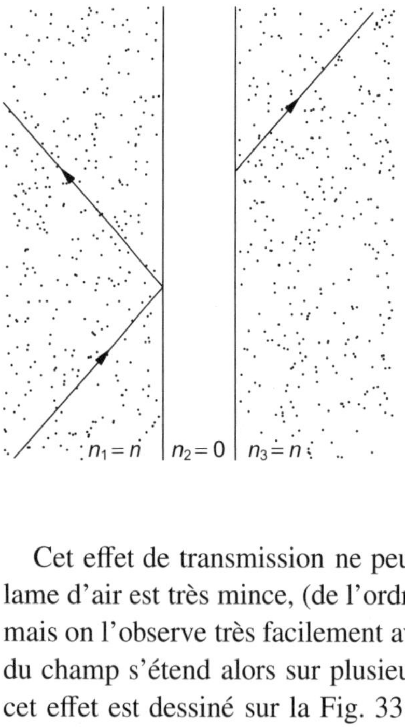

Figure 33.10 – S'il y a une petite lame d'air, la réflexion interne n'est pas « totale » ; une onde transmise apparaît au-delà de la lame.

Cet effet de transmission ne peut être observé avec de la lumière ordinaire que si la lame d'air est très mince, (de l'ordre de la longueur d'onde de la lumière, soit 10^{-5} cm), mais on l'observe très facilement avec des ondes de 3 cm. La décroissance exponentielle du champ s'étend alors sur plusieurs centimètres. Un appareil à micro-ondes montrant cet effet est dessiné sur la Fig. 33.11. Des ondes issues d'un petit émetteur d'onde de 3 cm sont envoyées sur un prisme de paraffine d'angle 45°. L'indice de réfraction de la paraffine pour ces fréquences est de 1,50, et l'angle critique vaut donc 41°,5. L'onde est donc totalement réfléchie parla face à 45° et est reçue sur le détecteur A, comme on l'a représenté sur la Fig. 33.11(a). Si l'on place un second prisme de paraffine au contact du premier, comme sur la partie (b) de la figure, l'onde passe directement et est reçue par le détecteur B. Si on laisse une lame de quelques centimètres entre les deux prismes,

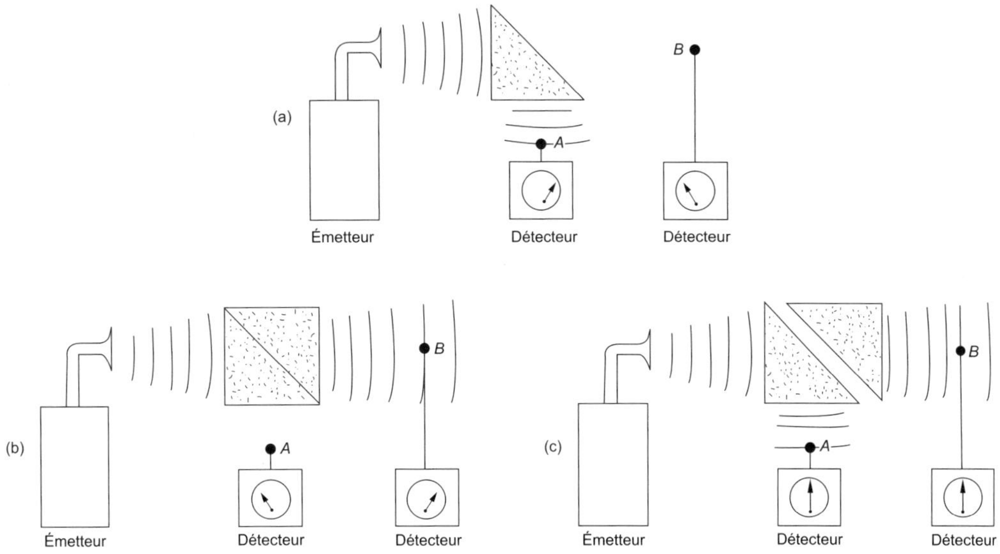

Figure 33.11 – Démonstration de la pénétration des ondes qui subissent la réflexion totale.

comme dans la partie (c), on observe à la fois des ondes transmises et réfléchies. Le champ électrique, à l'extérieur de la face à 45° du prisme dans la Fig. 33.11(a), peut aussi être mise en évidence en approchant le détecteur *B* à quelques centimètres de la surface.

© Dunod. Toute reproduction non autorisée est un délit.

LE MAGNÉTISME DE LA MATIÈRE 34

34.1 DIAMAGNÉTISME ET PARAMAGNÉTISME

Nous allons parler dans ce chapitre des propriétés magnétiques des matériaux. Le matériau qui a les propriétés magnétiques les plus remarquables est évidemment le fer. De semblables propriétés appartiennent aussi à des éléments tels que le nickel, le cobalt, et, – à des températures suffisamment basses (au-dessous de 16 °C) – au gadolinium, ainsi qu'à de nombreux alliages spéciaux. Cette sorte de magnétisme, appelée *ferromagnétisme*, est tellement remarquable et compliquée qu'on en discutera dans un chapitre spécial. Les substances ordinaires présentent toutes cependant certains effets magnétiques, bien que très faibles, de mille à un million de fois moins marqués que ceux des matériaux ferromagnétiques. Nous décrirons ici le magnétisme ordinaire, c'est-à-dire le magnétisme de substances autres que les ferromagnétiques.

Ce magnétisme faible est de deux sortes. Certains corps sont *attirés* vers les champs magnétiques ; d'autres sont *repoussés*. Contrairement à l'effet électrique dans la matière qui fait que les diélectriques sont toujours attirés, il existe deux signes pour l'effet magnétique. On peut facilement mettre ces deux signes en évidence à l'aide d'un fort électro-aimant dont une des pièces polaires est pointue et l'autre plate, comme sur la Fig. 34.1. Le champ magnétique est beaucoup plus fort près de la pièce polaire pointue que près de la pièce plate. Si on suspend un petit morceau de matière à une longue corde et qu'on le place ainsi entre les pôles, une faible force, en général, va agir dessus. On peut se rendre compte de cette faible force par le léger déplacement du corps suspendu quand on ferme le circuit de l'électro-aimant. Les rares matériaux ferromagnétiques sont attirés très violemment vers le pôle pointu ; tous les autres matériaux ne subissent qu'une faible force. Certains sont faiblement attirés par le pôle pointu ; et certains sont faiblement repoussés.

On peut mieux s'en rendre compte à l'aide d'un petit cylindre de bismuth qui est *repoussé* loin de la région à champ élevé. Les substances qui sont repoussées de cette façon sont dites *diamagnétiques*. Le bismuth est l'un des corps les plus fortement diamagnétiques, mais même avec lui, l'effet est encore très faible. Le diamagnétisme est toujours très faible. Si on suspend entre les pôles un petit morceau d'aluminium, il apparaît aussi une faible force, mais dirigée *vers* le pôle pointu. Les substances telles que l'aluminium sont dites *paramagnétiques*. (Dans une telle expérience, des forces de Foucault

© Dunod. Toute reproduction non autorisée est un délit.

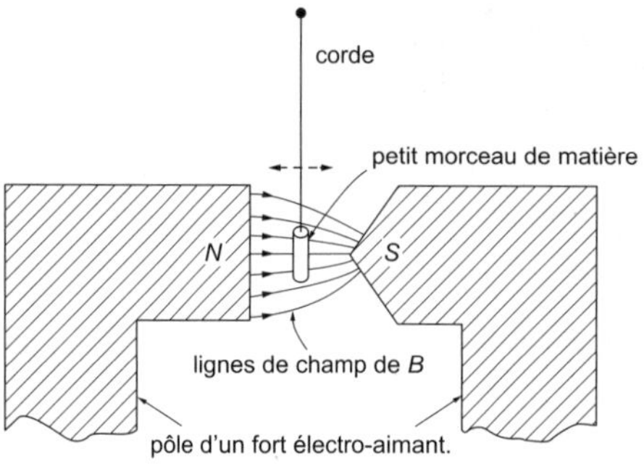

Figure 34.1– Un petit cylindre de bismuth est faiblement repoussé par le pôle pointu ; un morceau d'aluminium est attiré.

apparaissent quand on branche et débranche l'électro-aimant, et peuvent produire de très fortes impulsions. Il faut faire attention de prendre le déplacement résultant après que l'objet suspendu ait trouvé son équilibre.)

Décrivons maintenant brièvement le mécanisme de ces deux effets. D'abord, dans de nombreuses substances les atomes n'ont pas de moment magnétique permanent, ou plutôt, tous les aimants à l'intérieur d'un atome s'équilibrent de telle sorte que le moment *résultant* de l'atome est nul. Les spins électroniques et les mouvements orbitaux s'équilibrent exactement, de sorte que chaque atome en particulier n'a en moyenne aucun moment magnétique. Dans de telles conditions, quand on établit le champ magnétique, de faibles extra-courants prennent naissance à l'intérieur de l'atome, par induction. Suivant la loi de Lenz, ces courants sont dans une direction telle qu'ils s'opposent à l'augmentation du champ. Les moments magnétiques induits des atomes sont dirigés à *l'opposé* du champ magnétique. Tel est le mécanisme du diamagnétisme.

Maintenant, il existe des substances pour lesquelles les atomes ont bien un moment magnétique permanent – dans lesquelles les spins électroniques et les orbites ont un courant résultant qui n'est pas nul. Ainsi, en plus de l'effet diamagnétique (qui est toujours présent), il est également possible d'aligner les moments magnétiques des atomes individuels. Dans ce cas, les moments tendent à s'aligner le long du champ magnétique (comme les dipôles permanents d'un diélectrique sont orientés par le champ électrique), et le magnétisme induit tend à augmenter le champ magnétique. Ce sont les substances paramagnétiques. Le paramagnétisme est généralement très faible parce que les forces orientantes sont relativement petites comparées aux forces dues aux mouvements thermiques qui tendent à déranger l'ordre. Il s'ensuit aussi que le paramagnétisme est habituellement sensible à la température. (Le paramagnétisme dû aux spins des électrons responsables de la conduction dans un métal constitue une exception. Nous ne discuterons pas ce phénomène ici.) Pour le paramagnétisme ordinaire, plus la température est basse, plus l'effet est marqué. L'orientation est plus grande aux faibles températures où l'effet désorientant des collisions est moindre. Le diamagnétisme est, d'autre part, plus ou moins indépendant de la température. Dans toute substance contenant des moments magnétiques, il existe un effet diamagnétique aussi bien qu'un effet paramagnétique ; mais l'effet paramagnétique domine généralement.

Dans le chapitre 11 nous avons décrit un matériau *ferro-électrique* dans lequel tous les dipôles électriques étaient alignés par leurs propres champs électriques mutuels. Il est également possible d'imaginer l'analogue magnétique de la ferro-électricité, dans lequel tous les moments atomiques seraient alignés et se bloqueraient mutuellement. Si on calcule comment cela pourrait se produire, on trouve que parce que les forces magnétiques sont tellement plus faibles que les forces électriques, l'agitation thermique devrait rompre cet alignement, même à des températures aussi faibles que quelques dixièmes de degrés Kelvin. Il serait ainsi impossible, à la température ambiante, d'obtenir un alignement permanent des aimants.

D'autre part, c'est exactement ce qui se passe dans le fer – les aimants s'orientent. Il existe une force effective entre les moments magnétiques des différents atomes de fer qui est beaucoup, beaucoup plus grande que l'interaction *magnétique directe*. C'est un effet indirect qu'on ne peut expliquer que par la mécanique quantique. Il est environ dix mille fois plus fort que l'interaction magnétique directe et c'est lui qui oriente les moments dans les ferromagnétiques. Nous discuterons de cette interaction spéciale dans un prochain chapitre.

Maintenant que nous avons essayé de vous donner une explication qualitative du diamagnétisme et du paramagnétisme, il faut corriger ce que nous avons dit en disant qu'il *n'est pas possible* de comprendre les effets magnétiques de la matière d'une façon honnête du point de vue de la physique classique. De tels effets magnétiques constituent un *phénomène complètement quantique*. On peut pourtant trouver des arguments spéciaux en physique classique et avoir une idée de ce qui se passe. On peut s'y prendre de cette façon. Vous pouvez trouver des arguments classiques et en tirer des idées sur le comportement du matériau, mais ces arguments ne sont en aucun sens « autorisés » parce qu'il est absolument essentiel que la mécanique quantique intervienne dans chacun de ces phénomènes magnétiques. Il existe d'autre part des situations, telles qu'un plasma ou une région de l'espace où se trouvent de nombreux électrons libres, où les électrons obéissent bien aux lois de la mécanique classique. Et dans ces circonstances, certains des théorèmes du magnétisme classique ont une valeur. De plus, les arguments classiques ont une certaine valeur pour des raisons historiques. Les quelques premières fois où l'on a été capable de deviner le sens et le comportement de matériaux magnétiques, on a utilisé des raisonnements classiques. Finalement, comme nous l'avons déjà illustré, la mécanique classique peut donner quelques indications utiles sur ce qui pourrait se produire – alors même que la façon réellement honnête d'étudier le sujet serait d'apprendre d'abord la mécanique quantique et de comprendre alors le magnétisme au moyen de la mécanique quantique.

D'un autre côté, nous ne tenons pas à attendre d'avoir appris la mécanique quantique de fond en comble pour comprendre une chose simple comme le diamagnétisme. Nous aurons à utiliser la mécanique classique comme une façon de voir à moitié ce qui se passe, en comprenant cependant que les raisonnements ne sont pas réellement corrects. Nous allons donc établir une série de théorèmes sur le magnétisme classique qui vont vous embrouiller parce qu'ils vont démontrer des choses différentes. Sauf le dernier théorème, chacun d'eux sera faux. Et qui plus est, ils seront tous faux en tant que description du monde physique, parce que la mécanique quantique n'est pas utilisée.

© Dunod. Toute reproduction non autorisée est un délit.

34.2 MOMENTS MAGNÉTIQUES ET MOMENT ANGULAIRE

Le premier théorème que nous voulons démontrer à partir de la mécanique classique est le suivant. Si un électron se déplace sur une orbite circulaire (en tournant par exemple autour d'un noyau sous l'action d'une force centrale), il existe un rapport déterminé entre le moment magnétique et le moment angulaire. Soit $\boldsymbol{J}$ le moment angulaire et $\boldsymbol{\mu}$ le moment magnétique de l'électron sur l'orbite. La valeur du moment angulaire est le produit de la masse de l'électron par la vitesse et par le rayon. (Voir Fig. 34.2.) Il est dirigé perpendiculairement au plan de l'orbite.

$$J = mvr. \tag{34.1}$$

(Ceci est évidemment une formule non relativiste, mais c'est une bonne approximation pour les atomes, parce que pour les électrons atomiques *vie* est en général de l'ordre de $e^2/\hbar c \approx 1/137$, soit environ 1 pour cent.)

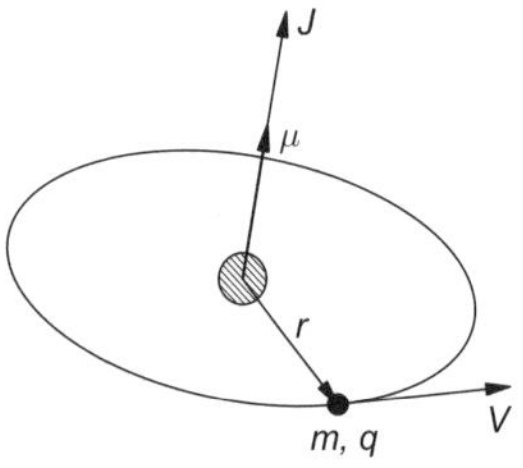

Figure 34.2 – Pour toute orbite circulaire le moment magnétique μ vaut $q/2m$ fois le moment angulaire J.

Le moment magnétique de cette même orbite est le produit du courant par la surface. (Voir paragraphe 14-5.) Le courant est la charge qui, par unité de temps, passe en tout point de l'orbite, c'est-à-dire la charge q multipliée par la fréquence de rotation. La fréquence est la vitesse divisée par la circonférence de l'orbite, ainsi

$$I = q\frac{v}{2\pi r}.$$

La surface vaut πr^2, le moment magnétique est donc

$$\mu = \frac{qvr}{2}. \tag{34.2}$$

Il est également dirigé perpendiculairement au plan de l'orbite. Ainsi $\boldsymbol{J}$ et $\boldsymbol{\mu}$ont la même direction :

$$\boldsymbol{\mu} = \frac{q}{2m}\boldsymbol{J} \text{ (orbite)}. \tag{34.3}$$

Leur rapport ne dépend ni de la vitesse ni du rayon. Pour toute particule se déplaçant sur une orbite circulaire le moment magnétique est égal à $q/2m$ fois le moment angulaire. Pour un électron, la charge est négative – on peut l'appeler – q_e ; ainsi pour un électron

$$\boldsymbol{\mu} = -\frac{q_e}{2m}\boldsymbol{J} \text{ (orbite électronique)}. \tag{34.4}$$

C'est ce qu'on devrait attendre d'après la théorie classique et, ce qui est assez miraculeux, c'est également vrai en mécanique quantique. Ces choses-là arrivent. Si pourtant vous continuez en physique classique, vous trouverez d'autres endroits où elle donne des réponses fausses, et c'est un excellent sport d'essayer de se rappeler ce qui est correct et ce qui est faux. Nous ferions aussi bien de vous indiquer immédiatement ce qui est vrai *en général* en mécanique quantique. D'abord, l'Éq. (34.4) est valable pour un *mouvement orbital*, mais ce n'est pas le seul magnétisme qui existe. L'électron aussi a une rotation de spin autour de son axe propre (quelque chose comme la terre tournant autour de son axe), et à cause de ce spin, il a à la fois un moment angulaire et un moment magnétique. Mais pour des raisons qui sont purement quantiques - il n'y a pas d'explication classique – le rapport $\boldsymbol{\mu}$ sur $\boldsymbol{J}$ pour le spin de l'électron est deux fois plus grand que pour le mouvement orbital de l'électron possédant ce spin :

$$\boldsymbol{\mu} = -\frac{q_e}{m}\boldsymbol{J} \text{ (spin de l'électron).} \tag{34.5}$$

Dans tout atome, il y a, en général, plusieurs électrons et une certaine combinaison de rotations orbitales et de spin qui résultent en un moment angulaire total et un moment magnétique total. Bien qu'il n'y ait aucune raison classique pour qu'il en soit ainsi, il est *toujours vrai* en mécanique quantique que, (pour un atome isolé) la direction du moment magnétique est exactement opposée à la direction du moment angulaire. Le rapport des deux n'est pas forcément – q_e/m ou $-q_e 2m$, mais quelque chose d'intermédiaire, parce que les contributions des orbites et des spins se mélangent. On peut écrire

$$\boldsymbol{\mu} = -g\left(\frac{q_e}{2m}\right)\boldsymbol{J}, \tag{34.6}$$

où g est un facteur caractéristique de l'état de l'atome. Il vaut 1 pour un moment orbital pur, ou 2 pour un moment de spin pur, ou un certain nombre intermédiaire pour un système compliqué tel qu'un atome. Cette formule ne nous apprend évidemment pas grand-chose. Elle indique que le moment magnétique est *parallèle* au moment angulaire, mais peut prendre n'importe quelle valeur. La forme de l'Éq. (34.6) est pratique, cependant, car g – dit « facteur de Landé » – est une constante sans dimension dont la valeur est de l'ordre de un. C'est une des tâches de la mécanique quantique de prédire le facteur g de chaque état atomique.

Vous vous intéressez peut-être aussi à ce qui se passe dans les noyaux. Dans les noyaux, il y a des protons et des neutrons qui peuvent tourner sur une sorte d'orbite et en même temps, comme un électron, avoir un spin intrinsèque. Le moment magnétique est encore parallèle au moment angulaire. Seulement maintenant, l'ordre de grandeur du rapport des deux est ce que l'on obtient pour un *proton* tournant sur un cercle avec dans l'Éq. (34.3) m égal à la masse du *proton*. On a donc l'habitude d'écrire pour les noyaux

$$\boldsymbol{\mu} = g\left(\frac{q_e}{2m_p}\right)\boldsymbol{J}, \tag{34.7}$$

où m_p est la masse du proton et g – qu'on appelle facteur *g nucléaire* – est un nombre voisin de un, à déterminer pour chaque noyau.

© Dunod. Toute reproduction non autorisée est un délit.

Une autre différence importante pour un noyau est que le moment magnétique de *spin* du proton n'a pas un facteur g de 2, comme l'électron. Pour un proton, $g = 2 \times (2{,}79)$. Le neutron a aussi, ce qui est assez surprenant, un moment magnétique de spin, et son moment magnétique relatif à son moment angulaire vaut $2\times(-1{,}91)$. En d'autres termes, le neutron n'est pas exactement « neutre » du point de vue magnétique. Il est semblable à un petit aimant, et il a la même sorte de moment magnétique que celle d'une charge *négative* en rotation.

34.3 La précession des aimants atomiques

L'une des conséquences du fait qu'il possède un moment magnétique proportionnel à son moment angulaire est qu'un aimant atomique placé dans un champ magnétique va avoir un mouvement de *précession.* Raisonnons d'abord classiquement. Supposons que le moment magnétique, $\boldsymbol{\mu}$ soit suspendu librement dans un champ magnétique uniforme. Il subit un couple τ, égal à $\boldsymbol{\mu} \times \boldsymbol{B}$, qui tend à l'aligner avec le champ. Mais l'aimant atomique est un gyroscope – et il a un moment angulaire $\boldsymbol{J}$. Le couple dû au champ magnétique ne va donc pas orienter l'aimant. Au lieu de cela, l'aimant va prendre un mouvement de *précession,* tel que celui que nous avons vu en analysant un gyroscope au chapitre 20 du volume I. Le moment angulaire – et avec lui le moment magnétique – ont un mouvement de précession autour d'un axe parallèle au champ magnétique. On peut trouver la vitesse de précession par la même méthode que dans le chapitre 20 du volume I.

Supposons que pendant un petit intervalle de temps Δt le moment angulaire change de $\boldsymbol{J}$ en $\boldsymbol{J}'$, comme indiqué sur la Fig. 34.3, en faisant toujours le même angle θ par rapport à la direction du champ magnétique $\boldsymbol{B}$. Soit ω_p la vitesse angulaire de la précession, de sorte que pendant le temps Δt, l'angle *de précession* est $\omega_p \Delta t$. D'après la géométrie de la figure, on voit que la variation du moment angulaire pendant le temps Δt est

$$\Delta J = (J \sin\theta)(\omega_p\, \Delta t).$$

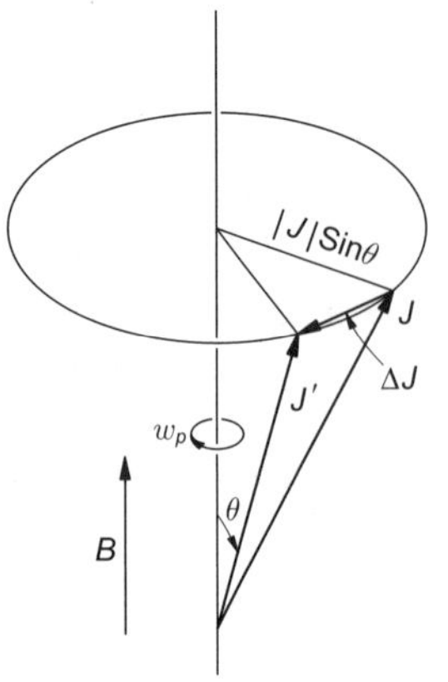

Figure 34.3 – Un objet de moment angulaire $\boldsymbol{J}$ et de moment magnétique parallèle μ placé dans un champ magnétique $\boldsymbol{B}$ prend un mouvement de précession de vitesse angulaire ω_p.

La vitesse du moment angulaire est donc

$$\frac{dJ}{dt} = \omega_p J \sin\theta, \tag{34.8}$$

qui doit être égale au couple

$$\tau = \mu B \sin\theta. \tag{34.9}$$

La vitesse angulaire de précession est donc

$$\omega_p = \frac{\mu}{J} B. \tag{34.10}$$

En tirant μ/J de l'Éq. (34.6) on voit que pour un système atomique

$$\omega_p = g\frac{q_e B}{2m}; \tag{34.11}$$

la fréquence de précession est proportionnelle à $\boldsymbol{B}$. Il est bon de se rappeler que pour un atome (ou un électron)

$$f_p = \frac{\omega_p}{2\pi} = (1{,}4 \text{ mégacycles/gauss})gB, \tag{34.12}$$

et que pour un noyau

$$f_p = \frac{\omega_p}{2\pi} = (0{,}76 \text{ kilocycles/gauss})gB. \tag{34.13}$$

(Les formules pour les atomes et celles pour les noyaux ne diffèrent qu'à cause de conventions différentes pour g dans les deux cas.)

Alors, d'après la théorie *classique*, les orbites électroniques – et les spins – dans un atome, devraient avoir un mouvement de précession dans un champ magnétique. Est-ce également vrai en mécanique quantique ? C'est essentiellement vrai, mais la signification de la « précession » est différente. En mécanique quantique, on ne peut pas parler de la *direction* du moment angulaire dans le même sens qu'en mécanique classique ; il y a néanmoins une très étroite analogie – si étroite qu'on continue à l'appeler « précession ». Nous en discuterons plus tard en parlant du point de vue quantique.

34.4 Diamagnétisme

Nous allons parler ensuite du *diamagnétisme* du point de vue classique. On peut l'étudier de différentes manières, mais une façon élégante de le faire est la suivante. Supposons qu'on établisse lentement un champ magnétique au voisinage d'un atome. Au fur et à mesure que le champ magnétique varie, un champ *électrique* s'établit par induction magnétique. D'après la loi de Faraday, la circulation de E le long d'un contour fermé quelconque est égale à la dérivée par rapport au temps du flux magnétique à travers le contour. Prenons par exemple pour contour Γ un cercle de rayon r centré au centre de l'atome, comme le montre la Fig. 34.4. Le champ électrique tangentiel moyen le long de

© Dunod. Toute reproduction non autorisée est un délit.

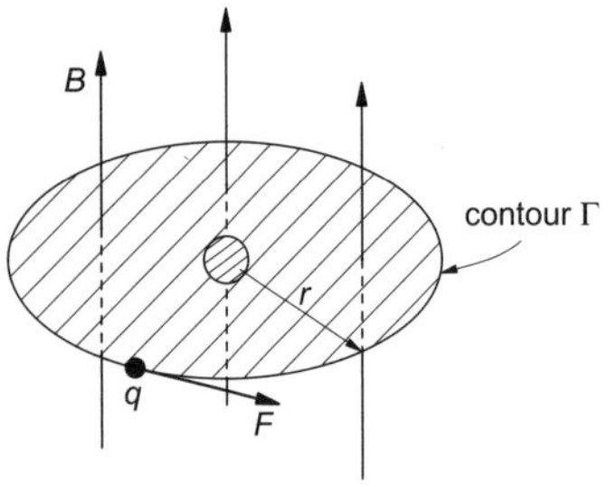

Figure 34.4 – Les forces électriques induites sur les électrons dans un atome.

ce contour est donné par

$$E2\pi r = -\frac{d}{dt}(B\pi r^2),$$

et il circule un champ électrique qui vaut

$$E = -\frac{r}{2}\frac{dB}{dt}.$$

Le champ électrique induit agissant sur un électron dans l'atome produit un couple égal à $-q_eEr$, qui doit être égal à la dérivée du moment angulaire par rapport au temps, dJ/dt :

$$\frac{dJ}{dt} = \frac{q_e r^2}{2}\frac{dB}{dt}. \tag{34.14}$$

En intégrant par rapport au temps à partir du champ nul, on trouve que la variation du moment angulaire dû à l'établissement du champ est

$$\Delta J = \frac{q_e r^2}{2} B. \tag{34.15}$$

C'est le moment angulaire supplémentaire dû à la rotation donnée aux électrons quand on établit le champ.

Ce moment angulaire ajouté produit un moment magnétique supplémentaire qui, comme il s'agit d'un mouvement *orbital*, vaut $-q_e/2m$ fois le moment angulaire. Le moment diamagnétique induit vaut

$$\Delta\mu = -\frac{q_e}{2m}\Delta J = -\frac{q_e^2 r^2}{4m} B. \tag{34.16}$$

Le signe moins (vous pouvez voir qu'il est juste en utilisant la loi de Lenz) signifie que le moment ajouté est opposé au champ magnétique.

Nous allons écrire l'Éq. (34.16) d'une façon un peu différente. Le r^2 qui apparaît est le carré du rayon compté à partir d'un axe traversant l'atome parallèlement à $\boldsymbol{B}$, de sorte que si $\boldsymbol{B}$ a la direction des z, il vaut $x^2 + y^2$. S'il s'agit d'atomes à symétrie sphérique (ou si on fait la moyenne sur des atomes dont les axes naturels ont toutes les directions), la moyenne de $x^2 + y^2$ est les 2/3 de la moyenne du carré de la distance radiale vraie comptée à partir du *point* centre de l'atome. Il est donc habituellement plus commode d'écrire l'Éq. (34.16) sous la forme

$$\Delta\mu = -\frac{q_e^2}{6m}\langle r^2\rangle_{\text{moy}}B. \tag{34.17}$$

En tout cas, nous avons trouvé un moment atomique induit proportionnel au champ magnétique B et opposé à lui. C'est le diamagnétisme de la matière. C'est cet effet qui est responsable de la petite force agissant sur un morceau de bismuth dans un champ magnétique non uniforme. (Vous pourriez calculer cette force en cherchant l'énergie des moments induits dans le champ et en voyant comment l'énergie change lorsque l'échantillon est approché ou éloigné de la région de champ intense.)

Il nous reste un problème : quelle est la valeur moyenne du carré du rayon, $\langle r^2\rangle_{\text{moy}}$? La mécanique classique ne peut y apporter de réponse. Il faut revenir en arrière et recommencer avec la mécanique quantique. On ne peut pas vraiment dire, dans un atome, où se trouve un électron, on ne peut que connaître la probabilité pour qu'il se trouve en un endroit donné. Si l'on considère que $\langle r^2\rangle_{\text{moy}}$ représente la moyenne du carré de la distance au centre pour la distribution de probabilité, le moment diamagnétique donné par la mécanique quantique est le même que celui donné par la formule (34.17). Cette équation exprime, évidemment, le moment pour un seul électron. Le moment total est donné par la somme sur tous les électrons de l'atome. Ce qui est étonnant, c'est que le raisonnement classique et la mécanique quantique donnent la même réponse, bien que, nous le verrons, le raisonnement classique qui donne l'Éq. (34.17) ne soit pas vraiment valable en mécanique quantique.

Le même effet diamagnétique se produit même quand un atome possède déjà un moment permanent. Le système prend alors un mouvement de précession dans le champ magnétique. Comme tout l'atome prend ce mouvement, il acquiert une faible vitesse angulaire supplémentaire, et cette lente rotation produit un faible courant qui représente une correction au moment magnétique. C'est précisément l'effet diamagnétique présenté d'une autre façon. Mais nous n'avons pas vraiment besoin de nous occuper de cela quand nous parlons du paramagnétisme. Si l'on calcule d'abord l'effet diamagnétique, comme nous l'avons fait ici, nous n'avons pas à nous en faire pour le fait que la précession crée un faible courant supplémentaire. C'est déjà contenu dans le terme diamagnétique.

34.5 Théorème de Larmor

A ce stade de nos résultats, nous pouvons déjà tirer une conclusion. Avant tout, dans la théorie classique, le moment $\boldsymbol{\mu}$ était toujours proportionnel à $\boldsymbol{J}$ avec une constante de proportionnalité donnée pour un atome particulier. Il n'y avait pas de spin des électrons et la constante de proportionnalité était toujours $-q_e/2m$; c'est-à-dire que dans l'Éq. (34.6) il fallait poser $g = 1$. Le rapport $\boldsymbol{\mu}$ sur $\boldsymbol{J}$ était indépendant du mouvement interne des électrons. Donc, d'après la théorie classique, tous les systèmes devraient avoir un mouvement de précession de même vitesse angulaire. (Ceci n'est pas vrai en

© Dunod. Toute reproduction non autorisée est un délit.

mécanique quantique.) Ce résultat est en relation avec un théorème de mécanique classique que nous allons maintenant démontrer. Supposons qu'on ait un groupe d'électrons tous maintenus entre eux par une attraction vers un point central – comme les électrons sont attirés par un noyau. Les électrons vont également interagir entre eux et auront en général des mouvements compliqués. Supposons qu'on ait résolu le problème de leurs mouvements en *l'absence* du champ magnétique et qu'on veuille trouver les mouvements *en présence* d'un champ magnétique faible. Le théorème dit que le mouvement en champ magnétique faible est toujours l'une des solutions sans champ, avec une rotation supplémentaire, autour de l'axe du champ, de vitesse angulaire $\omega_L = q_eB/2m$. (C'est la même que ω_p, Si $g = 1$.) Il existe évidemment beaucoup de mouvements possibles. L'essentiel est que pour tout mouvement sans champ magnétique, il existe un mouvement correspondant en présence du champ, qui est le mouvement primitif, plus une rotation uniforme. C'est le théorème de Larmor et ω_L est la *fréquence de Larmor.*

Nous allons vous montrer comment on peut démontrer ce théorème, mais nous vous laisserons le faire en détail. Soit, d'abord, un électron dans un champ à force centrale. Il est soumis à une force $\boldsymbol{F}(r)$, dirigée vers le centre. Si on établit maintenant un champ magnétique uniforme, il subit une force supplémentaire, $q\boldsymbol{v}\times\boldsymbol{B}$; la force totale est ainsi

$$\boldsymbol{F}(r) + q\boldsymbol{v}\times\boldsymbol{B}. \tag{34.18}$$

Considérons maintenant le même système par rapport un système de coordonnées en rotation avec une vitesse angulaire ω autour d'un axe passant par le centre de force et parallèle à $\boldsymbol{B}$. Ce n'est plus un système d'inertie, il faut donc ajouter les pseudo-forces convenables – la force centrifuge et celle de Coriolis dont nous avons parlé au chapitre 19 du volume I. Nous avions trouvé que dans un repère en rotation de vitesse angulaire ω, il existe une *force tangentielle* apparente proportionnelle à v_r, composante radiale de la vitesse :

$$F_t = -2m\omega v_r. \tag{34.19}$$

Et il existe une force radiale apparente donnée par

$$F_r = m\omega^2 r + 2m\omega v_t, \tag{34.20}$$

où v_t est la composante tangentielle de la vitesse, mesurée *dans* le repère en rotation. (Les composantes radiales v_r pour un repère en rotation et pour un repère d'inertie sont les mêmes.)

Maintenant, pour des vitesses angulaires suffisamment faibles (c'est-à-dire si $\omega r \ll v_t$), on peut négliger le premier terme (centrifuge) dans l'Éq. (34.20) par rapport au second (Coriolis). Alors les Eqs. (34.19) et (34.20) peuvent s'écrire ensemble sous la forme

$$\boldsymbol{F} = -2m\boldsymbol{\omega}\times\boldsymbol{v}. \tag{34.21}$$

Si on *combine* maintenant une rotation et un champ magnétique, il faut ajouter la force de l'Éq. (34.21) à celle de l'Éq. (34.18). La force totale est

$$\boldsymbol{F}(r) + q\boldsymbol{v}\times\boldsymbol{B} + 2m\boldsymbol{v}\times\boldsymbol{\omega} \tag{34.22}$$

[nous avons inversé le produit vectoriel et le signe de l'Éq. (34.21) pour obtenir le dernier terme]. Regardant notre résultat, nous voyons que si

$$2m\omega = -q\boldsymbol{B}$$

les deux termes du second membre se compensent et dans le repère mobile la seule force est $\boldsymbol{F}(r)$. Le mouvement de l'électron est exactement le même que sans champ magnétique- et évidemment sans rotation. Nous avons démontré le théorème de Larmor pour un seul électron. Comme la démonstration suppose ω petit, cela signifie que le théorème n'est valable que pour des champs magnétiques faibles. La seule façon dont on pourrait vous demander de l'étendre, c'est de prendre le cas de plusieurs électrons en interaction mutuelle, mais tous dans le même champ de force centrale, et de démontrer le même théorème. Ainsi, quelle que soit la complexité de l'atome, s'il a un champ central, le théorème est vrai. Mais c'est la limite de la mécanique classique, parce qu'en fait, il n'est pas vrai que les mouvements de précession soient comme cela. La fréquence de précession ω_p de l'Éq. (34.11) n'est égale à ω_L que s'il se trouve que g est égal à 1.

34.6 La physique classique n'explique ni le diamagnétisme ni le paramagnétisme

Nous allons démontrer maintenant que d'après la mécanique classique il ne peut pas y avoir ni diamagnétisme ni paramagnétisme. Cela paraît idiot - d'abord nous avons montré qu'il existe un paramagnétisme, un diamagnétisme, des orbites en précession, et ainsi de suite, et maintenant nous allons montrer que tout cela est faux. Parfaitement ! – Nous allons démontrer que *si* vous suivez assez loin la mécanique *classique,* il n'existe pas de semblables effets magnétiques – *ils compensent tous.* Si, à un certain endroit, vous commencez un raisonnement classique et que vous n'allez pas assez loin, vous pouvez obtenir tous les résultats que vous voulez. Mais la seule démonstration rigoureuse montre qu'il n'y a aucun effet magnétique.

C'est une conséquence de la mécanique classique que si vous avez n'importe quelle espèce de système – un gaz avec des électrons, des protons et n'importe quoi – maintenu dans une boîte de telle sorte que l'ensemble ne puisse tourner, il n'y aura pas d'effet magnétique. Il est possible d'avoir un effet magnétique si on a un système isolé, tel qu'une étoile qui se maintient condensée par ses propres moyens, et qui peut se mettre à tourner si on établit le champ magnétique. Mais si on a un morceau de matière maintenu en place de telle sorte qu'il ne puisse tourner, il n'y a pas d'effets magnétiques. Ce qu'on entend par empêcher la rotation, se résume de la façon suivante : à une température donnée, nous supposons qu'il n'existe *qu'un seul état* d'équilibre thermique. Le théorème dit alors que si l'on établit le champ magnétique et qu'on attend que le système prenne son équilibre thermique, il n'y aura ni paramagnétisme ni diamagnétisme – il n'y aura pas de moment magnétique induit. Démonstration : d'après la mécanique statistique, la probabilité pour qu'un système ait un état donné de mouvement est proportionnelle à $e^{-U/kt}$

© Dunod. Toute reproduction non autorisée est un délit.

où U est l'énergie de ce mouvement. Mais quelle est l'énergie de ce mouvement ? Pour une particule mobile dans un champ magnétique constant, l'énergie est l'énergie potentielle ordinaire plus $mv^2/2$, sans rien de plus pour le champ magnétique. [Vous savez que les forces dues aux champs électromagnétiques sont $q(\boldsymbol{E} + \boldsymbol{v} \times \boldsymbol{B})$, et que la puissance développée $\boldsymbol{F} \cdot \boldsymbol{v}$ vaut $q\boldsymbol{E} \cdot \boldsymbol{v}$, ce qui n'est pas affecté par le champ magnétique.] Ainsi l'énergie d'un système, qu'il soit ou non dans un champ magnétique, est toujours donnée par l'énergie cinétique plus l'énergie potentielle. Comme la probabilité d'un mouvement quelconque ne dépend que de l'énergie – c'est-à-dire de la vitesse et de la position – elle est la même qu'il y ait ou non un champ magnétique. Donc pour l'équilibre *thermique*, le champ magnétique n'a pas d'effet. Si on a un système dans une boîte, et un autre système dans une seconde boîte, cette fois avec un champ magnétique, la probabilité d'une valeur quelconque de la vitesse en un point quelconque de la première boîte est la même que dans la deuxième.

S'il n'y a en moyenne aucun courant qui circule dans la première boite (ce qui sera le cas s'il y a équilibre), il n'y a pas de moment magnétique moyen. Comme tous les mouvements sont les mêmes dans la seconde boîte, il n'y a pas non plus de moment magnétique moyen. Donc, si la température est maintenue constante et l'équilibre thermique rétabli quand on met le champ, il ne peut y avoir de moment magnétique induit par le champ – d'après la mécanique classique. On ne peut comprendre les phénomènes magnétiques de façon satisfaisante qu'avec la mécanique quantique.

Nous ne pouvons malheureusement pas supposer que vous avez une connaissance parfaite de la mécanique quantique, ce n'est donc guère l'endroit pour discuter ce sujet. D'autre part il n'est pas toujours nécessaire d'apprendre quelque chose en apprenant d'abord ses règles exactes puis ensuite la façon dont elles sont appliquées dans différents cas. Presque tous les sujets que nous avons abordés dans ce cours ont été traités de façon différente. Dans le cas de l'électricité, nous avons écrit les équations de Maxwell dès la « page un » puis nous en avons déduit toutes les conséquences. C'est une façon de faire. Mais nous n'allons *pas* maintenant essayer de commencer une nouvelle « page un », en écrivant les équations de la mécanique quantique et en en déduisant tout le reste. Nous n'aurons qu'à vous indiquer quelques conséquences de la mécanique quantique, avant que vous appreniez d'où elles viennent. Alors, allons-y.

34.7 Le moment angulaire en mécanique quantique

Nous vous avons déjà donné une relation entre le moment magnétique et le moment angulaire. C'est bien. Mais que signifient le moment magnétique et le moment angulaire en mécanique quantique ? En mécanique quantique il apparaît qu'il vaut mieux définir des choses telles que les moments magnétiques en fonction d'autres concepts comme l'énergie, de façon à être sûr qu'on sait ce qu'elles signifient. Il est facile de définir un moment magnétique en fonction de l'énergie, parce que l'énergie d'un moment placé dans un champ magnétique est, dans la théorie classique, $\boldsymbol{\mu} \cdot \boldsymbol{B}$. La définition suivante a par conséquent été adoptée en mécanique quantique : si on calcule l'énergie d'un système dans un champ magnétique et si on trouve qu'elle est proportionnelle au champ (pour un champ faible), le coefficient est appelé composante du moment magnétique dans la direction du champ. (Nous n'avons pas besoin, pour notre étude actuelle de faire tant d'élégance ; nous pouvons encore considérer le moment magnétique de la façon ordinaire, en quelque sorte classique.)

Nous allons discuter maintenant l'idée de moment angulaire en mécanique quantique – ou plutôt, les caractéristiques de ce qu'on appelle le moment angulaire en mécanique quantique. Vous voyez, quand vous abordez un nouveau type de lois, vous ne pouvez pas vous contenter de supposer que chaque mot va avoir exactement le même sens. Vous pourriez penser, disons, « je sais ce que c'est qu'un moment angulaire. C'est ce qui change sous l'action d'un couple. » Mais qu'est-ce qu'un couple ? Il faut, en mécanique quantique, de nouvelles définitions pour les anciennes quantités. Il serait par conséquent, plus correct de leur donner un nouveau nom tel que « moment quantangulaire », ou quelque chose comme ça, parce que c'est le moment angulaire tel qu'il est défini en mécanique quantique. Mais si on peut trouver en mécanique quantique, une quantité qui soit identique à notre ancienne conception du moment angulaire, quand le système devient assez grand, il n'est pas nécessaire d'inventer un mot supplémentaire. Nous pouvons aussi bien l'appeler moment angulaire. Avec cette signification, cette chose curieuse que nous allons décrire *est* le moment angulaire. C'est ce que, dans un système étendu, nous reconnaissons comme étant le moment angulaire de la mécanique classique.

Prenons d'abord un système dans lequel le moment angulaire est conservé, comme un atome tout seul dans l'espace vide. Une telle chose (comme la terre tournant autour de son axe) pourrait, au sens ordinaire, tourner autour de n'importe quel axe qu'on ait choisi. Et pour une rotation donnée, il pourrait y avoir plusieurs « états » différents, tous ayant la même énergie, chaque « état » correspondant à une direction particulière de l'axe du moment angulaire. Ainsi, dans la théorie classique, il y a, pour un moment angulaire donné, un nombre infini d'états possibles, tous ayant la même énergie.

On s'aperçoit pourtant, en mécanique quantique, qu'il se passe plusieurs choses bizarres. D'abord, le nombre des états dans lesquels un tel système *peut exister* est limité - il n'y en a qu'un nombre fini. Si le système est petit, le nombre fini est très petit, et si le système est grand, le nombre fini devient très, très grand. Deuxièmement, on *ne peut pas* décrire un « état » en donnant la *direction* de son moment angulaire, mais seulement en donnant la *composante* du moment angulaire le long d'une certaine direction – disons celle des z. Suivant la théorie classique, un objet de moment angulaire total donné $\boldsymbol{J}$ pourrait avoir pour sa composante z n'importe quelle valeur comprise entre $+J$ et $-J$. Mais en mécanique quantique, la composante suivant z du moment angulaire ne peut prendre que certaines valeurs discrètes. Tout système donné – un atome particulier, ou un noyau, ou n'importe quoi – ayant une énergie donnée, a un nombre caractéristique j et sa composante suivant z du moment angulaire ne peut être que l'une des valeurs de

© Dunod. Toute reproduction non autorisée est un délit.

l'ensemble suivant :

$$\begin{matrix} j\hbar \\ (j-1)\hbar \\ (j-2)\hbar \\ \vdots \\ -(j-2)\hbar \\ -(j-1)\hbar \\ -j\hbar \end{matrix} \tag{34.23}$$

La plus grande composante suivant z est j fois $\hbar$; la suivante lui est inférieure de une fois $\hbar$, et ainsi de suite jusqu'à $-j\hbar$. Le nombre] est le « spin du système ». (Certains l'appellent le « nombre quantique de moment angulaire total » ; mais nous l'appellerons le « spin ».)

Vous vous dites peut-être que ce que nous sommes en train d'affirmer peut n'être vrai que pour un axe z « spécial ». Il n'en est pas ainsi. Pour un système dont le spin est j, la composante du moment angulaire le long d'un axe *quelconque* ne peut prendre que l'une des valeurs de (34.23). Bien que cela soit tout à fait mystérieux, nous vous demandons de l'admettre pour l'instant. Nous y reviendrons plus tard et nous en discuterons. Vous serez peut-être heureux d'apprendre que la composante suivant z varie d'une certaine valeur jusqu'à l'opposé de cette valeur, de sorte qu'au moins, on n'a pas à décider quelle est la direction positive de l'axe des z. (Il est certain que si nous avions dit qu'elle variait de $+j$ jusqu'à moins une valeur différente, cela aurait été infiniment mystérieux, parce que nous n'aurions pas pu définir l'axe des z dirigé dans l'autre sens.)

Maintenant, si la composante suivant z du moment angulaire doit décroître par valeurs entières de $+j$ jusqu'à $-j$, j doit être un entier. Non ! **Pas** tout à fait ; deux fois j doit être un entier. Ce n'est que la *différence* entre $+j$ et $-j$ qui doit être un entier. Donc en général, le spin j doit être soit entier soit demi-entier, suivant que $2j$ est pair ou impair. Prenez, par exemple, un noyau tel que le lithium, qui a un spin trois demis, $j = 3/2$. Son moment angulaire autour de l'axe des z, en unités $\hbar$, a l'une des valeurs suivantes :

$$\begin{matrix} +3/2 \\ +1/2 \\ -1/2 \\ -3/2. \end{matrix}$$

Il y a quatre états possibles, de même énergie, si le noyau se trouve placé dans un espace vide sans champ extérieur. Si on a un système de spin deux, la composante suivant z du moment angulaire n'a en unités $\hbar$, que les valeurs,

$$\begin{matrix} 2 \\ 1 \\ 0 \\ -1 \\ -2. \end{matrix}$$

Comptez combien il y a d'états pour un j donné, il y a $(2j + 1)$ possibilités. Autrement dit, si vous me donnez l'énergie et le spin j, vous voyez qu'il y a exactement $(2j+1)$ états ayant cette énergie, chacun correspondant à l'une des valeurs possibles de la composante suivant z du moment angulaire.

Nous aimerions ajouter quelque chose. Si vous prenez au hasard un atome de j connu et si vous mesurez la composante suivant z de son moment angulaire, vous ne pouvez obtenir qu'une des valeurs possibles, et chacune de ces valeurs est *également* vraisemblable. Tous les états sont en fait des états singulets, et chacun d'eux est aussi valable que les autres. Chacun a le même « poids » dans l'univers. (Nous avons supposé que rien n'a été fait pour distinguer un échantillon particulier.) Ce fait a, incidemment, un analogue classique simple. Si vous vous posez la même question en théorie classique : quelle est la probabilité d'une certaine composante suivant z du moment angulaire si vous prenez au hasard un échantillon de systèmes, tous ayant le même moment angulaire total ? La réponse est que toutes les valeurs comprises entre le maximum et le minimum sont également vraisemblables. (Vous pouvez l'établir facilement.) Le résultat classique correspond à la probabilité égale de chacune des $(2j + 1)$ possibilités en mécanique quantique.

D'après ce que nous avons appris jusqu'ici nous pouvons tirer encore une conclusion intéressante et assez étonnante. Dans certains calculs classiques, la quantité qui apparaît dans le résultat final est le *carré* de la valeur du moment angulaire $\boldsymbol{J}$ – autrement dit, $\boldsymbol{J} \cdot \boldsymbol{J}$. On s'aperçoit qu'il est souvent possible de *deviner* toutes les formules correctes de la mécanique quantique en utilisant le calcul classique et en appliquant la simple règle suivante : remplacer $J^2 = \boldsymbol{J} \cdot \boldsymbol{J}$ par $j(j + 1)\hbar^2$. Cette règle est utilisée couramment, et donne habituellement le résultat correct, mais *pas* toujours. On peut faire le raisonnement suivant pour montrer pourquoi on peut s'attendre à ce que cette règle marche.

Le produit scalaire $\boldsymbol{J} \cdot \boldsymbol{J}$ peut s'écrire

$$\boldsymbol{J} \cdot \boldsymbol{J} = J_x^2 + J_y^2 + J_z^2.$$

Comme c'est un scalaire, il devrait être le même dans n'importe quelle orientation du spin. Supposons qu'on choisisse au hasard des exemplaires d'un système atomique donné et qu'on mesure J_x^2, ou J_y^2 ou J_z^2, la *valeur moyenne* devrait être la même pour chacun. (Il n'y a de distinction spéciale pour aucune des directions.) Par conséquent, la moyenne de $\boldsymbol{J} \cdot \boldsymbol{J}$ est exactement trois fois la moyenne de n'importe lequel des carrés, disons J_z^2 ;

$$\langle \boldsymbol{J} \cdot \boldsymbol{J} \rangle_{\text{moy}} = 3\langle J_z^2 \rangle_{\text{moy}}.$$

Mais comme $\boldsymbol{J} \cdot \boldsymbol{J}$ est le même pour toutes les orientations, sa moyenne est évidemment égale à sa valeur constante ; on a

$$\boldsymbol{J} \cdot \boldsymbol{J} = 3\langle J_z^2 \rangle_{\text{moy}}. \tag{34.24}$$

Si on déclare maintenant qu'on va employer la même équation pour la mécanique quantique, on trouve facilement $\langle J_z^2 \rangle_{\text{moy}}$. On n'a qu'à prendre la somme des $(2j + 1)$ valeurs possibles de J_z^2, et diviser par le nombre total ;

$$\langle J_z^2 \rangle_{\text{moy}} = \frac{j^2 + (j-1)^2 + \cdots + (-j+1)^2 + (-j)^2}{2j+1} \hbar^2. \tag{34.25}$$

© Dunod. Toute reproduction non autorisée est un délit.

Pour un système de spin 3/2, cela devient :

$$\langle J_z^2\rangle_{\text{moy}} = \frac{(3/2)^2 + (1/2)^2 + (-1/2)^2 + (-3/2)^2}{4}\hbar^2 = \frac{5}{4}\hbar^2.$$

On en conclut que

$$\boldsymbol{J}\cdot\boldsymbol{J} = 3\langle J_z^2\rangle_{\text{moy}} = 3\tfrac{5}{4}\hbar^2 = \tfrac{3}{2}(\tfrac{3}{2}+1)\hbar^2.$$

Nous vous laissons le soin de montrer que l'Eqs. (34.25) et (34.24) conduisent au résultat général

Bien qu'on penserait, classiquement, que la plus grande valeur de la composante en z est exactement le module de $\boldsymbol{J}$ – soit $\sqrt{\boldsymbol{J}\cdot\boldsymbol{J}}$ – le maximum de J_z en mécanique quantique est toujours un peu inférieur, parce que jil est toujours inférieur à $\sqrt{j(j+1)\hbar}$. Le moment angulaire n'a jamais « tout à fait la direction de z ».

34.8 L'ÉNERGIE MAGNÉTIQUE DES ATOMES

Revenons maintenant au moment magnétique. Nous avons dit qu'en mécanique quantique, le moment magnétique d'un système atomique donné peut s'exprimer en fonction du moment angulaire par l'Éq. (34.6) ;

$$\boldsymbol{\mu} = -g\left(\frac{q_e}{2m}\right)\boldsymbol{J}, \tag{34.26}$$

où $-q_e$ et m sont la charge et la masse de l'électron.

Un aimant atomique placé dans un champ magnétique externe aura une énergie magnétique supplémentaire en fonction de la composante de son moment magnétique dans la direction du champ. Nous savons que

$$U_{\text{mag}} = -\boldsymbol{\mu}\cdot\boldsymbol{B}. \tag{34.27}$$

Choisissant l'axe des z suivant $\boldsymbol{B}$,

$$U_{\text{mag}} = -\mu_z B. \tag{34.28}$$

Utilisant l'Éq. (34.27), on a

$$U_{\text{mag}} = g\left(\frac{q_e}{2m}\right)J_z B.$$

D'après la mécanique quantique, J_z ne peut prendre que certaines valeurs : $-j\hbar$, $(j-1)\hbar, \ldots, -j\hbar$ L'énergie magnétique d'un système atomique n'est donc pas arbitraire ; elle ne peut prendre que certaines valeurs. Sa valeur maximum, par exemple, est

$$g\left(\frac{q_e}{2m}\right)\hbar jB.$$

La quantité $q_e\hbar/2m$ est appelée généralement « magnéton de Bohr » et on l'écrit μB :

$$\mu_B = \frac{q_e\hbar}{2m}.$$

Les valeurs possibles de l'énergie magnétique sont

$$U_{\text{mag}} = g\mu_B B \frac{J_z}{\hbar},$$

où $J_r/\hbar$ prend les valeurs possibles j, $(j-1)$, $(j-2)$, ..., $(-j+1)$, $-j$.

En d'autres termes, l'énergie d'un système atomique quand on le place dans un champ magnétique, change d'une quantité proportionnelle au champ et proportionnelle à J_z. On dit que l'énergie d'un système atomique se « sépare en $2j + 1$ niveaux » sous l'action d'un champ magnétique. Par exemple, un atome dont l'énergie en dehors d'un champ magnétique est U_0 et dont le spin j vaut 3/2, aura, dans un champ, quatre énergies possibles. On peut montrer ces énergies par un diagramme de niveaux d'énergie tel que celui représenté par la Fig. 34.5. Tout atome ne peut prendre qu'une des quatre énergies possibles dans un champ B quelconque donné. C'est ce que dit la mécanique quantique du comportement d'un système atomique dans un champ magnétique.

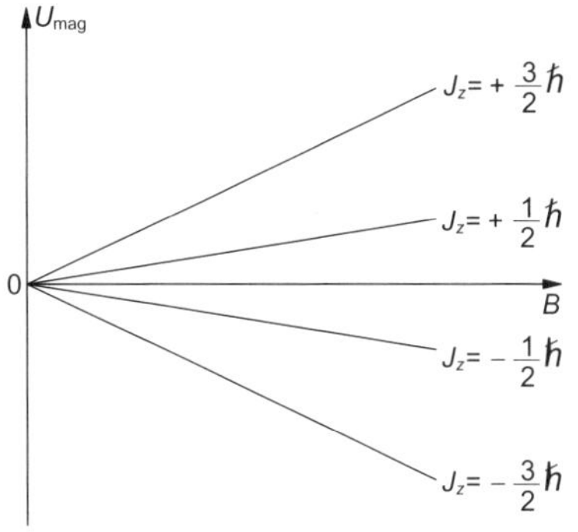

Figure 34.5 – Les énergies magnétiques possibles pour un système atomique de spin 3/2 dans un champ magnétique $\boldsymbol{B}$.

Le système « atomique » le plus simple est un électron unique. Le spin d'un électron est 1/2, il y a donc deux états possibles : $J_z = \hbar/2$ et $J_z = -\hbar/2$. Pour un électron au repos (pas de moment orbital), le moment magnétique de spin a un g qui vaut 2, de sorte que l'énergie magnétique peut être $\pm\mu_B B$. Les énergies possibles dans un champ magnétique sont indiquées sur la Fig. 34.6. On dit, plus brièvement, que l'électron a son spin « en haut » (parallèle au champ) ou « en bas » (antiparallèle au champ).

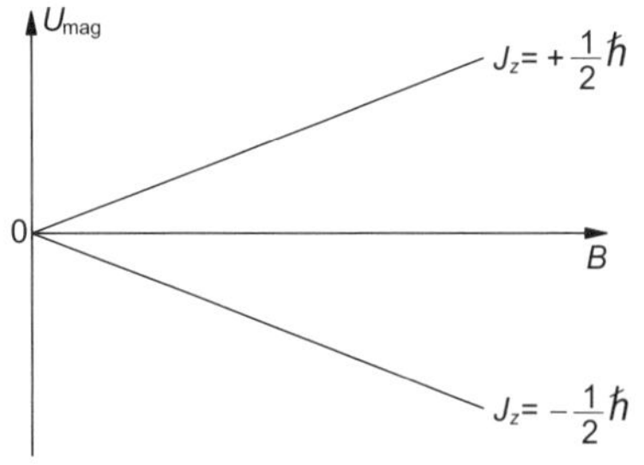

Figure 34.6 – Les deux états d'énergie possibles d'un électron dans un champ magnétique $\boldsymbol{B}$.

Pour des systèmes de spins plus élevés, il y a plus d'états. On peut penser que le spin est « en haut » ou « en bas » ou qu'il fait un angle intermédiaire, suivant la valeur de J_z.

Nous utiliserons ces résultats de mécanique quantique pour discuter les propriétés magnétiques des corps dans le prochain chapitre.

© Dunod. Toute reproduction non autorisée est un délit.

PARAMAGNÉTISME ET RÉSONANCE MAGNÉTIQUE

35

35.1 ÉTATS MAGNÉTIQUES QUANTIFIÉS

Dans le chapitre précédent nous avons montré comment, en mécanique quantique, le moment cinétique n'a pas une direction quelconque, mais sa composante sur un axe donné ne peut prendre que certaines valeurs discrètes, également espacées. Voilà quelque chose de choquant et de singulier. Vous pensez peut-être que nous ne devrions pas aborder de telles questions avant que vos esprits ne soient plus avancés et prêts à accepter de pareilles idées. En réalité vos esprits ne deviendront jamais plus avancées – dans le sens où ils seraient capables d'accepter facilement une pareille chose. Il n'existe aucun moyen descriptif de rendre ceci intelligible qui ne soit subtil et avancé dans sa propre forme, au point que cela devient encore plus compliqué que la chose même qu'on tente d'expliquer. Le comportement de la matière à petite échelle – comme nous l'avons souvent remarqué – est différent de tout ce à quoi nous sommes habitués, et est réellement très curieux. Comme nous avons procédé en physique classique, il est bon d'essayer de prendre connaissance progressivement du comportement des choses à petite échelle, tout d'abord comme une sorte d'expérience, sans aucune compréhension profonde. La compréhension de ces sujets s'acquiert très lentement, si jamais elle s'acquiert. Évidemment, on devient davantage capable de savoir ce qui va se passer dans une situation quantique – si c'est cela la compréhension – mais on n'éprouve jamais le sentiment confortable que ces règles quantiques sont « naturelles ». Elles le *sont* évidemment, mais elles ne sont pas naturelles à notre propre expérience à un niveau ordinaire. Nous devons vous expliquer que l'attitude que nous allons adopter, face à cette règle du moment cinétique, est très différente de celle que nous avions face à bien d'autres choses dont nous avons parlé. Nous n'allons pas essayer de « l'expliquer » mais nous devons au moins vous *dire* ce qui se passe ; ce serait malhonnête de décrire les propriétés magnétiques de la matière sans mentionner le fait que la description classique du magnétisme – du moment cinétique et des moments magnétiques – est incorrecte.

L'un des caractères les plus choquants et troublants de la mécanique quantique, réside en ceci : si vous considérez le moment cinétique par rapport à un axe donné quelconque, vous trouvez qu'il est toujours égal au produit par $\hbar$ d'un nombre entier ou demi-entier. Il en est ainsi quel que soit l'axe choisi. Les subtilités contenues dans ce fait curieux – qu'on puisse choisir tout autre axe et trouver que la composante relative à cet axe est

© Dunod. Toute reproduction non autorisée est un délit.

aussi liée au même ensemble de valeurs – nous les laisserons pour un chapitre ultérieur au moment où vous éprouverez les délices de voir comment on peut finalement résoudre ce paradoxe apparent.

Nous admettrons simplement le fait que pour tout système atomique, il existe un nombre j, appelé *spin* du système – qui doit être un entier ou un demi-entier – et que, la composante du moment cinétique sur un axe donné quelconque aura toujours l'une des valeurs suivantes, comprises entre $+j\hbar$ et $-j\hbar$:

$$J_z = \text{un de} \begin{Bmatrix} j \\ j-1 \\ j-2 \\ \vdots \\ -j+2 \\ -j+1 \\ -j \end{Bmatrix} \cdot \hbar. \tag{35.1}$$

Nous avons aussi mentionné que tout système atomique simple possède un moment magnétique qui a même direction que le moment cinétique. Ceci est vrai, non seulement pour les atomes et les noyaux, mais aussi pour les particules fondamentales. Chaque particule fondamentale a sa propre valeur caractéristique de j et son moment magnétique. (Pour certaines particules, tous deux sont nuls.) Ce que nous entendons ici par « moment magnétique », c'est que l'énergie du système dans un champ magnétique, disons orienté suivant les z, peut s'écrire $-\mu_z B$ pour des champs magnétiques faibles. Nous devons avoir la condition que le champ ne soit pas trop intense, sans quoi il pourrait modifier les mouvements internes du système et l'énergie ne serait pas une mesure du moment magnétique qui existait avant l'introduction du champ. Mais si le champ est assez faible le champ fait varier l'énergie de la quantité

$$\Delta U = -\mu_z B, \tag{35.2}$$

étant entendu que dans cette équation nous devons remplacer μ_z par

$$\mu_z = g\left(\frac{q}{2m}\right) J_z, \tag{35.3}$$

où J_z prend l'une des valeurs de l'Éq. (35.1).

Considérons un système de spin $j = 3/2$. En l'absence de champ magnétique, le système admet quatre états différents possibles, correspondant aux différentes valeurs de J_z, chacun d'eux ayant exactement la même énergie. Mais à l'instant où nous introduisons le champ magnétique, il apparaît une énergie d'interaction supplémentaire qui sépare ces états en quatre niveaux d'énergie légèrement différents. Les énergies de ces niveaux sont données par une certaine valeur proportionnelle à B multipliée par le produit par $\hbar$ de $3/2$, $1/2$, $-1/2$ et $-3/2$, valeurs de J_z. La séparation des niveaux d'énergie pour des systèmes atomiques dont les spins sont $1/2$, 1, et $3/2$ est représentée sur les diagrammes de

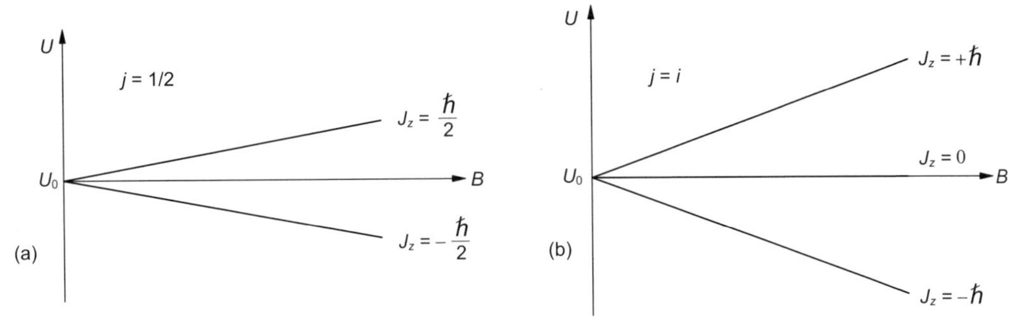

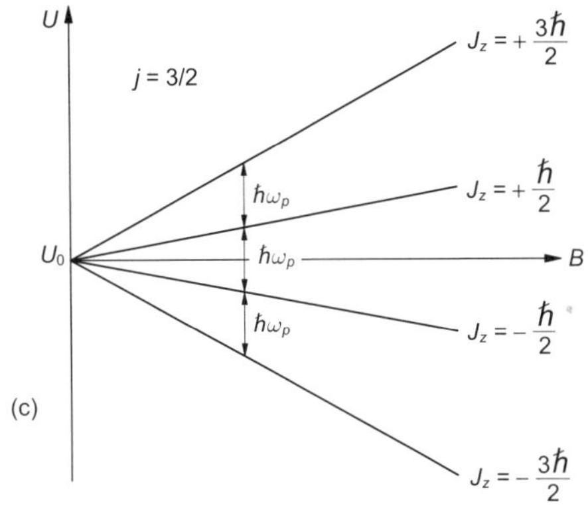

Figure 35.1 – Un système atomique avec un spin j admet $(2j+1)$ valeurs possibles pour son énergie, dans un champ magnétique $\boldsymbol{B}$. L'écart des énergies est proportionnel à $\boldsymbol{B}$ pour de faibles champs.

la Fig. 35.1. (Rappelez-vous que, quel que soit l'arrangement des électrons, le moment magnétique est toujours dans la direction opposée à celle du moment cinétique.)

Vous remarquerez sur les diagrammes que le « centre de gravité » des niveaux d'énergie est le même en présence ou en l'absence de champ magnétique. Remarquez aussi que l'écart d'un niveau au suivant est toujours le même pour une particule donnée dans un champ magnétique donné. Nous écrivons l'écart d'énergie, pour un champ magnétique donné B sous la forme $\hbar\omega_p$ – qui nous définit ω_p. Partant des Éqs. (35.2) et (35.3), nous obtenons

$$\hbar\omega_p = g\,\frac{q}{2m}\,\hbar B$$

ou

$$\omega_p = g\,\frac{q}{2m}\,B. \tag{35.4}$$

La grandeur $g(q/2m)$ est le rapport du moment magnétique au moment cinétique – c'est une grandeur caractéristique de la particule. L'Éq. (35.4) est la même formule que celle obtenue au chapitre 34 pour la vitesse angulaire de précession dans un champ magnétique pour un gyroscope dont le moment cinétique est $\boldsymbol{J}$ et dont le moment magnétique est $\boldsymbol{\mu}$.

© Dunod. Toute reproduction non autorisée est un délit.

35.2 L'EXPÉRIENCE DE STERN-GERLACH

Le fait que le moment cinétique soit quantifié est tellement surprenant, que nous en parlerons un peu du point de vue historique. Ce fut un choc au moment de sa découverte (quoiqu'on s'y attendît théoriquement). On l'observa pour la première fois grâce à l'expérience faite en 1922 par Stern et Gerlach. Si vous voulez, vous pouvez considérer l'expérience de Stern et Gerlach comme une justification directe d'une croyance en la quantification du moment cinétique. Stern et Gerlach conçurent une expérience pour mesurer le moment magnétique d'atomes d'argent individuels. Ils produisaient un faisceau d'atomes d'argent en évaporant de l'argent dans un four chaud, et en en laissant sortir quelques-uns à travers une série de petits trous. Ce faisceau était dirigé entre les pièces polaires d'un aimant spécial, comme sur la Fig. 35.2. Leur idée était la suivante. Si l'atome d'argent possède un moment magnétique μ, dans un champ magnétique $\boldsymbol{B}$, il possède l'énergie $-\mu_z B$ où z est la direction du champ magnétique. En théorie classique μ_z serait égal au produit du moment magnétique par le cosinus de l'angle du moment et du champ magnétique, donc, l'énergie supplémentaire dans le champ serait

$$\Delta U = -\mu B \cos\theta. \tag{35.5}$$

Évidemment, en sortant du four les atomes ont des moments magnétiques orientés dans toutes les directions possibles, il y aurait donc toutes les valeurs possibles de θ. Or, si le champ magnétique varie très vite avec z – s'il y a un gradient de champ important – l'énergie magnétique variera aussi avec la position et il y aura une force agissant sur les moments magnétiques dont le sens dépendra du signe de cosinus θ. Les atomes seront tirés vers le haut ou vers le bas par une force proportionnelle à la dérivée de l'énergie magnétique ; d'après le principe des travaux virtuels,

$$F_z = -\frac{\partial U}{\partial z} = \mu \cos\theta \frac{\partial B}{\partial z}. \tag{35.6}$$

Stern et Gerlach firent leur aimant en donnant à l'une des pièces polaires un bord très effilé afin de produire une variation rapide du champ magnétique. Le faisceau d'atomes

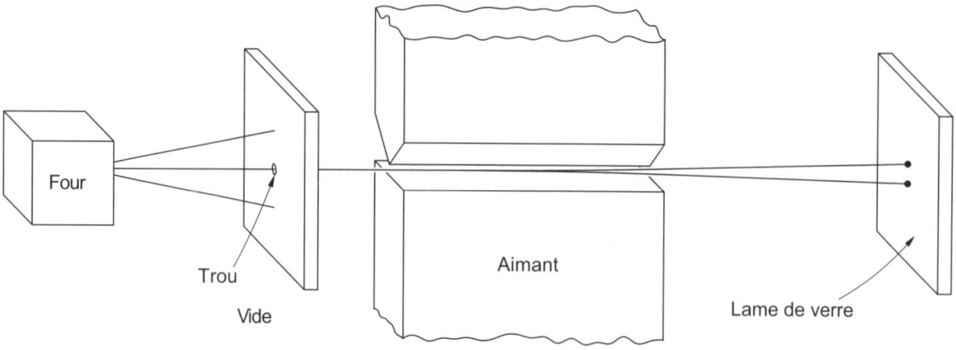

Figure 35.2 – L'expérience de Stern et Gerlach.

d'argent était dirigé exactement le long de ce bord effilé, afin que les atomes subissent une force verticale dans le champ inhomogène. Un atome d'argent dont le moment magnétique serait horizontal ne subirait aucune force et traverserait directement l'aimant. Un atome dont le moment magnétique serait exactement vertical serait soumis à une force qui le pousserait vers le bord effilé de l'aimant. Un atome dont le moment magnétique serait dirigé vers le bas, subirait une poussée vers le bas. Ainsi, en sortant de l'aimant, les atomes seraient répartis en fonction de la composante verticale de leur moment magnétique. En théorie classique tous les angles sont possibles de sorte que si on recueille les atomes en les faisant déposer sur une lame de verre, on doit s'attendre à un dépôt d'argent le long d'une ligne verticale. La hauteur de cette ligne serait proportionnelle au module du moment magnétique. L'échec misérable des idées classiques fut complètement révélé quand Stern et Gerlach virent ce qui se passait réellement. Ils trouvèrent sur la lame de verre deux taches distinctes. Les atomes d'argent s'étaient répartis dans deux faisceaux.

Qu'un faisceau d'atomes dont les spins seraient apparemment orientés au hasard se trouve être séparé en deux faisceaux, cela tient du miracle ! Comment le moment magnétique *sait-il* qu'il ne lui est permis d'avoir que certaines valeurs de la composante parallèle au champ magnétique ? Eh bien, ce fut là le début de la découverte de la quantification du moment cinétique, et au lieu d'essayer de vous donner une explication théorique, nous disons tout simplement, que nous vous avons collé le résultat de cette expérience, tout comme les physiciens de cette époque durent accepter le résultat, une fois l'expérience réalisée. C'est un *fait expérimental* que l'énergie d'un atome dans un champ magnétique prend une série de valeurs discrètes. Pour chacune de ces valeurs, l'énergie est proportionnelle à l'intensité du champ. Donc, dans une région où le champ varie, le principe des travaux virtuels nous indique que la force magnétique possible agissant sur les atomes admettra un ensemble de valeurs discrètes ; la force est différente pour chaque état de sorte que le faisceau d'atomes est divisé en un petit nombre de faisceaux séparés. D'une mesure de la déviation des rayons, on peut déduire la valeur du moment magnétique.

35.3 La méthode des faisceaux moléculaires de Rabi

Nous allons maintenant décrire un appareil amélioré pour la mesure des moments magnétiques, qui fut développé par I. I. Rabi et ses collaborateurs. Dans l'expérience de Stern et Gerlach, la déviation des atomes est très petite et la mesure du moment magnétique n'est pas très précise. La technique de Rabi permet une précision fantastique de la mesure des moments magnétiques. La méthode est basée sur le fait que l'énergie d'origine des atomes dans un champ magnétique est divisée en un nombre fini de niveaux d'énergie. Que l'énergie d'un atome dans un champ magnétique ne puisse avoir que certaines valeurs discrètes n'est pas en réalité plus surprenant que le fait que les atomes *en général*, ne peuvent avoir que certains niveaux d'énergie discrets – ce que

© Dunod. Toute reproduction non autorisée est un délit.

nous avons souvent mentionné dans le volume I. Pourquoi ceci ne serait-il *pas* aussi le cas des atomes dans un champ magnétique ? C'est bien le cas. Mais c'est la tentative de relier ceci à l'idée d'un *moment magnétique orienté* qui a fait surgir certaines des implications curieuses de la mécanique quantique.

Quand un atome a deux niveaux d'énergie qui diffèrent de la quantité ΔU, il peut effectuer une transition du niveau supérieur au niveau inférieur en émettant un quantum d'énergie lumineuse de fréquence ω, où

$$\hbar\omega = \Delta U. \tag{35.7}$$

Ceci peut aussi se produire avec des atomes placés dans un champ magnétique. Seulement dans ce cas les différences d'énergie sont si petites que la fréquence ne correspond plus à la lumière mais aux micro-ondes et aux ondes radio. Les transitions du niveau d'énergie le plus bas à un niveau d'énergie plus élevé d'un atome peuvent aussi avoir lieu par absorption de lumière, ou dans le cas d'atomes dans un champ magnétique, par l'absorption d'énergie « micro-onde ». Ainsi, si nous avons un atome dans un champ magnétique, nous pouvons produire des transitions d'un état à un autre par application d'un champ électromagnétique supplémentaire de fréquence convenable. En d'autres termes, si un atome se trouve dans un champ magnétique intense, et que nous l'excitions par un faible champ électromagnétique variable, il y a une certaine probabilité pour le projeter sur un autre niveau si la fréquence est voisine de la valeur ω de l'Éq. (35.7). Pour un atome dans un champ magnétique, cette fréquence est justement ce que nous avons appelé un peu plus haut, ω_p, et elle s'exprime en fonction du champ magnétique par l'Éq. (35.4). Si l'atome est excité avec une mauvaise fréquence, il y a peu de chance de produire une transition. Ainsi on a une *résonance* aiguë à ω_p dans la probabilité de produire une transition. En mesurant la fréquence de cette résonance, dans un champ magnétique connu $\boldsymbol{B}$, nous pouvons mesurer la grandeur $g(q/2m)$ – et par suite le facteur g – avec une grande précision.

Il est intéressant de remarquer qu'on arrive à la même conclusion à partir d'un point de vue classique. Selon l'image classique, quand on place un petit gyroscope de moment magnétique μ et de moment cinétique J dans un champ magnétique extérieur, le gyroscope prend un mouvement de précession autour d'un axe parallèle au champ magnétique. (Voir Fig. 35.3.) Imaginons qu'on pose la question : comment peut-on changer l'angle du gyroscope classique avec le champ – c'est-à-dire, avec l'axe des z ? Le champ magnétique crée un couple autour d'un axe *horizontal*. Ce couple, penserez-vous, va *tenter* d'aligner l'aimant sur le champ mais il ne produit en réalité qu'une précession. Si nous voulons changer l'angle du gyroscope avec l'axe des z nous devons lui appliquer un couple *autour de l'axe des z*. Si nous appliquons un couple orienté comme la précession, l'angle du gyroscope change fournissant une composante plus faible de $\boldsymbol{J}$ sur l'axe des z. Sur la Fig. 35.3 l'angle de $\boldsymbol{J}$ et de l'axe des z augmenterait. Si nous essayons de diminuer la précession, $\boldsymbol{J}$ se rapproche de la verticale.

Comment allons-nous pouvoir appliquer ce type de couple à notre atome en précession dans un champ magnétique uniforme ? Voici la réponse : grâce à un champ magnétique faible de côté. Vous pourriez d'abord penser que la direction de ce champ magnétique

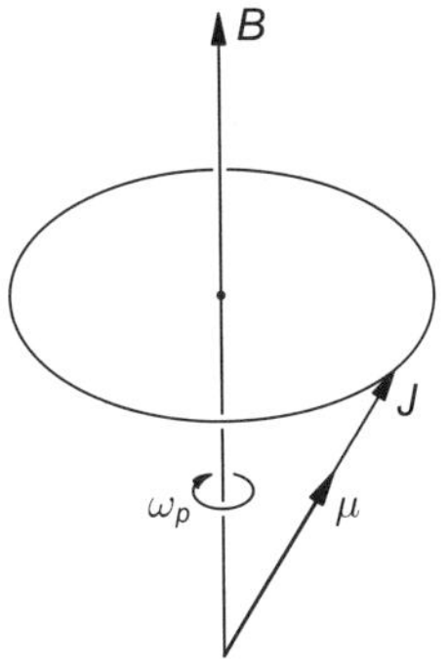

Figure 35.3 – La précession classique d'un atome de moment magnétique μ et de moment cinétique $\boldsymbol{J}$.

devrait tourner avec la précession du moment magnétique, de façon à être toujours normale au moment, comme le champ $\boldsymbol{B}'$ de la Fig. 35.4(a). Un tel champ convient très bien, mais un champ horizontal *alternatif* est presque aussi bien. Si nous disposons d'un faible champ horizontal $\boldsymbol{B}'$, toujours parallèle à l'axe des x (plus ou moins) et oscillant avec la fréquence ω_p, alors à chaque demi-cycle le couple agissant sur le moment magnétique s'inverse, de sorte qu'il produit un effet cumulatif, presque aussi efficace qu'un champ magnétique tournant. Du point de vue classique, on s'attend donc à ce que la composante sur l'axe des z du moment magnétique varie, si nous avons un champ magnétique très faible oscillant à une fréquence qui est exactement ω_p. Du point de vue classique, évidemment, μ_z varierait de façon continue, mais en mécanique quantique, la composante z du moment magnétique ne peut s'ajuster de façon continue. Elle doit sauter brusquement d'une valeur à une autre. Nous avons fait la comparaison entre les conséquences de la mécanique classique et celles de la mécanique quantique pour vous donner une idée de ce qui pourrait se passer classiquement, et de la façon dont ceci est relié à ce qui se passe réellement en mécanique quantique. Vous remarquerez, en passant, que la fréquence de résonance attendue, est la même dans les deux cas.

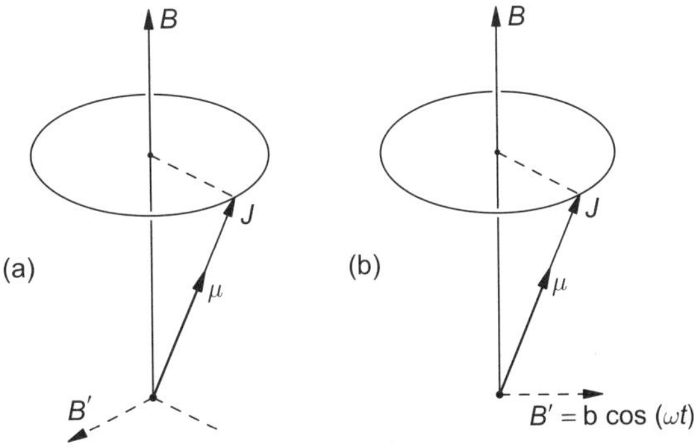

Figure 35.4 – On peut modifier l'angle de precession d'un aimant atomique par un champ magnétique horizontal, toujours normal à μ, comme dans (a), ou par un champ oscillant comme dans (b).

Encore une remarque : d'après ce que nous avons dit de la mécanique quantique, on ne voit aucune raison apparente pour qu'il n'y ait pas aussi des transitions à la fréquence $2\omega_p$. Il se trouve qu'il n'y a aucun analogue de cela dans le cas classique, et aussi que cela ne se produit pas, non plus en théorie quantique – tout au moins pas dans la méthode particulière pour créer les transitions que nous avons décrite. Avec un champ

© Dunod. Toute reproduction non autorisée est un délit.

magnétique horizontal oscillant, la probabilité pour qu'une fréquence $2\omega_p$ provoque un saut de deux niveaux à la fois est nulle. Ce n'est qu'à la fréquence ω_p, que les transitions sur un niveau supérieur, ou sur un niveau inférieur, sont susceptibles de se produire.

Nous sommes maintenant prêts pour décrire la méthode de Rabi pour la mesure des moments magnétiques. Nous ne considérerons ici l'opération que pour des atomes de spin 1/2. Un schéma de l'appareil est représenté sur la Fig. 35.5. Il y a un four qui produit un jet d'atomes neutres qui traverse trois aimants alignés. L'aimant 1 est exactement comme celui de la Fig. 35.2, et crée un champ avec un fort gradient – disons que $\partial B_z/\partial z$ est positif. Si les atomes ont un moment magnétique, ils sont déviés vers le bas si $J_z = +\hbar/2$, ou vers le haut si $J_z = \hbar/2$ (puisque pour les électrons $\boldsymbol{\mu}$ est orienté dans le sens opposé à $\boldsymbol{J}$). Si nous considérons seulement ceux des atomes qui peuvent traverser l'ouverture S_1 il y a deux trajectoires possibles, comme on l'a figuré. Les atomes dont $J_z = +\hbar/2$ doivent suivre la courbe a pour pouvoir traverser l'ouverture, et ceux dont $J_z = -\hbar/2$ doivent suivre la courbe b. Les atomes qui partent du four suivant d'autres trajets ne traverseront pas l'ouverture.

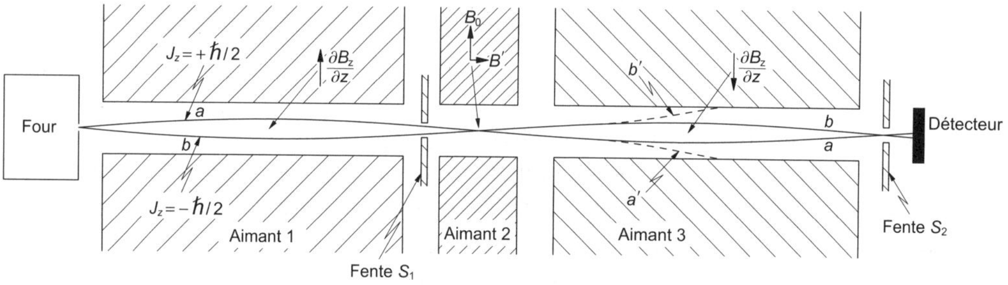

Figure 35.5 – Appareil du jet moléculaire de Rabi.

L'aimant 2 crée un champ uniforme. Il n'y a pas de forces agissant sur les atomes dans cette région, ils la traversent donc en ligne droite et pénètrent dans l'aimant 3. L'aimant 3 est exactement comme l'aimant 1, mais son champ est *inversé* de sorte que $\partial B_z/\partial z$ est de signe contraire. Les atomes avec $J_z = +\hbar/2$ (nous disons « avec un spin vers le haut ») et qui subissent une poussée vers le bas à la traversée de l'aimant 1, subissent une poussée *vers le haut* à la traversée de l'aimant 3 ; ils continuent sur le trajet a et traversent la fente S_2 pour être reçus sur le détecteur. Les atomes avec $J_z = -\hbar/2$ (« avec un spin en bas ») subissent aussi des forces opposées dans les aimants 1 et 3 et suivent le trajet b, qui lui aussi les amène à travers la fente S_2 jusqu'au détecteur.

Le détecteur peut être réalisé de différentes façons, selon les atomes mesurés. Par exemple, pour des atomes d'un métal alcalin comme le sodium le détecteur peut être un mince fil de tungstène chaud relié à un appareil sensible qui mesure le courant. Quand les atomes de sodium se déposent sur le fil, ils sont évaporés sous forme d'ions Na^+, perdant un électron. Il passe donc dans le fil un courant proportionnel au nombre d'atomes de sodium qui arrivent par seconde.

Dans l'entrefer de l'aimant 2, un ensemble de bobines crée un champ magnétique horizontal faible $\boldsymbol{B}'$. Les bobines sont parcourues par un courant qui oscille à la fréquence variable ω. Donc entre les pôles de l'aimant 2 il y a un champ constant vertical intense $\boldsymbol{B}_0$ et un champ horizontal oscillant faible $\boldsymbol{B}'$.

Imaginons alors que la fréquence ω du champ oscillant soit fixée à ω_p – la fréquence de précession des atomes dans le champ $\boldsymbol{B}$. Le champ alternatif va faire subir à certains des atomes, des transitions d'un J_z à l'autre. Un atome dont le spin était initialement vers le haut ($J_z = +\hbar/2$) peut être renversé vers le « bas » ($J_z = -\hbar/2$). Cet atome a maintenant son moment magnétique de sens opposé, il subira donc une force « vers le bas » dans l'aimant 3, et se déplacera le long du trajet a', figuré sur la Fig. 35.5. Il ne passera plus à travers la fente S_2, vers le détecteur. De même, certains des atomes dont les spins étaient initialement « vers le bas » auront leurs spins inversés vers le haut ($J_z = +\hbar/2$) à la traversée de l'aimant 2. Ils décriront le trajet b' et n'atteindront pas le détecteur.

Si le champ oscillant $\boldsymbol{B}'$ a une fréquence sensiblement différente de ω_p, il ne produira aucune inversion de spin et les atomes suivront leurs trajets non perturbés jusqu'au détecteur. Vous voyez ainsi que la fréquence ω_p de précession des atomes dans le champ $\boldsymbol{B}_0$ s'obtient en faisant varier la fréquence ω du champ $\boldsymbol{B}'$ jusqu'à ce qu'on observe une décroissance du courant des atomes arrivant sur le détecteur. Cette décroissance de courant se produit quand ω est en résonance avec ω_p. Le graphe du courant dans le détecteur en fonction de ω est semblable au graphe tracé Fig. 35.6. Connaissant ω_p, nous pouvons atteindre la valeur de g de l'atome.

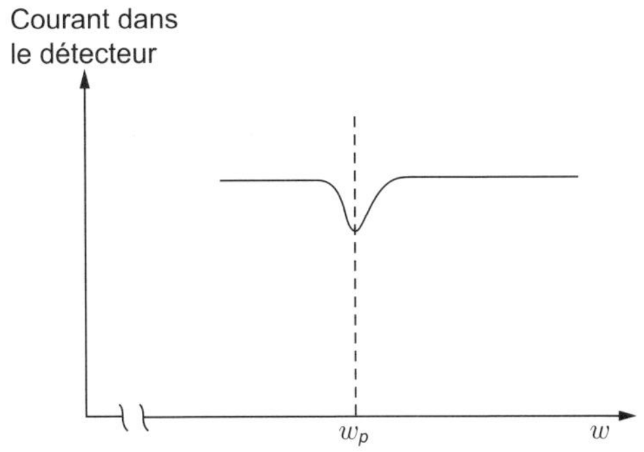

Figure 35.6 – Le courant des atomes dans le jet décroît quand $\omega = \omega_p$.

Ces expériences de résonance de jets atomiques, ou comme on dit en général, de jets « moléculaires » sont un moyen élégant et fin de mesurer les propriétés magnétiques des objets atomiques. On peut déterminer la fréquence ω_p avec une grande précision – en fait avec une précision supérieure à celle de la mesure des champs $\boldsymbol{B}_0$, que nous devons connaître pour trouver g.

© Dunod. Toute reproduction non autorisée est un délit.

35.4 Le paramagnétisme des milieux matériels

Nous allons décrire le phénomène de paramagnétisme des milieux matériels. Imaginons une substance dont les atomes ont un moment magnétique permanent, par exemple, un cristal comme le sulfate de cuivre. Dans le cristal il y a des ions cuivre dont les couches électroniques internes ont un moment cinétique résultant et un moment magnétique résultant. Donc l'ion cuivre est un objet qui possède un moment magnétique permanent. Disons en un mot quels sont les atomes qui ont, et qui n'ont pas de moment magnétique. Tout atome, comme le sodium, par exemple, qui possède un nombre *impair* d'électrons, aura un moment magnétique. Le sodium possède un électron dans sa couche non remplie. Cet électron confère à l'atome un spin et un moment magnétique. En général, pourtant, quand des composés se forment, les électrons supplémentaires de la couche externe se couplent à d'autres électrons dont les spins sont exactement de sens opposé, de sorte que les moments angulaires et les moments électriques des électrons de valence se compensent en général. C'est pourquoi, en général, les molécules n'ont pas de moment magnétique. Bien sûr, pour un gaz d'atomes de sodium, une pareille compensation n'existe pas[1]. De même, si vous avez ce qu'on appelle en chimie un « radical libre » – un objet avec un nombre impair d'électrons de valence – les liaisons ne sont pas tout à fait saturées, et il y a un moment cinétique résultant.

Dans la plupart des milieux matériels, il y a un moment magnétique résultant seulement s'il y a des atomes dont une couche électronique *interne* n'est pas remplie. Il peut alors y avoir un moment cinétique résultant et un moment magnétique. Ces atomes se trouvent dans la série des « éléments de transition » du tableau périodique – par exemple, le chrome, le manganèse, le fer, le nickel, le cobalt, le paladium et le platine sont des éléments de ce type. De même tous les éléments des terres rares ont des couches internes non remplies et des moments magnétiques permanents. Il y a quelques autres corps étranges qui ont aussi des moments magnétiques, tels que l'oxygène liquide, mais nous en laisserons l'explication au département de chimie.

Imaginons alors, que nous disposions d'une boîte pleine d'atomes ou de molécules, dotés d'un moment permanent – disons, un gaz, ou bien un liquide, ou bien un cristal. Nous voudrions savoir ce qui se passe si nous appliquons un champ magnétique extérieur. En l'absence de champ magnétique, les atomes sont tournés dans tous les sens par suite de l'agitation thermique, et les moments se répartissent dans toutes les directions de l'espace. Mais quand il y a un champ magnétique, il tend à aligner les petits aimants ; il y a alors plus de moments qui pointent vers le champ que de moments qui s'en écartent. Le milieu est « aimanté ».

Nous définissons *l'aimantation* $\boldsymbol{M}$ d'un milieu comme le moment magnétique résultant par unité de volume, c'est-à-dire le vecteur somme de tous les moments magnétiques atomiques dans un volume unité. S'il y a N atomes par unité de volume et si leur moment *moyen* est $\langle\boldsymbol{\mu}\rangle_{\text{moy}}$, $\boldsymbol{M}$ peut s'écrire comme le produit par N du moment atomique moyen :

$$\boldsymbol{M} = N\langle\boldsymbol{\mu}\rangle_{\text{moy}}. \tag{35.8}$$

La définition de $\boldsymbol{M}$ correspond à la définition de la polarisation électrique $\boldsymbol{P}$ du chapitre 10.

1. La vapeur ordinaire de Na est surtout monoatomique, bien qu'il y ait aussi quelques molécules de Na_2.

La théorie classique du paramagnétisme est exactement comme la théorie de la constante diélectrique que nous avons exposée au chapitre 11. On admet que chacun des atomes a un moment magnétique $\boldsymbol{\mu}$ qui a toujours même module mais qui peut être orienté dans n'importe quelle direction. Dans un champ $\boldsymbol{B}$, l'énergie magnétique est $-\boldsymbol{\mu} \cdot \boldsymbol{B} = -\mu B \cos\theta$, où θ est l'angle entre le moment et le champ. D'après la mécanique statistique, la probabilité relative d'avoir un certain angle est $e^{-\text{énergie}/kT}$ donc les angles voisins de zéro sont plus probables que les angles voisins de π. En procédant exactement comme au paragraphe 11-3, nous trouvons que pour de faibles champs magnétiques $\boldsymbol{M}$ est orienté parallèlement à $\boldsymbol{B}$ et a pour module

$$M = \frac{N\mu^2 B}{3kT}. \tag{35.9}$$

[Voir Éq. (11.20).] Cette formule approchée est valable seulement pour $\mu B/kT$ très inférieur à un.

Nous trouvons que l'aimantation induite – le moment magnétique par unité de volume – est proportionnelle au champ magnétique. Tel est le phénomène de paramagnétisme. Vous verrez que cet effet est plus intense aux basses températures et plus faible aux hautes températures. Quand nous faisons agir un champ sur un corps, il crée, pour des faibles champs, un moment magnétique proportionnel au champ. Le rapport de M à B (pour de faibles champs) s'appelle la *susceptibilité* magnétique.

Nous allons maintenant examiner le paramagnétisme du point de vue de la mécanique quantique. Prenons d'abord le cas d'un atome de spin 1/2. En l'absence d'un champ magnétique les atomes ont une certaine énergie, mais dans un champ magnétique, il y a deux énergies possibles, une pour chaque valeur de J_z. Pour $J_z = +\hbar/2$, l'énergie, en présence du champ magnétique, varie de la quantité.

$$\Delta U_1 = +g\left(\frac{q_e\hbar}{2m}\right)\cdot\frac{1}{2}\cdot B. \tag{35.10}$$

(L'écart d'énergie ΔU est positif pour un atome car la charge de l'électron est négative.) Pour $J_z = -\hbar/2$, l'énergie varie de la quantité

$$\Delta U_2 = -g\left(\frac{q_e\hbar}{2m}\right)\cdot\frac{1}{2}\cdot B. \tag{35.11}$$

Pour simplifier l'écriture, posons

$$\mu_0 = g\left(\frac{q_e\hbar}{2m}\right)\cdot\frac{1}{2}; \tag{35.12}$$

alors

$$\Delta U = \pm\mu_0 B. \tag{35.13}$$

Le sens de μ_0 est clair : $-\mu_0$ est la composante z du moment magnétique dans le cas d'un spin vers le haut, et $+\mu_0$ est la composante z du moment magnétique dans le cas d'un spin vers le bas.

© Dunod. Toute reproduction non autorisée est un délit.

Or, la mécanique statistique nous apprend que la probabilité qu'un atome se trouve dans un état ou dans un autre est proportionnelle à

$$e^{-(\text{énergie de l'état})/kT}.$$

En l'absence de champ magnétique, les deux états ont la même énergie ; donc, quand il y a équilibre dans un champ magnétique, les probabilités sont proportionnelles à

$$e^{-\Delta U/kT}. \tag{35.14}$$

Le nombre d'atomes par unité de volume avec un spin vers le haut est

$$N_{\text{haut}} = ae^{-\mu_0 B/kT}, \tag{35.15}$$

et le nombre avec un spin vers le bas est

$$N_{\text{bas}} = ae^{+\mu_0 B/kT}. \tag{35.16}$$

On détermine la constante a par

$$N_{\text{haut}} + N_{\text{bas}} = N, \tag{35.17}$$

nombre total d'atomes par unité de volume. Nous obtenons donc

$$a = \frac{N}{e^{+\mu_0 B/kT} + e^{-\mu_0 B/kT}}. \tag{35.18}$$

Ce qui nous intéresse c'est le moment magnétique *moyen* le long de l'axe des z. Les atomes dont le spin est vers le haut apportent la contribution $-\mu_0$, et ceux dont le spin est vers le bas, $+\mu_0$; donc le moment moyen est

$$\langle\mu\rangle_{\text{moy}} = \frac{N_{\text{haut}}(-\mu_0) + N_{\text{bas}}(+\mu_0)}{N}. \tag{35.19}$$

Le moment magnétique par unité de volume M est alors $N\langle\mu\rangle_{\text{moy}}$. Appliquant les Éq. (35.15), (35.16), et (35.17), nous obtenons

$$M = N\mu_0 \frac{e^{+\mu_0 B/kT} - e^{-\mu_0 B/kT}}{e^{+\mu_0 B/kT} + e^{-\mu_0 B/kT}}. \tag{35.20}$$

Telle est la formule quantique de M pour les atomes dont $j = 1/2$. En passant, disons que cette formule peut s'écrire de façon plus concise à l'aide de la fonction tangente hyperbolique

$$M = N\mu_0 \tanh \frac{\mu_0 B}{kT}. \tag{35.21}$$

Sur la Fig. 35.7, on a tracé le graphe de M en fonction de B. Quand B devient très grand, la tangente hyperbolique tend vers 1 et M tend vers la valeur limite $N\mu_0$. Ainsi, pour des champs élevés, l'aimantation est *saturée*. Nous pouvons expliquer pourquoi ;

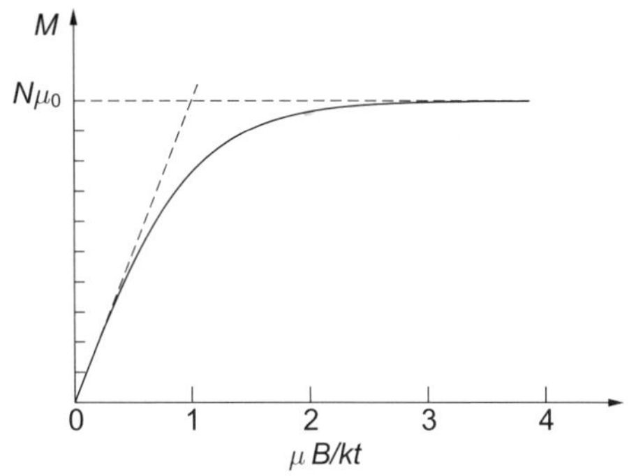

Figure 35.7 – Variation de l'aimantation paramagnétique en fonction du champ magnétique ***B***.

pour des champs assez élevés, les moments s'alignent tous dans la même direction. En d'autres termes, ils sont tous dans l'état de spin vers le bas, et chaque atome contribue le moment μ_0.

Dans la plupart des cas normaux – disons, pour des moments typiques, des températures ambiantes, et des champs facilement accessibles (comme 10 000 gauss) – le rapport $\mu_0 B/kT$ est d'environ 0,002. Il faut descendre à de très basses températures pour observer la saturation. Pour des températures normales, nous pouvons couramment remplacer tanh x par x, et écrire

$$M = \frac{N\mu_0^2 B}{kT}. \tag{35.22}$$

Exactement comme nous l'avons vu en théorie classique, M est proportionnel à B. En fait, la formule est presque exactement la même, au facteur 1/3 près qui semble manquer. Mais nous devons encore relier le μ_0 de la formule quantique au μ qui figure dans le résultat classique, Éq. (35.9).

Ce qui figure dans la théorie classique, c'est $\mu^2 = \boldsymbol{\mu} \cdot \boldsymbol{\mu}$ le carré du vecteur moment magnétique, soit

$$\boldsymbol{\mu} \cdot \boldsymbol{\mu} = \left(g\,\frac{q_e}{2m}\right)^2 \boldsymbol{J} \cdot \boldsymbol{J}. \tag{35.23}$$

Nous avons fait remarquer dans le chapitre précédent que vous pouviez très vraisemblablement trouver la réponse exacte à partir d'un calcul classique, en remplaçant $\boldsymbol{J} \cdot \boldsymbol{J}$ par $j(j+1)\hbar^2$. Dans notre exemple particulier, nous avons $j = \frac{1}{2}$, donc

$$j(j+1)\hbar^2 = \frac{3}{4}\hbar^2.$$

En substituant ceci à $\boldsymbol{J} \cdot \boldsymbol{J}$ dans l'Éq. (35.23), nous obtenons

$$\boldsymbol{\mu} \cdot \boldsymbol{\mu} = \left(g\,\frac{q_e}{2m}\right)^2 \frac{3\hbar^2}{4},$$

soit, en fonction de μ_0 défini par l'Éq. (35.12),

$$\boldsymbol{\mu} \cdot \boldsymbol{\mu} = 3\mu_0^2.$$

© Dunod. Toute reproduction non autorisée est un délit.

Substituant ceci à μ^2 dans la formule classique, l'Éq. (35.9) reproduit donc bien la formule quantique exacte, Éq. (35.22).

La théorie quantique du paramagnétisme s'étend facilement aux atomes de spin j quelconque. L'aimantation en faible champ est

$$M = Ng^2 \frac{j(j+1)}{3} \frac{\mu_B^2 B}{kT}, \tag{35.24}$$

où

$$\mu_B = \frac{q_e \hbar}{2m} \tag{35.25}$$

est une combinaison de constantes ayant les dimensions d'un moment magnétique. La plupart des atomes ont des moments ayant grossièrement cette valeur. On l'appelle le *magnéton de Bohr*. Le moment magnétique de spin d'un électron vaut presque exactement un magnéton de Bohr.

35.5 Refroidissement par désaimantation adiabatique

Voici une application particulière très intéressante du paramagnétisme. Aux très basses températures il est possible d'aligner les aimants atomiques dans un champ intense. Il est alors possible de descendre à des températures *extrêmement* basses par un procédé appelé *désaimantation adiabatique*. Prenons un sel paramagnétique (par exemple, un sel contenant un certain nombre d'atomes de terres rares comme le nitrate d'ammonium et de praséodyme) et commençons par le refroidir avec de l'hélium liquide, à un ou deux degrés absolus, dans un champ magnétique intense. Alors, le facteur $\mu B/kT$ est plus grand que 1 – disons environ 2 ou 3. La plupart des spins sont alignés et l'aimantation est pratiquement saturée. Disons, par facilité, que le champ est très puissant et la température très basse, de sorte que presque tous les atomes sont alignés. Puis vous isolez thermiquement le sel (disons, en retirant l'hélium liquide, et en laissant un bon vide) et annulez le champ. La température du sel baisse beaucoup.

Or, si vous annulez le champ *brusquement*, les oscillations et les vibrations des atomes dans le réseau cristallin détruiront progressivement l'alignement des spins. Certains seront orientés vers le haut, d'autres vers le bas. Mais s'il n'y a pas de champ (et en négligeant les interactions entre les aimants atomiques, ce qui introduit une toute petite erreur), il ne faut aucune énergie pour retourner les aimants atomiques. Les spins pourront se répartir au hasard, sans aucune variation de l'énergie, et donc, sans aucune variation de température.

Imaginez cependant, qu'alors que les aimants atomiques sont dispersés par l'agitation thermique, il demeure un certain champ magnétique. Il faut alors fournir un certain travail pour les disperser dans le sens opposé du champ – *ils doivent fournir un certain travail contre le champ*. Ceci, en empruntant de l'énergie à l'agitation thermique, donc en faisant baisser la température. Donc, si le champ magnétique intense n'est pas supprimé trop rapidement, la température du sel va décroître – il est refroidi par désaimantation. Du point de vue de la mécanique quantique, quand le champ est intense tous les atomes sont dans l'état le plus bas, car la probabilité pour que l'un d'eux soit dans un état plus élevé, est infiniment petite. Mais quand on diminue le champ il est de plus en plus vraisemblable que les fluctuations thermiques projettent un atome dans un état plus élevé. Quand ceci a lieu, l'atome absorbe l'énergie $\Delta U = \mu_0 B$. Si on supprime donc le champ lentement les transitions magnétiques peuvent puiser leur énergie dans les vibrations thermiques du cristal, en le refroidissant. Il est ainsi possible d'abaisser une température de quelques degrés absolus, à une température de quelques millièmes de degrés.

Voudriez-vous obtenir encore plus froid ? Il se trouve que la nature en fournit le moyen. Nous avons déjà fait remarquer qu'il y a aussi des moments magnétiques pour les noyaux atomiques. Nos formules du paramagnétisme s'appliquent tout aussi bien aux noyaux, si ce n'est que les moments des noyaux sont à peu près *un millier de fois plus petits*. [Ils sont de l'ordre de $q\hbar/2m_p$ où m_p est la masse du *proton*, ils sont donc plus petits dans le rapport des masses de l'électron et du proton.] Avec ces moments magnétiques, même à une température de 2 °K, le facteur $\mu B/kT$ n'est que de l'ordre du millième. Mais si nous utilisons le procédé de désaimantation paramagnétique pour obtenir des températures de quelques millièmes de degré, $\mu B/kT$ devient un nombre voisin de 1 – à ces basses températures nous pouvons commencer à saturer les moments nucléaires. Ceci est une chance, car nous pouvons alors utiliser la désaimantation adiabatique du magnétisme *nucléaire* pour atteindre des températures encore plus basses. Il est ainsi possible de procéder au refroidissement magnétique en deux étapes. Nous utilisons tout d'abord la désaimantation adiabatique des ions paramagnétiques pour atteindre quelques millièmes de degré. Puis nous nous servons de ce sel paramagnétique froid pour refroidir une substance douée d'un fort magnétisme nucléaire. Enfin, en supprimant le champ magnétique où se trouve cette substance, sa température va baisser encore jusqu'à un *millionième* de degré du zéro absolu – si nous avons procédé très soigneusement.

35.6 Résonance magnétique nucléaire

Nous avons dit que le paramagnétisme atomique est très faible et que le magnétisme nucléaire est encore mille fois plus petit. Cependant, il est relativement facile d'observer le magnétisme nucléaire grâce au phénomène de « résonance magnétique nucléaire ». Imaginons qu'on prenne une substance comme de l'eau, dans laquelle tous les spins des électrons se compensent exactement, de sorte que le moment magnétique résultant est nul. Les molécules auront encore un très faible moment magnétique, dû au moment magnétique nucléaire des noyaux d'hydrogène. Introduisons un petit échantillon d'eau dans un champ magnétique $\boldsymbol{B}$. Comme les protons (de l'hydrogène) ont un spin 1/2, ils ont deux états d'énergie possibles. Si l'eau est en équilibre thermique, il y aura légèrement plus de protons dans leur état d'énergie le plus bas – avec leurs moments, orientés parallèlement au champ. Il y a un faible moment magnétique résultant, par unité de volume. Comme le moment d'un proton n'est qu'environ le millième d'un moment atomique,

© Dunod. Toute reproduction non autorisée est un délit.

l'aimantation qui varie comme μ^2 – d'après l'Éq. (35.22) – ne vaut environ que le millionième du paramagnétisme atomique typique. (C'est pourquoi nous devons choisir une substance dépourvue de magnétisme atomique.) Si vous la calculez, la différence entre le nombre de protons dont le spin est vers le haut et vers le bas n'est que un sur 10^8, l'effet est donc réellement très faible ! On peut quand même l'observer de la façon suivante.

Imaginons qu'on entoure l'échantillon d'eau d'une petite bobine qui crée un petit champ magnétique horizontal oscillant. Si le champ oscille à la fréquence ω_p, il va induire des transitions entre les deux états d'énergie – exactement comme nous l'avons décrit dans l'expérience de Rabi, au paragraphe 35-3. Quand un proton saute d'un état d'énergie plus élevé, vers un plus bas, il libère l'énergie $\mu_z B$ qui, nous l'avons vu, est égale à $\hbar\omega_p$. S'il saute de l'état d'énergie le plus bas vers le plus élevé, il *absorbe* l'énergie $\hbar\omega_p$ aux dépens de la bobine, comme il y a légèrement plus de protons dans l'état le plus bas que dans le plus élevé, il y aura au total une *absorption* d'énergie aux dépens de la bobine. Bien que l'effet soit très faible, la légère absorption d'énergie peut être observée grâce à un amplificateur électronique sensible.

Tout comme dans l'expérience du jet moléculaire de Rabi l'absorption d'énergie ne sera perceptible que si le champ oscillant est en résonance, c'est-à-dire si

$$\omega = \omega_p = g\left(\frac{q_e}{2m_p}\right)B.$$

Il est souvent plus commode de rechercher la résonance en faisant varier B et en laissant ω fixe. L'absorption d'énergie apparaît évidemment quand

$$B = \frac{2m_p}{gq_e}\,\omega.$$

On a représenté sur la Fig. 35.8 un appareil typique de résonance magnétique nucléaire. Un oscillateur à haute fréquence alimente une petite bobine placée dans l'entrefer d'un gros électro-aimant. Deux petites bobines auxiliaires entourant les pièces polaires sont alimentées par un courant de 60 cycles par seconde de sorte que le champ magnétique est « balayé » autour de sa valeur moyenne avec une très petite amplitude. À titre d'exemple, disons que le courant principal dans l'aimant est fixé de façon à créer un champ de 5000 gauss, et que les bobines auxiliaires créent une variation de 1 gauss autour de cette valeur. Si l'oscillateur est réglé à 21,2 mégacycles par seconde il entrera alors en résonance avec le proton chaque fois que le champ passera par la valeur 5000 gauss [en utilisant l'Éq. (34.13) avec $g = 5{,}58$, pour le proton].

On s'arrange pour que le circuit de l'oscillateur fournisse un signal de sortie supplémentaire, proportionnel à toute *variation* de la puissance fournie absorbée aux dépens de l'oscillateur. Ce signal est branché sur l'amplificateur de déviation verticale d'un oscillographe. Le balayage horizontal de l'oscillographe est déclenché une fois par période du champ de balayage. (Plus généralement, la déviation horizontale doit suivre proportionnellement le champ de balayage.)

Avant que l'échantillon d'eau soit disposé à l'intérieur de la bobine à haute fréquence, la puissance fournie par l'oscillateur a une certaine valeur. (Elle ne change pas en présence du champ magnétique.) Mais quand une petite bouteille d'eau est placée dans

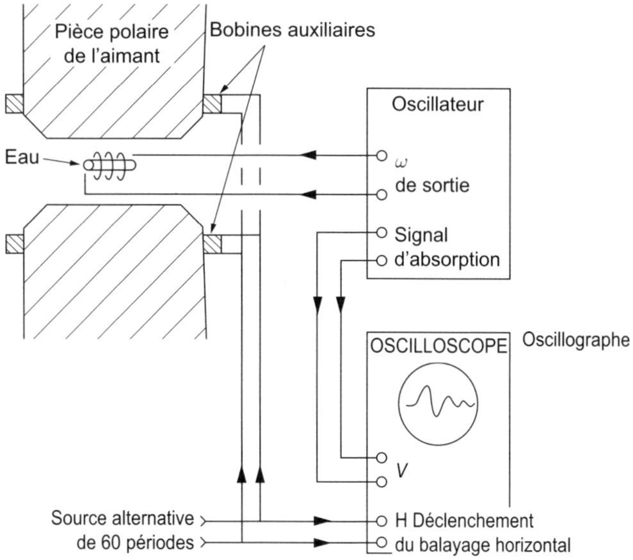

Figure 35.8 – Appareil de résonance magnétique nucléaire.

la bobine, un signal apparaît sur l'oscillographe, comme on le voit sur la figure. Nous voyons une image de la puissance absorbée par le retournement des protons !

Dans la pratique, il est difficile de savoir comment régler à 5000 gauss exactement le champ de l'aimant principal. On procède en ajustant le courant dans le gros électroaimant jusqu'à ce que le signal de résonance apparaisse sur l'oscillographe. Il se trouve que cela est actuellement le moyen le plus commode de mesurer avec précision l'intensité d'un champ magnétique. Évidemment, il a fallu que *quelqu'un* mesure avec précision le champ magnétique et la fréquence pour déterminer le g du proton. Mais maintenant que ceci a été fait, un appareil de résonance de protons, comme celui de la figure peut être utilisé comme un « magnétomètre à résonance protonique ».

Disons un mot de la forme du signal. Si nous devions faire balayer le champ magnétique très lentement, nous pourrions nous attendre à une courbe de résonance normale. L'énergie absorbée accuserait un maximum quand ω_p atteindrait exactement la fréquence de l'oscillateur. Il y aurait une certaine absorption aux fréquences voisines car tous les protons ne sont pas exactement dans le même champ – et des champs différents impliquent des fréquences de résonance légèrement différentes.

On peut se demander, incidemment, si à la fréquence de résonance, on doit vraiment voir un signal. Est-ce qu'on ne devrait pas penser que le champ de haute fréquence égalise les populations des deux états – de sorte qu'il n'y aurait aucun signal sauf quand on introduirait l'eau pour la première fois ? Pas tout à fait, car, bien que nous *tentions* d'égaliser les deux populations, l'agitation thermique, pour sa part, essaye de maintenir le rapport convenable relatif à la température T. Si nous nous plaçons à la résonance, la puissance absorbée par les noyaux est exactement égale à celle dissipée en agitation thermique. Il y a cependant, un « contact thermique » relativement faible entre les moments magnétiques des protons et les mouvements atomiques. Les protons sont relativement isolés enfouis au centre des distributions électroniques. Donc, en eau pure,

© Dunod. Toute reproduction non autorisée est un délit.

le signal de résonance, est en fait généralement trop petit pour être observé. Pour augmenter l'absorption, il faut augmenter le « contact thermique ». Ce qui est en général fait par addition, d'un peu d'oxyde de fer à l'eau. Les atomes de fer ressemblent à des petits aimants. Quand ils gigotent dans leur danse thermique, ils créent de très petits champs magnétiques variables et saccadés, sur les protons. Ces champs variables « accouplent » les aimants protoniques aux vibrations atomiques et tendent à établir un équilibre thermique. C'est par ce « couplage » que les protons de plus haute énergie peuvent perdre leur énergie et être ainsi de nouveau capables d'absorber l'énergie de l'oscillateur.

Dans la pratique, le signal de sortie dans un appareil à résonance nucléaire ne ressemble pas à une courbe de résonance normale. C'est en général un signal plus compliqué, avec des oscillations – comme celui tracé sur la figure. Ces formes de signaux sont dues à des champs variables. L'explication doit en être donnée en termes de mécanique quantique, mais on peut montrer que dans ces expériences les idées classiques des mouvements de précession conduisent toujours à la réponse exacte. D'un point de vue classique, nous dirions que lorsque nous arrivons à la résonance, nous commençons à faire tourner de nombreux aimants nucléaires de façon synchrone. Ce faisant, nous les faisons précesser *ensemble* ! Ces aimants nucléaires, tournant tous ensemble, créent une f.é.m. d'induction dans la bobine de l'oscillateur, à la fréquence ω_p. Mais comme le champ croît avec le temps, la fréquence de précession croît aussi, et la tension induite atteint rapidement une fréquence un petit peu plus élevée que la fréquence de l'oscillateur. Comme la f.é.m. induite est alternativement en phase et hors de phase avec l'oscillateur, la puissance « absorbée » est alternativement positive et négative. Sur l'oscillographe nous voyons donc les battements entre la fréquence des protons et la fréquence de l'oscillateur. Comme les fréquences des protons ne sont pas toutes identiques (différents protons se trouvent dans des champs légèrement différents), et sans doute aussi en raison de la perturbation apportée dans l'eau par l'oxyde de fer, les moments qui précessent librement sont vite déphasés, et le signal de battement disparaît.

Ces phénomènes de résonance magnétique ont été employés de nombreuses façons comme outils pour découvrir de nouvelles choses sur la matière – surtout en chimie et en physique nucléaire. Il va sans dire que les valeurs numériques des moments magnétiques des noyaux nous renseignent sur leur structure. En chimie, on a tiré beaucoup de renseignements de la structure (ou de la forme) des résonances. En raison des champs magnétiques créés par les noyaux voisins, la position exacte d'une résonance nucléaire est un peu déplacée en fonction du milieu dans lequel se trouve un noyau donné. La mesure de ces déplacements permet de déterminer quels sont les atomes voisins de quels autres, et aide à élucider les détails de la structure des molécules. Tout aussi importante est la résonance des spins électroniques des radicaux libres. Bien qu'ils ne soient pas présents en très grande quantité à l'équilibre, ces radicaux constituent souvent des états intermédiaires dans les réactions chimiques. Une mesure d'une résonance de spins électroniques est un test fin de la présence de radicaux libres et est souvent la clé dans la compréhension du mécanisme de certaines réactions chimiques.

FERROMAGNÉTISME 36

36.1 COURANTS MAGNÉTISANTS

Nous parlerons dans ce chapitre de certains corps dans lesquels l'effet résultant des moments magnétiques est beaucoup plus grand que dans le cas du paramagnétisme ou du diamagnétisme. Ce phénomène est le *ferromagnétisme*. Dans les corps paramagnétiques ou diamagnétiques, les moments magnétiques induits sont habituellement si faibles que l'on n'a pas à s'occuper des champs supplémentaires produits par les moments magnétiques. Dans les corps ferromagnétiques, cependant, les moments magnétiques induits par des champs magnétiques appliqués sont vraiment énormes et ont un effet important sur les champs eux-mêmes. En fait, les moments induits sont si forts qu'ils constituent souvent l'effet dominant dans la production des champs qu'on observe. Ainsi l'une des choses dont nous aurons à nous occuper est la théorie mathématique des moments magnétiques induits intenses. Ce n'est évidemment qu'un problème technique. Le vrai problème est : pourquoi les moments magnétiques sont-ils si forts – comment est-ce que cela se passe ? Nous arriverons à cette question dans un moment.

La recherche des champs magnétiques dans les corps ferromagnétiques est semblable à celle du champ électrostatique en présence de diélectriques. Vous vous rappelez que nous avons commencé par décrire les propriétés internes d'un diélectrique en fonction d'un champ de vecteur $\boldsymbol{P}$, moment dipolaire par unité de volume. Puis nous avons calculé que les effets de cette polarisation sont équivalents à une densité de charge ρ_{pol} donnée par la divergence de $\boldsymbol{P}$:

$$\rho_{\text{pol}} = -\boldsymbol{\nabla} \cdot \boldsymbol{P}. \tag{36.1}$$

La charge totale dans une situation quelconque peut s'écrire comme la somme de cette polarisation plus les autres charges, dont nous avons écrit la densité[1] ρ_{autre}. L'équation de Maxwell reliant la divergence de $\boldsymbol{E}$ à la densité de charge devient alors

$$\boldsymbol{\nabla} \cdot \boldsymbol{E} = \frac{\rho}{\epsilon_0} = \frac{\rho_{\text{pol}} + \rho_{\text{autre}}}{\epsilon_0},$$

ou

$$\boldsymbol{\nabla} \cdot \boldsymbol{E} = -\frac{\boldsymbol{\nabla} \cdot \boldsymbol{P}}{\epsilon_0} + \frac{\rho_{\text{autre}}}{\epsilon_0}.$$

1. Si toutes les « autres » charges étaient sur des conducteurs. ρ_{autre} serait le même que ρ_{libre} du chapitre 10.

© Dunod. Toute reproduction non autorisée est un délit.

On peut alors isoler la partie polarisation de la charge et la placer dans l'autre membre pour obtenir la nouvelle loi

$$\nabla \cdot (\epsilon_0 \boldsymbol{E} + \boldsymbol{P}) = \rho_{\text{autre}}. \tag{36.2}$$

La nouvelle loi exprime que la divergence de la quantité $(\epsilon_0 \boldsymbol{E} + \boldsymbol{P})$ est égale à la densité des autres charges.

Relier $\boldsymbol{E}$ et $\boldsymbol{P}$ comme dans l'Éq. (36.2) n'est évidemment intéressant que si on connaît une relation entre eux. Nous avons vu que la théorie qui relie au champ le moment dipolaire électrique induit était relativement compliquée et ne pouvait vraiment s'appliquer que dans certains cas simples, et même là, en tant qu'approximation. Nous aimerions vous rappeler l'une des idées d'approximation que nous avions utilisée. Pour trouver le moment dipolaire induit d'un atome à l'intérieur d'un diélectrique, il faut connaître le champ électrique qui agit sur un atome individuel. Nous avons fait l'approximation – qui n'est pas si mauvaise dans de nombreux cas – que le champ sur l'atome est le même que celui qui resterait au centre du petit trou si on enlevait l'atome (en conservant les moments dipolaires de tous les atomes voisins). Vous vous rappelez aussi que le champ électrique dans un trou creusé dans un diélectrique polarisé dépend de la forme du trou. Nous résumons nos précédents résultats dans la Fig. 36.1. Pour un trou en forme de disque plat perpendiculaire à la polarisation, le champ électrique dans le trou est donné par

$$\boldsymbol{E}_{\text{trou}} = \boldsymbol{E}_{\text{diélectrique}} + \frac{\boldsymbol{P}}{\epsilon_0},$$

que nous avons démontré à l'aide du théorème de Gauss. D'autre part dans une fente en forme d'aiguille parallèle à la polarisation, nous avons montré – en utilisant le fait que le rotationnel de $\boldsymbol{E}$ est nul – que les champs électriques à l'intérieur et à l'extérieur de la fente sont les mêmes. Enfin, nous avons trouvé que pour un trou sphérique le champ électrique avait une valeur située au tiers entre celle du champ de la fente et celle du disque :

$$\boldsymbol{E}_{\text{trou}} = \boldsymbol{E}_{\text{diélectrique}} + \frac{1}{3}\frac{\boldsymbol{P}}{\epsilon_0} \text{ (cavité sphérique).} \tag{36.3}$$

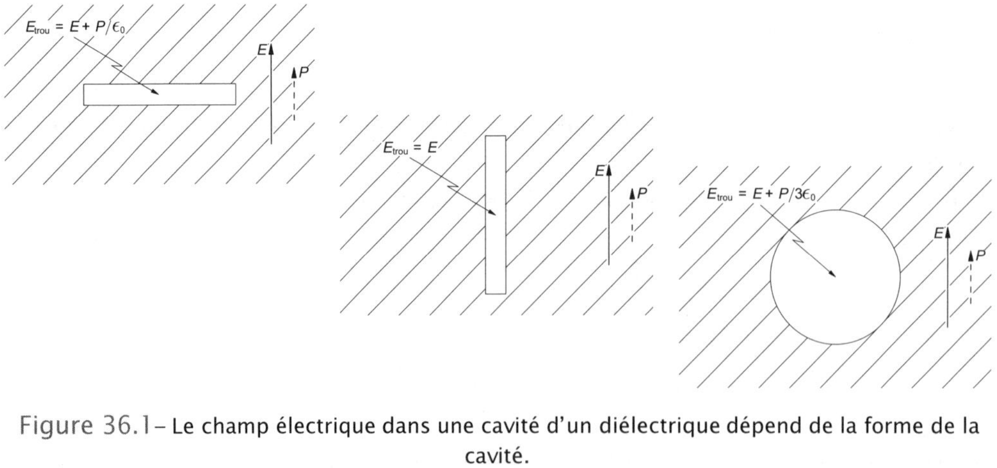

Figure 36.1 – Le champ électrique dans une cavité d'un diélectrique dépend de la forme de la cavité.

C'est le champ que nous avons utilisé dans le cas d'un atome à l'intérieur d'un diélectrique polarisé.

Nous avons maintenant à discuter l'analogue de tout cela dans le cas du magnétisme. Une façon simple et rapide de le faire est de dire que $\boldsymbol{M}$, moment magnétique par unité de volume, est exactement semblable à $\boldsymbol{P}$, moment dipolaire électrique par unité de volume, et que par conséquent, l'opposé de la divergence de $\boldsymbol{M}$ est équivalent à une « densité » de charge magnétique ρ_m – quel que soit le sens de ce mot. L'ennui, évidemment, c'est qu'il n'existe dans le monde physique rien de semblable à une « charge magnétique ». Comme nous le savons, la divergence de $\boldsymbol{B}$ est toujours nulle. Mais cela ne nous empêche pas de fabriquer un *analogue* artificiel et d'écrire

$$\boldsymbol{\nabla} \cdot \boldsymbol{M} = -\rho_m, \tag{36.4}$$

où il faut comprendre que ρ_m est une quantité purement mathématique. On pourrait alors construire une analogie complète avec l'électrostatique et utiliser toutes nos vieilles équations de l'électrostatique. On a souvent fait des choses comme cela. En fait, historiquement, on a même cru que l'analogie était réelle. On croyait que la quantité ρ_m représentait la densité de « pôles magnétiques ». On sait cependant, de nos jours, que l'aimantation des corps provient de courants circulant à l'intérieur des atomes – soit par les rotations des spins des électrons soit par le mouvement des électrons dans l'atome. Il est donc plus élégant, au point de vue physique, de décrire les choses de façon réaliste en fonction de courants atomiques, plutôt qu'en fonction d'une densité de quelques « pôles magnétiques » mythiques. Ces courants sont souvent appelés courants « ampériens », parce que c'est Ampère qui suggéra le premier que le magnétisme de la matière provenait de courants atomiques.

La vraie densité des courants microscopiques dans la matière aimantée est évidemment très compliquée. Sa valeur dépend d'où l'on regarde dans l'atome – elle est grande par endroits, faible ailleurs ; elle est dirigée dans un sens dans une partie de l'atome et vers l'opposé dans une autre partie (exactement comme le champ électrique microscopique varie énormément à l'intérieur d'un diélectrique). Cependant, dans de nombreux problèmes pratiques, on ne s'intéresse qu'aux champs à l'extérieur de la matière ou à la moyenne du champ magnétique intérieur, c'est-à-dire à la moyenne prise sur de nombreux, nombreux atomes. Ce n'est que dans de tels problèmes *macroscopiques* qu'il est commode de décrire l'état magnétique de la matière en fonction de $\boldsymbol{M}$, moment dipolaire moyen par unité de volume. Ce que nous voulons montrer maintenant, c'est que les courants atomiques de la matière aimantée peuvent donner naissance à certains courants à grande échelle qui sont liés à $\boldsymbol{M}$.

Ce que nous allons faire alors, c'est séparer la densité de courant $\boldsymbol{j}$ – qui est la véritable source des champs magnétiques – en différentes parties : une pour décrire les courants des aimants atomiques, et les autres pour décrire les autres courants qu'il peut y avoir. Il est habituellement commode de séparer les courants en trois parties. Dans le chapitre 32 nous avons fait une distinction entre les courants qui circulent librement sur les conducteurs et ceux qui sont dus aux mouvements de va-et-vient des charges liées

© Dunod. Toute reproduction non autorisée est un délit.

dans les diélectriques. Dans le paragraphe 32-2, nous avons écrit

$$\boldsymbol{j} = \boldsymbol{j}_{\text{pol}} + \boldsymbol{j}_{\text{autres}},$$

où $\boldsymbol{j}_{\text{pol}}$ représentait les courants dus au mouvement des charges liées dans les diélectriques et $\boldsymbol{j}_{\text{autre}}$ tenait compte des autres courants. Nous voulons maintenant aller plus loin. Nous voulons séparer $\boldsymbol{j}_{\text{autres}}$ en une partie $\boldsymbol{j}_{\text{mag}}$, qui décrit les courants moyens à l'intérieur des matériaux aimantés et un terme additionnel qu'on peut appeler $\boldsymbol{j}_{\text{cond}}$ pour ce qui reste. Le dernier terme se rapportera en général aux courants dans les conducteurs, mais il peut aussi comprendre d'autres courants – par exemple, les courants dus aux charges en mouvement libre dans l'espace vide. Nous écrirons donc pour la densité de courant total :

$$\boldsymbol{j} = \boldsymbol{j}_{\text{pol}} + \boldsymbol{j}_{\text{mag}} + \boldsymbol{j}_{\text{cond}}. \tag{36.5}$$

C'est évidemment ce courant total qui entre dans l'équation de Maxwell pour le rotationnel de $\boldsymbol{B}$:

$$c^2\boldsymbol{\nabla} \times \boldsymbol{B} = \frac{\boldsymbol{j}}{\epsilon_0} + \frac{\partial \boldsymbol{E}}{\partial t}. \tag{36.6}$$

Il faut relier maintenant $\boldsymbol{j}_{\text{mag}}$ au vecteur aimantation $\boldsymbol{M}$. Pour que vous puissiez voir où nous allons, nous vous prévenons que le résultat va être

$$\boldsymbol{j}_{\text{mag}} = \boldsymbol{\nabla} \times \boldsymbol{M}. \tag{36.7}$$

Si l'on connaît partout le vecteur aimantation $\boldsymbol{M}$ dans un matériau magnétique, la densité de courant est donnée par le rotationnel de $\boldsymbol{M}$. Voyons si nous pouvons comprendre pourquoi il en est ainsi.

Prenons d'abord le cas d'un barreau cylindrique ayant une aimantation uniforme parallèle à l'axe. Physiquement, nous savons qu'une telle aimantation uniforme signifie en fait une densité uniforme de courants atomiques circulant partout à l'intérieur de la matière Essayons d'imaginer à quoi ces courants ressembleraient dans une coupe du matériau. Nous devrions nous attendre à voir des courants du genre de ceux indiqués sur la Fig. 36.2. Chacun des courants atomiques tourne et tourne sur un petit cercle, tous ces courants tournant dans le même sens. Mais quel est le courant résultant ? Eh bien, dans la plus grande partie du barreau, il n'y a pas d'effet du tout parce que juste à côté de chaque courant, il y a un autre courant dans la direction opposée. Si on imagine une petite surface – mais encore plus grande qu'un atome – comme indiqué sur la Fig. 36.2 par le segment $\overline{AB}$, le courant résultant à travers une telle surface est nul. Il n'y a aucun courant résultant à l'intérieur. Notez pourtant qu'à la surface il y a des courants atomiques qui ne sont pas compensés par des courants circulant en sens opposé. À la surface, il y a un courant résultant circulant toujours dans la même direction autour du barreau. Vous voyez maintenant pourquoi nous avons dit plus haut qu'un barreau uniformément aimanté est équivalent à un long solénoïde parcouru par un courant électrique.

Comment cela s'accorde-t-il avec l'Éq. (36.7) ? D'abord à l'intérieur, l'aimantation $\boldsymbol{M}$ est constante, donc toutes ses dérivées sont nulles. Ceci colle avec notre représentation

Figure 36.2 – Diagramme schématique des courants atomiques dans une coupe de barreau de fer aimanté dans la direction des z.

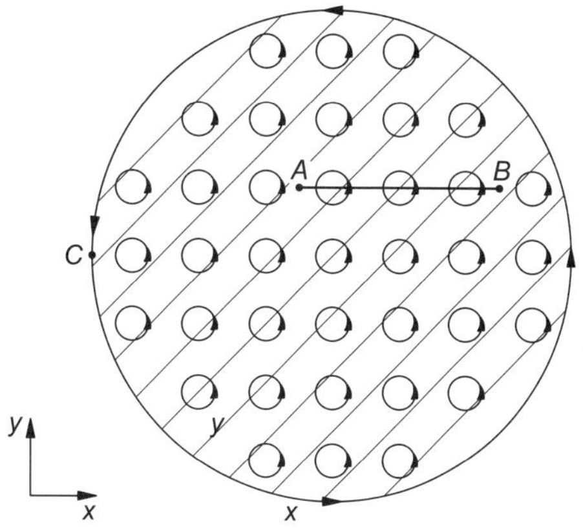

géométrique. Cependant, à la surface, $\boldsymbol{M}$ n'est pas vraiment constant – il est constant jusqu'au bord puis s'annule brusquement. Donc juste à la surface il y a de terribles gradients qui, d'après (36.7) vont donner une forte densité de courant. Voyons ce qui se passe près du point C de la Fig. 36.2. Choisissant les axes x et y comme sur la figure, on voit que l'aimantation $\boldsymbol{M}$ est dirigée suivant l'axe des z. En écrivant les composantes de l'Éq. (36.7) on a

$$\begin{aligned} \frac{\partial M_z}{\partial y} &= (j_{\text{mag}})_x, \\ -\frac{\partial M_z}{\partial x} &= (j_{\text{mag}})_y. \end{aligned} \tag{36.8}$$

Au point C, la dérivée $\partial M_z/\partial y$ est nulle, mais $\partial M_z/\partial x$ est grande et positive. D'après l'équation (36.7) il existe une forte densité de courant dirigé suivant les y négatifs. Ceci est en accord avec notre dessin d'un courant superficiel circulant autour du barreau.

Cherchons maintenant la densité de courant dans un cas plus compliqué dans lequel l'aimantation varie d'un point à l'autre dans un matériau. Qualitativement, il est facile de voir que si l'aimantation n'est pas la même en deux régions voisines, les courants ampériens ne se compenseront pas complètement et il en résultera un courant dans le volume du matériau. C'est cet effet que nous nous proposons de calculer.

Pour commencer, il est nécessaire de rappeler les résultats du paragraphe 14-5 : un courant I a un moment magnétique μ donné par

$$\mu = IA, \tag{36.9}$$

où A est l'aire de la boucle formée par le courant (voir Fig. 36.3). Considérons maintenant un petit bloc rectangulaire à l'intérieur de la matière aimantée, comme celui représenté sur la Fig. 36.4. On prend un bloc assez petit pour qu'on puisse considérer que l'aimantation est uniforme à l'intérieur. Si l'aimantation y est M_z dans la direction des z, l'effet résultant sera le même qu'un courant superficiel circulant sur les faces verticales, comme indiqué. On peut déduire de l'Éq. (36.9) la valeur de ces courants. Le moment

© Dunod. Toute reproduction non autorisée est un délit.

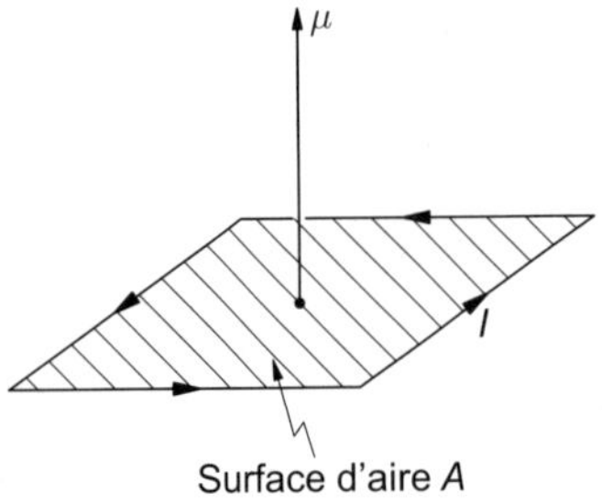

Figure 36.3 – Le moment dipolaire μ d'une boucle de courant est IA.

magnétique total du bloc est égal au produit de l'aimantation par le volume :

$$\mu = M_z(abc),$$

d'où on tire (l'aire de la boucle étant ac)

$$I = M_z b.$$

Autrement dit, le courant par unité de longueur (verticalement) sur chacune des surfaces verticales est égal à M_z.

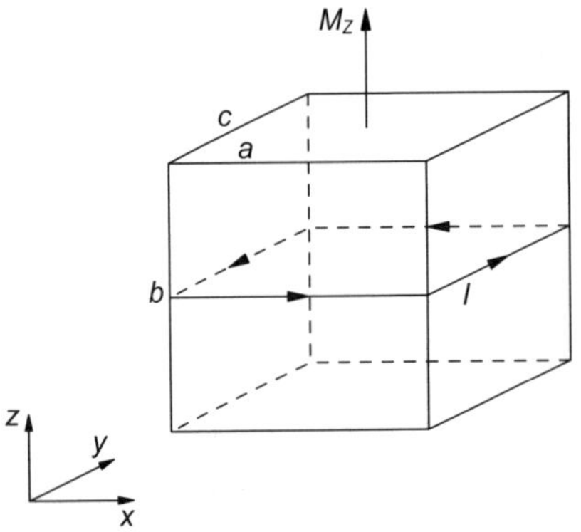

Figure 36.4 – Un petit bloc aimanté est équivalent à un courant superficiel.

Supposons maintenant que l'on ait deux tels blocs voisins l'un de l'autre (Fig. 36.5). Comme le bloc 2 est légèrement déplacé par rapport au bloc 1 la composante verticale de l'aimantation y est légèrement différente, soit $M_z + \Delta M_z$. Sur la surface entre les blocs, il va y avoir alors deux contributions au courant total. Le bloc 1 fournit un courant I_1 dans la direction des y positifs et le bloc 2 un courant superficiel I_2 dans la direction des y négatifs. Le courant superficiel total dans la direction des y positifs est la somme :

$$I = I_1 - I_2 = M_z b - (M_z + \Delta M_z)b$$
$$= -\Delta M_z b.$$

On peut mettre ΔM_z sous la forme de la dérivée de M_z dans la direction des x multipliée par le déplacement qui amène le bloc 1 à la place du bloc 2, qui vaut a :

$$\Delta M_z = \frac{\partial M_z}{\partial x} a.$$

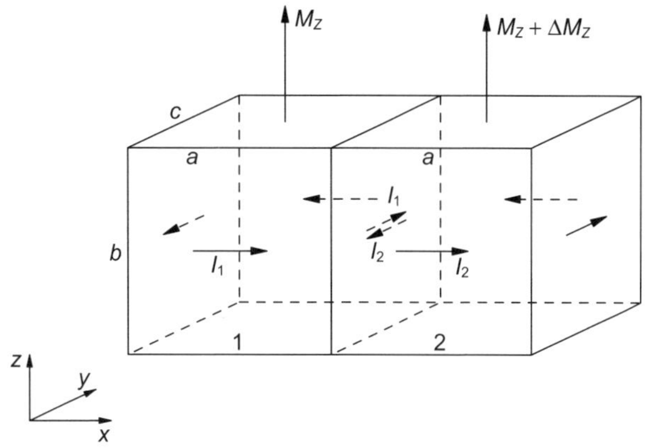

Figure 36.5 – Si l'aimantation est différente dans deux blocs voisins, il existe un courant superficiel entre les deux.

Le courant circulant entre les deux blocs est alors

$$I = -\frac{\partial M_z}{\partial x}\,ab.$$

Pour relier le courant I à la densité moyenne de courant en volume, $\boldsymbol{j}$, il faut se rendre compte que ce courant I est réparti sur une certaine section. Si on suppose que tout le volume est constitué de tels petits blocs, à chacun de ces blocs doit être associée une de ces faces latérales (perpendiculaire à l'axe des x)[2]. On voit alors que la surface qu'il faut associer au courant I est la surface ab de l'une des faces parallèles au plan de la figure. On obtient donc

$$j_y = \frac{I}{ab} = -\frac{\partial M_z}{\partial x}.$$

On a au moins le commencement du rotationnel de $\boldsymbol{M}$.

Il devrait y avoir un autre terme en j_y provenant de la variation avec z de la composante suivant x de l'aimantation. Cette contribution à $\boldsymbol{j}$ provient de la surface entre deux petits blocs empilés l'un sur l'autre (Fig. 36.6). Raisonnant comme on vient de le faire, on voit que la contribution de cette surface à j_y est $\partial M_x/\partial z$. Ce sont les seules surfaces qui peuvent contribuer à la composante en y du courant, la densité de courant total dans la direction des y est donc

$$j_y = \frac{\partial M_x}{\partial z} - \frac{\partial M_z}{\partial x}.$$

En calculant les courants sur les autres surfaces d'un cube – ou en utilisant le fait que la direction des z est parfaitement arbitraire – on peut conclure que le vecteur densité de courant est effectivement donné par l'équation

$$\boldsymbol{j} = \boldsymbol{\nabla} \times \boldsymbol{M}.$$

Si donc on décide de décrire le magnétisme de la matière à l'aide du moment magnétique moyen par unité de volume, $\boldsymbol{M}$, on trouve que les courants ampériens sont

2. Ou, si vous préférez, le courant I sur chacune des faces doit être séparé par moitié entre les deux blocs adjacents.

© Dunod. Toute reproduction non autorisée est un délit.

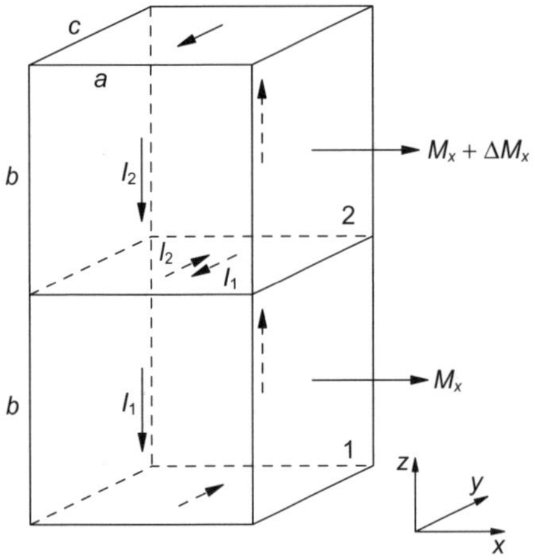

Figure 36.6 – Deux blocs, l'un au-dessus de l'autre, peuvent aussi contribuer à j_y.

équivalents à une densité moyenne de courant dans la matière donnée par l'Éq. (36.7). Si le matériau est également diélectrique, il peut y avoir, en plus, un courant de polarisation $\boldsymbol{j}_{\text{pol}} = \partial \boldsymbol{P}/\partial t$. Et s'il est aussi conducteur, on peut aussi bien avoir un courant de conduction $\boldsymbol{j}_{\text{cond}}$. On peut écrire le courant total sous la forme

$$\boldsymbol{j} = \boldsymbol{j}_{\text{cond}} + \boldsymbol{\nabla} \times \boldsymbol{M} + \frac{\partial \boldsymbol{P}}{\partial t}. \tag{36.10}$$

36.2 Le champ *H*

Nous allons maintenant faire entrer le courant tel qu'il est écrit dans l'Éq. (36.10) dans les équations de Maxwell. On obtient

$$c^2 \boldsymbol{\nabla} \times \boldsymbol{B} = \frac{\boldsymbol{j}}{\epsilon_0} + \frac{\partial \boldsymbol{E}}{\partial t} = \frac{1}{\epsilon_0}\left(\boldsymbol{j}_{\text{cond}} + \boldsymbol{\nabla} \times \boldsymbol{M} + \frac{\partial \boldsymbol{P}}{\partial t}\right) + \frac{\partial \boldsymbol{E}}{\partial t}.$$

On peut faire passer le terme en $\boldsymbol{M}$ dans le premier membre :

$$c^2 \boldsymbol{\nabla} \times \left(\boldsymbol{B} - \frac{\boldsymbol{M}}{\epsilon_0 c^2}\right) = \frac{\boldsymbol{j}_{\text{cond}}}{\epsilon_0} + \frac{\partial}{\partial t}\left(\boldsymbol{E} + \frac{\boldsymbol{P}}{\epsilon_0}\right). \tag{36.11}$$

Comme nous en avons fait la remarque au chapitre 32, beaucoup de gens aiment écrire $(\boldsymbol{E} + \boldsymbol{P}/\epsilon_0)$ sous la forme d'un nouveau champ vectoriel $\boldsymbol{D}/\epsilon_0$. De façon similaire, il est souvent commode d'écrire $(\boldsymbol{B} - \boldsymbol{M}/\epsilon_0 c^2)$ sous la forme d'un champ de vecteur unique. Nous nous choisissons de définir un nouveau champ vectoriel $\boldsymbol{H}$ par

$$\boldsymbol{H} = \boldsymbol{B} - \frac{\boldsymbol{M}}{\epsilon_0 c^2}. \tag{36.12}$$

L'Éq. (36.11) devient alors

$$\epsilon_0 c^2 \boldsymbol{\nabla} \times \boldsymbol{H} = \boldsymbol{j}_{\text{cond}} + \frac{\partial \boldsymbol{D}}{\partial t}. \tag{36.13}$$

Cela paraît simple, mais toute la complexité se cache sous les lettres $\boldsymbol{D}$ et $\boldsymbol{H}$.

Maintenant, nous vous mettons en garde. La plupart des gens qui utilisent les unités M.K.S. ont décidé d'utiliser une définition différente de $\boldsymbol{H}$. Si on appelle $\boldsymbol{H}'$ *leur* champ (évidemment, ils l'appellent encore $\boldsymbol{H}$ sans prime), il est défini par

$$\boldsymbol{H}' = \epsilon_0 c^2 \boldsymbol{B} - \boldsymbol{M}. \tag{36.14}$$

(De plus, ils écrivent habituellement $\epsilon_0 c^2$ sous forme d'une nouvelle quantité $1/\mu_0$; ils ont ainsi une constante de plus à traîner !) Avec cette définition, l'Éq. (36.13) paraît encore plus simple :

$$\boldsymbol{\nabla} \times \boldsymbol{H}' = \boldsymbol{j}_{\text{cond}} + \frac{\partial \boldsymbol{D}}{\partial t}. \tag{36.15}$$

Mais les difficultés, avec cette définition de $\boldsymbol{H}'$ sont, d'abord, qu'elle ne coïncide pas avec la définition des gens qui n'emploient pas le système M.K.S., et deuxièmement, qu'elle fait que $\boldsymbol{H}'$ et $\boldsymbol{B}$ s'expriment avec des unités différentes. Nous pensons qu'il est plus commode pour $\boldsymbol{H}$ d'avoir les mêmes unités que $\boldsymbol{B}$ – plutôt que les mêmes que $\boldsymbol{M}$ comme c'est le cas pour $\boldsymbol{H}'$. Mais si vous devez devenir ingénieur et construire des transformateurs, des aimants et des choses de ce genre, il faudra faire attention. Vous trouverez de nombreux ouvrages qui utilisent pour $\boldsymbol{H}$ la définition de l'Éq. (36.14) plutôt que notre définition de l'Éq. (36.12) et de nombreux autres livres – particulièrement les manuels concernant les matériaux magnétiques – qui relient $\boldsymbol{B}$ et $\boldsymbol{H}$ de la façon que nous avons indiquée. Il faudra chercher soigneusement quelle convention ils utilisent.

On peut s'en apercevoir par les unités qu'ils emploient. Rappelez-vous que dans le système M.K.S., $\boldsymbol{B}$ – et par conséquent *notre* $\boldsymbol{H}$ – se mesurent avec l'unité : un weber par mètre carré, égal à 10 000 gauss. Dans le système M.K.S., un moment magnétique (un courant par une surface) a pour unité : un ampère-mètre^2. L'aimantation $\boldsymbol{M}$, a donc pour unité : un ampère *par* mètre. Pour $\boldsymbol{H}'$ les unités sont les mêmes que pour $\boldsymbol{M}$. Vous pouvez voir que ceci est en bon accord avec l'Éq. (36.15), car $\boldsymbol{\nabla}$ a les dimensions de l'inverse d'une longueur. Ceux qui travaillent avec les électro-aimants ont aussi l'habitude d'appeler l'unité de $\boldsymbol{H}$ (avec la définition de $\boldsymbol{H}'$) « un ampère-tour par mètre » – pensant aux tours d'un fil sur une bobine. Mais en réalité, un « tour » est un nombre sans dimension, de sorte qu'il n'est pas nécessaire de vous embrouiller. Comme notre H est égal à $H'/\epsilon_0 c^2$, si vous utilisez le système M.K.S., H (en webers/mètre^2) est égal à $4\pi \times 10^{-7}$ fois H' (en ampères par mètre). Il est peut-être plus commode de se rappeler que H (en gauss) = 0,0126 H' (en ampères/mètre).

Il y a encore quelque chose d'horrible. De nombreuses personnes qui utilisent *notre* définition de $\boldsymbol{H}$ ont décidé de donner aux unités de $\boldsymbol{H}$ et $\boldsymbol{B}$ des *noms différents* ! Alors même qu'ils ont les mêmes dimensions, ils appellent l'unité de $\boldsymbol{B}$ un *gauss*, et l'unité de $\boldsymbol{H}$ un *oersted* (d'après Gauss et Oersted, évidemment). Vous trouverez donc dans de nombreux ouvrages des graphiques avec $\boldsymbol{B}$ porté en gauss et $\boldsymbol{H}$ en oersteds. C'est en fait la même unité – 10^{-4} de l'unité M.K.S. Nous avons résumé la confusion au sujet des unités magnétiques dans le tableau 36.1.

© Dunod. Toute reproduction non autorisée est un délit.

Tableau 36.1 –

Unités magnétiques

$[B]$	=	weber/mètre^2	=	10^4 gauss
$[H]$	=	weber/mètre^2	=	10^4 gauss
		ou 10^4 oersted		
$[M]$	=	ampère/mètre		
$[H']$	=	ampère/mètre		

Conversions commodes

B (gauss)	=	10^4 B (weber/mètre^2)
H (gauss)	=	H (oersted)
	=	0,0126 H' (amp/mètre)

36.3 La courbe d'aimantation

Considérons maintenant quelques cas simples dans lesquels le champ magnétique est constant, ou dans lesquels les champs varient assez lentement pour qu'on puisse négliger $\partial \boldsymbol{D}/\partial t$ devant $\boldsymbol{j}_{\text{cond}}$. Les champs suivent alors les équations

$$\boldsymbol{\nabla} \cdot \boldsymbol{B} = 0, \tag{36.16}$$

$$\boldsymbol{\nabla} \times \boldsymbol{H} = \boldsymbol{j}_{\text{cond}}/\epsilon_0 c^2, \tag{36.17}$$

$$\boldsymbol{H} = \boldsymbol{B} - \boldsymbol{M}/\epsilon_0 c^2. \tag{36.18}$$

Supposons qu'on ait un tore (un anneau) en fer autour duquel est enroulé un fil de cuivre [Fig. 36.7(a)]. Un courant I circule dans le fil. Quel est le champ magnétique ? Le champ magnétique va se trouver surtout dans le fer ; les lignes de champ de $\boldsymbol{B}$ y seront des cercles, comme sur la Fig. 36.7(b). Comme le flux de $\boldsymbol{B}$ est continu, sa divergence est nulle et l'Éq. (36.16) est satisfaite. Écrivons maintenant l'Éq. (36.17) sous une autre forme en intégrant le long d'une courbe fermée Γ comme celle dessinée sur la Fig. 36.7(b). D'après le théorème de Stokes, on a

$$\oint_{\Gamma} \boldsymbol{H} \cdot d\boldsymbol{s} = \frac{1}{\epsilon_0 c^2} \int_S \boldsymbol{j}_{\text{cond}} \cdot \boldsymbol{n}\, da, \tag{36.19}$$

où l'intégrale de $\boldsymbol{j}$ doit être étendue à une surface S quelconque limitée par Γ. Cette surface est traversée une fois par chaque tour de l'enroulement. La contribution de chaque tour à l'intégrale est I, et, s'il y a N tours en tout, l'intégrale vaut NI. D'après la symétrie du problème, $\boldsymbol{B}$ est le même tout autour de la courbe Γ si l'on suppose que l'aimantation, et par conséquent, le champ $\boldsymbol{H}$, est aussi constante le long de Γ, l'Éq. (36.19) devient

$$Hl = \frac{NI}{\epsilon_0 c^2},$$

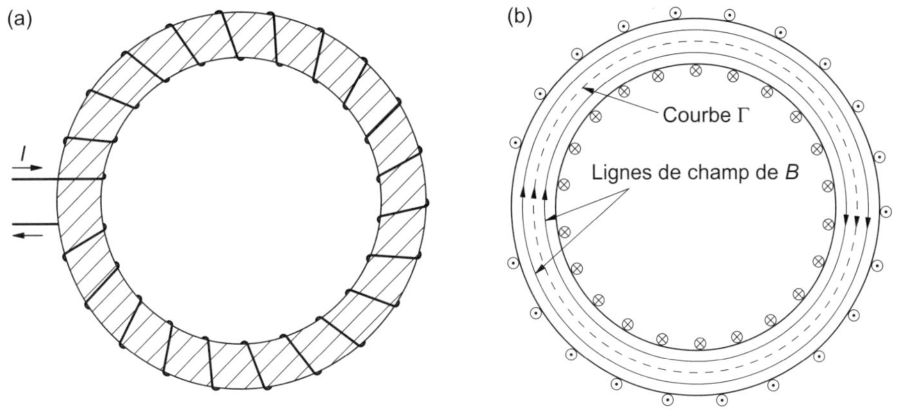

Figure 36.7 – (a) Un tore de fer sur lequel est enroulé un fil isolé. (b) Coupe d'un tore montrant les lignes de champ.

où l est la longueur de Γ. Ainsi,

$$H = \frac{1}{\epsilon_0 c^2}\frac{NI}{l}. \tag{36.20}$$

C'est parce que $\boldsymbol{H}$ est directement proportionnel au courant magnétisant dans des cas analogues à celui-ci qu'on appelle quelquefois $\boldsymbol{H}$ le *champ magnétisant*.

Tout ce dont nous avons besoin maintenant c'est d'une équation reliant $\boldsymbol{H}$ à $\boldsymbol{B}$. Mais il n'existe pas de semblable équation ! Il y a évidemment l'Éq. (36.18), mais elle n'est d'aucune utilité parce qu'il n'y a pas de relation directe entre $\boldsymbol{M}$ et $\boldsymbol{B}$ pour un ferromagnétique comme le fer. L'aimantation $\boldsymbol{M}$ dépend de tout le passé du fer, et pas seulement de la valeur actuelle de $\boldsymbol{B}$.

Tout n'est pourtant pas perdu. On peut trouver des solutions dans certains cas simples. Si l'on commence avec un fer non aimanté – disons avec du fer qui a été recuit à haute température – alors dans le tore, qui a une géométrie simple, tout le fer va avoir la même histoire magnétique. On peut alors dire quelque chose de $\boldsymbol{M}$ – et par conséquent de la relation entre $\boldsymbol{B}$ et $\boldsymbol{H}$ – à partir de mesures expérimentales. Le champ $\boldsymbol{B}$ dans le tore, est, d'après l'Éq. (36.20), donné par le produit d'une constante par le courant dans l'enroulement. Le champ $\boldsymbol{B}$ peut être évalué en intégrant par rapport au temps la f.é.m. dans la bobine (ou dans une bobine supplémentaire enroulée autour de la bobine magnétisante représentée sur la figure). Cette f.é.m. est égale à la dérivée du flux de $\boldsymbol{B}$ par rapport au temps, de sorte que l'intégrale de la f.é.m. par rapport au temps est le produit de $\boldsymbol{B}$ par la section du tore.

La figure 36.8 montre la relation entre $\boldsymbol{B}$ et $\boldsymbol{H}$, observée sur un tore de fer doux. Quand le courant est établi pour la première fois, $\boldsymbol{B}$ augmente avec $\boldsymbol{H}$ le long de la courbe *a*. Notez les échelles différentes pour $\boldsymbol{B}$ et $\boldsymbol{H}$; initialement, il ne faut qu'un $\boldsymbol{H}$ relativement petit pour produire un $\boldsymbol{B}$ grand. Pourquoi $\boldsymbol{B}$ est-il tellement plus grand dans le fer qu'il ne l'est dans l'air ? Parce qu'il y a une forte aimantation $\boldsymbol{M}$ qui est équivalente à un grand courant superficiel sur le fer – le champ $\boldsymbol{B}$ résulte de la *somme* de ce courant et du

© Dunod. Toute reproduction non autorisée est un délit.

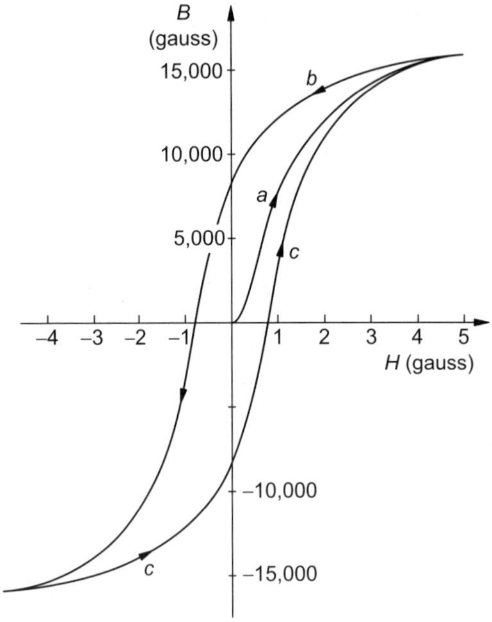

Figure 36.8 – Courbes typiques d'aimantation et d'hystérésis pour le fer doux.

courant de conduction dans l'enroulement. Pourquoi $\boldsymbol{M}$ est si forte, nous en discuterons plus tard.

Pour de plus grandes valeurs de $\boldsymbol{H}$, la courbe d'aimantation s'aplatit. On dit que le fer est *saturé*. Avec les échelles de notre figure la courbe devient horizontale. En fait, elle continue légèrement à monter – pour des champs forts, $\boldsymbol{B}$ devient proportionnel à $\boldsymbol{H}$, et avec une pente unité. $\boldsymbol{M}$ n'augmente plus. Remarquons incidemment que si le tore était fait d'un matériau non magnétique, $\boldsymbol{M}$ serait nul et $\boldsymbol{B}$ serait tout le temps égal à $\boldsymbol{H}$.

La première chose à noter est que la courbe a de la Fig. 36.8 – dite *courbe d'aimantation* – est hautement non linéaire. Mais c'est pire que ça. Si, après avoir atteint la saturation, on diminue le courant dans la bobine pour ramener $\boldsymbol{H}$ à zéro, le champ magnétique $\boldsymbol{B}$ décroît suivant la courbe b. Quand $\boldsymbol{H}$ s'annule, il reste un certain champ $\boldsymbol{B}$. Même sans courant magnétisant il y a un champ magnétique dans le fer – le fer est aimanté en permanence. Si on fait passer maintenant un courant *négatif* dans la bobine, la courbe B-H suit b jusqu'à ce que le fer soit saturé dans la direction négative. Si l'on annule alors à nouveau le courant, $\boldsymbol{B}$ suit la courbe c. Si l'on fait osciller le courant entre de grandes valeurs positives et négatives, la courbe $B = H$ monte et descend le long de courbes très voisines de b et c. Si l'on fait varier $\boldsymbol{H}$ d'une façon arbitraire cependant, on peut obtenir des courbes plus compliquées qui, en général, se placent quelque part entre les courbes b et c. La boucle engendrée par des oscillations répétées des champs est dite cycle *d'hystérésis* du fer.

On voit alors qu'on ne peut pas trouver une relation fonctionnelle telle que $B = f(H)$ parce que la valeur de $\boldsymbol{B}$ à un instant quelconque ne dépend pas seulement de la valeur de $\boldsymbol{H}$ au même moment, mais de tout le passé. Les courbes d'aimantation et d'hystérésis sont évidemment différentes pour des substances différentes. La forme des courbes dépend de façon critique de la composition chimique du matériau, et également des détails de sa préparation et du traitement physique postérieur. Nous discuterons certaines explications physiques de ces complications au chapitre suivant.

36.4 Selfs à noyau de fer

L'une des plus importantes applications des matériaux magnétiques est constituée par les circuits électriques – par exemple les transformateurs, les moteurs électriques, etc. L'une des raisons en est qu'avec du fer on peut contrôler la direction des champs magnétiques, et, de plus, on peut obtenir des champs beaucoup plus forts avec un courant donné. Par exemple, une self typique, la self « torique » est faite de façon très semblable à l'objet que représente la Fig. 36.7. Pour une self-inductance donnée, elle peut avoir un volume beaucoup plus petit et nécessiter beaucoup moins de cuivre qu'une self à « noyau d'air » équivalente. Pour une self-inductance donnée, on a une résistance de l'enroulement beaucoup plus faible, de sorte que la self est plus proche de l'« idéal » – pour les basses fréquences en particulier. Il est facile de comprendre qualitativement comment fonctionne une telle self. Si I est le courant dans l'enroulement, le champ $\boldsymbol{H}$ produit à l'intérieur est proportionnel à I – d'après l'Éq. (36.20). La différence de potentiel 'entre les extrémités est liée au champ magnétique $\boldsymbol{B}$. En négligeant la résistance de l'enroulement, la tension $\mathcal{V}$ est proportionnelle à $\partial \boldsymbol{B}/\partial t$. La self-inductance $\mathcal{L}$, qui est le rapport de $\mathcal{V}$ à $\partial I/\partial t$ (voir paragraphe 17-7), dépend donc de la relation entre B et H dans le fer. Comme $\boldsymbol{B}$ est beaucoup plus grand que $\boldsymbol{H}$, on a multiplié la self-inductance par un fort coefficient. Physiquement, ce qui se passe, c'est qu'un faible courant dans la bobine, qui produirait ordinairement un faible champ magnétique, entraîne les petits aimants « esclaves » dans le fer à s'aligner et produit un courant « magnétique » terriblement plus fort que le courant extérieur dans le fil. C'est comme s'il circulait dans la bobine un courant bien plus grand que dans la réalité. Quand on inverse le courant, tous les petits aimants se retournent – tous ces courants internes s'inversent – et on obtient une f.é.m. induite beaucoup plus grande que celle qu'on aurait sans fer. Si on veut calculer la self-inductance, on peut le faire par l'énergie – comme on l'a exposé au paragraphe 17-8. Le *taux* auquel l'énergie est libérée par la source de courant est $I\mathcal{V}$. La tension $\mathcal{V}$ est la section A du noyau, multipliée par N, multipliée par dB/dt. D'après l'Éq. (36.20), $I = (\epsilon_0 c^2 l/N)H$. On a donc

$$\frac{dU}{dt} = \mathcal{V}I = (\epsilon_0 c^2 lA)H\,\frac{dB}{dt}.$$

En intégrant par rapport au temps on a

$$U = \left(\epsilon_0 c^2 lA\right)\int H\,dB. \tag{36.21}$$

En remarquant que lA est le volume du tore, on a démontré que la densité d'énergie $u = U/\text{vol}$, dans une substance magnétique est donnée par

$$u = \epsilon_0 c^2 \int H\,dB. \tag{36.22}$$

© Dunod. Toute reproduction non autorisée est un délit.

Un aspect intéressant se trouve évoqué ici. Quand on emploie des courants alternatifs, le fer décrit un cycle d'hystérésis. Comme B n'est pas une fonction uniforme de H, l'intégrale $\int H dB$ le long d'un cycle complet n'est *pas* égale à zéro. Sa valeur est l'aire contenue à l'intérieur de la courbe d'hystérésis. La source apporte donc une certaine énergie à chaque cycle – une énergie proportionnelle à la surface du cycle d'hystérésis. Et cette énergie est « perdue ». Elle est perdue à cause des phénomènes électromagnétiques, mais se transforme en chaleur dans le fer. Ce sont *les pertes par hystérésis*. Pour que de telles pertes d'énergie soient faibles, il faudrait rendre le cycle d'hystérésis aussi étroit que possible. Une façon de réduire la surface du cycle consiste à diminuer le champ maximum atteint à chaque cycle. Pour des champs maximums plus petits, on obtient des courbes d'hystérésis comme celle de la Fig. 36.9. De plus, certaines substances sont étudiées pour donner un cycle très étroit. Les *tôles pour transformateurs* – qui sont des alliages de fer avec une petite quantité de silicium – ont été développées pour cette propriété.

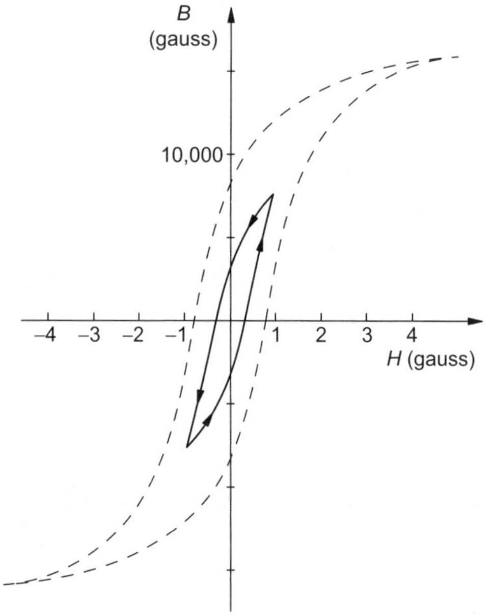

Figure 36.9 – Un cycle d'hystérésis qui n'atteint pas la saturation.

Quand on fait décrire à une self un petit cycle d'hystérésis, la relation entre B et H peut être approchée par une relation linéaire. On écrit habituellement

$$B = \mu H. \tag{36.23}$$

La constante μ n'est *pas* le moment magnétique que nous avons employé précédemment. On l'appelle la *perméabilité* du fer. (On l'appelle aussi quelquefois la « *perméabilité relative* ».) La perméabilité des fers usuels est, habituellement, de plusieurs milliers. Il existe des alliages spéciaux comme le « permalloy » qui peuvent avoir des perméabilités aussi élevées qu'un million.

Si on utilise l'approximation $B = \mu H$ dans l'Éq. (36.21), on peut écrire l'énergie d'un self torique sous la forme

$$U = \left(\epsilon_0 c^2 lA\right)\mu \int H\,dH = \left(\epsilon_0 c^2 lA\right)\frac{\mu H^2}{2}. \tag{36.24}$$

La densité d'énergie est ainsi approximativement

$$u \approx \frac{\epsilon_0 c^2}{2}\,\mu H^2.$$

On peut alors poser que l'énergie de l'Éq. (36.24) est égale à l'énergie $\mathcal{L}I^2/2$ d'une self, et en tirer $\mathcal{L}$. On trouve

$$\mathcal{L} = \left(\epsilon_0 c^2 lA\right)\mu\left(\frac{H}{I}\right)^2.$$

En tirant H/I de l'Éq. (36.20), on obtient

$$\mathcal{L} = \frac{\mu N^2 A}{\epsilon_0 c^2 l}. \tag{36.25}$$

L'inductance est proportionnelle à μ. Si vous voulez des selfs pour des choses telles que des amplificateurs acoustiques, essayez de leur faire décrire un cycle d'hystérésis où la relation *B*-*H* soit aussi linéaire que possible. (Rappelez-vous qu'au chapitre 50, Vol. I, nous avons parlé de la génération d'harmoniques dans des systèmes non linéaires. Dans ces cas, l'Éq. (36.23) est une approximation utile. D'autre part, si vous *voulez* créer des harmoniques, vous pouvez utiliser une self et la faire fonctionner intentionnellement d'une façon pas du tout linéaire. Vous devrez alors utiliser les courbes *B*-*H* complètes, et analyser ce qui se passe par des méthodes graphiques ou numériques.

Un « transformateur » est souvent constitué de deux bobines qu'on a placées sur le même tore – ou *noyau* – magnétique. (Pour les gros transformateurs, on donne, pour plus de commodité, une forme rectangulaire au noyau.) Un courant variable dans l'enroulement « primaire » entraîne alors une variation du champ magnétique dans le noyau, ce qui induit une f.é.m. dans l'enroulement « secondaire ». Comme le flux à travers *chaque spire* des deux enroulements est le même, les f.é.m. dans les deux enroulements sont dans le même rapport que les nombres de spires dans chacun d'eux. Une tension appliquée au primaire est transformée en une tension différente au secondaire. Comme il faut un certain courant *résultant* autour du noyau pour produire la variation nécessaire du champ magnétique, la somme *algébrique* des courants dans les deux enroulements va être fixée et égale au courant « magnétisant » nécessaire. Si le courant circulant dans le secondaire augmente, le courant dans le primaire doit augmenter en proportion – il y a « transformation » des courants aussi bien que des tensions.

36.5 Électro-aimants

Discutons maintenant un problème pratique qui est un peu plus compliqué. Soit un électro-aimant de la forme assez courante représentée par la Fig. 36.10 – c'est une

© Dunod. Toute reproduction non autorisée est un délit.

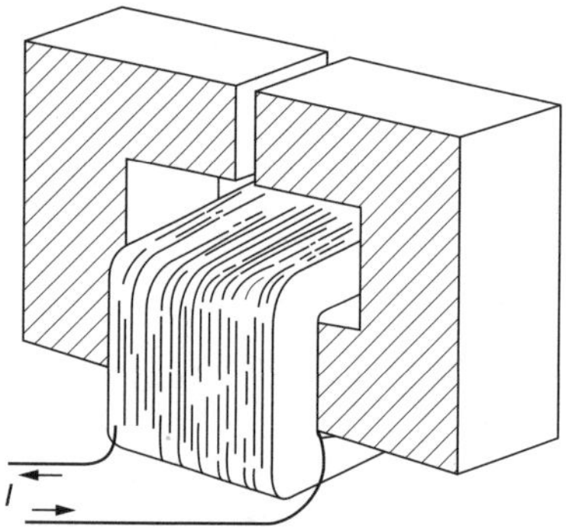

Figure 36.10 – Un électro-aimant.

armature « en forme de C », autour de laquelle est bobiné un enroulement comportant beaucoup de spires. Quel est le champ magnétique ***B*** dans l'entrefer ?

Si l'épaisseur de l'entrefer est petite devant les autres dimensions, on peut, en première approximation, supposer que les lignes de champ de ***B*** ferment la boucle, exactement comme dans le tore. Elles vont plus ou moins avoir l'aspect indiqué sur la Fig. 36.11(a). Elles tendent un peu à s'écarter dans l'entrefer, mais si celui-ci est étroit, ce ne sera qu'un faible effet. C'est une bonne approximation que de supposer que le flux de ***B*** à travers toute section de l'armature est constant. Si l'armature a une section uniforme A – et si l'on néglige les effets de bord dans l'entrefer et dans les coins – on peut dire que B est uniforme dans l'armature.

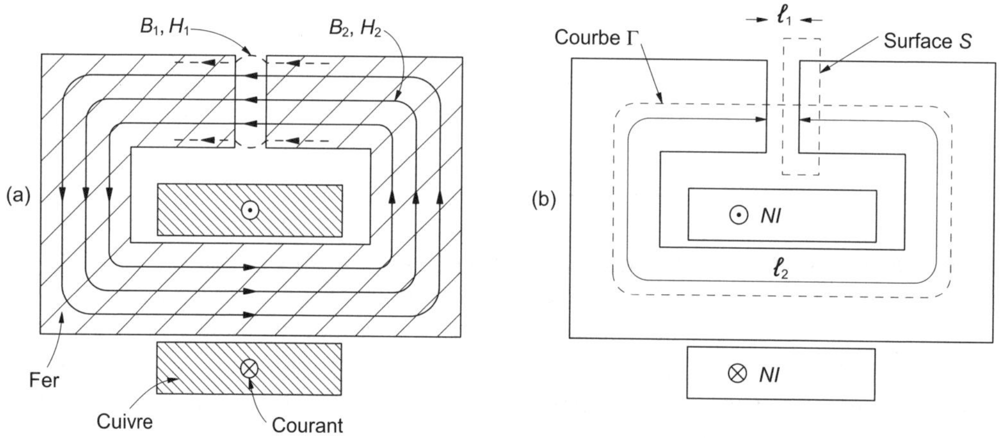

Figure 36.11 – Coupe d'un électro-aimant.

De plus, ***B*** aura la même valeur dans l'entrefer. Cela se déduit de l'Éq. (36.16). Soit une surface fermée S, indiquée dans la Fig. 36.11(b) dont une face est dans l'entrefer et l'autre dans le fer. Le flux total de ***B*** sortant de cette surface doit être nul. En désignant par B_1, le champ dans l'entrefer et par B_2 le champ dans le fer, on a

$$B_1A - B_2A = 0.$$

Donc $B_1 = B_2$.

Voyons maintenant H. On peut encore employer l'Éq. (36.19), en prenant la circulation le long de la courbe Γ de la Fig. 36.11(b). Comme précédemment l'intégrale dans le second membre vaut NI, le produit du nombre de tours par le courant. Pourtant, H va maintenant être différent dans le fer et dans l'air. Si H_2 est le champ dans le fer et l_2 le trajet dans l'armature, la contribution de cette partie de la courbe à l'intégrale est H_2l_2. Si H_1 est le champ dans l'entrefer et l_1 l'épaisseur de l'entrefer, la contribution de l'entrefer est H_1l_1. On a :

$$H_1l_1 + H_2l_2 = \frac{NI}{\epsilon_0 c^2}. \tag{36.26}$$

Nous savons maintenant quelque chose de plus : dans l'air de l'entrefer, l'aimantation est négligeable, donc $B_1 = H_1$. Comme $B_1 = B_2$, l'Éq. (36.26) devient

$$B_2l_1 + H_2l_2 = \frac{NI}{\epsilon_0 c^2}. \tag{36.27}$$

Il nous reste deux inconnues. Pour trouver B_2 et H_2 il nous faut une autre relation – à savoir, celle qui relie B et H dans le fer.

Si on peut faire l'approximation $B_2 = \mu H_2$, on peut résoudre algébriquement l'équation. Considérons pourtant le cas général, dans lequel la courbe d'aimantation du fer ressemble à celle de la Fig. 36.8. Ce qu'il nous faut, c'est la solution simultanée de cette relation et de l'Éq. (36.27). On peut l'obtenir en portant la courbe représentative de l'Éq. (36.27) sur le même graphique que la courbe d'aimantation, comme on l'a fait sur la Fig. 36.12. Notre solution correspond aux intersections des deux courbes.

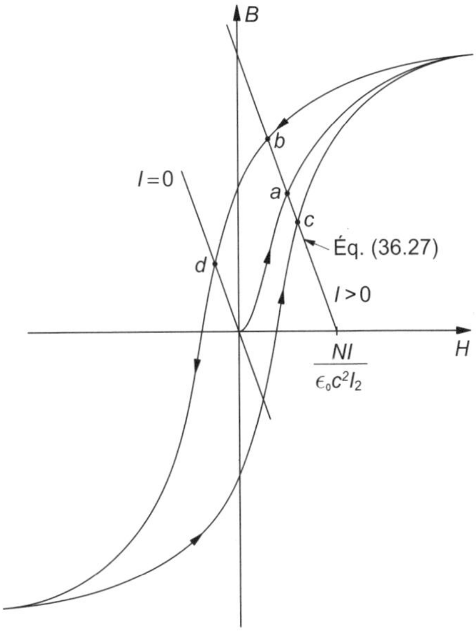

Figure 36.12 – Détermination du champ dans un électro-aimant.

Pour un courant I donné, la fonction (36.27) est la droite marquée $I > 0$ dans la Fig. 36.12. Cette droite coupe l'axe des $H(B_2 = 0)$ en $H_2 = NI/\epsilon_0 c^2 l_2$, et sa pente est $-l_2/l_1$. D'autres courants correspondent à des droites déduites de celle-ci par une translation horizontale. On voit sur la Fig. 36.12 que pour un courant donné il y a plusieurs

© Dunod. Toute reproduction non autorisée est un délit.

solutions différentes, suivant l'endroit où l'on se trouve. Si vous venez de construire l'aimant et de faire monter le courant jusqu'à I, le champ B_2 (qui est également B_1) va prendre la valeur donnée par le point a. Si vous avez fait monter le courant jusqu'à une très grande valeur puis fait redescendre jusqu'à I, le champ est donné par le point b. Ou si vous venez d'avoir un courant négatif dans l'aimant et si vous le faites *remonter* jusqu'à I, le champ est celui du point c. Le champ dans l'entrefer va dépendre de ce que vous avez fait auparavant.

Quand le courant dans l'aimant est nul, la relation entre B_2 et H_2 dans l'Éq. (36.27) est indiquée par la droite notée $I = 0$ sur la figure. Il y a encore diverses solutions possibles. Si vous avez d'abord saturé le fer, il peut exister un champ résiduel considérable dans l'aimant, tel celui donné par le point d. Vous pouvez enlever la bobine et vous avez un aimant permanent. Vous pouvez voir que pour obtenir un bon aimant permanent, il faut une substance ayant un large *cycle* d'hystérésis. Des alliages spéciaux, comme l'Alnico V, ont de très larges cycles.

36.6 Aimantation spontanée

Nous abordons maintenant la question de savoir pourquoi dans des substances ferromagnétiques un faible champ magnétique produit une si grande aimantation. L'aimantation des ferromagnétiques comme le fer et le nickel provient du moment magnétique des électrons dans la couche interne de l'atome. Chaque électron a un moment magnétique $\boldsymbol{\mu}$ égal à $q/2m$ multiplié par son facteur g et par son moment angulaire $\boldsymbol{J}$. Pour un électron unique sans mouvement orbital résultant, $g = 2$, et la composante de $\boldsymbol{J}$ dans une direction quelconque – disons celle des z – vaut $\pm\hbar/2$, la composante de $\boldsymbol{\mu}$ le long de l'axe des z est donc

$$\mu_z = \frac{q\hbar}{2m} = 0{,}928 \times 10^{-23}\ \text{amp}\cdot\text{m}^2. \tag{36.28}$$

Dans un atome de fer, il y a en fait deux électrons qui contribuent au ferromagnétisme, de sorte que pour que la démonstration soit plus simple, nous parlerons du nickel qui est ferromagnétique comme le fer mais qui ne possède qu'un électron dans sa couche interne. (Il est facile d'étendre le raisonnement au fer.)

En présence d'un champ extérieur $\boldsymbol{B}$, l'important est que les aimants atomiques tendent à s'aligner le long du champ, mais subissent des collisions dues à l'agitation thermique exactement comme nous l'avons décrit pour les paramagnétiques. Dans le dernier chapitre, nous avons trouvé que l'équilibre entre un champ magnétique tendant à aligner les aimants atomiques et l'agitation thermique tendant à les déranger avait pour résultat que le moment magnétique moyen par unité de volume finit par être

$$M = N\mu \tanh \frac{\mu B_a}{kT}. \tag{36.29}$$

$\boldsymbol{B}_a$ est le champ moyen agissant sur l'atome et kT est l'énergie de Boltzmann. Dans la théorie du paramagnétisme nous avons pris pour B_a, B lui-même, en négligeant la partie du champ que créent les atomes voisins au point où se trouve un atome donné. Dans le cas des ferromagnétiques, il y a une complication. Nous ne devrions pas prendre le champ moyen dans le fer pour le B_a agissant sur un atome individuel. Il faut au contraire faire ce que nous avons fait dans le cas des diélectriques – il faut trouver le champ *local* qui agit sur un atome unique. Pour faire un calcul correct, il faudrait ajouter les champs sur l'atome en question dus à tous les autres atomes du réseau cristallin. Mais comme nous l'avons fait pour les diélectriques, nous allons faire l'approximation que le champ sur un atome est le même que celui qu'on trouverait dans une petite cavité sphérique dans le matériau – en supposant que les moments des atomes du voisinage ne sont pas perturbés par la présence de la cavité.

En suivant les raisonnements que nous avons faits au chapitre 11, on pourrait penser qu'on peut écrire

$$\boldsymbol{B}_{\text{cavité}} = \boldsymbol{B} + \frac{1}{3}\frac{\boldsymbol{M}}{\epsilon_0 c^2} \qquad \text{(faux !).}$$

Mais ce n'est pas juste. Nous *pouvons*, cependant, utiliser les résultats du chapitre 11 si l'on compare soigneusement les équations du chapitre 1I avec celles du ferromagnétisme dans ce chapitre. Écrivons côte à côte les équations correspondantes. Dans des régions où il n'y a pas de courant de conduction ou de charges, on a :

$$\begin{array}{ll} \text{Électrostatique} & \text{Ferromagnétisme statique} \\ \boldsymbol{\nabla}\cdot\left(\boldsymbol{E}+\dfrac{\boldsymbol{P}}{\epsilon_0}\right)=0 & \boldsymbol{\nabla}\cdot\boldsymbol{B}=0 \\ \boldsymbol{\nabla}\times\boldsymbol{E}=0 & \boldsymbol{\nabla}\times\left(\boldsymbol{B}-\dfrac{\boldsymbol{M}}{\epsilon_0 c^2}\right)=0 \end{array} \qquad (36.30)$$

Ces deux systèmes d'équations peuvent être considérés comme analogues si l'on fait les correspondances *purement mathématiques* suivantes :

$$\boldsymbol{E} \to \boldsymbol{B} - \frac{\boldsymbol{M}}{\epsilon_0 c^2}, \qquad \boldsymbol{E} + \frac{\boldsymbol{P}}{\epsilon_0} \to \boldsymbol{B}.$$

C'est la même chose que faire l'analogie

$$\boldsymbol{E} \to \boldsymbol{H}, \qquad \boldsymbol{P} \to \boldsymbol{M}/c^2. \qquad (36.31)$$

En d'autres termes, si l'on écrit les équations du ferromagnétisme sous la forme

$$\begin{aligned} \boldsymbol{\nabla}\cdot\left(\boldsymbol{H}+\frac{\boldsymbol{M}}{\epsilon_0 c^2}\right)&=0, \\ \boldsymbol{\nabla}\times\boldsymbol{H}&=0, \end{aligned} \qquad (36.32)$$

elles *ressemblent* aux équations de l'électrostatique.

Cette correspondance purement algébrique a conduit dans le passé à une certaine confusion. Les gens avaient tendance à penser que $\boldsymbol{H}$ était « le champ magnétique ».

© Dunod. Toute reproduction non autorisée est un délit.

Mais, comme nous l'avons vu, $\boldsymbol{B}$ et $\boldsymbol{E}$ sont au point de vue physique, les champs fondamentaux, et $\boldsymbol{H}$ est une idée dérivée. Ainsi, bien que les *équations* soient analogues, la *physique* n'est pas analogue. Cela ne nous empêche cependant pas d'utiliser le principe que les mêmes équations ont les mêmes solutions.

Nous pouvons utiliser nos résultats antérieurs pour le champ électrique à l'intérieur de cavités de formes variées dans les diélectriques – résumés sur la Fig. 36.1 – pour trouver le champ $\boldsymbol{H}$ à l'intérieur de cavités correspondantes. Connaissant $\boldsymbol{H}$, on peut déterminer $\boldsymbol{B}$. Par exemple (en employant les résultats que nous avons résumés au paragraphe 1), le champ $\boldsymbol{H}$, dans une cavité en forme d'aiguille parallèle à $\boldsymbol{M}$ est le même que $\boldsymbol{H}$ dans la matière,

$$\boldsymbol{H}_{\text{cavité}} = \boldsymbol{H}_{\text{matière}}.$$

Mais comme $\boldsymbol{M}$ dans la cavité est nul, on a

$$\boldsymbol{B}_{\text{cavité}} = \boldsymbol{B}_{\text{matière}} - \frac{\boldsymbol{M}}{\epsilon_0 c^2}. \tag{36.33}$$

D'autre part, pour une cavité en forme de disque, perpendiculaire à $\boldsymbol{M}$, on a

$$\boldsymbol{E}_{\text{cavité}} = \boldsymbol{E}_{\text{diélectrique}} + \frac{\boldsymbol{P}}{\epsilon_0},$$

qu'on traduit en

$$\boldsymbol{H}_{\text{cavité}} = \boldsymbol{H}_{\text{matière}} + \frac{\boldsymbol{M}}{\epsilon_0 c^2}.$$

Ou en fonction de $\boldsymbol{B}$,

$$\boldsymbol{B}_{\text{cavité}} = \boldsymbol{B}_{\text{matière}}. \tag{36.34}$$

Finalement, pour une cavité sphérique, en faisant notre analogie avec l'Éq. (36.3) on aurait

$$\boldsymbol{H}_{\text{cavité}} = \boldsymbol{H}_{\text{matière}} + \frac{\boldsymbol{M}}{3\epsilon_0 c^2}$$

ou

$$\boldsymbol{B}_{\text{cavité}} = \boldsymbol{B}_{\text{matière}} - \frac{2}{3}\frac{\boldsymbol{M}}{\epsilon_0 c^2}. \tag{36.35}$$

Ce résultat est tout à fait différent de celui que nous avons obtenu pour $\boldsymbol{E}$.

Il est évidemment possible d'obtenir ces résultats d'une façon plus physique, en employant directement les équations de Maxwell. Par exemple, l'Éq. (36.34) découle directement de $\boldsymbol{\nabla} \cdot \boldsymbol{B} = 0$. (Vous prenez une surface de Gauss à moitié dans la matière et à moitié à l'extérieur.) De façon similaire, vous pouvez tirer l'Éq. (36.33) en calculant la circulation le long d'une courbe qui passe d'abord à l'intérieur de la cavité et revient à travers la matière. Physiquement, le champ dans la cavité est réduit à cause des courants superficiels – qui sont donnés par $\boldsymbol{\nabla} \times \boldsymbol{M}$. Nous allons vous laisser démontrer que l'Éq. (36.35) peut aussi s'obtenir en considérant les effets des courants superficiels sur le bord de la cavité sphérique.

Pour chercher l'aimantation à l'équilibre d'après l'Éq. (36.29) on s'aperçoit qu'il est plus commode de se servir de $\boldsymbol{H}$; d'écrire ainsi

$$\boldsymbol{B}_a = \boldsymbol{H} + \lambda \frac{\boldsymbol{M}}{\epsilon_0 c^2}. \tag{36.36}$$

Dans l'approximation de la cavité sphérique, nous aurions $\lambda = \frac{1}{3}$, mais, comme vous allez le voir, nous aurons plus tard à utiliser une autre valeur, c'est pourquoi nous le laissons sous la forme d'un paramètre ajustable. Nous prendrons également tous les champs dans la même direction de sorte que nous n'aurons pas à nous préoccuper de la direction des vecteurs. Si maintenant nous portons l'Éq. (36.36) dans l'Éq. (36.29), nous avons une équation qui relie l'aimantation M au champ magnétisant H :

$$M = N\mu \tanh\left(\mu \frac{H + \lambda M/\epsilon_0 c^2}{kT}\right).$$

C'est cependant une équation qu'on ne peut résoudre explicitement, nous allons donc le faire graphiquement.

Mettons le problème sous une forme générale en écrivant l'Éq. (36.29) sous la forme

$$\frac{M}{M_{\text{sat}}} = \tanh x, \tag{36.37}$$

où M_{sat} est la valeur à saturation de l'aimantation, soit $N\mu$, et x représente $\mu B_a/kT$. M/M_{sat} en fonction de x est représenté par la courbe a de la Fig. 36.13. On peut aussi écrire x en fonction de M – en utilisant l'Éq. (36.36) pour B_a – sous la forme

$$x = \frac{\mu B_a}{kT} = \frac{\mu H}{kT} + \left(\frac{\mu\lambda M_{\text{sat}}}{\epsilon_0 c^2 kT}\right)\frac{M}{M_{\text{sat}}}. \tag{36.38}$$

Pour n'importe quelle valeur donnée de H, ceci est une relation linéaire entre M/M_{sat} et x. L'intersection avec l'axe des x a pour abscisse $x = \mu H/kT$, et la pente vaut $\epsilon_0 c^2 kT/\mu\lambda M_{\text{sat}}$. Pour toute valeur particulière de H, nous aurions une droite telle que celle marquée b sur la Fig. 36.13. L'intersection des courbes a et b nous donne la solution pour M/M_{sat}. Nous avons résolu le problème.

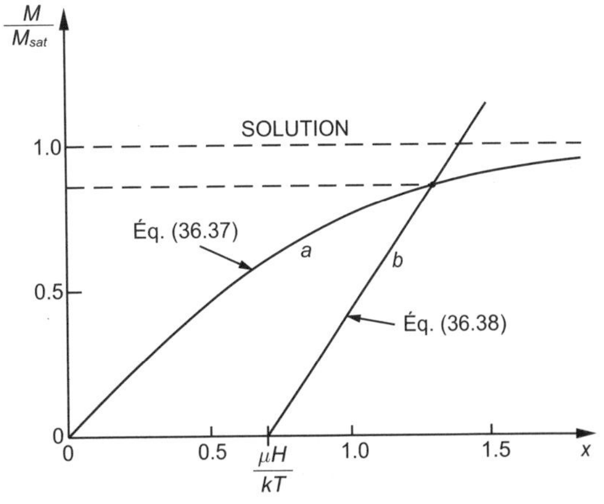

Figure 36.13 – Résolution graphique des Éqs. (36.37) et (36.38).

Voyons ce que vont devenir les solutions en diverses circonstances. Commençons par $H = 0$. Il y a deux possibilités, indiquées par les droites b_1 et b_2 de la Fig. 36.14.

© Dunod. Toute reproduction non autorisée est un délit.

Vous remarquerez sur l'Éq. (36.38) que la pente de la droite est proportionnelle à la température absolue T. Donc, à *hautes températures* nous aurions une droite telle que b_1. La solution est $M/M_{\text{sat}} = 0$. Quand le champ magnétisant H est nul, l'aimantation est également nulle. Mais aux *basses températures*, nous aurions une droite telle que b_2, et il y a *deux solutions* pour M/M_{sat} l'une pour $M/M_{\text{sat}} = 0$ et l'autre pour M/M_{sat} voisin de un. On s'aperçoit que seule la plus grande valeur est stable – comme vous pouvez le voir en considérant de faibles variations au voisinage de ces solutions.

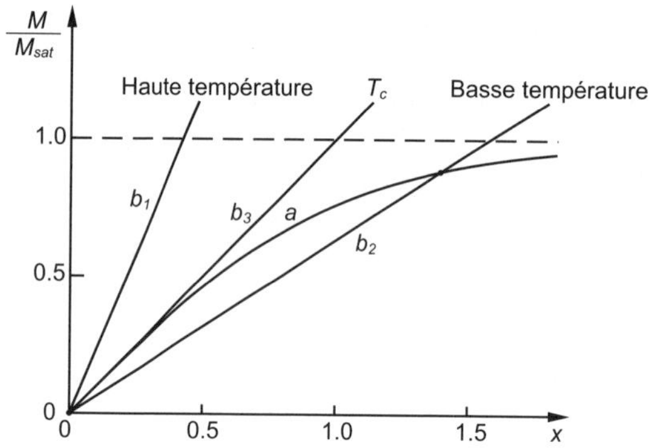

Figure 36.14 – Recherche de l'aimantation quand $H = 0$.

En vertu de ces idées, un matériau magnétique devrait alors s'aimanter lui-même *spontanément* à température suffisamment basse. Bref, quand l'agitation thermique est assez faible, le couplage entre les aimants atomiques les fait tous s'aligner parallèlement les uns aux autres – on a un matériau aimanté en permanence, analogue aux ferroélectriques que nous avons étudiés au Chapitre 11.

Si l'on commence à de hautes températures et que l'on refroidisse, il existe une température critique dite température de Curie T_c où les propriétés ferromagnétiques apparaissent brusquement. Cette température correspond à la droite b_3 de la Fig. 36.14, qui est tangente à la courbe a, et a, par conséquent, une pente égale à 1. La température de Curie est donnée par

$$\frac{\epsilon_0 c^2 k T_c}{\mu \lambda M_{\text{sat}}} = 1. \tag{36.39}$$

On peut, si l'on veut, écrire l'Éq. (36.38) plus simplement en fonction de T_c sous la forme

$$x = \frac{\mu H}{kT} + \frac{T_c}{T}\left(\frac{M}{M_{\text{sat}}}\right). \tag{36.40}$$

Voyons ce qui se passe pour de faibles champs magnétisants H. On peut voir d'après la Fig. 36.14 comment les choses vont se passer si l'on déplace un peu nos droites vers la droite. Dans le cas des basses températures, le point d'intersection va se déplacer un peu le long de la partie à faible pente de la courbe a, et M va varier relativement peu. Dans le cas des hautes températures, cependant, le point d'intersection parcourt la partie à forte pente de la courbe a et M va varier relativement vite. On peut, en fait, assimiler cette partie de la courbe a à une droite de pente unité, et à cette approximation, écrire :

$$\frac{M}{M_{\text{sat}}} = x = \frac{\mu H}{kT} + \frac{T_c}{T}\left(\frac{M}{M_{\text{sat}}}\right).$$

On peut maintenant résoudre en M/M_{sat} :

$$\frac{M}{M_{\text{sat}}} = \frac{\mu H}{k(T - T_c)}. \tag{36.41}$$

On a une loi qui ressemble à celle que nous avions pour le paramagnétisme. Pour le paramagnétisme, nous avions

$$\frac{M}{M_{\text{sat}}} = \frac{\mu B}{kT}. \tag{36.42}$$

Une différence est que maintenant nous avons l'aimantation en fonction de H, qui inclut certains des effets de l'interaction des aimants atomiques, mais la différence essentielle est que l'aimantation est inversement proportionnelle à la *différence* entre T et T_c au lieu de l'être à la température absolue T seule. Négliger les interactions entre atomes voisins correspond à prendre $\lambda = 0$, ce qui d'après l'Éq. (36.39) signifie prendre $T_c = 0$. Les résultats sont alors exactement ceux que nous avions au chapitre 35.

Nous pouvons contrôler notre image théorique à l'aide des résultats expérimentaux du nickel. On a observé expérimentalement que les propriétés ferromagnétiques du nickel disparaissent quand sa température atteint environ 631 °K. On peut comparer cela avec T_c calculée d'après l'Éq. (36.39). En se rappelant que $M_{\text{sat}} = \mu N$, nous avons

$$T_c = \lambda \frac{N\mu^2}{k\epsilon_0 c^2}.$$

Étant donnés la densité et le poids atomique du nickel, on obtient

$$N = 9{,}1 \times 10^{28}\ \text{m}^{-3}.$$

En tirant μ de l'Éq. (36.28) et en posant $\lambda = \frac{1}{3}$, on obtient

$$T_c = 0{,}24\ °\text{K}.$$

Il y a une divergence d'un facteur d'environ 2600 ! Notre théorie du ferromagnétisme échoue complètement.

On peut essayer de « rapiécer » la théorie comme l'a fait Weiss en disant que pour quelque raison inconnue λ ne vaut pas un tiers, mais $(2600) \times \frac{1}{3}$ – soit environ 900. On s'aperçoit qu'on obtient des valeurs analogues pour d'autres matériaux ferromagnétiques tels que le fer. Pour voir ce que cela signifie, revenons à l'Éq. (36.36). Vous voyez que λ grand signifie que B_a, le champ local sur l'atome, apparaît beaucoup, beaucoup plus grand qu'on l'aurait pensé. En fait en écrivant $H = B - M/\epsilon_0 c^2$, on a

$$B_a = B + \frac{(\lambda - 1)M}{\epsilon_0 c^2}.$$

© Dunod. Toute reproduction non autorisée est un délit.

D'après notre idée primitive – avec $\lambda = \frac{1}{3}$ – l'aimantation locale *M réduit* le champ effectif B_a de la quantité $-\frac{2}{3}M/\epsilon_0 c^2$. Même si notre modèle de la cavité sphérique n'est pas très bon, nous devrions encore nous attendre à une certaine réduction. Au lieu de cela, pour expliquer le phénomène qu'est le ferromagnétisme, il faut imaginer que l'aimantation du champ *augmente* le champ local d'un facteur très grand – comme mille ou plus. Il ne semble pas y avoir de moyen raisonnable de fabriquer de si énormes champs dans un atome – même pas des champs ayant le signe correct ! Manifestement, notre théorie « magnétique » est un triste échec. Il faut conclure alors que le ferromagnétisme a quelque chose à voir avec quelque interaction *non magnétique* entre les électrons animés d'une rotation de spin dans les atomes voisins. Cette interaction doit engendrer une forte tendance pour tous les spins du voisinage à s'orienter dans une direction. Nous verrons plus tard que cela est en relation avec la mécanique quantique et le principe d'exclusion de Pauli.

Étudions pour finir ce qui arrive à faible température – pour $T < T_c$. Nous avons vu qu'il va y avoir alors une aimantation spontanée – même avec $H = 0$ – donnée par l'intersection des courbes a et b_2 de la Fig. 36.14. Si on calcule M pour diverses températures – en faisant varier la pente de la droite b_2 – on obtient la courbe théorique de la Fig. 36.15. Cette courbe devrait être la même pour tous les corps ferromagnétiques pour lesquels le moment atomique est dû à un électron unique. Les courbes pour d'autres corps ne seront que légèrement différentes.

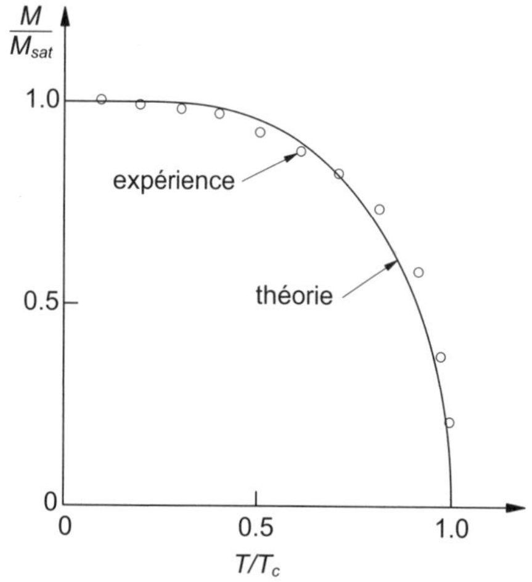

Figure 36.15 – Aimantation spontanée en fonction de la température pour le nickel.

À la limite, quand T tend vers le zéro absolu, M tend vers M_{sat}. Quand on augmente la température, l'aimantation diminue, tombant à zéro à la température de Curie. Les points de la Fig. 36.15 sont les valeurs expérimentales pour le nickel. Elles concordent très bien avec la courbe théorique. Bien qu'on ne comprenne pas le mécanisme fondamental, les traits essentiels de la théorie semblent corrects.

Finalement il reste une contradiction plus troublante dans la tentative que nous avons faite pour comprendre le ferromagnétisme. Nous avons vu qu'au-dessus d'une certaine température, le matériau devait se comporter comme une substance paramagnétique avec une aimantation M proportionnelle à H (ou B), et qu'au-dessous de cette température, il devait devenir spontanément aimanté. Mais ce n'est pas ce qu'on trouve lorsqu'on mesure la courbe d'aimantation du fer. Il ne devient aimanté de façon permanente *qu'après* qu'on l'ait « aimanté ». D'après les idées que nous venons de discuter, il devrait s'aimanter tout seul. Qu'est-ce qui est faux ? Eh bien, on constate que si l'on examine un cristal *de fer ou de nickel suffisamment petit*, il est effectivement complètement aimanté. Mais dans de gros morceaux de fer, il existe de nombreuses petites régions ou « domaines » qui sont aimantées dans différentes directions, de sorte qu'à grande échelle, l'aimantation *moyenne* semble nulle. Dans chaque petit domaine cependant le fer possède une aimantation interne ayant un M presque égal à M_{sat}. Les conséquences de cette structure en domaines font que les propriétés d'ensemble de gros morceaux de matériau sont très différentes des propriétés microscopiques qu'en réalité nous avons étudiées. Nous aborderons dans le prochain cours l'histoire du comportement pratique des matériaux magnétiques.

© Dunod. Toute reproduction non autorisée est un délit.

MILIEUX MAGNÉTIQUES 37

37.1 COMPRENONS LE FERROMAGNÉTISME

Nous allons, dans ce chapitre envisager le comportement et les particularités des milieux ferromagnétiques et de certaines autres substances magnétiques curieuses. Cependant, avant de commencer l'étude des milieux magnétiques, nous allons revoir très rapidement certains points de la théorie générale des aimants, exposée dans le chapitre précédent.

Tout d'abord, considérons les courants atomiques à l'intérieur du milieu, qui sont responsables du magnétisme, et exprimons-les en fonction d'une densité de courant volumique $\boldsymbol{j}_{\text{mag}} = \boldsymbol{\nabla} \times \boldsymbol{M}$. Insistons bien sur le fait que celle-ci ne représente pas les courants *réels*. Quand l'aimantation est uniforme, les courants ne s'annulent pas *réellement* avec précision ; c'est-à-dire que les courants circulaires d'un électron appartenant à un atome, et les courants circulaires d'un électron appartenant à un autre atome ne se superposent pas de façon que leur somme soit exactement zéro. Même à l'intérieur d'un seul atome, la distribution du magnétisme n'est pas régulière. Par exemple, dans un atome de fer, l'aimantation se répartit plus ou moins dans une couronne sphérique, ni trop près du noyau, ni trop loin. Ainsi, le magnétisme dans la matière est quelque chose qui dans son détail est assez compliqué ; il est très irrégulier. Néanmoins, nous sommes obligés, pour l'instant, d'ignorer cette complexité dans le détail et de traiter le phénomène d'un point de vue global et moyen. Alors, il est vrai que le courant *moyen à* l'intérieur d'une région limitée par une surface finie quelconque, grande devant un atome, est nul quand $\boldsymbol{M} = 0$. Donc, quand nous parlons d'aimantation par unité de volume et de $\boldsymbol{j}_{\text{mag}}$, et ainsi de suite, a l'échelle que nous considérons maintenant, nous entendons la moyenne sur des régions grandes devant l'espace occupé par un atome unique.

Dans le chapitre précédent, nous avons aussi découvert qu'une substance ferromagnétique possédait la propriété intéressante suivante : au-dessus d'une certaine température, elle n'est pas fortement magnétique, alors qu'au-dessous de cette température elle devient magnétique. On le montre facilement. Un morceau de fil de nickel, à la température ambiante, est attiré par un aimant. Cependant, si nous le chauffons au-dessus de la température de Curie, à la flamme du gaz, il devient non magnétique et il n'est pas attiré vers l'aimant, même si on l'approche tout près de l'aimant. Si nous le posons près de l'aimant pendant qu'il se refroidit, à l'instant où sa température tombe au-dessous de la température critique, il est de nouveau attiré brusquement par l'aimant !

© Dunod. Toute reproduction non autorisée est un délit.

La théorie générale du ferromagnétisme que nous allons utiliser, suppose que le spin de l'électron est responsable de l'aimantation. L'électron a un spin un demi et transporte un magnéton de Bohr, de moment magnétique $\mu = \mu_B = q_e\hbar/2m$. Le spin de l'électron peut être orienté vers « le haut » ou vers « le bas ». Comme l'électron a une charge négative, quand son spin est vers « le haut » son moment est *négatif* et quand son spin est vers le bas son moment est *positif*. D'après nos conventions habituelles, le moment $\boldsymbol{\mu}$ d'un électron est opposé à son spin. Nous avons trouvé que l'énergie d'orientation d'un dipôle magnétique dans un champ extérieur $\boldsymbol{B}$ est $-\boldsymbol{\mu} \cdot \boldsymbol{B}$, mais l'énergie des électrons tournants dépend aussi de l'alignement des spins voisins. Dans le fer, si le moment d'un atome proche est vers « le haut » il y a une très forte tendance à ce que le moment du voisin soit aussi vers « le haut ». C'est ce qui rend le fer, le cobalt et le nickel si fortement magnétiques - les moments veulent tous être parallèles. La première question que nous devons aborder, c'est *pourquoi*.

Peu de temps après le développement de la mécanique quantique, on a pu remarquer qu'il existait une force *apparente* très intense – ce n'était pas une force magnétique ni aucun autre type de force réelle, mais simplement une force apparente - tendant à aligner en *sens inverse* les spins d'électrons voisins, l'un sur l'autre. Ces forces sont intimement liées aux forces chimiques de valence. Il existe en mécanique quantique un principe - qu'on appelle le *principe d'exclusion* – selon lequel deux électrons ne peuvent occuper exactement le même état, ne peuvent exister exactement dans les mêmes conditions de position et d'orientation de spin.[1] Par exemple, s'ils sont au même point, la seule possibilité est d'avoir leurs spins opposés. Donc, s'il y a une région de l'espace entre les atomes où les électrons tendent à s'associer (comme dans une liaison chimique), et si nous voulons introduire un autre électron par-dessus un électron déjà là, la seule façon de le faire est que le spin du second soit orienté dans le sens opposé au spin du premier. Obtenir que les spins soient parallèles est contraire aux lois, à moins que les électrons ne se maintiennent éloignés les uns des autres. Ceci a pour effet, qu'une paire d'électrons de spins parallèles, proches l'un de l'autre, possède beaucoup plus d'énergie qu'une paire d'électrons de spins opposés ; l'effet résultant est comparable à l'existence d'une force qui tenterait de renverser le spin. Parfois, cette force de retournement du spin est appelée la *force d'échange*, ce qui ne fait que la rendre plus mystérieuse – ce n'est pas une très bonne expression. C'est uniquement en raison du principe d'exclusion que les électrons ont une tendance à orienter leurs spins en sens opposés. En fait, telle est l'explication de *l'absence* de magnétisme dans la plupart des substances ! Les spins des électrons libres à l'extérieur des atomes ont une tendance phénoménale à se compenser en s'orientant dans des directions opposées. Le problème est donc d'expliquer pourquoi dans des substances telles que le fer, c'est exactement l'inverse de ce que nous attendons qui se produit.

Nous avons résumé l'effet supposé d'alignement en ajoutant un terme convenable à la formule de l'énergie, en disant que si les aimants électroniques, au voisinage, ont une aimantation moyenne $\boldsymbol{M}$, le moment d'un électron doit donc avoir une forte tendance à

1. Voir chapitre 43.

s'orienter dans la même direction que l'aimantation moyenne des atomes autour de lui. Ainsi, nous pourrons écrire, pour les deux orientations possibles des spins[2]

$$\begin{aligned}\text{Énergie de Spin vers le « haut »} &= +\mu\left(H+\frac{\lambda M}{\epsilon_0 c^2}\right),\\ \text{Énergie de Spin vers le « bas »} &= -\mu\left(H+\frac{\lambda M}{\epsilon_0 c^2}\right).\end{aligned} \tag{37.1}$$

Quand il fut clair que la mécanique quantique pouvait fournir une force énorme d'orientation des spins – même si, apparemment, elle était de signe erroné – on suggéra que le magnétisme pouvait bien avoir son origine dans cette même force, et qu'en raison de la complexité du fer et du grand nombre d'électrons mis en jeu, le signe de l'énergie d'interaction pourrait tout aussi bien être le contraire. Depuis que ceci fut formulé – vers 1927 époque où la mécanique quantique commença d'être comprise – bien des gens ont fait de nombreuses estimations et de nombreux semi-calculs, pour essayer de prévoir théoriquement la valeur de λ. Les calculs les plus récents de l'énergie entre les spins de deux électrons dans le fer – en supposant que l'interaction entre deux électrons d'atomes voisins est une interaction directe – conduisent encore au *mauvais signe*. Actuellement, pour comprendre ceci il faut encore admettre que la complexité du cas en est, en quelque sorte, responsable, et espérer que celui qui fera les prochains calculs dans un cas encore plus compliqué obtiendra la bonne réponse !

On pense que le spin vers le haut de l'un des électrons d'une couche interne, responsable du magnétisme, tend à orienter dans le sens contraire les spins des électrons de conduction qui se déplacent à la périphérie. On peut penser que ceci a bien lieu, car les électrons de conduction pénètrent dans les mêmes régions que les électrons « magnétiques ». Comme ils se déplacent tout autour ils peuvent transporter leur préjugé d'être inversés sur l'atome voisin ; c'est-à-dire qu'un électron « magnétique » essaye d'inverser les électrons de conduction, et l'électron de conduction inverse alors par rapport à *lui* l'électron « magnétique » suivant. Cette double interaction est équivalente à une interaction tendant à aligner les deux électrons « magnétiques ». En d'autres termes, la tendance à rendre les spins parallèles est le résultat d'un intermédiaire tendant, dans une certaine mesure, à être opposé aux deux. Ce mécanisme n'implique pas que les électrons de conduction soient complètement « renversés ». Il leur suffit d'un très léger préjugé en faveur de l'orientation vers le bas, juste assez pour donner aux électrons « magnétiques » plus de chances en faveur de l'orientation opposée. Tel est le mécanisme qui, pour ceux qui ont calculé ces choses-là, doit être responsable du ferromagnétisme. Mais nous insistons bien sur le fait qu'à ce jour personne ne peut calculer la valeur de λ. en sachant simplement que la substance occupe la case 26 du tableau périodique. Bref, nous ne comprenons pas vraiment.

Poursuivons l'exposé de la théorie ; nous reviendrons en arrière ensuite pour discuter d'une certaine erreur due à la façon dont nous avons établi notre théorie. Si le

2. Nous écrivons ces équations avec $H = B - M/\epsilon_0 c^2$, au lieu de B, en harmonie avec ce qui a été fait au chapitre précédent. Vous auriez peut-être préféré écrire $U = \pm\mu B_a = \pm\mu(B + \lambda' M/\epsilon_0 c^2)$ où $\lambda' = \lambda - 1$. C'est la même chose.

© Dunod. Toute reproduction non autorisée est un délit.

moment magnétique d'un certain électron est vers le « haut », l'énergie provient à la fois, du champ extérieur et aussi de la tendance pour les spins à s'orienter parallèlement. Comme l'énergie est plus faible quand les spins sont parallèles, on pense parfois que cet effet est dû à un « champ effectif interne ». Mais rappelez-vous, il *n'est pas* dû à une vraie force *magnétique ;* c'est une interaction qui est plus compliquée. De toute façon, nous prendrons les Éq. (37.1) comme formules de l'énergie pour les deux états de spin d'un électron « magnétique ». À une température T, la probabilité relative de ces deux états est proportionnelle à $e^{\text{-énergie/kT}}$, que nous pouvons écrire $e^{\pm x}$, avec $x = \mu(H + \lambda M/\epsilon_0 c^2)/kT$. Alors, si nous calculons la valeur moyenne du moment magnétique, nous trouvons (comme dans le chapitre précédent) qu'elle vaut

$$M = N\mu \tanh x. \tag{37.2}$$

Nous allons maintenant calculer l'énergie interne du milieu. Notons que l'énergie d'un électron est exactement proportionnelle au moment magnétique, de sorte que le calcul du moment moyen, et le calcul de l'énergie moyenne sont les mêmes - sauf qu'à la place de μ dans l'Éq. (37.2) nous écrirons $-\mu B$, qui est égal à $-\mu(H + \lambda M/\epsilon_0 c^2)$. L'énergie moyenne est alors

$$\langle U \rangle_{\text{moy}} = -N\mu\left(H + \frac{\lambda M}{\epsilon_0 c^2}\right)\tanh x.$$

Or, ceci n'est pas tout à fait correct. Le terme $\lambda M/\epsilon_0 c^2$ représente les interactions de toutes les *paires* possibles d'atomes, et nous devons nous souvenir de ne compter une paire *qu'une seule fois.* (Quand nous considérons l'énergie d'un électron dans le champ du reste des électrons, puis l'énergie d'un second électron dans le champ du reste, nous avons compté une partie de la première énergie une nouvelle fois.) Ainsi nous devons diviser le *terme d'interaction mutuelle* par deux, et notre formule devient alors

$$\langle U \rangle_{\text{moy}} = -N\mu\left(H + \frac{\lambda M}{2\epsilon_0 c^2}\right)\tanh x. \tag{37.3}$$

Dans le chapitre précédent nous avons découvert quelque chose d'intéressant – au-dessous d'une certaine température le milieu trouve une solution aux équations dans lesquelles le moment magnétique *n'est pas nul*, même sans champ magnétique extérieur. Quand nous posons $H = 0$, dans l'Éq. (37.2), nous trouvons

$$\frac{M}{M_{\text{sat}}} = \tanh\left(\frac{T_c}{T}\frac{M}{M_{\text{sat}}}\right), \tag{37.4}$$

oú $M_{\text{sat}} = N\mu$ et $T_c = \mu\lambda M_{\text{sat}}/k\epsilon_0 c^2$. Quand nous résolvons cette équation (graphiquement ou autrement), nous trouvons que le rapport M/M_{sat} en fonction de T/T_c est une courbe comme celle marquée « théorie quantique » sur la Fig. 37.1. La courbe en tirets, marquée « cobalt, nickel » traduit les résultats expérimentaux pour des cristaux de ces éléments. La théorie et l'expérience sont en assez bon accord. La figure montre aussi le résultat de la théorie classique, dans laquelle les calculs sont conduits en admettant que les aimants atomiques peuvent avoir toutes les orientations possibles dans l'espace. Vous

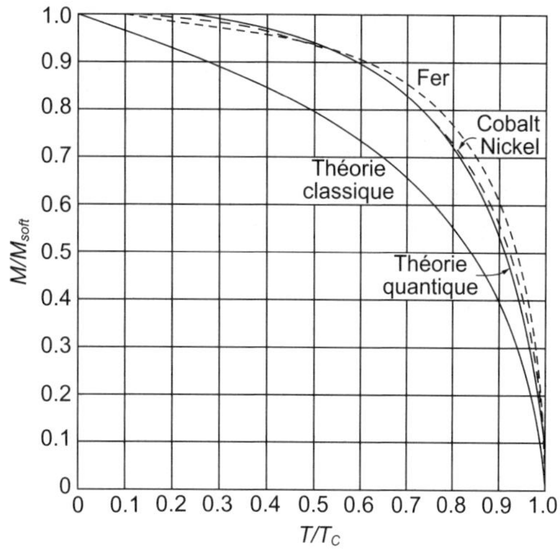

Figure 37.1– L'aimantation spontanée (H = 0) de cristaux ferromagnétiques en fonction de la température. [Autorisation de l'Encyclopedia Britannica.]

voyez que cette hypothèse conduit à des prévisions qui ne sont même pas voisines des faits expérimentaux.

Même la théorie quantique s'écarte du comportement observé, àia fois aux hautes et aux basses températures. Voici la raison de cet écart : nous avons fait une approximation assez sale dans la théorie. Nous avons admis que l'énergie d'un atome dépendait de l'aimantation *moyenne* des atomes voisins. En d'autres termes, pour chacun des atomes voisins d'un atome donné orientés vers le « haut » il y aura une contribution à l'énergie due à cet effet quantique d'alignement. Mais combien y en a-t-il qui soient orientés vers le « haut » ? En moyenne, ceci est mesuré par l'aimantation M – mais seulement *en moyenne*. Il se peut que quelque part un atome donné trouve *tous* ses voisins vers le « haut ». Son énergie sera alors supérieure à la moyenne. Un autre peut en trouver certains vers le haut, et certains vers le bas, s'annulant peut-être en moyenne, et il n'aurait *aucune* énergie provenant de ce terme, et ainsi de suite. Ce que nous aurions dû faire, c'est faire une moyenne d'un type plus compliqué, car les atomes en des lieux différents ont des voisinages différents et les nombres vers le haut et vers le bas sont différents pour différents atomes. Au lieu de considérer simplement un atome sujet à une influence moyenne, nous devrions prendre chacun dans son état réel, calculer son énergie, et trouver *l'énergie moyenne*. Mais comment trouver combien sont vers le « haut » et combien vers le « bas » dans le voisinage ? C'est précisément ce que nous cherchons a calculer – les nombres vers le « haut » et vers le « bas » – nous avons donc un problème de corrélations couplées très compliqué, problème qui n'a jamais été résolu. C'est un problème intrigant et enthousiasmant qui s'est posé depuis des années et sur lequel certains des plus grands noms de la physique ont écrit des articles, mais, même eux, ne l'ont pas complètement résolu.

Il se trouve qu'aux basses températures, quand presque tous les aimants atomiques sont vers le « haut », et seulement quelques-uns vers le « bas », il est facile de le résoudre ; aux hautes températures, nettement au-dessus du point de Curie T_c quand ils sont presque tous orientés au hasard, c'est de nouveau facile. Il est souvent facile de

© Dunod. Toute reproduction non autorisée est un délit.

calculer de petits écarts à une situation idéale et simple, de sorte que l'on comprend assez bien pourquoi il y a des écarts à la théorie simple aux basses températures. On comprend aussi, physiquement, que pour des raisons statistiques, l'aimantation *doive* présenter des écarts aux hautes températures. Mais le comportement exact au voisinage du point de Curie n'a jamais été franchement bien calculé. Voici une question intéressante à travailler un jour où vous voudrez un problème qui n'a jamais été résolu.

37.2 Propriétés thermodynamiques

Dans le chapitre précédent nous avons exposé les faits fondamentaux nécessaires au calcul des propriétés thermodynamiques des milieux ferromagnétiques. Celles-ci sont évidemment liées à l'énergie interne du cristal, qui comprend des interactions des différents spins, donnée par l'Éq. (37.3). En ce qui concerne l'énergie de l'aimantation spontanée au-dessous du point de Curie, nous pouvons poser $H = 0$ dans l'Éq. (37.3) et, – remarquant que $thx = M/M_{\text{sat}}$ – nous trouvons une énergie moyenne proportionnelle à M^2 :

$$\langle U\rangle_{\text{moy}} = -\frac{N\mu\lambda M^2}{2\epsilon_0 c^2 M_{\text{sat}}}. \tag{37.5}$$

Si nous traçons la courbe de l'énergie due au magnétisme, en fonction de la température, nous obtenons une courbe qui est, changée de signe, le carré de la courbe de la Fig. 37.1, comme on l'a tracé sur la Fig. 37.2a. Si nous mesurions alors la *chaleur spécifique* d'un tel milieu, nous obtiendrions une courbe qui est la dérivée de Fig. 37.2a. Elle est représentée en Fig. 37.2b. Elle s'élève lentement en fonction de la température, mais tombe soudain à zéro à $T = T_c$ La chute brutale est due à un changement de pente de l'énergie magnétique et est atteinte exactement au point de Curie. Ainsi, sans aucune mesure magnétique nous aurions pu mettre en évidence que quelque chose se passe dans le fer ou le nickel, en mesurant cette propriété thermodynamique. Néanmoins, à la fois l'expérience et la théorie améliorée (tenant compte des fluctuations) suggèrent que cette courbe toute simple est erronée et que la situation véritable est en réalité beaucoup plus compliquée. La courbe s'élève davantage au pic, et tombe assez lentement à zéro. Même si la température est assez élevée pour répartir au hasard *en moyenne* les spins, il reste encore des régions locales où il y a une certaine polarisation, et dans ces régions les spins ont encore une certaine énergie supplémentaire d'interaction – qui ne s'amortit

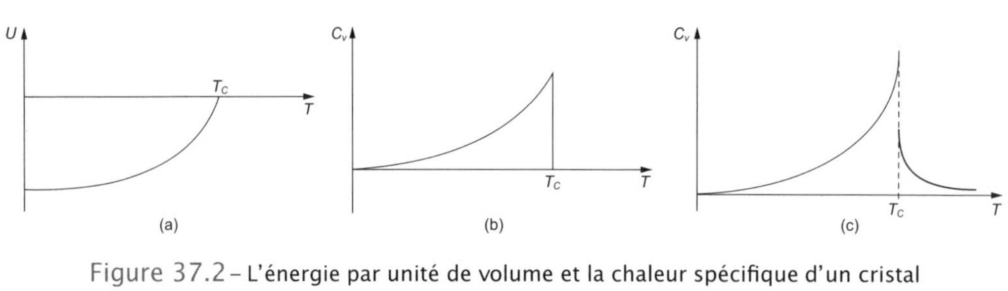

Figure 37.2 – L'énergie par unité de volume et la chaleur spécifique d'un cristal ferromagnétique.

lentement que lorsque le hasard se fait de plus en plus complet par accroissement plus poussé de la température. La courbe réelle ressemble donc à la Fig. 37.2c. Un des défis de la physique théorique de nos jours est de trouver une description théorique exacte des caractéristiques de la chaleur spécifique au voisinage de la transition de Curie – problème intrigant qui n'a pas encore été résolu. Naturellement, ce problème est très intimement lié à l'allure de la courbe d'aimantation dans cette même région.

Nous allons maintenant décrire certaines expériences, autres que celles de thermodynamique, montrant qu'il y a quelque chose de *vrai* dans notre interprétation du magnétisme. Quand le milieu est aimanté à saturation à des températures suffisamment basses, M est très voisin de M_{sat} – presque tous les spins sont parallèles, comme leurs moments magnétiques. Nous pouvons le vérifier expérimentalement. Imaginez qu'on suspende un barreau aimanté par un mince filament, puis qu'on l'entoure d'une bobine, afin de pouvoir inverser le champ sans toucher à l'aimant, ou sans lui appliquer un couple. C'est une expérience très délicate car les forces magnétiques sont si énormes que toute irrégularité, toute asymétrie ou toute imperfection dans le fer créera des couples accidentels. Cependant l'expérience a été réalisée dans des conditions très soignées où tous les couples accidentels ont été minimisés. Au moyen du champ magnétique dû à une bobine qui entoure le barreau, nous retournons tous les aimants atomiques en une seule fois. Ce faisant, nous changeons aussi le moment cinétique de tous les spins qui, de vers le haut s'orientent vers le bas (voir Fig. 37.3). Si le moment cinétique doit se conserver quand les spins sont tous retournés, le reste du barreau doit subir une variation opposée de son moment cinétique. Tout l'aimant va se mettre à pivoter. Et il est bien sûr, qu'en faisant l'expérience, nous trouvons une légère rotation de l'aimant. Nous pouvons mesurer le moment cinétique total communiqué à tout l'aimant, lequel vaut tout simplement N fois $\hbar$, variation du moment cinétique de chaque spin. Le rapport du moment cinétique au moment magnétique mesuré de cette façon se trouve être inférieur de 10 %, à ce que nous avons calculé. En réalité nos calculs supposent que les aimants atomiques sont dus simplement au spin des électrons, mais il y a en plus, un certain mouvement orbital dans la plupart des substances. Le mouvement orbital n'est pas tout à fait indépendant du réseau et ne contribue que pour quelques pour-cent au magnétisme. En fait, le champ magnétique de saturation que l'on obtient, en prenant $M_{\text{sat}} = N\mu$, pour la densité du

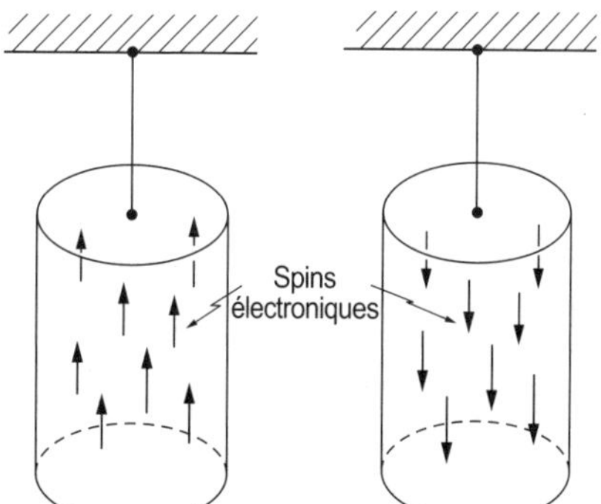

Figure 37.3 – Quand l'aimantation d'un barreau de fer est inversée, le barreau acquiert une certaine vitesse angulaire.

© Dunod. Toute reproduction non autorisée est un délit.

fer 7,9 et le moment μpour l'électron tournant, est d'environ 20.000 gauss. Mais en accord avec l'expérience, il est en réalité aux environs de 21.500 gauss. C'est un ordre de grandeur typique pour l'erreur – 5 à 10 pour cent – erreur due à ce qu'on a négligé les contributions des moments orbitaux non inclus dans cette analyse. Ainsi une légère contradiction avec les mesures gyromagnétiques est tout à fait compréhensible.

37.3 La courbe d'hystérésis

Nous avons conclu de notre analyse théorique qu'une substance ferromagnétique devait spontanément s'aimanter au-dessous d'une certaine température de sorte que tout le magnétisme aurait même direction. Mais nous savons que ceci n'est pas vrai pour un morceau de fer ordinaire *non aimanté*. Pourquoi tout fer n'est-il pas aimanté ? Nous pouvons l'expliquer à l'aide de la Fig. 37.4. Imaginons que le fer soit tout entier un grand cristal ayant la forme indiquée sur la Fig. 37.4a et qu'il s'aimante spontanément en entier dans la même direction. Il y aurait alors un champ magnétique extérieur considérable qui posséderait une grande énergie. Nous pouvons réduire cette énergie du champ en nous arrangeant pour qu'une partie du bloc soit aimantée vers le « haut ». et l'autre aimantée vers le bas, comme sur la Fig. 37.4b. Les champs à l'extérieur du fer s'étendraient alors sur un volume moindre et il y aurait là moins d'énergie.

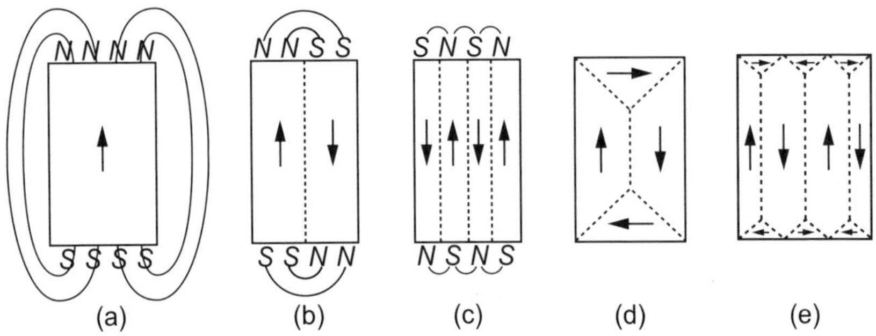

Figure 37.4 – La formation des domaines dans un monocristal de fer. (D'après Charles Kinel, *Introduction to Solid State Physics*. John Wiley and Sons. Inc., New York. 2e éd., 1956.]

Mais attendez ! Dans la couche comprise entre les deux régions, nous avons des électrons de spin orienté vers le haut, et des électrons de spin orienté vers le bas. Mais le ferromagnétisme n'apparaît que dans les milieux où l'énergie est réduite si les électrons sont parallèles plutôt que s'ils sont opposés. Nous avons donc ajouté une énergie supplémentaire le long de la ligne en pointillé de la Fig. 37.4b ; on l'appelle parfois *l'énergie de la paroi*. Une région qui ne possède qu'un seul sens d'aimantation est appelée un *domaine*. À l'interface – la « paroi » – entre deux domaines où nous avons de chaque côté des atomes dont les spins ont des directions différentes, il y a une énergie par unité de surface de la paroi. Nous l'avons décrite comme si deux atomes adjacents avaient des spins exactement de sens contraire, mais en fait, la nature ajuste les choses de façon que la transition soit plus progressive. Mais nous n'avons pas ici à nous préoccuper de ces détails subtils.

Voici maintenant la question qui se pose : quand est-il meilleur ou pire de constituer une paroi ? Cela dépend de la *taille* des domaines. Imaginez qu'on change d'échelle un bloc en doublant toutes les dimensions. Le volume de l'espace extérieur empli d'un champ magnétique d'intensité donnée, serait *huit* fois plus grand, et l'énergie dans le champ magnétique, qui est proportionnelle au volume, serait aussi huit fois plus grande. Mais l'aire de la *surface* entre les deux domaines, qui fournira l'énergie du mur, ne serait que *quatre* fois plus grande. Donc, si le morceau de fer est assez grand, il sera rentable de le diviser en plus de domaines. C'est pourquoi, il n'y a que les tout petits cristaux qui puissent avoir un domaine unique. Tout objet grand – de dimensions supérieures à environ un centième de millimètre – possédera au moins une paroi, et tout objet ordinaire, de la taille du centimètre, sera divisé en nombreux domaines, comme sur la figure. La division en domaines se poursuit *jusqu'à ce que l'énergie nécessaire à l'introduction d'une nouvelle paroi soit égale à la diminution d'énergie du champ magnétique à l'extérieur du cristal.*

En réalité la nature a découvert encore un autre moyen d'abaisser l'énergie : il n'est pas du tout nécessaire que le champ aille à l'extérieur si une petite région triangulaire est aimantée *de côté*, comme sur la Fig. 37.4d[3]. Nous voyons donc qu'avec l'arrangement de la Fig. 37.4d il n'y a *aucun* champ extérieur, mais à la place un peu plus de paroi.

Mais ceci introduit un autre genre de problème. Quand un monocristal de fer est aimanté, sa longueur dans le sens de l'aimantation varie ; ainsi, un cube « idéal » dont l'aimantation est orientée, disons vers le « haut », n'est plus un cube parfait. La dimension « verticale » sera différente de la dimension « horizontale ». C'est ce qu'on appelle la *magnétostriction*. En raison de tels changements géométriques, les petits morceaux triangulaires de la Fig. 37.4d, ne sont plus « adaptés », pour ainsi dire, à l'espace disponible – le cristal est devenu trop long dans une direction, et trop court dans une autre. Évidemment, en réalité il *s'adapte*, mais seulement en étant comprimé, et ceci implique certaines contraintes mécaniques. De sorte que cet arrangement introduit *aussi* une énergie supplémentaire. C'est l'équilibre entre ces diverses énergies qui explique cette façon compliquée dont les domaines s'arrangent finalement entre eux dans un morceau de fer non aimanté.

Que se passe-t-il alors quand on introduit un champ magnétique extérieur ? Pour prendre un cas simple, considérez un cristal dont les domaines sont représentés sur la Fig. 37.4d. Si nous appliquons un champ magnétique extérieur orienté vers le haut, de quelle façon le cristal s'aimante-t-il ? Tout d'abord la paroi du milieu *peut se déplacer de côté* (vers la droite) et réduire l'énergie. Elle se déplace de façon que la région qui

3. Vous pouvez vous demander comment des spins qui doivent être, soit vers le haut, soit vers le bas, peuvent aussi être de côté ! C'est une bonne question, mais nous ne nous en préoccuperons pas pour l'instant. Nous adopterons simplement le point de vue classique en considérant les aimants atomiques comme des dipôles classiques pouvant être polarisés de côté. La mécanique quantique requiert une très grande habitude pour comprendre comment les choses peuvent être quantifiées à la fois dans le sens « haut et bas », et « gauche et droite », simultanément.

© Dunod. Toute reproduction non autorisée est un délit.

est orientée vers le « haut » devienne plus grande que la région qui est vers le « bas ». Il y a davantage d'aimants élémentaires alignés avec le champ, et ceci donne une énergie plus basse. Ainsi pour un morceau de fer, placé dans des champs faibles – tout au début de l'aimantation – les parois commencent à se déplacer et mordent dans des régions qui sont aimantées dans le sens opposé au champ. À mesure que le champ augmente, tout un cristal se transforme progressivement en un grand domaine unique que le champ extérieur aide à maintenir aligné. Dans un champ intense, le cristal « aime » à être tout entier orienté de la même façon *uniquement parce que* son énergie dans le champ appliqué est réduite – ce n'est plus seulement le propre champ extérieur du cristal qui compte.

Et si la géométrie n'est pas aussi simple ? Que se passe-t-il si les axes du cristal et son aimantation spontanée sont dans une direction, alors que nous appliquons le champ magnétique dans *une autre direction* – disons à 45° ? On pourrait penser que les domaines se réarrangent d'eux-mêmes pour rendre leur aimantation parallèle au champ, puis, comme avant, qu'ils tendent tous vers un seul domaine. Mais ceci n'est pas facile à réaliser pour le fer, *car l'énergie nécessaire pour aimanter un cristal dépend de la direction d'aimantation par rapport aux axes du cristal.* Il est relativement facile d'aimanter le fer dans des directions parallèles aux axes du cristal, mais il faut une plus grande énergie pour l'aimanter dans une quelconque autre direction – par exemple à 45° par rapport à l'un des axes. Par suite, si nous appliquons un champ magnétique dans une telle direction, la première chose qui se passe c'est que les domaines qui sont orientés le long de l'une des directions privilégiées *proche* du champ appliqué croissent jusqu'à ce que l'aimantation soit tout entière suivant l'une de ces directions. Puis, *avec des champs beaucoup plus intenses*, l'aimantation est progressivement amenée parallèlement au champ, comme on l'a schématisé sur la Fig. 37.5.

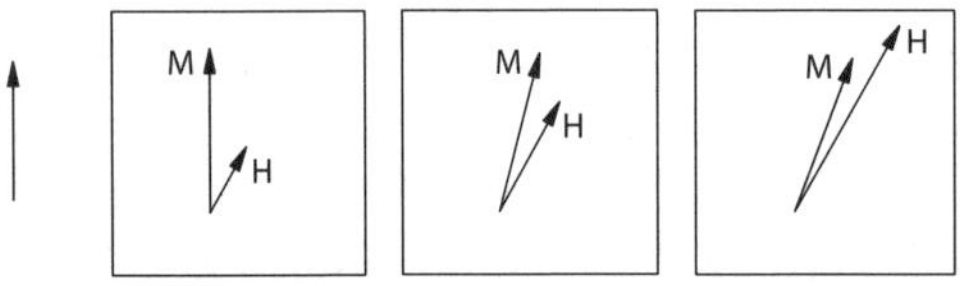

Figure 37.5 – Un champ magnétisant *H* faisant un certain angle avec l'axe d'un cristal modifie progressivement la direction de l'animation, sans en changer l'intensité.

On a représenté sur la Fig. 37.6 quelques observations faites sur les courbes d'aimantation de monocristaux de fer. Pour les comprendre, nous expliquerons d'abord la notation utilisée pour décrire les directions dans un cristal. Il existe de nombreuses façons dont un cristal peut être clivé pour fournir une face plane d'atomes. Tous ceux qui ont traversé un verger ou un vignoble le savent bien – c'est passionnant à observer. Si vous regardez d'une certaine façon vous voyez des rangées d'arbres, - si vous regardez d'une autre façon, vous voyez des rangées d'arbres différentes, et ainsi de suite. De même, un cristal possède des familles de plans définies, portant de nombreux atomes, et ces plans ont cette caractéristique importante (nous considérons un cristal cubique pour simplifier) : si nous notons les points d'intersection des plans avec les axes de coordonnées, nous trouvons que les *inverses* des trois distances comptées à partir de l'origine sont dans le rapport de nombres entiers simples. Ces trois nombres entiers sont pris comme définition des plans. Par exemple, dans la Fig. 37.7a on a figuré un plan parallèle au plan

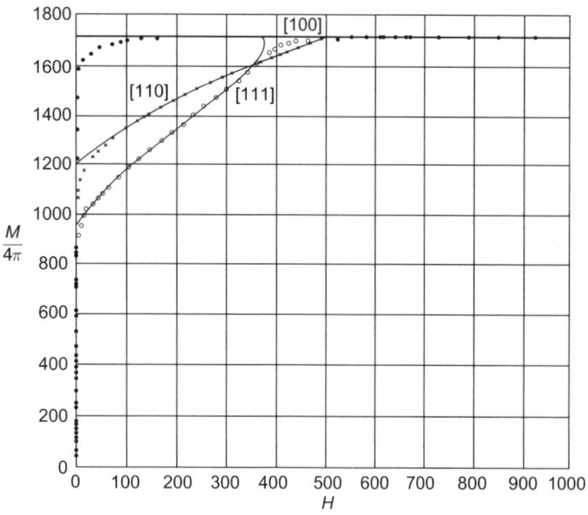

Figure 37.6 – La composante de $\boldsymbol{M}$ parallèle à $\boldsymbol{H}$, pour différentes directions de $\boldsymbol{H}$ (par rapport aux axes du cristal). [D'après F. Bitter, *Introduction to ferromagnetism,* McGraw-Hill Book Co., Inc., 1937.]

des yz. On l'appelle le plan [100] ; les inverses de ses intersections avec les axes y et z sont tous deux nuls. La direction perpendiculaire à un tel plan (dans un cristal cubique) est définie par le même ensemble de nombres. Il est facile d'en comprendre le sens dans un cristal cubique, car alors, les indices [100] définissent un vecteur de composante sur la direction x égale à l'unité, et de composantes nulles sur les directions y et z. La direction [110] est une direction à 45° des axes x et y comme sur la Fig. 37.7b ; et la direction [111] est la direction de la diagonale du cube, comme sur la Fig. 37.7c.

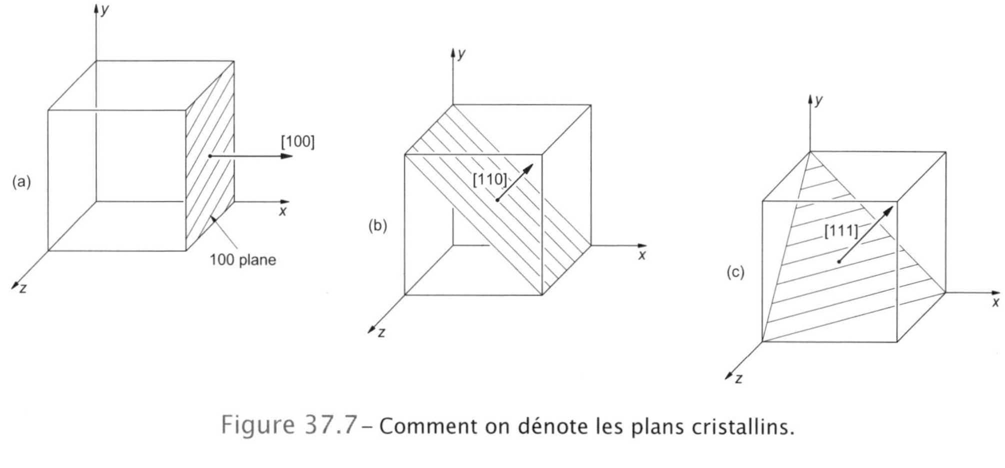

Figure 37.7 – Comment on dénote les plans cristallins.

Revenant alors à la Fig. 37.6, nous voyons les courbes d'aimantation d'un monocristal de fer, pour diverses directions. Remarquez tout d'abord, que pour de très faibles champs – si faibles qu'ils sont à peine décelables à l'échelle – l'aimantation croît très vite jusqu'à des valeurs assez importantes. Si le champ est orienté suivant [100] – c'est-à-dire suivant l'une de ces bonnes directions d'aimantation facile – la courbe s'élève à une valeur élevée, s'incurve un peu, puis est saturée. Voici ce qui s'est passé : les domaines qui y existaient déjà sont très facilement supprimés. Il suffit d'un champ faible

© Dunod. Toute reproduction non autorisée est un délit.

pour que les parois se déplacent et envahissent tous les domaines d'aimantation « erronée ». Les monocristaux de fer sont terriblement perméables (au sens magnétique), bien plus que du fer ordinaire polycristallin. Un cristal parfait s'aimante très facilement. Pourquoi la courbe est-elle incurvée ? Pourquoi ne s'élève-t-elle pas directement jusqu'à saturation ? Nous n'en sommes pas sûrs. Vous l'étudierez peut-être un jour. Nous comprenons bien pourquoi elle est horizontale pour des champs élevés. Quand tout le bloc est devenu un domaine unique, le champ magnétique supplémentaire ne peut augmenter l'aimantation – elle a déjà atteint M_{sat}, avec tous les électrons alignés.

Maintenant, si nous essayons d'opérer de la même façon dans la direction [110] – à 45° des axes du cristal – que va-t-il se passer ? Mettons un champ très faible, et l'aimantation s'élève brusquement à mesure que les domaines croissent. Puis, si nous augmentons un peu plus le champ, nous trouvons qu'il faut l'augmenter beaucoup pour atteindre la saturation, car maintenant l'aimantation *s'écarte* d'une direction « facile ». Si cette explication est exacte, le point où la courbe [110] extrapolée coupe l'axe vertical devrait être à $1/\sqrt{2}$ de la valeur de saturation. En fait, on trouve une valeur très voisine de $1/\sqrt{2}$. De même dans la direction [111] – le long de la diagonale du cube – nous trouvons, comme on s'y attendait, que la courbe extrapolée donne une valeur voisine de $1/\sqrt{3}$ de la saturation.

La Fig. 37.8 montre la situation équivalente pour deux autres substances, le nickel et le cobalt. Le nickel est différent du fer. Dans le nickel, c'est la direction [111] qui est la direction facile d'aimantation. Le cobalt est un cristal hexagonal, et l'on a adapté le système de nomenclature à ce cas. On veut avoir trois axes à la base de l'hexagone et un axe perpendiculaire à ceux-là, il fallait donc quatre indices. La direction [0001] est la direction de l'axe de l'hexagone et [1010] est perpendiculaire à cet axe. Nous voyons que des crixtaux de métaux différents se comportent différemment.

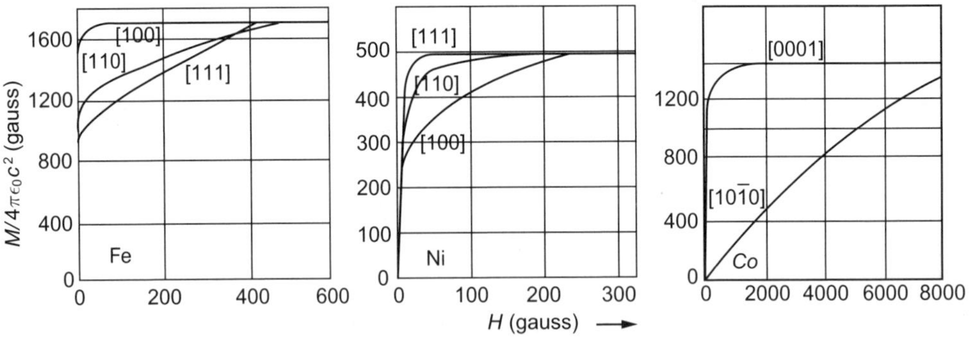

Figure 37.8 – Courbes d'aimantation de monocristaux de far, nickel et cobalt (D'après Charles Kittel. *Introduction to Solid State Physics, John* Wiley and Sont, Inc.. New York 2e Bd., 1958.]

Nous devons maintenant considérer une substance polycristalline telle qu'un morceau de fer ordinaire. Dans de telles substances, il y a de très très nombreux petits cristaux dont les axes cristallins sont orientés dans toutes les directions. *Ceux-ci ne sont pas des domaines*. Rappelez-vous que les domaines étaient tous une partie d'un *monocristal*, mais dans un morceau de fer, il y a *plusieurs cristaux différents* dont les axes sont différemment orientés, comme sur la Fig. 37.9. À l'intérieur de chacun de ces cristaux, il y aura aussi, en général, certains domaines. Quand nous appliquons un champ magnétique faible à un morceau d'une substance polycristalline, ce qui se passe, c'est que les parois commencent à se déplacer et les domaines qui ont une orientation favorable à une aimantation facile s'accroissent. Cette croissance est réversible tant que le champ reste très faible, – si nous supprimons le champ, l'aimantation retombe à zéro. Cette partie de la courbe d'aimantation est notée *a* sur la Fig. 37.10.

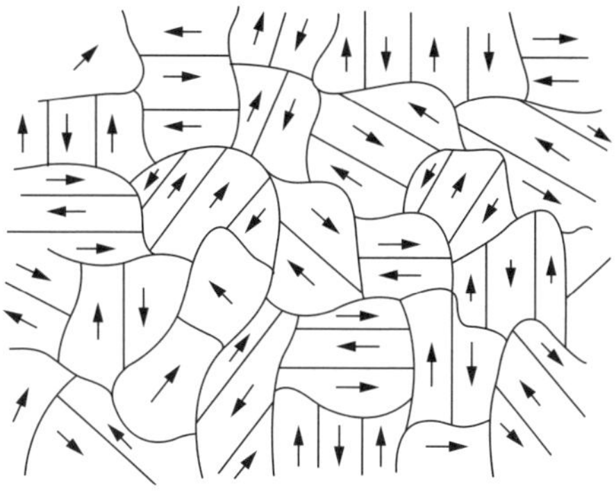

Figure 37.9 – La structure microscopique d'une substance ferromagnétique non aimantée. Chaque grain cristallin possède une direction d'aimantation favorisée et est divisé en domaines qui s'aimantent spontanément (en général) parallèlement à cette direction.

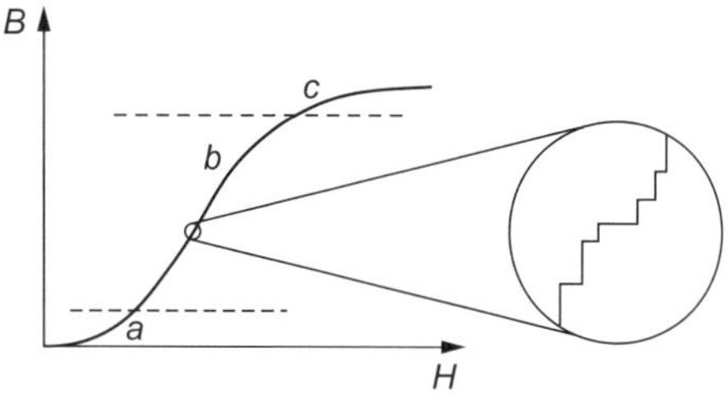

Figure 37.10 – La courbe d'aimantation du fer polycristallin.

Pour des champs plus élevés, dans la partie *b* de la courbe d'aimantation représentée, les choses se compliquent beaucoup. Dans chaque petit cristal de substance, il y a des déformations et des dislocations ; il y a des impuretés, des saletés et des imperfections. Et dans tous les champs, sauf dans les plus faibles, la paroi en se déplaçant, est bloquée par celles-ci. Il y a une énergie d'interaction entre la paroi et une dislocation, ou une surface de séparation entre grains, ou une impureté. Si bien qu'en arrivant sur l'une d'elles, la paroi est bloquée ; elle reste bloquée là pour une certaine valeur du champ. Mais alors, si le champ augmente encore un peu, la paroi se détache brusquement. Le mouvement de la paroi ne se fait donc pas de façon continue comme dans un cristal parfait, – il est suspendu de temps en temps et se déplace par à-coups. Si nous devions observer l'aimantation à une échelle microscopique nous. verrions quelque chose comme l'agrandissement de la Fig. 37.10.

Or, ce qui est important, c'est que ces à-coups d'aimantation peuvent provoquer une perte d'énergie. Tout d'abord, quand une surface de séparation dépasse un obstacle, elle se hâte vers le suivant, puisque le champ est déjà supérieur à celui nécessaire au mouvement libre. Le mouvement rapide signifie qu'il y a des champs magnétiques rapidement

© Dunod. Toute reproduction non autorisée est un délit.

variables qui créent des courants d'induction dans le cristal. Ces courants perdent leur énergie en échauffant le métal. Un second effet est que lorsqu'un domaine change brusquement, les dimensions d'une partie du cristal varient en raison de la magnétostriction. Chaque déplacement brusque d'une paroi crée une petite onde sonore qui emporte de l'énergie. En raison de tels effets, la seconde partie de la courbe d'aimantation est *irréversible*, et *il y a de l'énergie perdue.* Telle est l'origine de l'effet d'hystérésis, car déplacer une paroi vers l'avant – crac – puis vers l'arrière – crac – conduit à un résultat différent. C'est comme un frottement « saccadé », et cela prend de l'énergie.

Finalement, pour des champs assez élevés, quand nous avons déplacé toutes les parois et aimanté chaque cristal dans sa meilleure direction, il y a encore certains microcristaux dont la direction privilégiée d'aimantation n'est pas celle du champ magnétique extérieur. Il faut alors un champ beaucoup plus élevé pour réorienter ces moments magnétiques. Ainsi l'aimantation croît lentement, mais régulièrement, pour des champs élevés – ce qui correspond à la région marquée c sur la courbe. L'aimantation n'atteint pas brusquement sa valeur de saturation, car dans la dernière partie de la courbe les aimants atomiques *tournent* dans un champ élevé. Nous voyons ainsi pourquoi la courbe d'aimantation d'une substance ordinaire polycristalline, comme celle de la Fig. 37.10, s'élève un peu et réversiblement au début, puis s'élève irréversiblement, puis s'incurve lentement. Bien sûr, il n'y a pas de point anguleux entre ces trois régions – elles se raccordent régulièrement l'une à l'autre.

Il n'est pas difficile de montrer que le processus d'aimantation dans la partie moyenne de la courbe d'aimantation est saccadé – que les parois sautillent et claquent en se déplaçant. Tout ce qu'il vous faut, c'est une bobine – avec plusieurs centaines de tours de fil – branchée sur un amplificateur et un haut-parleur, comme sur la Fig. 37.11. Si vous introduisez quelques feuilles d'acier silicone (de celles utilisées dans les transformateurs) au centre de la bobine et approchez très lentement u n barreau aimanté près du paquet, ces brusques variations d'aimantation vont créer des impulsions de f.é.m. dans la bobine, que l'on entend sous forme de cliquetis distincts dans le haut-parleur. Si vous approchez l'aimant plus près du fer, vous entendez une avalanche de cliquetis, qui ressemblent au bruit de grains de sable tombant les uns sur les autres quand on incline une boite de sable. Les parois sautent, claquent et se trémoussent quand on augmente le champ. Ce phénomène est ce qu'on appelle *l'effet Barkhausen.*

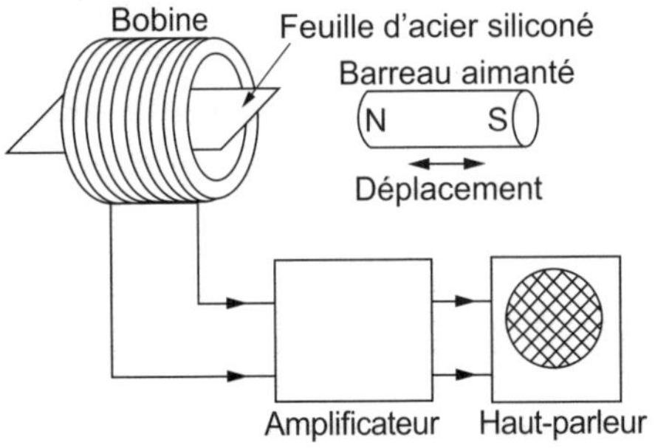

Figure 37.11 – Les brusques variations de l'aimantation d'une feuille d'acier se traduisent par des cliquetis dans le haut-parleur.

Si vous approchez davantage encore l'aimant des feuilles de fer, le bruit devient de plus en plus fort pour un temps, puis il y a relativement peu de bruit quand l'aimant est très près. Pourquoi ? Parce que presque toutes les parois se sont déplacées autant qu'elles ont pu. Tout champ supérieur a surtout pour effet de faire *tourner* l'aimantation dans chaque domaine, ce qui est un processus continu.

Si maintenant vous retirez l'aimant de façon à revenir sur la branche inférieure du cycle d'hystérésis, les domaines tentent tous de revenir à une basse énergie de nouveau, et vous entendrez de nouveau dans le mouvement de retour une avalanche de secousses. Remarquez aussi que si vous amenez l'aimant en un lieu donné et si vous lui imprimez un mouvement de va-et-vient, il y a relativement peu de bruit. C'est encore comme si vous incliniez une boîte de sable – une fois que les grains se sont mis en place,

de petits mouvements de la boîte ne les dérangent pas. Dans le fer, les petites variations du champ magnétique ne sont pas suffisantes pour faire sauter des séparations au-dessus des « bosses ».

37.4 Substances ferromagnétiques

Nous aimerions maintenant parler des différentes sortes de matériaux magnétiques qui existent dans le monde technique et considérer certains des problèmes qui se posent quand on veut concevoir des matériaux magnétiques pour différents usages. Tout d'abord, l'expression « les propriétés magnétiques du fer », que l'on entend souvent est impropre – il n'existe rien de tel. Le « fer » n'est pas une substance bien définie – les propriétés du fer dépendent de façon critique des impuretés, et aussi de la façon dont le fer est fabriqué. Vous réalisez que les propriétés magnétiques dépendront de la facilité avec laquelle les parois se déplacent et que ceci est une propriété *macroscopique*, ce n'est pas une propriété des atomes individuels. Ainsi, pratiquement, le ferromagnétisme n'est pas réellement une propriété d'un *atome* de fer, c'est une propriété du *fer solide* sous une *certaine forme*. Par exemple, le fer peut revêtir deux formes cristallines différentes. La forme courante correspond à un réseau cubique centré, mais il peut aussi exister un réseau cubique à faces centrées, qui n'est stable, cependant, qu'à des températures supérieures à 1100°C. Évidemment, à cette température, la structure cubique centrée a déjà dépassé le point de Curie. Cependant en faisant un alliage de fer avec du chrome et du nickel (un mélange possible serait formé de 18 pour cent de chrome et 8 pour cent de nickel), nous obtenons ce qu'on appelle de l'acier inoxydable qui, tout en étant principalement du fer, conserve un réseau à faces centrées, même aux basses températures. Comme sa structure cristalline est différente, il possède des propriétés magnétiques tout à fait différentes. La plupart des aciers inoxydables ne sont pas magnétiques à aucun degré appréciable, bien que certains le soient légèrement – cela dépend de la composition de l'alliage. Même quand un tel alliage est magnétique, il n'est pas ferromagnétique comme le fer ordinaire – bien qu'il soit formé surtout de fer.

Nous allons décrire maintenant quelques-uns des matériaux spéciaux, qu'on a développés en raison de leurs propriétés magnétiques particulières. Tout d'abord si nous voulons faire un aimant *permanent*, il nous faut un matériau dont la courbe d'hystérésis

© Dunod. Toute reproduction non autorisée est un délit.

forme une boucle très *large*, de sorte que si nous coupons le courant et annulons le champ magnétisant, l'aimantation restera grande. Pour ces matériaux, les surfaces de séparation des domaines devraient être « gelées » sur place autant que possible. Un exemple d'un tel matériau est l'alliage remarquable « Alnico V » (51 % Fe, 8 % Al, 14 % Ni, 24 % Co, 3% Cu). (La composition plutôt complexe de cet alliage est significative du genre de recherche dans le détail qui a été faite pour réaliser de bons aimants. Quelle patience il faut avoir pour mélanger cinq corps ensemble et les essayer ensuite jusqu'à trouver la composition idéale !) Quand l'Alnico se solidifie, il y a une « seconde phase » qui précipite en faisant des grains minuscules, et créant des déformations internes énormes. Dans ce matériau, les surfaces de séparation des domaines ont bien du mal à se déplacer un tant soit peu. En plus d'une composition précise, l'Alnico est « travaillé » mécaniquement de telle façon que les cristaux prennent la forme de grains allongés dans la direction où ils seront aimantés. Alors l'aimantation aura une tendance naturelle à rester alignée dans cette direction et y sera maintenue en dépit des effets anisotropes. De plus, le matériau est même refroidi dans un champ magnétique extérieur pendant sa fabrication, de sorte que les grains croissent avec l'orientation cristalline correcte. La courbe d'hystérésis de l'Alnico V est représentée sur la Fig. 37.12. Vous voyez qu'elle est à peu près 700 fois plus large que la courbe d'hystérésis du fer doux que nous avons représentée dans le chapitre précédent, Fig. 36.8.

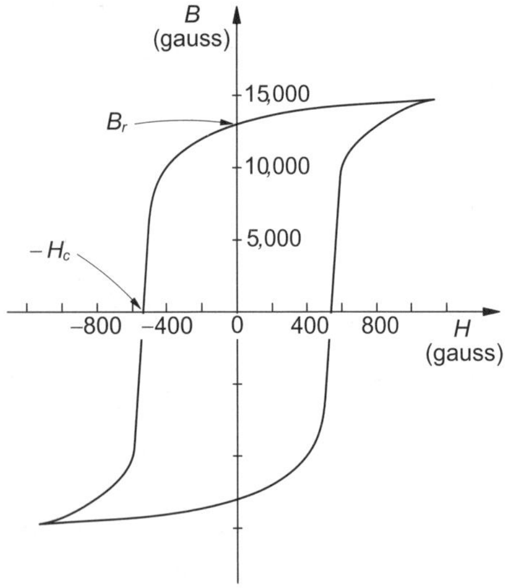

Figure 37.12 – La courbe d'hystérésis de l'Alnico V.

Examinons maintenant une autre sorte de matériau. Pour construire des transformateurs et des moteurs, nous voulons un matériau qui soit magnétiquement « doux » – un matériau dans lequel le magnétisme peut facilement changer, de sorte qu'on puisse obtenir une très grande aimantation à partir de l'application d'un champ très faible. Pour réaliser ceci, il nous faut un matériau pur, très bien recuit, possédant très peu de dislocations et d'impuretés de sorte que les parois puissent se déplacer facilement. Ce serait aussi très agréable que l'anisotropie soit très faible. Alors, même si un grain de ce matériau est placé dans une mauvaise direction par rapport au champ, il s'aimantera facilement quand même. Or, nous avons dit que le fer s'aimante de préférence dans la direction [100], alors que le nickel préfère la direction [111] ; donc en mélangeant du fer et du nickel dans différentes proportions, nous pouvons espérer trouver la proportion exacte de l'alliage qui ne préférera *aucune* direction – les directions [100] et [111] seront équivalentes. Il se trouve que ceci a lieu pour un mélange de 70 pour cent de nickel et 30 pour cent de fer. En plus – probablement par chance, ou peut-être grâce à une relation physique entre l'anisotropie et les effets de magnétostriction – il se trouve que les *magnétostrictions* du fer et du nickel sont de signe contraire. Et dans un alliage des deux métaux, cette propriété s'annule pour 80 pour cent de nickel environ. Donc, quelque part entre 70 et 80 pour cent de nickel se situent des matériaux magnétiques très « doux » – alliages qui s'aimantent très facilement. On les appelle les *permalloys.* Les permalloys sont très utilisés dans les transformateurs de haute qualité (pour de bas niveaux de signal), mais ils ne vaudraient rien pour des aimants permanents. Les permalloys doivent être très soigneusement fabriqués et manipulés. Les propriétés magnétiques d'un morceau de permalloy sont radicalement changées s'il est comprimé au-delà de sa limite d'élasticité – il ne doit pas être courbé. Sa perméabilité est alors réduite à cause des dislocations, du glissement des couches et ainsi de suite, dues aux déformations mécaniques. Les surfaces de séparation ne peuvent plus se déplacer facilement. La grande perméabilité peut néanmoins être rétablie par un recuit à haute température.

Il est parfois commode de disposer de nombres pour caractériser les différents matériaux magnétiques. Les intersections de la courbe d'hystérésis avec les axes B et H, comme sur la Fig. 37.12, en sont deux importants. Ces intersections s'appellent le *champ magnétique rémanent* B_r et le *champ coercitif* H. Nous avons dressé une liste de ces nombres pour certains matériaux magnétiques dans le tableau 37.1.

Tableau 37.1 – Propriétés de certaines substances ferromagnétiques

Substance	B_r Champ magnétique résiduel (gauss)	H_c Champ coercitif (gauss)
Supermalloy	(≈5000)	0.004
Acier silicone (transformateur)	12,000	0.05
Fer Armco	4000	0.6
Alnico V	13,000	550.

37.5 Substances magnétiques extraordinaires

Nous allons maintenant parler de certains corps magnétiques plus exotiques. De nombreux éléments du tableau périodique possèdent des couches électroniques intérieures incomplètes et par suite, possèdent un moment magnétique atomique. Par exemple, tout de suite après les éléments ferromagnétiques que sont le fer, le nickel, et le cobalt, vous trouvez le chrome et le manganèse. Pourquoi *eux* ne sont-ils pas ferromagnétiques ? Voici la réponse : le terme en 2 de l'Éq. (37.1) est de *signe contraire* pour ces éléments. Dans le réseau du chrome par exemple, les spins des atomes de chrome alternent, *atome*

© Dunod. Toute reproduction non autorisée est un délit.

par *atome,* comme cela est représenté sur la Fig. 37.13b. Ainsi, le chrome *est* « magnétique » de son propre point de vue, mais il n'est pas techniquement intéressant parce qu'il ne crée aucun effet magnétique *extérieur.* Le chrome est un exemple de corps, pour qui les effets quantiques se traduisent par l'alternance des spins. Un tel corps est appelé *antiferromagnétique.* L'alignement dans les corps antiferromagnétiques dépend aussi de la température. Au-dessous d'une température critique, tous les spins sont alignés en rangées alternées, mais quand la substance est chauffée au-dessus d'une certaine température – qui est encore appelée la température de Curie – les spins brusquement se répartissent au hasard. Il y a, à l'intérieur, une transition brusque. On peut observer cette transition sur la courbe de la chaleur spécifique. Elle apparaît également dans certains effets « magnétiques » particuliers. Par exemple, l'existence de l'alternance des spins peut être vérifiée par la diffusion des neutrons par un cristal de chrome. Comme le neutron a lui-même un spin (et un moment magnétique), il est diffusé avec une amplitude différente suivant que son spin est parallèle ou opposé au spin de l'atome diffusant. Nous obtenons ainsi un diagramme d'interférence différent suivant que les spins dans le cristal sont alternés ou suivant qu'ils sont répartis au hasard.

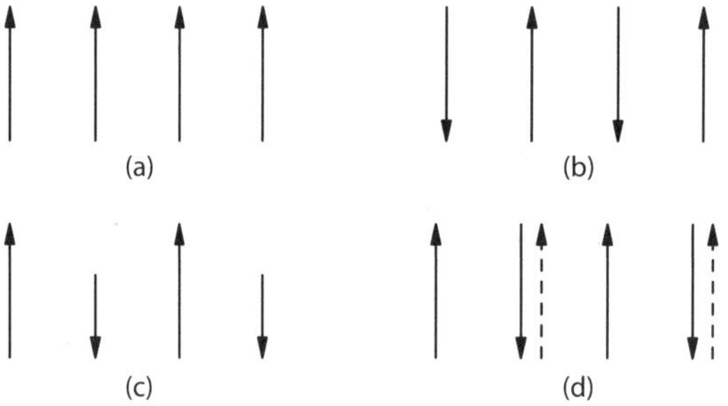

Figure 37.13 – Orientaion relative des spins électroniques dans différents millieux : (a) ferromagnétiques, (b) ntiferromagnétique, (c) ferrite, (d) alliage yttrium-fer. (Les flèches en pointillé indiquant la direction du moment cinétique résultant, comprenant le mouvement oribital.)

Il existe une autre sorte de substance, pour laquelle les effets quantiques font alterner les spins, mais qui est néanmoins *ferromagnétique* – c'est-à-dire que le cristal possède une aimantation globale permanente. L'idée sous-jacente de ces substances est représentée sur la Fig. 37.14. La figure représente la structure d'un cristal de *spinelle*, oxyde d'aluminium et de magnésium, qui – tel qu'il est représenté – *n'est pas* magnétique. L'oxyde est formé de deux sortes d'atomes métalliques : le magnésium et l'aluminium. Or, si nous remplaçons le magnésium et l'aluminium par deux éléments magnétiques

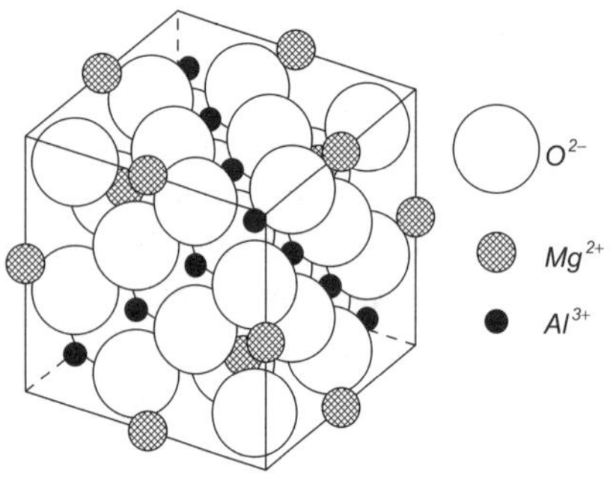

Figure 37.14 – Structure cristalline de la spinelle ($MgAl_2O_4$) ; les ions Mg^2 + occupent les sommets d'un tétraèdre, chacun étant entouré par quatre ions oxygène ; les ions Al3 + occupent les sommets d'un octaèdre, chacun étant entouré par six ions oxygène. [D'après Charles Kittel, *Introduction to Solid State Physics,* John Wiley and Sons, Inc., 2e éd., New York, 1956.]

comme le fer et le zinc, ou par le zinc et le manganèse - en d'autres termes, si nous introduisons des atomes *magnétiques à* la place des non magnétiques, un phénomène intéressant se produit. Appelons *a* une sorte d'atome métallique, et *b* l'autre sorte d'atome métallique ; la combinaison suivante de forces doit être envisagée. Il y a une interaction *a-b* qui tente d'orienter les atomes *a* et *b* avec leurs spins opposés – car la mécanique quantique donne toujours ce signe-là (sauf pour les cristaux mystérieux de fer, nickel et cobalt). Puis il y a une interaction directe *a-a* qui tend à opposer les *a*, et aussi une interaction *b-b* qui tend à opposer les *b*. Or nous ne pouvons évidemment pas avoir tout opposé à tout le reste – *a* opposé à *b*, a opposé à *a*, et *b* opposé à *b*. Probablement en raison des distances entre les *a* et en raison de la présence de l'oxygène (quoique nous ne sachions pas réellement pourquoi), il se trouve que l'interaction *a-b* est plus forte que l'interaction *a-a* ou *b-b*. De sorte que la solution adoptée par la nature dans ce cas est d'orienter tous les *a parallèles entre eux*, et tous les *b parallèles entre eux,* mais les deux systèmes *opposés*. C'est cela qui fournit l'énergie la plus basse à cause de la plus forte interaction *a-b*.

Le résultat : tous les *a* ont leurs spins vers le haut, et tous les *b* vers le bas – ou inversement, évidemment. Mais si les *moments magnétiques* des atomes du type *a* et du type *b* ne sont pas égaux, nous pouvons avoir la situation représentée sur la Fig. 37.13c et il peut y avoir une aimantation résultante de la substance. La substance sera alors ferromagnétique – mais assez faiblement. Ces substances s'appellent des *ferrites.* Elles n'ont pas une aimantation de saturation aussi élevée que le fer – pour des raisons évidentes – elles ne sont donc utiles que pour des champs plus faibles. Mais elles possèdent une différence importante – ce sont des isolants ; les ferrites sont des *isolants ferromagnétiques.* Dans des champs de haute fréquence, il ne s'y produit que de très faibles courants d'induction, et elles peuvent donc être utilisées par exemple dans les systèmes en ondes micrométriques. Les champs micrométriques peuvent pénétrer ces substances isolantes, alors qu'ils en seraient empêchés par les courants d'induction dans un conducteur comme le fer.

Il existe une autre classe de substances magnétiques, récemment découvertes – membres de la famille des orthosilicates appelées les *grenats*. Ce sont encore des cristaux dont les réseaux contiennent deux sortes d'atomes métalliques, et nous avons encore une situation où deux sortes d'atomes peuvent être substitués pratiquement à volonté. Parmi les nombreux composés intéressants, il y en a un qui est complètement ferromagnétique. Il possède de l'yttrium et du fer dans sa structure de grenat et la raison pour laquelle il est ferromagnétique est très curieuse. Ici encore la mécanique quantique tend à opposer les spins voisins, de sorte qu'il y a un système bloqué de spins avec les spins électroniques du fer dans un sens, et les spins électroniques de l'yttrium dans le sens opposé. Mais l'atome d'yttrium est compliqué. C'est un élément des terres rares qui reçoit une contribution importante à son moment magnétique du mouvement *orbital* des électrons. Pour l'yttrium, la contribution du mouvement orbital est *opposée* à celle du spin et est aussi plus grande. Ainsi, quoique la mécanique quantique, en s'appuyant sur le principe d'exclusion, impose aux *spins* de l'yttrium d'être opposés à ceux du fer, elle rend le moment magnétique *résultant* de l'atome d'yttrium *parallèle* à celui du fer en raison de l'effet

© Dunod. Toute reproduction non autorisée est un délit.

orbital – comme cela est schématisé sur la Fig. 37.13d. Il en résulte donc un composé ferromagnétique normal.

Un autre exemple intéressant de ferromagnétisme se rencontre chez certains éléments des terres rares. Il résulte d'un arrangement des spins encore plus singulier. Ce corps n'est pas ferromagnétique au sens que les spins sont tous parallèles, il n'est pas non plus antiferromagnétique au sens où les atomes alternent. Dans ces cristaux tous les spins d'une *même couche* sont parallèles et sont contenus dans le plan de cette couche. Dans la couche suivante tous les spins sont encore parallèles entre eux, mais sont orientés dans une direction un peu différente. Dans la couche suivante ils sont encore dans une autre direction, et ainsi de suite. Il en résulte que le vecteur aimantation locale varie comme une spirale – les moments magnétiques des couches successives tournent à mesure qu'on se déplace sur une perpendiculaire aux couches. Il est intéressant d'essayer d'analyser ce qui se passe quand on applique un champ à une telle spirale – que de torsions et de rotations doivent se produire dans tous ces aimants atomiques. (Certains *aiment* s'amuser à établir une théorie de ces choses-là !) Non seulement il y a des cas de spirales « plates » mais il y a aussi des cas où les directions des moments magnétiques des couches successives enveloppent un cône, de sorte que le vecteur aimantation comporte une composante spirale et aussi une composante ferromagnétique uniforme dans une direction donnée !

Les propriétés magnétiques des milieux, étudiées à un niveau plus élevé que nous n'avons pu le faire ici, ont fasciné les physiciens de tous horizons. En premier lieu, il y a ces gens pratiques qui aiment concevoir des moyens d'améliorer les choses – ils aiment concevoir des matériaux magnétiques meilleurs et plus intéressants. La découverte d'objets tels que les ferrites, ou leurs applications, ravit immédiatement ceux qui aiment voir des façons astucieuses nouvelles de faire les choses. En plus de ceux-là, il y a tous ceux qui sont fascinés par la formidable complexité que peut produire la nature à partir de quelques lois fondamentales. Partant d'une seule et même idée générale, la nature va du ferromagnétisme du fer et de ses domaines, à l'antiferromagnétisme du chrome, au magnétisme des ferrites et des grenats, à la structure en spirale des éléments des terres rares, et ainsi de suite. Il est merveilleux de découvrir expérimentalement toutes les choses étranges qui entrent en jeu dans ces substances particulières. Puis, pour les physiciens théoriciens le ferromagnétisme présente un certain nombre de très beaux défis non résolus et très intéressants. L'un de ces défis est de comprendre pourquoi il existe vraiment. Un autre est de prévoir la statistique des spins en interaction d'un réseau idéal. Même en négligeant toutes les complications supplémentaires possibles, ce problème a jusqu'ici défié la compréhension complète. La raison pour laquelle il est si intéressant, c'est qu'il est si facile à poser : étant donné un grand nombre de spins électroniques en un réseau régulier, interagissant suivant telle et telle loi, que font-ils ? Ceci est posé clairement, et pourtant a défié une analyse complète depuis des années. Bien qu'il ait été analysé avec assez de précision pour des températures qui ne sont pas trop voisines du point de Curie, la théorie d'une transition brutale au point de Curie est toujours à compléter.

Enfin, tout le sujet se rapportant au système des aimants atomiques tournants – dans les substances ferromagnétiques ou paramagnétiques, et dans le magnétisme nucléaire, a été aussi un thème fascinant pour les étudiants avancés en physique. Le système des spins peut être poussé ou tiré grâce à des champs magnétiques extérieurs, de sorte qu'on peut faire toute sorte de trucs avec des résonances, des effets de relaxation, des échos de spin, et d'autres phénomènes. Il sert de prototype à des systèmes thermodynamiques compliqués. Mais dans les substances paramagnétiques la situation est souvent très simple, et certains ont été heureux tant de faire des expériences que d'expliquer le phénomène du point de vue théorique.

Nous terminons maintenant notre étude sur l'électricité et le magnétisme. Au premier chapitre, nous avons parlé des grands pas qui ont été faits depuis les premières observations des grecs sur les comportements curieux de l'ambre et de la magnétite. Cependant dans toute cette discussion longue et compliquée nous n'avons jamais expliqué *pourquoi lorsque nous frottons un morceau d'ambre, nous y faisons apparaître une charge*, pas plus que nous n'avons expliqué *pourquoi une magnétite est aimantée !* vous pourriez dire, « oh ! nous n'avons simplement pas obtenu le bon signe. » Non, c'est pire que cela. Même si nous avions obtenu le bon signe nous poserions toujours la question : pourquoi le morceau de magnétite dans le sol est-il aimanté ? Il y a évidemment le champ magnétique terrestre, mais *d'où vient le champ magnétique terrestre ?* Personne ne le sait vraiment – on n'a fait que certaines hypothèses probables. Vous voyez donc que notre physique est une vaste duperie – nous partons du phénomène de la magnétite et de l'ambre, et nous achevons sans en comprendre très bien aucun des deux. Mais nous avons appris une quantité phénoménale de renseignements très excitants et très pratiques dans ce développement.

© Dunod. Toute reproduction non autorisée est un délit.

ÉLASTICITÉ 38

38.1 LOI DE HOOKE

La théorie de l'élasticité traite du comportement des substances qui ont la propriété de reprendre leurs dimensions et leur forme lorsque les forces qui produisent les déformations sont supprimées. Nous trouvons cette propriété d'élasticité dans une certaine mesure dans tous les corps solides. Si nous avions le temps de traiter le sujet en détail, nous examinerons plusieurs choses : le comportement des matériaux, les lois générales de l'élasticité, la théorie générale de l'élasticité, le mécanisme atomique qui détermine les propriétés élastiques, et enfin les limitations des lois élastiques lorsque les forces deviennent tellement grandes que le corps devient plastique et que des fractures apparaissent. Traiter tous ces sujets en détail nous demanderait beaucoup plus de temps que nous n'en avons. si bien que nous devrons laisser de côté certaines choses. Par exemple, nous ne parlerons pas de la plasticité ni des limitations des lois élastiques. (Nous avons abordé brièvement ces sujets lorsque nous avons parlé des dislocations dans les métaux.) Nous ne serons pas non plus en mesure d'étudier les mécanismes internes de l'élasticité – de sorte que notre étude ne présentera pas le caractère d'achèvement que nous avons essayé de donner aux chapitres précédents. Notre but est principalement de vous donner un aperçu de quelques-unes des façons de traiter des problèmes pratiques tels que la flexion des poutres.

Lorsque vous exercez une pression sur un morceau de matériau, il « cède » – le matériau est déformé. Si la force est suffisamment petite les déplacements relatifs des divers points du matériau sont proportionnels à la force – nous disons que le comportement est *élastique*. Nous n'étudierons que le comportement élastique. Nous allons tout d'abord établir les lois fondamentales de l'élasticité, puis nous les appliquerons à un certain nombre de cas différents.

Supposez que nous prenions un bloc de matériau rectangulaire de longueur l, de largeur w et de hauteur h, tel que celui de la Fig. 38.1. Si nous tirons sur ses extrémités avec une force F, sa longueur augmente d'une quantité Δl. Nous supposerons dans tous les cas que la variation de longueur est une petite fraction de la longueur initiale. En fait, pour des matériaux tels que le bois et l'acier, le matériau se rompra si la variation de longueur est supérieure à quelques pour-cent de la longueur initiale. Pour un grand nombre de matériaux, l'expérience montre que pour des allongements suffisamment petits la force est proportionnelle à l'allongement

$$F \propto \Delta l. \tag{38.1}$$

Cette relation est connue sous le nom de *loi de Hooke*.

© Dunod. Toute reproduction non autorisée est un délit.

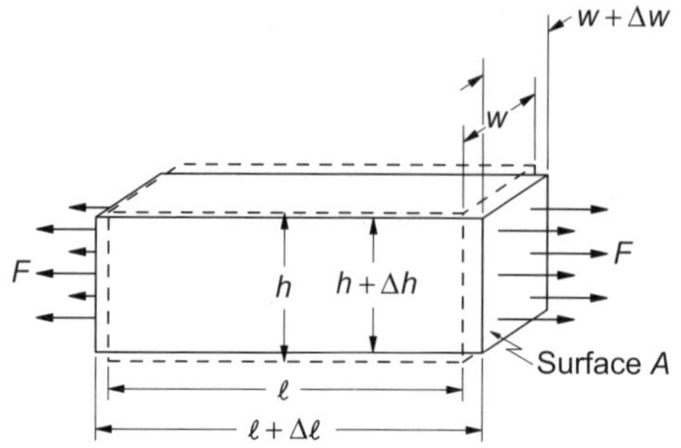

Figure 38.1 – L'allongement d'un barreau sous l'effet d'une tension uniforme.

L'allongement Δl du barreau va aussi dépendre de sa longueur. Nous pouvons trouver comment à l'aide du raisonnement suivant. Si nous collons deux blocs identiques l'un à l'autre, bout à bout, les mêmes forces agissent sur chacun des blocs ; ils vont chacun s'allonger de Δl. L'allongement d'un bloc de longueur $2l$ sera donc le double de celui d'un bloc de même section mais de longueur l. Afin d'avoir un nombre plus caractéristique du matériau et moins dépendant de la forme, nous utiliserons le rapport $\Delta l/l$ de l'allongement à la longueur initiale. Ce rapport est proportionnel à la force mais indépendant de l :

$$F \propto \frac{\Delta l}{l}. \tag{38.2}$$

La force F va aussi dépendre de la surface du bloc. Supposez que nous placions deux blocs côte à côte. Pour un allongement donné Δl nous avons alors la force F qui agit sur chaque bloc, ou deux fois la force qui s'exerce sur la combinaison des deux blocs. La force pour un allongement donné doit être proportionnelle à la surface de la section du bloc. Pour obtenir une loi dans laquelle le coefficient de proportionnalité est indépendant des dimensions du corps nous écrirons la loi de Hooke pour un barreau rectangulaire sous la forme

$$F = YA\,\frac{\Delta l}{l}. \tag{38.3}$$

La constante Y est une propriété caractéristique du matériau ; on l'appelle le *module de Young*. (On désigne habituellement le module de Young par E. Mais nous avons employé E pour les champs électriques, l'énergie, et les f.é.m., c'est pourquoi nous préférons utiliser une lettre différente.)

La *force par unité de surface* est appelée la *contrainte* et l'allongement par unité de longueur – l'allongement *fractionnaire* – est appelé la *déformation*. On peut donc récrire l'équation (38.3) de la manière suivante :

$$\frac{F}{A} = Y \times \frac{\Delta l}{l}, \tag{38.4}$$

Contrainte = (module de Young) × (déformation).

Il y a une autre partie dans la loi de Hooke : lorsque vous *étirez* un bloc de matériau dans une direction il se *contracte* à angle droit de la tension. La contraction en largeur est proportionnelle à la largeur w et aussi à $\Delta l/l$. La contraction latérale est dans le même rapport pour la largeur et la hauteur, et on l'écrit généralement

$$\frac{\Delta w}{w} = \frac{\Delta h}{h} = -\sigma \frac{\Delta l}{l}, \tag{38.5}$$

où la constante σ caractérise une autre propriété du matériau et est appelée *coefficient de Poisson*. Elle est toujours positive et est en module inférieure à 1/2. (Il est « raisonnable » que σ soit généralement positive, mais il n'est pas tout à fait évident qu'il *doive* en être ainsi.)

Les deux constantes Y et σ déterminent complètement les propriétés élastiques d'un matériau homogène, isotrope (c'est-à-dire non cristallin). Dans les matériaux cristallins les tensions et les contractions peuvent être différentes dans des directions différentes, si bien qu'il peut y avoir beaucoup plus de constantes élastiques. Nous allons temporairement restreindre notre étude aux matériaux homogènes isotropes dont les propriétés peuvent être décrites par Y et σ. Comme d'habitude, il existe plusieurs façons de décrire les phénomènes – certains aiment décrire les propriétés élastiques des matériaux à l'aide de constantes différentes. Cela en demande toujours deux et elles peuvent être reliées à Y et σ.

La dernière loi générale dont nous avons besoin est le principe de superposition. Comme les deux lois (38.4) et (38.5) sont linéaires pour les forces et les déplacements, le principe de superposition marche. Si vous avez un ensemble de forces et que vous obteniez certains déplacements, et si ensuite vous ajoutez un nouvel ensemble de forces et que vous obteniez certains déplacements supplémentaires, les déplacements résultants seront la somme de ceux que vous auriez obtenus avec les deux ensembles de forces agissant indépendamment.

Nous avons maintenant tous les principes généraux – le principe de superposition et les Éqs. (38.4) et (38.5) – et c'est tout ce qu'il y a dans l'élasticité. Mais c'est comme dire que lorsque vous avez les lois de Newton, c'est tout ce qu'il y a dans la mécanique. Ou encore, qu'une fois connues les équations de Maxwell, on a toute l'électricité. Il est bien sûr vrai qu'avec ces principes, vous avez beaucoup de choses, parce qu'à l'aide de vos possibilités mathématiques actuelles vous pouvez aller loin. Nous allons cependant traiter quelques cas particuliers.

38.2 Déformations uniformes

À titre de premier exemple, cherchons ce qui arrive à un bloc rectangulaire soumis à une pression hydrostatique uniforme. Mettons un bloc sous l'eau dans un réservoir sous pression. Il va y avoir une force s'exerçant sur chaque face vers l'intérieur proportionnelle à la surface (voir Fig. 38.2). Comme la pression hydrostatique est uniforme, *l'effort* (force par unité de surface) agissant sur chacune des faces du bloc est le même. Nous allons obtenir tout d'abord la variation de longueur. On peut imaginer que la variation de longueur du bloc est la somme des variations de longueur qui se produiraient dans les trois problèmes indépendants représentés sur la Fig. 38.3.

© Dunod. Toute reproduction non autorisée est un délit.

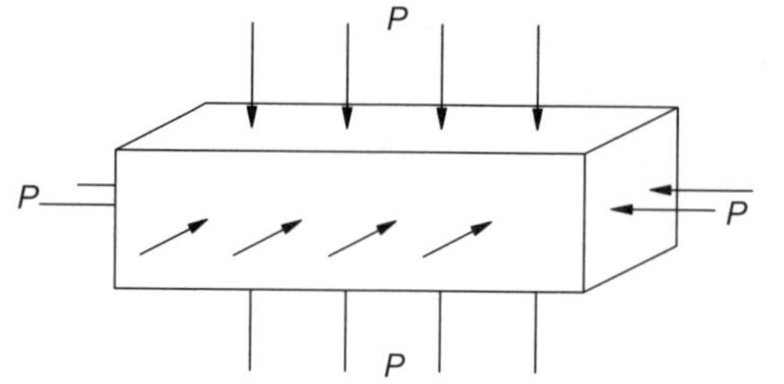

Figure 38.2 – Barreau soumis à une pression hydrostatique uniforme.

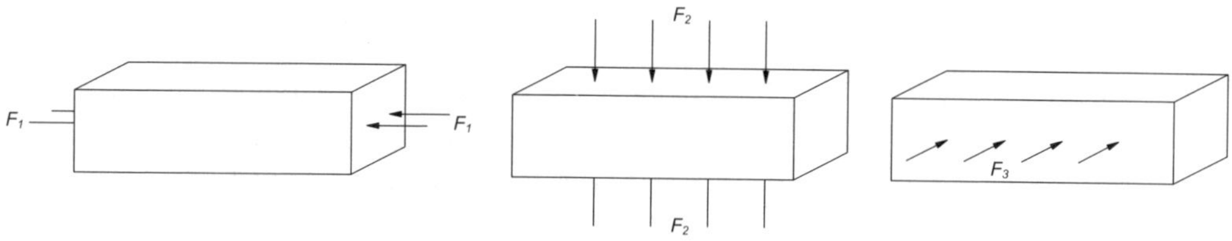

Figure 38.3 – La pression hydrostatique est la superposition de trois compressions longitudinales.

Problème 1. Si nous poussons sur les extrémités du bloc avec une pression p, la déformation par compression est p/Y et est négative,

$$\frac{\Delta l_1}{l} = -\frac{p}{Y}.$$

Problème 2. Si nous poussons sur les côtés du bloc avec une pression p, la déformation par compression est encore égale à p/Y, mais nous cherchons maintenant la déformation longitudinale ; nous pouvons l'obtenir à partir de la déformation latérale multipliée par $-\sigma$. La déformation latérale est donnée par

$$\frac{\Delta w}{w} = -\frac{p}{Y};$$

d'où

$$\frac{\Delta l_2}{l} = +\sigma\,\frac{p}{Y}.$$

Problème 3. Si nous poussons sur le dessus du bloc, la déformation par compression est encore une fois égale à p/Y, et la déformation correspondante dans la direction latérale est à nouveau $-\sigma p/Y$. Nous obtenons

$$\frac{\Delta l_3}{l} = +\sigma\,\frac{p}{Y}.$$

En combinant les résultats des trois problèmes – c'est-à-dire en prenant $\Delta l = \Delta l_1 + \Delta l_2 + \Delta l_3$ – nous obtenons

$$\frac{\Delta l}{l} = -\frac{p}{Y}(1 - 2\sigma). \tag{38.6}$$

Le problème est évidemment symétrique dans les trois directions ; il s'ensuit que

$$\frac{\Delta w}{w} = \frac{\Delta h}{h} = -\frac{p}{Y}(1 - 2\sigma). \tag{38.7}$$

La variation de *volume* sous l'action d'une pression hydrostatique présente aussi quelque intérêt. Comme $V = lwh$, nous pouvons écrire pour de petits déplacements,

$$\frac{\Delta V}{V} = \frac{\Delta l}{l} + \frac{\Delta w}{w} + \frac{\Delta h}{h}.$$

En utilisant (38.6) et (38.7), nous avons

$$\frac{\Delta V}{V} = -3\,\frac{p}{Y}\,(1 - 2\sigma). \tag{38.8}$$

Les gens aiment appeler $\Delta V/V$ la *déformation volumique* et écrivent

$$p = -K\,\frac{\Delta V}{V}.$$

La contrainte volumique p est proportionnel à la déformation volumique – c'est la loi de Hooke une fois de plus. L'inverse du coefficient K est appelé *la compressibilité* ; K est relié aux autres constantes par

$$K = \frac{Y}{3(1 - 2\sigma)}. \tag{38.9}$$

Comme K est de quelque intérêt pratique, beaucoup de tables donnent Y et K au lieu de Y et σ. Si vous voulez σ, vous pouvez toujours l'obtenir à partir de l'Éq. (38.9). Nous pouvons voir aussi sur l'Éq. (38.9) que le coefficient de Poisson, σ, doit être inférieur à un demi. S'il n'en était pas ainsi, la compressibilité K serait négative et le matériau se dilaterait sous l'effet d'une augmentation de pression. Cela nous permettrait de *tirer* de l'énergie de n'importe quel vieux bloc – ça voudrait dire que le bloc était en équilibre instable. S'il commentait à se dilater il continuerait de lui-même en libérant de l'énergie.

Nous allons maintenant étudier ce qui se passe lorsqu'on établit une déformation de « cisaillement » sur quelque chose. Par déformation de cisaillement, nous désignons le type de distorsion représenté sur la Fig. 38.4. À titre de préliminaires à cette étude, considérons les déformations existant dans un *cube* de matériau soumis aux forces représentées sur la Fig. 38.5. Nous pouvons de nouveau décomposer cela en deux problèmes : les poussées verticales et les tractions horizontales. En appelant A la surface d'une face du cube, nous obtenons pour la variation de longueur horizontale

$$\frac{\Delta l}{l} = \frac{1}{Y}\frac{F}{A} + \sigma\,\frac{1}{Y}\frac{F}{A} = \frac{1+\sigma}{Y}\,\frac{F}{A}. \tag{38.10}$$

La variation de hauteur n'est autre que l'opposé de ce résultat.

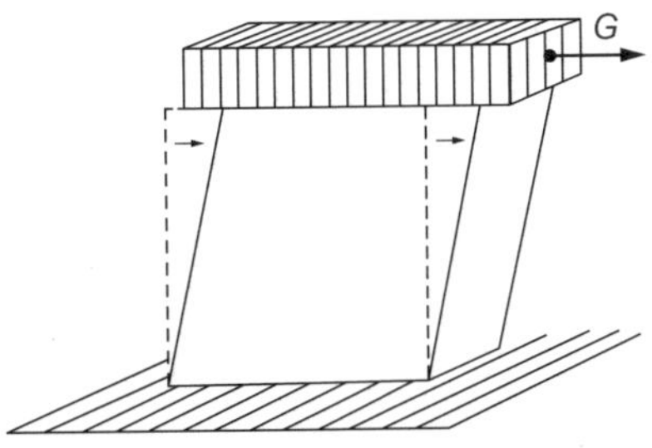

Figure 38.4 – Cube soumis à un cisaillement uniforme.

© Dunod. Toute reproduction non autorisée est un délit.

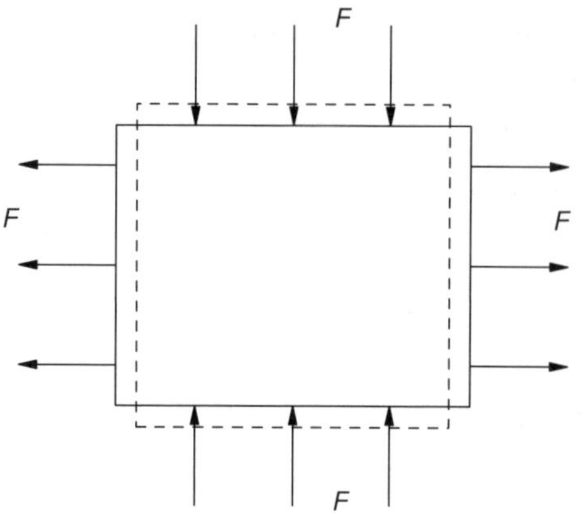

Figure 38.5 – Cube soumis à des forces de compression sur le sommet et la base et à des tensions égales sur les deux côtés.

Supposez maintenant que nous ayons le même cube et que nous le soumettions aux forces de cisaillement représentées sur la Fig. 38.6(a). Notez que toutes les forces doivent être égales s'il n'y a pas de couple résultant et si le cube est en équilibre. (Des forces similaires doivent aussi exister dans la Fig. 38.4, puisque le bloc est en équilibre. Elles sont fournies par la « colle » qui fixe le bloc sur la table.) On dit alors que le cube est en état de cisaillement pur. Remarquez cependant que si nous coupons le cube par un plan à 45° – par exemple le long de la diagonale A de la figure – la force totale agissant sur le plan est *normale* au plan et égale à $\sqrt{2}G$. L'aire sur laquelle s'exerce cette force est $\sqrt{2}A$; l'effort de tension normal à ce plan vaut donc simplement G/A. De même si nous considérons un plan à 45° de l'autre côté – la diagonale B dans la figure – nous voyons qu'il y a un effort de compression normal à ce plan, égal à $-G/A$. Nous voyons à partir de là que *la contrainte* dans un « cisaillement pur » est équivalent à une combinaison de contraintes de tension et de compression d'intensités égales et à angle droit l'un de l'autre, et à 45° des faces primitives du cube. Les contraintes et déformations internes sont les mêmes que ceux que nous aurions trouvés dans un bloc de matériau plus grand avec les forces représentées sur la Fig. 38.6(b). Mais ça, c'est le problème que nous

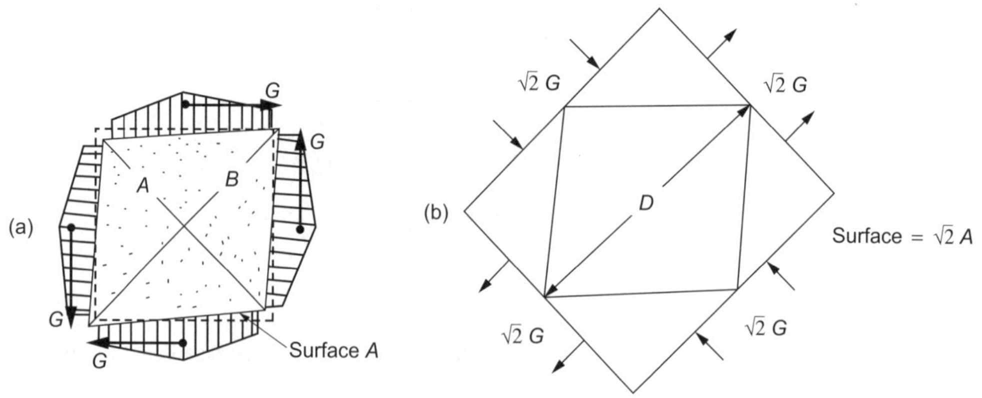

Figure 38.6 – Les deux paires de forces de cisaillement en (a) créent les mêmes efforts que les forces de compression et de traction de (b).

avons déjà résolu. La variation de longueur de la diagonale est donnée par l'Éq. (38.10),

$$\frac{\Delta D}{D} = \frac{1+\sigma}{Y}\frac{G}{A}. \tag{38.11}$$

(Une diagonale est raccourcie ; l'autre est allongée.)

Figure 38.7 – La force de cisaillement θ est $2\Delta D/D$.

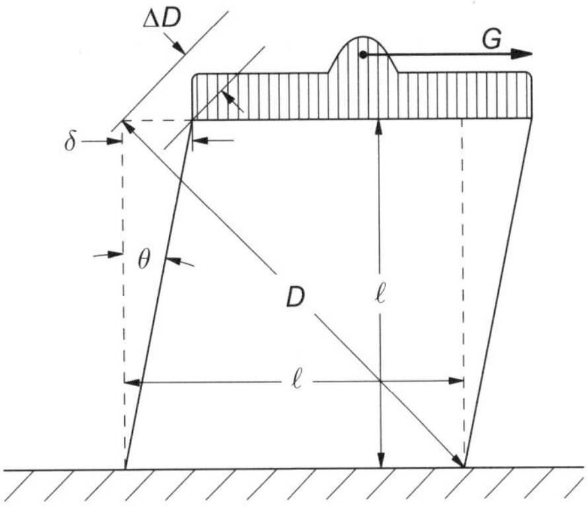

Il est souvent pratique d'exprimer une déformation de cisaillement par l'angle dont est tordu le cube – l'angle θ de la Fig. 38.7. Vous pouvez voir sur la figure que le déplacement horizontal δ de l'arête du haut est égal à $\sqrt{2}\Delta D$. Donc

$$\theta = \frac{\delta}{l} = \frac{\sqrt{2}\,\Delta D}{l} = 2\frac{\Delta D}{D}. \tag{38.12}$$

La force de cisaillement g est définie comme la force tangentielle s'exerçant sur une face divisée par la surface, $g = G/A$. En utilisant les Éqs. (38.11) et (38.12), nous obtenons

$$\theta = 2\frac{1+\sigma}{Y}g.$$

Ou en écrivant ceci sous la forme « effort = constante multipliée par déformation »

$$g = \mu\theta. \tag{38.13}$$

Le coefficient de proportionnalité μ est appelé le *module de cisaillement* (ou, quelquefois, le coefficient de rigidité). Il est donné en fonction de Y et de σ par

$$\mu = \frac{Y}{2(1+\sigma)}. \tag{38.14}$$

Soit dit en passant, le module de cisaillement doit être positif – car autrement vous pourriez tirer du travail d'un bloc s'auto-cisaillant. On voit à partir de l'Éq. (38.14) que σ doit être plus grand que -1. Nous savons donc que σ doit être compris entre -1 et $+1/2$; en fait, cependant, il est toujours plus grand que zéro.

Comme dernier exemple de cas où les contraintes sont uniformes dans tout le corps, considérons le problème d'un bloc soumis à des tensions et en même temps contraint de

© Dunod. Toute reproduction non autorisée est un délit.

façon à empêcher toute contraction latérale. (Techniquement, il est un peu plus facile de le comprimer en interdisant aux côtés de faire saillie – mais c'est le même problème.) Que se passe-t-il ? Eh bien, il doit y avoir des forces latérales qui l'empêchent de changer d'épaisseur – forces que nous ne connaissons pas spontanément mais que nous aurons à calculer. C'est un type de problème que nous avons déjà traité, mais avec une algèbre un peu différente. Nous imaginons des forces s'exerçant sur les trois côtés comme sur la Fig. 38.8 ; nous calculons les variations de dimensions et nous choisissons les forces transversales qui maintiennent constantes l'épaisseur et la hauteur. En suivant le raisonnement habituel, nous obtenons pour les trois déformations :

$$\frac{\Delta l_x}{l_x} = \frac{1}{Y}\frac{F_x}{A_x} - \frac{\sigma}{Y}\frac{F_y}{A_y} - \frac{\sigma}{Y}\frac{F_z}{A_z} = \frac{1}{Y}\left[\frac{F_x}{A_x} - \sigma\left(\frac{F_y}{A_y} + \frac{F_z}{A_z}\right)\right], \tag{38.15}$$

$$\frac{\Delta l_y}{l_y} = \frac{1}{Y}\left[\frac{F_y}{A_y} - \sigma\left(\frac{F_x}{A_x} + \frac{F_z}{A_z}\right)\right], \tag{38.16}$$

$$\frac{\Delta l_z}{l_z} = \frac{1}{Y}\left[\frac{F_z}{A_z} - \sigma\left(\frac{F_x}{A_x} + \frac{F_y}{A_y}\right)\right]. \tag{38.17}$$

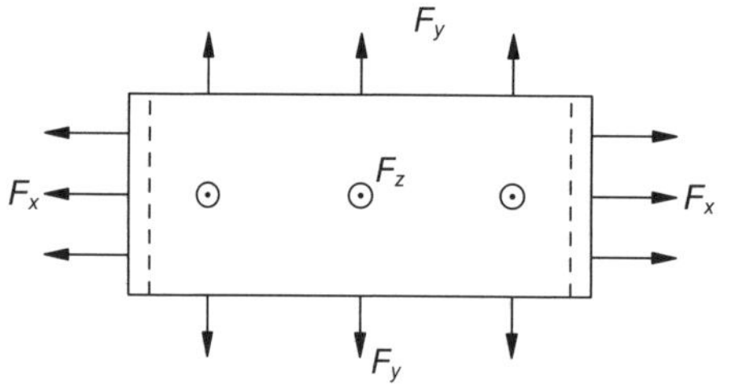

Figure 38.8 – Tension sans contraction latérale.

Comme Δl_y et Δl_z sont supposés nuls, les Éq. (38.16) et (38.17) donnent deux équations reliant F_y et F_z à F_x. En les résolvant ensemble, nous obtenons

$$\frac{F_y}{A_y} = \frac{F_z}{A_z} = \frac{\sigma}{1-\sigma}\frac{F_x}{A_x}. \tag{38.18}$$

En substituant dans (38.15), nous obtenons

$$\frac{\Delta l_x}{l_x} = \frac{1}{Y}\left(1 - \frac{2\sigma^2}{1-\sigma}\right)\frac{F_x}{A_x} = \frac{1}{Y}\left(\frac{1-\sigma-2\sigma^2}{1-\sigma}\right)\frac{F_x}{A_x}. \tag{38.19}$$

Vous verrez souvent cette formule retournée et, en mettant sous forme de produit la forme quadratique en σ, on peut l'écrire

$$\frac{F}{A} = \frac{1-\sigma}{(1+\sigma)(1-2\sigma)}Y\frac{\Delta l}{l}. \tag{38.20}$$

Lorsque nous maintenons les côtés le module de Young est multiplié par une fonction compliquée de σ. Comme vous pouvez le voir très facilement sur l'Éq. (38.19), le facteur précédant Y est toujours plus grand que 1. Il est plus difficile d'étirer le bloc lorsque les côtés sont maintenus – ce qui veut dire aussi qu'un bloc est plus *résistant* lorsque ses côtés sont comprimés que lorsqu'ils ne le sont pas.

38.3 LA BARRE DE TORSION ; ONDES DE CISAILLEMENT

Portons maintenant notre attention sur un exemple qui est plus compliqué parce que diverses parties du matériau sont soumises à des efforts de grandeurs différentes. Nous considérons une tige soumise à une torsion comme celle qu'on trouve sur l'arbre moteur de certaines machines, ou sur la suspension en fibre de quartz utilisée dans un appareil de précision. Comme vous l'avez probablement appris en faisant des expériences sur le pendule de torsion, le *couple* qui agit sur une tige soumise à une torsion est proportionnel à *l'angle* – la constante de proportionnalité dépendant évidemment de la longueur de la tige, de son rayon et des propriétés du matériau. La question est : de quelle façon ? Nous sommes maintenant en mesure de répondre à cette question ; c'est simplement une affaire de géométrie.

La Fig. 38.9(a) représente une tige cylindrique de longueur L et de rayon a, dont une extrémité est tordue d'un angle ϕ par rapport à l'autre. Si nous voulons relier les déformations à ce que nous connaissons déjà, nous pouvons considérer que la tige est constituée de plusieurs éléments cylindriques et étudier séparément ce qui arrive à chaque élément. Nous commençons par étudier un cylindre mince, court, de rayon r (inférieur à a) et d'épaisseur Δr – tel que celui dessiné sur la Fig. 38.9(b). Si nous considérons maintenant un morceau de ce cylindre qui initialement était un petit carré, nous voyons qu'il a été écrasé pour former un parallélogramme. Chacun des éléments du cylindre, tels que celui-ci, est soumis à un cisaillement, et l'angle de cisaillement θ est

$$\theta = \frac{r\phi}{L}.$$

L'effort de cisaillement g dans le matériau est donc [d'après l'Éq. (38.13)],

$$g = \mu\theta = \mu \frac{r\phi}{L}. \tag{38.21}$$

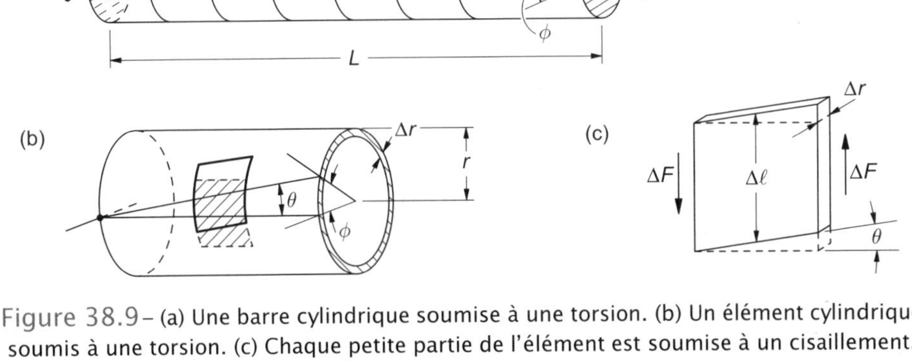

Figure 38.9 – (a) Une barre cylindrique soumise à une torsion. (b) Un élément cylindrique soumis à une torsion. (c) Chaque petite partie de l'élément est soumise à un cisaillement.

© Dunod. Toute reproduction non autorisée est un délit.

L'effort de cisaillement est la force tangentielle ΔF qui s'exerce sur l'extrémité du carré divisée par l'aire $\Delta l\,\Delta r$ de cette extrémité [voir Fig. 38.9(c)]

$$g = \frac{\Delta F}{\Delta l\,\Delta r}.$$

La force ΔF agissant sur l'extrémité d'un tel carré crée un couple $\Delta\tau$ autour de l'axe de la tige égal à

$$\Delta\tau = r\,\Delta F = rg\,\Delta l\,\Delta r. \tag{38.22}$$

Le couple total τ est la somme de tous ces couples le long d'un cercle complet du cylindre. Donc en rassemblant suffisamment de morceaux de façon à ce que les Δl ajoutés les uns aux autres fassent $2\pi r$, nous voyons que le couple total, pour un *tube creux*, est donné par

$$rg(2\pi r)\,\Delta r. \tag{38.23}$$

Ou, en utilisant (38.21),

$$\tau = 2\pi\mu\,\frac{r^3\,\Delta r\phi}{L}. \tag{38.24}$$

Nous voyons que la rigidité à la torsion, τ/ϕ, d'un tube creux est proportionnelle au cube du rayon r et à l'épaisseur Δr, et inversement proportionnelle à la longueur L.

Nous pouvons maintenant imaginer qu'une tige pleine est constituée d'une série de tubes concentriques, tous tordus du même angle ϕ (bien que les *efforts* internes soient différents pour chaque tube). Le couple total est la somme des couples nécessaires pour faire tourner chacun des éléments ; pour la tige *pleine*

$$\tau = 2\pi\mu\,\frac{\phi}{L}\int r^3\,dr,$$

où l'intégrale est prise entre $r = 0$ et $r = a$, rayon de la tige. En intégrant on obtient

$$\tau = \mu\,\frac{\pi a^4}{2L}\,\phi. \tag{38.25}$$

Pour une tige soumise à une torsion, le couple est proportionnel à l'angle et à la *puissance quatre* du diamètre – une tige deux fois plus épaisse est seize fois plus résistante à la torsion.

Avant d'abandonner l'étude de la torsion, appliquons ce que nous venons d'apprendre à un problème intéressant : les ondes de torsion. Si vous prenez une longue tige et que vous la tordez brusquement à une extrémité, une onde de torsion fait son chemin le long de la tige, comme le schématise la Fig. 38.10(a). C'est un peu plus intéressant qu'une torsion permanente – voyons si nous pouvons établir ce qui se passe.

Soit z la distance jusqu'à un certain point le long de la tige. Pour une torsion statique, le couple est le même partout le long de la tige, et est proportionnel à ϕ/L, angle de torsion total sur toute la longueur. Ce qui importe pour le matériau, c'est la contrainte de

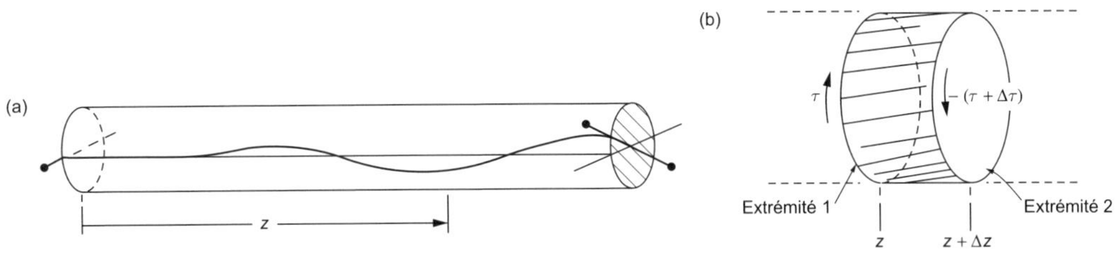

Figure 38.10 – (a) Une onde de torsion sur une tige. (b) Un élément de volume de la tige.

torsion local qui est, vous vous en rendez compte, $\partial\phi/\partial z$. Lorsque la torsion le long de la tige n'est pas uniforme, nous devons remplacer l'Éq. (38.25) par

$$\tau(z) = \mu\,\frac{\pi a^4}{2}\,\frac{\partial\phi}{\partial z}. \tag{38.26}$$

Examinons maintenant ce qui arrive à un élément de longueur Δz représenté agrandi sur la Fig. 38.10(b). Il y a un couple τ/z qui s'exerce à l'extrémité 1 du petit bout de tige, et un couple différent $\tau(z+\Delta z)$ qui agit sur l'extrémité 2. Si Δz est suffisamment petit, nous pouvons faire un développement de Taylor et écrire

$$\tau(z+\Delta z) = \tau(z) + \left(\frac{\partial\tau}{\partial z}\right)\Delta z. \tag{38.27}$$

Le couple résultant agissant sur un petit morceau de tige compris entre z et $z + dz$ est manifestement égal à la différence entre $\tau(z)$ et $\tau(z + \Delta z)$, c'est-à-dire $\Delta\tau = (\partial\tau/\partial z)\Delta z$. En différenciant l'Éq. (38.26), nous obtenons

$$\Delta\tau = \mu\,\frac{\pi a^4}{2}\,\frac{\partial^2\phi}{\partial z^2}\,\Delta z. \tag{38.28}$$

L'effet de ce couple résultant est de communiquer une accélération angulaire à la petite tranche de tige. La masse de la tranche est

$$\Delta M = \left(\pi a^2\,\Delta z\right)\rho,$$

où ρ est la densité du matériau. Nous avons établi au chapitre 19, Vol. I, que le moment d'inertie d'un cylindre circulaire est $mr^2/2$; en désignant par ΔI le moment d'inertie de notre élément, nous avons

$$\Delta I = \frac{\pi}{2}\rho a^4\,\Delta z. \tag{38.29}$$

La loi de Newton dit que le couple est égal au moment d'inertie multiplié par l'accélération angulaire, ou

$$\Delta\tau = \Delta I\,\frac{\partial^2\phi}{\partial t^2}. \tag{38.30}$$

En rassemblant tout cela, on obtient

$$\mu\,\frac{\pi a^4}{2}\,\frac{\partial^2\phi}{\partial z^2}\,\Delta z = \frac{\pi}{2}\rho a^4\,\Delta z\,\frac{\partial^2\phi}{\partial t^2},$$

© Dunod. Toute reproduction non autorisée est un délit.

ou

$$\frac{\partial^2\phi}{\partial z^2} - \frac{\rho}{\mu}\frac{\partial^2\phi}{\partial t^2} = 0. \tag{38.31}$$

Vous reconnaissez l'équation d'onde à une dimension. Nous avons trouvé que les ondes de torsion se propagent dans la tige avec la vitesse

$$C_{\text{cisaillement}} = \sqrt{\frac{\mu}{\rho}}. \tag{38.32}$$

Plus la tige est *dense* – pour une même rigidité – plus *lentes* sont les ondes ; plus la tige est *rigide* et plus vite vont les ondes. La vitesse *ne* dépend *pas* du diamètre de la tige.

Les ondes de torsion sont un cas particulier des *ondes de cisaillement*. D'une manière générale, les ondes de cisaillement sont des ondes telles que les déformations qui les accompagnent ne provoquent pas de variation de *volume* d'une partie quelconque du matériau. Dans les ondes de torsion, nous avons une distribution particulière de ces efforts de cisaillement – ils sont distribués suivant un cercle. Mais pour une disposition quelconque des efforts de cisaillement, les ondes se propagent avec la même vitesse – celle donnée par l'Éq. (38.32). Les séismologues, par exemple, trouvent de telles ondes de cisaillement qui se propagent à l'intérieur de la terre.

Nous pouvons avoir des ondes d'un type différent dans le monde élastique que constitue l'intérieur d'un matériau solide. Si vous poussez quelque chose vous pouvez donner naissance à des ondes « longitudinales » – appelées aussi ondes de « compression ». Elles sont comme les ondes sonores dans l'air ou dans l'eau – les déplacements sont dans la même direction que la propagation des ondes. (Sur les surfaces d'un corps élastique il peut aussi y avoir d'autres types d'ondes – appelées « ondes de Rayleigh » ou « ondes de Love ». Dans ce cas, les déformations ne sont ni purement transversales ni purement longitudinales. Nous n'aurons pas le temps de les étudier.)

Tant que nous sommes dans les ondes, quelle est la vitesse des ondes de compression pures dans un corps solide de *grandes dimensions comme* la terre ? Nous disons « grandes » parce que la vitesse du son dans un corps épais est différente de ce qu'elle est, par exemple, le long d'une tige mince. Par corps « épais », nous voulons dire qu'il s'agit d'un corps dont les dimensions transversales sont beaucoup plus grandes que la longueur d'onde du son. Dans ce cas, lorsque nous comprimons l'objet, il ne peut pas se dilater sur les côtés – il ne peut se comprimer que suivant une dimension. Heureusement, nous avons déjà résolu le cas particulier de la compression d'un corps élastique soumis à des contraintes. Nous avons aussi calculé au chapitre 47, Vol. I, la vitesse des ondes sonores dans un gaz. En faisant le même raisonnement, vous pouvez voir que la vitesse du son dans un solide est égale à $\sqrt{Y'/\rho}$, où Y' est le « module longitudinal » – c'est-à-dire la pression divisée par la variation relative de longueur – dans le cas avec contraintes. Cela n'est autre que le rapport de $\Delta l/l$ à F/A que nous avons obtenu dans l'Éq. (38.20). La vitesse des ondes longitudinales est donc donnée par

$$C_{\text{long}}^2 = \frac{Y'}{\rho} = \frac{1-\sigma}{(1+\sigma)(1-2\sigma)}\,\frac{Y}{\rho}. \tag{38.33}$$

Tant que σ est compris entre zéro et 1/2, le module de cisaillement μ est inférieur au module de Young Y, et Y' est plus grand que Y, de sorte que

$$\mu < Y < Y'.$$

Ceci veut dire que les ondes longitudinales se propagent plus vite que les ondes de cisaillement. Une des façons les plus précises de mesurer les constantes élastiques d'une substance est de mesurer la densité du matériau et les vitesses des deux types d'ondes. De ce résultat on peut tirer à la fois Y et σ. C'est, soit dit en passant, en mesurant la différence dans les temps d'arrivée de ces deux types d'ondes émises par un tremblement de terre qu'un séismologue peut estimer – même à partir des signaux reçus à une seule station – la distance du tremblement.

38.4 La poutre fléchie

Nous allons maintenant étudier un autre cas pratique – la flexion d'une tige ou d'une poutre. Quelles sont les forces qui se manifestent lorsque nous faisons fléchir une barre de section quelconque ? Nous allons l'établir en pensant à une barre de section circulaire, mais la réponse sera bonne pour une forme quelconque. Pour gagner du temps, cependant, nous simplifierons certains points, de sorte que la théorie que nous allons établir ne sera qu'approximative. Nos résultats ne seront corrects que lorsque le rayon de courbure sera beaucoup plus grand que l'épaisseur de la poutre.

Supposez que vous saisissiez les deux extrémités d'un barreau droit et que vous le courbiez selon une certaine courbe telle que celle représentée sur la Fig. 38.11. Que se passe-t-il à l'intérieur de la barre ? Eh bien, si elle est courbée, cela signifie que le matériau situé à l'intérieur de la courbe est comprimé et que le matériau situé à l'extérieur est tendu. Il existe une certaine surface qui suit plus ou moins l'axe de la barre qui n'est ni comprimée ni tendue. On l'appelle la surface *neutre*. Vous devriez vous attendre à trouver cette surface au voisinage du « milieu » de la barre. On peut montrer (mais nous ne le ferons pas ici) que pour de petites flexions de poutres simples, la surface neutre passe par le « centre de gravité » de la section. Cela n'est vrai que pour des flexions « pures » – lorsqu'on ne tend pas ou lorsqu'on ne comprime pas la poutre en même temps.

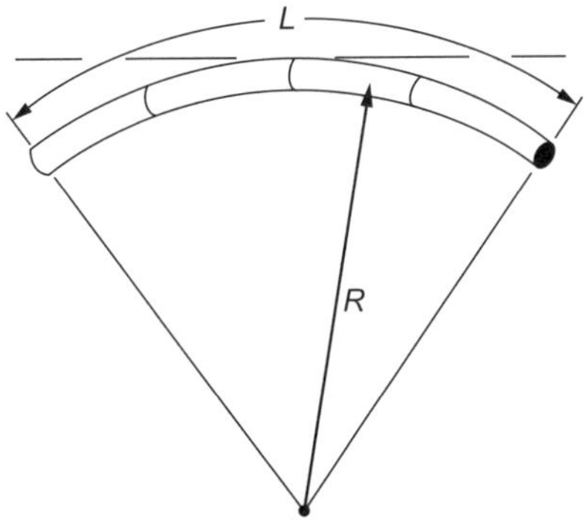

Figure 38.11 – Une poutre fléchie.

© Dunod. Toute reproduction non autorisée est un délit.

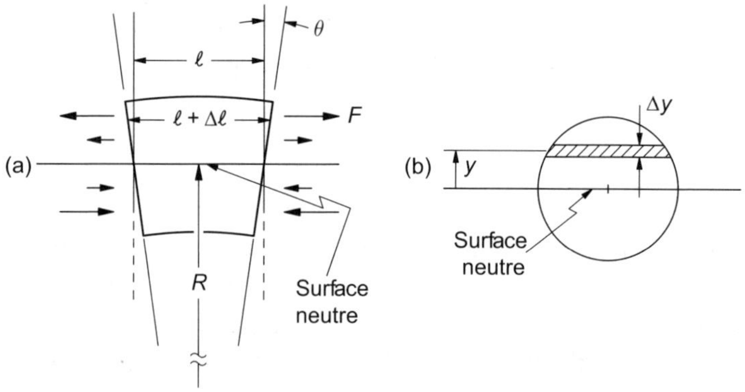

Figure 38.12 – (a) Petit segment d'une poutre fléchie. (b) Coupe de la poutre.

Pour une flexion pure, une tranche mince transversale de barre subit une distorsion telle que celle représentée sur la Fig. 38.12(a). La partie du matériau située au-dessous de la surface neutre subit une contrainte de compression qui est *proportionnel à sa distance à* la surface neutre ; et le matériau situé au-dessus est tendu proportionnellement à sa distance à la surface neutre. *L'allongement* longitudinal Δl est donc proportionnel à la hauteur y. La constante de proportionnalité n'est autre que l divisé par le rayon de courbure de la barre – voir Fig. 38.12 :

$$\frac{\Delta l}{l} = \frac{y}{R}.$$

La force qui s'exerce par unité de surface – la contrainte – sur une petite bande située en y est donc aussi proportionnelle à la distance à la surface neutre

$$\frac{\Delta F}{\Delta A} = Y\,\frac{y}{R}. \tag{38.34}$$

Examinons maintenant les *forces* qui créent une telle déformation. Les forces qui agissent sur le petit segment dessiné sur la Fig. 38.12 sont représentées sur la figure. Si nous imaginons une coupe transversale quelconque, les forces qui agissent sont dans un sens au-dessus et dans l'autre au-dessous de la surface neutre. Elles vont par paire de manière à constituer un « moment de flexion » $\mathfrak{M}$ – nous désignons ainsi le couple par rapport à la ligne neutre. Nous pouvons calculer le moment total en intégrant la force multipliée par la distance à la surface neutre pour une des faces du segment de la Fig. 38.12 :

$$\mathfrak{M} = \int_{\text{section}} y\,dF. \tag{38.35}$$

De l'Éq. (38.34), nous tirons $dF = Yy/RdA$, de sorte que

$$\mathfrak{M} = \frac{Y}{R}\int y^2\,dA.$$

L'intégrale de y^2dA est ce que nous appelons le « moment d'inertie » de la section géométrique par rapport à un axe horizontal passant par son « centre de gravité »[1] ; nous le désignerons par I :

$$\mathfrak{M} = \frac{YI}{R} \tag{38.36}$$

$$I = \int y^2\, dA. \tag{38.37}$$

L'équation (38.36) nous donne donc la relation entre le moment de flexion $\mathfrak{M}$ et la courbure $1/R$ de la poutre. La « rigidité » de la poutre est proportionnelle à Y et au moment d'inertie I. En d'autres termes, si vous voulez la poutre la plus rigide possible faite avec une quantité donnée, disons, d'aluminium, vous devez en mettre le plus possible le plus loin que vous pourrez de la surface neutre, pour réaliser un moment d'inertie élevé. Il ne faut cependant pas pousser cela à l'extrême, car alors l'objet ne se courbera pas comme vous l'avez prévu – il se gauchira ou se tordra et deviendra plus fragile à nouveau. Mais vous comprenez maintenant pourquoi les poutres de construction sont faites en forme de I ou de H – comme on le voit sur la Fig. 38.13.

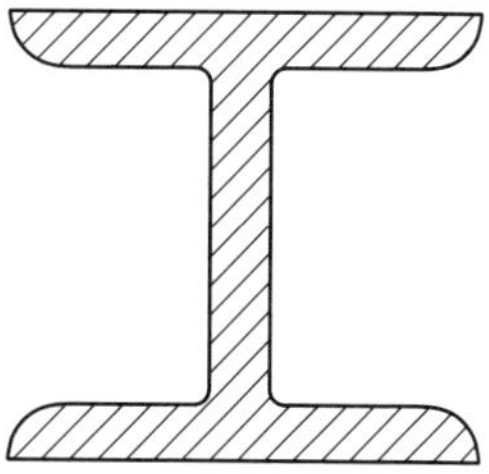

Figure 38.13 – Une poutre en « I ».

Comme application de l'équation de la poutre (38.36), calculons la déformation d'une poutre encastrée soumise à une force W agissant sur l'extrémité libre, comme le montre la Fig. 38.14. (Par « encastrée », nous voulons simplement dire que la poutre est fixée de telle sorte qu'à la fois la position et la pente sont imposées à une extrémité – elle est enfoncée dans un mur en ciment.) Quel est le profil de la poutre ? Appelons z la déviation à la distance x de l'extrémité fixe ; nous cherchons $z(x)$. Nous le calculerons uniquement pour de petites déviations. Nous supposerons aussi que la poutre est longue par rapport à sa section. Comme vous l'avez vu en mathématiques, la courbure $1/R$ d'une courbe $z(x)$ quelconque est donnée par

$$\frac{1}{R} = \frac{d^2z/dx^2}{[1 + (dz/dx)^2]^{3/2}}. \tag{38.38}$$

Comme nous ne considérons que des pentes faibles, – c'est habituellement le cas dans la construction – nous négligeons $(dz/dx)^2$ devant 1, et nous prenons

$$\frac{1}{R} = \frac{d^2z}{dx^2}. \tag{38.39}$$

1. C'est en fait, naturellement, le moment d'inertie d'une tranche de masse unité par unité de surface.

© Dunod. Toute reproduction non autorisée est un délit.

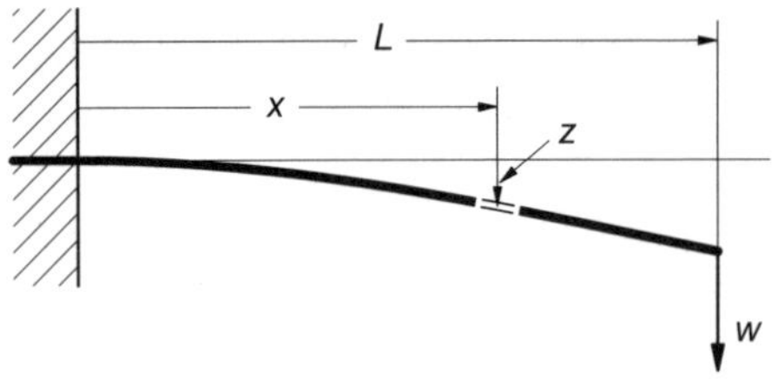

Figure 38.14 – Poutre encastrée soumise à l'action d'un poids à une extrémité.

Nous avons aussi besoin de connaître la valeur du moment de flexion $\mathfrak{M}$. C'est une fonction de x parce qu'il est égal au couple par rapport à l'axe neutre d'une section quelconque. Négligeons le poids de la poutre et ne prenons que la force W dirigée vers le bas et s'exerçant à l'extrémité de la poutre. (Vous pouvez vous-mêmes tenir compte du poids de la poutre si vous le voulez.) Le moment de flexion en x est alors

$$\mathfrak{M}(x) = W(L - x),$$

car c'est le couple par rapport au point x, exercé par le poids W – le couple que doit supporter la poutre en x. Nous obtenons

$$W(L - x) = \frac{YI}{R} = YI\,\frac{d^2z}{dx^2}$$

ou

$$\frac{d^2z}{dx^2} = \frac{W}{YI}(L - x). \tag{38.40}$$

Celle-ci nous pouvons l'intégrer sans aucune astuce ; nous obtenons

$$z = \frac{W}{YI}\left(\frac{Lx^2}{2} - \frac{x^3}{6}\right), \tag{38.41}$$

en utilisant les hypothèses que $z(0) = 0$ et que dz/dx est aussi égal à zéro pour $x = 0$. C'est le profil de la poutre. Le déplacement de l'extrémité est

$$z(L) = \frac{W}{YI}\frac{L^3}{3}; \tag{38.42}$$

le déplacement de l'extrémité de la poutre croît comme le cube de la longueur.

En développant notre théorie approchée de la poutre, nous avons supposé que la section de la poutre ne changeait pas lorsque la poutre fléchissait. Lorsque l'épaisseur de la poutre est faible par rapport au rayon de courbure, la section varie très peu et notre conclusion est bonne. En générale, cependant on ne peut pas négliger cet effet, comme vous pouvez facilement le constater vous-mêmes en courbant une gomme de caoutchouc entre vos doigts. Si la section était initialement rectangulaire, vous constaterez que lorsque la gomme est courbée, la section est bombée vers le bas (voir Fig. 38.15). Cela se produit parce que lorsque nous comprimons le bas, le matériau se dilate sur les côtés – comme le décrit la relation de Poisson. Le caoutchouc est facile à courber ou à tendre, mais il se comporte quelque peu comme un liquide parce qu'il est difficile de changer son *volume* – comme cela apparaît de façon frappante lorsque vous courbez une gomme. Pour un matériau incompressible, le rapport de Poisson doit être exactement égal à 1/2 – pour le caoutchouc c'est presque ça.

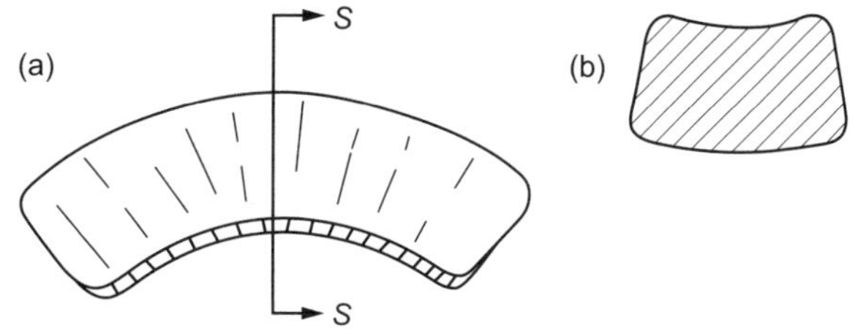

Figure 38.15 – (a) Une gomme courbée ; (b) coupe.

38.5 FLAMBAGE

Nous allons maintenant utiliser notre théorie des poutres pour essayer de saisir le mécanisme du « flambage » des poutres, ou des colonnes ou des tiges. Considérez le cas représenté sur la Fig. 38.16 dans lequel une tige qui serait normalement droite est maintenue courbe par deux forces opposées qui poussent sur les extrémités de la tige. Nous voudrions calculer le profil de la tige et *l'intensité des forces* qui s'exercent sur les extrémités.

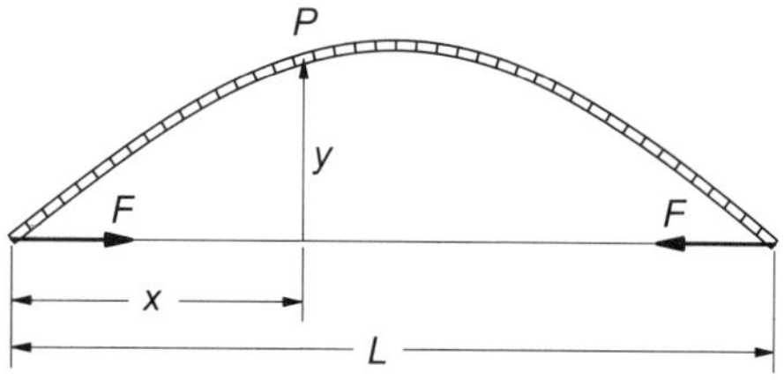

Figure 38.16 – Poutre soumise à un effort de flambage.

Soit $y(x)$ l'écart que présente la tige avec la ligne droite passant par ses extrémités, où x est la distance à une extrémité. Le moment de flexion $\mathfrak{M}$ au point P de la figure est égal à la force F multipliée par le bras de levier, qui est la distance perpendiculaire y,

$$\mathfrak{M}(x) = Fy. \tag{38.43}$$

En utilisant l'équation de la poutre (38.36), nous obtenons

$$\frac{YI}{R} = Fy. \tag{38.44}$$

Pour de petites déviations nous pouvons prendre $1/R = -d^2y/dx^2$ (le signe moins est nécessaire parce que la courbure est vers le bas). Nous obtenons

$$\frac{d^2y}{dx^2} = -\frac{F}{YI}y, \tag{38.45}$$

qui est l'équation différentielle d'une onde sinusoïdale. Pour de *petites* déviations la courbe d'une telle poutre fléchie est une sinusoïde. La « longueur d'onde » de l'onde sinusoïdale est égale au double de la distance entre les extrémités. Si la flexion est faible, c'est juste deux fois la longueur de la tige non fléchie. La courbe est donc

$$y = K \sin \pi x/L.$$

© Dunod. Toute reproduction non autorisée est un délit.

En prenant la dérivée seconde, nous obtenons

$$\frac{d^2y}{dx^2} = -\frac{\pi^2}{L^2}\,y.$$

En comparant cette relation avec l'Éq. (38.45), nous voyons que la force est

$$F = \pi^2\,\frac{YI}{L^2}. \tag{38.46}$$

Pour de petites flexions, la force est *indépendante du déplacement* y !

Physiquement, nous avons alors les faits suivants. Si la force est inférieure à la force F donnée par l'Éq. (38.46), il n'y aura pas de flexion du tout. Mais si elle est légèrement *plus grande* que cette force, le matériau fléchira soudainement de beaucoup – c'est-à-dire que pour des forces supérieures à la force critique $\pi^2 YI/L^2$ (souvent appelée « force d'Euler ») la poutre « flambera ». Si la charge du second étage d'un bâtiment est plus grande que la force d'Euler pour les piliers de support, le bâtiment s'écroulera. Un autre domaine où la force de flambage est très importante est celui des fusées spatiales. D'une part, la fusée doit être capable de supporter son propre poids sur la plate-forme de lancement et de résister aux efforts pendant l'accélération ; d'autre part, il est important de garder à la structure un poids minimal, de façon à ce que la charge utile et la capacité en carburant soient les plus grands possibles.

En réalité, une poutre ne s'affaisse pas nécessairement complètement lorsque la force est plus grande que la force d'Euler. Lorsque les déplacements deviennent plus importants, la force est plus grande que celle que nous avons trouvée, à cause des termes en $1/R$ de l'Éq. (38.38) que nous avons négligés. Pour trouver les forces qui se manifestent pour des flexions importantes de la poutre, nous devons revenir à l'équation exacte, Éq. (38.44), que nous avions avant d'utiliser la relation approchée entre R et y. L'équation (38.44) a une propriété géométrique assez simple[2]. C'est un peu difficile à établir mais assez intéressant. Au lieu de décrire la courbe en fonction de x et y, nous pouvons utiliser deux nouvelles variables : la distance S le long de la courbe, et la pente θ de la tangente à la courbe. Voir Fig. 38.17. La courbure est la dérivée de l'angle par rapport à la distance :

$$\frac{1}{R} = \frac{d\theta}{dS}.$$

Nous pouvons donc écrire l'équation exacte (38.44) sous la forme

$$\frac{d\theta}{dS} = -\frac{F}{YI}\,y.$$

Si nous prenons la dérivée de cette équation par rapport à S et remplaçons dy/dS par $\sin\theta$, nous obtenons

$$\frac{d^2\theta}{dS^2} = -\frac{F}{YI}\sin\theta. \tag{38.47}$$

[Si θ est petit, nous retrouvons l'Éq. (38.45). Tout est parfait.]

2. On retrouve incidemment la même équation dans d'autres problèmes de physique – par exemple, le ménisque à la surface d'un liquide contenu entre des plans parallèles – et la même solution géométrique peut être utilisée.

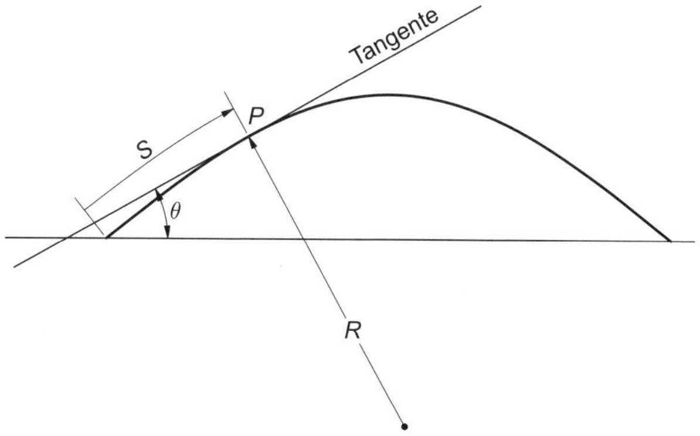

Figure 38.17 – Les coordonnées S et θ de la courbe d'une poutre fléchie.

Maintenant cela peut ou non vous réjouir de savoir que l'Éq. (38.47) est exactement la même équation que vous obtenez pour de grandes oscillations d'un pendule $-F/YI$ étant alors bien entendu remplacé par une autre constante. Nous avons appris au chapitre 9, Vol. I, à trouver la solution d'une telle équation à l'aide de méthodes numériques[3]. Les réponses que vous obtenez se traduisent par des courbes fascinantes – connues sous le nom de courbes de « l'Elastica ». La Fig. 38.18 représente trois courbes obtenues pour diverses valeurs de F/YI.

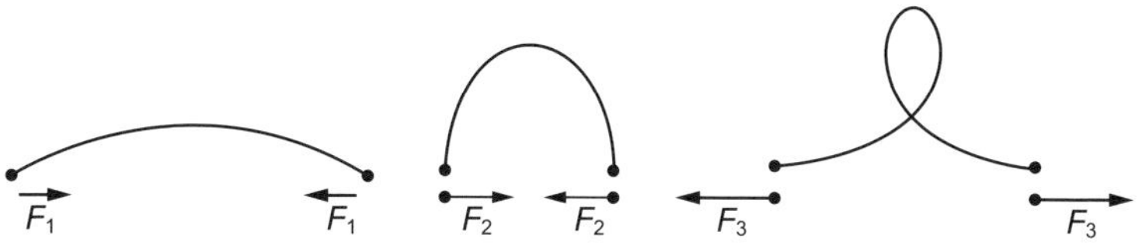

Figure 38.18 – Courbes d'une poutre fléchie.

© Dunod. Toute reproduction non autorisée est un délit.

3. Les solutions peuvent aussi s'exprimer en fonction de certaines fonctions appelées « fonctions elliptiques de Jacobi », que d'autres ont déjà calculées.

MILIEUX ÉLASTIQUES 39

39.1 LE TENSEUR DES DÉFORMATIONS

Dans le chapitre précédent nous avons parlé des déformations de certains objets élastiques particuliers. Nous allons, dans ce chapitre, étudier ce qui se passe *en général* à l'intérieur d'un milieu élastique. Nous voudrions pouvoir décrire les conditions de contraintes et de déformations dans un grand morceau de gélatine tordu et pressé d'une façon compliquée. Pour ce faire, il nous faut décrire la *déformation locale* en tout point d'un corps élastique ; nous pouvons le faire en nous donnant un ensemble de six nombres – qui sont les composantes d'un tenseur symétrique – en chaque point. Un peu plus haut nous avons parlé du tenseur des contraintes (chapitre 31) ; il nous faut maintenant le tenseur des déformations.

Imaginons qu'initialement, le milieu n'a pas subi de contraintes, et observons le mouvement d'un petit grain « d'impureté » noyé dans le milieu quand on lui applique une contrainte. Un grain qui se trouvait au point P repéré par $\boldsymbol{r} = (x, y, z)$ se déplace vers une position nouvelle P' repérée par $\boldsymbol{r}' = (x', y', z')$ comme sur la Fig. 39.1. Soit $\boldsymbol{u}$ le vecteur déplacement de P en P'. Alors

$$\boldsymbol{u} = \boldsymbol{r}' - \boldsymbol{r}. \tag{39.1}$$

Le déplacement $\boldsymbol{u}$ dépend évidemment du point P d'où nous sommes partis, de sorte que $\boldsymbol{u}$ est une fonction vectorielle de $\boldsymbol{r}$ – ou si vous préférez, une fonction de (x, y, z).

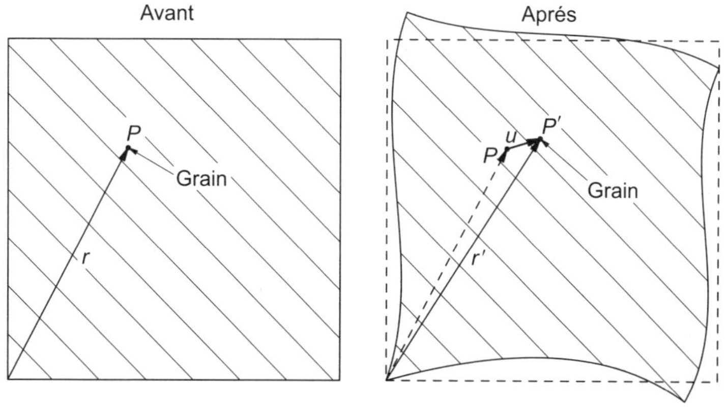

Figure 39.1 – Un grain de matière en un point P dans un bloc non déformé vient en P' quand le bloc est déformé.

© Dunod. Toute reproduction non autorisée est un délit.

Examinons d'abord un cas simple où la déformation dans tout le milieu est constante – nous avons ainsi ce qu'on appelle une *déformation homogène*. Imaginons par exemple qu'on étire uniformément un bloc d'une certaine substance. Nous changeons simplement ses dimensions uniformément dans une seule direction – soit dans la direction des x, comme sur la Fig. 39.2. Le déplacement u_x d'un grain en x est proportionnel à x. En fait,

$$\frac{u_x}{x} = \frac{\Delta l}{l}.$$

Nous écrirons u_x sous la forme :

$$u_x = e_{xx}x.$$

La constante de proportionnalité e_{xx} est, évidemment, la même chose que $\Delta l/l$. (Vous verrez dans un instant pourquoi nous utilisons deux indices.)

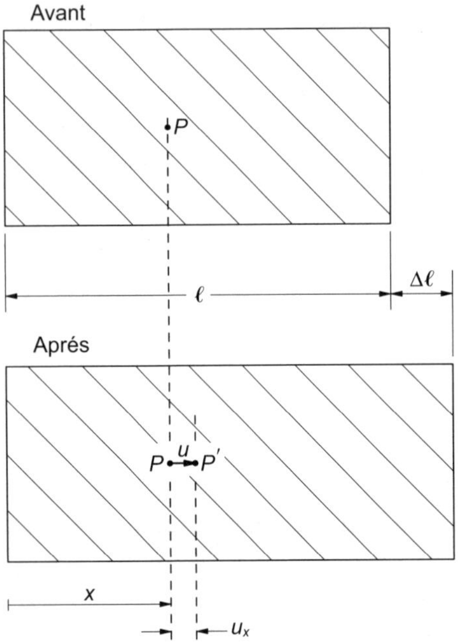

Figure 39.2 – Une déformation du type allongement.

Si la déformation n'est pas uniforme, la relation entre u_x et x varie d'un point à un autre du milieu. Dans le cas général, nous définissons e_{xx} par une sorte de $\Delta l/l$ local, soit par

$$e_{xx} = \partial u_x/\partial x. \tag{39.2}$$

Ce nombre – qui est maintenant une fonction de x, y et z – nous indique de combien s'est allongé, dans la direction des x, le morceau de gélatine. Il peut y avoir aussi un allongement dans la direction des y et des z. Nous les représentons par les nombres

$$e_{yy} = \frac{\partial u_y}{\partial y}, \qquad e_{zz} = \frac{\partial u_z}{\partial z}. \tag{39.3}$$

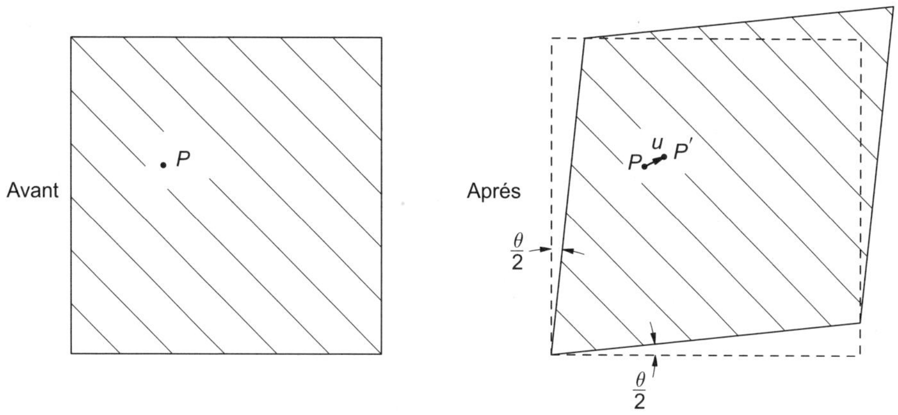

Figure 39.3 – Une déformation homogène de cisaillement.

Nous voulons aussi pouvoir décrire les déformations du type cisaillement. Imaginons un petit cube repéré dans le bloc de gélatine initialement non perturbée. Quand la gélatine est déformée, ce cube peut être transformé en un parallélogramme, comme on l'a schématisé sur la Fig. 39.3 [1]. Dans ce type de déformation, le déplacement suivant les x de chaque particule est proportionnel à sa coordonnée y,

$$u_x = \frac{\theta}{2}y. \tag{39.4}$$

Et il y a aussi un déplacement suivant les y proportionnel à x,

$$u_y = \frac{\theta}{2}x. \tag{39.5}$$

Nous pouvons donc décrire une telle déformation du type cisaillement par

$$u_x = e_{xy}y, \qquad u_y = e_{yx}x$$

avec

$$e_{xy} = e_{yx} = \frac{\theta}{2}.$$

Maintenant vous pourriez penser que si les déformations ne sont pas homogènes, nous pourrons décrire les déformations de cisaillement généralisées en définissant les grandeurs e_{xy} et e_{yx} par

$$e_{xy} = \frac{\partial u_x}{\partial y}, \qquad e_{yx} = \frac{\partial u_y}{\partial x}. \tag{39.6}$$

Mais il y a une difficulté. Imaginez que les déplacements u_x et u_y soient donnés par

$$u_x = \frac{\theta}{2}y, \qquad u_y = -\frac{\theta}{2}x$$

1. Nous choisissons pour l'instant de diviser en deux angles égaux l'angle total de cisaillement θ, et de considérer une déformation symétrique en x et y.

© Dunod. Toute reproduction non autorisée est un délit.

Ils ressemblent aux Éqs. (39.4) et (39.5) au signe de u_y près, qui est inversé. Avec ces déplacements un petit cube de gélatine est simplement déplacé d'un angle $\theta/2$, comme on le voit sur la Fig. 39.4. Il n'y a aucune déformation – simplement une rotation dans l'espace. Il n'y a pas de distorsion du milieu ; les positions *relatives* de tous les atomes ne sont pas du tout modifiées. Nous devons nous arranger pour prendre des définitions qui n'incluent pas les rotations pures dans nos définitions d'une déformation de cisaillement. Le point clé, c'est que, si $\partial u_y/\partial x$ et $\partial u_x/\partial y$ sont égales et opposées, il n'y a pas de déformation ; nous pouvons donc arranger les choses en *définissant*

$$e_{xy} = e_{yx} = \frac{1}{2}\left(\partial u_y/\partial x + \partial u_x/\partial y\right).$$

Pour une rotation pure, elles sont toutes deux nulles, mais pour un cisaillement pur, nous obtenons e_{xy} égal à e_{yx} comme souhaité.

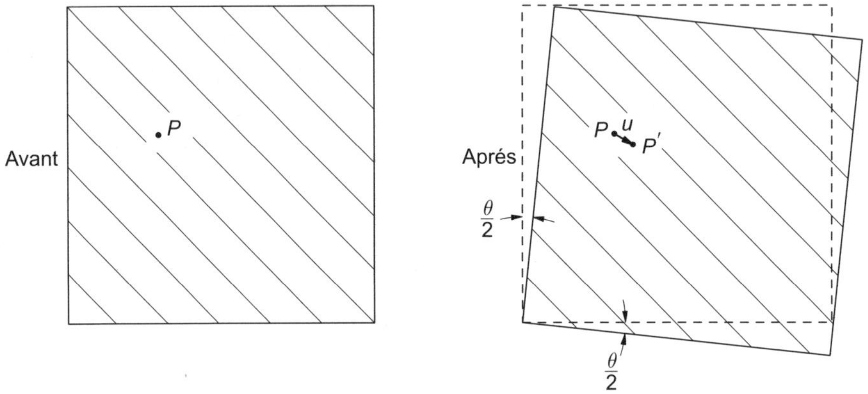

Figure 39.4 – Une rotation homogène – il n'y a pas de déformation.

Dans le cas le plus général de déformation – qui peut comprendre l'étirement et la compression aussi bien que le cisaillement – nous *définissons* l'état de déformation par la donnée des neuf nombres

$$\begin{aligned} e_{xx} &= \frac{\partial u_x}{\partial x}, \\ e_{yy} &= \frac{\partial u_y}{\partial y}, \\ &\vdots \\ e_{xy} &= \frac{1}{2}\left(\partial u_y/\partial x + \partial u_x/\partial y\right), \\ &\vdots \end{aligned} \tag{39.7}$$

Tels sont les termes d'un *tenseur des déformations*. Comme c'est un *tenseur symétrique* – nos définitions imposent toujours $e_{xy} = e_{yx}$ – il n'y a en réalité que six nombres différents. Vous vous rappelez (voir chapitre 31) que la caractéristique générale d'un tenseur est que ses termes se transforment comme les produits des composantes de deux vecteurs. (Si $\boldsymbol{A}$ et $\boldsymbol{B}$ sont des vecteurs, $C_{ij} = A_i B_j$ est un tenseur.) Chaque terme de e_{ij} est un produit (ou la somme de tels produits) des composantes du vecteur $\boldsymbol{u} = (u_x, u_y, u_z)$ et de l'opérateur $\nabla = (\partial/\partial x, \partial/\partial y, \partial/\partial z)$ qui, nous le savons, se transforme comme un vecteur. Posons x_1, x_2 et x_3 à la place de x, y et z et u_1, u_2 et u_3 à la place de u_x, u_y et u_z ; nous pouvons alors écrire le terme général e_{ij} du tenseur des déformations sous la forme

$$e_{ij} = \tfrac{1}{2}\left(\partial u_j/\partial x_i + \partial u_i/\partial x_j\right), \tag{39.8}$$

où i et j peuvent être 1, 2 ou 3.

Quand nous avons une déformation homogène – qui peut comprendre à la fois un étirement et un cisaillement – tous les e_{ij} sont constants et nous pouvons écrire

$$u_x = e_{xx}x + e_{xy}y + e_{xz}z. \tag{39.9}$$

(Nous choisissons notre origine des x, y, z au point où $\boldsymbol{u}$ est nul.) Dans ce cas, le tenseur des déformations e_{ij} fournit une relation entre deux vecteurs : le vecteur position $\boldsymbol{r} = (x, y, z)$ et le vecteur déplacement $\boldsymbol{u} = (u_x, u_y, u_z)$.

Quand les déformations ne sont pas homogènes, tout morceau de gélatine peut aussi être tordu – il y aura une rotation locale. Si les déformations sont toutes petites, nous aurons

$$\Delta u_i = \sum_j \left(e_{ij} - \omega_{ij}\right) \Delta x_j, \tag{39.10}$$

où ω_{ij} est un tenseur *antisymétrique*,

$$\omega_{ij} = \frac{1}{2}\left(\partial u_j/\partial x_i - \partial u_i/\partial x_j\right), \tag{39.11}$$

qui représente la rotation. Cependant, nous ne nous préoccuperons plus des rotations, mais seulement des déformations représentées par le tenseur symétrique e_{ij}.

39.2 Le tenseur de l'élasticité

Maintenant que nous avons décrit les déformations, nous allons les relier aux forces internes – les contraintes dans la matière. Pour chaque parcelle de matière, nous admettons la loi de Hooke et nous écrivons que les contraintes sont proportionnelles aux déformations. Au chapitre 31 nous avons défini le tenseur des contraintes S_{ij} comme la $i$ème composante de la force à travers l'unité de surface perpendiculaire au $j$ème axe. D'après la loi de Hooke, chaque composante S_{ij} est reliée linéairement à *chacune* des composantes de la déformation. Comme S et e ont chacun neuf composantes, il y a $9 \times 9 = 81$ coefficients possibles pour décrire les propriétés élastiques de la matière. Ils sont constants si le milieu lui-même est homogène. Nous écrirons ces coefficients sous la forme C_{ijkl} et nous les définirons par l'équation

$$S_{ij} = \sum_{k,l} C_{ijkl} e_{kl}, \tag{39.12}$$

© Dunod. Toute reproduction non autorisée est un délit.

où i, j, k, l prennent tous les valeurs 1, 2 ou 3. Comme les coefficients C_{ijkl} relient un tenseur à un autre, ils forment aussi un tenseur – c'est un tenseur de *rang quatre*. Nous pouvons l'appeler le *tenseur d'élasticité*.

Imaginons que tous les C soient connus et qu'on applique une force compliquée à un objet d'une certaine forme. Il y aura toutes sortes de déformations, et l'objet se stabilisera sous une certaine forme tordue. Quels sont les déplacements ? Vous vous rendez compte que c'est là un problème complexe. Si vous connaissiez les déformations vous pourriez, à partir de l'Éq. (39.12), trouver les contraintes – ou vice versa. Mais les contraintes et les déformations qui s'établissent finalement, en un point donné dépendent de ce qui se passe dans tout le reste de la matière.

La façon la plus simple d'aborder le problème est de penser à l'énergie. Quand il y a une force F proportionnelle au déplacement x, disons $F = kx$, le travail nécessaire à un déplacement x est $kx^2/2$. De même, le travail w qu'il faut fournir à *chaque unité de volume* de matière déformée se trouve être de la forme

$$w = \frac{1}{2}\sum_{ijkl} C_{ijkl}\, e_{ij}\, e_{kl}. \tag{39.13}$$

Le travail total W fourni pour déformer tout le corps est l'intégrale de w étendue à tout le volume :

$$W = \int \tfrac{1}{2}\sum_{ijkl} C_{ijkl}\, e_{ij}\, e_{kl}\, dV. \tag{39.14}$$

Ceci est donc l'énergie potentielle emmagasinée dans les contraintes internes de la matière. Or, quand un corps est en équilibre, cette énergie interne doit être *minimum*. Ainsi, le problème de la recherche des déformations d'un corps peut être résolu en trouvant l'ensemble des déplacements $\boldsymbol{u}$ dans tout le corps qui rendent W minimum. Au chapitre 19 nous avons donné quelques idées générales sur le calcul des variations et on les utilise dans de nombreux problèmes de minimum tels que celui-ci. Nous ne pouvons pas, ici, traiter le problème de façon plus détaillée.

Ce qui nous intéresse surtout, maintenant, c'est ce que nous pourrons dire des propriétés générales du tenseur d'élasticité. En premier lieu, il est clair qu'il n'y a *pas* réellement 81 termes *différents* dans C_{ijkl}. Comme S_{ij} et e_{ij} sont tous deux des tenseurs symétriques, chacun avec six termes différents seulement, il peut y avoir au plus 36 termes différents dans C_{ijkl}. Cependant, il y en a en général beaucoup moins que cela.

Considérons le cas particulier d'un cristal cubique. Dans un tel cristal, la densité d'énergie w commence ainsi :

$$\begin{aligned} w = \tfrac{1}{2}\Big\{C_{xxxx}e_{xx}^2 &+ C_{xxxy}e_{xx}e_{xy} + C_{xxxz}e_{xx}e_{xz} \\ &+ C_{xxyx}e_{xx}e_{xy} + C_{xxyy}e_{xx}e_{yy} \ldots \text{etc} \ldots \\ &+ C_{yyyy}e_{yy}^2 + \ldots \text{etc} \ldots \text{etc} \ldots\Big\}, \end{aligned} \tag{39.15}$$

avec 81 termes en tout ! Or, un cristal cubique possède certaines symétries. En particulier, si on fait tourner le cristal de 90°, il a les mêmes propriétés physiques. Il présente la même dureté à l'allongement dans la direction des y que dans la direction des x. Par suite, si nous changeons notre définition des axes de coordonnées x et y dans l'Éq. (39.15), l'énergie ne change pas. C'est donc que dans un cristal cubique

$$C_{xxxx} = C_{yyyy} = C_{zzzz}. \tag{39.16}$$

Puis nous pouvons montrer que les termes comme C_{xxxy} doivent être nuls. Un cristal cubique a la propriété d'être symétrique par réflexion sur tout plan perpendiculaire à l'un des axes. Changer y en $-y$ ne change rien. Mais changer y en $-y$ change e_{xy} en $-e_{xy}$ – un déplacement qui avait lieu suivant $+y$ est maintenant suivant $-y$. Si l'énergie ne doit pas changer, C_{xxxy} doit se changer en $-C_{xxxy}$ par réflexion. Mais le cristal réfléchi est le même qu'avant, dont C_{xxxy} doit être *égal* à $-C_{xxxy}$. Ceci n'est possible que s'ils sont tous deux nuls.

Vous allez dire, « mais le même raisonnement est valable pour $C_{yyyy} = 0$! » Non, car il y a *quatre y*. Le signe change une fois par y, et quatre signes moins font un signe plus. S'il y a *deux* ou *quatre y*, il n'est pas nécessaire que le terme soit nul. Il n'est nul que s'il y en a *un* ou *trois*. Ainsi, pour un cristal cubique, tout terme non nul de C aura seulement un *nombre pair* d'indices identiques. (Les raisonnements faits sur y sont évidemment valables pour x et z.) Nous pourrons donc avoir des termes tels que C_{xxyy}, C_{xyxy}, C_{xyyx}, et ainsi de suite. Nous avons déjà montré cependant que si nous changeons tous les x en y et vice versa (ou tous les z en x, et ainsi de suite) nous devons avoir – pour un cristal cubique – le même nombre. Ceci entraîne qu'il n'y a *que trois possibilités différentes* non nulles :

$$\begin{aligned} &C_{xxxx}\ (= C_{yyyy} = C_{zzzz}),\\ &C_{xxyy}\ (= C_{yyxx} = C_{xxzz},\ \text{etc.}),\\ &C_{xyxy}\ (= C_{yxyx} = C_{xzxz},\ \text{etc.}). \end{aligned} \tag{39.17}$$

Pour un cristal cubique, donc, la densité de l'énergie sera de la forme :

$$\begin{aligned} w = \tfrac{1}{2}\Big\{&C_{xxxx}\left(e_{xx}^2 + e_{yy}^2 + e_{zz}^2\right)\\ &+ 2C_{xxyy}\left(e_{xx}e_{yy} + e_{yy}e_{zz} + e_{zz}e_{xx}\right)\\ &+ 4C_{xyxy}\left(e_{xy}^2 + e_{yz}^2 + e_{zx}^2\right)\Big\}. \end{aligned} \tag{39.18}$$

Pour un milieu isotrope – c'est-à-dire non cristallin – la symétrie est encore plus grande. Les C doivent être les mêmes *quel que soit* le système de coordonnées choisi. Il s'ensuit qu'il existe une autre relation entre les C, à savoir,

$$C_{xxxx} = C_{xxyy} + C_{xyxy}. \tag{39.19}$$

Nous pouvons voir qu'il en est bien ainsi par le raisonnement général suivant. Le tenseur des contraintes S_{ij} doit être relié à e_{ij} d'une façon absolument indépendante des axes de coordonnées – il doit être relié seulement par des grandeurs *scalaires*. « C'est facile », direz-vous. « La seule façon d'obtenir S_{ij} à partir de e_{ij}, c'est en multipliant par un

© Dunod. Toute reproduction non autorisée est un délit.

scalaire constant. C'est simplement la loi de Hooke. On doit avoir $S_{ij} = (\text{cte})e_{ij}$. » Mais ceci n'est pas tout à fait exact ; il pourrait aussi y avoir le *tenseur unité* δ_{ij} multiplié par un certain scalaire, relié linéairement à e_{ij}. Le seul invariant qui soit linéaire en e est $\sum e_{ii}$. (Il se transforme comme $x^2 + y^2 + z^2$, qui est un scalaire.) Donc, la forme la plus générale de l'équation reliant S_{ij} à e_{ij} – pour des milieux isotropes – est

$$S_{ij} = 2\mu e_{ij} + \lambda\left(\sum_k e_{kk}\right)\delta_{ij}. \tag{39.20}$$

(La première constante s'écrit en général *deux* fois μ ; le coefficient μ est alors égal au module de cisaillement que nous avons déjà défini dans le chapitre précédent.) Les constantes μ et λ s'appellent les constantes élastiques de Lamé. Comparant l'Éq. (39.20) à l'Éq. (39.12), vous voyez que

$$\begin{aligned} C_{xxyy} &= \lambda, \\ C_{xyxy} &= 2\mu, \\ C_{xxxx} &= 2\mu + \lambda. \end{aligned} \tag{39.21}$$

Nous avons donc démontré que l'Éq. (39.19) est bien vraie. Vous voyez aussi que les propriétés élastiques d'un milieu isotrope sont complètement définies par la donnée de deux constantes, comme nous l'avions dit dans le chapitre précédent.

Les C peuvent s'exprimer en fonction de deux quelconques des constantes élastiques que nous avons déjà utilisées – par exemple, en fonction du module de Young Y et du rapport de Poisson σ. Nous vous laisserons démontrer que

$$\begin{aligned} C_{xxxx} &= \frac{Y}{1+\sigma}\left(1 + \frac{\sigma}{1-2\sigma}\right), \\ C_{xxyy} &= \frac{Y}{1+\sigma}\left(\frac{\sigma}{1-2\sigma}\right), \\ C_{xyxy} &= \frac{Y}{1+\sigma}. \end{aligned} \tag{39.22}$$

39.3 Les mouvements dans un corps élastique

Nous avons fait remarquer que, pour un corps élastique *en équilibre*, les contraintes internes s'arrangent pour que l'énergie soit minimum. Voyons maintenant ce qui se passe quand les forces internes *ne sont pas* en équilibre. Considérons une petite portion de matière limitée par une surface A. Voir Fig. 39.5. Si cette portion est en équilibre, la force résultante $\boldsymbol{F}$ agissant sur elle doit être nulle. Nous pouvons imaginer que cette force est formée de deux composantes. Une composante serait due à des forces « extérieures » comme la gravitation qui agissent à distance sur la matière de la portion en créant une

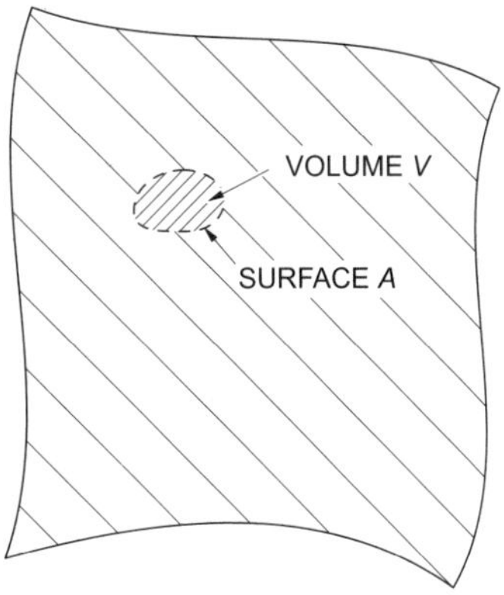

Figure 39.5 – Un petit élément de volume *V* limité par la surface *A*.

force par unité de volume f_{ext}. La résultante des forces extérieures est l'intégrale de f_{ext} étendue au volume de la portion :

$$\boldsymbol{F}_{\text{ext}} = \int \boldsymbol{f}_{\text{ext}}\, dV. \tag{39.23}$$

À l'équilibre, cette force serait équilibrée par la résultante des forces intérieures $\boldsymbol{F}_{\text{int}}$ due à la matière environnante et agissant à travers la surface A. Quand la portion n'est pas en équilibre – si elle est en mouvement – la somme des forces internes et externes est égale au produit de la masse par l'accélération. Nous aurons

$$\boldsymbol{F}_{\text{ext}} + \boldsymbol{F}_{\text{int}} = \int \rho \ddot{\boldsymbol{r}}\, dV, \tag{39.24}$$

où ρ est la densité de la matière et $\ddot{\boldsymbol{r}}$, son accélération. Combinant alors les Éqs. (39.23) et (39.24), nous écrirons

$$\boldsymbol{F}_{\text{int}} = \int_v (-\boldsymbol{f}_{\text{ext}} + \rho \ddot{\boldsymbol{r}})\, dV. \tag{39.25}$$

Nous simplifierons l'écriture en définissant

$$\boldsymbol{f} = -\boldsymbol{f}_{\text{ext}} + \rho \ddot{\boldsymbol{r}}. \tag{39.26}$$

De sorte que l'Éq. (39.25) s'écrit

$$\boldsymbol{F}_{\text{int}} = \int_v \boldsymbol{f}\, dV. \tag{39.27}$$

Ce que nous avons appelé $\boldsymbol{F}_{\text{int}}$ est relié aux contraintes dans la matière. Le tenseur des contraintes S_{ij} a été défini (chapitre 31) de façon que la composante x de la force dF à travers un élément de surface da, dont le vecteur unitaire de la normale est $\boldsymbol{n}$, est donnée par

$$dF_x = \left(S_{xx}n_x + S_{xy}n_y + S_{xz}n_z\right) da. \tag{39.28}$$

© Dunod. Toute reproduction non autorisée est un délit.

La composante x de la force intérieure $\boldsymbol{F}_{\text{int}}$ agissant sur notre petite portion est l'intégrale de dF_x étendue à toute la surface. Substituant ceci dans la composante x de l'Éq. (39.27), nous obtenons

$$\int_A \left(S_{xx}n_x + S_{xy}n_y + S_{xz}n_z\right) da = \int_v f_x \, dV. \tag{39.29}$$

Nous avons une intégrale de surface reliée à une intégrale de volume – et ceci nous rappelle quelque chose appris en électricité. Remarquez que si vous ne tenez pas compte du premier indice x relatif à chacun des S du membre de gauche de l'Éq. (39.29), ceci ressemble tout à fait à l'intégrale d'une quantité « $\boldsymbol{S}$ » $\cdot \, \boldsymbol{n}$ – c'est-à-dire la composante normale d'un vecteur – étendue à la surface. Ce serait le flux de « $\boldsymbol{S}$ » sortant du volume. Ce qui pourrait s'écrire, en appliquant le théorème de Gauss, sous forme d'une intégrale de volume de la divergence de « $\boldsymbol{S}$ ». En fait, ceci est vrai, que l'indice x soit ou non – c'est un théorème mathématique que l'on obtient en intégrant par parties. En d'autres termes, nous pouvons transformer l'Éq. (39.29) en

$$\int_v \left(\frac{\partial S_{xx}}{\partial x} + \frac{\partial S_{xy}}{\partial y} + \frac{\partial S_{xz}}{\partial z}\right) dV = \int_v f_x \, dV. \tag{39.30}$$

Nous pouvons alors abandonner les intégrales de volume et écrire l'équation différentielle de la composante générale de f sous la forme

$$f_i = \sum_j \frac{\partial S_{ij}}{\partial x_j}. \tag{39.31}$$

Ceci nous donne la relation entre la force par unité de volume et le tenseur des contraintes S_{ij}.

La théorie des mouvements dans un solide se fait comme suit. Si nous partons de déplacements initiaux connus – donnés par $\boldsymbol{u}$ – nous pouvons calculer les déformations e_{ij}. À partir des déformations, nous calculons les contraintes par l'Éq. (39.12). À partir des contraintes nous obtenons la densité de force f par l'Éq. (39.31). Connaissant f, nous tirons de l'Éq. (39.26) l'accélération $\ddot{\boldsymbol{r}}$ de la matière qui nous donne l'évolution des déplacements. Regroupant tout ceci, nous obtenons l'horrible équation du mouvement pour un solide élastique. Nous écrirons simplement les résultats dans le cas d'un milieu isotrope. Si vous prenez (39.20) pour S_{ij}, et écrivez, pour e_{ij}, $\frac{1}{2}(\partial u_i/\partial x_j + \partial u_j/\partial x_i)$, vous aboutissez à l'équation vectorielle

$$\boldsymbol{f} = (\lambda + \mu)\,\boldsymbol{\nabla}(\boldsymbol{\nabla} \cdot \boldsymbol{u}) + \mu\,\nabla^2 \boldsymbol{u}. \tag{39.32}$$

Vous pouvez, en fait, vérifier que l'équation reliant f et $\boldsymbol{u}$ *doit* être de cette forme. La force doit dépendre des dérivées secondes des déplacements $\boldsymbol{u}$. Quelles sont les dérivées secondes de $\boldsymbol{u}$ qui soient des vecteurs ? L'une est $\boldsymbol{\nabla}(\boldsymbol{\nabla} \cdot \boldsymbol{u})$; ce qui est un vrai vecteur. La seule autre est $\nabla^2 \boldsymbol{u}$. Donc, la forme la plus générale est

$$\boldsymbol{f} = a\,\boldsymbol{\nabla}(\boldsymbol{\nabla} \cdot \boldsymbol{u}) + b\,\nabla^2 \boldsymbol{u},$$

qui n'est autre que (39.32), avec une définition différente des constantes. Pourquoi n'aurions-nous pas un troisième terme en $\nabla \times \nabla \times \boldsymbol{u}$, qui est aussi un vecteur. Mais rappelez-vous que $\nabla \times \nabla \times \boldsymbol{u}$ est la même chose que $\nabla(\nabla \cdot \boldsymbol{u}) - \nabla^2 \boldsymbol{u}$ c'est donc une combinaison linéaire des deux termes cités. Ajouter cette combinaison ne conduit à rien de nouveau. Nous avons, encore une fois, démontré que les milieux isotropes n'ont que deux constantes élastiques.

Pour l'équation du mouvement de la matière, nous pouvons poser (39.32) égale à $\rho\partial^2\boldsymbol{u}/\partial t^2$ – négligeant pour l'instant toute force en volume telle que la gravitation – et nous obtenons

$$\rho \frac{\partial^2 \boldsymbol{u}}{\partial t^2} = (\lambda + \mu)\, \nabla(\nabla \cdot \boldsymbol{u}) + \mu \nabla^2 \boldsymbol{u}. \qquad (39.33)$$

Cette équation ressemble un peu à l'équation d'onde trouvée en électromagnétisme, à l'exception d'un terme supplémentaire qui complique les choses. Pour les milieux dont les propriétés élastiques sont les mêmes partout, nous pouvons voir ce que sont les solutions générales, de la façon suivante. Rappelez-vous que tout champ de vecteurs peut être considéré comme la somme de deux vecteurs : un dont la divergence est nulle, et un autre dont le rotationnel est nul. En d'autres termes nous pouvons poser

$$\boldsymbol{u} = \boldsymbol{u}_1 + \boldsymbol{u}_2, \qquad (39.34)$$

avec

$$\nabla \cdot \boldsymbol{u}_1 = 0, \qquad \nabla \times \boldsymbol{u}_2 = 0. \qquad (39.35)$$

En substituant $\boldsymbol{u}_1 + \boldsymbol{u}_2$ à $\boldsymbol{u}$ dans (39.33), nous obtenons

$$\rho\, \partial^2/\partial t^2 [\boldsymbol{u}_1 + \boldsymbol{u}_2] = (\lambda + \mu)\, \nabla(\nabla \cdot \boldsymbol{u}_2) + \mu \nabla^2 (\boldsymbol{u}_1 + \boldsymbol{u}_2). \qquad (39.36)$$

Éliminons $\boldsymbol{u}_1$ en prenant la divergence de cette équation,

$$\rho\, \partial^2/\partial t^2 (\nabla \cdot \boldsymbol{u}_2) = (\lambda + \mu)\, \nabla^2 (\nabla \cdot \boldsymbol{u}_2) + \mu\, \nabla \cdot \nabla^2 (\boldsymbol{u}_2).$$

Comme les opérateurs (∇^2) et $(\nabla \cdot)$ peuvent s'interchanger nous pouvons mettre en facteur la divergence et écrire

$$\nabla \cdot \left\{ \rho\, \partial^2 \boldsymbol{u}_2/\partial t^2 - (\lambda + 2\mu)\, \nabla^2 \boldsymbol{u}_2 \right\} = 0. \qquad (39.37)$$

Comme $\nabla \times \boldsymbol{u}_2$ est nul par définition, le rotationnel du crochet { } est nul aussi ; donc le crochet lui-même est identiquement nul, et

$$\rho\, \partial^2 \boldsymbol{u}_2/\partial t^2 = (\lambda + 2\mu)\, \nabla^2 \boldsymbol{u}_2. \qquad (39.38)$$

C'est l'équation d'onde vectorielle pour des ondes qui se propagent à la vitesse $C_2 = \sqrt{(\lambda + 2\mu)/\rho}$. Comme le rotationnel de $\boldsymbol{u}_2$ est nul, il n'y a pas de cisaillement associé à cette onde ; cette onde est simplement l'onde de compression – du type d'une onde sonore – dont nous avons parlé au chapitre précédent, et la vitesse est bien ce que nous avions trouvé pour C_{long}.

© Dunod. Toute reproduction non autorisée est un délit.

De façon analogue – en prenant le rotationnel de l'Éq. (39.36) – nous pouvons montrer que $\boldsymbol{u}_1$ satisfait à l'équation

$$\rho\,\partial^2\boldsymbol{u}_1/\partial t^2 = \mu\,\nabla^2\boldsymbol{u}_1. \tag{39.39}$$

C'est encore une équation d'onde vectorielle pour des ondes dont la vitesse est $C_2 = \sqrt{\mu/\rho}$. Comme $\boldsymbol{\nabla}\cdot\boldsymbol{u}_1$ est nulle, $\boldsymbol{u}_1$ ne crée aucune variation de la densité ; le vecteur $\boldsymbol{u}_1$ correspond à une onde transversale, ou du type cisaillement, telle que nous l'avons vue dans le dernier chapitre, avec $C_2 = C_{\text{cisaillement}}$.

Si nous voulions connaître les contraintes statiques dans un milieu isotrope, nous pourrions en principe les trouver en résolvant l'Éq. (39.32) avec f égale à zéro – ou égale à des forces statiques appliquées au solide telles que la gravitation $\rho\boldsymbol{g}$ – dans certaines conditions liées aux forces qui agissent sur les faces de notre grand bloc de matière. Ceci est un peu plus difficile que le problème correspondant de l'électromagnétisme. C'est plus difficile, d'abord, parce que les équations sont un peu plus difficiles à manier ; ensuite, parce que la forme des corps élastiques qui sont susceptibles de nous intéresser est en général bien plus compliquée. En électromagnétisme, il nous faut souvent résoudre les équations de Maxwell pour des formes géométriques relativement simples, telles que des cylindres, des sphères et ainsi de suite, puisque ce sont des formes convenables pour des dispositifs électriques. En élasticité, les objets que nous aimerions analyser peuvent revêtir des formes assez compliquées, – comme un crochet de grue, ou bien un vilebrequin d'automobile, ou bien le rotor d'une turbine à gaz. Ces problèmes peuvent parfois être résolus par des méthodes de calcul numérique approchées, en appliquant le principe de l'énergie minimum que nous avons mentionné plus haut. Une autre méthode consiste à faire un modèle de l'objet et à mesurer expérimentalement les déformations internes, en utilisant de la lumière polarisée.

Voici comment on procède : quand un milieu transparent isotrope – par exemple un plastique transparent comme du plexiglas – est soumis à une contrainte, il devient biréfringent. Si vous l'éclairez par de la lumière polarisée, le plan de polarisation tourne d'un certain angle en rapport avec la contrainte : en mesurant la rotation, vous pouvez mesurer la contrainte. La figure 39.6 montre un tel dispositif. La figure 39.7 est une photographie d'un modèle photo-élastique de forme compliquée, sous contrainte.

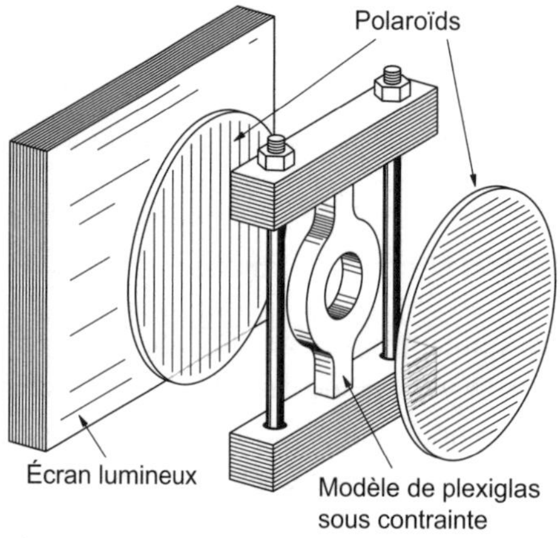

Figure 39.6 – Mesure des contraintes internes avec de la lumière polarisée.

Figure 39.7 – Un modèle en plastique soumis à une contrainte, et vu entre polaroïds croisés. [D'après F. W. Sears, *Optics*, Addison Wesley Publishing Co., Reading, Mass., 1949.]

39.4 Comportement inélastique

Dans tout ce qui a été dit précédemment, on a supposé que la contrainte était proportionnelle à la déformation ; en général, ceci n'est *pas* vrai. La figure 39.8 représente une courbe typique contrainte-déformation, relative à une substance ductile. Pour de faibles déformations la contrainte est proportionnelle à la déformation. Ensuite, néanmoins, après un certain point, la relation entre la contrainte et la déformation commence à s'écarter de la ligne droite. Pour de nombreuses substances – celles que nous pourrions appeler « cassantes » – l'objet se rompt pour une déformation qui dépasse seulement un peu le point où la courbe commence à s'incurver. En général, il y a d'autres complications dans la relation contrainte-déformation. Par exemple, si vous déformez un objet, les contraintes peuvent être intenses au début, mais décroître lentement avec le temps. De même, si vous atteignez de fortes contraintes, mais sans atteindre le point de « rupture », quand vous diminuez la déformation, la contrainte revient suivant une courbe différente. Il y a un faible effet d'hystérésis (comme celui que nous avons vu entre B et H dans les milieux magnétiques).

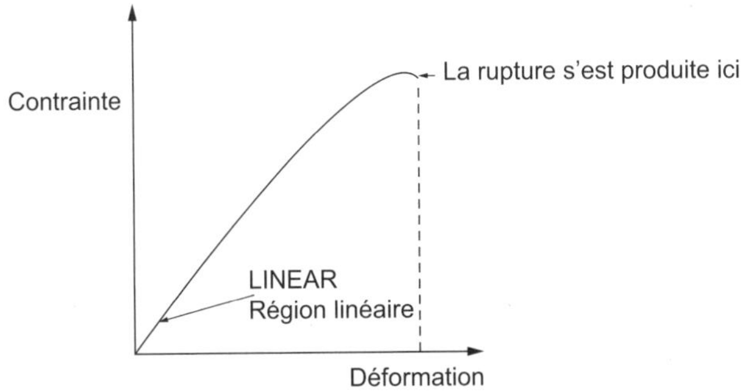

Figure 39.8 – Relation typique contrainte-déformation pour de grandes déformations.

© Dunod. Toute reproduction non autorisée est un délit.

La contrainte à partir de laquelle une substance se rompt, varie énormément d'une substance à une autre. Certaines se rompent quand le maximum de la contrainte de *tension* atteint une certaine valeur. D'autres se rompent quand le maximum de la contrainte de cisaillement atteint une certaine valeur. La craie est un exemple de matière qui est plus fragile en tension qu'en cisaillement. Si vous tirez sur les extrémités d'un bâton de craie, la craie se casse normalement à la direction de la contrainte appliquée, comme sur la Fig. 39.9(a). Elle se casse normalement à la force appliquée car elle n'est formée que d'un amas de particules liées ensemble et qui peuvent facilement être séparées. Le matériau est cependant beaucoup plus difficile à cisailler, car les particules se gênent les unes les autres. Or, souvenez-vous, quand nous avions une tige en torsion, il y avait cisaillement tout autour d'elle. Nous avons aussi montré qu'un cisaillement était équivalent à la composition d'une tension et d'une compression à 45°. Pour ces raisons, si vous *tordez* un bâton de craie, il se rompt suivant une surface compliquée qui part à 45° de l'axe. On peut voir sur la Fig. 39.9(b) la photographie d'un bâton de craie ainsi rompu. La craie se rompt là où la matière est en tension maximum.

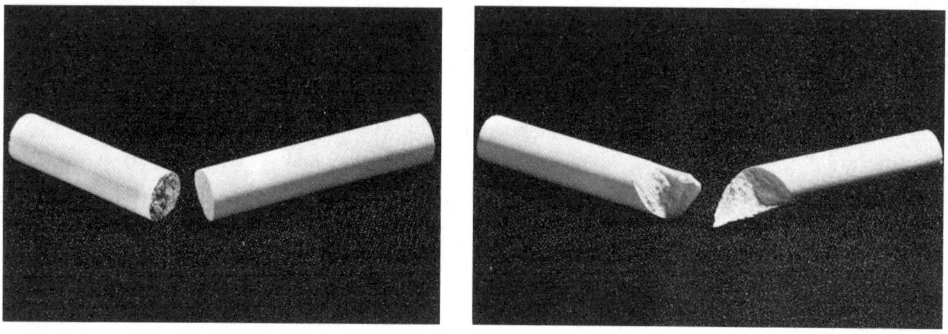

(a) (b)

Figure 39.9 – (a) Un morceau de craie rompu en tirant sur les deux extrémités ; (b) un morceau rompu par torsion.

D'autres substances se comportent de façon curieuse et compliquée. Plus les substances sont compliquées et plus intéressant est leur comportement. Si nous prenons une feuille de « plastique d'emballage » et la froissons en une boule que nous lançons sur la table, elle se déplie lentement, et revient à sa forme originale plate. À première vue, nous sommes tentés de penser que c'est son inertie qui l'empêche de reprendre sa forme originale. Cependant, un calcul simple montre que l'inertie est de plusieurs ordres de grandeur trop petite pour rendre compte de l'effet. Il y a deux effets compétitifs importants : « quelque chose » à l'intérieur de la substance se rappelle la forme qu'elle avait à l'origine et « essaye » d'y revenir, mais quelque chose d'autre « préfère » la nouvelle forme et « s'oppose » à reprendre l'ancienne forme.

Nous n'essayerons pas de décrire le mécanisme en jeu dans cette matière plastique, mais vous pouvez avoir une idée de la façon dont cet effet se produit à partir du *modèle* suivant. Imaginez une matière faite de fibres longues, flexibles, mais résistantes, mêlées à quelques cellules creuses remplies d'un liquide visqueux. Imaginez aussi qu'il y ait des passages étroits d'une cellule à une autre de sorte que le liquide puisse s'écouler lentement d'une cellule à une autre voisine. Quand nous froissons une feuille de cette matière, nous déformons les longues fibres, en chassant le liquide des cellules quelque part, et en le forçant à pénétrer dans d'autres cellules étirées. Quand nous laissons aller, les longues fibres tentent de revenir à leur forme première. Mais pour y réussir, elles doivent forcer le liquide à revenir à sa place initiale – ce qui se produira assez lentement en raison de la viscosité. Les forces que nous appliquons en froissant la feuille sont bien plus grandes que les forces exercées par les fibres. Nous pouvons froisser la feuille rapidement, mais elle reviendra plus lentement. C'est sans aucun doute une combinaison de molécules grandes et rigides avec d'autres plus petites et mobiles qui, dans le plastique d'emballage, sont responsables de son comportement. Cette idée s'accorde bien aussi avec le fait que le matériau revient plus vite à sa forme initiale quand il est chauffé, plutôt que quand il est froid – la chaleur augmente la mobilité (diminue la viscosité) des molécules plus petites.

Bien que nous venions d'étudier comment la loi de Hooke est en défaut, la chose remarquable n'est peut-être pas tant que la loi de Hooke cesse d'être applicable aux grandes déformations, mais qu'elle soit vraie de façon si générale. Nous pouvons nous faire une idée de la raison pour laquelle il doit bien en être ainsi, en considérant l'énergie de déformation dans une substance. Dire que la contrainte est proportionnelle à la déformation, revient au même que de dire que l'énergie de déformation varie comme le carré de la déformation. Imaginons une tige que nous tordons d'un petit angle θ. Si la loi de Hooke est applicable, l'énergie de déformation doit être proportionnelle au carré de θ. Supposons qu'on ait dû poser que l'énergie était une fonction quelconque de l'angle ; nous pouvons l'écrire sous forme d'un développement de Taylor autour de la valeur zéro de l'angle

$$U(\theta) = U(0) + U'(0)\theta + \frac{1}{2}U''(0)\theta^2 + \frac{1}{6}U'''(0)\theta^3 + \cdots \tag{39.40}$$

Le moment du couple τ est la dérivée de U par rapport à l'angle ; nous aurons

$$\tau(\theta) = U'(0) + U''(0)\theta + \tfrac{1}{2}U'''(0)\theta^2 + \cdots \tag{39.41}$$

Or si nous mesurons nos angles à partir de positions *d'équilibre*, le premier terme est nul. Donc le premier terme restant est proportionnel à θ ; et pour d'assez petits angles il l'emportera sur le terme en θ^2. [En réalité les substances sont assez symétriques intérieurement pour que $\tau(\theta) = -\tau(-\theta)$; le terme en θ^2 sera nul et les écarts par rapport à la linéarité ne proviendront que du terme en θ^3. Il n'y a cependant aucune raison pour que ceci soit vrai dans le cas de compressions et tensions.] Ce que nous n'avons pas expliqué, c'est pourquoi la matière se rompt habituellement tout de suite après que les termes d'ordre plus élevé soient devenus appréciables.

39.5 Calcul des constantes élastiques

Comme dernier sujet d'élasticité nous voulons montrer comment on peut calculer les constantes élastiques d'un milieu, à partir d'une certaine connaissance des propriétés

© Dunod. Toute reproduction non autorisée est un délit.

des atomes constituant le milieu. Nous prendrons seulement le cas simple d'un cristal cubique *ionique* comme le chlorure de sodium. Quand un cristal est déformé son volume ou sa forme sont changés. Ces changements s'accompagnent d'un accroissement de l'énergie potentielle du cristal. Pour calculer la variation de l'énergie de déformation, nous devons savoir quel est le déplacement de chaque atome. Dans les cristaux compliqués, les atomes se réarrangent dans le réseau d'une façon très compliquée, afin de rendre l'énergie totale aussi petite que possible. Ceci rend le calcul de l'énergie de déformation plutôt difficile. Cependant, dans le cas d'un cristal cubique simple, il est facile de voir ce qui se passe. Les déformations à l'intérieur du cristal seront géométriquement semblables aux déformations des surfaces limitrophes extérieures du cristal.

Nous pouvons calculer les constantes élastiques pour un cristal cubique de la façon suivante. D'abord, nous admettons une certaine loi de force entre chaque paire d'atomes dans le cristal. Puis nous calculons la variation de l'énergie interne du cristal, quand il est déformé par rapport à sa forme d'équilibre. Ceci nous donne une relation entre l'énergie et les déformations qui est quadratique par rapport aux déformations. En comparant l'énergie ainsi obtenue avec l'Éq. (39.13), nous pouvons identifier le coefficient de chaque terme aux constantes élastiques C_{ijkl}.

Pour notre exemple, nous admettrons une loi de force simple : la force entre atomes voisins est une force *centrale*, ce qui implique qu'elle agit le long de la droite joignant les deux atomes. Nous pouvons penser que les forces dans les cristaux ioniques sont bien ainsi, puisqu'elles sont avant tout des forces coulombiennes. (Les forces de liaisons covalentes sont en général plus compliquées puisqu'elles peuvent exercer une pression latérale sur un atome voisin ; nous laisserons de côté cette complication.) Nous ne tiendrons compte aussi que des forces entre chaque atome et ses *premier* et *second* voisins. En d'autres termes, nous faisons une approximation qui néglige toutes les forces au-delà des seconds voisins. Les forces dont nous tenons compte sont représentées pour le plan xy sur la Fig. 39.10(a). Les forces correspondantes dans les plans yz et yx doivent aussi être considérées.

Comme nous ne nous intéressons qu'aux coefficients élastiques qui s'appliquent aux faibles déformations et qui, par suite, ne font appel qu'aux termes de l'énergie qui sont quadratiques par rapport aux déformations, nous pouvons imaginer que la force entre chaque paire d'atomes varie linéairement avec les déplacements. Nous pouvons alors imaginer que chaque paire d'atomes est reliée par un ressort linéaire, comme cela est dessiné sur la Fig. 39.10(b). Tous les ressorts entre un atome de sodium et un atome de chlore doivent avoir la même constante de rappel, soit k_1. Les ressorts entre deux sodiums et entre deux chlores peuvent avoir deux constantes différentes, mais nous simplifierons notre discussion en les prenant égaux ; nous les appelons k_2. (Nous pourrions y revenir après et les prendre différents après avoir vu comment se conduit le calcul.)

Nous admettrons maintenant que le cristal est déformé suivant une déformation homogène représentée par le tenseur des déformations e_{ij}. En général, il aura des composantes comprenant x, y et z ; mais nous ne considérerons pour l'instant, qu'une déformation avec trois composantes e_{xx}, e_{xy} et e_{yy} de sorte qu'il sera facile de la représenter. Si nous choisissons un atome comme origine, le déplacement de tout autre atome sera donné par

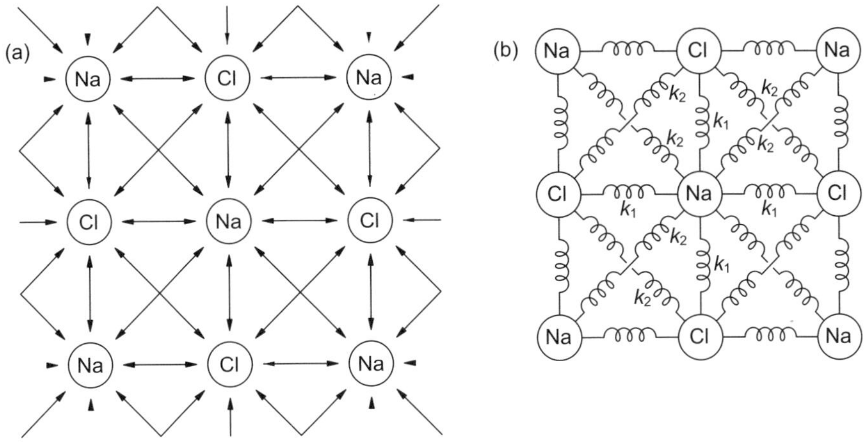

Figure 39.10 – (a) Les forces interatomiques dont nous tenons compte ; (b) un modèle où les atomes sont liés par des ressorts.

des équations comme l'Éq. (39.9) :

$$\begin{aligned} u_x &= e_{xx}x + e_{xy}y, \\ u_y &= e_{xy}x + e_{yy}y. \end{aligned} \tag{39.42}$$

Appelons « atome 1 » l'atome en $x = y = 0$ et numérotons ses voisins dans le plan xy comme sur la Fig. 39.11. Soit a la constante du réseau, nous obtenons la liste des déplacements u_x et u_y suivant x et y dans le tableau 39.1.

Tableau 39.1

Atome	Position x, y	u_x	u_y	k
1	$0, 0$	0	0	–
2	$a, 0$	$e_{xx}a$	$e_{yx}a$	k_1
3	a, a	$(e_{xx}+e_{xy})a$	$(e_{yx}+e_{yy})a$	k_2
4	$0, a$	$e_{xy}a$	$e_{yy}a$	k_1
5	$-a, a$	$(-e_{xx}+e_{xy})a$	$(-e_{yx}+e_{yy})a$	k_2
6	$-a, 0$	$-e_{xx}a$	$-e_{yx}a$	k_1
7	$-a, -a$	$-(e_{xx}+e_{xy})a$	$-(e_{yx}+e_{yy})a$	k_2
8	$0, -a$	$-e_{xy}a$	$-e_{yy}a$	k_1
9	$a, -a$	$(e_{xx}-e_{xy})a$	$(e_{yx}-e_{yy})a$	k_2

Nous pouvons alors calculer l'énergie emmagasinée dans les ressorts, qui est égale au produit par $k^2/2$ du carré de l'allongement de chaque ressort. Par exemple, l'énergie du ressort horizontal entre l'atome 1 et l'atome 2 est

$$\frac{k_1(e_{xx}a)^2}{2}. \tag{39.43}$$

Remarquez qu'au premier ordre, le déplacement selon y de l'atome 2 ne change pas la longueur du ressort entre l'atome 1 et l'atome 2. Cependant, pour avoir l'énergie de

© Dunod. Toute reproduction non autorisée est un délit.

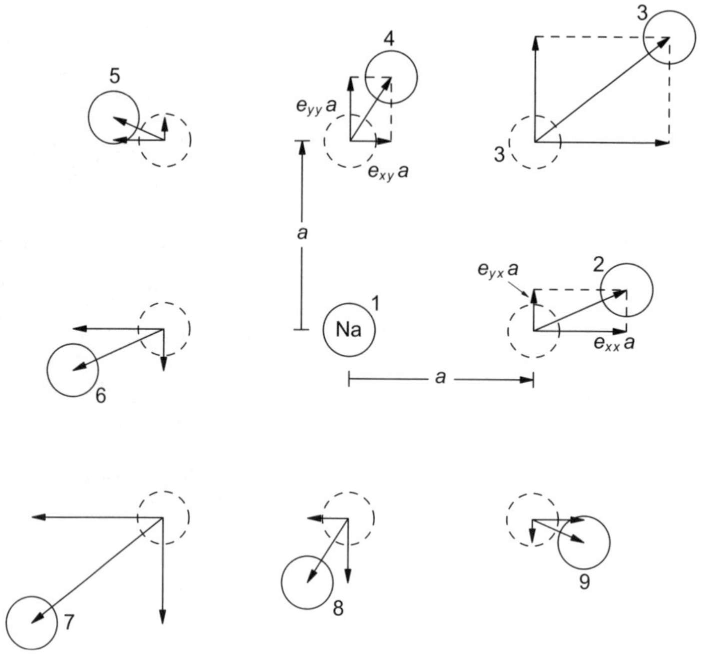

Figure 39.11 – Les déplacements des premiers et seconds voisins de l'atome 1 (amplifiés).

déformation d'un ressort en diagonal, tel que celui relié à l'atome 3, il nous faut calculer la variation de longueur due à la fois aux déplacements horizontaux et verticaux. Pour de petits déplacements à partir du cube initial, nous pouvons écrire la variation de la distance à l'atome 3, comme somme des composantes de u_x et u_y suivant la direction de la diagonale, soit

$$\frac{1}{\sqrt{2}}(u_x + u_y).$$

Utilisant les valeurs de u_x et u_y tirées du tableau, nous obtenons pour l'énergie

$$\frac{k_2}{2}\left(\frac{u_x + u_y}{\sqrt{2}}\right)^2 = \frac{k_2 a^2}{4}\left(e_{xx} + e_{yx} + e_{xy} + e_{yy}\right)^2. \tag{39.44}$$

Pour l'énergie totale des quatre ressorts du plan xy, il nous faut la somme des huit termes tels que (39.43) et (39.44). Appelant U_0 cette énergie, nous obtenons,

$$\begin{aligned} U_0 = \frac{a^2}{2}\Big\{ & k_1 e_{xx}^2 + \frac{k_2}{2}\left(e_{xx} + e_{yx} + e_{xy} + e_{yy}\right)^2 \\ & + k_1 e_{yy}^2 + \frac{k_2}{2}\left(e_{xx} - e_{yx} - e_{xy} + e_{yy}\right)^2 \\ & + k_1 e_{xx}^2 + \frac{k_2}{2}\left(e_{xx} + e_{yx} + e_{xy} + e_{yy}\right)^2 \\ & + k_1 e_{yy}^2 + \frac{k_2}{2}\left(e_{xx} - e_{yx} - e_{xy} + e_{yy}\right)^2 \Big\}. \end{aligned} \tag{39.45}$$

Pour avoir l'énergie totale de tous les ressorts reliés à l'atome 1, nous devons ajouter un terme à l'énergie de l'Éq. (39.45). Bien que nous n'ayons que les composantes x et y de la déformation il y a encore certaines énergies associées aux seconds voisins hors du plan xy. Cette énergie supplémentaire est

$$k_2\left(e_{xx}^2 a^2 + e_{yy}^2 a^2\right). \tag{39.46}$$

Les constantes élastiques sont reliées à la densité d'énergie w par l'Éq. (39.13). L'énergie que nous venons de calculer est l'énergie associée à un atome, ou plutôt, c'est le *double* de l'énergie par atome, puisque la moitié de l'énergie de chaque ressort doit être attribuée à chacun des deux atomes qu'il relie. Comme il y a $1/a^3$ atomes par unité de volume, w et U_0 sont reliées par

$$w = \frac{U_0}{2a^3}.$$

Pour trouver les constantes élastiques C_{ijkl} il nous suffit de développer les carrés dans l'Éq. (39.45) – en ajoutant les termes de (39.46) – puis de comparer les coefficients de $e_{ij}\, e_{kl}$ au coefficient correspondant de l'Éq. (39.13). Par exemple, rassemblons les termes en e_{xx}^2 et e_{yy}^2 ; nous obtenons le facteur

$$(k_1 + 2k_2)\, a^2,$$

donc

$$C_{xxxx} = C_{yyyy} = \frac{k_1 + 2k_2}{a}.$$

Pour les autres termes, il y a une légère complication. Comme nous ne pouvons pas distinguer le produit de deux termes tels que $e_{xx}\, e_{yy}$ de $e_{yy}\, e_{xx}$, le coefficient de ces termes dans notre énergie est égal à la somme de deux termes dans l'Éq. (39.13). Le coefficient de $e_{xx}\, e_{yy}$ dans l'Éq. (39.45) est $2k_2$, nous avons donc

$$(C_{xxyy} + C_{yyxx}) = \frac{2k_2}{a}.$$

Mais en raison de la symétrie de notre cristal, $C_{xxyy} = C_{yyxx}$ nous avons donc

$$C_{xxyy} = C_{yyxx} = \frac{k_2}{a}.$$

Par un processus analogue, nous obtenons

$$C_{xyxy} = C_{yxyx} = \frac{k_2}{a}.$$

Enfin, vous remarquerez que tout terme comprenant x ou y une seule fois est nul – comme nous l'avons conclu un peu plus haut à la suite de raisonnements sur les

© Dunod. Toute reproduction non autorisée est un délit.

symétries. En regroupant nos résultats :

$$\begin{aligned}
C_{xxxx} &= C_{yyyy} = \frac{k_1 + 2k_2}{a},\\
C_{xyxy} &= C_{yxyx} = \frac{k_2}{a},\\
C_{xxyy} &= C_{yyxx} = C_{xyyx} = C_{yxxy} = \frac{k_2}{a},\\
C_{xxxy} &= C_{xyyy} = \text{etc.} = 0.
\end{aligned} \tag{39.47}$$

Nous avons été capables de relier les constantes élastiques macroscopiques aux propriétés atomiques qui apparaissent dans les constantes k_1 et k_2. Dans notre cas particulier, $C_{xyxy} = C_{xxyy}$. Il s'ensuit – comme vous pouvez peut-être le voir à la façon dont nous avons mené les calculs – que ces termes sont *toujours égaux* pour un cristal cubique, quel que soit le nombre de termes de force dont on tient compte, à *condition* seulement que les forces agissent suivant la droite joignant chaque paire d'atomes – c'est-à-dire tant que les forces entre atomes sont comme des ressorts et n'ont pas de composante transverse comme celle qu'on aurait à partir d'une poutre fléchie (ce que vous obtenez dans les liaisons covalentes).

Tableau 39.2 – Modules élastiques des cristaux cubiques en 10^{12} dynes.cm^2.

	C_{xxxx}	C_{xxyy}	C_{xyxy}
Na	0,055	0,042	0,049
K	0,046	0,037	0,026
Fe	2,37	1,41	1,16
Diamond	10,76	1,25	5,76
Al	1,08	0,62	0,28
LiF	1,19	0,54	0,53
NaCl	0,486	0,127	0,128
KCl	0,40	0,062	0,062
NaBr	0,33	0,13	0,13
KI	0,27	0,043	0,042
AgCl	0,60	0,36	0,062

D'après C. Kittel, *Introduction to Solid State Physics*, John Wiley and Sons, Inc., New York, 2e éd., 1956, p. 93.

Nous pouvons vérifier cette conclusion par des mesures expérimentales des constantes élastiques. Dans le tableau 39.2 nous donnons les valeurs observées des trois coefficients élastiques pour différents cristaux cubiques[2]. Remarquez que C_{xxyy} et C_{xyxy} ne sont pas en général égaux. La raison en est que dans les métaux comme le sodium et le potassium les forces interatomiques ne sont pas dirigées suivant la droite qui joint les atomes,

2. Dans la littérature vous trouverez souvent l'usage d'une notation différente. Par exemple on écrit habituellement $C_{xxxx} = C_{11}$, $C_{xxyy} = C_{12}$ et $C_{xyxy} = C_{44}$.

comme nous l'avons supposé dans notre modèle. Le diamant n'obéit pas à cette loi non plus, car les forces dans le diamant sont des forces covalentes qui ont certaines propriétés directionnelles – les liaisons préfèrent s'orienter suivant les angles d'un tétraèdre. Les cristaux ioniques comme le fluorure de lithium, ou le chlorure de sodium, et ainsi de suite, ont pratiquement toutes les propriétés physiques supposées de notre modèle, et le tableau montre que les constantes C_{xxyy} et C_{xyxy} sont presque égales. On ne comprend pas bien pourquoi le chlorure d'argent ne satisfait pas la condition $C_{xxyy} = C_{xyxy}$.

© Dunod. Toute reproduction non autorisée est un délit.

L'ÉCOULEMENT DE L'EAU SÈCHE

40

40.1 HYDROSTATIQUE

L'étude de l'écoulement des fluides, et en particulier de l'eau, fascine tout le monde. Vous pouvez tous vous rappeler qu'étant enfant, vous avez joué dans votre baignoire ou dans des flasques d'eau boueuses avec cette substance bizarre. Quand on devient plus grand, on observe les fleuves, les chutes d'eau, les remous, et on se laisse fasciner par cette matière qui parait presque vivante comparée aux solides. Le comportement des fluides est, à de nombreux égards, très inattendu et intéressant – c'est l'objet de ce chapitre et du suivant. Les efforts d'un enfant qui essaie d'endiguer un filet d'eau coulant dans la rue et sa surprise devant la façon curieuse dont l'eau trouve son chemin sont semblables à nos essais au cours des ans pour comprendre l'écoulement des fluides. Nous avons essayé de maîtriser l'eau – intellectuellement – en établissant les lois et les équations qui décrivent son écoulement. Nous allons décrire ces essais dans le présent chapitre. Dans le chapitre suivant nous décrirons la façon bien à elle dont l'eau a franchi le barrage et a échappé à nos essais pour l'expliquer.

Nous supposons que vous connaissez déjà les propriétés élémentaires de l'eau. La propriété essentielle qui distingue un fluide d'un solide est que le fluide ne peut pas *conserver* un effort de cisaillement pendant une durée quelconque. Si on exerce un effort de cisaillement sur un fluide, celui-ci se déplace sous l'effort. Les liquides les plus épais, tel le miel, se déplacent moins facilement que les fluides légers comme l'air ou l'eau. La mesure de la facilité avec laquelle cède un fluide est sa vicosité. Nous ne considérons dans ce chapitre que les situations dans lesquelles les effets de la viscosité peuvent être négligés. Ces effets seront abordés au chapitre suivant.

Nous commencerons par l'étude de *l'hydrostatique*, théorie des liquides au repos. Quand les liquides sont au repos, il n'y a pas de forces de cisaillement (même pour les liquides visqueux). La loi de l'hydrostatique est, par conséquent, que les efforts sont toujours normaux à n'importe quelle surface intérieure au fluide. La force normale par unité de surface est la *pression*. Du fait qu'il n'existe pas de cisaillement dans un fluide statique il s'ensuit que l'effort de pression est le même dans toutes les directions (Fig. 40.1). Nous vous laisserons vous amuser à le démontrer vous-mêmes que s'il n'y a de cisaillement sur aucun plan dans un fluide, la pression doit être la même dans n'importe quelle direction.

© Dunod. Toute reproduction non autorisée est un délit.

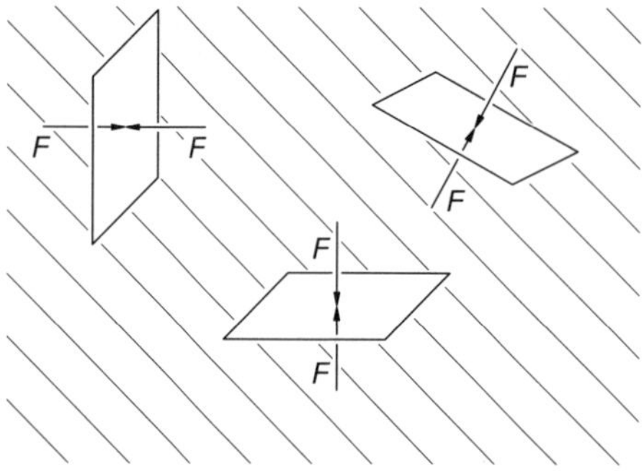

Figure 40.1 – Dans un fluide statique la force par unité d'aire à travers une surface quelconque est normale à la surface et est la même pour toutes les orientations de la surface.

La pression dans un fluide peut varier d'un endroit à l'autre. Par exemple, dans un fluide statique à la surface de la terre, la pression va varier avec la hauteur à cause du poids du fluide. Si l'on considère que la densité du fluide, ρ, est constante, et si on appelle po la pression à un certain niveau zéro arbitraire (Fig. 40.2), la pression à la hauteur h au-dessus de ce point est $p = \rho_0 - \rho g h$, où g est la force de gravitation par unité de masse. La combinaison

$$p + \rho g h$$

est par conséquent une constante dans le fluide statique. Cette relation vous est familière, mais nous allons maintenant établir un résultat plus général, dont elle est un cas particulier.

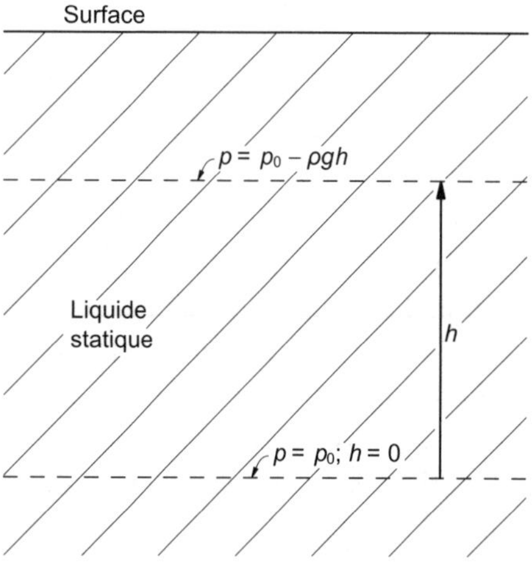

Figure 40.2 – La pression dans un fluide statique.

Si on prend un petit cube d'eau, quelle est la force qui y résulte de la pression ? Comme la pression en tout point est la même dans toutes les directions, il ne peut y avoir de force résultante par unité de volume que parce que la pression varie d'un point à l'autre. Supposons que la pression varie dans la direction des x – et que nous prenons les directions de coordonnées parallèlement aux arêtes du cube. La pression sur la face en x donne la force $\rho \Delta y \Delta z$ (Fig. 40.3), et la pression sur la face en $x + \Delta x$ donne la force $-[p + (\partial p/\partial x)\Delta x]\Delta y \Delta z$, de sorte que la résultante est $-(\partial p/\partial x)\Delta x \Delta y \Delta z$. Si l'on considère les autres paires de faces du cube, on voit facilement que la force de pression par unité

Figure 40.3 – La force de pression résultante sur un cube est $-\nabla p$ par unité de volume.

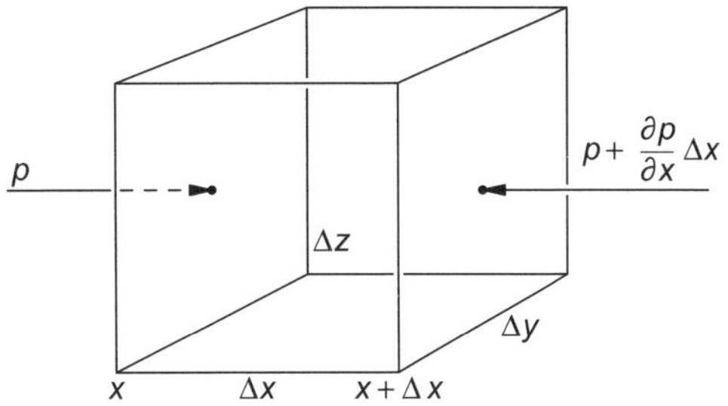

de volume est $-\boldsymbol{\nabla} p$. S'il y a en plus d'autres forces - comme la gravité – la pression doit alors les compenser pour qu'il y ait équilibre.

Considérons une situation dans laquelle une telle force additionnelle peut être décrite par une énergie potentielle, ce qui est vrai dans le cas de la gravitation ; soit ϕ l'énergie potentielle par unité de masse. (Pour la gravité, par exemple, ϕ vaut gz.) La force par unité de masse est donnée en fonction du potentiel par $-\boldsymbol{\nabla}\phi$, et si ρ est la densité du fluide, la force par unité de volume est $-\rho\boldsymbol{\nabla}\phi$. Pour qu'il y ait équilibre, cette force par unité de volume plus la force de pression par unité de volume, doit donner zéro :

$$-\boldsymbol{\nabla} p - \rho\,\boldsymbol{\nabla}\phi = 0. \tag{40.1}$$

L'Éq. (40.1) est l'équation de l'hydrostatique. En *général,* elle ne *possède pas de solution.* Si la densité varie dans l'espace de manière arbitraire, il n'y a pas moyen que les forces soient compensées et le fluide ne peut pas être en équilibre statique. Des courants de convection vont prendre naissance. On peut le voir d'après l'équation car le terme de pression est un gradient pur, tandis que pour un ρ variable l'autre terme ne l'est pas. Ce n'est que si ρ est constant que le terme potentiel est un gradient pur. L'équation possède alors la solution

$$p + \rho\phi = \text{constante}.$$

Une autre possibilité qui permet l'équilibre hydrostatique est le cas où ρ n'est fonction que de p. Nous abandonnerons cependant l'étude de l'hydrostatique parce qu'elle n'est pas aussi intéressante que celle des fluides en mouvement.

40.2 Les équations du mouvement

Nous discuterons d'abord des fluides en mouvement d'une manière purement abstraite et théorique puis nous prendrons des exemples particuliers. Pour décrire le mouvement d'un fluide, il faut donner ses propriétés en tout point. Par exemple, en différents endroits, l'eau (appelons « eau » notre fluide) se déplace à des *vitesses* différentes, il faut par conséquent donner les trois composantes de la vitesse en tout point et à tout instant. Si on peut trouver les équations qui déterminent la vitesse, on peut savoir comment le liquide se déplace à tout instant. La vitesse n'est cependant pas la seule propriété du fluide qui varie d'un point à l'autre. Nous venons de discuter la variation de la pression d'un point à l'autre. Et il existe encore d'autres variables. Il peut y avoir aussi une variation de

© Dunod. Toute reproduction non autorisée est un délit.

la *densité* d'un point à un autre. De plus, le fluide peut être conducteur et transporter un *courant* électrique dont la densité $\boldsymbol{j}$ varie d'un point à l'autre en grandeur et en direction. Il peut y avoir une *température* qui varie d'un point à l'autre, ou un *champ magnétique*, et ainsi de suite. Le nombre de champs nécessaires pour décrire complètement la situation va ainsi dépendre du degré de complication du problème. Il existe des phénomènes intéressants quand les courants et le magnétisme jouent un rôle dominant dans la détermination du comportement du fluide ; ce sujet est appelé la *magnéto-hydrodynamique* et on y apporte beaucoup d'attention à l'heure actuelle. Nous n'allons cependant pas considérer ces situations plus compliquées parce qu'il y a déjà des phénomènes intéressants à un niveau de moindre complexité, et même le niveau le plus élémentaire est suffisamment compliqué.

Nous prendrons le cas où il n'y a pas de champ magnétique ni de conductivité, et nous ne nous préoccuperons pas de la température parce que nous supposerons que la densité et la pression déterminent de façon unique la température en tout point. En fait, nous diminuerons la complexité de notre travail en faisant l'hypothèse que la densité est constante – nous imaginons que le fluide est essentiellement incompressible. En d'autres termes, nous supposons que les variations de pression sont assez faibles pour que les variations de la densité ainsi produites soient négligeables. Si ce n'était pas le cas, nous rencontrerions des phénomènes en plus de ceux que nous allons discuter ici – par exemple, la propagation du son ou des ondes de choc. Nous avons déjà jusqu'à un certain point étudié la propagation du son et des ondes de choc, nous allons donc isoler notre étude de l'hydrodynamique de ces autres phénomènes en faisant. l'approximation que la densité ρ est constante. Il est facile de déterminer quand l'approximation, ρ constante, est bonne. On peut dire que si les vitesses d'écoulement sont beaucoup plus faibles que la vitesse d'une onde acoustique dans le fluide, nous n'avons pas à nous préoccuper des variations de la densité. La façon dont l'eau échappe à nos essais pour la comprendre n'est pas reliée à l'approximation d'une densité constante. Les complications qui en sont la cause seront discutées au chapitre suivant.

Dans la théorie générale des fluides il faut commencer par une *équation d'état* pour le fluide, qui relie la pression à la densité. Dans notre approximation, cette équation d'état est simplement

$$p + \rho\phi = \text{constante}.$$

Ceci est alors la première relation pour nos variables. La relation suivante exprime la conservation de la matière – si de la matière s'éloigne d'un endroit, il doit y avoir décroissance de la quantité laissée en arrière. Si la vitesse du fluide est v la masse qui s'écoule par unité de temps à travers une surface unité est la composante de ρv normale à la surface. Nous avions une équation semblable en électricité. Nous savons aussi, d'après l'électricité, que la divergence d'une telle quantité donne la variation de la densité par unité de temps. De la même façon, l'équation

$$\boldsymbol{\nabla} \cdot (\rho \boldsymbol{v}) = -\frac{\partial \rho}{\partial t} \tag{40.2}$$

exprime la conservation de la masse pour un fluide ; c'est *l'équation de continuité* de l'hydrodynamique. À notre approximation, qui est celle de l'incompressibilité des fluides, ρ est constant, et l'équation de continuité est simplement

$$\nabla \cdot \boldsymbol{v} = 0. \tag{40.3}$$

La vitesse du fluide – comme le champ magnétique – est à divergence nulle. (Les équations de l'hydrodynamique sont souvent très analogues à celles de l'électrodynamique ; c'est pour cela que nous avons étudié d'abord l'électrodynamique. Certains raisonnent autrement, ils pensent qu'il faut étudier d'abord l'hydrodynamique pour qu'il soit plus facile ensuite de comprendre l'électricité. Mais l'électrodynamique est réellement beaucoup plus facile que l'hydrodynamique.)

Nous allons tirer notre prochaine équation de la loi de Newton qui dit que la vitesse change à cause des forces. La masse d'un élément de volume de fluide multipliée par son accélération doit être égale à la force qui est appliquée à cet élément. En prenant pour élément l'unité de volume, et en écrivant que la force par unité de volume est f, on obtient

$$\rho \times (\text{accélération}) = \boldsymbol{f}.$$

Nous allons écrire la densité de force comme une somme de trois termes. Nous avons déjà considéré la force de pression par unité de volume, $-\nabla p$. Il y a les forces « extérieures » qui agissent à distance – comme la gravité ou l'électricité. Quand ce sont des forces conservatrices avec un potentiel par unité de masse, ϕ, elles donnent une densité de force $-\rho\nabla\phi$). (Si les forces extérieures n'avaient pas été conservatrices, nous aurions dû écrire $\boldsymbol{f}_{\text{ext}}$ pour la force extérieure par unité de volume.) Il existe ensuite une autre force « interne » par unité de volume, qui est due au fait que, dans un fluide qui *s'écoule*, il peut aussi y avoir une contrainte de cisaillement. C'est ce qu'on appelle la force de viscosité, que nous écrirons $\boldsymbol{f}_{\text{visc}}$ Notre équation de mouvement est

$$\rho \times (\text{accélération}) = -\nabla p - \rho\,\nabla\phi + \boldsymbol{f}_{\text{visc}}. \tag{40.4}$$

Pour ce chapitre nous allons supposer que le liquide est « fluide » en ce sens que la viscosité n'est pas importante, nous omettrons donc $\boldsymbol{f}_{\text{visc}}$. Quand on laisse tomber le terme de viscosité, on fait une approximation qui décrit quelque substance idéale plutôt que l'eau telle qu'elle est en réalité. John von Neumann était très conscient de l'énorme différence entre ce qui se passe quand on n'a pas les termes de viscosité et quand on les a, et il était également conscient que presque tout au long du développement de l'hydrodynamique jusqu'en 1900 environ, le but essentiel était presque toujours la résolution de beaux problèmes *mathématiques* à cette approximation, cc qui n'a presque rien à voir avec les fluides réels. Il a qualifié un théoricien qui fait de telles analyses d'homme qui étudie « l'eau sèche ». De telles analyses laissent de côté une propriété *essentielle* du fluide. C'est parce que nous laissons cette propriété de côté dans nos calculs dans ce chapitre que nous l'avons intitulé « l'écoulement de l'eau sèche ». Nous reportons au chapitre suivant une discussion de l'eau *réelle*.

© Dunod. Toute reproduction non autorisée est un délit.

Si on laisse de côté $\boldsymbol{f}_{\text{visc}}$, nous avons dans l'Éq. (40.4) tout ce dont nous avons besoin sauf une expression de l'accélération. Vous pourriez penser que la formule de l'accélération d'une particule de fluide est très simple, car il semble évident que si v est la vitesse d'une particule de fluide en un endroit quelconque dans le fluide, l'accélération devrait être $\partial\boldsymbol{v}/\partial t$. Ce n'est pas ça – et pour une raison plutôt subtile. La dérivée $\partial\boldsymbol{v}/\partial t$, est la variation par rapport au temps de la vitesse $\boldsymbol{v}(x, y, z, t)$ en un *point fixe* de l'espace. Ce qu'il nous faut, c'est savoir avec quelle rapidité la vitesse d'un *élément particulier* de fluide varie. Imaginons qu'on fasse sur l'une des gouttes d'eau une marque de couleur de façon à pouvoir l'observer. Dans un petit intervalle de temps Δt, cette goutte se déplace vers un autre endroit. Si la goutte se déplace en suivant un trajet tel que celui schématisé sur la Fig. 40.4, elle peut pendant Δt aller de P_1 en P_2. En fait, elle va se déplacer de $v_x\Delta t$ dans la direction des x, de $v_y\Delta t$ dans la direction des y et de $v_z\Delta t$ dans la direction des z. On voit que si $\boldsymbol{v}(x, y, z, t)$ est la vitesse de la particule du fluide qui est en (x, y, z) au temps t, la vitesse de la *même* particule au temps $t + \Delta t$ est donnée par $\boldsymbol{v}(x + \Delta x, y + \Delta y, z + \Delta z, t + \Delta t)$ – avec

$$\Delta x = v_x\,\Delta t, \qquad \Delta y = v_y\,\Delta t, \qquad \text{and} \qquad \Delta z = v_z\,\Delta t.$$

D'après la définition des dérivées partielles – rappelez-vous l'Éq. (2.7) – on a, au premier ordre,

$$\boldsymbol{v}(x + v_x\,\Delta t, y + v_y\,\Delta t, z + v_z\,\Delta t, t + \Delta t)$$
$$= \boldsymbol{v}(x, y, z, t) + \frac{\partial \boldsymbol{v}}{\partial x} v_x\,\Delta t + \frac{\partial \boldsymbol{v}}{\partial y} v_y\,\Delta t + \frac{\partial \boldsymbol{v}}{\partial z} v_z\,\Delta t + \frac{\partial \boldsymbol{v}}{\partial t}\,\Delta t.$$

L'accélération $\Delta\boldsymbol{v}/\Delta t$ est

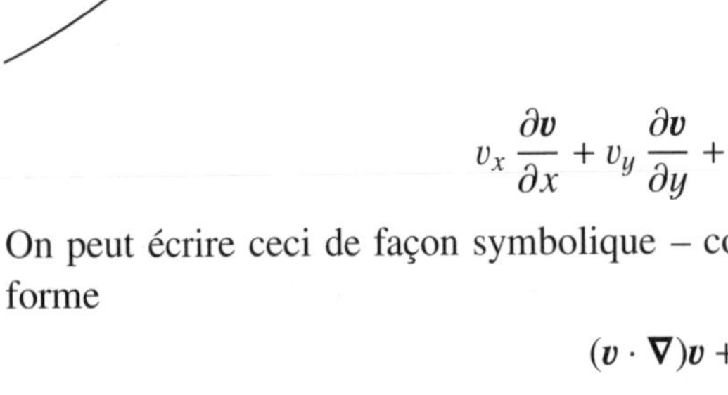

Figure 40.4 – L'accélération d'une particule de fluide.

$$v_x\,\frac{\partial \boldsymbol{v}}{\partial x} + v_y\,\frac{\partial \boldsymbol{v}}{\partial y} + v_z\,\frac{\partial \boldsymbol{v}}{\partial z} + \frac{\partial \boldsymbol{v}}{\partial t}.$$

On peut écrire ceci de façon symbolique – considérant ∇ comme un vecteur – sous la forme

$$(\boldsymbol{v} \cdot \boldsymbol{\nabla})\boldsymbol{v} + \frac{\partial \boldsymbol{v}}{\partial t}. \tag{40.5}$$

Notez qu'il peut y avoir une accélération alors même que $\partial\boldsymbol{v}/\partial t = 0$ de sorte que la vitesse *en un point donné* ne varie pas. À titre d'exemple, de l'eau s'écoulant le long d'un cercle à vitesse constante est accélérée bien que la vitesse en un point donné ne varie pas. La raison est, évidemment, que la vitesse d'un élément particulier d'eau, qui se trouve initialement en un point du cercle, a une direction différente un moment plus tard ; il y a une accélération centripète.

Le reste n'est plus que mathématique – trouver les solutions de l'équation du mouvement qu'on obtient en portant l'accélération (40.5) dans l'Éq. (40.4). Nous avons

$$\frac{\partial \boldsymbol{v}}{\partial t} + (\boldsymbol{v}\cdot\boldsymbol{\nabla})\boldsymbol{v} = -\frac{\boldsymbol{\nabla} p}{\rho} - \boldsymbol{\nabla}\phi, \tag{40.6}$$

où la viscosité a été omise. On peut écrire autrement cette équation en utilisant l'identité suivante de l'analyse vectorielle :

$$(\boldsymbol{v}\cdot\boldsymbol{\nabla})\boldsymbol{v} = (\boldsymbol{\nabla}\times\boldsymbol{v})\times\boldsymbol{v} + \frac{1}{2}\boldsymbol{\nabla}(\boldsymbol{v}\cdot\boldsymbol{v}).$$

Si on *définit* maintenant un nouveau *champ de vecteurs* Ω, comme le rotationnel de $\boldsymbol{v}$,

$$\boldsymbol{\Omega} = \boldsymbol{\nabla}\times\boldsymbol{v}, \tag{40.7}$$

l'identité vectorielle peut s'écrire sous la forme

$$(\boldsymbol{v}\cdot\boldsymbol{\nabla})\boldsymbol{v} = \boldsymbol{\Omega}\times\boldsymbol{v} + \frac{1}{2}\boldsymbol{\nabla} v^2,$$

et notre équation du mouvement (40.6) devient

$$\frac{\partial \boldsymbol{v}}{\partial t} + \boldsymbol{\Omega}\times\boldsymbol{v} + \frac{1}{2}\boldsymbol{\nabla} v^2 = -\frac{\boldsymbol{\nabla} p}{\rho} - \boldsymbol{\nabla}\phi. \tag{40.8}$$

Vous pouvez vérifier que les Eqs. (40.6) et (40.8) sont équivalentes en vérifiant que les composantes des deux membres de l'équation sont égaux et en utilisant (40.7).

Le champ de vecteurs $\boldsymbol{\Omega}$ est appelé *vecteur-tourbillon.* Si le vecteur-tourbillon est nul partout, on dit que l'écoulement est *irrotationnel.* Nous avons déjà défini au paragraphe 3–5 ce qu'on appelle la *circulation* d'un champ de vecteurs. La circulation le long d'une boucle fermée quelconque dans un fluide est l'intégrale curviligne de la vitesse du fluide, à un instant donné, autour de la boucle :

$$(\text{Circulation}) = \oint \boldsymbol{v}\cdot d\boldsymbol{s}.$$

La circulation *par unité de surface* pour une boucle infiniment petite est alors – en utilisant le théorème de Stokes – égale à $\nabla\times\boldsymbol{v}$. Le vecteur-tourbillon est donc la circulation autour d'une surface unité (perpendiculaire à la direction de $\boldsymbol{\Omega}$). On en déduit aussi que si l'on place un petit grain de poussière – *pas* un point infiniment petit – en un endroit quelconque dans le liquide il va tourner avec une vitesse angulaire $\boldsymbol{\Omega}/2$. Cherchez à voir si vous pouvez le démontrer. Vous pouvez également vérifier que, pour un seau d'eau placé sur un disque tournant, $\boldsymbol{\Omega}$ est égal à deux fois la vitesse angulaire locale de l'eau.

© Dunod. Toute reproduction non autorisée est un délit.

Si on ne s'intéresse qu'à la vitesse du champ de vecteurs, on peut éliminer la pression de nos équations. En prenant le rotationnel des deux membres de l'Éq. (40.8), en se rappelant que ρ est constante et que le rotationnel d'un gradient est toujours nul, et en utilisant l'Éq. (40.3), on obtient

$$\frac{\partial \boldsymbol{\Omega}}{\partial t} + \boldsymbol{\nabla} \times (\boldsymbol{\Omega} \times \boldsymbol{v}) = 0. \tag{40.9}$$

L'ensemble de cette équation et des équations

$$\boldsymbol{\Omega} = \boldsymbol{\nabla} \times \boldsymbol{v} \tag{40.10}$$

et

$$\boldsymbol{\nabla} \cdot \boldsymbol{v} = 0, \tag{40.11}$$

décrit complètement le champ de vitesse $\boldsymbol{v}$. Du point de vue mathématique, si on connaît $\boldsymbol{\Omega}$ à un certain moment, on connaît alors le rotationnel du vecteur vitesse, et on sait aussi que sa divergence est nulle ; la situation étant donnée sur le plan physique, on a ainsi tout ce qui est nécessaire pour déterminer $\boldsymbol{v}$ partout. (C'est exactement la même situation qu'en magnétisme où nous avions $\boldsymbol{\nabla} \cdot \boldsymbol{B} = 0$ et $\boldsymbol{\nabla} \cdot \boldsymbol{B} = \boldsymbol{j}/\epsilon_0 c^2$.) Ainsi II donné détermine $\boldsymbol{v}$ exactement comme $\boldsymbol{j}$ donné détermine $\boldsymbol{B}$. Alors, connaissant $\boldsymbol{v}$, l'Éq. (40.9) nous indique le taux de variation de $\boldsymbol{\Omega}$ d'où l'on peut tirer la nouvelle valeur de $\boldsymbol{\Omega}$ à l'instant suivant. Utilisant à nouveau l'Éq. (40.10) on trouve la nouvelle vitesse $\boldsymbol{v}$ et ainsi de suite. Vous voyez comment ces équations contiennent tout ce qu'il faut pour calculer l'écoulement. Notez cependant que cette façon de procéder ne donne que le champ de vitesse ; nous avons perdu toute information sur la pression.

Soulignons une conséquence spéciale de notre équation. Si $\boldsymbol{\Omega} = 0$ partout à un instant t quelconque, $\partial \boldsymbol{\Omega}/\partial t$ s'annule aussi, de sorte que $\boldsymbol{\Omega}$ est encore nul partout à $t + \Delta t$. Nous avons une solution à l'équation ; l'écoulement est irrotationncl de manière permanente. Si un écoulement a commencé avec une rotation nulle, il aura toujours une rotation nulle. Les équations à résoudre sont alors

$$\boldsymbol{\nabla} \cdot \boldsymbol{v} = 0, \qquad \boldsymbol{\nabla} \times \boldsymbol{v} = 0.$$

Elles sont absolument semblables aux équations des champs électrostatiques ou magnétostatiques dans l'espace libre. Nous y reviendrons et nous considérerons quelques problèmes particuliers plus tard.

40.3 Écoulement permanent – théorème de Bernoulli

Revenons maintenant à l'équation du mouvement, Éq. (40.8), mais en nous limitant aux cas dans lesquels l'écoulement est « permanent ». Par écoulement permanent on entend qu'en un endroit quelconque du fluide, la vitesse ne varie jamais. Le fluide en un point quelconque est toujours remplacé par du nouveau fluide qui se déplace exactement de la même façon. La représentation de la vitesse a toujours le même aspect – $\boldsymbol{v}$ est un champ de vecteurs statique. De la même façon que nous avons tracé des « lignes de champ » en magnétostatique, nous pouvons tracer maintenant des lignes qui sont toujours tangentes à la vitesse du fluide comme le montre la Fig. 40.5. Ces lignes sont appelées *lignes de courant*. Pour un écoulement permanent, ce sont évidemment les trajectoires des particules du fluide elles-mêmes. (Dans un écoulement non permanent, le dessin des lignes de courant varie au cours du temps, et le dessin d'une ligne de courant à tout instant ne représente pas la trajectoire d'une particule du fluide.)

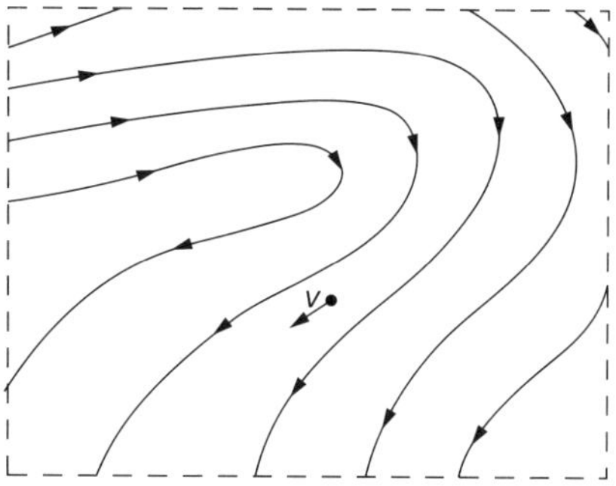

Figure 40.5 – Les lignes de courant dans un écoulement permanent de fluide.

Un écoulement permanent ne signifie pas que rien ne se passe – des atomes dans le fluide se déplacent et leur vitesse varie. Cela signifie seulement que $\partial \boldsymbol{v}/\partial t = 0$. Si on fait alors le produit scalaire par $\boldsymbol{v}$ de l'équation du mouvement, le terme $\boldsymbol{v} \cdot (\boldsymbol{\Omega} \times \boldsymbol{v})$ s'en va, et il reste

$$\boldsymbol{v} \cdot \boldsymbol{\nabla}\left\{\frac{p}{\rho} + \phi + \frac{1}{2}v^2\right\} = 0. \tag{40.12}$$

Cette équation indique que *pour un petit déplacement dans la direction de la vitesse du fluide,* la quantité entre crochets ne varie pas. Or dans un écoulement permanent tous les déplacements se font le long des lignes de courant, et donc l'Éq. (40.12) nous indique que *pour tous les points situés le long d'une ligne de courant,* on peut écrire

$$\frac{p}{\rho} + \frac{1}{2}v^2 + \phi = \text{constante (ligne de courant)}. \tag{40.13}$$

C'est le *théorème de Bernoulli.* La constante peut en général être différente pour différentes lignes ; tout ce que l'on sait, c'est que le premier membre de l'Éq. (40.13) a la même valeur tout le long d'une *ligne donnée.* On peut noter incidemment que pour un mouvement permanent *irrotationnel* pour lequel $\boldsymbol{\Omega} = 0$, l'équation du mouvement (40.8) nous donne la relation

$$\boldsymbol{\nabla}\left\{\frac{p}{\rho} + \frac{1}{2}v^2 + \phi\right\} = 0,$$

de sorte que

$$\frac{p}{\rho} + \frac{1}{2}v^2 + \phi = \text{const (everywhere)}. \tag{40.14}$$

C'est exactement l'Éq. (40.13) *sauf* que *maintenant* la constante a la *même valeur dans tout le fluide.*

© Dunod. Toute reproduction non autorisée est un délit.

Le théorème de Bernoulli n'est on fait rien de plus que l'expression de la conservation de l'énergie. Un théorème de conservation tel que celui-là nous donne un tas d'informations à propos d'un écoulement sans avoir à résoudre effectivement les équations en détail. Le théorème de Bernoulli est si important et si simple que nous aimerions vous montrer comment on peut l'établir d'une façon différente des calculs formels que nous venons d'utiliser. Soit un faisceau de lignes de courant adjacentes formant le tube de courant schématisé sur la Fig. 40.6. Comme les parois du tube sont constituées de lignes de courant, il n'y a pas de fluide qui traverse ces parois. Désignons par A_1 la surface à un bout du tube de courant, où la vitesse du fluide est v_1, la densité du fluide ρ_1 et l'énergie potentielle ϕ. À l'autre bout du tube, on a les quantités correspondantes A_2, v_2, ρ_2, et ϕ_2. Après un court intervalle de temps Δt, le fluide en A_1 s'est déplacé de $v_1\Delta t$, et le fluide en A_1 s'est déplacé de $v_2\Delta t$ [Fig. 40.6b]. La conservation de la *masse* impose que la masse qui entre à travers A_1 soit égale à la masse qui sort à travers A_2. Ces masses en ces deux extrémités doivent être les mêmes :

$$\Delta M = \rho_1 A_1 v_1 \,\Delta t = \rho_2 A_2 v_2 \,\Delta t.$$

On a donc l'égalité

$$\rho_1 A_1 v_1 = \rho_2 A_2 v_2. \tag{40.15}$$

Cette équation nous apprend que la vitesse varie en raison inverse de l'aire du tube de courant si ρ est constante.

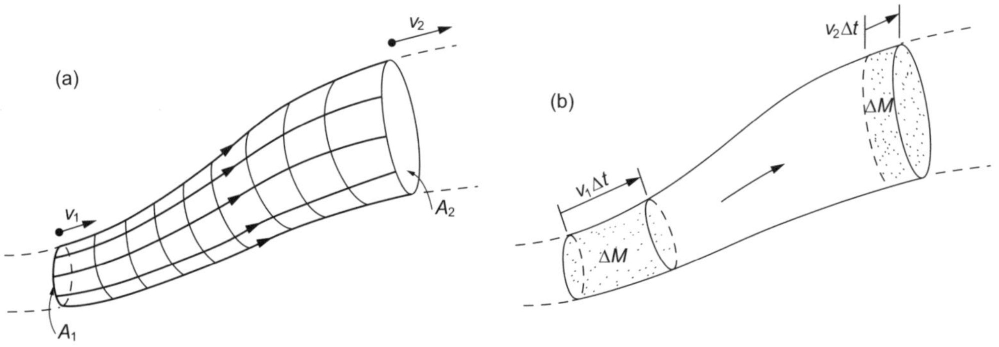

Figure 40.6 – Mouvement d'un fluide dans un tube de courant.

Calculons maintenant le travail accompli par la pression du fluide. Le travail reçu par le fluide qui entre en A_1 est $p_1 A_1 v_1 \Delta t$, et le travail cédé en A_2 est $p_2 A_2 v_2 \Delta t$. Le travail résultant sur le fluide entre A_1 et A_2 est, par conséquent,

$$p_1 A_1 v_1 \,\Delta t - p_2 A_2 v_2 \,\Delta t,$$

qui doit être égal à l'augmentation d'énergie d'une masse ΔM du fluide allant de A_1 en A_2. En d'autres termes,

$$p_1 A_1 v_1 \,\Delta t - p_2 A_2 v_2 \,\Delta t = \Delta M(E_2 - E_1), \tag{40.16}$$

où E_1 est l'énergie par unité de masse du fluide en A_1, et E_2 l'énergie par unité de masse en A_2. L'énergie par unité de masse du fluide peut s'écrire

$$E = \frac{1}{2}v^2 + \phi + U,$$

où $\frac{1}{2}v^2$ est l'énergie cinétique par unité de masse, est l'énergie potentielle par unité de masse, et U est un terme supplémentaire qui représente l'énergie interne par unité de masse du fluide. L'énergie interne pourrait correspondre, par exemple, à l'énergie thermique d'un fluide compressible ou à de l'énergie chimique. Toutes ces quantités peuvent varier d'un point à l'autre. En utilisant cette forme des énergies dans (40.16), on obtient

$$\frac{p_1 A_1 v_1\,\Delta t}{\Delta M} - \frac{p_2 A_2 v_2\,\Delta t}{\Delta M} = \frac{1}{2}\,v_2^2 + \phi_2 + U_2 - \frac{1}{2}\,v_1^2 - \phi_1 - U_1.$$

mais nous avons vu que $\Delta M = \rho A v \Delta t$; on obtient donc

$$\frac{p_1}{\rho_1} + \frac{1}{2}\,v_1^2 + \phi_1 + U_1 = \frac{p_2}{\rho_2} + \frac{1}{2}\,v_2^2 + \phi_2 + U_2, \tag{40.17}$$

ce qui est le résultat de Bernoulli avec un terme supplémentaire pour l'énergie interne. Si le fluide est incompressible, le terme d'énergie interne est le même dans les deux membres, et on trouve à nouveau que l'Éq. (40.14) est valable le long de n'importe quelle ligne de courant.

Considérons maintenant quelques exemples simples dans lesquels l'intégrale de Bernoulli donne la description de l'écoulement. Supposons que de l'eau s'écoule par un trou voisin du fond d'un réservoir, comme sur la Fig. 40.7. Prenons le cas où la vitesse de l'écoulement v_{sortie} au niveau du trou est beaucoup plus grande que la vitesse d'écoulement dans la partie supérieure du réservoir ; en d'autres termes, on imagine que le diamètre du réservoir est suffisamment grand pour qu'on puisse négliger la baisse du niveau du liquide. (On peut faire un calcul plus précis, si l'on veut.) Au sommet du réservoir la pression est p_0, pression atmosphérique, et la pression sur les côtés du jet est

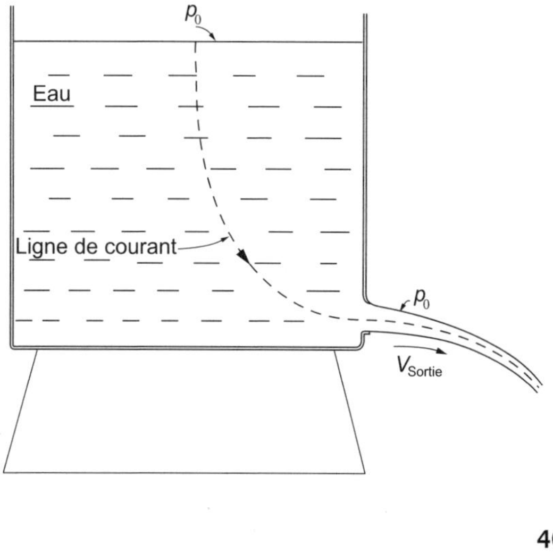

Figure 40.7 – Écoulement d'un réservoir.

© Dunod. Toute reproduction non autorisée est un délit.

également p_0. Écrivons maintenant notre équation de Bernoulli pour une ligne de courant telle que celle qui est dessinée sur la figure. Au sommet du réservoir, on prend v égal à zéro et on choisit également la valeur zéro pour le potentiel de gravitation ϕ. Au bas du réservoir la vitesse est v_{sortie}, et $\phi = -gh$, de sorte que

$$p_0 = p_0 + \frac{1}{2}\rho v^2_{\text{sortie}} - \rho gh,$$

ou

$$v_{\text{sortie}} = \sqrt{2gh}. \tag{40.18}$$

Cette vitesse est exactement celle que l'on aurait obtenue pour quelque chose qui tomberait d'une hauteur h. Ce n'est pas tellement étonnant, puisque l'eau à la sortie gagne de l'énergie cinétique aux dépens de l'énergie potentielle de l'eau au sommet. N'en déduisez pas cependant que vous pouvez représenter le débit du fluide sortant du réservoir en multipliant cette vitesse par la surface du trou. Les vitesses du fluide lorsque le jet quitte le trou ne sont pas toutes parallèles entre elles mais ont des composantes dirigées vers l'intérieur, vers le milieu du courant – le jet est convergent. Quand le jet s'est un peu déplacé, la contraction cesse et les vitesses deviennent effectivement parallèles. Le flux total est donc le produit de la vitesse par la surface *en ce point.* Si on a, en fait, une ouverture de décharge qui n'est qu'un trou rond à bord aigu, le jet se contracte jusqu'à 62% de la surface du trou. La surface effective réduite de la décharge varie suivant les diverses formes des tubes de décharge, et les valeurs expérimentales des contractions se trouvent dans les tables de *coefficients d'écoulement.*

Si le tube de décharge est rentrant, comme sur la Fig. 40.8, il est possible de montrer d'une manière très élégante que le coefficient d'écoulement est exactement 50%. Nous ne ferons qu'esquisser la démonstration. Nous avons utilisé la conservation de l'énergie pour trouver la vitesse, Éq. (40.18), mais il faut considérer aussi la conservation de la quantité de mouvement. Puisqu'il y a une quantité de mouvement qui sort dans le jet de décharge, il doit y avoir une force appliquée sur la section du tube de décharge. D'où

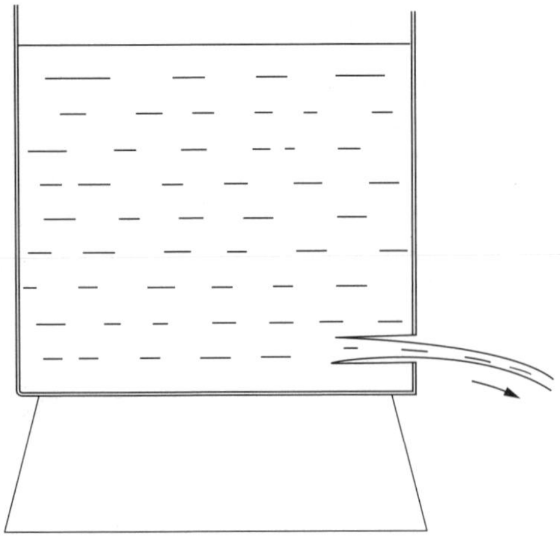

Figure 40.8 – Avec un tube de décharge rentrant, le jet se contracte jusqu'à la moitié de la surface de l'ouverture.

vient cette force ? Elle doit venir de la pression sur les parois. Du moment que le trou d'écoulement est petit et éloigné des parois, la vitesse du fluide près des parois du réservoir sera petite. Par conséquent, la pression sur toutes les faces est presque exactement la même que la pression statique dans un fluide au repos – d'après l'Éq. (30.14). La pression statique en tout point sur le côté du réservoir doit alors être équilibrée par une pression égale, au point placé sur la paroi opposée, *sauf* pour les points de la paroi opposée au tube de décharge. Si l'on calcule la quantité de mouvement déversée à l'extérieur dans le jet par cette pression, on peut montrer que le coefficient d'écoulement est 1/2. On ne peut cependant pas utiliser cette méthode pour un trou de décharge tel que celui de la Fig. 40.7, parce que l'augmentation de vitesse le long de la paroi très près de la surface de décharge entraîne une chute de pression que nous ne sommes pas capables de calculer.

Considérons un autre exemple – un tuyau horizontal à section variable comme sur la Fig. 40.9, avec de l'eau entrant à une extrémité et sortant de l'autre. La conservation de l'énergie, à savoir la formule de Bernoulli, dit que la pression est plus faible dans la région plus étroite où la vitesse est plus grande. On peut montrer facilement cet effet en mesurant la pression au niveau de différentes sections à l'aide de petites colonnes verticales d'eau reliées au tube par l'intermédiaire de trous assez petits pour ne pas perturber l'écoulement. La pression est alors mesurée par la hauteur d'eau dans ces colonnes verticales. On trouve que là où il y a étranglement, la pression est plus faible que de part et d'autre. Si la surface au-delà de l'étranglement reprend la même valeur qu'avant l'étranglement, la pression remonte. La formule de Bernoulli ferait prévoir que la pression en aval de l'étranglement devrait être la même qu'en amont, mais elle est en réalité nettement plus faible. La raison pour laquelle notre prédiction est fausse est que nous avons négligé les forces de friction, de viscosité qui entraînent une chute de pression le long du tube. En dépit de cette chute de pression, la pression est incontestablement plus faible dans l'étranglement (à cause de la vitesse plus grande) que de chaque côté – comme prévu par Bernoulli. La vitesse v_2 doit forcément être plus grande que v_1 pour qu'il y passe la même quantité d'eau à travers le tube plus étroit. L'eau est donc accélérée quand elle passe de la partie large à la partie étroite. La force qui fournit cette accélération provient de la chute de pression.

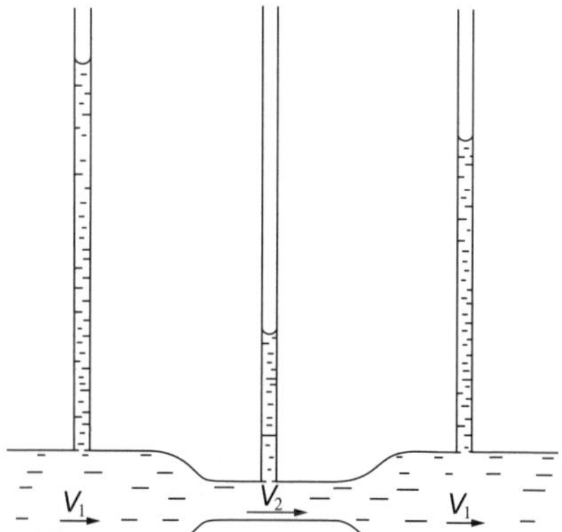

Figure 40.9 – La pression est la plus faible là où la vitesse est la plus grande.

© Dunod. Toute reproduction non autorisée est un délit.

On peut vérifier nos résultats par une autre expérience simple. Supposons que l'on ait sur un réservoir un tube de décharge qui envoie un jet d'eau vers le haut comme le montre la Fig. 40.10. Si la vitesse d'écoulement était exactement $\sqrt{2gh}$, l'eau de décharge devrait s'élever au même niveau que la surface de l'eau dans le réservoir. Expérimentalement, elle tombe quelque peu plus court. Notre prédiction est, en gros, correcte, mais le frottement visqueux, qui n'a pas été compris dans notre conservation de l'énergie, a encore pour résultat une perte d'énergie.

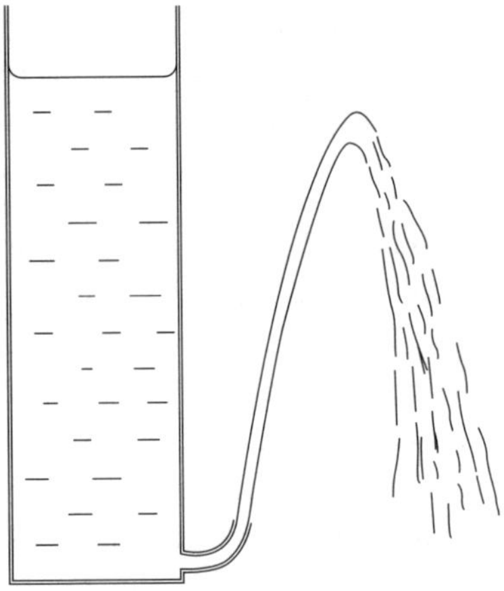

Figure 40.10 – Preuve que v n'est pas égale à $\sqrt{2gh}$.

Avez-vous déjà pris deux morceaux de papier serrés l'un contre l'autre, et essayé de les séparer en soufflant ? Essayez ! Ils se rapprochent. La raison, évidemment, est que, lorsque l'air passe dans l'intervalle restreint entre les feuilles de papier, il a une vitesse plus grande que lorsqu'il passe à l'extérieur. La pression entre les feuilles est *inférieure* à la pression atmosphérique, de sorte qu'elles se rapprochent au lieu de se séparer.

40.4 Circulation

Nous avons vu au début du dernier paragraphe que dans un fluide incompressible sans circulation, l'écoulement satisfait aux deux équations suivantes :

$$\nabla \cdot \boldsymbol{v} = 0, \qquad \nabla \times \boldsymbol{v} = 0. \tag{40.19}$$

Ce sont les mêmes que les équations de l'électrostatique ou de la magnétostatique dans le vide. La divergence du champ électrique est nulle quand il n'y a pas de charges, et le rotationnel du champ électrostatique est toujours nul. Le rotationnel du champ magnétique est nul s'il n'y a pas de courant, et la divergence du champ magnétique est toujours nulle. Par conséquent, les Éq. (40.19) ont les mêmes solutions que les équations de $\boldsymbol{E}$ en électrostatique et celles de $\boldsymbol{B}$ en magnétostatique. En fait, nous avons déjà résolu le problème de l'écoulement d'un fluide autour d'une sphère, comme analogie électrostatique, au paragraphe 12-5. L'analogue électrostatique est un champ électrique uniforme

1. N.d.T. Cette expérience porte le nom de Venturi.

plus un champ dipolaire. Le champ dipolaire est tel que la vitesse d'écoulement normale à la surface de la sphère soit nulle. Le même problème pour l'écoulement autour d'un cylindre peut être résolu d'une façoti similaire en utilisant un dipôle linéaire convenable avec un champ d'écoulement uniforme. Cette solution convient dans le cas où la vitesse du fluide à grande distance est constante – à la fois en grandeur et en direction. La solution est schématisée dans la Fig. 40.11a.

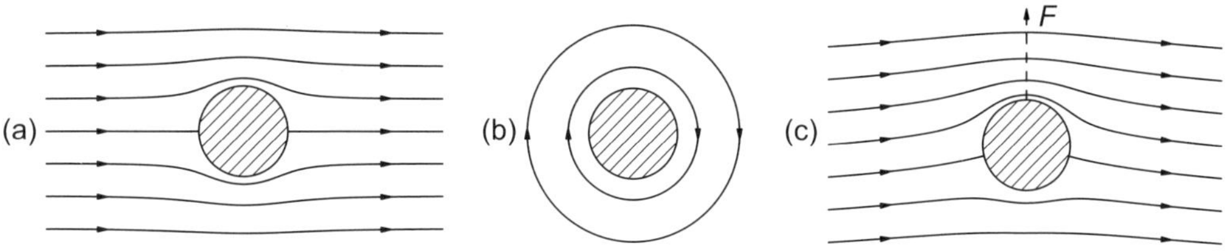

Figure 40.11 – (a) Écoulement d'un fluide idéal autour d'un cylindre. (b) Circulation autour d'un cylindre. (c) Superposition de (a) et (b).

Il existe une autre solution pour l'écoulement autour d'un cylindre quand les conditions sont telles que le fluide à grande distance se déplace en cercles autour du cylindre. Alors l'écoulement est circulaire partout comme sur la Fig. 40.11b. Un tel écoulement a une circulation autour du cylindre, bien que $\boldsymbol{\nabla} \times \boldsymbol{v}$ soit encore nul *dans le fluide.* Comment peut-il y avoir circulation sans rotationnel ? On a une circulation autour du cylindre parce que l'intégrale curviligne de $\boldsymbol{v}$ le long de n'importe quelle boucle *entourant* le cylindre n'est pas nulle. En même temps, l'intégrale curviligne de $\boldsymbol{v}$ le long de n'importe quelle trajectoire fermée qui n'entoure *pas* le cylindre est nulle. Nous avons vu la même chose quand nous avons trouvé le champ magnétique autour d'un fil. Le rotationnel de $\boldsymbol{B}$ était nul à l'extérieur du fil, bien que l'intégrale curviligne de $\boldsymbol{B}$ le long d'un trajet qui n'entoure pas le fil ne s'annule pas. Le champ de vitesse dans une circulation irrotationnelle autour d'un cylindre est précisément le même que le champ magnétique autour d'un fil. Pour une trajectoire circulaire dont le centre est le centre du cylindre, l'intégrale curviligne de la vitesse est

$$\oint \boldsymbol{v} \cdot d\boldsymbol{s} = 2\pi r v.$$

Pour un écoulement irrotationnel, l'intégrale doit être indépendante de r. Soit C la valeur de cette constante, on a alors

$$v = \frac{C}{2\pi r}, \tag{40.20}$$

où v est la vitesse tangentielle et r la distance à l'axe.

Il existe une bonne façon de montrer un fluide circulant autour d'un trou. Vous prenez un réservoir cylindrique transparent ayant un orifice au centre de son fond. Vous le remplissez d'eau, amorcez un mouvement tournant avec un bâton, et vous enlevez le bouchon. Vous obtenez le bel effet montré sur la Fig. 40.12. (Vous avez déjà vu la même chose bien des fois dans une baignoire !) Bien que vous ayiez installé une certaine co au début, elle disparaît bientôt à cause de la viscosité et l'écoulement devient irrotationnel – bien que ce soit encore avec une certaine rotation autour du trou.

© Dunod. Toute reproduction non autorisée est un délit.

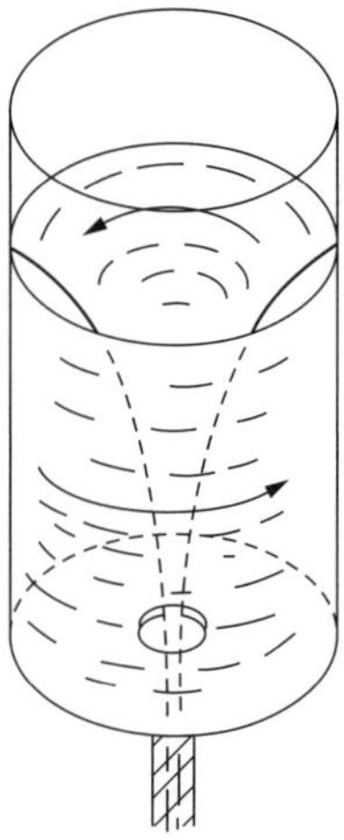

Figure 40.12 – Eau avec tourbillon s'écoulant d'un réservoir.

D'après la théorie, on peut calculer la forme de la surface interne de l'eau. Quand une particule d'eau se dirige vers l'intérieur, elle acquiert de la vitesse. D'après l'Éq. (40.20) la vitesse tangentielle varie comme $1/r$ – cela n'est que la conséquence de la conservation du moment angulaire, comme la patineuse qui serre les bras. La vitesse radiale aussi varie en $1/r$. En ne tenant pas compte du mouvement tangentiel, on a de l'eau qui se déplace radialement vers un trou ; d'après $\boldsymbol{\nabla} \cdot \boldsymbol{v} = 0$, il s'ensuit que la vitesse radiale est proportionnelle à $1/r$. Ainsi la vitesse totale croit aussi comme $1/r$, et l'eau s'en va en suivant des spirales d'Archimède. La surface air-eau est entièrement à la pression atmosphérique, il faut donc qu'elle ait – d'après l'Éq. (40.14) – la propriété que

$$gz + \frac{1}{2}v^2 = \text{constante}.$$

Mais v est proportionnelle à $1/r$, de sorte que la forme de la surface est

$$(z - z_0) = \frac{k}{r^2}.$$

Un point intéressant – qui *n'est pas vrai en général* mais qui l'est pour un écoulement incompressible et irrotationnel – est que si on a une solution et une seconde solution, la somme en est aussi une solution. Ceci est vrai parce que les équations (40.19) sont linéaires. Les équations complètes de l'hydrodynamique, les Eqs. (40.8), (40.9) et (40.10) ne sont pas linéaires, ce qui fait une énorme différence. Pour l'écoulement irrotationnel autour d'un cylindre, cependant on peut superposer l'écoulement de la Fig. 40.11a et l'écoulement de la Fig. 40.11b et obtenir le nouveau schéma d'écoulement de la Fig. 40.11c. Cet écoulement présente un intérêt spécial. La vitesse d'écoulement est plus grande dans la partie située au-dessus du cylindre qu'en dessous. Les pressions sont, par conséquent, plus faibles dans la partie *supérieure qu'au-dessous.* Ainsi quand on a la combinaison d'une circulation autour d'un cylindre *et* d'un écoulement d'ensemble horizontal, il existe une *force verticale* résultante sur le cylindre – on l'appelle la *force ascensionnelle*. Évidemment, s'il n'y a pas de circulation, il n'existe de force résultante sur aucun corps selon notre théorie de l'eau « sèche ».

40.5 Lignes de tourbillon

Nous avons déjà écrit les équations générales de l'écoulement d'un fluide incompressible quand il peut y avoir tourbillon. Ce sont

$$\text{I.}\quad \nabla \cdot \boldsymbol{v} = 0,$$

$$\text{II.}\quad \boldsymbol{\Omega} = \nabla \times \boldsymbol{v},$$

$$\text{III.}\quad \frac{\partial \boldsymbol{\Omega}}{\partial t} + \nabla \times (\boldsymbol{\Omega} \times \boldsymbol{v}) = 0.$$

Le contenu physique de ces équations a été traduit en mots par Helmholtz à l'aide de trois théorèmes. D'abord, imaginons que dans le fluide nous voulions dessiner les lignes de tourbillon plutôt que les lignes de courant. Par lignes de tourbillon, on entend des lignes de champ qui ont la direction de $\boldsymbol{\Omega}$ et dont la densité dans une région quelconque est proportionnelle à l'intensité de $\boldsymbol{\Omega}$. D'après II la divergence de $\boldsymbol{\Omega}$ est *toujours* nulle (rappelez-vous – paragraphe 3–7 – que la divergence d'un rotationnel est toujours nulle). Les lignes de tourbillon sont ainsi comme des lignes de $\boldsymbol{B}$ – elles ne commencent ni ne finissent, et tendent à former des boucles fermées. Helmholtz a décrit III par la proposition suivante : les lignes de tourbillon *se déplacent avec le fluide.* Cela signifie que si vous marquiez les particules du fluide le long d'une quelconque ligne de tourbillon – par exemple en les colorant avec de l'encre – lorsque le fluide se déplace et emporte ces particules, elles indiqueront toujours les nouvelles positions des lignes de tourbillon. Quelle que soit la façon dont les atomes du liquide se déplacent, les lignes de tourbillon se déplacent avec eux. C'est une façon de décrire les lois.

Ceci suggère aussi une méthode pour résoudre tous les problèmes. Le diagramme de l'écoulement initial étant donné – disons $\boldsymbol{v}$ partout – on peut calculer n. De $\boldsymbol{\Omega}$ vous pouvez aussi déduire quelles vont être un peu plus tard les lignes de tourbillon. Avec la nouvelle valeur de 0, vous pouvez utiliser I et II pour trouver la nouvelle valeur de $\boldsymbol{v}$. (C'est exactement le problème de trouver $\boldsymbol{B}$ connaissant les courants.) Si on a le diagramme d'écoulement à un instant, on peut en principe le calculer pour tous les instants postérieurs. Nous avons la solution générale pour un écoulement non visqueux.

Nous aimerions montrer comment la proposition de Helmholtz – et par conséquent III – peuvent au moins partiellement s'expliquer. Ce n'est en fait que la loi de conservation du moment angulaire appliquée au fluide. Imaginons un petit cylindre de liquide dont l'axe est parallèle aux lignes de tourbillon, comme sur la Fig. 40.13a. À un certain instant ultérieur, ce *même* élément du fluide sera quelque part ailleurs. Il occupera en général un cylindre de diamètre différent et situé dans un endroit différent. Il peut aussi avoir une orientation différente, disons comme sur la Fig. 40.13b. Si son diamètre a varié, sa longueur va donc avoir changé de façon à garder un volume constant (puisque nous supposons qu'il s'agit de fluide incompressible). De plus, comme les lignes de tourbillon sont liées à la matière, leur densité va augmenter lorsque la section diminue. Le produit de $\boldsymbol{\Omega}$ par la surface A du cylindre va rester constante, donc d'après Helmholtz, nous devrions avoir

$$\Omega_2 A_2 = \Omega_1 A_1. \tag{40.21}$$

© Dunod. Toute reproduction non autorisée est un délit.

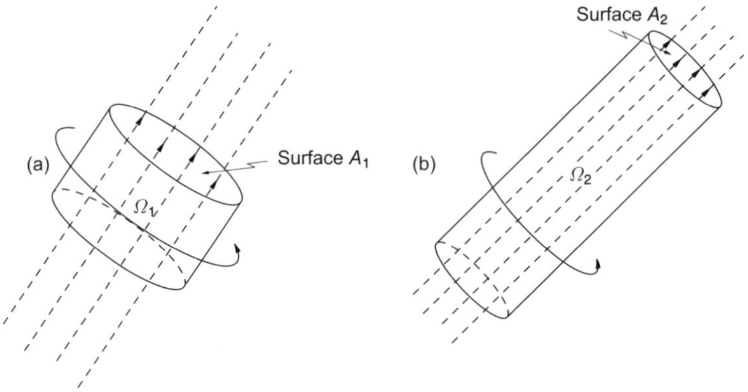

Figure 40.13 – (a) Un groupe de lignes de tourbillon au temps t ; (b) les mêmes lignes plus tard au temps t'.

Notez maintenant qu'avec une viscosité nulle, toutes les forces sur la surface du cylindre (ou en l'occurrence de n'importe quel volume) sont perpendiculaires à la surface. Les forces de pression peuvent faire déplacer le volume d'un endroit à un autre, ou lui faire changer de forme ; mais sans forces *tangentielles,* la valeur du *moment angulaire de la substance qui est à l'intérieur* ne peut pas changer. Le moment angulaire du liquide dans le petit cylindre est le produit de son moment d'inertie 1 par la vitesse angulaire du liquide, laquelle est proportionnelle à S2. Pour un cylindre, le moment d'inertie est proportionnel à Ω. Ainsi d'après la conservation du moment angulaire, on conclurait que

$$(M_1R_1^2)\Omega_1 = (M_2R_2^2)\Omega_2.$$

Mais la masse est la même, $M_1 = M_2$, et les aires sont proportionnelles à R^2, de sorte que l'on obtient à nouveau exactement l'Éq. (40.21). La proposition de Helmholtz – qui est équivalente à III – n'est qu'une conséquence du fait qu'en l'absence de viscosité, le moment angulaire d'un élément de fluide ne peut pas varier.

Il existe une façon élégante de montrer un tourbillon mobile à l'aide de l'appareillage simple de la Fig. 40.14. C'est un « tambour » de 60 cm de diamètre et 60 cm de long fabriqué en tendant une épaisse feuille de caoutchouc au-dessus de l'extrémité ouverte d'une « boîte » cylindrique. Le « fond » – le tambour est posé sur le côté – est solide à l'exception d'un trou de 8 cm de diamètre. Si vous donnez un coup sec sur le diaphragme de caoutchouc avec la main, un anneau tourbillonnaire est projeté hors du trou. Bien que le tourbillon soit invisible, vous pouvez affirmer qu'il existe parce qu'il est capable de souffler une bougie placée à 3 ou 6 m plus loin. D'après le retard dans l'effet, vous pouvez dire que « quelque chose » se déplace à une vitesse finie. Vous pouvez voir plus

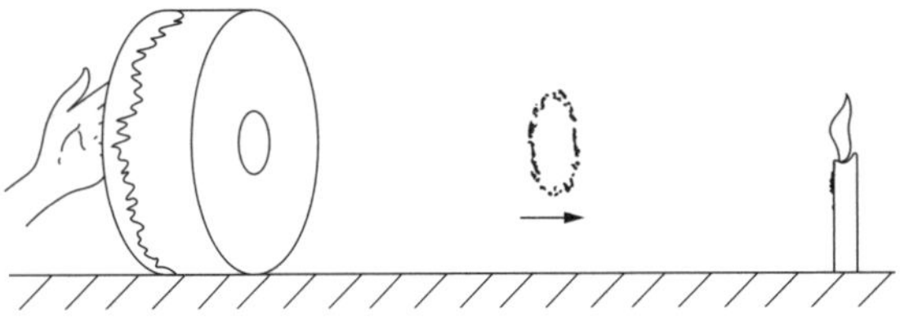

Figure 40.14 – Formation d'un anneau tourbillonnaire mobile.

facilement ce qui se passe si vous soufflez d'abord un peu de fumée dans la boîte. Vous voyez alors le tourbillon sous la forme d'un beau « rond de fumée ».

Le rond de fumée est un faisceau de lignes de tourbillon en forme de tore, comme le montre la Fig. 40.15a. Comme $\boldsymbol{\Omega} = \boldsymbol{\nabla} \times \boldsymbol{v}$, ces lignes de tourbillon représentent aussi une circulation de $\boldsymbol{v}$ comme indiqué dans la partie (b) de la figure. On peut expliquer le déplacement de l'anneau vers l'avant de la façon suivante : la vitesse qui circule autour du *fond* de l'anneau remonte jusqu'à l'avant de l'anneau, où elle a un mouvement en avant. Comme les lignes de $\boldsymbol{\Omega}$ se déplacent avec le fluide, elles se déplacent également vers l'avant à la vitesse $\boldsymbol{v}$. (Évidemment, la circulation de $\boldsymbol{v}$ autour de la partie supérieure de l'anneau est responsable du mouvement en avant des lignes de tourbillon du fond.)

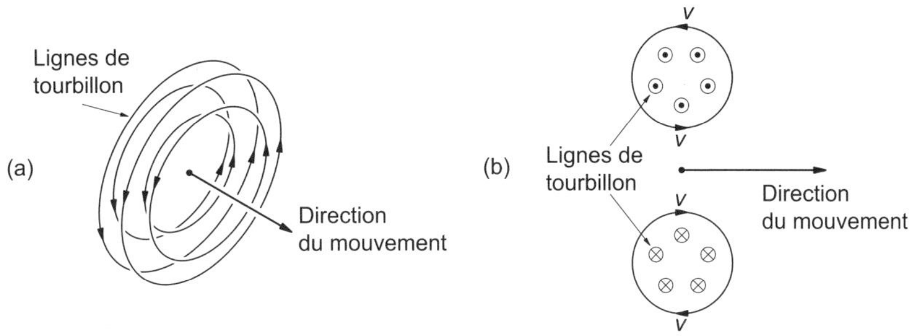

Figure 40.15 – Un anneau tourbillonnant en mouvement (un rond de fumée), (a) Les lignes de tourbillon. (b) Une section de l'anneau.

Il faut mentionner maintenant une sérieuse difficulté. Nous avons déjà noté que l'Éq. (40.9) dit que, si $\boldsymbol{\Omega}$ est initialement nul, il est toujours nul. Ce résultat est un manquement sérieux de notre théorie de l'eau « sèche », parce qu'il signifie que lorsque D est nul, il est *toujours* nul – qu'il est impossible de *produire* un tourbillon quelconque dans n'importe quel cas. Pourtant, dans notre simple expérience avec le tambour, on peut fabriquer un anneau tourbillonnaire démarrant avec de l'air qui était initialement au repos. (On avait certainement $\boldsymbol{v} = 0$ et $\boldsymbol{\Omega} = 0$ partout dans la boîte avant de la heurter.) Nous savons tous aussi que l'on peut amorcer un tourbillon dans un lac avec une rame. Il est clair qu'il faut une théorie de l'eau « mouillante » pour comprendre complètement le comportement d'un fluide.

Un autre aspect de la théorie de l'eau sèche qui est incorrect, c'est la supposition que nous avons faite à propos de l'écoulement à la surface de séparation entre elle et un solide. Quand nous avons discuté de l'écoulement le long d'un cylindre – comme sur la Fig. 40.11, par exemple – nous avons permis au fluide de glisser le long de la surface du solide. Dans notre théorie, la vitesse à la surface d'un solide pourrait avoir n'importe quelle valeur suivant la façon dont elle a démarré, et nous n'avons considéré aucun « frottement » entre le fluide et le solide. Pourtant, c'est un fait expérimental que la vitesse d'un fluide réel tend toujours vers zéro à la surface d'un objet solide. Par conséquent, notre solution pour le cylindre, avec ou sans circulation, est fausse – de même que notre résultat concernant la naissance du tourbillon. Nous allons vous exposer des théories plus correctes au prochain chapitre.

© Dunod. Toute reproduction non autorisée est un délit.

L'ÉCOULEMENT DE L'EAU MOUILLANTE

41

41.1 VISCOSITÉ

Dans le chapitre précédent nous avons traité du comportement de l'eau, en négligeant le phénomène de viscosité. Nous allons ici aborder le phénomène de l'écoulement des fluides, *en tenant compte* des effets de viscosité. Nous voulons considérer le *comportement réel* des fluides. Nous allons décrire qualitativement le comportement réel des fluides dans différentes conditions afin que vous ayez une idée du sujet. Bien que vous alliez voir des équations compliquées et entendre des choses compliquées, il n'est pas dans notre intention de vous faire apprendre tout cela. En un sens, voici un chapitre « culturel » qui vous donnera une idée de la façon dont le monde est fait. Il n'y a qu'une notion qui mérite d'être apprise, c'est la définition simple de la viscosité, que nous allons voir dans un moment. Le reste est seulement une récréation.

Dans le chapitre précédent nous avons vu que les lois du mouvement d'un fluide sont contenues dans l'équation

$$\frac{\partial \boldsymbol{v}}{\partial t} + (\boldsymbol{v} \cdot \boldsymbol{\nabla})\boldsymbol{v} = -\frac{\boldsymbol{\nabla} p}{\rho} - \boldsymbol{\nabla}\phi + \frac{\boldsymbol{f}_{\text{visc}}}{\rho}. \tag{41.1}$$

Dans l'approximation de « l'eau sèche », nous avons laissé tomber le dernier terme, négligeant ainsi tous les effets de viscosité. Nous avons aussi, parfois, introduit l'approximation supplémentaire de l'incompressibilité du fluide ; nous avions alors l'équation supplémentaire

$$\boldsymbol{\nabla} \cdot \boldsymbol{v} = 0.$$

Cette dernière approximation est souvent très raisonnable – en particulier quand les vitesses d'écoulement sont beaucoup plus lentes que la vitesse du son. Mais dans les fluides réels il n'est presque jamais possible de négliger le frottement interne que nous appelons la viscosité ; la plupart des choses intéressantes qui se produisent en sont issues d'une manière ou d'une autre. Par exemple, nous avons vu pour « l'eau sèche » que la circulation ne varie jamais – s'il n'y en a pas au départ, il n'y en aura jamais. Et pourtant, la circulation dans les fluides est un événement de tous les jours. Nous devons améliorer notre théorie.

Nous partons d'un fait expérimental important. Quand nous avons calculé l'écoulement de l'eau « sèche » autour ou le long d'un cylindre – le prétendu « écoulement

© Dunod. Toute reproduction non autorisée est un délit.

potentiel » – nous n'avions aucune raison d'interdire à l'eau d'avoir une vitesse tangente à la surface : seule la composante normale devait être nulle. Nous n'avons absolument pas tenu compte de l'existence possible d'une force de cisaillement entre le liquide et le solide. Il se trouve – bien que ce ne soit absolument pas évident en soi – que dans toutes les conditions où l'on a pu le vérifier expérimentalement, *la vitesse d'un fluide est rigoureusement nulle à la surface d'un solide*. Vous avez sans doute remarqué que la lame d'un ventilateur ramasse une fine couche de poussière – et qu'elle y est encore après que le ventilateur ait brassé l'air. Vous pouvez voir ce phénomène même sur le grand ventilateur d'une soufflerie. Pourquoi la poussière n'est-elle pas balayée par l'air ? En dépit du fait que la lame du ventilateur tourne à grande vitesse dans l'air, la vitesse relative de l'air par rapport à la lame s'annule à sa surface. Les plus petites particules de poussière ne sont donc pas déplacées[1]. Nous devons modifier la théorie pour qu'elle s'accorde avec le fait expérimental que, dans tous les fluides ordinaires, les molécules voisines de la surface d'un solide ont une vitesse nulle (par rapport à la surface)[2].

Nous avons initialement caractérisé un liquide par le fait que si on le soumet à une contrainte de cisaillement aussi petite soit-elle – il cède. Il s'écoule. Dans des conditions statiques, il n'y a pas de contraintes de cisaillement. Mais avant que l'équilibre ne soit atteint – tant que vous le poussez – il peut y avoir des forces de cisaillement. La *viscosité* décrit ces forces de cisaillement qui existent dans un fluide en mouvement. Pour avoir une mesure des forces de cisaillement durant le mouvement d'un fluide nous considérons la sorte d'expérience suivante. Imaginez deux surfaces planes solides, avec de l'eau entre elles, comme sur la Fig. 41.1, et dont l'une est maintenue fixe, tandis qu'on déplace l'autre parallèlement à elle-même avec une vitesse lente v_0. Si vous mesurez la force nécessaire pour entretenir le mouvement du plateau supérieur, vous trouvez qu'elle est proportionnelle à l'aire des plateaux, et à v_0/d où d est la distance entre les plateaux. Donc la contrainte de cisaillement F/A est proportionnelle à v_0/d :

$$\frac{F}{A} = \eta \frac{v_0}{d}.$$

La constante de proportionnalité η est appelée le *coefficient de viscosité*.

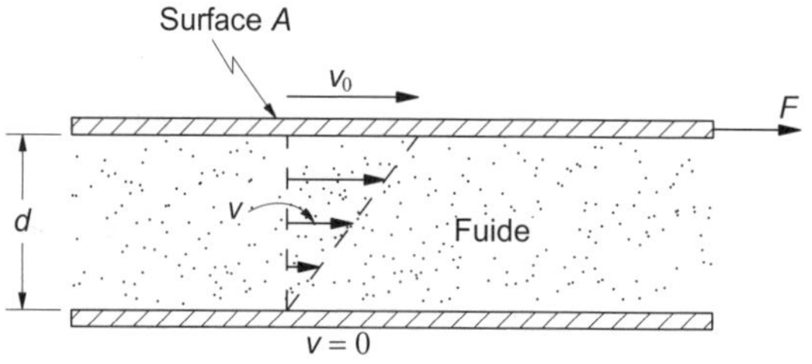

Figure 41.1 – Entraînement visqueux entre deux plans parallèles.

1. Vous *pouvez* souffler les plus *grandes* particules de poussière d'une table, mais non les plus petites. Les grandes collent à la brise.

2. Vous pouvez imaginer des conditions où ceci n'est pas vrai : le verre est théoriquement un « liquide », mais on peut certainement le faire glisser le long d'une surface d'acier. Donc, notre affirmation doit cesser quelque part d'être vraie.

Si nous avons un cas plus compliqué, nous pouvons toujours considérer une petite cellule rectangulaire, plate, prise dans l'eau et dont les faces sont parallèles à l'écoulement, comme sur la Fig. 41.2. La force de cisaillement à travers cette cellule est donnée par

$$\frac{\Delta F}{\Delta A} = \eta\,\frac{\Delta v_x}{\Delta y} = \eta\frac{\partial v_x}{\partial y}. \tag{41.2}$$

Or, $\partial v_x/\partial y$ est la *variation* de la déformation de cisaillement telle que nous l'avons définie au chapitre 38, donc, pour un liquide, la contrainte de cisaillement est proportionnelle à la variation de la déformation de cisaillement.

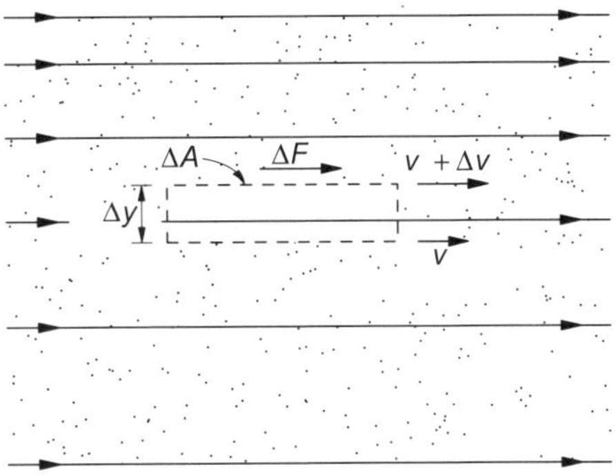

Figure 41.2 – La contrainte de cisaillement dans un fluide visqueux.

Dans le cas général, nous écrirons

$$S_{xy} = \eta\left(\frac{\partial v_y}{\partial x} + \frac{\partial v_x}{\partial y}\right). \tag{41.3}$$

S'il y a une rotation uniforme du fluide, $\partial v_x/\partial y$ est égale à moins $\partial v_y/\partial x$, et S_{xy} est nulle – comme cela doit être puisqu'il n'y a pas de contraintes lors d'une rotation uniforme d'un fluide. (Nous avons procédé ainsi pour définir e_{xy} au chapitre 39.) On trouve évidemment les expressions correspondantes de S_{yz} et S_{zx}.

À titre d'exemple d'application de ces notions, considérons le mouvement d'un fluide entre deux cylindres coaxiaux. Soit a le rayon du cylindre intérieur et v_a sa vitesse périphérique, et soit b le rayon du cylindre extérieur et v_b sa vitesse. Voir Fig. 41.3. Nous pouvons nous demander quelle est la distribution des vitesses entre les deux cylindres. Pour répondre à cette question, commençons par chercher une formule du cisaillement visqueux dans le fluide, à la distance r de l'axe. D'après la symétrie du problème, nous pouvons admettre que l'écoulement est toujours tangentiel, et que sa grandeur ne dépend que de r ; $v = v(r)$. Si nous observons une particule dans l'eau, à la distance r, ses coordonnées en fonction du temps sont

$$x = r\cos\omega t, \qquad y = r\sin\omega t,$$

où $\omega = v/r$. Les composantes x et y de la vitesse sont alors

$$v_x = -r\omega\sin\omega t = -\omega y \qquad \text{et} \qquad v_y = r\omega\cos\omega t = \omega x. \tag{41.4}$$

© Dunod. Toute reproduction non autorisée est un délit.

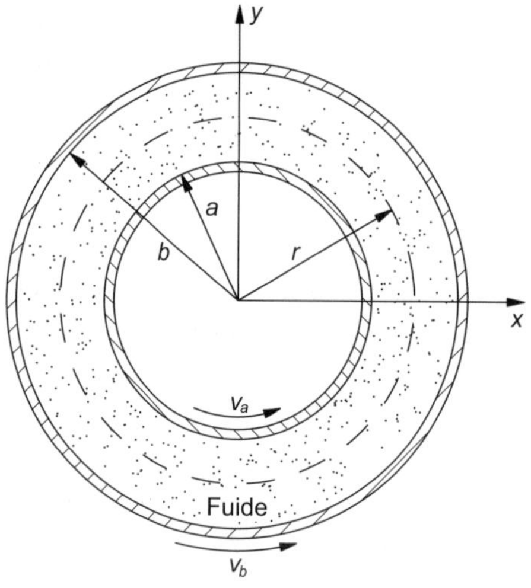

Figure 41.3 – L'écoulement d'un fluide entre deux cylindres concentriques en rotation avec des vitesses angulaires différentes.

D'après l'Éq. (41.3), nous avons

$$S_{xy} = \eta\left[\frac{\partial}{\partial x}(x\omega) - \frac{\partial}{\partial y}(y\omega)\right] = \eta\left[x\frac{\partial\omega}{\partial x} - y\frac{\partial\omega}{\partial y}\right]. \tag{41.5}$$

Pour un point en $y = 0$, $\partial\omega/\partial y = 0$, et $x\partial\omega/\partial x$ est égal à $rd\omega/dr$. Donc en ce point,

$$\left(S_{xy}\right)_{y=0} = \eta r\frac{d\omega}{dr}. \tag{41.6}$$

(Il est normal que S dépende de $\partial\omega/\partial r$; quand il n'y a pas de variation de ω avec r le liquide est en rotation uniforme et il n'y a pas de contraintes.)

La contrainte que nous venons de calculer est le cisaillement tangentiel, qui est le même tout autour du cylindre. Nous obtenons le *moment* du couple agissant à *travers une surface cylindrique de rayon r*, en multipliant la contrainte de cisaillement par le bras de levier r et la surface $2\pi rl$. Ce qui donne

$$\tau = 2\pi r^2 l\left(S_{xy}\right)_{y=0} = 2\pi\eta l r^3\frac{d\omega}{dr}. \tag{41.7}$$

Comme le mouvement de l'eau est uniforme – il n'y a aucune accélération angulaire – le moment résultant agissant sur la couronne cylindrique d'eau comprise entre les rayons r et $r + dr$ doit être nul ; c'est-à-dire que le moment à la distance r doit être équilibré par un moment égal et opposé à la distance $r + dr$, de sorte que τ doit être indépendant de r. En d'autres termes, $r^3 d\omega/dr$ est égal à une constante, soit A, et

$$\frac{d\omega}{dr} = \frac{A}{r^3}. \tag{41.8}$$

En intégrant nous trouvons que ω varie en fonction de r suivant

$$\omega = -\frac{A}{2r^2} + B. \tag{41.9}$$

Les constantes A et B sont à déterminer pour remplir les conditions $\omega = \omega_a$ en $r = a$ et $\omega = \omega_b$ en $r = b$. Nous obtenons,

$$A = \frac{2a^2b^2}{b^2 - a^2}(\omega_b - \omega_a),$$
$$B = \frac{b^2\omega_b - a^2\omega_a}{b^2 - a^2}. \tag{41.10}$$

Nous connaissons donc ω en fonction de r, d'où nous tirons $v = \omega r$.

Si nous voulons le moment, nous pouvons l'obtenir à partir des Éqs. (41.7) et (41.8) :

$$\tau = 2\pi\eta l A$$

ou

$$\tau = \frac{4\pi\eta l a^2b^2}{b^2 - a^2}(\omega_b - \omega_a). \tag{41.11}$$

Il est proportionnel à la vitesse angulaire relative des deux cylindres. Un appareil standard de mesure des coefficients de viscosité est ainsi conçu. Un cylindre – disons l'extérieur – est sur pivots, mais maintenu fixe par un ressort qui mesure le couple, tandis que le cylindre intérieur tourne avec une vitesse angulaire constante. Le coefficient de viscosité est alors déterminé par l'Éq. (41.11).

D'après sa définition, vous voyez que les unités pour η sont le newton-sec/m^2. Pour l'eau à 20 °C,

$$\eta = 10^{-3} \text{ newton·sec/m}^2.$$

Il est en général plus commode de parler de *viscosité spécifique*, qui est η divisée par la densité ρ. Les valeurs pour l'eau et l'air sont alors comparables :

$$\begin{aligned} &\text{eau à 20 °C,} \qquad \eta/\rho = 10^{-6} \text{ m}^2\text{/sec,} \\ &\text{air à 20°C,} \qquad \eta/\rho = 15 \times 10^{-6} \text{ m}^2\text{/sec.} \end{aligned} \tag{41.12}$$

La viscosité dépend en général fortement de la température. Par exemple, pour l'eau juste au-dessus du point de congélation, η/ρ est 1,8 fois plus grand qu'à 20 °C.

41.2 Écoulement visqueux

Nous en arrivons à une théorie générale de l'écoulement visqueux – au moins sous la forme la plus générale connue de l'homme. Nous avons déjà compris que les composantes de la contrainte de cisaillement sont proportionnelles aux dérivées d'espace des différentes composantes de la vitesse telles que $\partial v_x/\partial y$, ou $\partial v_y/\partial x$. Cependant, dans le cas général d'un fluide *compressible*, il existe un autre terme de la contrainte qui dépend d'autres dérivées de la vitesse. L'expression générale est

$$S_{ij} = \eta\left(\frac{\partial v_i}{\partial x_j} + \frac{\partial v_j}{\partial x_i}\right) + \eta'\,\delta_{ij}(\boldsymbol{\nabla}\cdot\boldsymbol{v}), \tag{41.13}$$

© Dunod. Toute reproduction non autorisée est un délit.

où x_i est l'une quelconque des coordonnées cartésiennes x, y ou z, et v_i est l'une des composantes cartésiennes de la vitesse. (Le symbole δ_{ij} est le delta de Kronecker qui vaut 1 si $i = j$, et 0 si $i \neq j$). Le terme supplémentaire ajoute $\eta' \boldsymbol{\nabla} \cdot \boldsymbol{v}$ à tous les éléments diagonaux S_{ij} du tenseur des contraintes. Si le liquide est compressible $\boldsymbol{\nabla} \cdot \boldsymbol{v} = 0$, et ce terme supplémentaire disparaît. Il est donc lié aux forces internes durant la compression. Il faut donc deux constantes pour décrire le liquide tout comme nous avions deux constantes pour décrire un solide homogène élastique. Le coefficient η est le coefficient de viscosité « ordinaire » que nous avons déjà rencontré. On l'appelle aussi le *premier coefficient de viscosité* ou le « coefficient de viscosité de cisaillement », et le nouveau coefficient η' est appelé le *second coefficient de viscosité.*

Nous allons maintenant déterminer la force de viscosité, par unité de volume, f_{visc} ; nous pourrons ainsi l'introduire dans l'Éq. (41.1) pour obtenir l'équation du mouvement pour un fluide réel. La force qui s'exerce sur un petit élément de volume cubique d'un fluide est la résultante des forces agissant sur les six faces. En les prenant deux par deux nous obtiendrons des différences qui dépendront des dérivées des contraintes et donc, des dérivées secondes de la vitesse. Ceci est agréable car de nouveau nous sommes conduits à une équation vectorielle. La composante de la force de viscosité par unité de volume dans la direction de la coordonnée rectangulaire x_i est

$$\begin{aligned}(f_{\text{visc}})_i &= \sum_{j=1}^{3} \frac{\partial S_{ij}}{\partial x_j}\\ &= \sum_{j=1}^{3} \frac{\partial}{\partial x_j}\left\{\eta\left(\frac{\partial v_i}{\partial x_j} + \frac{\partial v_j}{\partial x_i}\right)\right\} + \frac{\partial}{\partial x_i}(\eta'\, \boldsymbol{\nabla} \cdot \boldsymbol{v}) .\end{aligned} \tag{41.14}$$

D'ordinaire, la variation des coefficients de viscosité avec la position n'est pas importante et peut être négligée. La force de viscosité par unité de volume ne contient alors que des dérivées secondes de la vitesse. Nous avons vu au chapitre 39 que la forme la plus générale des dérivées secondes qui peut intervenir dans une équation vectorielle est la somme d'un terme en Laplacien ($\boldsymbol{\nabla} \cdot \boldsymbol{\nabla} \boldsymbol{v} = \nabla^2 \boldsymbol{v}$) et d'un terme en gradient de la divergence [$\boldsymbol{\nabla}(\boldsymbol{\nabla} \cdot \boldsymbol{v})$]. L'Éq. (41.14) est précisément une telle somme avec les coefficients η et $(\eta + \eta')$. Nous obtenons

$$\boldsymbol{f}_{\text{visc}} = \eta\, \nabla^2 \boldsymbol{v} + (\eta + \eta')\, \boldsymbol{\nabla}(\boldsymbol{\nabla} \cdot \boldsymbol{v}). \tag{41.15}$$

Dans le cas d'incompressibilité $\boldsymbol{\nabla} \cdot \boldsymbol{v} = 0$ et la force de viscosité par unité de volume est alors $\eta \nabla^2 \boldsymbol{v}$. C'est souvent tout ce que l'on utilise ; cependant, si vous vouliez calculer l'absorption du son dans un fluide, il vous faudrait le second terme.

Nous pouvons maintenant compléter notre équation générale du mouvement pour un fluide réel. Portant l'Éq. (41.15) dans l'Éq. (41.1), nous obtenons

$$\rho\left\{\frac{\partial \boldsymbol{v}}{\partial t} + (\boldsymbol{v} \cdot \boldsymbol{\nabla})\boldsymbol{v}\right\} = -\boldsymbol{\nabla} p - \rho\, \boldsymbol{\nabla} \phi + \eta\, \nabla^2 \boldsymbol{v} + (\eta + \eta')\, \boldsymbol{\nabla}(\boldsymbol{\nabla} \cdot \boldsymbol{v}).$$

C'est compliqué. Mais c'est comme cela que la nature est faite.

Si nous introduisons le vecteur-tourbillon $\boldsymbol{\Omega} = \boldsymbol{\nabla} \times \boldsymbol{v}$, comme précédemment, nous pouvons écrire cette équation sous la forme

$$\rho \left\{ \frac{\partial \boldsymbol{v}}{\partial t} + \boldsymbol{\Omega} \times \boldsymbol{v} + \frac{1}{2} \boldsymbol{\nabla} v^2 \right\} = -\boldsymbol{\nabla} p - \rho \boldsymbol{\nabla} \phi + \eta \nabla^2 \boldsymbol{v} + (\eta + \eta') \boldsymbol{\nabla}(\boldsymbol{\nabla} \cdot \boldsymbol{v}). \tag{41.16}$$

Nous supposons encore que les seules forces agissant en volume sont conservatrices comme les forces de gravitation. Pour voir quel est le sens du nouveau terme, considérons le cas d'un fluide incompressible. Si nous prenons le rotationnel de l'Éq. (41.16), nous obtenons

$$\frac{\partial \boldsymbol{\Omega}}{\partial t} + \boldsymbol{\nabla} \times (\boldsymbol{\Omega} \times \boldsymbol{v}) = \frac{\eta}{\rho} \nabla^2 \boldsymbol{\Omega}. \tag{41.17}$$

Cela ressemble à l'Éq. (40.9) sauf pour le nouveau terme du membre de droite. Quand le membre de droite était nul, nous avions le théorème de Helmholtz d'après lequel le tourbillon suit le fluide. Maintenant nous avons un terme non nul plutôt compliqué dans le membre de droite qui a cependant des conséquences physiques directes. Si nous négligeons pour l'instant le terme $\boldsymbol{\nabla} \times (\boldsymbol{\Omega} \times \boldsymbol{v})$ nous obtenons une *équation de diffusion*. Le nouveau terme signifie que le vecteur-tourbillon $\boldsymbol{\Omega}$ diffuse dans le fluide. S'il y a un important gradient du vecteur-tourbillon, il s'étendra dans le fluide alentour.

Ce terme est celui qui rend l'anneau de fumée de plus en plus épais à mesure qu'il se propage. Il se voit bien aussi, si vous envoyez un tourbillon « propre » (un anneau « sans fumée » obtenu à partir de l'appareil décrit dans le chapitre précédent) à travers un nuage de fumée. Quand il sort du nuage, il a ramassé un peu de fumée et vous verrez la coque creuse d'un anneau de fumée. Une partie de $\boldsymbol{\Omega}$ diffuse à travers la fumée vers l'extérieur, tout en poursuivant son mouvement vers l'avant, avec le tourbillon.

41.3 Le nombre de Reynolds

Nous allons maintenant décrire les changements des caractéristiques de l'écoulement des fluides, conséquence du nouveau terme de viscosité. Nous étudierons deux problèmes en détail. Le premier est l'écoulement d'un fluide autour d'un cylindre – écoulement que nous avons essayé de calculer au chapitre précédent par application de la théorie de l'écoulement non visqueux. Mais les équations de viscosité ne peuvent être résolues de nos jours, que dans quelques cas particuliers. Donc une partie de ce que nous allons dire est basé sur des mesures expérimentales – en admettant que le modèle expérimental satisfasse à l'Éq. (41.17).

Le problème mathématique est le suivant : nous voulons connaître la solution de l'écoulement d'un fluide visqueux incompressible autour d'un long cylindre de diamètre D. L'écoulement doit être obtenu à partir de l'Éq. (41.17) et de

$$\boldsymbol{\Omega} = \boldsymbol{\nabla} \times \boldsymbol{v} \tag{41.18}$$

© Dunod. Toute reproduction non autorisée est un délit.

compte tenu de la condition que la vitesse à grande distance est une constante, soit V (parallèle à l'axe des x), et nulle à la surface du cylindre, soit

$$v_x = v_y = v_z = 0 \tag{41.19}$$

pour

$$x^2 + y^2 = \frac{D^2}{4}.$$

Ceci précise tout à fait le problème mathématique.

En regardant les équations, vous noterez qu'il y a quatre paramètres différents dans ce problème : η, ρ, D, V. Vous pourriez penser que nous allons envisager toute une série de cas pour différents V, différents D et ainsi de suite. Eh bien, non. Toutes les solutions différentes possibles correspondent à différentes valeurs *d'un seul paramètre.* Ceci est le fait général le plus important dans l'écoulement visqueux. Pour voir pourquoi il en est ainsi, remarquez tout d'abord que la viscosité et la densité ne figurent que par leur rapport , η/ρ – la viscosité spécifique. Ceci réduit le nombre de paramètres indépendants à trois. Puis admettons que l'on mesure toutes les distances en prenant comme unité la seule longueur du problème, le diamètre D du cylindre ; c'est-à-dire que nous substituons à x, y, z, les nouvelles variables x', y', z' telles que

$$x = x'D, \qquad y = y'D, \qquad z = z'D.$$

Alors, D disparaît de l'Éq. (41.19). De même si nous mesurons toutes les vitesses en fonction de V, c'est-à-dire que nous posons $v = v'V$ – nous nous débarrassons de V, et v' est exactement égal à 1 aux grandes distances. Comme nous nous sommes donné les unités de longueur et de vitesse, notre unité de temps est maintenant D/V ; nous devons donc poser

$$t = t'\,\frac{D}{V}. \tag{41.20}$$

Avec ces nouvelles variables, les dérivées qui figurent dans l'Éq. (41.18) se changent de $\partial/\partial x$ en (1/D) $\partial/\partial x'$, et ainsi de suite ; l'Éq. (41.18) devient donc

$$\boldsymbol{\Omega} = \boldsymbol{\nabla} \times \boldsymbol{v} = \frac{V}{D}\,\boldsymbol{\nabla}' \times \boldsymbol{v}' = \frac{V}{D}\,\boldsymbol{\Omega}'. \tag{41.21}$$

Notre équation principale (41.17) se lit alors

$$\frac{\partial \boldsymbol{\Omega}'}{\partial t'} + \boldsymbol{\nabla}' \times (\boldsymbol{\Omega}' \times \boldsymbol{v}') = \frac{\eta}{\rho V D}\,\nabla'^2 \boldsymbol{\Omega}'.$$

Toutes les constantes se regroupent en un facteur, que nous écrirons, suivant la tradition, $1/\mathcal{R}$:

$$\mathcal{R} = \frac{\rho}{\eta}\,VD. \tag{41.22}$$

En nous souvenant que toutes les grandeurs de toutes nos équations doivent être écrites avec les nouvelles unités, nous pouvons supprimer les primes. Nos équations de l'écoulement sont alors

$$\frac{\partial \mathbf{\Omega}}{\partial t} + \mathbf{\nabla} \times (\mathbf{\Omega} \times \boldsymbol{v}) = \frac{1}{\mathcal{R}} \nabla^2 \mathbf{\Omega}. \tag{41.23}$$

et

$$\mathbf{\Omega} = \mathbf{\nabla} \times \boldsymbol{v}$$

avec les conditions

$$\boldsymbol{v} = 0$$

pour

$$x^2 + y^2 = 1/4 \tag{41.24}$$

et

$$v_x = 1, \qquad v_y = v_z = 0$$

pour

$$x^2 + y^2 + z^2 \gg 1.$$

Ce que tout ceci signifie physiquement est très intéressant. Cela signifie, par exemple, que si nous résolvons le problème de l'écoulement pour une vitesse V_1 et un cylindre donné de diamètre D_1, et si nous cherchons ensuite l'écoulement relatif à un diamètre différent D_2 et à un fluide différent, l'écoulement sera le même pour la vitesse V_2 qui donne le même nombre de Reynolds, c'est-à-dire, quand

$$\mathcal{R}_1 = \frac{\rho_1}{\eta_1} V_1 D_1 = \mathcal{R}_2 = \frac{\rho_2}{\eta_2} V_2 D_2. \tag{41.25}$$

Pour deux cas quelconques, caractérisés par le même nombre de Reynolds, les écoulements seront « semblables » – en fonction des coordonnées convenablement réduites x', y', z', et t'. Voici une proposition importante car elle entraîne que l'on puisse déterminer le comportement de l'écoulement de l'air sur une aile d'avion sans avoir à construire l'avion et l'essayer. Nous pouvons, à la place, construire un modèle et faire des mesures avec une vitesse qui donne le même nombre de Reynolds. C'est ce principe qui nous permet d'appliquer à des objets de grandeur nature, les résultats de mesures en « soufflerie » sur des avions à petite échelle, ou des résultats en « bassins pour maquettes » sur des modèles réduits de bateaux. Souvenez-vous, cependant, que nous ne pouvons le faire, qu'à condition de négliger la compressibilité du fluide. Sinon, une autre grandeur entre en jeu – la vitesse du son. Et différents cas ne se correspondraient les uns aux autres que si le rapport de V à la vitesse du son est aussi le même. Ce dernier rapport est appelé le *nombre de Mach*. Donc, pour des vitesses voisines de la vitesse du son, ou supérieures, les écoulements sont les mêmes dans deux cas différents si, à *la fois, le nombre de Mach* et *le nombre de Reynolds* sont les mêmes dans les deux cas.

© Dunod. Toute reproduction non autorisée est un délit.

41.4 ÉCOULEMENT AUTOUR D'UN CYLINDRE CIRCULAIRE

Revenons au problème de l'écoulement lent (pratiquement incompressible) sur un cylindre. Nous allons faire une description qualitative de l'écoulement d'un fluide réel. Il y a plusieurs choses que nous aimerions savoir au sujet de cet écoulement – par exemple, quelle est la force de traînée sur le cylindre ? On a tracé, Fig. 41.4, la force de traînée sur le cylindre en fonction de $\mathcal{R}$ – qui est proportionnel à la vitesse de l'air V si tout le reste est maintenu constant. Ce que l'on a, en réalité, tracé, c'est ce qu'on appelle le *coefficient de traînée* C_d, qui est un nombre sans dimension égal à la force divisée par $\frac{1}{2}\rho V^2 Dl$, où D est le diamètre, l la longueur du cylindre et ρ la densité du liquide :

$$C_D = \frac{F}{\frac{1}{2}\rho V^2 Dl}.$$

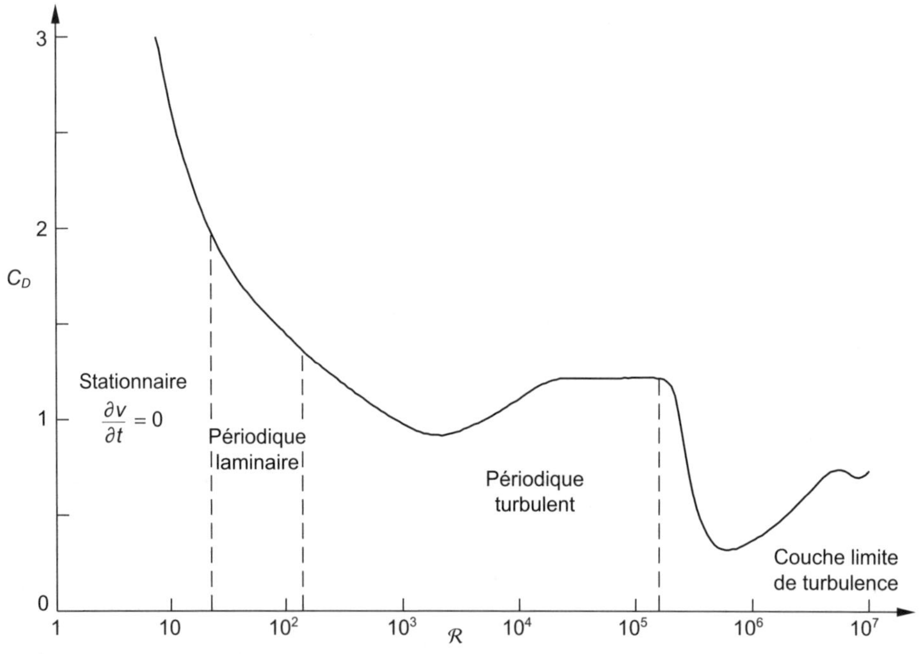

Figure 41.4 – Le coefficient de traînée C_D d'un cylindre circulaire en fonction du nombre de Reynolds.

Le coefficient de traînée varie de façon plutôt compliquée, nous donnant une première idée que dans l'écoulement se produit quelque chose d'assez intéressant et compliqué. Nous allons décrire la nature de l'écoulement pour différents intervalles du nombre de Reynolds. Tout d'abord, quand le nombre de Reynolds est très petit, l'écoulement est pratiquement stationnaire ; c'est-à-dire que la vitesse est constante en chaque point, et l'écoulement se fait autour du cylindre. La distribution réelle des lignes d'écoulement n'est pourtant pas la même que dans un écoulement potentiel. Elles sont des solutions d'une équation un peu différente. Quand la vitesse est très basse, ou ce qui est équivalent, quand la viscosité est très grande, de sorte que le fluide est comme du miel, les termes d'inertie sont négligeables et l'écoulement est décrit par l'équation

$$\nabla^2 \boldsymbol{\Omega} = 0.$$

Cette équation fut résolue pour la première fois par Stokes. Il résolut aussi le même problème pour une sphère. Si vous avez une petite sphère en mouvement dans les conditions d'un nombre de Reynolds bas, la force qu'il faut lui appliquer pour la traîner est égale à $6\pi\eta aV$, où a est le rayon de la sphère et V sa vitesse. C'est une formule très utile car elle donne la vitesse à laquelle de tout petits grains de poussière (ou d'autres particules que nous pouvons assimiler à des sphères) se meuvent dans un fluide, sous l'action d'une force donnée – comme par exemple dans une centrifugeuse, ou lors d'une sédimentation, ou d'une diffusion. Dans la région des faibles nombres de Reynolds – pour $\mathcal{R}$ inférieur à 1 – les lignes de $\boldsymbol{v}$ autour d'un *cylindre* ont l'allure tracée sur la Fig. 41.5.

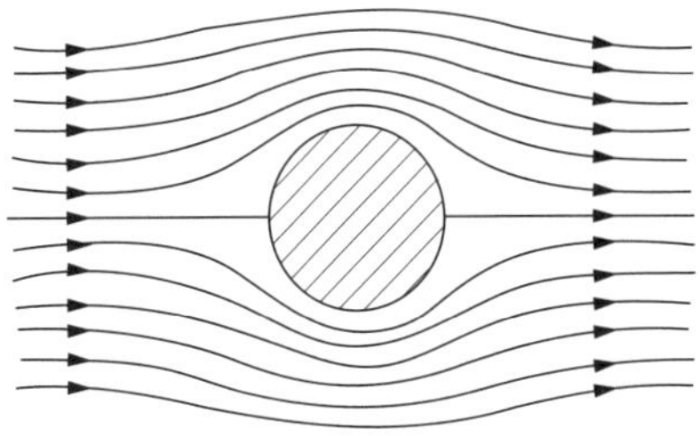

Figure 41.5 – Écoulement visqueux (petites vitesses) autour d'un cylindre circulaire.

Si nous augmentons la vitesse du fluide pour avoir un nombre de Reynolds un peu plus grand que 1, nous trouvons un écoulement différent. Il y a une circulation derrière la sphère, comme sur la Fig. 41.6(b). C'est encore un problème non résolu que de savoir s'il y a toujours une circulation là, même pour les plus petits nombres de Reynolds, ou si le changement se fait brutalement pour un certain nombre de Reynolds. On a longtemps pensé que la circulation croissait de façon continue. Mais on pense maintenant, qu'elle apparaît brusquement, et il est certain que la circulation croît avec $\mathcal{R}$. En tout cas, l'écoulement a un caractère différent pour $\mathcal{R}$ dans la région comprise entre 10 et 30. Il y a une paire de tourbillons derrière le cylindre.

L'écoulement change de nouveau quand on atteint un nombre de 40 environ. Il y a brusquement un changement complet des caractéristiques du mouvement. L'un des tourbillons formés derrière le cylindre devient si long qu'il se détache et part avec le fluide dans le sens du courant. Puis le fluide s'enroule derrière le cylindre et fait un nouveau tourbillon. Les tourbillons se détachent alternativement de chaque côté, de sorte qu'une vue instantanée de l'écoulement ressemble en gros au schéma de la Fig. 41.6(c). Le courant des tourbillons est appelé « allée tourbillonnaire de Kármán ». Ils apparaissent toujours pour $\mathcal{R} > 40$. La Fig. 41.7 est une photographie d'un tel écoulement.

La différence entre les deux écoulements de la Fig. 41.6(c) et 41.6(b) ou 41.6(a) est une différence presque totale. Dans le cas de la Fig. 41.6(a) ou (b) la vitesse est constante

© Dunod. Toute reproduction non autorisée est un délit.

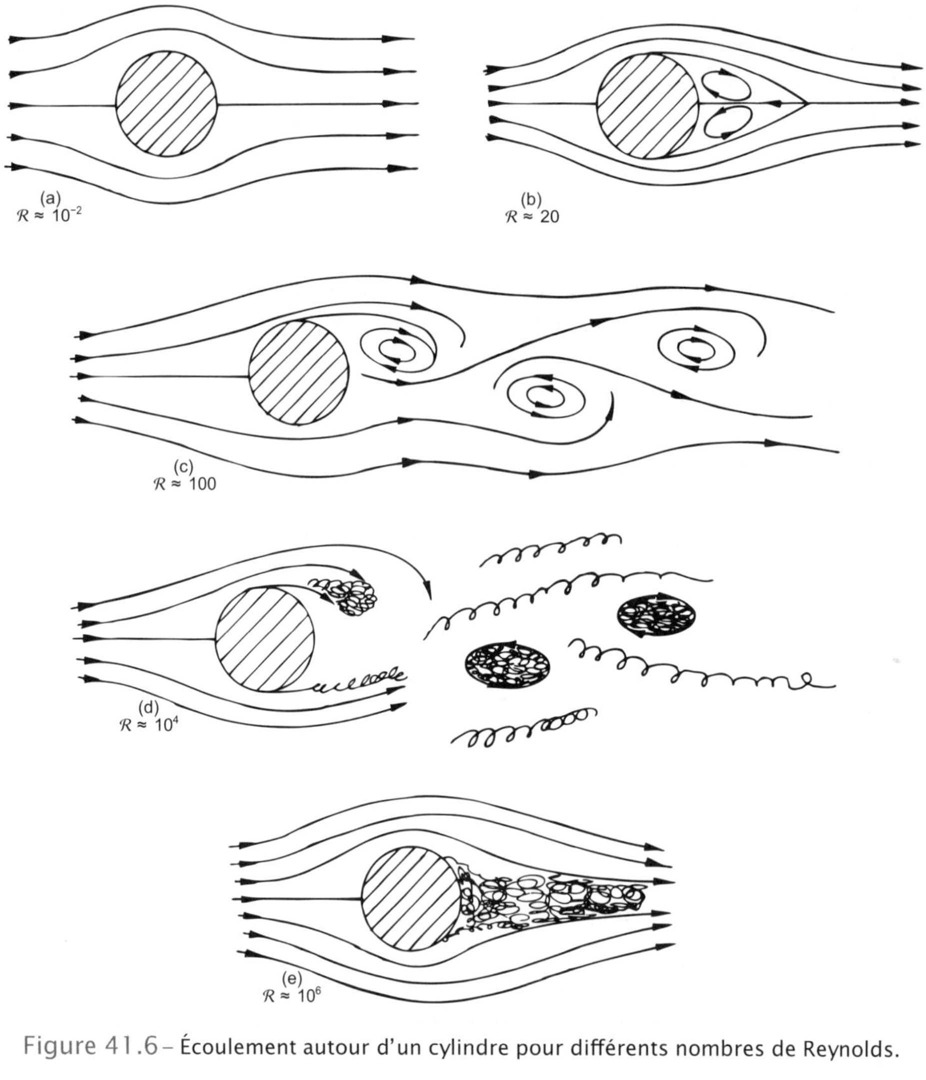

Figure 41.6 – Écoulement autour d'un cylindre pour différents nombres de Reynolds.

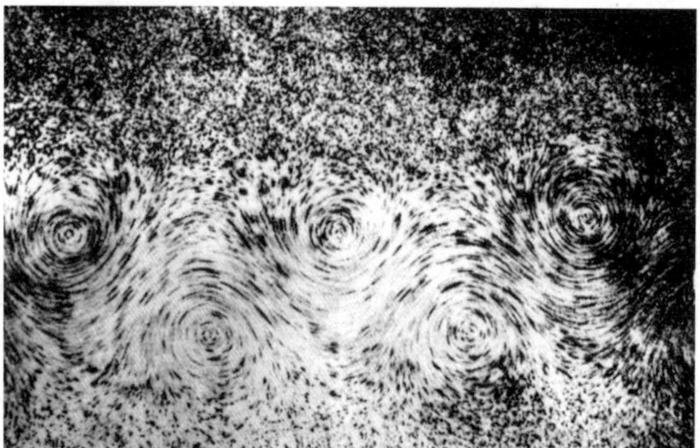

Figure 41.7 – Photographie de l'« allée tourbillonnaire » dans l'écoulement derrière un cylindre, par Ludwig Prandtl.

alors que dans le cas de la Fig. 41.6(c) la vitesse en chaque point varie avec le temps. Il n'y a aucune solution stationnaire au-dessus de $\mathcal{R} = 40$, ce que nous avons marqué sur la Fig. 41.4 par un trait en pointillé. Pour ces nombres de Reynolds plus élevés l'écoulement varie avec le temps, mais de manière *régulière*, cyclique.

Nous pouvons nous faire une idée physique de la façon dont ces tourbillons se produisent. Nous savons que la vitesse du fluide doit être nulle à la surface du cylindre et aussi qu'elle croît rapidement quand on s'écarte du cylindre. Le tourbillon est créé par cette grande variation locale de la vitesse du fluide. Or quand la vitesse du courant principal est assez basse, le tourbillon a assez de temps pour diffuser hors de la mince région voisine de la surface du solide où il est créé, et devenir une grande région tourbillonnaire. Cette image physique doit nous aider à aborder le prochain changement dans la nature de l'écoulement quand la vitesse du courant principal, ou bien $\mathcal{R}$, augmente davantage.

Quand la vitesse augmente de plus en plus, les tourbillons ont de moins en moins le temps de diffuser dans une région étendue du fluide. Quand nous avons atteint un nombre de Reynolds de plusieurs centaines, les tourbillons commencent à remplir une mince bande, comme on le voit sur la Fig. 41.6(d). Dans cette couche l'écoulement est chaotique et irrégulier. Cette région s'appelle la *couche limite* et cette région d'écoulement irrégulier se développe de plus en plus loin en remontant le courant quand $\mathcal{R}$ augmente. Dans la région de turbulence, les vitesses sont très irrégulières et « bruyantes » ; de plus, l'écoulement ne se fait plus dans deux dimensions, mais vire et tourne dans les trois dimensions. Il y a encore un mouvement alternatif régulier qui se superpose à la turbulence.

Quand le nombre de Reynolds s'accroît encore, la région de turbulence se développe vers l'avant jusqu'à ce qu'elle atteigne le point où les lignes d'écoulement quittent le cylindre – pour des écoulements un peu supérieurs à $\mathcal{R} = 10^5$. L'écoulement est représenté sur la Fig. 41.6(e) et nous avons ce que l'on appelle une « couche limite de turbulence ». De plus, il y a une variation brusque de la force de traînée ; elle chute d'un facteur important, comme on le voit sur la Fig. 41.4. Dans cette zone de vitesse, la force de traînée *décroît* en fait quand la vitesse croit. Il semble y avoir peu de symptômes de périodicité.

Que se passe-t-il pour des nombres de Reynolds encore plus grands ? Si nous augmentons encore la vitesse, le sillage augmente de taille à nouveau et la traînée augmente. Les expériences les plus récentes – qui vont jusqu'à $\mathcal{R} = 10^7$ – montrent qu'une nouvelle périodicité apparaît dans le sillage, soit parce que le sillage tout entier oscille d'avant en arrière en un mouvement d'ensemble, soit parce qu'un nouveau type de tourbillon se produit en même temps qu'un mouvement bruyant irrégulier. Les détails n'en sont pas encore entièrement clairs et sont encore à l'étude du point de vue expérimental.

41.5 La limite de la viscosité nulle

Nous insistons bien sur le fait qu'aucun des écoulements décrits ne ressemble en rien à la solution de l'écoulement potentiel que nous avons trouvée au chapitre précédent. À première vue, ceci est assez surprenant. Après tout, $\mathcal{R}$ est proportionnel à $1/\eta$. Donc η tendant vers zéro est équivalent à $\mathcal{R}$ tendant vers l'infini. Et si nous prenons la limite pour

© Dunod. Toute reproduction non autorisée est un délit.

$\mathcal{R}$ grand, dans l'Éq. (41.23), nous nous débarrassons du membre de droite et obtenons les équations du chapitre précédent. Néanmoins, vous croirez difficilement que l'écoulement à haute turbulence, pour $\mathcal{R} = 10^7$ est analogue à l'écoulement régulier calculé à partir des équations de l'eau « sèche ». Comment se fait-il qu'en s'approchant de $\mathcal{R} = \infty$, l'écoulement décrit par l'Éq. (41.23) conduit à une solution tout à fait différente de celle obtenue en prenant $\eta = 0$ au départ ? La réponse est très intéressante. Remarquez que le membre de droite de l'Éq. (41.25) est le produit par $1/\mathcal{R}$ d'une *dérivée seconde*. C'est une dérivée d'ordre plus élevé que toute autre dérivée figurant dans l'équation. Ce qui arrive, c'est que bien que le coefficient $1/\mathcal{R}$ soit petit, il se produit des variations très rapides de Ω dans l'espace au voisinage de la surface. Ces variations rapides compensent la petitesse du coefficient, et le produit *ne tend pas vers zéro* quand $\mathcal{R}$ augmente. Les solutions ne tendent pas vers le cas limite quand le coefficient $\nabla^2\Omega$ tend vers zéro.

Vous pouvez vous demander : quelle est l'origine de la turbulence fine, et comment se maintient-elle elle-même ? Comment les tourbillons qui se créent sur les bords du cylindre peuvent-ils engendrer autant de bruit à l'arrière ? Là aussi la réponse est intéressante. Les tourbillons ont tendance à s'amplifier d'eux-mêmes. Si nous oublions, pour un instant, la diffusion des tourbillons qui s'accompagne d'une perte, les lois de l'écoulement nous disent que (comme nous l'avons vu) les lignes tourbillonnaires sont transportées par le fluide avec la vitesse $\boldsymbol{v}$. Nous pouvons imaginer un certain nombre de lignes de Ω qui sont déformées et tordues par la structure compliquée de l'écoulement de $\boldsymbol{v}$. Ceci rapproche les lignes, et les mélange. Des lignes qui étaient simples avant, vont se nouer et se rapprocher les unes des autres. Elles seront accolées plus longtemps et de plus près. La force du tourbillon va augmenter et ses irrégularités – les plus et les moins – augmenteront en général. De sorte que le module du vecteur-tourbillon dans les trois dimensions augmente quand nous faisons tourner le fluide.

Vous pouvez vous demander, « quand la théorie de l'écoulement potentiel est-elle tout à fait satisfaisante ? » En premier lieu, elle est satisfaisante en dehors de la région de turbulence où les tourbillons n'ont pas pénétré par diffusion de façon appréciable. En faisant des corps aux formes aérodynamiques, nous pouvons réduire autant que possible la zone de turbulence ; l'écoulement autour des ailes d'avion – qui sont soigneusement profilées – est presque entièrement un véritable écoulement potentiel.

41.6 Écoulement de Couette

On peut montrer que le caractère complexe et variable de l'écoulement autour d'un cylindre n'est pas particulier, mais qu'une grande variété d'écoulements possibles se produisent en général. Nous avons élaboré au paragraphe 1 une solution de l'écoulement visqueux entre deux cylindres, et nous pouvons comparer les résultats avec ce qui se passe réellement. Si nous prenons deux cylindres concentriques avec de l'huile dans l'espace intermédiaire, et une poudre fine d'aluminium en suspension dans l'huile, l'écoulement est facilement observable. Si nous faisons tourner le cylindre extérieur lentement, rien d'inattendu ne se produit ; voir Fig. 41.8(a). D'autre part, si nous faisons tourner le cylindre intérieur lentement, rien de bien frappant ne se produit. Cependant, si nous faisons

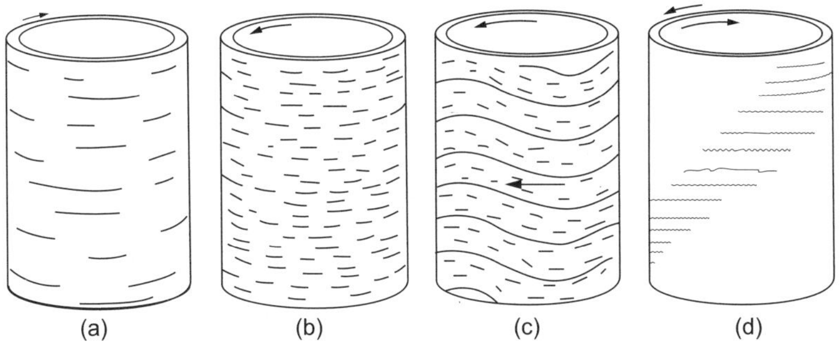

Figure 41.8 – Structures d'écoulement liquide entre deux cylindres transparents en rotation.

tourner le cylindre intérieur à vitesse plus grande, nous trouvons quelque chose de surprenant. Le fluide se sépare en bandes horizontales, comme indiqué sur la Fig. 41.8(b). Quand le cylindre extérieur tourne à cette même vitesse, le cylindre intérieur étant au repos, aucun effet de ce genre n'a lieu. Comment se fait-il qu'il y ait une différence entre faire tourner le cylindre intérieur ou le cylindre extérieur ? Après tout, la structure de l'écoulement que nous avons obtenue au paragraphe 1 ne dépendait que de $\omega_b - \omega_a$. Nous aurons la réponse, en observant les sections droites représentées sur la Fig. 41.9. Quand les couches intérieures du fluide se déplacent plus rapidement que les couches externes, elles tendent à se déplacer vers *l'extérieur* – la force centrifuge est plus grande que la pression qui les maintient en place. Une couche entière ne peut pas se déplacer uniformément vers l'extérieur car elle est gênée par la présence des couches externes. Elle doit se rompre en cellules et circuler comme sur la Fig. 41.9(b). C'est comme les courants de convection dans une pièce qui a de l'air chaud en bas. Quand le cylindre intérieur est au repos et le cylindre extérieur a une grande vitesse, les forces centrifuges créent un gradient de pression qui maintient tout en équilibre – voir Fig. 41.9(c) (comme dans une pièce avec de l'air chaud en haut).

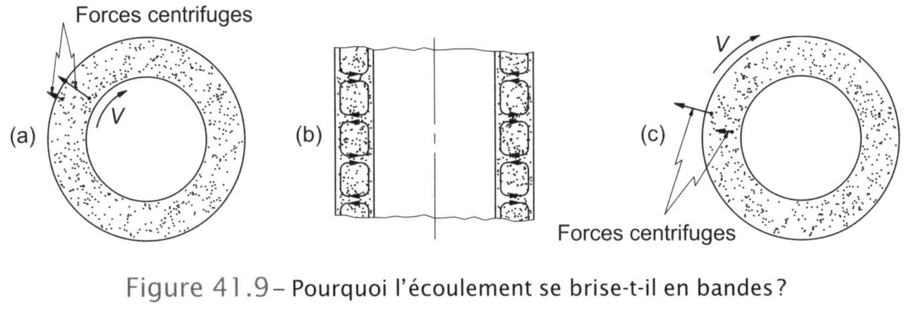

Figure 41.9 – Pourquoi l'écoulement se brise-t-il en bandes ?

Augmentons alors la vitesse du cylindre intérieur. Tout d'abord le nombre de bandes augmente. Puis soudain, vous voyez les bandes se mettre à onduler, comme sur la Fig. 41.8(c), et les ondes tournent autour du cylindre. La vitesse de ces ondes se mesure facilement. Pour de grandes vitesses de rotation elle est voisine de 1/3 de la vitesse du cylindre intérieur. Et personne ne sait pourquoi ! Il y a une énigme. Un nombre tout simple comme 1/3 et pas d'explication. En fait tout le mécanisme de la formation de

© Dunod. Toute reproduction non autorisée est un délit.

l'onde n'est pas très bien compris ; et pourtant ce n'est qu'un écoulement laminaire stationnaire.

Si maintenant, nous faisons tourner aussi le cylindre extérieur – mais dans le sens contraire – la structure de l'écoulement commence à se rompre. Nous obtenons des zones ondulées en alternance avec des zones apparemment calmes – comme cela est schématisé sur la Fig. 41.8(d), avec une structure en spirale. Dans ces zones « calmes », néanmoins, nous nous apercevons que l'écoulement est en réalité assez irrégulier ; il est en fait, tout à fait turbulent. Les zones ondulées commencent aussi à montrer un écoulement turbulent irrégulier. Si l'on fait tourner les cylindres encore plus vite, l'écoulement tout entier devient chaotique et turbulent.

Dans cette expérience simple nous observons de nombreux régimes d'écoulement intéressants qui sont assez différents et qui, cependant, sont tous contenus dans notre équation simple, avec des valeurs différentes du seul paramètre $\mathcal{R}$. Avec nos cylindres en rotation, nous pouvons voir plusieurs des effets qui se produisent dans l'écoulement autour d'un cylindre : d'abord, il y a l'écoulement stationnaire ; puis s'établit un écoulement qui varie avec le temps mais de façon régulière et continue ; enfin l'écoulement devient tout à fait irrégulier. Vous avez tous vu les mêmes effets dans une colonne de fumée qui s'élève d'une cigarette dans de l'air au repos. Il y a une colonne stationnaire continue, suivie d'une série de lacets quand le courant de fumée commence à se briser, s'achevant finalement en un nuage de fumée irrégulièrement brassé.

La principale leçon à retenir de tout ceci, c'est qu'une étonnante variété de comportements est cachée dans le simple ensemble d'équations (41.23). Toutes les solutions sont relatives aux mêmes équations, avec seulement des valeurs différentes pour $\mathcal{R}$. Il n'y a aucune raison de penser qu'il puisse y avoir des termes manquants dans ces équations. La seule difficulté c'est que nous n'avons pas, à ce jour, la puissance mathématique pour les analyser sauf pour de très petits nombres de Reynolds – c'est-à-dire dans le cas complètement visqueux. Que nous ayons écrit une équation, ne retire rien au charme ou au mystère ou à la surprise de l'écoulement des fluides.

Si une telle variété est possible à partir d'une simple équation avec un seul paramètre, comme on doit en avoir plus. avec des équations plus complexes ! Peut-être que l'équation fondamentale qui décrit le tourbillonnement des nébuleuses, la condensation, la rotation et l'explosion des étoiles et des galaxies n'est qu'une simple équation du comportement hydrodynamique du gaz hydrogène presque pur. Souvent, certains, par une crainte injustifiée de la physique, disent qu'on ne peut écrire une équation de la vie. Peut-être que nous le pouvons. En fait, nous avons déjà très probablement l'équation à une approximation suffisante quand nous écrivons l'équation de la mécanique quantique :

$$H\psi = -\frac{\hbar}{i}\frac{\partial\psi}{\partial t}.$$

Nous venons de voir que la complexité des choses peut très facilement et spectaculairement échapper à la simplicité des équations qui les décrivent. Ignorant la portée des équations simples l'homme a souvent conclu que rien sauf Dieu, et non pas de faibles équations, ne pouvait expliquer la complexité de l'univers.

Nous avons écrit les équations de l'écoulement de l'eau. À partir de l'expérience, nous avons trouvé un ensemble de concepts et d'approximations à utiliser pour discuter la solution – allées tourbillonnaires, sillages turbulents, couches limites. Quand nous avons des équations semblables, dans une situation moins familière, et pour une situation qui ne peut encore être expérimentée, nous essayons de résoudre les équations de façon primitive, hésitante et confuse, pour essayer de déterminer les caractères qualitatifs nouveaux qui peuvent en sortir, ou quelles formes qualitatives nouvelles sont conséquences des équations. Nos équations pour le soleil, par exemple, représenté comme une boule d'hydrogène décrivent un soleil sans taches, sans la structure en grains de riz de la surface, sans proéminences, sans couronnes. Et cependant, tout ceci est réellement contenu dans les équations ; nous n'avons toujours pas trouvé le moyen de les faire apparaître.

Il y a ceux qui seront déçus quand on ne trouvera aucune vie sur les autres planètes. Pas moi – je veux que l'exploration interplanétaire me rappelle une fois de plus, pour mon ravissement et ma surprise, la variété infinie et la nouveauté des phénomènes qui peuvent être engendrés par des principes aussi simples. La valeur de la science, c'est son aptitude à prévoir. Si vous n'aviez jamais visité la terre, pourriez-vous prévoir les orages, les volcans, les vagues de l'océan, les aurores boréales et les couleurs du coucher de soleil ? Ce sera une leçon salutaire quand nous apprendrons tout ce qui se passe sur chacune de ces planètes mortes – ces huit ou dix boules, toutes agglomérées à partir du même nuage de poussière, et obéissant chacune exactement aux mêmes lois de la physique.

Il se peut que la prochaine grande ère de l'éveil de l'intelligence humaine crée une méthode pour comprendre le contenu qualitatif des équations. Aujourd'hui nous ne le pouvons pas. Aujourd'hui nous ne pouvons pas voir que les équations de l'écoulement de l'eau contiennent des choses telles que la structure de turbulence en forme d'enseigne de barbier que l'on observe entre deux cylindres tournants. Aujourd'hui nous ne pouvons pas voir si l'équation de Schrödinger contient les grenouilles, les compositeurs de musique, ou la morale – ou si elle ne les contient pas. Nous ne pouvons pas dire s'il faut ou non quelque chose comme Dieu, au-delà de tout cela. Et ainsi nous pouvons tous nous permettre d'avoir des opinions bien arrêtées dans l'un ou l'autre sens.

© Dunod. Toute reproduction non autorisée est un délit.

ESPACES COURBES 42

42.1 ESPACES COURBES À DEUX DIMENSIONS

Selon Newton, toute chose attire toute chose, suivant une force inversement proportionnelle au carré de la distance entre elles, et les objets réagissent à ces forces par des accélérations qui leur sont proportionnelles. Ce sont là les lois de Newton, celle de la gravitation universelle et celle du mouvement. Comme vous le savez, elles décrivent les mouvements des balles, des planètes, des satellites, des galaxies etc.

Einstein introduisit une autre interprétation de la gravitation. Selon lui, l'espace et le temps – qui doivent être considérés ensemble comme espace-temps – sont courbes au voisinage de lourdes masses. C'est la tentative de suivre les « lignes droites » de cet espace-temps courbe qui donne aux trajectoires la forme qu'elles ont. Voilà l'idée complexe – fort complexe – que nous voulons expliquer dans ce chapitre.

Le sujet comprend trois parties. Une liée aux effets de la gravitation, une autre aux idées d'espace-temps que nous avons déjà étudiées et une troisième enfin à l'idée d'espace-temps courbe. Nous simplifierons la question en commençant d'abord par laisser de côté la gravitation et le temps et en nous concentrant sur l'espace courbe. Nous aborderons plus tard les autres parties et nous nous focalisons pour le moment sur l'idée d'espace courbe – ce qu'on entend par espace courbe, et plus spécifiquement ce qu'espace courbe veut dire dans l'application qu'en fit Einstein. Mais même ce point pourtant simplifié se révèle quelque peu difficile en trois dimensions, c'est pourquoi nous réduisons encore le champ et discutons la notion d'« espace courbe » en deux dimensions.

Pour comprendre cette idée d'espace courbe en deux dimensions, il faut en fait imaginer la perception limitée qui est celle d'un personnage vivant dans un tel espace. Supposons par exemple que nous imaginions un insecte aveugle vivant sur un plan, comme le montre la Fig. 42.1. Il ne peut se déplacer que dans ce plan et n'a donc aucune manière d'avoir connaissance d'une quelconque possibilité de découvrir un « monde extérieur ». (Il n'a pas votre imagination.) Nous allons bien sûr procéder par analogie. *Nous* vivons dans un espace tridimensionnel, et nous n'imaginons pas sortir de ce monde

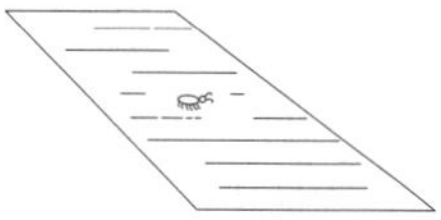

Figure 42.1 – Un insecte sur une surface plane.

© Dunod. Toute reproduction non autorisée est un délit.

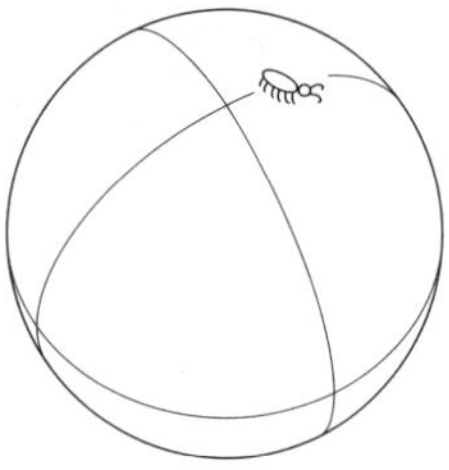

Figure 42.2 – Un insecte sur une sphère.

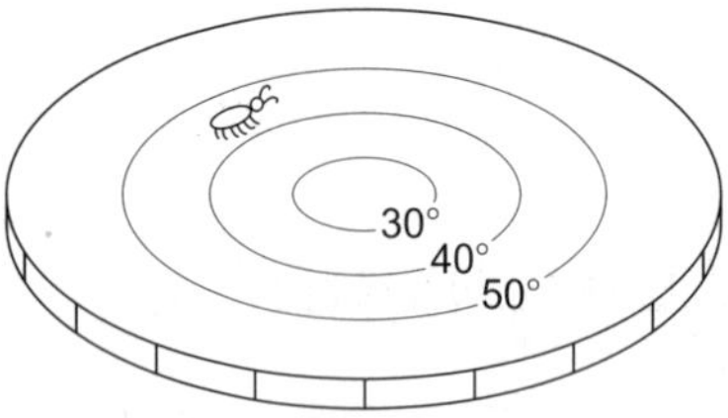

Figure 42.3 – Un insecte sur une assiette chaude.

tridimensionnel en suivant telle nouvelle direction ; il nous faut donc penser cette chose-là par analogie. C'est comme si nous étions des insectes vivant sur un plan tandis qu'il existe une dimension d'espace supplémentaire. Voyons donc d'abord l'insecte, en nous souvenant qu'il doit vivre sur sa surface plane et ne peut en sortir.

Autre exemple d'un insecte vivant dans un monde bidimensionnel : un insecte qui vit sur une sphère. Nous l'imaginons parcourir la surface de la sphère, comme sur la Fig. 42.2, mais sans pouvoir regarder « en haut », « en bas » ou « vers l'extérieur ».

Et maintenant considérons un *troisième* type de créature. Il s'agit encore d'un insecte vivant sur un plan, comme le premier, mais cette fois le plan est spécial : la température varie d'un point à l'autre du plan. Et aussi, l'insecte lui-même et tous ses instruments de mesure sont faits d'une matière qui se dilate à la chaleur. Si tôt que l'insecte sort une règle pour mesurer quelque chose, la règle s'allonge immédiatement à une longueur déterminée par la température locale. Où qu'il pose quelque objet que ce soit – lui, une règle, un triangle, ou n'importe quoi d'autre – l'objet subit une dilatation thermique. Tout est plus long dans les endroits chauds que dans les endroits froids, et tout obéit au même coefficient de dilatation. Nous nommerons « assiette chaude » l'habitat de ce troisième insecte, en ayant à l'esprit un type particulier d'assiette chaude qui est plus froide au centre et de plus en plus chaude à mesure que l'on s'éloigne du centre (Fig. 42.3).

Nous allons maintenant imaginer que nos insectes se mettent à la géométrie. Bien que nous les imaginions aveugles, de sorte qu'ils ne peuvent voir un monde « extérieur », ils peuvent faire beaucoup de choses avec leurs pattes et leurs antennes : tracer des lignes, fabriquer des règles et mesurer des longueurs. Supposons d'abord qu'ils démarrent leur étude avec l'idée la plus simple qui soit en géométrie. Ils apprennent à tracer une ligne droite – définie comme la ligne la plus courte entre deux points. Notre premier insecte – *cf.* la Fig. 42.4 – apprend ainsi à tracer de belles lignes. Mais que se passe-t-il pour l'insecte sur la sphère ? Il trace sa ligne droite selon la distance la plus courte – *pour lui* – entre deux points, comme représenté sur la Fig. 42.5. Cela nous paraît certes une ligne courbe, mais l'insecte n'a aucun moyen de sortir de sa sphère pour se rendre compte qu'il

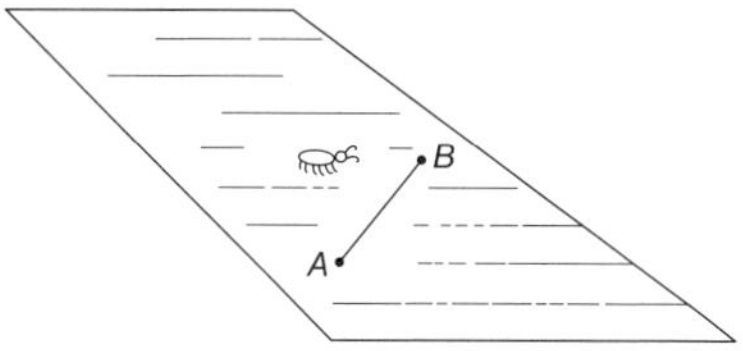

Figure 42.4 – Le trajet le plus court entre A et B sur une surface plane.

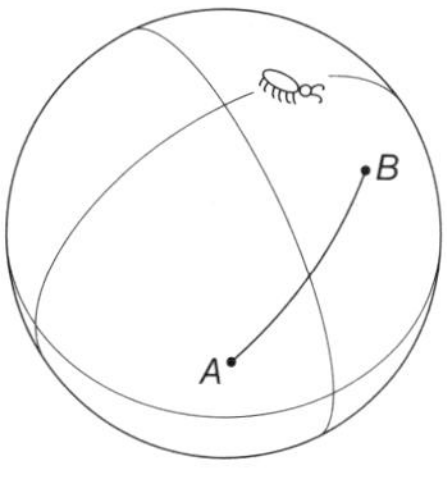

Figure 42.5 – Le trajet le plus court entre A et B sur une sphère.

existe « vraiment » un chemin plus court. Lui sait seulement que tout autre chemin qu'il essaiera *dans son monde* sera toujours plus long que sa ligne droite. Nous lui accorderons donc de prendre comme ligne droite l'arc le plus court entre deux points. (C'est bien sûr un arc de grand cercle.)

Enfin, notre troisième insecte – celui de la Fig. 42.3 – tracera aussi des « lignes droites » qui nous paraîtront courbes. Par exemple, la distance la plus courte entre *A* et *B* sur la Fig. 42.6 sera donnée par une courbe telle que celle représentée. Pourquoi ? Parce que lorsque sa trajectoire s'incurve vers les parties plus chaudes de l'assiette, les règles s'allongent (de notre point de vue omniscient) et un nombre moindre de ces « bâtons-étalons » mis bout à bout suffit à relier *A* et *B*. Ainsi, *pour lui*, la ligne est droite – il n'a aucun moyen de savoir que quelqu'un vivant dans un étrange monde tridimensionnel pourrait dire d'une autre ligne qu'elle est « droite ».

Vous avez compris maintenant que tout le reste de notre analyse sera toujours du point de vue des créatures vivant sur les surfaces considérées et non pas de *notre* point de vue. Avec ceci à l'esprit, voyons donc à quoi ressemble la suite de leurs géométries. Supposons que les insectes ont tous appris comment former un angle droit avec deux lignes. (Vous pouvez imaginer comment ils procéderaient.) Notre premier insecte (celui du plan standard) observe alors un fait intéressant. S'il démarre au point A, parcourt 100 mètres, tourne à angle droit et trace une autre ligne de 100 mètres de long, puis tourne encore à angle droit et parcourt encore 100 mètres et tourne finalement une troisième fois à angle droit avant de tracer une quatrième ligne de 100 mètres de long, il se retrouve

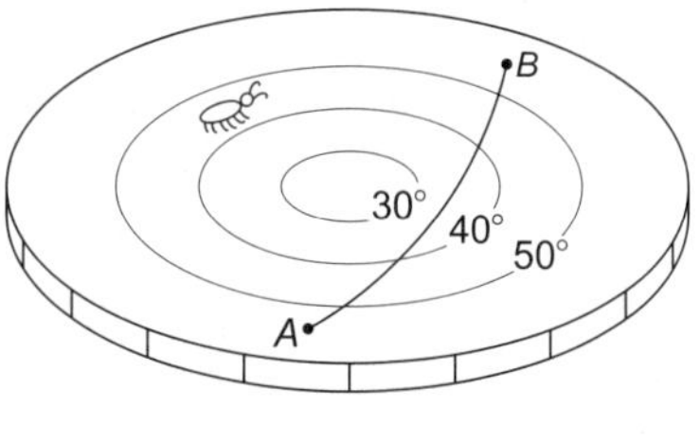

Figure 42.6 – Trajet le plus court entre A et B sur une assiette chaude.

© Dunod. Toute reproduction non autorisée est un délit.

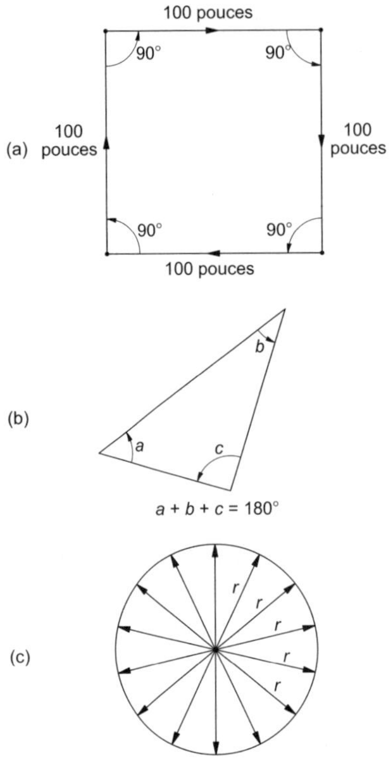

Figure 42.7 – Un carré, un triangle et un cercle dans un espace plan.

exactement à son point de départ, comme le montre la Fig. 42.7(a). C'est une propriété de son univers – une des données de sa « géométrie ».

Puis il découvre une autre chose intéressante. S'il dessine un triangle – une figure avec trois lignes droites – la somme des angles vaut 180°, c'est-à-dire deux angles droits. *Cf.* Fig. 42.7(b).

Il invente ensuite le cercle. Qu'est-ce qu'un cercle ? Un cercle s'obtient de la manière suivante : on s'écarte d'un point en ligne droite, dans beaucoup, beaucoup de directions et on repère ainsi un paquet de points tous situés à la même distance du premier. *Cf.* Fig. 42.7(c). (Il faut faire attention à la manière dont nous définissons ces choses car il nous faudra procéder par analogie dans les univers des autres insectes.) Bien entendu, ceci est équivalent à la courbe que l'on peut tracer en faisant tourner une règle autour d'une de ses extrémités. Quoi qu'il en soit, notre insecte apprend à tracer des cercles. Et puis un jour il songe à mesurer la distance le long d'un cercle. Il prend cette mesure le long de plusieurs cercles et trouve une jolie relation : cette distance est toujours égale à un même nombre multiplié par le rayon r (rayon qui est bien sûr la distance entre le centre et la circonférence du cercle). Le périmètre et le rayon sont toujours dans le même rapport – environ 6,283 – quelle que soit la taille du cercle.

Voyons maintenant ce que nos autres insectes ont découvert quant à *leurs* géométries. D'abord, qu'advient-il lorsque l'insecte de la sphère essaie de tracer un « carré » ? S'il suit la consigne que nous avons donnée ci-dessus, il pensera probablement que le jeu n'en valait pas la chandelle : il obtient une figure telle que celle représentée sur la

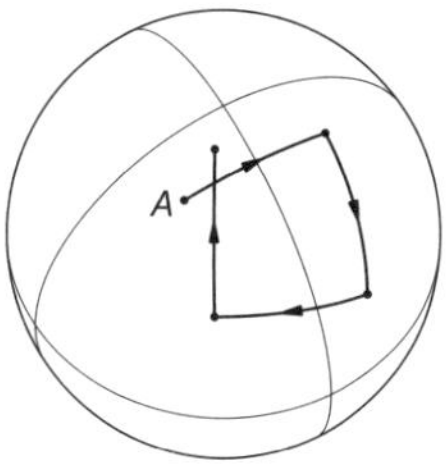

Figure 42.8 – Essai de « carré » sur une sphère.

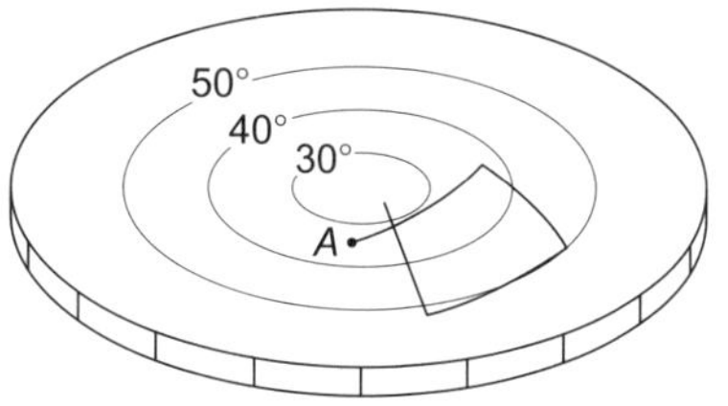

Figure 42.9 – Essai de « carré » sur une assiette chaude.

Fig. 42.8. Son point final *B* ne se superpose pas à son point de départ *A*. Cela ne forme même pas du tout une figure fermée. Prenez une sphère et essayez par vous-même. La même chose se produit pour notre ami sur l'assiette chaude. S'il dispose quatre lignes droites de même longueur – telles que mesurées avec ses règles qui se dilatent – à angles droits, il obtient ce qui est représenté sur la Fig. 42.9.

Supposons maintenant que nos insectes aient tous eu leur propre Euclide qui leur aurait dit comment la géométrie « devait » être, et supposons qu'ils aient à peu près vérifié ses dires en faisant grossièrement quelques relevés de mesures à *petite* échelle. Ce n'est qu'en essayant de tracer des carrés exacts à plus grande échelle qu'ils découvriraient que quelque chose cloche. Et le point intéressant est que de simples *observations géométriques* leur permettraient de découvrir que quelque chose ne va pas. Nous définissons un espace courbe comme un espace dans lequel la géométrie n'est pas celle que nous escomptons dans un plan. Les géométries des insectes de la sphère et de l'assiette chaude sont des géométries d'espace courbe. Les règles de la géométrie euclidienne y sont mises en défaut. Remarquez qu'il n'est pas nécessaire de pouvoir vous extraire de la surface en question pour constater que le monde dans lequel vous vivez est courbe, de même qu'il n'est pas nécessaire de naviguer autour du monde pour découvrir qu'il est rond. On peut s'en rendre compte en traçant un carré : si c'est un petit carré, il faudra une très grande précision, mais si le carré est grand, les mesures peuvent être plus grossières.

Prenons le cas d'un triangle dans le plan. La somme des angles vaut 180 degrés. Notre ami de la sphère peut, lui, trouver des triangles très spéciaux. Il peut, par exemple, trouver des triangles qui ont *trois angles droits*. Eh oui ! La Fig. 42.10 en montre un. Supposez que notre insecte démarre au pôle nord et descende en ligne droite jusqu'à l'équateur. Il tourne ensuite à angle droit et parcourt la même distance, et puis répète la séquence. Grâce à la distance bien particulière qu'il a choisie, il revient exactement à son point de départ, selon une ligne qui forme un angle droit avec sa trajectoire initiale. Il ne fait donc aucun doute pour lui que ce triangle possède trois angles droits, soit une somme de 270 degrés. Il se trouve que pour lui, la somme des angles d'un triangle est *toujours*

© Dunod. Toute reproduction non autorisée est un délit.

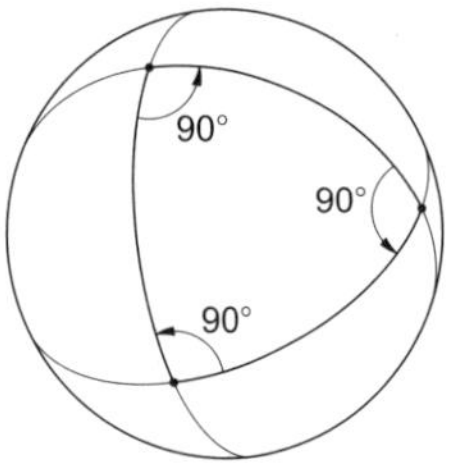

Figure 42.10 – Sur une sphère, un « triangle » peut avoir trois angles à 90°.

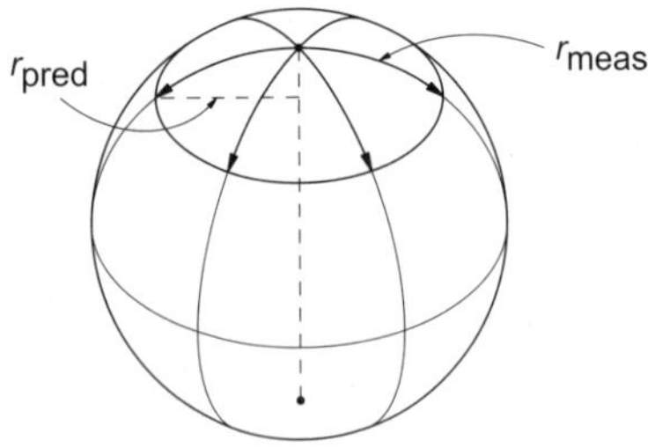

Figure 42.11 – Un cercle sur une sphère.

supérieure à 180 degrés. En fait le surplus angulaire (dans l'exemple en question les 90 degrés supplémentaires) est proportionnel à l'aire du triangle. Sur une sphère, si un triangle est très petit, la somme de ses angles vaut presque 180 degrés, juste un tout petit peu plus. L'écart s'accroît à mesure que le triangle grandit. Les insectes vivant sur des assiettes chaudes rencontreraient les mêmes problèmes avec leurs triangles.

Regardons maintenant ce que nos autres insectes observent concernant les cercles. Ils tracent donc des cercles et mesurent leurs circonférences. Par exemple, l'insecte sur la sphère trace un cercle comme celui représenté sur la Fig. 42.11. Et il découvre que le périmètre fait *moins* que 2π fois le rayon. (On peut voir cela facilement parce que depuis la position de sagesse tridimensionnelle qui est la nôtre, il est évident que ce qu'il appelle « rayon » est en fait une courbe plus *longue* que le vrai rayon du cercle.) Supposons que l'insecte ait lu Euclide et décide de calculer le rayon en divisant la circonférence C par 2π :

$$r_{\text{pred}} = \frac{C}{2\pi}. \tag{42.1}$$

Il trouverait alors que le rayon mesuré est plus grand que le rayon prédit. Poursuivant sur cette question, il pourrait définir le « surplus radial » en écrivant :

$$r_{\text{mes}} - r_{\text{pred}} = r_{\text{excès}}, \tag{42.2}$$

et il pourrait étudier la manière dont ce surplus radial varie avec la taille du cercle.

otre insecte sur une assiette chaude découvrirait un phénomène similaire. Supposons qu'il dessine un cercle centré sur le point froid de l'assiette *(cf.* Fig. 42.12). Si nous le regardons faire, nous remarquons que ses règles sont courtes près du centre et dilatées près des bords de l'assiette – bien que l'insecte ne s'en aperçoive pas, bien sûr. Lorsqu'il mesure le périmètre du cercle, ses règles sont tout le temps dilatées et lui aussi trouve donc un rayon mesuré plus grand que le rayon calculé, $C/2\pi$. L'insecte de l'assiette chaude observe donc lui aussi un « effet de surplus radial ». Et là encore l'ampleur de cet effet dépend de la taille du cercle.

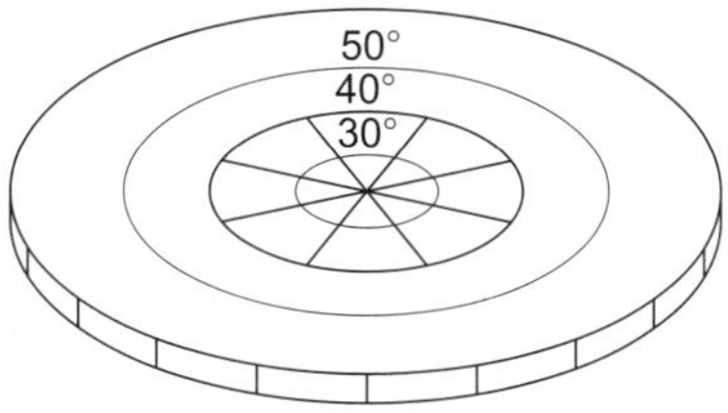

Figure 42.12 – Un cercle sur une assiette chaude.

Nous *définirons* un « espace courbe » comme un espace dans lequel ces types d'erreurs géométriques se produisent : la somme des angles d'un triangle ne vaut pas 180 degrés ; le périmètre d'un cercle divisé par 2π n'est pas égal au rayon ; la procédure de construction d'un carré ne conduit pas à une figure fermée. Et on peut en trouver d'autres.

Nous avons donné deux exemples distincts d'espaces courbes : la sphère et l'assiette chaude. Il est intéressant de remarquer qu'en fait, si nous choisissons la bonne distribution de température en fonction de la distance au centre sur l'assiette chaude, les deux *géométries* deviennent exactement les mêmes. C'est assez amusant. Nous pouvons donc faire en sorte que l'insecte sur l'assiette chaude observe exactement les mêmes choses que celui sur la sphère. Pour ceux qui aiment la géométrie et les problèmes géométriques, voici comment il faut procéder : si vous supposez que la longueur des règles (telle que déterminée par la température) croît proportionnellement à un plus une constante fois le carré de la distance à l'origine, alors vous trouvez que la géométrie de l'assiette chaude est exactement identique en tous points[1] à celle de la sphère.

Il existe bien sûr d'autres sortes de géométries. Nous pourrions examiner la géométrie d'un insecte vivant sur une poire, c'est-à-dire sur une surface présentant une courbure plus forte en un endroit et plus faible en un autre endroit, si bien que lorsque l'insecte dessine des petits triangles le surplus angulaire est plus marqué dans une certaine partie de son monde que dans une autre partie. En d'autres termes, la courbure de l'espace peut varier d'un point à l'autre. Il s'agit juste d'une généralisation de l'idée de courbure ; et ce peut être aussi reproduit par une distribution adéquate de température sur une assiette chaude.

Signalons aussi que les observations pourraient relever des écarts en sens inverse : on pourrait observer par exemple que tous les triangles ont des angles dont la somme vaut *moins* de 180 degrés. Cela peut paraître impossible, mais ça ne l'est absolument pas. Tout d'abord parce que nous pourrions très bien avoir une assiette chaude dont la température décroisse du centre vers le bord. Tous les effets seraient ainsi inversés. Mais nous pouvons aussi obtenir les mêmes effets purement géométriquement en examinant la géométrie bidimensionnelle d'une selle de cheval. Imaginez une surface en forme de selle telle que représentée sur la Fig. 42.13. Maintenant tracez un « cercle » sur cette surface, c'est-à-dire le lieu décrit par tous les points se trouvant à une même distance du point choisi comme centre. Ce cercle est une courbe qui ondule comme un coquillage. Son périmètre sera donc plus grand qu'escompté en calculant $2\pi r$. Et $C/2\pi$ sera plus petit que r, et le « surplus radial » sera négatif.

1. Sauf pour le point à l'infini.

© Dunod. Toute reproduction non autorisée est un délit.

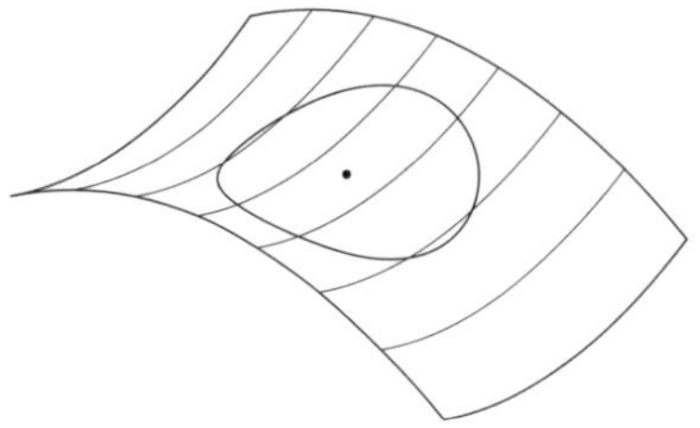

Figure 42.13 – Un « cercle » sur une surface ayant la forme d'une selle.

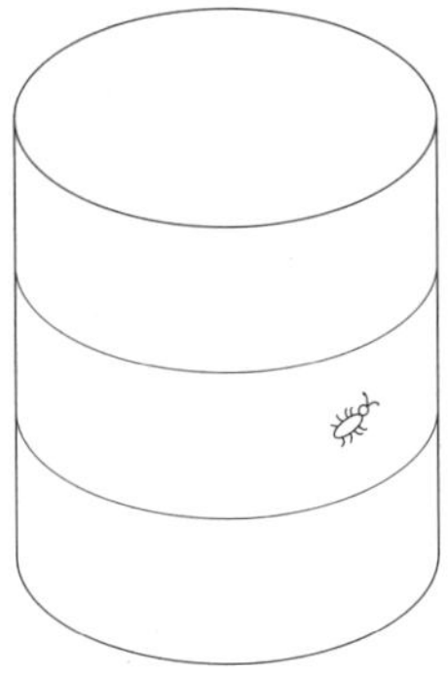

Figure 42.14 – Un espace bidimensionnel sans courbure intrinsèque.

Les sphères, les poires et autres sont toutes des surfaces de courbures *positives* ; les autres sont des surfaces de courbures dites *négatives*. De manière générale, un univers bidimensionnel aura une courbure variable d'un point à l'autre, qui pourra être positive en certains points et négative ailleurs. De manière générale, nous appelons espace courbe simplement un espace dans lequel les règles de la géométrie euclidienne n'ont pas cours, d'une façon ou d'une autre. La quantité de courbure - définie disons par le surplus radial - peut quant à elle varier d'un point à l'autre.

Remarquons qu'avec notre définition de la courbure, un cylindre n'est, étonnamment, pas courbe. Si un insecte vivait sur un cylindre (Fig. 42.14), il trouverait que les triangles, les carrés et les cercles se comportent exactement comme sur un plan. Ceci est facile à voir : il suffit de songer à l'allure qu'auraient toutes ces figures si l'on déroulait le cylindre sur une table. Toutes les figures géométriques pourraient alors se superposer à leurs équivalents dans le plan. Un insecte vivant sur un cylindre ne dispose donc d'aucun moyen (en supposant qu'il ne fasse pas le tour mais se contente de mesures locales) pour découvrir que son espace est courbe. Nous considérons donc, suivant notre point de vue technique, que son espace n'est *pas* courbe. Ce dont nous parlons se nomme plus précisément courbure *intrinsèque* : c'est la courbure que l'on peut observer en réalisant des mesures locales. (Un cylindre n'a donc pas de courbure intrinsèque.) C'est le sens auquel pensait Einstein en disant que notre espace est courbe. Mais pour l'instant nous n'avons défini d'espace courbe qu'en deux dimensions ; il nous faut avancer pour voir ce que cette idée peut signifier en trois dimensions.

42.2 Courbure d'un espace tridimensionnel

Nous vivons dans l'espace tridimensionnel et allons donc examiner l'idée selon laquelle l'espace tridimensionnel peut être courbe. On pourrait dire : « Mais comment imaginer un espace incurvé dans telle ou telle direction ? » Et bien, si nous ne pouvons imaginer l'espace plié dans telle ou telle direction, c'est que notre imagination n'est pas assez bonne. (Peut-être est-ce une bonne chose que notre imagination ne puisse aller trop loin : nous risquerions de nous libérer par trop du monde réel.) Mais ceci ne nous empêche pas de *définir* une courbure sans sortir de notre monde tridimensionnel. Tout ce que nous avons fait en deux dimensions constituait simplement un exercice nous permettant de voir comment il était possible de produire une définition de la courbure d'un espace sans avoir besoin d'observer ledit espace depuis « l'extérieur ».

Nous pouvons donc établir la nature courbe ou non de notre espace d'une manière assez analogue à celle mise en œuvre par les *gentlemen* habitant la sphère ou l'assiette chaude. Peut-être ne pouvons-nous pas faire la distinction entre ces mondes, mais nous pouvons certainement les distinguer d'un monde plat, du plan ordinaire. Comment? Assez facilement : il suffit de dessiner un triangle et d'en mesurer les angles. Ou de tracer un grand cercle et d'en mesurer la circonférence et le rayon. Ou bien encore d'essayer de tracer un vrai carré, ou un cube. À chaque fois, nous pouvons voir si les lois de la géométrie sont vérifiées. Si elles ne le sont pas, nous disons que notre espace est courbe. Si nous traçons un grand triangle et constatons que la somme de ses angles dépasse 180 degrés, nous pouvons dire que notre espace est courbe. Ou si nous mesurons le rayon d'un cercle et trouvons qu'il n'est pas égal à la circonférence divisée par 2π, nous pouvons dire que notre espace est courbe.

Remarquez qu'en trois dimensions, la situation peut être bien plus compliquée qu'en deux dimensions. En chaque point d'un espace bidimensionnel, la courbure a une valeur unique. Mais en trois dimensions, la courbure peut avoir *plusieurs composantes*. Si nous traçons un triangle dans un plan donné, il se peut que nous trouvions une somme différente, pour les angles, selon l'orientation du plan. Ou bien prenez l'exemple d'un cercle. Imaginons que l'on trace un cercle, mesure le rayon et trouve une différence avec la quantité $C/2\pi$. Et puis l'on trace un autre cercle, à angles droits avec le premier – comme sur la Fig. 42.15. Il se peut que le « surplus » radial ne soit pas le même dans les deux cas. En fait, il se peut même qu'il s'agisse bien d'un surplus dans un cas, mais d'un défaut (d'un « surplus » négatif) dans l'autre.

Vous songez peut-être à une meilleure idée : en trois dimensions, ne peut-on contourner toutes ces difficultés en considérant une *sphère* ? On peut définir une sphère comme l'ensemble des points situés à une même distance d'un point donné de l'espace. Nous pouvons ensuite mesurer la surface de cette sphère en traçant un fin quadrillage sur la sphère et en comptant les cases. D'après Euclide, la superficie totale A devrait être de 4π fois le carré du rayon ; nous pouvons donc définir un « rayon attendu » égal à $\sqrt{(A/4\pi)}$. Mais nous pouvons aussi mesurer le rayon directement en creusant un trou jusqu'au centre de la sphère pour mesure la distance le séparant de la surface. Nous pouvons

© Dunod. Toute reproduction non autorisée est un délit.

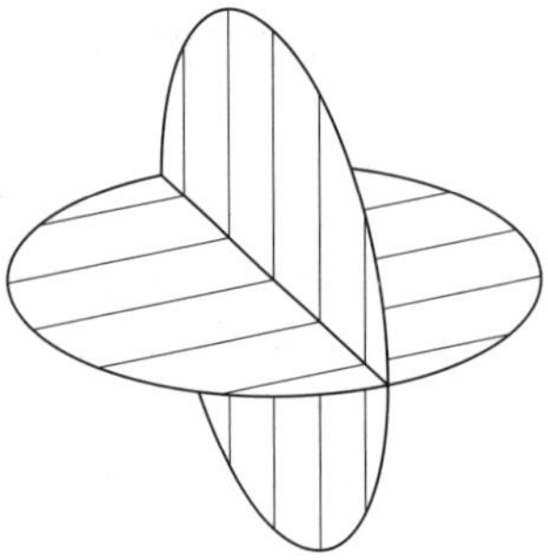

Figure 42.15 – Le surplus radial peut être différent pour des cercles ayant des orientations différentes.

ensuite à nouveau définir un surplus radial qui sera la différence entre le rayon mesuré et le rayon prédit,

$$r_{\text{excès}} = r_{\text{mes}} - \left(\frac{\text{aire mesurée}}{4\pi}\right)^{1/2},$$

ce qui constituerait une mesure de la courbure parfaitement satisfaisante. Et qui aurait le grand avantage de ne pas dépendre du choix d'orientation d'un triangle ou d'un cercle.

Cependant, cette méthode présente un inconvénient : elle ne caractérise pas pleinement l'espace, mais donne en fait ce que l'on appelle la courbure moyenne de l'espace tridimensionnel, du fait d'un effet de prise de moyenne sur les diverses courbures locales. En tant que moyenne, elle ne résout donc pas complètement le problème de définition d'une géométrie particulière : la connaissance de ce nombre ne permet pas de prédire toutes les propriétés de l'espace, parce qu'elle ne suffit pas pour dire, par exemple, ce qui se passerait avec des cercles suivant diverses orientations. Une définition complète nécessite en fait la donnée de 6 « coefficients de courbure » en chaque point. Bien sûr, les mathématiciens savent comment trouver tous ces nombres. Vous trouverez dans les manuels de mathématiques comment écrire ces coefficients sous une forme élégante, mais c'est toujours une bonne idée de connaître globalement ce que vous essayez d'écrire. Pour la plupart des choses que nous ferons, la courbure moyenne sera suffisante[2].

42.3 Notre espace est courbe

Et maintenant la question principale. Est-ce vrai ? Est-ce que l'espace physique dans lequel nous vivons est courbe ? Maintenant que nous avons assez d'imagination pour envisager la possibilité d'un espace courbe, il est naturel pour notre esprit, à nous autres humains, de se demander, par curiosité, si le monde réel est courbe ou non. Les gens ont réalisé des mesures, géométriques, pour tenter de répondre à cette question, et ils n'ont

2. Par souci d'exhaustivité, nous devrions mentionner un point supplémentaire. Si vous voulez translater le modèle de l'assiette chaude pour visualiser un espace courbe tridimensionnel, vous devez imaginer que la longueur de votre règle graduée ne dépendra pas seulement de l'endroit où vous la placez mais aussi de l'orientation que vous lui donnez. Ceci généralise le cas simple dans lequel la longueur de la règle dépend de sa localisation, mais de son orientation nord-sud, est-ouest ou haut-bas. Il faut cette généralisation si l'on veut pouvoir représenter un espace tridimensionnel de courbure quelconque avec un modèle de ce type, mais il se trouve qu'elle n'est pas nécessaire en deux dimensions.

mesuré aucun écart. D'un autre côté, par des arguments liés à la gravitation, Einstein a découvert que l'espace *est* bel et bien courbe, et j'aimerais vous énoncer la loi qu'il a trouvée, pour la courbure, et aussi un peu comment il l'a trouvée.

Einstein a énoncé que l'espace est courbe et que la matière est la cause de la courbure. (La matière est aussi la cause de la gravitation, donc cette dernière est liée à la courbure - mais nous y viendrons plus loin dans le chapitre.) Supposons, pour simplifier un peu les choses, que la matière soit distribuée de manière continue avec une certaine densité, qui peut varier, cependant, autant que l'on veut d'un point à un autre[3]. La règle énoncée par Einstein pour la courbure est la suivante : s'il y a une région de l'espace qui contient de la matière, et si nous considérons une suffisamment petite pour que la densité de matière ρ soit effectivement constante à l'intérieur, alors le « *surplus radial* » de la sphère est proportionnel à la masse à l'intérieur de la sphère. Partant de la définition du surplus radial, nous avons donc :

$$\text{Excès radical} = r_{\text{mes}} - \sqrt{\frac{A}{4\pi}} = \frac{G}{3c^2} \cdot M. \tag{42.3}$$

Ici G est la constante gravitationnelle (celle de la théorie de Newton), c est la vitesse de la lumière et $M = 4\pi\rho r^3/3$ est la masse de matière à l'intérieur de la sphère. C'est la loi d'Einstein pour la courbure moyenne de l'espace.

Imaginez que nous prenions la Terre à titre d'exemple, en oubliant que la densité n'y est pas homogène pour nous éviter d'avoir à faire des intégrales. Imaginez que nous mesurions la surface de la Terre avec soin puis que nous creusions un tunnel jusqu'au centre de la Terre et mesurions ainsi son rayon. À partir de la surface mesurée, nous pourrons calculer le rayon attendu *via* la formule donnant cette surface égale à $4\pi r^2$. En comparant ce rayon attendu avec le rayon mesuré, nous trouverions que ce dernier excède le rayon calculé d'une longueur égale à celle donnée par l'Éq. 42.3. La constante $G/3c^2$ vaut environ $2{,}5 \times 10^{-29}$ cm par gramme. Si bien que pour chaque gramme de matière, l'écart de rayon est de $2{,}5 \times 10^{-29}$ cm. En insérant la masse de la Terre, qui est d'environ 6×10^{27} grammes, on trouve que la Terre a un rayon de 1,5 millimètres de plus qu'attendu pour sa surface[4]. En faisant le même calcul pour le Soleil, on trouve qu'il a un rayon plus long d'un demi-kilomètre.

Il faut remarquer que la loi dit que la courbure *moyenne au-dessus* de la surface de la Terre est nulle. Mais ceci ne signifie pas que *toutes* les composantes de la courbure sont nulles. Il peut y avoir – et d'ailleurs il y a – une certaine courbure au-dessus de la surface de la terre. Pour un cercle dans un plan, il y aura un surplus radial positif pour certaines orientations et négatif pour d'autres. Il se trouve simplement que la moyenne sur une sphère sera nulle tant qu'il n'y a pas de masse *à l'intérieur*. Par ailleurs, il se trouve qu'il existe une relation entre les diverses composantes de la courbure et la *variation* de la courbure d'un point à un autre. Donc si l'on connaît la courbure moyenne partout, on peut calculer les composantes de la courbure en tout point. La courbure moyenne à

3. Personne – pas même Einstein – ne sait comment faire si la masse est concentrée en des points.
4. Environ, bien sûr, puisque la densité n'est pas homogène comme nous l'avons supposé ici.

© Dunod. Toute reproduction non autorisée est un délit.

l'intérieur de la Terre dépend de l'altitude et ceci implique que certaines composantes sont non nulles à l'intérieur et à l'extérieur de la Terre. C'est cette courbure que nous percevons comme une force gravitationnelle.

Imaginez un insecte dans un plan, et imaginez que le « plan » présente des petits boutons sur sa surface. À chaque bouton, l'insecte conclurait à l'existence dans son espace de petites régions de courbure locale. Nous avons la même chose en trois dimensions. Partout où il y a un morceau de matière, notre espace tridimensionnel présente une courbure locale – comme un bouton tridimensionnel.

Si l'on cabosse beaucoup une surface plane, il peut y avoir une courbure globale en plus de tous les petits boutons – la surface peut même devenir comme une balle. Il serait intéressant de savoir si notre espace a une courbure moyenne nette en plus de tous les boutons locaux dus aux morceaux de matières comme la Terre ou le Soleil. Les astrophysiciens ont essayé de répondre à cette question en faisant des mesures relatives aux galaxies lointaines. Par exemple, si le nombre de galaxies que nous voyons dans une enveloppe sphérique lointaine est différent de ce à quoi nous nous attendons de par le rayon de l'enveloppe, nous obtenons une mesure du surplus radial d'une sphère fantastiquement grande. À partir de telles mesures, nous espérons pouvoir déterminer si notre univers est globalement plat en moyenne, ou rond – s'il est « fermé » comme une sphère, ou bien « ouvert » comme un plan. Vous avez peut-être eu vent des débats qui se poursuivent à ce sujet. Il y a débat parce que les mesures astronomiques demeurent non concluantes ; les données expérimentales ne sont pas suffisamment précises pour donne une réponse définitive. Malheureusement, nous n'avons aucune idée de la courbure globale de notre univers à grande échelle.

42.4 Géométrie dans l'espace-temps

Il faut qu'on parle du temps maintenant. Comme vous le savez de par la théorie de la relativité restreinte, mesurer l'espace et mesurer le temps sont deux choses liées. Et il serait un peu fou d'avoir quelque chose arrivant à l'espace sans que le temps en soit affecté. Vous vous souvenez que la mesure du temps dépend de la vitesse à laquelle vous vous déplacez. Par exemple, si nous voyons quelqu'un passer dans un vaisseau spatial, nous voyons que les choses vont plus lentement pour lui que pour nous. Supposons qu'il parte en voyage et revienne en 100 secondes pile *à notre montre* ; sa montre dira peut-être qu'il n'a voyagé que 95 secondes. En comparaison à la nôtre, sa montre – et tous les autres processus, comme ses battements de cœur - ont été plus lents.

Considérons maintenant un problème intéressant. Imaginez que vous soyez la personne dans le vaisseau spatial. Nous vous demandons de partir à un signal donné et de revenir à votre point de départ juste à temps pour un signal ultérieur – disons dans exactement 100 secondes sur *notre* horloge. Et nous vous demandons aussi de voyager de telle manière que *votre* montre affichera la *plus longue* durée possible. Comment devez-vous voyager ? Vous devez rester sur place. Si vous faites le moindre déplacement, votre montre affichera moins de 100 secondes écoulées à votre retour.

Supposez cependant que nous changions un peu le problème. Supposez que nous vous demandions de démarrer au point A à un signal donné et d'aller au point B, tous deux fixes par rapport à nous, et de le faire de telle manière que vous arriviez juste à temps pour le second signal (100 secondes après le premier sur notre horloge fixe). De nouveau, nous vous demandons d'effectuer le voyage de manière à arriver avec la durée la plus longue possible pour votre montre. Comment faire ? Quel chemin et quel horaire permettront à *votre* montre d'afficher la plus longue durée écoulée entre votre départ et votre arrivée ? La réponse est que vous y mettrez le temps le plus long de *votre* point de vue si vous voyagez en ligne droite à vitesse uniforme. La raison : tout déplacement supplémentaire et toute vitesse supplémentaire ralentiraient votre montre. (Comme les écarts de temps dépendent du *carré* de la vitesse, ce que vous perdez en allant plus vite en un point ne peut jamais être rattrapé en allant moins vite en un autre point.)

L'intérêt de tout cela est que nous pouvons en reprendre l'idée pour définir « une ligne droite » dans l'espace-temps. L'analogue d'une ligne droite dans l'espace est, pour l'espace-temps, un *mouvement* à vitesse uniforme et direction constante.

La courbe de plus courte distance dans l'espace correspond dans l'espace-temps non pas au trajet le plus court en temps mais à celui de plus *long* en temps, à cause des drôles de choses qui arrivent aux signes des termes en t dans les équations de la relativité. Le mouvement en « ligne droite » – analogue de « déplacement uniforme en ligne droite » – est alors le mouvement qui transporte une montre d'un point à un instant donné à un autre point à un autre instant donné de manière à ce que la montre affiche la plus longue durée possible. Nous prendrons cette définition de la ligne droite dans l'espace-temps.

42.5 La gravitation et le principe d'équivalence

Nous sommes maintenant prêts à aborder les lois de la gravitation. Einstein essayait de formuler une théorie de la gravitation qui soit compatible avec la théorie de la relativité qu'il avait développé précédemment. Il peina jusqu'au moment où il se fixa sur un principe central qui allait le guider pour obtenir la forme correcte des lois qu'il cherchait. Ce principe se fonde sur le fait que lorsqu'un objet est en chute libre, tout ce qui est à l'intérieur de cet objet est en état d'apesanteur. Par exemple, un satellite en orbite est en chute libre dans le champ gravitationnel terrestre, et un astronaute qui s'y trouve est en état d'apesanteur. Cette idée, formulée avec plus de précision, est ce qu'on appelle *le principe d'équivalence d'Einstein*. Elle repose sur le fait que tous les corps tombent avec la même accélération quelle que soit leur masse ou la matière dont ils sont faits. Dans un vaisseau spatial « croisant » à travers l'espace – sans propulsion et donc en chute libre – s'il y a un homme à l'intérieur, les lois qui régissent son mouvement et celui du vaisseau sont les mêmes. Donc s'il se place au milieu du vaisseau, il y restera. Il ne tombe pas *par rapport au vaisseau.* C'est ce que nous entendons par « apesanteur ».

Imaginez maintenant que vous vous trouviez dans une fusée en accélération. En accélération par rapport à quoi ? Disons simplement que ses moteurs son allumés et qu'ils

© Dunod. Toute reproduction non autorisée est un délit.

génèrent une poussée, de sorte que la fusée ne croise pas en chute libre. Imaginez aussi que vous vous trouviez très loin dans l'espace intergalactique de sorte que pratiquement aucune force gravitationnelle ne s'exerce sur le vaisseau. Si l'accélération est de « 1 g », vous pourrez vous tenir debout sur le « sol » et vous ressentirez votre poids normal. Et si vous lâchez une balle, elle « tombera » vers le sol. Pourquoi ? Parce que le vaisseau accélère « vers le haut », la balle n'est soumise à aucune force et n'accélère donc pas : elle se retrouve laissée sur place. À l'intérieur du vaisseau, la balle donnera l'impression d'être soumise à une accélération de « 1 g » vers le bas.

Comparons ceci à la situation d'un vaisseau spatial posé à la surface de la terre. *Tout est pareil !* Vous vous sentiriez attiré au sol, une balle tomberait avec une accélération de « 1 g » et ainsi de suite. En fait, comment pourriez-vous distinguer, à l'intérieur d'un vaisseau spatial, la situation où vous êtes sur Terre de celle où vous êtes en accélération dans l'espace intergalactique ? D'après le principe d'équivalence d'Einstein, il n'y a aucune manière de distinguer ces deux situations si vous ne pouvez réaliser de mesures qu'à l'intérieur du vaisseau !

Pour être parfaitement précis, ceci n'est vrai que pour un point à l'intérieur du vaisseau. Le champ gravitationnel de la Terre n'est pas exactement uniforme, si bien qu'une balle en chute libre est soumise à une accélération légèrement différente d'un point à un autre – la direction et l'amplitude de l'accélération changent. Mais si nous imaginons un champ de gravitation strictement uniforme, alors il peut être reproduit complètement à l'identique par un système soumis à une accélération constante. C'est le fondement du principe d'équivalence.

42.6 La vitesse des montres dans un champ de gravitation

Utilisons maintenant le principe d'équivalence pour comprendre une chose étrange qui se produit dans un champ de gravitation. Nous allons en effet vous montrer quelque chose qui se produit dans une fusée et que vous n'auriez sans doute pas attendu dans un champ de gravitation. Supposez que nous placions une horloge à la « proue » de la fusée – c'est-à-dire à « l'avant » – et une horloge identique à la « poupe », comme sur la Fig. 42.16. Notons ces deux horloges A et B. Si nous comparons ces deux horloges lorsque le vaisseau accélère, celle à la proue semble prendre de l'avance sur celle à la poupe. Pour le voir, imaginez que l'horloge en proue émette un flash lumineux chaque seconde, et que vous, assis à la poupe, compariez l'arrivée des flashs lumineux et le tic-tac de l'horloge B. Disons que la fusée est dans la position a sur la Fig. 42.17 lorsque A émet un flash, et à la position b lorsque le flash arrive en B. Plus tard le vaisseau sera en c lorsque A émettra son flash suivant et en d lorsque vous le verrez arriver au niveau de l'horloge B.

Le premier flash parcourt la distance $L1$ et le second la distance, plus courte, $L2$. C'est une distance plus courte parce que le vaisseau accélère et a donc une vitesse plus élevée au moment du deuxième flash. Vous pouvez donc voir que si les deux flashs étaient

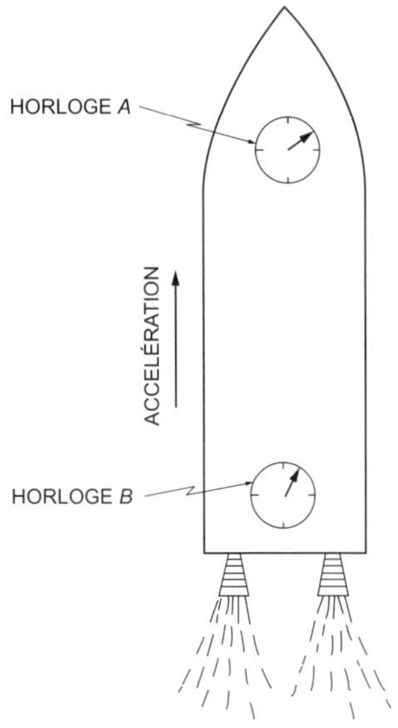

Figure 42.16 – Une fusée en phase d'accélération équipée de deux horloges.

émis par l'horloge A à une seconde d'intervalle, ils arriveraient au niveau de l'horloge *B* avec un intervalle légèrement plus court qu'une seconde, puisque le deuxième flash ne passerait pas autant de temps sur le trajet. Il en irait de même pour tous les flashs ultérieurs. Ainsi, si vous vous trouviez à la poupe du vaisseau, vous en déduiriez que l'horloge *A* prend de l'avance sur l'horloge *B*. Si vous faisiez la même chose dans l'autre sens – avec l'horloge *B* émettant les flashs et le point d'observation situé au niveau de l'horloge *A* – –vous concluriez que *B* prend du *retard* sur *A*. Tout se tient et il n'y a là rien de mystérieux.

Mais imaginons maintenant le vaisseau au repos dans le champ gravitationnel terrestre. *La même chose se produit.* Si vous êtes assis par terre avec une horloge et en regardez une autre sur une étagère en hauteur, celle-ci aura l'air de prendre de l'avance par rapport à celle au sol ! Vous direz : « Mais c'est faux. Les heures devraient être les mêmes. Sans accélération, il n'y pas de raison expliquant le fait que les horloges se désynchronisent. » Ce doit pourtant être le cas si le principe d'équivalence est valide. Einstein affirma que le principe *tenait*, et poursuivit avec courage et raison. Il suggéra que des horloges placées en des lieux différents d'un champ gravitationnel doivent paraître tourner à des vitesses différentes. Mais si l'une *semble* aller à une vitesse différente part rapport à l'autre, de son point de vue à elle c'est l'autre qui *va* à une vitesse différente.

Bien sûr maintenant nous avons aussi pour les horloges l'analogue de la règle chaude dont nous parlions un peu plus haut, avec nos insectes sur une assiette chaude. Nous imaginions que les règles, les insectes et toute chose changeaient de longueur de la même manière selon les variations de température, de sorte qu'ils ne pouvaient jamais savoir que leurs règles graduées changeaient lorsqu'ils se déplaçaient sur l'assiette chaude. C'est la même chose pour des horloges dans un champ gravitationnel. Toute horloge

© Dunod. Toute reproduction non autorisée est un délit.

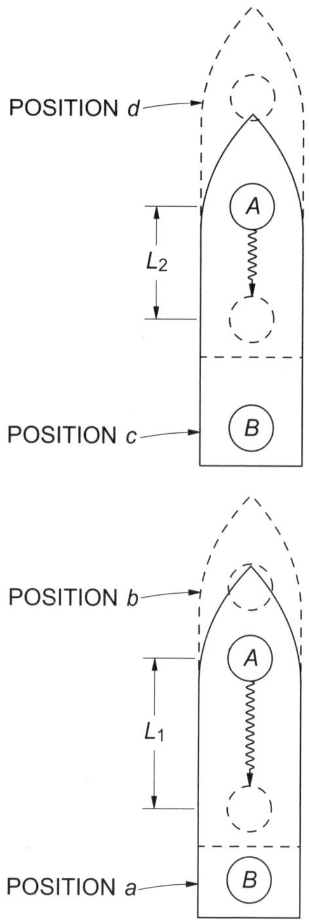

Figure 42.17 – Une horloge à la proue d'une fusée en phase d'accélération paraît avancer plus vite qu'une horloge à la poupe.

placée plus haut est perçue comme allant plus vite. Les battements de cœur vont plus vite, tous les processus vont plus vite.

Si tel n'était pas le cas, vous pourriez faire la différence entre un champ gravitationnel et un référentiel en accélération. L'idée que le temps peut varier d'un point à un autre est une idée difficile, mais c'est l'idée qu'Einstein utilisa et elle est correcte – que vous le croyez ou non.

En utilisant le principe d'équivalence, on peut calculer la variation de vitesse en fonction de l'altitude dans un champ gravitationnel. Il nous suffit de calculer l'écart apparent entre les deux horloges dans un vaisseau en accélération. La manière la plus simple de procéder est d'utiliser le résultat que nous avons établi au chapitre 34 du volume 1 sur l'effet Doppler. Là nous avons trouvé – *cf.* Éq (34.14) – que si v est la vitesse *relative* entre une source et un récepteur, la fréquence *reçue* ω est liée à la fréquence émise ω_0 par la formule :

$$\omega = \omega_0 \frac{1 + v/c}{\sqrt{1 - v^2/c^2}}. \tag{42.4}$$

Maintenant si nous considérons le vaisseau en accélération de la Fig. 42.17, l'émetteur et le récepteur se déplacent à des vitesses égales à chaque instant. Mais durant le temps qu'il faut aux signaux lumineux pour passer de A à B le vaisseau accélère. En fait il acquiert la vitesse supplémentaire gt, où $g$est l'accélération et t est le temps qu'il faut à la lumière pour parcourir la distance H entre A et B. Cette durée est très proche de H/c. Donc, lorsque les signaux arrivent en B, le vaisseau a accru sa vitesse de gH/c. Le récepteur a toujours cette vitesse *par rapport à l'émetteur* à l'instant où le signal l'a quitté. C'est donc la vitesse qu'il faut utiliser dans la formule de l'effet Doppler, l'Éq. (42.4). En supposant que l'accélération et la longueur du vaisseau sont suffisamment petites pour que cette vitesse soit nettement plus petite que c, nous pouvons négliger le terme en v^2/c^2. Nous trouvons :

$$\omega = \omega_0\left(1 + \frac{gH}{c^2}\right). \qquad (42.5)$$

Ainsi pour les deux horloges du vaisseau spatial, nous avons la relation

$$(\text{vitesse au récepteur}) = (\text{vitesse d'émission})\left(1 + \frac{gH}{c^2}\right), \qquad (42.6)$$

où H est *l'altitude* de l'émetteur par rapport au récepteur.

D'après le principe d'équivalence, le même résultat vaut pour deux horloges séparées par une hauteur H dans un champ gravitationnel dont l'accélération en chute libre est de g.

Cette idée est si importante que nous aimerions montrer qu'elle découle également d'une autre loi de la physique – celle de la conservation de l'énergie. Nous savons que la force de gravitation sur un objet est proportionnelle à sa masse M, qui est liée à son énergie interne totale E par $M = E/c^2$. Par exemple, les masses des noyaux telles que déterminées par les *énergies* des réactions nucléaires transmutant un noyau en un autre, sont en accord avec les masses telles que déterminées par les *masses atomiques.*

Considérez maintenant un atome dont le niveau de plus basse énergie correspond à une énergie totale E_0, qui a un niveau d'énergie plus élevée E_1, et qui peut passer de l'état E_1 à l'état E_0 en émettant de la lumière. La fréquence du rayonnement sera donnée par

$$\hbar\omega = E_1 - E_0. \qquad (42.7)$$

Supposez maintenant qu'un tel atome se trouve dans l'état E_1 par terre, et que nous le transportions à l'altitude H. Pour ce faire, il nous faut fournir un certain travail dans le transport de la masse $m_1 = E_1/\text{c}2$ contre la force gravitationnelle. La quantité de travail fournie est donnée par :

$$\frac{E_1}{c^2}\,gH. \qquad (42.8)$$

Puis nous laissons l'atome émettre un photon et passer dans l'état d'énergie plus faible E_0, avant de le ramener au sol. Au retour, la masse est de E_0/c^2 ; nous récupérons l'énergie

$$\frac{E_0}{c^2}\,gH, \qquad (42.9)$$

© Dunod. Toute reproduction non autorisée est un délit.

nous avons donc fourni une quantité de travail nette égale à :

$$\Delta U = \frac{E_1 - E_0}{c^2} gH. \tag{42.10}$$

En émettant le photon, l'atome a perdu l'énergie E_1-E_0. Maintenant, supposons que le photon soit redescendu au sol et ait été absorbé. Quelle énergie aurait-il libéré là ? On pourrait d'abord penser à première vue qu'il libérerait seulement l'énergie E_1-E_0. Mais ceci ne se peut si l'énergie est conservée, comme on peut le voir avec le raisonnement suivant. Nous avons commencé avec l'énergie E_1 au sol. À la fin, l'énergie au sol est l'énergie E_0 de l'atome dans son niveau le plus bas plus l'énergie E_{ph} reçue du photon. Dans le même temps, nous avons dû fournir un surcroît d'énergie ΔU tel que calculé plus haut (Éq. 42.10). Si l'énergie se conserve, nous devons à la fin trouver une énergie plus grande que celle présente initialement simplement du fait du travail fourni. Plus précisément, nous devons trouver que :

$$E_{\text{ph}} + E_0 = E_1 + \Delta U,$$

ou

$$E_{\text{ph}} = (E_1 - E_0) + \Delta U. \tag{42.11}$$

Il doit se faire que le photon n'arrive *pas* au sol avec seulement l'énergie $E_1 - E_0$ qu'il avait au départ, mais avec *un peu plus d'énergie*. Sinon de l'énergie aurait été perdue. Si nous remplaçons dans l'Éq. (42.11) U par l'expression obtenue en Éq. (42.10), nous trouvons que la photo arrive au sol avec l'énergie :

$$E_{\text{ph}} = (E_1 - E_0)\left(1 + \frac{gH}{c^2}\right). \tag{42.12}$$

Mais un photon d'énergie E_{ph} correspond à une fréquence $\omega = E_{\text{ph}}/\hbar$. En appelant ω_0 la fréquence du photon émis – qui d'après l'Éq. (42.7) est égale à $(E_1 - E_0)/\hbar$ – notre résultat de l'Éq. (42.12) redonne la relation (42.5) entre la fréquence du photon au moment où il est absorbé au sol et la fréquence avec laquelle il a été émis.

Le même résultat peut être obtenu d'une autre manière encore. Un photon de fréquence ω_0 a l'énergie $E_0 = \hbar\omega_0$. Puisque cette énergie correspond à une masse grave E_0, le photon a une masse (*pas* une masse au repos) E_0/c^2, et il est « attiré » par la Terre. En tombant d'une distance H, il gagnera un surcroît d'énergie $(\hbar\omega_0/c^2)gH$ et arrivera donc avec l'énergie :

$$E = \hbar\omega_0\left(1 + \frac{gH}{c^2}\right).$$

Sa fréquence après la chute sera donc $E/\hbar$, ce qui redonne encore le résultat de l'Éq. (42.5). Nos idées sur la relativité, la physique quantique et la conservation de l'énergie ne vont bien ensemble que si les prédictions d'Einstein quant au comportement des horloges dans un champ gravitationnel sont correctes. Les décalages de fréquence dont nous parlons sont extrêmement faibles en général. Par exemple, pour une différence d'altitudes de 20 mètres à la surface de la Terre, le décalage de fréquence sera seulement de 2 sur 10^{15}. Néanmoins, un tel décalage vient justement d'être observé expérimentalement à l'aide de l'effet Mössbauer[5]. Einstein avait tout juste.

42.7 La courbure de l'espace-temps

Nous voulons maintenant faire le lien entre ce dont nous venons de parler et l'idée d'espace-temps courbe. Nous avons déjà signalé que si le temps s'écoule à des vitesses différentes en des lieux différents, ceci est analogue à l'espace courbe de l'assiette chaude. Mais il y a là plus qu'une analogie ; l'espace-temps *est* courbe. Essayons de faire un peu de géométrie dans l'espace-temps. Cela peut sembler bizarre de prime abord, mais nous avons souvent tracé des diagrammes d'espace-temps avec la distance sur un axe et le temps sur un autre. Imaginez que nous essayons de tracer un rectangle dans l'espace-temps. Nous commençons par tracer l'altitude H en fonction de t comme sur la Fig. 42.18 (a). Pour former la base de notre rectangle, nous prenons un objet qui est *au repos* à la hauteur $H1$ et qui suit sa ligne d'univers pendant 100 secondes. Nous obtenons la ligne BD sur la partie (b) de la Fig., qui est parallèle à l'axe des t. Prenons maintenant un autre objet à 100 mètres au-dessus du premier à $t = 0$. Il démarre au point A sur la Fig. 42.18(c). Suivons maintenant sa ligne d'univers pendant 100 secondes mesurées avec une horloge placée en A. L'objet va de A à C, comme sur la partie d de la figure. Mais remarquez que, puisque le temps s'écoule à des vitesses différentes aux deux altitudes – nous supposons la présence d'un champ gravitationnel – les deux points C et D ne sont pas simultanés. Si nous essayons de compléter la figure en traçant une ligne de D au point C' 100 mètres au-dessus au même moment, comme sur la Fig. 42.18(e), ça ne marche pas. Et c'est ce que nous voulions dire en disant que l'espace-temps est courbe.

42.8 Mouvement dans l'espace-temps courbe

Examinons une petite énigme intéressante. Nous avons deux horloges identiques, A et B, qui se trouvent ensemble à la surface de la Terre comme sur la Fig. 42.19. Nous élevons l'horloge A à une certaine altitude H, la maintenons là un moment puis la ramenons au sol de sorte qu'elle revienne juste au moment où 100 secondes se seront écoulées sur l'horloge B. Alors l'horloge A affichera quelque chose comme 107 secondes, car elle avançait plus vite en l'aire. Voici l'énigme. Comment devrions-nous déplacer l'horloge A de sorte qu'elle affiche le temps le plus long possible – en supposant toujours que B affiche 100 secondes écoulées ? Vous direz : « C'est facile. Il suffit d'emmener A aussi haut qu'on peut, comme ça elle avancera aussi vite que possible et affichera la durée la plus longue de retour en bas. » C'est faux. Vous oubliez quelque chose – nous ne disposons que de 100 secondes pour faire l'aller-retour. Si nous montons très haut, il nous faut aller très vite pour faire l'aller-retour en 100 secondes. Et il ne faut pas oublier une conséquence de la relativité restreinte qui est de *ralentir* par un facteur EQQ les horloges en mouvements. Cet effet relativiste a tendance à *retarder* l'horloge A par rapport à B.

5. R. V. Pound et G. A. Rebka, Jr., *Physical Review Letters* Vol. **4**, p. 337 (1960).

© Dunod. Toute reproduction non autorisée est un délit.

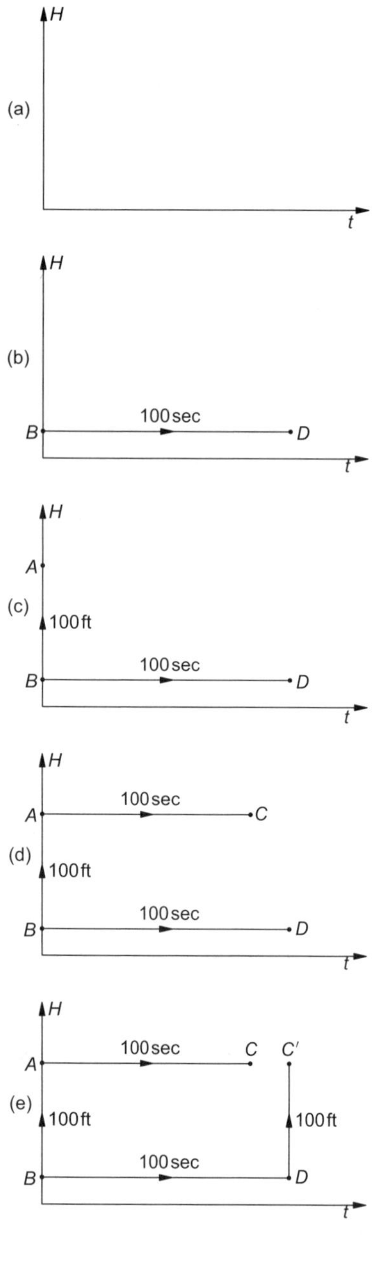

Figure 42.18 – Essayons de tracer un rectangle dans l'espace-temps.

Nous avons donc un petit jeu ici. Si nous nous tenons immobiles avec l'horloge A, elle marquera 100 secondes. Si nous montons un peu, nous pouvons gagner un peu plus. Mais si nous allons trop haut, nous devons nous déplacer très vite et ceci peut ralentir suffisamment l'horloge pour qu'elle marque au final moins de 100 secondes. Quel ligne de conduite en termes de hauteur en fonction du temps – à quelle hauteur et avec quelle vitesse aller, pour revenir précisément au moment où l'horloge B marque 100 secondes – nous donnera la durée la plus longue telle que mesurée par A ?

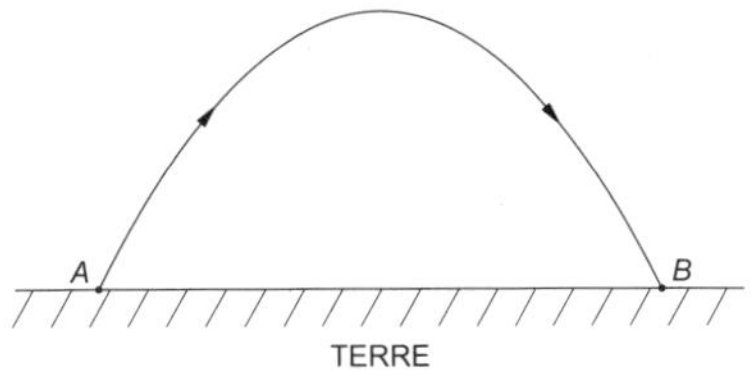

Figure 42.19 – Dans un champ gravitationnel uniforme la trajectoire permettant de maximiser le temps de l'horloge mobile est une parabole.

Réponse : calculez la vitesse avec laquelle vous devez lancer une balle en l'air pour qu'elle revienne par terre au bout d'exactement 100 secondes. Le mouvement de la balle – s'élevant rapidement, ralentissant, s'arrêtant et retombant – est exactement le bon pour maximiser le temps écoulé sur une montre accrochée à la balle.

Considérons maintenant un jeu un peu différent. Nous avons deux points A et B, tous deux à la surface de la terre à quelque distance l'un de l'autre. Nous jouons au même jeu que précédemment pour trouver ce que nous appelons ligne droite : nous nous demandons comment aller de A à B en maximisant le temps écoulé sur notre horloge de voyage – en supposant que nous quittons A au moment d'un signal et arrivons en B au moment d'un autre signal qui, disons, est donné 100 secondes après le premier, d'après une horloge fixe. Maintenant vous direz : « Nous avons trouvé plus haut que la chose à faire est de suivre une ligne droite à une vitesse constante choisie pour arriver en B exactement 100 secondes plus tard. Si nous ne suivons pas une ligne droite, il nous faudra plus de vitesse et cela ralentira notre horloge. » Mais, attendez ! C'était avant que nous prenions en compte la gravitation. Ne serait-ce pas mieux d'incurver un peu notre trajectoire vers le haut de manière à faire aller un peu plus vite notre horloge ? Car pendant que nous serons un peu plus haut, notre montre ira un peu plus vite. Oui, en effet. Si vous résolvez le problème mathématique consistant à ajuster la courbe de la trajectoire de manière à maximiser le temps de l'horloge mobile, vous verrez que la trajectoire est une parabole – la même courbe que celle suivie par quelque chose suivant une trajectoire balistique libre dans un champ de gravitation, comme sur la Fig. 42.19. La loi du mouvement dans un champ de gravitation peut donc s'énoncer ainsi : *Un objet se déplace toujours d'un point à un autre de telle manière qu'une horloge mobile avec lui mesure une durée plus longue que sur toute autre trajectoire* – avec bien sûr les mêmes conditions initiale et finale. Le temps mesuré par une horloge mobile est souvent dit son « temps propre ». En chute libre, la trajectoire maximise le temps propre d'un objet.

Voyons ce que tout ceci donne. Partons de l'Éq. (42.5) qui dit que le *surcroît* de vitesse de l'horloge mobile est :

$$\frac{\omega_0 g H}{c^2}. \tag{42.13}$$

En outre, souvenons-nous qu'il y a une correction dans le sens opposé pour la vitesse. Par cet effet, nous savons que :

$$\omega = \omega_0 \sqrt{1 - v^2/c^2}.$$

© Dunod. Toute reproduction non autorisée est un délit.

Bien que le principe soit valide pour toute vitesse, prenons un exemple dans lequel les vitesses sont toujours bien moindres que c. Nous pouvons alors écrire cette équation comme :

$$\omega = \omega_0(1 - v^2/2c^2),$$

et le défaut de vitesse de notre horloge est donné par :

$$-\omega_0 \frac{v^2}{2c^2}. \tag{42.14}$$

En combinant les deux termes dans (42.13) et (42.14), nous avons :

$$\Delta\omega = \frac{\omega_0}{c^2}\left(gH - \frac{v^2}{2}\right). \tag{42.15}$$

Un tel décalage de fréquence pour notre horloge mobile signifie que si nous mesurons une durée dt sur une horloge fixe, l'horloge mobile elle marquera la durée :

$$dt\left[1 + \left(\frac{gH}{c^2} - \frac{v^2}{2c^2}\right)\right], \tag{42.16}$$

La différence globale de durée sur l'ensemble de la trajectoire sera égale à l'intégral du terme en plus par rapport au temps, soit :

$$\frac{1}{c^2}\int\left(gH - \frac{v^2}{2}\right)dt, \tag{42.17}$$

qui est censé être un maximum.

Le terme gH n'est rien autre que le potentiel gravitationnel φ. Supposez que nous multiplions l'ensemble par un facteur constant $-mc^2$, avec m la masse de l'objet. La constante ne changera pas les conditions du maximum, mais le signe moins le changera en minimum. L'Éq. (42.16) dit alors que l'objet se déplacera de telle manière que :

$$\int\left(\frac{mv^2}{2} - m\phi\right)dt = \text{un minimum.} \tag{42.18}$$

Mais ce qu'on intègre n'est que la différence entre les énergies cinétique et potentielle. Et si vous vous reportez au chapitre 19 du premier volume d'électromagnétisme, vous verrez que lorsque nous avons abordé le principe de moindre action, nous avons montré que les lois de Newton pour un objet en mouvement dans n'importe quel potentiel pouvaient justement s'écrire sous la forme de l'Éq. (42.18).

42.9 La théorie de la gravitation d'Einstein

La forme des équations du mouvement d'Einstein – le fait que le temps propre doive correspondre à un maximum dans l'espace-temps courbe – donne les mêmes résultats que les lois de Newton pour des vitesses faibles. Pendant qu'il était en orbite autour de la Terre, la montre de Gordon Cooper était plus en avance que si son satellite avait suivi n'importe quel autre chemin[6].

La loi de la gravitation peut donc être énoncée d'une manière remarquable dans les termes qui sont ceux de la géométrie de l'espace-temps. Les particules suivent toujours la trajectoire de plus grande durée propre – dans l'espace-temps, cette quantité équivaut à « la distance la plus courte ». Telle est la loi du mouvement dans un champ gravitationnel. Le grand avantage qu'il y a à formuler les choses ainsi, c'est que la loi ne dépend d'aucun choix de coordonnées ni d'aucun choix de description de la situation.

Résumons maintenant ce que nous avons vu. Nous vous avons donné deux lois de la gravitation :

1. Comment la géométrie de l'espace-temps change en présence de matière – plus précisément, le fait que la courbure exprimée en termes de surplus radial est proportionnelle à la masse contenue à l'intérieure d'une sphère, Éq. (42.3).
2. Comment les objets se déplacent lorsque seules des forces gravitationnelles agissent – plus précisément, le fait que les objets se déplacent de manière à ce que leur durée propre entre deux conditions initiale et finale corresponde à un maximum.

Ces deux lois correspondent à des paires de lois similaires que nous avons vues précédemment. Nous avions initialement décrit le mouvement dans un champ de gravitation avec la loi de Newton de la gravitation en inverse carré et ses lois du mouvement. Maintenant, les lois (1) et (2) ci-dessus viennent prendre leur place. Notre nouvelle paire de lois correspond aussi à ce que nous avons vu en électrodynamique. Là nous avions une loi – l'ensemble des équations de Maxwell - pour déterminer les champs produits par des charges. Cette loi nous dit donc comment la nature de « l'espace » est transformée par la présence de matière chargée ; c'est ce que fait la loi (1) pour la gravitation. En outre, nous avions une loi pour nous dire comment les particules se déplacent dans les champs en question – $d(m\boldsymbol{v})/dt = q(\boldsymbol{E} + \boldsymbol{v} \times \boldsymbol{B})$. Pour la gravitation, c'est la loi (2) qui remplit cet office.

Avec les lois (1) et (2), vous avez un énoncé précis de la théorie de la gravitation d'Einstein - bien que vous la trouverez généralement énoncée sous une forme mathématique plus compliquée. Nous devrions cependant ajouter encore une chose. De même que les échelles de temps changent d'un point à un autre dans un champ de gravitation, les échelles de longueurs changent également. Les règles graduées changent de longueurs quand vous vous déplacez. Il est impossible, étant donné l'intime relation entre espace et temps, de voir quelque chose se produire au niveau du temps sans que cela se retrouve d'une manière ou d'une autre au niveau de l'espace. Prenez même l'exemple le plus simple : vous passez à proximité de la Terre. Ce qui est du *temps* de *votre* point de vue est partiellement de l'espace de *notre* point de vue. Il doit donc y avoir également des

6. Rigoureusement, il ne s'agit que d'un maximum *local*. Nous devrions dire que la durée propre est plus longue que pour n'importe quel chemin *voisin*. Par exemple, la durée propre sur une orbite elliptique autour de la Terre n'est pas nécessairement plus longue que sur une trajectoire balistique pour un objet propulsé très haut et qui retombe.

© Dunod. Toute reproduction non autorisée est un délit.

changements dans l'espace. C'est l'*espace-temps* tout entier qui est déformé par la présence de matière, et ceci est plus compliqué qu'un seul changement d'échelle de temps. Néanmoins, la règle que nous avons donnée à l'Éq. (42.3) suffit pour déterminer complètement toutes les lois de la gravitation, à condition que l'on comprenne bien que cette règle concernant la courbure de l'espace ne s'applique pas du point de vue d'un seul observateur mais du point de vue de tout le monde. Quelqu'un qui passe à proximité d'une masse matérielle voit une masse différente à cause de l'énergie cinétique qu'il calcule pour le mouvement de cette masse par rapport à lui, et il doit tenir compte de la masse correspondant à cette énergie. La théorie doit être construite de telle manière que tout le monde – quel que soit son déplacement – trouve, en traçant une sphère un surplus radial égal à $G/3c2$ fois la masse totale (ou, mieux, $G/3c4$ fois le contenu total en énergie) à l'intérieur de la sphère. Le fait que cette loi – loi (1) - doive être vraie dans tout système en mouvement est une des grandes lois de la gravitation, c'est *l'équation du champ d'Einstein*. L'autre grande loi, (2), – selon laquelle les choses doivent se déplacer de manière à ce que la durée propre soit maximale – est *l'équation du mouvement d'Einstein*.

Écrite ces lois complètement sous forme algébrique, pour les comparer aux lois de Newton, ou pour faire le lien avec l'électrodynamique, est très difficile mathématiquement. Mais c'est l'allure qu'ont les meilleures lois de notre physique de la gravitation aujourd'hui.

Si elles donnent un résultat en accord avec la mécanique newtonienne dans l'exemple très simple que nous avons considéré, ce n'est pas toujours le cas. Les trois différences d'abord calculées par Einstein ont été confirmées expérimentalement : l'orbite de Mercure n'est pas une ellipse fixe ; la lumière d'étoiles lointaines est déviée deux fois plus qu'on ne s'y attendrait lors de son passage à proximité du Soleil ; et, dans un champ gravitationnel, la vitesse des horloges dépend de leur position. À chaque point de divergence connu entre les prédictions d'Einstein et les idées de la mécanique newtonienne, la Nature a choisi Einstein.

Résumons tout ce que nous avons vu de la manière suivante. D'abord, les temps écoulés et les distances parcourues dépendent de l'endroit dans l'espace et de l'instant dans le temps où on les mesure. Ceci équivaut à dire que l'espace-temps est courbe. À partir de la surface mesurée d'une sphère, nous pouvons définir un rayon attendu, $\sqrt{A/4\pi}$, mais le rayon réellement mesuré aura un surplus de longueur proportionnel (la constante valant $G/c2$) à la masse totale contenue à l'intérieur de la sphère. Ceci fixe le degré exact de courbure de l'espace-temps. Et la courbure doit être la même quels que soient l'observateur et son déplacement. Deuxièmement, les particules se déplacent en « lignes droites » (des trajectoires de durée propre maximale) dans cet espace-temps courbe. Tel est le contenu des lois de la gravitation formulées par Einstein.

INDEX

© Dunod. Toute reproduction non autorisée est un délit.

E

F

G

H

I

K

© Dunod. Toute reproduction non autorisée est un délit.

Q

R

S

T

V

59000 - (I) - (1,5) - OSB 80° - EPR - VCT
Imprimerie CHIRAT - 42540 Saint-Just-la-Pendue
Dépôt légal : août 2013
N° 201307.0149

Imprimé en France